“十二五”职业教育国家规划教材
经全国职业教育教材审定委员会审定

有机化学

（第二版）

主　编　郭建民
副主编　李东海

科学出版社
北　京

内 容 简 介

本书按有机物官能团的分类原则，扼要介绍了有机化学的基本理论、重要化合物的结构，重点介绍了各类化合物的性质、相互间的转化和各类重要化合物在工农业生产及日常生活中的应用。本书以典型案例为引导，强调从有机官能团结构特征去理解反应并加以应用，注重教学内容的科学性、实用性，力求做到适度、够用、突出重点、文字简练。

本书可作为高职高专院校化工、医药、环保类等专业的教材，也可作为成人高校、化工类专业学生及化工企业技术人员的参考用书。

图书在版编目(CIP)数据

有机化学/郭建民主编.—2版.—北京:科学出版社，2014
("十二五"职业教育国家规划教材·经全国职业教育教材审定委员会审定)
ISBN 978-7-03-042338-2

Ⅰ.①有… Ⅱ.①郭… Ⅲ.①有机化学-高等职业教育-教材 Ⅳ.①062

中国版本图书馆CIP数据核字(2014)第252422号

责任编辑：沈力匀 / 责任校对：刘玉靖
责任印制：吕春珉 / 封面设计：耕者设计工作室

科学出版社 出版
北京东黄城根北街16号
邮政编码：100717
http://www.sciencep.com
三河市骏杰印刷有限公司印刷
科学出版社发行 各地新华书店经销
*
2015年2月第 一 版 开本：787×1092 1/16
2021年9月第三次印刷 印张：23
字数：540 000

定价：50.00元

(如有印装质量问题，我社负责调换〈骏杰〉)
销售部电话 010-62134988 编辑部电话 010-62135235 (VP04)

第二版前言

随着高职高专教育从规模化增长转入内涵质量建设，我们要更加认真贯彻执行教育部于2006年出台的《关于全面提高高等职业教育教学质量的若干意见》（教高［2006］16号）的文件精神。为了更好地适应当前高职教育化工类专业人才培养目标和有机化学教学改革的需要，我们在第一版教材教学实践的基础上，根据新的形势要求，对第一版教材进行了修订。

在修订中，重点考虑了化工类专业的需求和高职高专学生的学习要求和特点，着重按项目化教学的要求，使学生在学习中有身临企业生产一线的感觉，使学生学习有兴趣，动手有干劲，掌握技能有信心。在理论教学中，体现适度、够用和实用的特色，进一步淡化理论知识，强调专业知识和专业技能知识。在每章前，指出了本章内容的学习目标，并通过化工生产中的典型案例导入学习内容，每节后都安排了相关内容的练习题。每章后有突出重点的本章小结、习题，便于学生复习、思考。为了让学生了解相关的知识，拓宽视野，增强学习的兴趣，在每章后还附有与化工生产或日常生活相关的知识链接，专门介绍化工生产和日常生活中的典型例子。在使用本书时可根据各院校的具体情况进行选用。

本书编者都是在轻工或化工企业生产一线经常进行实践并有丰富教学经验的老师。全书由常州轻工职业技术学院的郭建民担任主编并编写了第十章，常州轻工职业技术学院的李东海担任副主编并编写了第一～三章、第七章，常州轻工职业技术学院的麻丽华编写了第四章、第十七章，常州轻工职业技术学院的李勇编写了第五章、第九章和第十三章，成都纺织高等专科学校的安红莹编写了第六章，济源职业技术学院的徐贵敏编写了第八章、第十一章，茂名职业技术学院的孙国勇编写了第十二章，三门峡职业技术学院的曹向华老师编写了第十四～十六章。全书由郭建民统稿。

广东轻工职业技术学院的胡智华教授担任主审，并提出了许多宝贵的意见。

本书可作为高职高专院校化工、医药、环保类等专业的教材，也可作为成人高校化工类专业学生及化工类企业的技术人员的参考用书。

由于编者的水平有限，修改时间紧，书中难免存在疏漏和不妥之处，恳请读者批评指正。

第一版前言

近年来，我国的高职高专教育已从规模化增长转入内涵质量建设阶段。教育部于2006年出台了《关于全面提高高等职业教育教学质量的若干意见》（教高［2006］16号）的文件。为了更好地适应当前高职教育化工类专业人才培养目标和有机化学教学改革的需要，编者根据多年的教学实践，编写了本书。

本书在内容处理上着重考虑了高职学生的认知规律和高职教学的特点，注重内容的前后递进和衔接、基本理论知识和基本实践技能相结合，体现适度、够用和实用的特色。在每一章前指出了明确的学习目标，再通过典型案例导入学习内容，每章后有突出重点的小结和习题，便于学生复习、练习和掌握。为了让学生了解相关的知识，拓宽视野，增强学习兴趣，在每章后附有相关知识链接，专门介绍工业生产和日常生活中的典型例子。

本书由常州轻工职业技术学院的郭建民老师担任主编并编写了第十章，常州轻工职业技术学院的滕业方老师担任副主编并编写了第三章、第四章、第十七章，石家庄职业技术学院的李瑞珍老师编写了第一章、第二章、第七章，顺德职业技术学院的彭建兵老师编写了第五章、第九章，成都纺织高等专科学校的安红莹老师编写了第六章，济源职业技术学院的徐贵敏老师编写了第八章、第十一章，茂名职业技术学院的孙国勇老师编写了第十二章、第十三章，三门峡职业技术学院的曹向华老师编写了第十四章、第十五章、第十六章。全书由郭建民老师统稿。

广东轻工职业技术学院的胡智华教授担任主审，并提出了许多宝贵的意见。

本书可作为高职高专院校化工、医药、环保、高分子材料类等专业的有机化学教材，也可作为成人高校化工类专业学生及化工类企业技术人员的参考用书。

由于编者的水平有限，编写时间紧迫，书中难免存在错误和不妥之处，恳请读者批评指正。

目　　录

第一章　绪　　论

☞ **学习目标**

1. 理解有机化学及有机物的含义，掌握有机物的特性。
2. 掌握共价键理论的基本内容，理解共价键的断裂方式与有机反应类型。
3. 掌握有机物的分类方法，熟悉常见的官能团。
4. 熟悉研究有机物的一般步骤。

☞ **案例导入**

有机化学在生活中的应用十分广泛，人类的衣食住行离不开有机物，一个人如果在一天内没有正常摄入蛋白质、脂肪、糖类、维生素等有机物，那么身体的健康状况就会受到影响；当我们的身体不时被疾病感染时，我们就要到医院去看病吃药，而这就和有机化学中的药品化学联系到了一起。随着有机化学的发展，人们将揭示更多生物学和生命科学的奥秘，以对环境友好的方式生产出更多的食品等。在能源、材料、人类健康、环境、国防等领域中，在推动科技发展、社会进步、提高人类生活质量、改善人类生存环境的过程中，有机化学已经并将继续显现出其高度开创性和解决重大问题的能力。

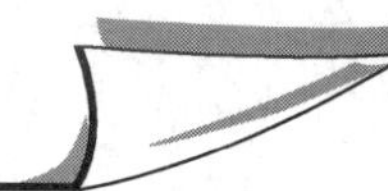

第一节　有机物和有机化学

一、有机化学研究的对象

有机化学是化学学科的一个重要分支，它诞生于19世纪初期（1806年），以时间计，有机化学是一门比较年轻的学科，但目前已成为与人类生活有着密切关系的一门学科。有机化学的研究对象是有机化合物（简称有机物），有机物大量存在于自然界，如粮、油、棉、麻、毛、丝、木材、糖、蛋白质、农药、塑料、染料、香料、医药、石油等都是有机物。

有机物的本来含义是“有生机的物质”或“有生命的物质”。当时人们普遍认为，人工能合成的只是无机物，植物和动物体内存在的化合物（即有机物）是在“生命力”的作用下形成的，是不能由人工方法合成的。当时坚持这一观点的代表人物之一是德国化学家贝齐利乌斯（Berzelius）。

1828 年，他的学生德国化学家武勒（Wohler）在研究氰酸盐的过程中，意外地发现了有机物尿素的生成。

$$AgOCN + NH_4Cl \longrightarrow NH_4OCN + AgCl$$

$$NH_4OCN \xrightarrow{\triangle} H_2N-\overset{\overset{\displaystyle O}{\|}}{C}-NH_2$$

这是世界上第一次在实验室的玻璃器皿中从无机物制得的有机物。此后，人们相继由无机物合成了许多有机物。从此，有机物的合成再也不一定需要生命力了，人工方法也能合成有机物。

既然有机物和无机物都可由人工来制备，那么又怎样来重新定义有机物呢？这便成了人们研究的课题。

自从法国化学家拉瓦锡（Lavoisier）和德国有机化学家李比希（Liebig）创立和发展了有机物的元素分析方法之后，经研究分析发现，有机物都含有碳元素，并且绝大多数有机物都含有氢，此外还含有 N、S、P、O、X 等，而无机物一般都不含碳元素。于是，1851 年，凯库勒（Kekule）把有机物定义为碳化合物；1874 年，肖莱马（Schorlemmer）在此基础上又发展了这一定义，将其定义为“有机物就是碳氢化合物及其衍生物，有机化学是研究碳氢化合物及其衍生物的化学”。在化学上，通常把仅含有碳、氢两种元素的化合物称为烃。因此，有机物就是烃及其衍生物，有机化学也就是研究烃及其衍生物的化学。

在具体学习有机化学课程时，主要涉及以下几方面内容：有机物的结构及命名；有机物的理化性质；典型有机反应机理和性质归纳的理论和规律；有机物的合成方法，有机物之间的相互转化。

二、有机物的特点

有机物和无机物没有绝对的区别，但在组成、结构、性质等方面存在着一定的差别。

（一）有机物的种类繁多

构成有机物的元素种类较少，除碳和氢两种主要元素外，还有氧、氮、硫、磷、卤素及某些金属元素（如 Fe、Mg、Co、Cu 等），但构成的有机物数目庞大且分子结构复杂。到目前为止，已知的有机物已有 1000 多万种，而且这个数目还在不断增长。合成的有机物每年有近 30 万个。由氧和氢两种元素组成的化合物至今只有 H_2O 和 H_2O_2 两种，而由碳和氢两种元素组成的有机物，已知的至少有数千种。正因为如此，将有机化学作为一门独立的学科来研究很有必要。

同分异构现象是有机化学中极为普遍而又很重要的问题，也是造成有机物数目繁多的主要原因之一。所谓同分异构现象是指具有相同分子式，但结构不同，从而性质各异的现象。例如，乙醇和甲醚的分子式均为 C_2H_6O，但它们的结构不同，因而物理和化学性质也不相同，故乙醇和甲醚互为同分异构体。

$$\begin{array}{ccccc} & H & H & & \\ & | & | & & \\ H- & C- & C- & O- & H \\ & | & | & & \\ & H & H & & \end{array} \qquad \begin{array}{ccccc} & H & & H & \\ & | & & | & \\ H- & C- & O- & C- & H \\ & | & & | & \\ & H & & H & \end{array}$$

乙醇　　　　甲醚

沸点：78.5℃　　　　沸点：25℃

由于在有机化学中普遍存在同分异构现象，故在有机化学中不能只用分子式来表示某一有机物，必须使用构造式或构型式。

（二）绝大多数有机物易燃烧

因为有机物是碳氢化合物及其衍生物，所以绝大多数有机物都易燃烧，燃烧的最终产物是二氧化碳和水，若含有其他元素，则生成这些元素的氧化物。而大多数无机物不易燃烧，也不能烧尽。

当然，这一区别是相对的，有的有机物不易燃烧，甚至可以作灭火剂，如 F_{1211}（CF_2ClBr）、F_{1301}（CF_3Br）及 CCl_4 等。不过由于这些灭火剂在高温条件下会释放出对环境有害的物质，目前已很少使用。

（三）绝大多数有机物的熔点、沸点低

在室温下，绝大多数无机物都是高熔点的固体，而有机物通常为气体、液体或低熔点的固体。例如，氯化钠和丙酮的相对分子质量相当，但二者的熔点、沸点相差很大，见表 1.1。

表 1.1　氯化钠和丙酮的性质比较

物理性质	NaCl（氯化钠）	CH_3COCH_3（丙酮）
相对分子质量	58.44	58.08
熔点/℃	801	−95.35
沸点/℃	1413	56.2

大多数有机物的熔点一般在 400℃以下，而且它们的熔点、沸点随着相对分子质量的增加而逐渐增加。一般来说，单一的有机物都有固定的熔点和沸点。因此，熔点和沸点是有机物的重要物理常数，人们常利用熔点和沸点的测定来鉴定有机物。

（四）一般有机物难溶于水、易溶于有机溶剂

水是一种强极性物质，所以以离子键结合的无机物大多易溶于水，不易溶于有机溶剂。而有机物一般都是共价键型化合物，极性很小或无极性，所以大多数有机物在水中的溶解度很小，但易溶于极性小的或非极性的有机溶剂（如乙醚、苯、烃、丙酮等）中，这就是“相似相溶”的经验规律。正因为如此，有机反应常在有机溶剂中进行。

（五）有机反应速度慢

无机反应是离子型反应，一般反应速度都很快。例如，H^+ 与 OH^- 的反应，Ag^+ 与 Cl^- 生成 AgCl 沉淀的反应等，都是在瞬间完成的。

有机反应大部分是分子间的反应，反应过程中包括共价键旧键的断裂和新键的形成，所以反应速度比较慢。一般需要几小时，甚至几十小时才能完成。为了加快有机反应的进行，常采用加热、光照、搅拌或加催化剂等措施。随着新的合成方法的出现，改善反应条件，促使有机反应速度的加快也是很有希望的。

（六）有机反应副反应多，产物复杂

有机物的分子大多是由多个原子结合而成的复杂分子，所以在有机反应中，反应中心往往不局限于分子的某一固定部位，常常可以在不同部位同时发生反应，得到多种产物。反应生成的初级产物还可继续发生反应，得到进一步的产物。因此在有机反应中，除了生成主要产物以外，还常常有副产物生成。正因为如此，书写有机反应方程式时常用“$\longrightarrow$”，而不用“$=\!=\!=$”，一般只写出主要反应及其产物，不配平，但应注明反应条件。

为了提高主产物的收率，控制好反应条件是十分必要的。由于得到的产物是混合物，故需要经分离、提纯等步骤，以获得较纯净的物质。

第二节　有机物的结构

有机物分子中，原子之间大多是通过共价键结合的。描述共价键的理论主要是价键理论和分子轨道理论。这里主要介绍直观形象、易于理解的价键理论。

一、共价键的形成

路易斯经典共价键理论认为：共价键是原子间通过共用电子对形成的化学键。这一理论初步揭示了共价键的本质。1926 年以后，在量子力学基础上建立起来的现代价键理论，使人们对共价键的本质有了更深入的理解。

价键理论认为：A、B 两原子各有一个成单电子，当 A、B 相互接近时，两电子以自旋相反的方式结合成电子对，即 2 个电子所在的原子轨道能相互重叠，使体系能量降低，形成化学键。共价键的本质是原子轨道重叠后，高概率地出现在 2 个原子核之间的电子与 2 个原子核之间的电性作用。需要指出的是，氢键虽然存在轨道重叠，但通常不算作共价键，而属于分子间力。

形成的共价键越多，则体系能量越低，形成的分子越稳定。因此，各原子中的未成对电子会尽可能多地形成共价键。

在共价键的形成过程中，因为每个原子所能提供的未成对电子数是一定的，一个原子的一个未成对电子与其他原子的未成对电子配对后，就不能再与其他电子配对，即每个原子能形成的共价键总数是一定的，这就是共价键的饱和性。例如，O 有 2 个单电子，H 有一个单电子，所以结合成水分子，只能形成 2 个共价键；C 最多能与 H 形成 4 个共价键。

各原子轨道在空间分布是固定的，即都有其固定的延展方向，为了满足轨道的最大重叠，原子间形成共价键时要具有方向性。

共价键的饱和性和方向性决定了每一个有机物分子都是由一定数目的某几种元素的原子按特定的方式结合而成的，这使得每个有机物分子都有特定的大小及立体形状。

二、共价键的参数

（一）键长

成键两原子的核间距离称为键长。因为共价键在分子中不是孤立的，会受其他键的影响，因此相同的共价键的键长在不同的化合物分子中也有一定的差异。键长越短，键越牢固；键长越长，越易发生化学反应。

（二）键角

两价以上的原子与其他原子成键时，所形成的共价键之间的夹角称为键角。键角反映了分子的空间结构。

（三）键能

共价键的形成或断裂都伴随着能量的变化。原子成键时需释放能量使体系的能量降低，断键时则必须从外界吸收能量。气态原子 A 和气态原子 B 结合成气态 A-B 分子所放出的能量，也就是 A-B 分子（气态）离解为 A 和 B2 个原子（气态）时所需吸收的能量，这个能量称为键能。一个共价键离解所需的能量也称为离解能。但应注意，对多原子分子来说，即使是 1 个分子中同一类型的共价键，这些键的离解能也是不同的。

例如，甲烷分子中的 4 个 C—H 键的离解能是不相同的，其数值见表 1.2。

表 1.2 甲烷分子中 C—H 键的离解能

C—H 键类型	离解能/(kJ/mol)
$H_3C—H \longrightarrow \cdot CH_3 + H\cdot$	435.4
$H_2\dot{C}—H \longrightarrow \cdot\dot{C}H_2 + H\cdot$	368.4
$\cdot\dot{\underset{\cdot}{C}}(H)—H \longrightarrow \cdot\dot{\underset{\cdot}{C}}H + H\cdot$	443.8
$\cdot\dot{\underset{\cdot}{C}}—H \longrightarrow \cdot\dot{\underset{\cdot}{C}} + H\cdot$	339.1

若将断裂这 4 个 C—H 键总共需要的能量（1662.1kJ/mol）除以 4，即为断裂甲烷分子中每个 C—H 键平均需要的能量。

键能是化学键强度的主要标志之一，在一定程度上反映了键的稳定性，在相同类型的键中，键能越大，键越稳定。

（四）键的极性

同种原子间形成的共价键称为非极性共价键。不同种原子间形成的共价键称为极性共价键。电负性较强的原子一端带有负电性，可以用 δ^- 表示，另一端带有正电性，用 δ^+ 表示，用→表示其电性方向，箭头指向负电中心。例如

$$\overset{\delta^+}{H}\longrightarrow\overset{\delta^-}{Cl}\qquad H_3\overset{\delta^+}{C}\longrightarrow\overset{\delta^-}{Cl}$$

极性共价键在有机物中普遍存在。

三、共价键的断裂方式与有机反应类型

有机物发生化学反应时，总是伴随着某些旧键的断裂和新键的形成。共价键有两种断裂方式。

（一）均裂

共价键发生均裂时，成键的一对电子平均分给 2 个原子或基团。例如

$$C:B\xrightarrow{\text{均裂}}\underset{\text{碳自由基}}{\underset{\uparrow}{C\cdot}}+B\cdot$$

均裂生成的带单电子的原子或基团称为自由基或游离基，如 $\cdot CH_3$ 称为甲基碳自由基。常用 R· 表示碳自由基。

在有机反应中，按共价键均裂而发生的反应称为自由基反应。这类反应一般在光、热或强氧化剂的作用下进行，如甲烷的氯代反应，烯烃 α-H 的氯代等。

（二）异裂

共价键发生异裂时，成键的一对电子完全转移到其中的一个原子上。例如

$$C:B\xrightarrow{\text{异裂}}\begin{cases}\underset{\text{碳正离子}}{C^+}+:B^-\\ \underset{\text{碳负离子}}{:C^-}+B^+\end{cases}$$

异裂生成了正离子或负离子，如 CH_3^+ 称为甲基碳正离子，CH_3^- 称为甲基碳负离子。常用 R^+ 表示碳正离子，R^- 表示碳负离子。

在有机反应中，按共价键异裂而发生的反应称为离子型反应。该类反应一般在极性环境中进行，如烯烃与溴水的反应、卤代烃的亲核取代等。

第三节　有机物的分类

有机物的种类、数目繁多，为了方便系统地学习和研究，从结构上进行比较，通常按以下两种方法对其进行分类。

一、按碳架分类

（一）开链化合物

碳架成直链或带支链，其中包括烷烃、烯烃、炔烃等。由于此类化合物最初是从油脂中发现的，故也称为脂肪族化合物。例如

$$CH_3-\underset{\displaystyle CH_3}{\underset{|}{CH}}-CH_3 \qquad CH_3CH{=}CHCH_3 \qquad CH_3C{\equiv}CCH_2CH_3$$

2-甲基丙烷　　　2-丁烯　　　2-戊炔

（二）环状化合物

1. 脂环族化合物

脂环族化合物的碳碳连接成环，环内可有双键、叁键，性质与脂肪族化合物相似，其中包括环烷烃、环烯烃、环炔烃。

环丁烷　　甲基环己烷　　环丙烯　　1,3-环戊二烯　　环戊炔

2. 芳香族化合物

芳香族化合物的分子中含有一个或多个苯环，它们是由碳原子组成的在同一平面内的闭环共轭体系，在性质上与脂肪族化合物区别较大。例如

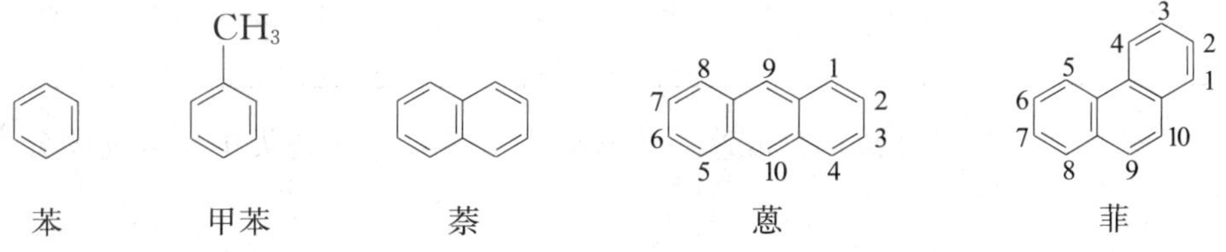

苯　　甲苯　　萘　　蒽　　菲

3. 杂环化合物

杂环化合物是由碳原子及其他原子共同组成的环状化合物。例如

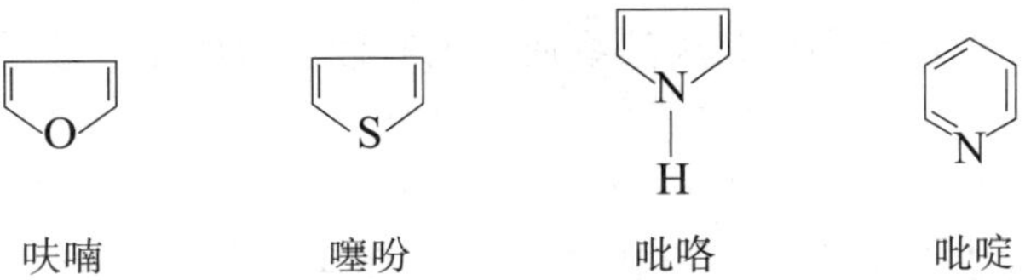

呋喃　　噻吩　　吡咯　　吡啶

二、按官能团分类

官能团是指分子中比较活泼且易发生反应的原子或基团，它决定着化合物的主要性质。含相同官能团的化合物具有相似的性质，故有机物可按官能团来分类。常见官能团及有机物类别见表 1.3。

表 1.3　常见官能团及有机物类别

官能团		有机物类别	举例
基团结构	名称		
$>C=C<$	双键	烯烃	$CH_2=CH_2$　乙烯
$-C\equiv C-$	叁键	炔烃	$H-C\equiv C-H$　乙炔
$-OH$	羟基	醇，酚	CH_3-OH　甲醇，C_6H_5-OH　苯酚
$>C=O$	羰基	醛，酮	$CH_3-\overset{O}{\overset{\Vert}{C}}-H$　乙醛，$CH_3-\overset{O}{\overset{\Vert}{C}}-CH_3$　丙酮
$-\overset{O}{\overset{\Vert}{C}}-OH$	羧基	羧酸	$CH_3-\overset{O}{\overset{\Vert}{C}}-OH$　乙酸
$-NH_2$	氨基	胺	CH_3-NH_2　甲胺
$-NO_2$	硝基	硝基化合物	$C_6H_5-NO_2$　硝基苯
$-X$	卤素	卤代烃	CH_3Cl　氯甲烷，CH_3CH_2Br　溴乙烷
$-SH$	巯基	硫醇，硫酚	CH_3CH_2-SH　乙硫醇，C_6H_5-SH　苯硫酚
$-SO_3H$	磺酸基	磺酸	$C_6H_5-SO_3H$　苯磺酸
$-C\equiv N$	氰基	腈	$CH_3C\equiv N$　乙腈
$-\overset{\vert}{\underset{\vert}{C}}-O-\overset{\vert}{\underset{\vert}{C}}-$	醚键	醚	$CH_3CH_2-O-CH_2CH_3$　乙醚

一般常把这两种分类方法结合起来，先按碳架分类，再在各类中按官能团分为若干系列进行系统研究学习。

第四节　研究有机物的一般步骤

研究某一新的有机物或测定某天然物质中的有效成分的主要步骤和方法如下。

一、分离提纯

从自然界得到的或人工合成的有机物，一般都含有杂质，或者是多种物质的混合物。在对其进行化学分析之前，必须先进行分离和纯化。对固态有机物，常用重结晶分离提纯法；对液态有机物，常用分馏提纯法，有的还可用离子交换法或层析法等进行分离。

纯净的有机物均有固定的熔点、沸点、密度、折光率等，所以对固态有机物可以用测熔点的方法、液态有机物可以用测沸点的方法来检验分离出的有机化合物的纯度。

二、元素定性分析

经分离提纯得到纯度较高的有机物后，再进行元素定性分析，确定该有机物的元素组成。

定性方法是将提纯的有机物与氧化铜混合后灼烧，使其氧化分解，若有二氧化碳和水生成，表示含有碳元素和氢元素。将有机物和金属钠加热共熔，有机物被分解，其中的氮、硫和卤素等元素变为氰化钠、硫化钠和卤化钠等可溶于水的无机物，然后用无机定性方法进行鉴定。氧元素一般不检验，而是根据样品的化学性质或元素定量分析的结果推测得知。

三、元素定量分析

通过元素定量分析，得出各组成元素的质量比，经计算就可得出该有机物分子中各组成元素原子比例的最简式（又称实验式），它是化合物中所含元素原子的最小整数比。

定量方法是将经过称量的有机物样品和足量的氧化铜混匀，装在特制的燃烧管中，通入氧气使其充分燃烧，生成的二氧化碳和水蒸气分别用已知质量的氢氧化钾和氧化钙吸收。从它们增加的质量，可以算出碳、氢的质量分数。氮、硫、卤素可用其他方法转变为无机物后再测定其含量。氧元素的质量分数则常用100%减去其他所含元素的质量分数来求得。

【例 1.1】 已知某样品含碳、氢、氧元素，取23.60mg样品，经燃烧法分析测得生成45.12mg CO_2 和27.69mg H_2O，则

$$w_C(\%)=\frac{m_{CO_2}\times\frac{12}{44}}{m_{样品}}\times100\%=\frac{45.12\times\frac{12}{44}}{23.60}\times100\%\approx52.14\%$$

$$w_H(\%)=\frac{m_{H_2O}\times\frac{2.016}{18.016}}{m_{样品}}\times100\%=\frac{27.69\times\frac{2.016}{18.016}}{23.60}\times100\%\approx13.13\%$$

$$w_O(\%)=100\%-52.14\%-13.13\%=34.73\%$$

知道了样品中各元素的质量分数，就可以通过计算，确定该样品的实验式。

化合物中各元素的质量分数，除以相应的相对原子质量，就得到各元素的原子个数比。例1.1中各元素原子的个数比为

$$C:H:O=\frac{52.14}{12}:\frac{13.13}{1.008}:\frac{34.73}{16}\approx4.35:13.03:2.17$$

所得的原子个数往往不是整数比，再用求得的原子个数比中最小的数值去除其他的数值，得

$$C:H:O=\frac{4.35}{2.17}:\frac{13.03}{2.17}:\frac{2.17}{2.17}\approx2:6:1$$

故该化合物的实验式为 C_2H_6O。

四、测定相对分子质量和确定分子式

实验式只表示分子中原子数的最小整数比，而分子式才是表示分子中各原子的确定数目。有些有机物，如甲醛、乙酸、葡萄糖或果糖等的实验式均为 CH_2O，但它们的分子式各不相同，它们分别为 CH_2O（甲醛）、$C_2H_4O_2$（乙酸）、$C_6H_{12}O_6$（葡萄糖或果糖）。因此，要确定分子式，还必须测定相对分子质量。

对气态或易挥发的有机物，可用测定密度的方法测定其相对分子质量。对固态有机物，可用凝固点下降法测定其相对分子质量。目前最先进的方法是应用质谱仪准确地测定有机物的相对分子质量。

根据相对分子质量，可以从实验式求得分子式：

$$(\text{实验式})_n = \text{分子式}$$

假如我们测得上例有机物的相对分子质量为 180，则其分子式为

$$(CH_2O)_n = 180$$

$$(12 + 2 \times 1 + 16)_n = 180$$

$$n = 6$$

即它的分子式为 $C_6H_{12}O_6$。

五、确定结构式

由于存在同分异构现象，得到分子式后，还不能确定它是什么物质，还必须通过一系列化学和物质分析方法来确定结构式。用化学方法测定结构，需要的样品较多，实验操作繁杂，特别当测定复杂的有机物结构时，更加困难。例如，吗啡在 1805 年已得到纯品，而完全确定它的结构则花了近 150 年的时间。近年来，随着光谱分析技术的应用，利用 X 衍射、红外、紫外、核磁共振、质谱等分析技术来确定结构式，不仅样品用量少，准确度高，而且分析时间大大缩短。

要想进一步验证有机物的构造式是否正确，还需通过化学方法合成该有机物。如果合成所得产物和样品的性质完全相同，则表明确定的结构式完全正确。

知识链接

碳 的 循 环

碳是组成有机物的基本元素，也是人类赖以生存的主要元素之一。现在，有机物在全世界以每天新合成千余种的速度递增，这需要大量的碳元素。自然界的碳元素为何取之不尽、用之不竭？这归因于碳是可以循环使用的。

自然界中碳循环的基本过程如下：大气中的二氧化碳（CO_2）被陆地和海洋中的植物吸收后，通过生物或地质过程以及人类活动，又以二氧化碳的形式返回大气中。

1. 有机体和大气之间的碳循环

绿色植物从空气中获得二氧化碳，经过光合作用转化为葡萄糖，再经过一系列反应

过程成为植物体的碳化合物，经过食物链的传递，成为动物体的碳化合物。植物和动物的呼吸作用把摄入体内的一部分碳转化为二氧化碳释放入大气，另一部分则构成生物的机体或在机体内储存。动、植物死后，残体中的碳通过微生物的分解作用也成为二氧化碳而最终排入大气。大气中的二氧化碳这样循环一次约需20年。

一部分（约千分之一）动、植物残体在被分解之前即被沉积物所掩埋而成为有机沉积物。这些沉积物经过悠长的年代，在热能和压力作用下转变成矿物燃料煤、石油和天然气等。它们在风化过程中或作为燃料燃烧时，其中的碳和氧转化成为二氧化碳排入大气。人类消耗大量矿物燃料对碳循环产生了重大影响。

2. 大气和海洋之间的二氧化碳交换

二氧化碳可由大气进入海水，也可由海水进入大气。这种交换发生在气和水的界面处，由于风和波浪的作用而加强。这两个方向流动的二氧化碳量大致相等，大气中二氧化碳量增多或减少，海洋吸收的二氧化碳量也随之增多或减少。

3. 碳质岩石的形成和分解

大气中的二氧化碳溶解在雨水和地下水中成为碳酸，碳酸能把石灰岩变为可溶态的重碳酸盐，并被河流输送到海洋中。海水中的碳酸盐和重碳酸盐含量是饱和的，接纳新输入的碳酸盐，便有等量的碳酸盐沉积下来。通过不同的成岩过程，形成了石灰岩、白云石和碳质页岩。在化学和物理作用（风化）下，这些岩石被破坏，所含的碳又以二氧化碳的形式释放到大气中。火山爆发也可使一部分有机碳和碳酸盐中的碳再次加入碳的循环。碳质岩石的破坏，在短时期内对循环的影响虽不大，但对几百万年中碳量的平衡却是重要的。

4. 人类活动的干预

人类在燃烧矿物燃料以获得能量时，产生大量的二氧化碳，其结果是大气中的二氧化碳浓度升高。这样就破坏了自然界原有的平衡，可能导致气候异常。矿物燃料燃烧生成并排入大气的二氧化碳有一小部分可被海水溶解，但海水中溶解态二氧化碳的增加又会引起海水中酸碱平衡和碳酸盐溶解平衡的变化。

矿物燃料的不完全燃烧会产生少量的一氧化碳。自然过程也会产生一氧化碳。一氧化碳在大气中的存留时间很短，主要是被土壤中的微生物所吸收，也可通过一系列化学或光化学反应转化为二氧化碳。

大气中二氧化碳、甲烷等气体浓度的增加，就像在地球大气中遮挡了一层玻璃一样，使太阳带给地表的热量难以向空中散发，从而导致地表温度增高，这就是人们常说的温室效应。空气中二氧化碳的浓度为什么会不断增高呢？这主要是人类不合理活动所导致的。目前全世界每年向大气中排放的二氧化碳高达50亿t，它们破坏了全球的碳循环。这些二氧化碳主要是由煤、石油、天然气等燃料燃烧产生的。当然，过度砍伐森林、开垦草原，使地球上利用二氧化碳进行光合作用的植物数量急剧减少也是促使二氧化碳量急剧增加的重要原因。

学习绪论可以使学生对有机化学这门课程及有机化学、有机物有一个了解，为以后

课程的学习奠定一定的理论基础。

（1）有机化学：研究有机化合物的组成、结构、性质及其变化规律的一门学科。

（2）有机物：碳氢化合物及其衍生物。

（3）有机物的特性：组成元素少；结构复杂；种类繁多；易挥发，熔点、沸点低；大多不溶或难溶于水，易溶于酒精、乙醚、丙酮、汽油或苯等有机溶剂；易燃烧，易受热分解；反应速度慢，副反应多。

（4）共价键的断裂方式及有机反应类型：在有机化学反应中，共价键均裂生成带单电子的自由基或游离基的反应称为自由基反应；共价键异裂生成正离子或负离子的反应称为离子型反应。

（5）有机物从分子结构不同的角度，按碳架不同和官能团不同，有两种分类方法。实际应用中常常将二者结合。

（6）研究有机物的一般步骤：分离提纯；元素定性分析；元素定量分析；测定相对分子质量和确定分子式；确定结构式。

习题

1. 准确、扼要解释下列术语：

（1）有机化学（2）有机物（3）构造式（4）均裂（5）异裂（6）官能团

2. 元素定量分析结果显示某一化合物的实验式为CH，测得其相对分子质量为78，请确定它的分子式。

3. 按照不同碳架和官能团，分别指出下列化合物属于哪一族？哪一类？

（1）甲基环丙烷（环丙基上连 CH_3）　（2）$CH_2{=}CH{-}CH{=}CH_2$　（3）$CH_3{-}C(CH_3)_2{-}CH_3$　（4）苯环上连 C_2H_5

（5）苯环—CH_2Cl　（6）$CH_3C(CH_3)(OH)CH_3$　（7）环己基—CH_2OH　（8）苯环对位连 OH 与 CH_3

（9）$CH_3{-}O{-}CH(CH_3)_2$　（10）$CH_3CH_2CH_2CHO$　（11）$CH_3{-}\overset{O}{\overset{\|}{C}}{-}CH_2CH_3$

（12）苯环—COOH　（13）$CH_3{-}CH(CH_3){-}CH(CH_3){-}COOH$　（14）$H{-}\overset{O}{\overset{\|}{C}}{-}OCH_2CH_3$

（15）苯环—NH_2　（16）苯环—SO_3H　（17）噻吩（五元环含 S）

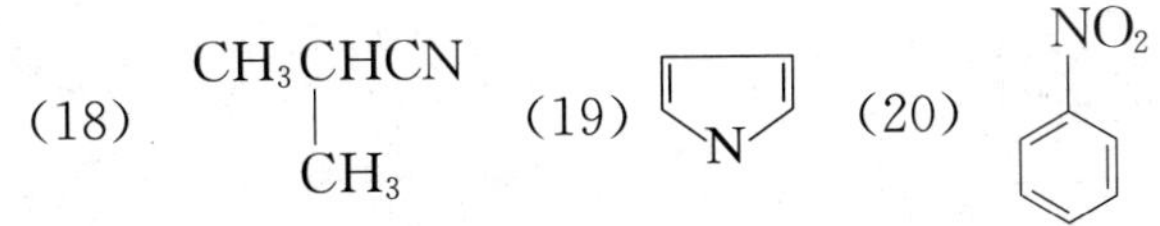

4. 根据官能团区分下列化合物，哪些同属一类？属于什么类？按碳架分，哪些同属一族？属于什么族？

(1) $CH_2{=}C(CH_3){-}CH_3$　(2) $CH_3{-}C{\equiv}C{-}CH_2CH_3$　(3) $CH_3CH_2CH(CH_3)Cl$

(4) $CH_3CH_2CH(CH_3)OH$　(5) 环己基—OH　(6) 苯基—O—CH_2CH_3

(7) 苯基—CHO　(8) 呋喃（O）　(9) $CH_3CH_2CH_2NH_2$

第二章 烷　　烃

学习目标

1. 熟练掌握烷烃的系统命名原则。
2. 掌握σ键的形成、结构特点及特性。
3. 掌握烷烃的物理性质的规律。
4. 掌握烷烃的氧化、取代、裂化及裂解反应。
5. 理解自由基取代的反应机理。
6. 熟悉烷烃的来源和用途。

案例导入

凡士林是一种矿物蜡，它不会被皮肤吸收，能在皮肤表面形成一道保护膜，使皮肤的水分不易蒸发散失，而且它极不溶于水，可长久附着在皮肤上，因此具有很好的保湿效果，十分适合干燥皮肤使用。可用来作护唇膏和护手霜，擦脸或擦身体，是非常好的保湿用品。

其实，凡士林原本为石油探钻的副产品之一，是从原油经过常压和减压蒸馏后留下的渣油中脱出的蜡膏，其化学成分主要是长链烷烃。

从地下开采出来的石油，未经加工前称为原油。原油经过常、减压蒸馏得到不同沸点的馏分，烷烃存在于整个沸点范围中。例如，C_5～C_{11}的烷烃存在于汽油馏分中，C_{11}～C_{20}的烷烃存在于煤油和柴油馏分中，C_{20}～C_{36}的烷烃存在于润滑油馏分中。石油馏分通过裂解、裂解气分离可制取乙烯、丙烯、丁二烯等烯烃，苯、甲苯、二甲苯等芳烃及乙炔、萘等，这些烯烃、芳烃等经加工可生产各种醇、醛、酮、有机酸、环氧化合物等化工产品，它们进一步加工可以得合成树脂、合成橡胶、合成纤维等一系列产品。石油轻馏分和天然气经蒸气转化，重油经部分氧化可制取合成气，进而生产合成氨、合成甲醇等。

石油化工是国民经济重要的支柱产业之一。石油和天然气是现在世界上的主要能源。

烷烃主要来源于石油和天然气，本章主要学习石油、天然气的主要成分——烷烃类物质的结构、命名、性质及用途等。

第一节 烷烃的通式、同系列和同分异构现象

分子中只含有碳和氢两种元素的有机物叫做碳氢化合物，简称烃。其中开链的烃也叫做脂肪烃。分子中只有单键的脂肪烃叫做饱和脂肪烃或烷烃，也称石蜡烃。

烷烃可以看作有机物的母体，其他化合物则可以看作烷烃分子中的氢原子被其他原子或基团直接或间接取代后的产物，因此熟悉烷烃的结构和性质，对于了解其他各类有机物是非常有必要的。

一、烷烃的通式、同系列

烷烃中最简单的是含有一个碳原子的化合物，叫做甲烷，然后依次是含有两个、三个、四个……碳原子的化合物，分别叫做乙烷、丙烷、丁烷……它们的分子式、构造式、构造简式见表 2.1。

表 2.1 烷烃的分子式、构造式、构造简式

<table>
<tr><th>烷烃</th><th>分子式</th><th>构造式</th><th>构造简式</th></tr>
<tr><td>甲烷</td><td>CH_4</td><td>$\begin{array}{c} H \\ \vert \\ H-C-H \\ \vert \\ H \end{array}$</td><td>$CH_4$</td></tr>
<tr><td>乙烷</td><td>C_2H_6</td><td>$\begin{array}{cccc} & H & H & \\ & \vert & \vert & \\ H- & C- & C- & H \\ & \vert & \vert & \\ & H & H & \end{array}$</td><td>$CH_3CH_3$</td></tr>
<tr><td>丙烷</td><td>C_3H_8</td><td>$\begin{array}{ccccc} & H & H & H & \\ & \vert & \vert & \vert & \\ H- & C- & C- & C- & H \\ & \vert & \vert & \vert & \\ & H & H & H & \end{array}$</td><td>$CH_3CH_2CH_3$</td></tr>
<tr><td>丁烷</td><td>C_4H_{10}</td><td>$\begin{array}{cccccc} & H & H & H & H & \\ & \vert & \vert & \vert & \vert & \\ H- & C- & C- & C- & C- & H \\ & \vert & \vert & \vert & \vert & \\ & H & H & H & H & \end{array}$</td><td>$CH_3CH_2CH_2CH_3$</td></tr>
</table>

从这几个烷烃的分子式可以看出，如果分子中碳原子数是 n，则氢原子数是 $2n+2$。因此，烷烃分子的组成可以用 C_nH_{2n+2} 来表示，C_nH_{2n+2} 即为烷烃的通式。有了通式，只要知道烷烃分子中所含碳原子数目，就能写出分子式。

从甲烷开始，每增加 1 个碳原子就增加 2 个氢原子，因此 2 个烷烃分子式之间总是相差 1 个或 n 个 CH_2。像这样在组成上相差 1 个或多个 CH_2，且结构和性质相似的一

系列化合物称为同系列。同系列中的各化合物互称为同系物。同系物中，相邻的 2 个分子式的差值 CH_2 称为同系差。

由于同系物的结构和性质有相似性，因此只要了解同系物中的几个有代表性的化合物，就能推知其他同系物的基本性质，这就为学习和研究带来很多方便。

二、烷烃的构造异构

分子中原子间相互连接的顺序和方式叫做分子构造。表示分子构造的化学式叫做构造式。甲烷、乙烷、丙烷都只有一种构造式。但分子式为 C_4H_{10} 的丁烷，有两种构造式，它们分别为

$$CH_3—CH_2—CH_2—CH_3$$

正丁烷

沸点：－0.5℃　熔点：－138.3℃

$$CH_3—\underset{\displaystyle CH_3}{\underset{|}{CH}}—CH_3$$

异丁烷

沸点：－11.7℃　熔点：－159.4℃

前者碳原子相互结合成一条链状碳架，没有支链，称为丁烷或正丁烷。后者碳架中存在一个由一个碳构成的支链，称为异丁烷。两者分子式相同，但构造式不同，熔点、沸点也不同，它们是两种不同的化合物。凡是分子式相同而结构不同的化合物叫做同分异构体。有机物中这种分子式相同，但分子中各原子或基团由于连接方式、连接次序不同或在空间的相对位置不同的现象叫做同分异构现象。在同分异构体中，如果它们的结构不同是由于不同的构造引起的，则它们又称为构造异构体。

同分异构现象是有机化学中普遍存在的一种现象，随着碳原子数目的增多，异构体的数目也增多，且增加得很快，见表 2.2。正丁烷和异丁烷只是由于碳链的构造不同而形成的，又称为碳链异构，属于同分异构体中的构造异构。

表 2.2　烷烃的同分异构体数目

碳原子数	异构体数	碳原子数	异构体数
1	1	10	75
2	1	11	159
3	1	12	355
4	2	13	802
5	3	14	1858
6	5	15	4347
7	9	20	366319
8	18	30	4111646763
9	35	—	—

简单烷烃的构造异构体可以以一定的方法导出。例如，丁烷的异构体导出方式由丙烷开始：

```
                 H                           H  H  H  H
                 |     加到链端C—H间         |  |  |  |
                —C—  ───────────────→     H—C—C—C—C—H      正丁烷
 H  H  H         |                           |  |  |  |     （沸点：－0.5℃）
 |  |  |         H                           H  H  H  H
H—C—C—C—H
 |  |  |                                     H  H  H
 H  H  H             加到中间碳C—H间         |  |  |
                     ───────────────→     H—C—C—C—H        异丁烷
                                             |  |  |        （沸点：－10.2℃）
                                             H  C  H
                                               /|\
                                              H H H
```

戊烷的异构体由丁烷可先导出两种：

```
                    H                            H  H  H  H
                    |     加到链端C—H间          |  |  |  |
 H  H  H  H        —C—  ───────────────→      H—C—C—C—C—CH3     正戊烷
 |  |  |  |         |                            |  |  |  |
H—C—C—C—C—H         H                            H  H  H  H
 |  |  |  |
 H  H  H  H                                      H  H  H   H
                          加到中间C—H间          |  |  |  /
                        ───────────────→      H—C—C—C—C—H        异戊烷
                                                 |  |  |  \
                                                 H  H CH3  H
```

由异丁烷可再导出两种：

```
                    H                            H  H  H
                    |     加到链端C—H间          |  |  |
 H  H  H           —C—  ───────────────→      H—C—C—C—CH3        异戊烷
 |  |  |            |                           /  |  \
H—C—C—C—H           H                          H   C   H
 /  |  \                                          /|\
H   C   H                                        H H H
   /|\
  H H H                                          H CH3   H
                                                 |  |   /
                          加到中间C—H间       H—C—C—C—H          新戊烷
                        ───────────────→        /  |  \
                                               H   C   H
                                                  /|\
                                                 H H H
```

其他以此类推即可。

【练习】

1. 下列分子中，哪些是烷烃？

（1）C_6H_{14}　（2）C_9H_{18}　（3）C_6H_{10}　（4）$C_{40}H_{82}$

2. 写出己烷的所有构造异构体，以构造式或简式表示。

3. 下列构造式中，哪些仅仅是书写方式不同，而实际为相同的化合物？

（1）$CH_3C(CH_3)_2CH_2CH_3$　（2）$CH_3CH_2CH(CH_3)CH_2CH_3$

（3）$CH_3CH(CH_3)CH_2CH_2CH_3$　（4）$(CH_3)_2CHCH_2CH_2CH_3$

(5) $(C_2H_5)_2CHCH_3$　　(6) $CH_3CH_2C(CH_3)_3$

第二节　烷烃的命名

有机物种类、数目众多，命名十分重要。一种物质可以有几个名称，但是一个名称只能表示一种物质。

一、烷烃中碳原子和氢原子的类型

烷烃分子中，由于分子构造不同，分子内各碳原子不尽相同，与之相连的氢原子也就不完全相同。不同的碳原子和氢原子其性质也不尽相同，为了方便，分别给予不同的名称是必要的。烷烃分子中的碳原子，按照它们所连碳原子数目的不同，可以分成四类：只与 1 个碳原子直接相连的碳原子，称为伯碳原子（又称为一级碳原子），常用 1° 表示。与 2 个碳原子直接相连的碳原子，称为仲碳原子（又称为二级碳原子），常用 2° 表示。与 3 个碳原子直接相连的碳原子，称为叔碳原子（又称为三级碳原子），常用 3° 表示。与 4 个碳原子直接相连的碳原子，称为季碳原子（又称为四级碳原子），常用 4° 表示。

例如

```
               1°
               CH3
   1°       4° |   2°        3°     1°
   CH3 —— C —— CH2 —— CH —— CH3
               |              |
               CH3            CH3
               1°             1°
```

与伯、仲、叔碳原子直接相连的氢原子分别称为伯、仲、叔氢原子，常用 1°H、2°H、3°H 表示。不同类型的氢原子的反应活性不同。伯、仲、叔碳原子的概念在有机物习惯命名中常用。

二、常见的烷基

烷烃分子中去掉 1 个氢原子所剩余的部分称为烷基，常用 R—表示。烷基是根据相应烷烃的习惯名称以及去掉的氢原子的类型来命名的。例如甲烷分子（CH_4）去掉 1 个 H（CH_3—）称为甲基；乙烷（CH_3CH_3）分子去掉 1 个 H（C_2H_5—）称乙基；从丙烷分子中去掉 1 个氢原子就存在两种可能，去掉 1 个伯氢原子为正丙基，去掉 1 个仲氢原子为异丙基；丁烷去掉 1 个氢原子则有 4 种丁基。常见烷基见表 2.3。

表 2.3　常见烷基

烷基	名称	通常符号
CH_3—	甲基	Me
CH_3CH_2—	乙基	Et
$CH_3CH_2CH_2$—	正丙基	n-Pr

续表

烷基	名称	通常符号
$CH_3CH(CH_3)-$	异丙基	i-Pr
$CH_3CH_2CH_2CH_2-$	正丁基	n-Bu
$CH_3CH_2CH(CH_3)-$	仲丁基（另丁基）	s-Bu
$CH_3CH(CH_3)CH_2-$	异丁基	i-Bu
$CH_3-C(CH_3)_2-$	叔丁基（特丁基）	t-Bu

此外，还有“亚”某基、“次”某基，如亚甲基（$-CH_2-$）。值得注意的是，烷基是一种人为的定义，是用来表示分子中某一部分而人为设定的，烷基不是由于C—H键的均裂或异裂形成的，因此烷基既不是自由基也不是离子，它不能独立存在。

三、普通命名法

普通命名法又称为习惯命名法，它是按照烷烃分子中碳原子数目的多少命名的。根据分子中的碳原子数目称为“某烷”。碳原子数在十个以内的依次用天干名称“甲、乙、丙、丁、戊、己、庚、辛、壬、癸”来表示，十个以上的用“十一、十二”等中文数字来表示。再用正、异、新来表示同分异构体。

（一）正构烷烃

当分子结构为直链时，将其命名为“正某烷”。例如

$CH_3CH_2CH_2CH_3$ 正丁烷　　$CH_3(CH_2)_{10}CH_3$ 正十二烷

（二）异构烷烃

从端位数第二个碳原子上连有1个甲基支链的，分子结构为 $CH_3-CH(CH_3)(CH_2)_nCH_3$ 时（n=0，1，2，…），将其命名为“异某烷”。例如

$CH_3-CH(CH_3)-CH_3$ 异丁烷　　$CH_3-CH(CH_3)(CH_2)_4CH_3$ 异辛烷

（三）新构烷烃

从端位数第二个碳原子上连有 1 个甲基支链的，分子结构为 $CH_3-\overset{\displaystyle CH_3}{\underset{\displaystyle CH_3}{\overset{|}{\underset{|}{C}}}}(CH_2)_nCH_3$ 时（n=0，1，2，…），将其命名为“新某烷”。例如

$$\underset{\text{新戊烷}}{CH_3-\overset{\displaystyle CH_3}{\underset{\displaystyle CH_3}{\overset{|}{\underset{|}{C}}}}-CH_3} \qquad \underset{\text{新庚烷}}{CH_3-\overset{\displaystyle CH_3}{\underset{\displaystyle CH_3}{\overset{|}{\underset{|}{C}}}}-CH_2CH_2CH_3}$$

普通命名法简单方便，但只适用于含碳数较少、构造比较简单的烷烃。对于比较复杂的烷烃必须使用系统命名法。

四、系统命名法

系统命名法是中国化学会在 1960 年根据国际纯粹和应用化学联合会（IUPAC）制定的命名原则，再结合汉字特点而制定的，1980 年进行了修订。以下学习的是修订后的命名法。

（一）直链烷烃的命名

根据系统命名法规则，直链烷烃的系统命名法与习惯命名法一致，只是不加“正”字。例如

$$\underset{\text{丁烷}}{CH_3CH_2CH_2CH_3} \qquad \underset{\text{十一烷}}{CH_3(CH_2)_9CH_3}$$

（二）支链烷烃的命名

支链烷烃的命名是将其看作直链烷烃的烷基衍生物，即将直链作为母体，支链作为取代基，命名原则如下。

1. 选母体（或主链）

选择分子中最长的碳链作为母体，若有两条或两条以上等长碳链时，应选择支链最多的一条为母体，根据母体所含碳原子数目称为“某烷”。例如

$$CH_3-\underset{\underset{\displaystyle CH_3}{\underset{|}{\displaystyle CH_2}}}{\underset{|}{CH}}-CH_2-\underset{\displaystyle CH_3}{\underset{|}{CH}}-CH_3 \quad \leftarrow \text{母体}$$

$$CH_3CH_2\underset{\displaystyle CH_3}{\underset{|}{CH}}-\overset{\displaystyle CH_3}{\overset{|}{CH}}\underset{\underset{\displaystyle CH_2CH_3}{\underset{|}{\displaystyle CH_2}}}{\underset{|}{CH}}-\underset{\displaystyle CH_3}{\underset{|}{CH}}CH_3 \quad \uparrow \text{母体}$$

2. 给母体碳原子编号

为标明支链在母体中的位置，编号应遵循“最低系列”原则，即主链上编号有不止

一种可能的方向和系列时，则顺次逐项比较各系列的不同位次，最先遇到的基团最小或位次最小者定为最低系列。

(1) 从碳链任意一端开始，第一个支链的位置都相同时，则从较简单的一端开始编号，符合最低系列原则。例如

$$\begin{array}{ccccccccccccccl} 1 & & 2 & & 3 & & 4 & & 5 & & 6 & & 7 & \rightarrow \text{系列 1 编号正确} \\ CH_3 & — & CH_2 & — & CH & — & CH_2 & — & CH & — & CH_2 & — & CH_3 & \\ & & & & | & & & & | & & & & & \\ & & & & CH_3 & & & & C_2H_5 & & & & & \\ 7 & & 6 & & 5 & & 4 & & 3 & & 2 & & 1 & \rightarrow \text{系列 2 编号错误} \end{array}$$

(2) 若第一个支链的位置相同，则依次比较第二、第三个支链的位置，以先遇到取代基的编号最小的系列为标准，符合最低系列原则。例如

$$\begin{array}{cccccccccccccccccl} 1 & & 2 & & 3 & & 4 & & 5 & & 6 & & 7 & & 8 & \rightarrow \text{系列 1 编号正确} \\ CH_3 & — & CH & — & CH_2 & — & CH & — & CH_2 & — & CH_2 & — & CH & — & CH_3 & \\ & & | & & & & | & & & & & & | & & & \\ & & CH_3 & & & & CH_3 & & & & & & CH_3 & & & \\ 8 & & 7 & & 6 & & 5 & & 4 & & 3 & & 2 & & 1 & \rightarrow \text{系列 2 编号错误} \end{array}$$

2,4,7 为一个系列——系列 1；2,5,7 为一个系列——系列 2。系列 1 为最低系列，所以从左开始编号。

3. 写出名称

(1) 将支链（取代基）写在主链名称的前面，取代基按“次序规则”，小的基团优先列出。

常见烷基的大小次序：甲基＜乙基＜丙基＜丁基＜戊基＜己基＜异戊基＜异丁基＜异丙基。

(2) 相同基团合并写出，位置用阿拉伯数字“2,3,…”标出，取代基数目用汉字数字“二，三，…”标出。

(3) 表示位置的数字间要用逗号隔开，位次和取代基名称之间要用半字线隔开。例如：

$$\begin{array}{ccccccccccc} CH_3 & — & CH & — & CH & — & CH & — & CH_2 & — & CH_3 \\ & & | & & | & & | & & & & \\ & & CH_3 & & CH_2 & & CH_3 & & & & \\ & & & & | & & & & & & \\ & & & & CH_3 & & & & & & \end{array}$$

主链

2,4-二甲基-3-乙基己烷

可将烷烃的命名归纳为 16 个字：最长碳链，最小定位，同基合并，由简到繁。

【例 2.1】 写出 2,4-二甲基己烷的构造式。

解 (1) 首先写出主链碳架：

C—C—C—C—C—C（母体）

(2) 将主链从任意一端编号：

$$\begin{array}{ccccccccccc} 1 & & 2 & & 3 & & 4 & & 5 & & 6 \\ C & — & C & — & C & — & C & — & C & — & C \end{array}$$

（3）再根据取代基的位置和名称将取代基分别连在 C-2 和 C-4 位置上：

$$\begin{array}{ccccccccccc} 1 & & 2 & & 3 & & 4 & & 5 & & 6 \\ C & — & C & — & C & — & C & — & C & — & C \\ & & | & & & & | & & & & \\ & & CH_3 & & & & CH_3 & & & & \end{array}$$

（4）将不满四价的碳原子用氢原子饱和得到 2,4-二甲基己烷完整的构造式：

$$\begin{array}{ccccccccc} CH_3 & — & CH & — & CH_2 & — & CH & — & CH_2CH_3 \\ & & | & & & & | & & \\ & & CH_3 & & & & CH_3 & & \end{array}$$

【练习】

用系统命名法命名下列化合物：

（1）
$$\begin{array}{l} CH_3CHCH_2CH_3 \\ \quad\;\; | \\ \quad\; CH_3 \end{array}$$

（2）
$$\begin{array}{l} CH_3CH_2CHCHCH_3 \\ \qquad\quad\;\; | \quad\; | \\ \qquad\quad H_3C \;\; CH_3 \end{array}$$

（3）
$$\begin{array}{ccccc} & & C_2H_5 & & CH_3 \\ & & | & & | \\ CH_3 & CH & CH_2\,C & CH_2 & CCH_3 \\ & | & | & & | \\ & C_2H_5 & CH_3 & & CH_3 \end{array}$$

（4）
$$\begin{array}{ccc} & CH(CH_3)_2 & \\ & | & \\ CH_3CH_2 & CH & CHCH_2CH_3 \\ & | & \\ (CH_3)_2CH & & \end{array}$$

第三节　烷烃的分子结构

一、甲烷的分子结构

（一）碳原子的 sp^3 杂化

碳原子基态的电子构型是 $1s^22s^22p_x^12p_y^1$。按照杂化轨道理论，在形成甲烷分子时，先从碳原子的 2s 轨道上激发 1 个电子到空的 $2p_z$ 轨道上去，这样就具有 4 个各占据 1 个轨道的未成对电子。然后碳原子的 1 个 2s 轨道和 3 个 2p 轨道重新组合，形成 4 个能量相等的新轨道。像这种在同一个原子中，由能量相近的 1 个 s 轨道和 3 个 p 轨道重新组合，形成 4 个能量相等的新轨道的过程称为 sp^3 杂化。形成的新轨道称为 sp^3 杂化轨道，每个 sp^3 杂化轨道都含有 1/4 的 s 成分和 3/4 的 p 成分。

碳原子的 sp^3 杂化过程如图 2.1 所示。

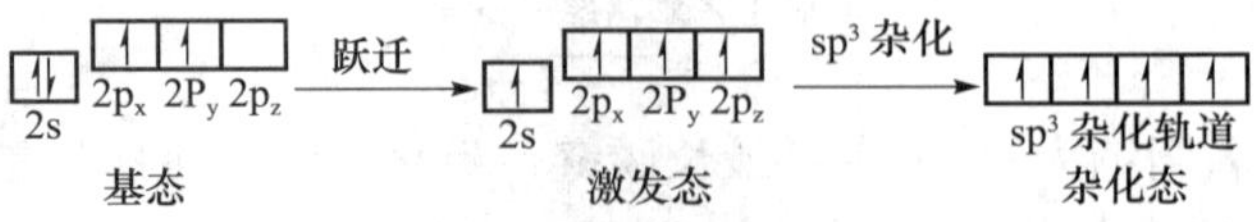

图 2.1　碳原子的 sp^3 杂化过程

4 个等价的 sp^3 杂化轨道以正四面体型对称地排布在碳原子的周围，它们的对称轴之间的夹角为 109.5°。这样可使价电子尽可能相互间距离最远、斥力最小。sp^3 轨道有方向性，图形为一头大、一头小，不同于原来的 s 轨道，也不同于原来的 p 轨道。sp^3 杂化轨道的形状、分布如图 2.2 所示。

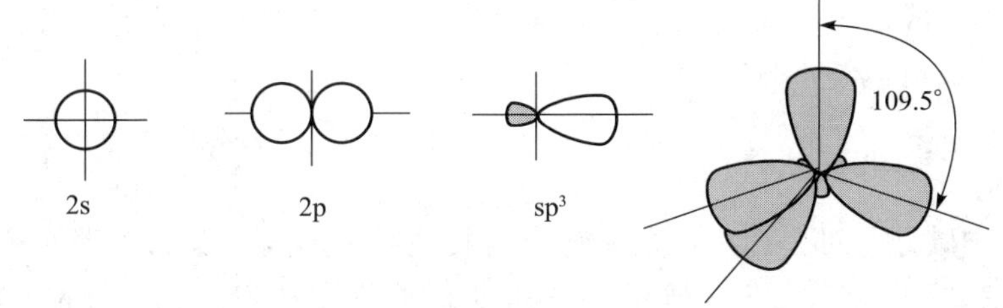

图 2.2　碳原子的 sp^3 杂化轨道

（二）甲烷的正四面体构型

甲烷是最简单的烷烃。经实验证实，甲烷分子为正四面体构型，碳原子处于正四面体的中心，与碳原子相连的 4 个氢原子位于正四面体的 4 个顶点，4 个碳氢键完全相同，键长为 0.110nm，彼此间的键角为 109.5°。甲烷的正四面体构型如图 2.3 所示。

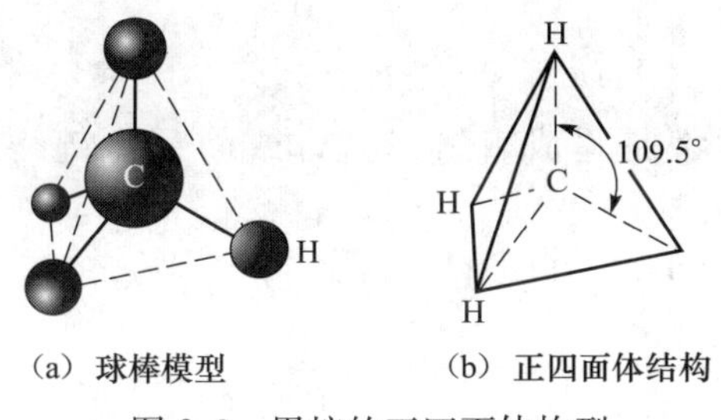

图 2.3　甲烷的正四面体构型

二、σ 键与烷烃的构型

（一）σ 键与烷烃分子的形成

2 个碳以上的烷烃分子成键时，1 个碳原子的 sp^3 轨道沿着对称轴的方向分别与另外碳的 sp^3 轨道或氢的 1s 轨道相互重叠成 σ 键。成键电子云沿键轴方向呈圆柱形对称重叠（也称为“头碰头”重叠）而形成的键叫做 σ 键，如图 2.4 所示。

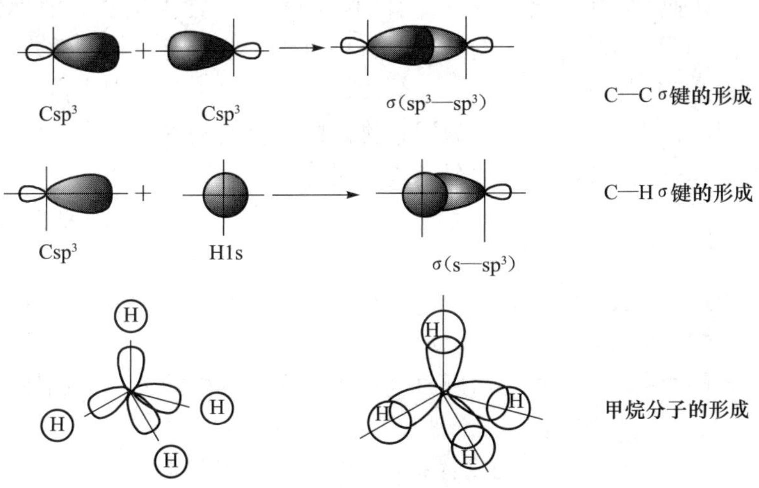

图 2.4　轨道重叠示意图

σ 键的特点：成键电子云呈圆柱形对称分布在键轴周围；电子云重叠程度大，键能大，较牢固；σ 键可以绕键轴自由旋转。

（二）烷烃的构型

烷烃分子中碳原子都是以 sp^3 杂化轨道与其他原子形成 σ 键的，碳原子都为正四面体结构，键角都接近于 109.5°。碳链一般是曲折地排布在空间的，在晶体时碳链排列整齐，呈锯齿状，在气、液态时呈多种曲折排列形式（由 σ 键自由旋转所致）。例如，正戊烷的碳链可表示为

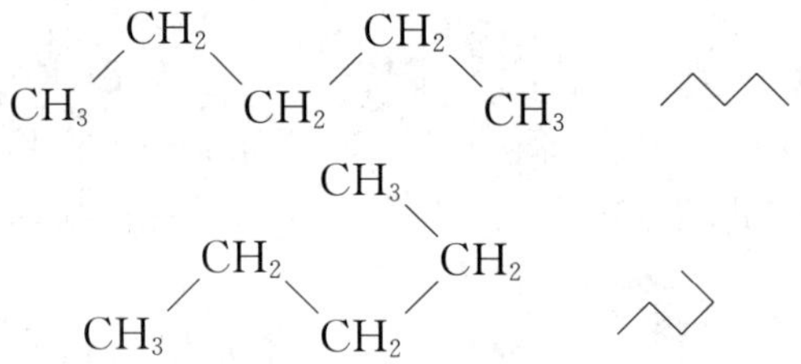

$$CH_3-CH_2-CH_2-CH_2-CH_3$$

为了书写方便，通常都是写成直链形式，或简写为键线式。例如，丁烷可表示如下：

$$CH_3CH_2CH_2CH_3 \quad 或$$

【练习】

1. 碳原子的 sp^3 杂化特征有哪些？
2. 写出下列化合物的构造式和键线式：

（1）2,3-二甲基戊烷　（2）2,4-二甲基-3-乙基己烷

第四节　烷烃的物理性质

有机物的物理性质一般指它们的状态、相对密度、熔点、沸点、折光率和溶解度等。纯净物质的物理性质在一定条件下都有固定的数值，常把这些数值称为物理常数。利用物理常数不仅可以测定化合物的纯度，且可以用于鉴定有机物。总之，无论是在实验室还是在工业上，任何有机物的制备、分离、提纯都离不开物理常数。

烷烃是一个同系列，不同烷烃互为同系物。同系物的物理性质有一定的规律性，因此了解其规律性是十分重要的。下面分别进行讨论。

一、物态

碳原子少的烷烃（通常称为低级烷烃）是气体，随着碳原子数的增加，烷烃的相对分子质量增加，同时分子间的作用力也增大，烷烃逐渐变成液体。随着碳原子数的进一步增加，相对分子质量和分子间的作用力进一步增大，则由液体变成固体。碳原子数较高的烷烃（高级烷烃）是固体。

常温常压下，C_4 以内的烷烃为气体；C_5～C_{16} 的直链烷烃是液体；C_{17} 以上的高级直链烷烃为固体。表 2.4 列出的常见直链烷烃的主要物理常数，由此可以看出同系列化合

物的物理性质随相对分子质量的增减的递变规律。

表 2.4　常见直链烷烃的物理性质

名称	熔点/℃	沸点/℃	相对密度（d_4^{20}）	物态
甲烷	−182.5	−161.5	0.424	气态
乙烷	−183.3	−88.6	0.546	
丙烷	−187.7	−42.1	0.501	
丁烷	−138.7	−0.5	0.579	
戊烷	−129.8	36.1	0.626	液态
己烷	−94.0	68.7	0.659	
庚烷	−90.6	98.4	0.684	
辛烷	−56.8	125.7	0.703	
壬烷	−53.5	150.8	0.718	
癸烷	−29.7	174.0	0.730	
十一烷	−25.6	195.8	0.740	
十二烷	−9.6	216.3	0.749	
十三烷	−6.0	235.4	0.756	
十四烷	5.5	253.7	0.763	
十五烷	10.0	270.6	0.769	
十六烷	18.2	287.0	0.773	
十七烷	22.0	301.8	0.778	
十八烷	28.2	316.1	0.777	固态
十九烷	32.1	329.0	0.776	
二十烷	36.8	343.0	0.786	

二、沸点

沸点（b. p.）是液体有机物的重要物理常数之一。直链烷烃的沸点一般随分子中碳原子数的增加而升高，但升高的数值逐渐减少。这是因为随着分子中碳原子数目的增加，相对分子质量增大，分子运动所需要的能量增大，同时分子间的相互接触面积增加，范德华力增大，沸点随之升高。正烷烃沸点与分子中所含碳原子数的关系如图 2.5 所示。

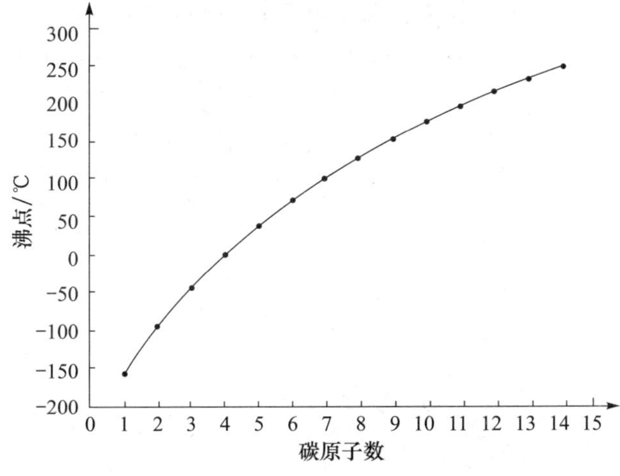

图 2.5　正烷烃沸点与分子中所含碳原子数的关系

相同碳原子数的烷烃异构体中，含支链越多的烷烃，其沸点越低。这是因为随着分子中支链数目增多，空间位阻增大，分子间的距离增大，分子间的色散力减弱，从而分子间的范德华力减小，沸点必然随之降低。例如

$CH_3CH_2CH_2CH_2CH_3$	$(CH_3)_2CHCH_2CH_3$	$(CH_3)_4C$
36.1℃	25℃	9℃

三、熔点

烷烃的熔点（m.p.）变化基本上与沸点相似。直链烷烃的熔点也随分子中碳原子数目的增加而升高。但因在晶体中，分子间作用力不仅取决于分子的大小，而且与晶体中晶格排列的对称性有关，对称性好，晶格排列紧密，熔点就相对高。C_3 以下的直链烷烃变化不规则，自 C_4 开始随着碳原子数的增加而逐渐升高，其中含偶数碳原子烷烃的熔点比相邻含奇数碳原子烷烃的熔点升高得多一些。这种变化趋势呈锯齿形上升。正烷烃的熔点与分子中所含碳原子数的关系如图 2.6 所示，呈现两条熔点曲线，偶数居上，奇数在下。这是因为偶数碳链具有较好的对称性，分子晶格排列紧密，分子间作用力大，则熔点就高。

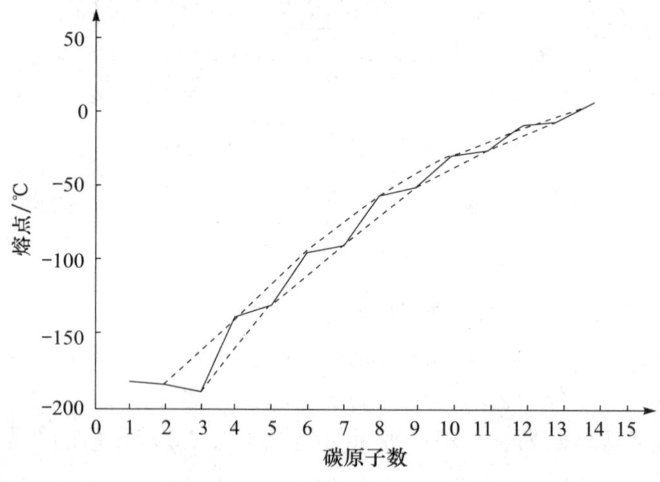

图 2.6　正烷烃的熔点与分子中所含碳原子数的关系

相同碳数的烷烃异构体中，熔点变化与沸点变化相似，含支链越多的烷烃，其熔点越低。例如

$CH_3CH_2CH_2CH_2CH_3$	$(CH_3)_2CHCH_2CH_3$	$(CH_3)_4C$
−130℃	−160℃	−17℃

四、相对密度

烃类化合物的相对密度都小于 1，比水轻。直链烷烃的相对密度随相对分子质量的增加而逐渐增大，最后趋近于最大值，约为 0.8（20℃）。

五、溶解性

烷烃几乎不溶于水，而易溶于四氯化碳、乙醇、乙醚等有机溶剂。根据“相似相溶”的经验规则，烃类分子没有极性或极性很弱，因此难溶于水，易溶于有机溶剂。

【练习】

由大到小排列下列化合物的熔点和沸点：

(1) 正己烷、正新烷、正壬烷、正癸烷

(2) $CH_3(CH_2)_6CH_3$、$CH_3CH_2C(CH_3)_2CH_2CH_2CH_3$、$(CH_3)_3CC(CH_3)_3$

第五节 烷烃的化学性质及应用

烷烃的化学性质稳定（特别是正烷烃）。在一般条件下（常温、常压），与大多数试剂如强酸、强碱、强氧化剂、强还原剂及活泼金属等都不发生反应，或反应速度极慢。原因就是烷烃分子中的共价键都为 σ 键，键能大（C—H 键 390～435kJ/mol、C—C 键 345.6kJ/mol），分子中的共价键不易极化（电负性差别小 $C_{2.5}$、$H_{2.2}$）。在符合稳定性的条件下可以安全储存烷烃类产品。但稳定性是相对的，在一定条件下（如高温、高压、光照、催化剂）烷烃能发生一些化学反应。

一、取代反应

烷烃分子中的氢原子被其他原子或基团所取代的反应称为取代反应。被卤素取代的反应称为卤代或卤化反应。

（一）卤代反应

烷烃与卤素在室温和黑暗中并不发生反应，但在高温或光照条件下则反应剧烈，甚至会发生爆炸，生成碳和氯化氢。生成的游离碳即为碳黑，但这种方法不能用于制造碳黑，工业上生产碳黑是利用天然气（主要成分为甲烷）或其他烃类经高温裂化而成的(生成碳黑和氢气)。

$$CH_4 + Cl_2 \xrightarrow{\text{强烈日光}} C + HCl$$

在漫射光照射、加热或催化剂的作用下，烷烃中的氢原子可被逐个取代，生成烃的卤素衍生物和卤化氢，同时放出热量。

$$CH_4 + Cl_2 \xrightarrow[\text{漫射光}]{400℃\text{或}} CH_3Cl + HCl$$

甲烷的氯代较难停留在一氯代阶段，所生成的一氯甲烷继续进行氯代反应：

$$CH_3Cl + Cl_2 \xrightarrow{\text{漫射光}} \underset{\text{二氯甲烷}}{CH_2Cl_2} + HCl$$

$$CH_2Cl_2 + Cl_2 \xrightarrow{\text{漫射光}} \underset{\text{三氯甲烷}}{CHCl_3} + HCl$$

$$CHCl_3 + Cl_2 \xrightarrow{\text{漫射光}} \underset{\text{四氯甲烷（又称四氯化碳）}}{CCl_4} + HCl$$

所得产物为四种混合物，且难以分离。混合物可直接用作有机溶剂，若控制一定的反应条件和原料的用量比，可得其中一种氯代烷为主的产物。例如，工业上采用热氯化的方法控制反应温度为400～450℃，甲烷与氯气之比为10∶1，这时主要产物为一氯甲烷；如果控制甲烷与氯气之比为0.263∶1，则主要产物为四氯化碳。

不同卤素反应活性不同。X_2 的反应活性为 $F_2 > Cl_2 > Br_2 > I_2$，其中氟代反应太剧烈，难以控制；而碘代反应太慢，难以进行；溴代与氯代反应相似。通常卤代是指氯代或溴代，溴代反应的选择性好，在有机合成中比氯代更有用。例如

$$CH_4 + Cl_2 \xrightarrow[\text{或 } h\nu \text{ } 25℃]{400℃} \underset{\text{氯甲烷}}{CH_3Cl} + HCl$$

$$CH_4 + Br_2 \xrightarrow[\text{或 } h\nu]{125℃} \underset{\text{溴甲烷}}{CH_3Br} + HBr$$

（二）自由基取代反应机理

反应历程是研究反应所经历的过程，反应历程又称反应机理，它是有机化学理论的主要组成部分。

反应机理是在综合大量实验事实的基础上提出的一种理论假设。假如这种假设能完美地解释实验事实和所观察到的现象，并且根据这种假设所做的推论又能被新的实验事实所证实，那么这种理论假设就是该反应的反应机理。

氯气与甲烷反应有如下事实：

(1) 甲烷和氯气混合物在室温下及黑暗处长期放置并不发生化学反应。

(2) 将氯气用光照射后，在黑暗处放置一段时间再与甲烷混合，反应不能进行；若将氯气用光照射，在黑暗处与甲烷混合，反应立即发生，且放出大量的热量。

(3) 若将甲烷用光照射后，在黑暗处迅速与氯气混合，也不发生化学反应。

从上述实验事实可以看出，甲烷氯代反应的进行与光对氯气的影响有关。首先，在光照下氯气分子吸收能量，使其共价键发生均裂，产生2个活泼氯原子（氯自由基）。这个过程称为链引发过程，即

$$Cl{:}Cl \xrightarrow{h\nu} \underset{\text{氯自由基}}{2Cl\cdot}$$

氯自由基非常活泼，它夺取甲烷分子中的一个氢原子，生成甲基自由基和氯化氢。甲基自由基与氯自由基一样活泼，它与氯气分子作用，生成一氯甲烷，同时产生新的氯自由基。这个过程称为链增长，即

$$Cl\cdot + H{:}CH_3 \longrightarrow HCl + \underset{\text{甲基自由基}}{\cdot CH_3}$$

$$\cdot CH_3 + Cl{:}Cl \longrightarrow CH_3Cl + Cl\cdot$$

新的氯自由基不但可以夺取甲烷分子中的氢，也可以夺取氯甲烷分子中的氢，再生成氯甲基自由基，即

$$Cl\cdot + H{:}CH_2Cl \longrightarrow HCl + \underset{\text{一氯甲基自由基}}{\cdot CH_2Cl}$$

$$\cdot CH_2Cl + Cl{:}Cl \longrightarrow CH_2Cl_2 + Cl\cdot$$

$$Cl\cdot + H{:}CHCl_2 \longrightarrow HCl + \cdot CHCl_2$$

二氯甲基自由基

$$\cdot CHCl_2 + Cl{:}Cl \longrightarrow CHCl_3 + Cl\cdot$$

$$Cl\cdot + H{:}CCl_3 \longrightarrow HCl + \cdot CCl_3$$

三氯甲基自由基

$$\cdot CCl_3 + Cl{:}Cl \longrightarrow CCl_4 + Cl\cdot$$

如此循环，可以使反应连续进行，生成一氯甲烷、二氯甲烷、三氯甲烷、四氯化碳等。这种由自由基引起的、连续循环进行的反应称为自由基取代反应，又称连锁反应。

在自由基反应中，虽然只要有少数自由基就可以引起一系列的反应，但反应不能无限制地进行下去，因为随着反应的进行，氯气和甲烷的含量不断降低，自由基的含量相对增加，自由基之间的碰撞机会也增加，产生了自由基之间的结合，导致反应的终止，称为链终止，即

$$Cl\cdot + Cl\cdot \longrightarrow Cl_2$$

$$\cdot CH_3 + \cdot CH_3 \longrightarrow CH_3CH_3$$

$$Cl\cdot + \cdot CH_3 \longrightarrow CH_3Cl$$

由此可见，反应的最终产物是多种卤代烃的混合物。

从上述反应过程可以看出，自由基反应通常包括三个阶段：①链的引发，即吸收能量开始产生自由基的过程；②链的增长，即反应连续进行的阶段，其特点是产生取代物和新的自由基；③链的终止，即自由基相互结合，使反应终止。

其他烷烃的卤代反应条件及反应机理与甲烷相同（光照或加热），但产物更为复杂，因卤素可取代不同碳原子上的氢，因此可得到多种一卤代或多卤代产物，且产率不同。例如，丙烷被一氯代产物有 2 种：

$$CH_3CH_2CH_3 + Cl_2 \xrightarrow{\text{光照}} \begin{cases} \xrightarrow{\text{取代 }1^\circ\text{H}} CH_3CH_2CH_2{-}Cl \\ \xrightarrow{\text{取代 }2^\circ\text{H}} CH_3\underset{\displaystyle Cl}{\underset{|}{C}}HCH_3 \end{cases}$$

丙烷被二氯代产物有 4 种：

$$CH_3CH_2CH_3 + Cl_2 \xrightarrow{\text{光照}} \begin{cases} \longrightarrow CH_3CH_2\overset{\displaystyle Cl}{\overset{|}{C}}H{-}Cl \\ \longrightarrow CH_3\overset{\displaystyle Cl}{\overset{|}{\underset{\displaystyle Cl}{\underset{|}{C}}}}CH_3 \\ \longrightarrow Cl{-}CH_2CH_2CH_2{-}Cl \\ \longrightarrow CH_3\overset{\displaystyle Cl}{\overset{|}{C}}HCH_2{-}Cl \end{cases}$$

丁烷的两种异构体被一溴代产物共有 4 种：

$$CH_3CH_2CH_2CH_3 + Br_2 \xrightarrow{300℃} \begin{cases} \xrightarrow{\text{取代 }1°H} CH_3CH_2CH_2CH_2—Br \quad 2\% \\ \xrightarrow{\text{取代 }2°H} CH_3CH_2CH(Br)CH_3 \quad 98\% \end{cases}$$

$$CH_3CH(CH_3)CH_3 + Br_2 \xrightarrow{300℃} \begin{cases} \xrightarrow{\text{取代 }1°H} CH_3CH(CH_3)CH_2Br \quad \text{微量} \\ \xrightarrow{\text{取代 }3°H} CH_3CBr(CH_3)CH_3 \quad 99\% \end{cases}$$

异戊烷被一氯代产物也有 4 种：

$$CH_3CH(CH_3)CH_2CH_3 + Cl_2 \xrightarrow{\text{光}} \begin{cases} \rightarrow CH_2Cl—CH(CH_3)CH_2CH_3 \quad 33.5\% \\ \rightarrow CH_3—CCl(CH_3)—CH_2CH_3 \quad 22\% \\ \rightarrow CH_3CH(CH_3)—CHClCH_3 \quad 28\% \\ \rightarrow CH_3CH(CH_3)CH_2CH_2Cl \quad 16.5\% \end{cases}$$

由上看出烷烃卤代产物复杂，且卤代时伯、仲、叔氢被取代的产物产率不同。这是因为伯、仲、叔氢的相对反应活性不同，它们的活性次序为叔氢＞仲氢＞伯氢＞甲基氢。所以，在正丁烷被溴代时仲氢被取代的产物产率最高，异丁烷被溴代时叔氢被取代的产物产率最高。

氢原子的活性次序与自由基的稳定性有关。氢原子越活泼，反应过程中生成的自由基中间体越稳定，反应越易进行。

$$\underset{1°H\text{ 不活泼}}{CH_3CH(CH_3)CH_2—\overset{1°}{H}} \longrightarrow \underset{1°\text{ 碳正离子不稳定}}{CH_3CH(CH_3)CH_2\cdot} \qquad \underset{3°H\text{ 活泼}}{CH_3C(\overset{3°}{H})(CH_3)CH_3} \longrightarrow \underset{3°\text{ 碳正离子稳定}}{CH_3\overset{3°}{\dot{C}}(CH_3)CH_3}$$

碳自由基的稳定次序为 $3°R\cdot > 2°R\cdot > 1°R\cdot > CH_3\cdot$。

二、氧化反应

常温时，烷烃通常不与氧化剂反应，也不与氧气反应。但烷烃在空气中燃烧，当空

气（氧气）充足时，生成二氧化碳和水，并放出大量的热能。例如

$$CH_4+O_2 \longrightarrow CO_2+2H_2O+890kJ/mol$$

$$C_nH_{2n+2}+\frac{3n+1}{2}O_2 \longrightarrow nCO_2+(n+1)H_2O+Q$$

由于放出大量热，使汽油、柴油等烷烃可作为动力燃料。但燃烧不完全时会生成游离碳，常见的动力车尾所冒的黑烟，就是油类燃烧不完全所产生的游离碳。

$$CH_4+O_2 \longrightarrow C+2H_2O$$

控制一定的条件使烷烃进行选择性氧化，工业上可用于生产含氧衍生物的化工原料，如羧酸、醛、酮、醇等。例如

$$CH_4+O_2 \xrightarrow[600℃]{NO} HCHO+H_2O$$

$$RCH_2CH_2R'+O_2 \xrightarrow[120℃]{KMnO_4} RCOOH+R'COOH$$

三、异构化反应

在化学反应中，从化合物的一种异构体转变为另一种异构体的反应称为异构化反应。异构化反应是石油化工中的一个重要反应。例如

$$CH_3CH_2CH_2CH_3 \xrightleftharpoons{AlCl_3,HCl} CH_3-\underset{}{\overset{\overset{\large CH_3}{|}}{C}H}-CH_3$$

异构化反应是可逆反应，支链异构体的多少与温度有关，温度低有利于生成支链的烷烃。烷烃的异构化通常在酸性催化剂作用下进行，常用的催化剂有 $AlCl_3$、$AlBr_3$、BF_3、SiO_2-Al_2O_3 和 H_2SO_4 等。

异构化反应在石油工业中具有重要意义。例如，将直链烷烃异构化为支链烷烃可提高汽油的质量。又如，石蜡在适当条件下进行异构化，可以得到黏度和适用温度较好的润滑油。

四、裂化和裂解反应

烷烃在高温下发生分解的反应叫做裂化反应。反应时发生 C—C 键和 C—H 键断裂以及一些其他反应，生成低级烷烃、烯烃及氢等复杂的混合物。例如

$$CH_3CH_2CH_2CH_3 \xrightarrow{\triangle} \begin{cases} CH_4+CH_2{=}CH-CH_3 \\ CH_3-CH_3+CH_2{=}CH_2 \\ CH_2{=}CHCH_2CH_3+H_2 \end{cases}$$

对于直链烷烃，碳链越长越容易裂化。

裂化反应在工业上具有非常重要的意义。由于反应温度和所需要的目的产物不同，工业上通常把低于 700℃，以主要获得油品为目的所进行的反应，称为裂化反应。把加热或加压加热完成的裂化反应，称为热裂化；而在催化剂存在下，经加热完成的裂化反应，称为催化裂化。其主要目的都是为了提高油品（如汽油、柴油等）的产量和质量。例如，在硅酸铝存在下，于 450～500℃，石油高沸点馏分经裂化可得到汽油。利用这

种方法生产的汽油称为催化裂化汽油，其质量比由原油直接蒸馏得到的汽油好（辛烷值高），可直接使用。

工业上将高于 750℃，以获得乙烯等重要化工原料为主要目的所进行的反应称为裂解反应。目前世界上许多国家采用不同的石油原料进行裂解以制备乙烯和丙烯等化工原料，并常常以乙烯的产量来衡量一个国家的石油化学工业的水平。

【练习】

1. 写出 2,2,4-三甲基戊烷进行氯代反应可能得到的一氯代产物的结构式。

2. 丙烷裂解时得到以乙烯为主的产物，根据反应基本原理写出反应中可能生成的其他产物。

第六节　烷烃的来源和用途

烷烃的天然来源主要为石油和天然气。石油通常是淡黄色、褐色、暗绿色或黑色的黏稠液体。它的成分非常复杂，其组成也因产地而异。石油的主要成分是烃类（烷烃、环烷烃和芳香烃）。从油田中采出来的原油需进行加工处理，首先把溶解在石油中的气体烃类分离出来，然后根据不同需要，按一定沸点范围，把石油分馏成若干馏分，在各馏分中包含的烃类基本上是不同的。由于原油的组成不同、需要不同，所以各地所分馏的石油馏分也不同。天然气是蕴藏在地层内的可燃气体，其主要成分是低相对分子质量的烷烃（甲烷、乙烷等）的混合物。天然气可分为干气和湿气两种。干气的成分主要是甲烷（含 80%～90%），湿气除含有 60%～70%的甲烷外，尚含有大量的乙烷、丙烷、丁烷和戊烷。它们除可作燃料外，也是重要的化工原料，可合成许多化工产品，如炭黑、乙炔、甲醇、尿素等。在油井中，除石油外，还有一种称为油田气的气体随石油逸出，它也是天然气。

另外，在动植物蜡中也含有多种高级烷烃。例如，苹果皮和烟叶上分别含有 C_{27}～C_{29} 和 C_{27}～C_{31} 的高级烷烃。烷烃的另一种奇异用途是作为“昆虫外激素”。例如，有一种蚁，能分泌一种有气味的物质来传递警戒信息，这种有气味的物质中含有正十烷和正十三烷；雌性的蘑菇蝇体中能分泌不带支链的 C_{27}～C_{31} 烷烃的混合物，其中 $C_{17}H_{36}$ 活性最大，能引诱雄蝇。人们利用昆虫激素的专一性，用人工合成的性引诱剂来诱杀害虫，这是新兴的第三代农药，应用在农业上具有重大意义。

甲烷是沼气的主要组分。在沼泽地或湖底地层中的某些有机物质，在隔绝空气和适宜温度、湿度情况下，受微生物的分解作用便产生沼气。产生沼气的原料十分丰富，如人畜粪便、稻草、麦秆、茎叶、杂草等，都可产生沼气。这些原料取之不尽，用之不竭，可为人类造福。

烷烃广泛存在于自然界中。石油气的主要成分是低级烷烃，天然气是 C_1～C_8 低级烷烃混合物，主要成分是甲烷（80%），煤油、柴油也是烷烃混合物。此外，还有石油醚、石蜡、液体石蜡、凡士林等常用产品。

石油醚为低级烷烃混合物，沸点范围为 30～60℃的是戊烷和己烷的混合物；沸点范围为 90～120℃的是庚烷和辛烷的混合物。石油醚为无色、透明液体，不溶于水而溶于有机溶剂和油脂中，是一种常用的有机溶剂。由于极易燃烧并有毒性，使用和储存时要特别注意安全。

石蜡为 C_{20}～C_{24}的固体烃的混合物，熔点为47～65℃，医药上用于蜡疗、药丸包衣、封瓶、理疗等。

液体石蜡是 C_{18}～C_{24}的液体烷烃混合物，呈透明状液体，不溶于水和醇，能溶于醚和氯仿中，医药上常用作溶剂。因为在体内不会被吸收，也常用做肠道润滑的缓泻剂。

凡士林为 C_{18}～C_{22}的烷烃混合物，为软膏状半固体，熔点为38～60℃，不溶于水，溶于醚和石油醚。凡士林一般为黄色，经漂白或脱色可得白凡士林。因为它不会被皮肤吸收，而且化学性质稳定，不易与软膏中的药物起反应，所以在医药上常用做软膏基质。

知识链接

未来新能源——可燃冰

自20世纪60年代以来，人们在冻土带和海洋深处发现了一种可以燃烧的“冰”——可燃冰。可燃冰在地质上称为天然气水合物（natural gas hydrate，简称 gas hydrate）。可燃冰是由天然气与水分子结合形成的外观似冰的白色或浅灰色固态结晶物质。结构上是甲烷和水所形成的一种笼形气体水合物，即水分子通过氢键相互吸引构成笼，甲烷分子就存在于这种笼中，甲烷分子与水分子间通过范德华力相互吸引而形成笼形水合物，所以又称“笼形包合物”（clathrate）。因为主要由水分子和烃类气体分子（主要是甲烷）组成，所以也称为甲烷水合物。可燃冰极易燃烧，可作为上等能源。

可燃冰最初被发现，并不是在海底。早在20世纪30年代，工程技术人员就发现，一些天然气输气管经常会被奇怪的冰块堵塞。化学家对这些冰块进行分析后得知，这是甲烷等气体被关在冰晶体中形成的。当时，这些甲烷水合物被视为一种麻烦，而不是一种新型的能源。

20世纪70年代，美国地质工作者在海洋中钻探时发现了一种看上去像普通干冰的东西，当它从海底被捞上来后，那些“冰”很快就成为冒着气泡的泥水，而那些气泡却意外地被点着了，这些气泡的成分就是甲烷。1996年夏天，德国科学家搭乘一艘海洋考察船对北太平洋水域进行考察，以寻找这种神秘的冰晶体。结果，水下摄像机在800m深的海底拍摄到了晶莹的亮光。科学家们从海底迅速取出了样品。为了证实这就是充满甲烷的冰晶体，一位科学家从这种冰块上取下一小块，用火柴点燃，冰雪般的东西开始燃烧，发出魔幻般淡红色的火焰，直至冰块变成了一滩水。因为纯净的天然气水合物外观呈白色，形似冰雪，可以像固体酒精一样直接点燃，因此，人们通俗、形象地称其为“可燃冰”。

后来的实验证明，$1m^3$ 这种可燃冰燃烧，相当于 $164m^3$ 的天然气燃烧所产生的热值。据粗略估算，在地壳浅部，可燃冰储层中所含的有机碳总量，大约是全球石油、天然气和煤等化石燃料含碳量的2倍。有专家认为，水合甲烷这种新型能源一旦得到开采，将使人类的燃料使用史延长几个世纪。目前的科研考察结果表明，它仅存在于海底或陆地冻土带内。可燃冰被西方学者称为“21 世纪能源”和“未来新能源”。

可燃冰的形成至少要满足三个条件：第一是温度不能太高，如果温度高于 20℃，它就会“烟消云散”；第二是压力要足够大，海底越深压力就越大，可燃冰也就越稳定；第三是要有甲烷气源，海底古生物尸体的沉积物，被细菌分解后会产生甲烷。所以，可燃冰在世界各大洋中均有分布。

可燃冰在给人类带来新的能源前景的同时，对人类生存环境也提出了严峻的挑战。天然可燃冰呈固态，不会像石油开采那样自喷流出，如果把它从海底一块块搬出，在从海底到海面的运送过程中，甲烷就会挥发殆尽，同时还会给大气造成巨大危害。为了获取这种清洁能源，世界许多国家都在研究天然可燃冰的开采方法。科学家们认为，一旦开采技术获得突破性进展，那么可燃冰立刻会成为 21 世纪的主要能源。相反，如果开采不当，后果将会是灾难性的。在导致全球气候变暖方面，甲烷所起的作用比二氧化碳要大 1000 多倍，而可燃冰矿藏哪怕受到最小的破坏，都足以导致甲烷气体的大量泄漏，从而引起强烈的温室效应。另外，陆缘海边的可燃冰开采起来十分困难，一旦发生井喷事故，就会造成海啸、海底滑坡、海水毒化等灾害，并会毁坏现有的海底工程设施，如海底输电或通信电缆和海洋石油钻井平台等。所以，可燃冰的开发利用就像一柄“双刃剑”，需要小心对待。

（1）烷烃的通式为 C_nH_{2n+2}。C_4 以上的烷烃由于碳架不同，存在构造不同的同分异构体。

（2）烷烃分子中的碳原子进行了 sp^3 杂化，碳与碳、碳与氢都形成 σ 键。σ 键的主要特点是轨道重叠程度大，键比较牢固；成键电子云呈圆柱形对称分布在键轴周围，成键两原子可以绕键轴相对自由旋转。由此决定烷烃的化学性质比较稳定。

（3）烷烃的系统命名法原则如下：

① 直链烷烃的系统命名法与习惯命名法一致，只是不加“正”字。

② 支链烷烃的命名。

a. 选母体（或主链）。选择分子中最长的碳链作为母体，若有两条或两条以上等长碳链，应选择支链最多的一条为母体，根据母体所含碳原子数目称为“某烷”。

b. 给母体碳原子编号。为标明支链在母体中的位置，编号应遵循“最低系列”原则。

c. 写出名称。将取代基按“次序规则”写在主链名称的前面，相同基团合并写出，位置用 2，3，…标出，取代基数目用二，三，…标出。

（4）烷烃的物理性质：

① 常温常压下，C_4 以内的烷烃为气体；C_5～C_{16} 的直链烷烃为液体；C_{17} 以上的高级直链烷烃为固体。

② 直链烷烃的沸点一般随分子中碳原子数的增加而升高，但升高的数值逐渐减少。

③ 烷烃的熔点变化基本上与沸点相似，也随分子中碳原子数目的增加而升高。

④ 烃类化合物的相对密度都小于1，比水轻。直链烷烃的相对密度随相对分子质量的增加而逐渐增大，最后趋近于最大值，约为0.8（20℃）。

⑤ 烷烃几乎不溶于水，而易溶于四氯化碳、乙醇、乙醚等有机溶剂。根据“相似相溶”的经验规则，烃类分子没有极性或极性很弱，因此难溶于水，易溶于有机溶剂。

（5）烷烃的化学性质：

① 稳定性。

② 卤代：

$$RH+X_2 \xrightarrow{\text{光或强热}} RX+HX \quad (X=Cl_2Br)$$

③ 氧化反应：

$$RH+O_2 \xrightarrow{\text{点燃}} CO_2+H_2O$$

$$RCH_2CH_2R'+O_2 \xrightarrow{\text{锰盐}} ROH+R'CHO+R''COOH$$

④ 裂化和裂解反应：

$$CH_3CH_2CH_2CH_3 \xrightarrow{\triangle} \begin{cases} CH_4+CH_2{=}CH{-}CH_3 \\ CH_3{-}CH_3+CH_2{=}CH_2 \\ CH_2{=}CHCH_2CH_3+H_2 \end{cases}$$

（6）烷烃的天然来源主要为石油和天然气，石油的主要成分是烃类，天然气是 C_1～C_8 低级烷烃混合物，主要成分是甲烷（80%），煤油、柴油也是烷烃混合物。

习题

1. 请列出 C—C σ 键的主要特点。

2. 什么是伯、仲、叔、季碳原子？什么是伯、仲、叔氢原子？

3. 命名下列各基：

（1）R—　　（2）$CH_3CH_2CH_2$—　　（3）$(CH_3)_3C$—

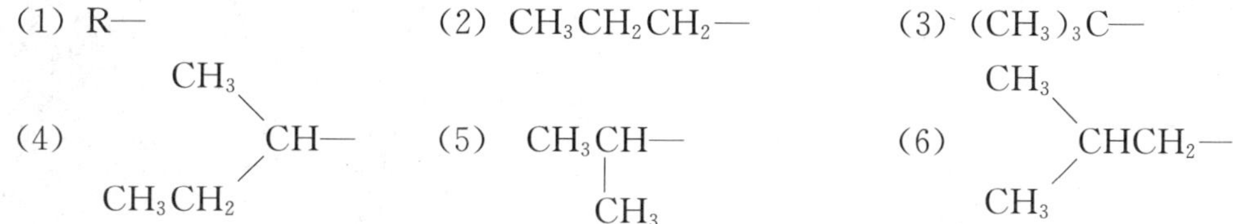

4. 将下列烷烃按照沸点由高到低的顺序排列（不要查表）：

（1）辛烷、甲基庚烷、2,3-二甲基戊烷、2-甲基己烷

（2）3,3-二甲基戊烷、正庚烷、2-甲基庚烷、正戊烷、2-甲基己烷

5. 请确定下列名称是否正确，正确地写出结构式：

（1）3,3-二甲基丁烷　　（2）4-乙基-5,5-二甲基辛烷

（3）2,4,5,5-四甲基-4-乙基庚烷　　（4）3,4-二甲基-5-乙基癸烷

6. 用系统命名法命名下列化合物：

（1）$(CH_3)_2CHCH_2CH_2CH(C_2H_5)_2$　　（2）$CH_3CH_2C(CH_2CH_3)_2CH_2CH_3$

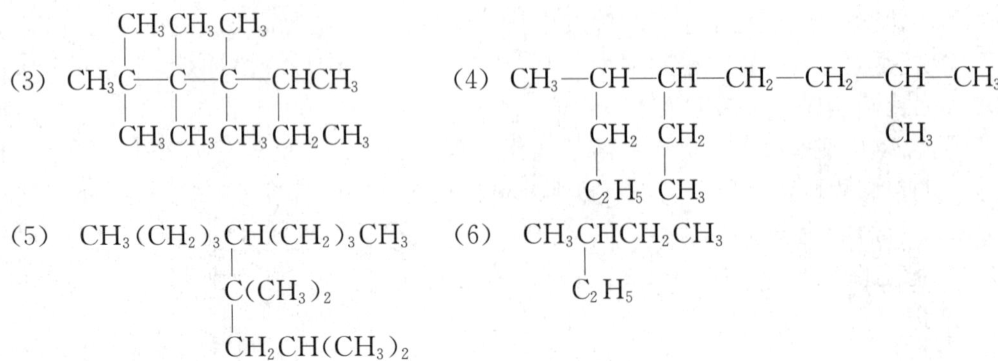

7. 下列各结构式共代表几种化合物？用系统命名法命名：

(1) $CH_3-\underset{|}{\overset{CH_3}{\overset{|}{CH}}}$
$\quad CH_2-\underset{\underset{CH_3}{|}}{CH}-\underset{\underset{CH_3}{|}}{CH}-CH_3$

(2) $CH_3-\overset{CH_3}{\overset{|}{CH}}-CH_2-\underset{\underset{CH_3}{|}}{CH}-\overset{CH_3}{\overset{|}{CH}}-CH_3$

(3) $CH_3\underset{\underset{CH_3}{|}}{CH}-\overset{CH_3}{\overset{|}{CH}}-\underset{\underset{CH_3}{|}}{CH}\overset{CH_3}{\overset{|}{CH}}CH_3$

(4) $(CH_3)_2CH-CH_2-\underset{\underset{CH(CH_3)_2}{|}}{CH}CH_3$

8. 写出下列化合物的构造式：

(1) 2,4-二甲基己烷 (2) 2-甲基-3-乙基庚烷

(3) 2,4-二甲基-3-乙基辛烷 (4) 2,3,4-三甲基-3-乙基己烷

9. 分子式为 C_8H_{18} 的烷烃与氯在紫外光照射下反应，产物中的一氯代烷只有一种，写出这个烷烃的结构。

10. 将下列游离基按稳定性由大到小排列：

$CH_3CH_2CH_2\dot{C}HCH_3$ $\quad CH_3CH_2CH_2CH_2CH_2\cdot$ $\quad CH_3\underset{\underset{CH_3}{|}}{\dot{C}}CH_2CH_3$

11. 写出符合下列条件的烷烃的构造式，并用系统命名法命名：

(1) 只含伯氢原子的戊烷 (2) 含一个叔氢的戊烷

(3) 只含伯氢和仲氢的己烷 (4) 只含一个叔碳的己烷

(5) 只含一个季碳的己烷 (6) 只含一种一氯取代的戊烷

(7) 有三种一氯取代的戊烷 (8) 有四种一氯取代的戊烷

(9) 有两种二氯取代的戊烷

12. 烷烃在发生高温气相氯化时，烷烃分子中任何一个氢原子都可能被取代生成一氯代烷。写出下列烷烃一元氯代生产的产物的构造式：

(1) 丙烷 (2) 正丁烷 (3) 异丁烷

(4) 异戊烷 (5) 正戊烷 (6) 新戊烷

第三章　烯烃和二烯烃

学习目标

1. 了解烯烃的结构、分类；掌握烯烃的命名方法。
2. 理解烯烃的异构现象和亲电加成反应机理。
3. 熟悉烯烃的物理性质、变化规律和常用制备方法。
4. 能利用烯烃的重要性质来鉴别有机物。
5. 能利用烯烃的重要化学性质来设计有机合成路线。

案例导入

加拿大某公司生产出一种新型屋面材料，这种塑料橡胶合成屋面材料具有很多优异的特性：质轻，与标准沥青屋顶毡的质量相当，比混凝土和板岩屋面瓦的质量要轻得多，安装时不再需要额外的支撑，具有100年的使用寿命，远远超过最高的工业标准；具有很好的抗紫外线照射和耐寒性；具有极好的防水性，完全浸泡在水中72h以后也不会吸收水分；此外，还具有很好的防火性，优良的绝热和隔音性。在北美、英国已经有不少建筑采用了这种屋面材料，其中包括教堂、博物馆、学校和医院等。其实，这些塑料橡胶合成的基本原料大都属于烯烃，最常见的原料有乙烯、丙烯、丁二烯等。

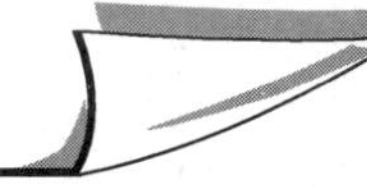

第一节　烯烃的结构

分子中含有碳碳双键（C═C）的烃，叫做烯烃。含有1个C═C双键的烯烃称为单烯烃，它比相应烷烃少2个氢原子。C═C双键是烯烃的官能团。烷烃中不含有C═C双键，这是两者的根本区别，烯烃比相应烷烃少2个氢原子，故烯烃的通式为C_nH_{2n}。在烯烃分子中，由于C═C双键的存在，不是所有碳原子的价数都被饱和了，因此，相对于烷烃而言，烯烃又称为不饱和烃。

烯烃和烷烃在结构上的差别，就是烯烃分子中含有C═C双键。因此考查烯烃的结构，主要是考察C═C双键的结构。由于乙烯（$CH_2═CH_2$）是最简单的烯烃，分子结构也最具代表性，故以乙烯为例来进行讨论。

杂化轨道理论认为，乙烯分子中每个碳原子以1个2s轨道和2个2p轨道重新组合，形成3个能量相等的新轨道，称为sp^2杂化轨道，余下的1个2p轨道未参与杂化。

如图 3.1 所示是碳原子的 sp^2 杂化过程。

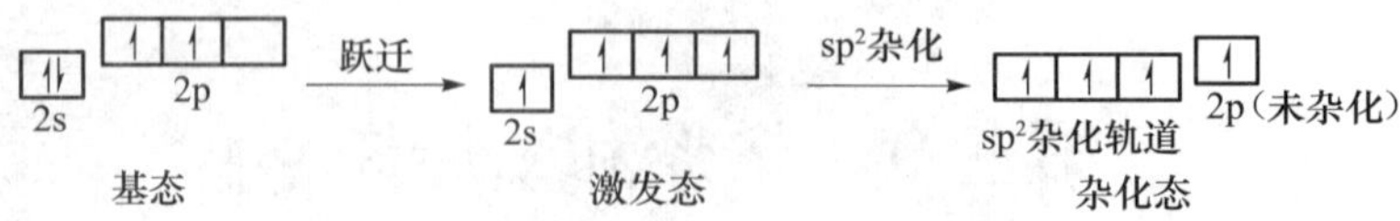

图 3.1　碳原子的 sp^2 杂化过程

每一个 sp^2 杂化轨道 s 成分占 1/3，p 成分占 2/3，其形状是一头大、一头小的葫芦形。3 个 sp^2 杂化轨道以平面三角形对称地排布在碳原子周围，它们的对称轴之间的夹角为 120°，这样，轨道的电子之间排斥力最小，体系最稳定。未参与杂化的 2p 轨道垂直于 3 个 sp^2 杂化轨道组成的平面，如图 3.2 所示。

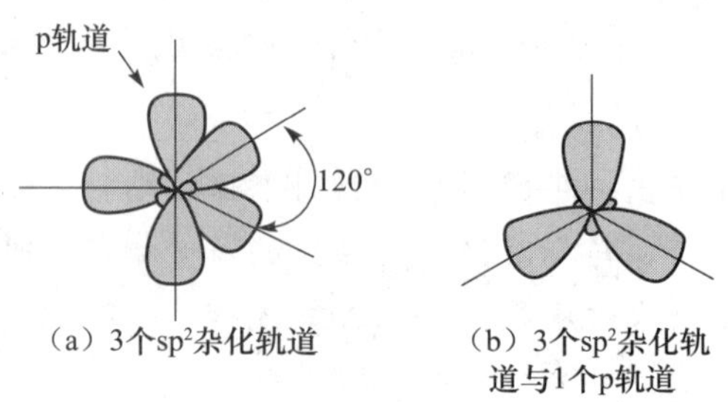

图 3.2　碳原子的 sp^2 杂化轨道

乙烯分子形成时，2 个碳原子各以一个 sp^2 杂化轨道沿键轴方向重叠形成 1 个 C—Cσ 键，并以剩余的 2 个 sp^2 杂化轨道分别与 2 个氢原子的 1s 轨道沿键轴方向重叠形成 4 个等同的 C—Hσ 键，5 个 σ 键都在同一平面内，因此乙烯为平面构型。此外，每个碳原子上还有一个未参与杂化的 p 轨道，2 个碳原子的 p 轨道相互平行，侧面重叠成键。这种成键原子的 p 轨道侧面重叠形成的共价键叫做 π 键。乙烯分子中的 σ 键和 π 键如图 3.3 所示。

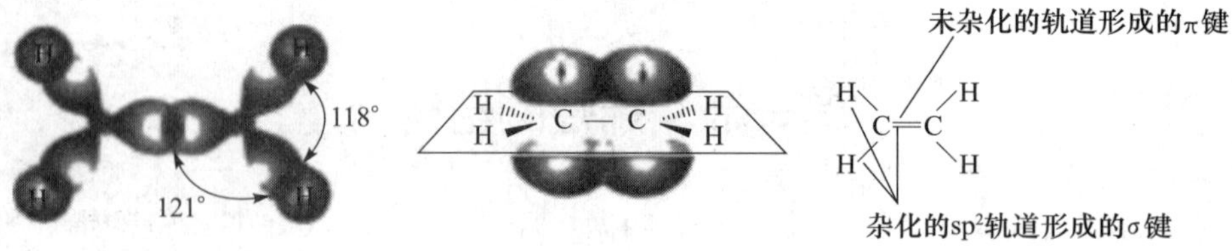

图 3.3　乙烯分子的结构

在其他烯烃分子中，碳碳双键的状态基本上与乙烯中的双键相同，它们都是由一个 σ 键和一个 π 键组成的。由于碳碳之间存在 2 个键，所以碳碳双键的键长（0.133nm）较碳碳单键（0.154nm）为短。π 键较 σ 键弱，较易断裂。σ 键和 π 键的特点比较见表 3.1。

表 3.1　σ 键和 π 键的特点比较

项目	σ 键	π 键
存在	可以单独存在	不能单独存在，只能与 σ 键共存
形成	成键轨道沿键轴重叠，重叠程度大	成键轨道平行侧面重叠，重叠程度小

续表

项目	σ键	π键
分布	电子云对称分布在键轴周围，呈圆柱形	电子云对称分布于σ键所在平面的上下
性质	① 键能较大，比较稳定 ② 成键的2个原子可沿键轴自由旋转 ③ 电子云受核的束缚大，不易极化	① 键能较小，不稳定 ② 成键的2个原子不能沿键轴自由旋转 ③ 电子云受核的束缚小，容易极化

由于π键是由成键原子轨道以“肩并肩”的方式侧面重叠成键的，不能自由旋转，重叠程度小于σ键，π电子云对称地分布在分子平面的上方和下方，在外界试剂的作用下，易发生变形、极化、断裂，表现为活泼的化学性质，如烯烃的加成反应、聚合反应等。

【练习】

乙烯分子中各个键是由哪种轨道形成的？

第二节　烯烃的命名

一、常见的烯基

从烯烃分子中去掉1个氢原子后剩下的基团叫做烯基。较常见的烯基有

$CH_2{=}CH—$ 乙烯基　　$CH_3CH{=}CH—$ 丙烯基　　$CH_2{=}CHCH_2—$ 烯丙基

二、烯烃的命名原则

烯烃的命名原则和烷烃基本相同，也有普通命名法、衍生命名法和系统命名法。其中，普通命名法只有个别烯烃适用。例如

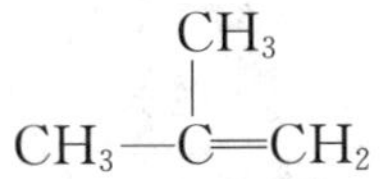

$CH_3—C(CH_3){=}CH_2$　异丁烯

对于比较简单的烯烃，也可以采用衍生命名法，即以乙烯作为母体，将其他部分看成乙烯的烃基衍生物来命名。例如

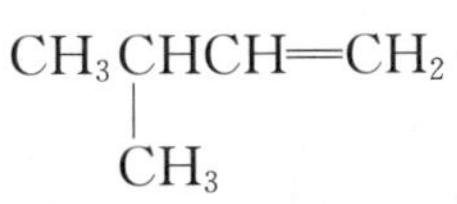

$CH_3CH(CH_3)CH{=}CH_2$　异丙基乙烯　　$C_6H_5—CH{=}CH_2$　苯（基）乙烯

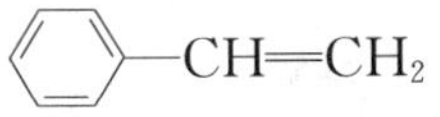

烯烃命名法主要采用系统命名法，但由于烯烃分子中存在C═C双键官能团，因此，其命名方法与烷烃又有所不同，命名规则如下：

（1）选择含有C═C双键在内的最长碳链作为主链，支链作为取代基，根据主链上的碳原子数目，称为“某烯”。

（2）将主链上的碳原子从距离C═C双键最近的一端开始依次用阿拉伯数字1，2，3，…编号，C═C双键的位次用两个双键碳原子中编号小的碳原子的号数表示，放在某烯之前，数字与“某烯”之间用半字线相连。

（3）取代基的位次、数目、名称写在烯烃名称之前，其原则和书写格式与烷烃相同。例如

$$\underset{\displaystyle CH_3}{CH_3-\underset{|}{CH}-CH{=}CH_2}$$

3-甲基-1-丁烯

$$CH_3-\underset{\displaystyle CH_3}{\underset{|}{CH}}-CH{=}\underset{\displaystyle CH_3}{\underset{|}{C}}-CH_3$$

2,4-二甲基-2-戊烯

$$CH_3-CH_2-\underset{\displaystyle CH_3-CH_2-CH_2}{\underset{|}{C}}{=}CH-CH_3$$

3-乙基-2-己烯

$$CH_3-\underset{\displaystyle CH_3}{\underset{|}{CH}}-\underset{\displaystyle CH_3}{\underset{\|}{C}}-CH_2-CH_3$$

3-甲基-2-乙基-1-丁烯

与烷烃不同，当烯烃主链的碳原子数多于 10 个时，命名时汉字数字与烯字之间应加一个“碳”字，而烷烃则没有此要求。例如

$CH_2{=}CH(CH_2)_9-CH_3$　　$CH_3(CH_2)_9CH_2CH_3$

1-十二碳烯　　十二烷

通常把 C ═C 双键处于端位的烯烃，即双键在 C-1 和 C-2 之间的烯烃统称为 α-烯烃。这一术语在石油化学工业中使用较多。例如，下列烯烃虽具体名称不同，但都可以笼统地叫做 α-烯烃。

$CH_3CH_2CH{=}CH_2$　　$CH_3(CH_2)_{15}CH{=}CH_2$

1-丁烯　　1-十八碳烯

【练习】

用系统命名法命名下列化合物：

（1）$CH_3-\underset{\displaystyle CH_3}{\underset{|}{C}}{=}CH-CH_3$

（2）$CH_3-CH{=}CH-\overset{\displaystyle CH_3}{\overset{|}{\underset{\displaystyle CH_3}{\underset{|}{C}}}}-CH_3$

（3）$CH_3-\underset{\displaystyle CH_3-CH_2-CH_2}{\underset{|}{CH}}-\underset{\displaystyle CH_2-CH_3}{\underset{|}{C}}{=}CH_2$

（4）$CH_3-\underset{\displaystyle CH_3}{\underset{|}{C}}{=}CH-\underset{\displaystyle CH_3}{\underset{|}{CH}}-CH_3$

（5）$CH_3-CH{=}\underset{\displaystyle CH_3}{\underset{|}{C}}-CH_2CH_3$

（6）$CH_3-CH{=}\underset{\displaystyle CH_2-CH_3}{\underset{|}{C}}-CH_3$

三、烯烃的顺反异构和命名

由于双键不能自由旋转，也由于双键两端碳原子连接的 4 个原子是处在同一平面上的，因此，当双键的 2 个碳原子各连接不同基团时，它们在空间的排列就有两种不同的情况，即有两种不同的异构体。

$$\begin{matrix} a & & & & a \\ & \diagdown & & \diagup & \\ & & C{=}C & & \\ & \diagup & & \diagdown & \\ b & & & & b \end{matrix} \qquad \begin{matrix} a & & & & b \\ & \diagdown & & \diagup & \\ & & C{=}C & & \\ & \diagup & & \diagdown & \\ b & & & & a \end{matrix}$$

顺式　　反式

如上式所示，2 个相同基团处于双键同侧的叫做顺式，反之叫做反式。这种由于双

键的碳原子连接不同基团而形成的异构现象，叫做顺反异构现象，形成的同分异构体叫做顺反异构体。顺反异构体的分子构造是相同的，即分子中各原子的连接次序是相同的，但分子中各原子在空间的构型是不同的。这种由不同的空间排列方式引起的异构现象叫做立体异构现象。顺反异构仅是立体异构中的一种。

烯烃的顺反异构体的命名，可采用顺反命名法和 *Z-E* 命名法（或称 *Z-E* 标记法）两种方法。

（一）顺反命名法

烯烃顺反异构体的命名可分两步进行，首先写出烯烃的名称，然后判断烯烃有无顺反异构，即在任意一双键碳原子上有相同的原子或基团，则无顺反异构，反之则有。最后根据顺反结构在烯烃名称前分别冠以“顺-”和“反-”即可。例如

$$CH_3CH{=}CHCH_3 \quad \text{2-丁烯}$$

CH_3 与 CH_3 同侧，H 与 H 同侧：$(CH_3)(H)C{=}C(CH_3)(H)$

顺-2-丁烯

CH_3 与 H 同侧，H 与 CH_3 同侧：$(CH_3)(H)C{=}C(H)(CH_3)$

反-2-丁烯

（二）*Z-E* 命名法

当 2 个双键碳原子所连接的 4 个原子或基团都不相同时，则采用 *Z-E* 命名法，它适用于所有顺反异构。*Z-E* 命名法就是规定了用 *E* 和 *Z* 两个字母分别标记顺反异构体的方法。*E* 是德语 entgegen 的第一个字母，是“相反”的意思；*Z* 是德语 zusammen 的第一个字母，是“共同”的意思。这个命名法是以比较各取代基团的先后次序来区别顺反异构体的，而这种先后次序是由“次序规则”规定的。

“次序规则”是按照优先的次序排列原子或基团，其要点如下：

(1) 将连接在双键碳原子上的 2 个原子，按原子序数的大小排列，原子序数大的“优先”排在前面，小的排在后面。常见原子的优先次序为

$$I>Br>Cl>S>P>F>O>N>C>D>H$$

根据此次序来分别比较每一个双键碳原子上所连接的 2 个原子或基团，在次序中排在前者称为“较优基团”。按此规定，取代基团$-CH_3$、$-H$、$-Br$、$-OH$、$-NH_2$中，次序应为

$$-Br>-OH>-NH_2>-CH_3>-H$$

如果 2 个双键碳原子的“较优基团”在双键的同侧，为 *Z* 型；在两侧的为 *E* 型。例如

优 CH_3 与 Br 优 同侧，H 与 CH_3 同侧：$(CH_3)(H)C{=}C(Br)(CH_3)$

(*Z*)-2-溴-2-丁烯

优 CH_3 与 CH_3 同侧，H 与 Br 优 同侧：$(CH_3)(H)C{=}C(CH_3)(Br)$

(*E*)-2-溴-2-丁烯

（2）当与双键碳原子相连接的是基团时，在排序时只比较与双键碳原子直接连接的原子：若第一个原子相同，才比较第二个原子；若第二个也相同，则比较第三个，以此类推。常见烷基的次序为$—C(CH_3)_3>—CH(CH)_2>—CH_2CH_3>—CH_3$。例如

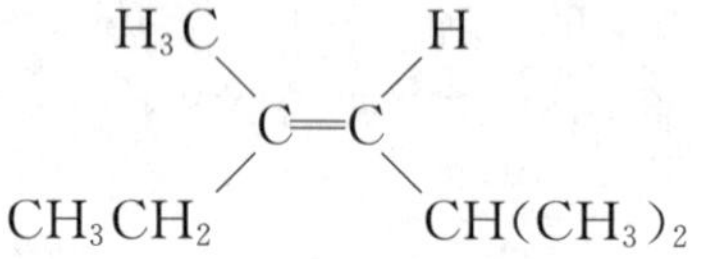

$$\begin{array}{ccc} H_3C & & H \\ & C{=}C & \\ CH_3CH_2 & & CH(CH_3)_2 \end{array} \qquad \begin{array}{ccc} H & & CH_2CH_3 \\ & C{=}C & \\ H_3C & & CH_3 \end{array}$$

(*Z*)-2,4-二甲基-3-己烯 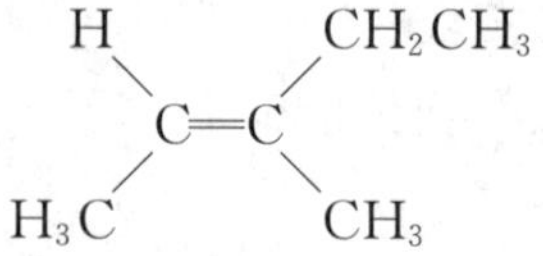　　　　(*E*)-3-甲基-2-戊烯

（3）当基团是含有双键或叁键的不饱和基时，可以把双键或叁键看做连有两个或三个相同的原子，再进行比较。例如，下列基团的先后次序是

$$—C_6H_5 > —C{\equiv}CH > —CH{=}CH_2$$

【练习】

用系统命名法命名下列烯烃，如有顺反异构体，则用 *Z-E* 命名法进行命名：

（1）$(C_2H_5)_2C{=}CHCH_3$

（2）$C_2H_5—\underset{\displaystyle CH_3}{\underset{|}{C}}{=}CH—\underset{\displaystyle CH_3}{\underset{|}{CH}}—CH_3$

（3）$CH_2{=}\underset{\displaystyle CH_3}{\underset{|}{C}}(CH_2)_2CH_3$

（4）$(CH_3)_3CCH{=}CHCH_2CH_3$

第三节　烯烃的物理性质

烯烃在许多物理性质方面与烷烃相似，都是无色物质，都具有一定的气味。在常温常压下，C_4 以下的烯烃是气体，C_5～C_{18}的烯烃是液体，C_{19}以上的烯烃是固体。沸点和相对密度随相对分子质量的增加而递升；α-烯烃的沸点比双键在碳链中间的异构体稍低；直链烯烃的沸点比带支链的异构体略高；顺式异构体比反式异构体有较高的沸点和较低的熔点。烯烃的相对密度都小于 1，难溶于水，而溶于有机溶剂（如苯、四氯化碳、乙醚等）。需要指出的是，烯烃可溶于浓硫酸中，此点与烷烃不太一样。一些常见烯烃的物理常数见表 3.2。

表 3.2　一些常见烯烃的物理常数

名称	构造式	熔点/℃	沸点/℃	相对密度（d_4^{20}）
乙烯	$CH_2{=}CH_2$	−169.5	−103.7	0.570（在沸点时）
丙烯	$CH_3CH{=}CH_2$	−185.2	−47.7	0.610（在沸点时）
1-丁烯	$CH_3CH_2CH{=}CH_2$	−6.4	−6.4	0.625（在沸点时）
顺-2-丁烯	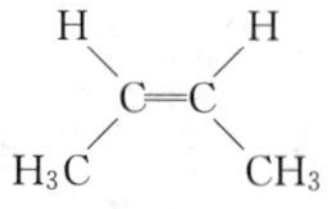 $\begin{array}{ccc} H & & H \\ & C{=}C & \\ H_3C & & CH_3 \end{array}$	−139.3	3.5	0.6213

续表

名称	构造式	熔点/℃	沸点/℃	相对密度（d_4^{20}）
反-2-丁烯	H(CH₃)C=C(H)CH₃ (反式)	−105.5	0.9	0.6042
2-甲基-1-丙烯	$(CH_3)_2C{=}CH_2$	−140.8	−6.9	0.631（−10℃）
1-戊烯	$CH_3(CH_2)_2CH{=}CH_2$	−166.2	30.1	0.641
1-己烯	$CH_3(CH_2)_3CH{=}CH_2$	−139	63.5	0.673
1-庚烯	$CH_3(CH_2)_4CH{=}CH_2$	−119	93.6	0.697
1-十八碳烯	$CH_3(CH_2)_{15}CH{=}CH_2$	17.5	179	0.791

第四节　烯烃的化学性质

烯烃的化学性质较烷烃活泼得多，主要原因是分子中存在着碳碳双键。由于组成碳碳双键的 π 键易断裂，使得这类化合物主要以碳碳双键为反应中心，易发生加成、氧化、聚合等反应。此外，在烯烃分子中 α-碳原子（和双键碳直接相连的碳原子）上的氢原子（又称 α-氢原子）也容易发生取代反应。

$$R{-}\underset{\underset{H}{|}}{CH}{-}CH{=}CH_2 \quad (\uparrow ①\ 双键;\ \leftarrow ②\ \alpha\text{-}H)$$

①碳碳双键上的反应（加成、氧化、聚合）；②α-H 的反应（取代）

一、加成反应

在一定条件下，烯烃与一些试剂作用，烯烃分子内的 C═C 双键中 π 键断裂，在双键的两个碳原子上各加上一个原子或基团，这种反应称为加成反应。

$$\gt C{=}C\lt \ + X{-}Y \longrightarrow -\underset{X}{\overset{|}{C}}-\underset{Y}{\overset{|}{C}}-$$

烯烃　　试剂　　加成产物

烯烃所发生的反应，多数是加成反应。通过加成反应，可以从烯烃合成出许多有用的化合物。

（一）催化加氢

在铂、钯或镍等金属催化剂的存在下，烯烃可以与氢气加成生成烷烃。例如

$$CH_2{=}CH_2 + H_2 \xrightarrow{催化剂} CH_3{-}CH_3$$

$$R{-}CH{=}CH_2 + H_2 \xrightarrow{催化剂} R{-}CH_2{-}CH_3$$

通过烯烃的催化加氢反应，不仅利用氢化热可以从实验上初步确定烯烃的稳定性，而且在工业和实验室中具有重要用途。例如，在石油加工工业中，从石油加工所得粗汽油常含有少量烯烃，由于烯烃易发生氧化或聚合等反应而影响油品质量，若对粗汽油进行加氢处理，则可得到无烯烃的汽油，从而提高油品的稳定性。这种汽油叫做加氢汽油。

（二）亲电加成反应

烯烃具有 C＝C 双键，在分子平面位置的上方和下方都有较大的 π 电子云，容易受到带正电荷或带部分正电荷的离子或分子的进攻而发生反应。带正电荷或带部分正电荷的离子或分子具有亲电的性质，这类物质称为亲电试剂。由亲电试剂的作用而引发的反应叫做亲电加成反应。

1. 与卤素加成

烯烃与卤素发生加成反应，生成邻二卤代物。例如

$$CH_2=CH_2+Cl_2 \longrightarrow \underset{\underset{Cl}{|}}{CH_2}-\underset{\underset{Cl}{|}}{CH_2}$$

1,2-二氯乙烷

$$CH_3-CH=CH_2+Br_2 \longrightarrow CH_3-\underset{\underset{Br}{|}}{CH}-\underset{\underset{Br}{|}}{CH_2}$$

烯烃和溴的加成是检验 C＝C 双键的一个特征反应，常用于烯烃的定性检验。当烯烃遇到红棕色的溴的四氯化碳溶液时，红棕色很快变浅或消失。用此方法也可检查汽油、煤油中是否含有烯类等不饱和烃。

相同的烯烃和不同的卤素进行加成时，卤素的活性顺序为 $F>Cl>Br>I$。氟与烯烃的反应太剧烈，往往会使碳链断裂；碘与烯烃难以发生加成反应。故烯烃与卤素的加成，一般是指加溴或加氯。

烯烃与氯、溴加成，烯烃的活性顺序为 $(CH_3)_2C=CH_2>CH_3CH=CH_2>CH_2=CH_2$。

2. 与卤化氢加成

烯烃可与卤化氢（HCl、HBr、HI）发生加成反应，生成一卤代烷。

$$\gt C=C\lt +HX \longrightarrow -\underset{\underset{H}{|}}{\overset{|}{C}}-\underset{\underset{X}{|}}{\overset{|}{C}}-$$

例如，工业上生产氯乙烷的方法之一就是在三氯化铝的催化下，温度为 130～250℃，乙烯与氯化氢反应生成氯乙烷。

$$CH_2=CH_2+HCl \xrightarrow[130\sim250℃]{AlCl_3} \underset{\underset{H}{|}}{CH_2}-\underset{\underset{Cl}{|}}{CH_2}$$

氯乙烷

氯乙烷可用做乙基化剂——在有机物分子中引入乙基，还可用做溶剂和冷冻剂等。由于它在皮肤上能很快蒸发，因此可使该部位冷至麻木而不致冻伤组织，故可用做局部麻醉剂。

溴化氢和碘化氢可与烯烃发生同样的反应，且比氯化氢容易进行。与烯烃发生反应的卤化氢的活性顺序为 HI＞HBr＞HCl，氟化氢一般不与烯烃加成。

双键碳原子上连接不相同的原子或基团的烯烃称为不对称烯烃，如丙烯、1-丁烯、2-甲基-2-丁烯等。当这些烯烃与卤化氢加成时，遵守一条经验规则，即不对称烯烃与卤化氢等不对称试剂加成时，卤化氢分子中的氢原子加到含氢较多的双键碳原子上，卤原子加到含氢较少的双键碳原子上。这条规则早在 1869 年由俄国化学家马尔科夫尼科夫（Markovnikov）依据大量实验总结得到，此经验规律称马尔科夫尼科夫规则，简称马氏规则。例如：

$$CH_3CH_2CH{=}CH_2 + HBr \xrightarrow{\text{醋酸}} \underset{80\%}{CH_3CH_2\underset{\displaystyle Br}{\underset{|}{C}}HCH_3} + \underset{20\%}{CH_3CH_2CH_2\underset{\displaystyle Br}{\underset{|}{C}}H_2}$$

应用马氏规则，可以对许多此类反应的产物进行预测，并指导我们利用这一反应来制备卤代烷。

当有过氧化物如 H_2O_2、R—O—O—R 等存在时，HBr 与不对称烯烃加成时，以反马氏规则方式进行。例如

$$CH_3-\underset{\displaystyle CH_3}{\underset{|}{C}}{=}CH_2 + HBr \xrightarrow{\text{无过氧化物}} CH_3-\overset{\displaystyle CH_3}{\overset{|}{\underset{\displaystyle Br}{\underset{|}{C}}}}-CH_3 \quad \text{马氏加成}$$

$$CH_3-\underset{\displaystyle CH_3}{\underset{|}{C}}{=}CH_2 + HBr \xrightarrow{\text{过氧化物}} CH_3-\underset{\displaystyle CH_3}{\underset{|}{C}H}-\underset{\displaystyle Br}{\underset{|}{C}H_2} \quad \text{反马氏加成}$$

3. 与硫酸加成

烯烃与冷的浓硫酸混合，反应生成硫酸氢酯，硫酸氢酯水解生成相应的醇。例如

$$CH_2{=}CH_2 + HOSO_3H \longrightarrow \underset{\text{硫酸氢乙酯}}{CH_3CH_2OSO_3H} \xrightarrow[\triangle]{H_2O} CH_3CH_2OH + H_2SO_4$$

不对称烯烃与硫酸加成时，反应产物也符合马氏规则。例如

$$CH_3-CH{=}CH_2 + HOSO_3H \longrightarrow \underset{\text{硫酸氢异丙酯}}{CH_3\underset{\displaystyle OSO_3H}{\underset{|}{C}H}CH_3} \xrightarrow[\triangle]{H_2O} \underset{\text{异丙醇}}{CH_3\underset{\displaystyle OH}{\underset{|}{C}H}CH_3} + H_2SO_4$$

这是工业上生产乙醇、异丙醇等低级醇的一种方法，即烯烃间接水合法。烯烃和硫酸的加成也常用来使烯烃和烷烃进行分离，烯烃可溶于硫酸生成硫酸酯，而烷烃不溶于硫酸。

4. 与水加成

在酸催化作用下，烯烃与水加成生成醇，但除乙烯外都得不到伯醇。不对称烯烃与水加成符合马氏规则。例如

$$CH_2{=}CH_2 + H_2O \xrightarrow[300℃,7MPa]{H_3PO_4,硅藻土} CH_3CH_2OH$$

$$CH_3CH{=}CH_2 + H_2O \xrightarrow[250℃,4MPa]{H_3PO_4,硅藻土} CH_3\underset{\large OH}{\underset{|}{C}}HCH_3$$

这是目前工业上生产乙醇、异丙醇的一个重要方法，即烯烃直接水合法。

烯烃与水的加成也符合马氏规则，所以除乙烯外，都得不到伯醇。采用直接水合法制备醇，可避免使用腐蚀性大的硫酸，而且省去稀硫酸的浓缩回收过程，这既可以保护设备，减少能耗，又可以避免酸性废水的污染。但是采用直接水合法要求烯烃纯度需达到97%以上；而采用间接水合法，纯度较低的烯烃也可以用，两种方法各有利弊。

5. 与次卤酸加成

在水存在下，烯烃主要与次氯酸和次溴酸加成，生成的产物是卤代醇。次卤酸与不对称烯烃加成时符合马氏规则。例如

$$CH_2{=}CH_2 + HOCl \longrightarrow \underset{\large Cl}{\underset{|}{C}}H_2{-}\underset{\large OH}{\underset{|}{C}}H_2$$

氯乙醇

$$CH_3CH{=}CH_2 + HOCl \longrightarrow CH_3\underset{\large OH}{\underset{|}{C}}H{-}\underset{\large Cl}{\underset{|}{C}}H_2$$

1-氯-2-丙醇

在实际生产中，并不是先制备次卤酸，再发生加成反应，而是烯烃与卤素（Cl_2 或 Br_2）在水溶液中直接进行反应。例如

$$CH_2{=}CH_2 + Cl_2 + H_2O \xrightarrow{50\sim60℃} \underset{\large Cl}{\underset{|}{C}}H_2{-}\underset{\large OH}{\underset{|}{C}}H_2 + HCl$$

（三）聚合反应

烯烃可以在一定条件下，发生双键断裂而相互加成，得到长链的大分子或高分子化合物。由相对分子质量低的有机物相互作用而生成高分子化合物的反应叫做聚合反应。聚合反应中，参加反应的相对分子质量低的小分子化合物叫做单体，生成的相对分子质量高的化合物叫做聚合物。例如

$$n\ \underset{乙烯}{CH_2{=}CH_2} \longrightarrow \underset{聚乙烯}{{-}\!\!\left[CH_2{-}CH_2\right]\!\!_n{-}}$$

$$n\ \underset{丙烯}{\underset{\large CH_3}{\underset{|}{C}}H{=}CH_2} \longrightarrow \underset{聚丙烯}{{-}\!\!\left[\underset{\large CH_3}{\underset{|}{C}}H{-}CH_2\right]\!\!_n{-}}$$

上式中乙烯和丙烯分别为聚合物聚乙烯和聚丙烯的单体；$\text{-}[\text{CH}_2\text{—CH}_2]\text{-}$等称为链节；$n$ 称为聚合度。

聚乙烯和聚丙烯具有非常广泛的用途。但聚合条件不同，聚合度不同，用途也不尽相同。例如，低压聚乙烯密度较大，主要用于制造瓶、罐、槽、管和壳体结构等工业制品和生活用品；高压聚乙烯密度较低，广泛用做包装薄膜、农用薄膜、抽丝织网、吹塑容器等，也可用做电缆包皮等绝缘材料。

二、氧化反应

烯烃分子中由于C═C双键的存在而比较容易发生氧化反应。当所用氧化剂和反应条件不同时，氧化产物不同。

（一）催化氧化

在催化剂存在下，烯烃可用空气或氧气氧化，C═C双键被打开而生成氧化产物。如工业上用银或氧化银为催化剂，使乙烯被空气中的氧直接氧化，双键中的π键断裂而生成环氧乙烷。环氧乙烷是重要的有机合成中间体。

$$\text{CH}_2\text{═CH}_2 + \text{O}_2 \xrightarrow[250℃]{\text{Ag}} \text{H}_2\text{C}\text{—}\text{CH}_2 \text{（两个C经O相连成环：环氧乙烷）}$$

若在氯化钯-氯化铜水溶液中，用空气或氧气氧化乙烯、丙烯等烯烃，则生成相应的醛或酮。

例如

$$\text{CH}_2\text{═CH}_2 + \text{O}_2 \xrightarrow{\text{PdCl}_2\text{-CuCl}_2} \underset{\text{乙醛}}{\text{CH}_3\text{—CHO}}$$

$$\text{CH}_3\text{—CH═CH}_2 + \text{O}_2 \xrightarrow{\text{PbCl}_2\text{-CuCl}_2} \underset{\text{丙酮}}{\text{CH}_3\text{—}\overset{\overset{\text{O}}{\|}}{\text{C}}\text{—CH}_3}$$

上述方法是目前工业上生产环氧乙烷和乙醛的主要方法，而由丙烯氧化制备丙酮已被工业化采用。

（二）高锰酸钾氧化

烯烃容易被高锰酸钾氧化。当使用冷的、稀的高锰酸钾中性或微碱性水溶液氧化烯烃时，生成连二醇，高锰酸钾被还原成棕色的二氧化锰从溶液中析出。

$$3\text{R—CH═CH}_2 + 2\text{KMnO}_4 + 4\text{H}_2\text{O} \longrightarrow 3\underset{\text{连二醇}}{\text{R—}\underset{\text{OH}}{\underset{|}{\text{CH}}}\text{—}\underset{\text{OH}}{\underset{|}{\text{CH}_2}}} + 2\text{MnO}_2 + 2\text{KOH}$$

这个反应常用来检验 C═C 双键。常温时把紫色的稀高锰酸钾溶液滴加到含有双键的化合物中，振荡，高锰酸钾的紫色逐渐消失，同时生成棕色的二氧化锰沉淀。

若用酸性高锰酸钾溶液作氧化剂，并使反应在加热的条件下进行，则烯烃的 C═C 双键完全断裂，得到羧酸或酮。且烯烃的结构不同，所得氧化产物也不同。

$$R—CH═CH_2 \xrightarrow[H^+]{KMnO_4} \underset{\text{羧酸}}{R—\underset{\substack{|\\OH}}{C}═O} + CO_2 + H_2O$$

$$R—CH═CR'_2 \xrightarrow[H^+]{KMnO_4} \underset{\text{羧酸}}{R—\underset{\substack{|\\OH}}{C}═O} + \underset{\text{酮}}{R—\underset{\substack{\|\\O}}{C}—R}$$

从上述反应可以看出，CH_2 ═构造被氧化成二氧化碳和水；R—CH ═构造被氧化成羧酸；R_2C═（R 可以相同，也可以不同）构造被氧化成酮。因此可根据所得产物的构造推测烯烃的构造。

（三）过氧酸氧化

烯烃可以被有机过氧酸（又称过酸）氧化，其氧化产物也为环氧化物，因此这类反应也称为环氧化反应。例如

$$CH_3CH═CHCH_3 + \underset{\text{过氧乙酸}}{CH_3\overset{\substack{O\\\|}}{C}—O—OH} \longrightarrow \underset{\diagdown O \diagup}{CH_3CH—CHCH_3} + CH_3COOH$$

此反应是在无水的惰性溶剂中和在较温和的条件下进行的，产物容易分离和提纯，产率通常也较高。它为环氧乙烷及其衍生物的制备提供了一个很好的方法。

（四）臭氧化

烯烃与臭氧作用生成臭氧化物，后者在还原剂（如锌粉）存在下会发生水解，则生成醛或酮。例如

$$CH_3—\underset{\substack{|\\CH_3}}{C}═CH_2 \xrightarrow[②Zn/H_2O]{①O_3} \underset{\text{丙酮}}{CH_3—\underset{\substack{|\\CH_3}}{C}═O} + \underset{\text{甲醛}}{H—\overset{\substack{O\\\|}}{C}—H}$$

三、α-氢原子的反应

（一）氯代反应

烯烃与卤素在室温下可发生双键的亲电加成反应，但在高温（500～600℃）时主要

发生 α-氢原子被卤原子取代的反应。例如，丙烯与氯气在约 500℃ 主要发生取代反应，生成 3-氯-1-丙烯。

$$CH_3—CH═CH_2 + Cl_2 \xrightarrow[80\%]{500℃} \underset{\substack{|\\ Cl}}{CH_2}—CH═CH_2 + HCl$$

3-氯-1-丙烯

这是工业上生产 3-氯-1-丙烯的方法。3-氯-1-丙烯主要用于制备甘油、环氧氯丙烷和树脂等。

（二）氧化反应

在一定条件下，α-氢原子也可被氧化。例如：

$$CH_3—CH═CH_2 + O_2 \xrightarrow[350\sim450℃，0.1\sim0.5MPa]{CuO\text{-}SiO_2} CH_2═CH—CHO + H_2O$$

丙烯醛

这是目前工业上生产丙烯醛的主要方法。丙烯醛是重要的有机合成中间体，利用它可以制造饲料添加剂蛋氨酸，也是制造甘油等的原料。

若丙烯的氧化反应在氨存在下进行，则生成丙烯腈。

$$CH_3—CH═CH_2 + O_2 + NH_3 \xrightarrow[440℃，63\sim74kPa]{\text{磷、钼、铋系催化剂}} CH_2═CH—CN + H_2O$$

丙烯腈

此反应中既发生了氧化反应，也发生了氨化反应，故通常叫做氨氧化反应。用氨氧化法由丙烯制造丙烯腈是目前工业上生产丙烯腈的主要方法。丙烯腈是生成合成纤维、合成树脂和合成橡胶的重要原料。

【练习】

1. 如何用化学方法鉴别丙烯和丙烷？如何除去丙烷中的少量丙烯？
2. 试根据下列经酸性高锰酸钾溶液氧化后生成的产物来推断烯烃的构造式。

（1）CO_2 和 H_2O　　（2）$CH_3—\overset{\overset{\large O}{\|}}{C}—CH_3$

（3）CH_3COOH、CO_2 和 H_2O　　（4）$CH_3—\underset{\substack{|\\ CH_3}}{CH}—\overset{\overset{\large O}{\|}}{C}CH_3$

第五节　碳碳双键亲电加成反应机理

一、诱导效应

电负性不同的原子间形成的共价键，成键电子云偏向电负性较大的原子一方，使共价键出现极性，这种极性不但影响与电负性较大原子直接相连的部分，也会影响到分子中的其他部分。由于成键原子间电负性不同而产生的极性，能使整个分子的电子云通过诱导作用，沿碳链向某一方向偏移。这种原子间的相互影响称为诱导效应。

例如，在1-氯丙烷分子中，由于C—Cl键的极性，使电子云沿碳链向氯原子偏移，氯原子带上部分负电荷，直接与氯原子相连接的C—1带上部分正电荷，而与氯原子不直接相连的C—2和C—3也带上一些弱或更弱的正电荷，如下所示：

```
      H    H    H
      |    |    |
H→³C→²C→¹C⁺→Cl⁻
      |    |    |
      H    H    H
```

在上式中，箭头“→”表示σ电子云的偏移方向。诱导效应沿碳链的影响随距离增加而迅速减弱，一般到第三个碳原子后就很微弱，可忽略不计。

诱导效应用符号“I”表示。方向通常是以C—H键为基准的，比氢电负性大的原子或原子团具有较大的吸电性，称为吸电子基，产生吸电子效应（－I）；比氢电负性小的原子或原子团具有较大的供电性，称为供电子基，产生供电子效应（＋I）。

一些常见取代基的吸电子能力由强到弱的次序如下：

$$—NH_2>—NR_2>—NO_2>—CN>—COOH>—F>—C>—B>—I>—OA>$$
$$—COOR>—OR>—COR>—OH>—C_6H_5>—CH\quad CH_2>—H$$

一些常见取代基的供电子能力由强到弱的次序如下：

$$—O^->—COO^->—C(CH_3)_3>—CH(CH_3)_2>—CH_2CH_3>—CH_3>H$$

二、立体效应

立体效应是由分子中各原子或基团的空间适配性或反应分子间的各原子或基团的空间适配性所引起的一种形体效应，其强弱取决于相关原子或基团的大小和形状。最普通的立体效应是空间位阻，一般指体积庞大的取代基直接影响化合物反应活性部分的显露，阻碍反应试剂对反应中心的有效进攻；也可以指进攻试剂的庞大体积影响其有效地进入反应位置。

常见烷基的空间位阻如下：

$$—C(CH_3)_3>—CH(CH_3)_2>—CH_2CH_3>—CH_3$$

三、碳正离子的稳定性

碳正离子的特征是缺电子碳上带有正电荷。根据静电学定律，带电体的稳定性随着电荷的分散而增大。因此，碳正离子的稳定性主要决定于缺电子碳原子上正电荷分散的情况，电荷越分散，体系越稳定。

烷基在大多数情况下表现为给电子性，当带正电荷的碳原子与烷基相连时，由于烷基供电的结果，中心碳原子上的正电荷得到分散，而趋于稳定。中心碳原子上连的供电基越多，碳正离子越稳定。

由于甲基是供电子基，所以烷基碳正离子稳定性大小的顺序是：

$$\underset{\displaystyle CH_3}{CH_3-\overset{}{\underset{|}{C^+}}-CH_3} > \underset{\displaystyle CH_3}{CH_3-\underset{|}{C^+}H} > CH_3-C^+H_2 > C^+H_3$$

即

叔碳正离子＞仲碳正离子＞伯碳正离子＞甲基正离子

四、碳碳双键亲电加成反应机理

实验表明，烯烃与卤素、卤化氢、硫酸等的加成是分两步进行的。以烯烃与卤化氢（HX）的加成为例：

第一步是烯烃分子受反应体系中 HX 的影响，π 电子云偏移，使双键中一个碳原子上带有部分负电荷，易受到 HX 分子中带正电部分的进攻，生成碳正离子中间体。

$$-\overset{|}{\underset{|}{C}}=\overset{|}{\underset{|}{C}}- + H\rightarrow X \longrightarrow -\overset{|}{\underset{\underset{\displaystyle H}{|}}{C}}-\overset{|}{\underset{|}{C^+}}- + X^-$$

第二步是碳正离子迅速与 X^- 结合生成卤代烷。

$$-\overset{|}{\underset{\underset{\displaystyle H}{|}}{C}}-\overset{|}{\underset{|}{C^+}}- + X^- \longrightarrow -\overset{|}{\underset{\underset{\displaystyle H}{|}}{C}}-\overset{|}{\underset{\underset{\displaystyle X}{|}}{C}}-$$

第一步是由 HX 中的亲电试剂 H^+ 进攻 C═C 双键，像这样的加成反应叫做亲电加成反应。第一步反应活化能高，加成反应的速度取决于第一步反应的快慢。实际上若生成的碳正离子稳定性高，就容易生成，反应速率也快。例如，丙烯和溴化氢的加成：

$$CH_3-CH=CH_2 + HBr \xrightarrow{慢} \begin{cases} CH_3-C^+HCH_3\ (\text{I}) + Br^- \xrightarrow{快} \underset{\displaystyle Br}{CH_3\underset{|}{C}HCH_3} \\ CH_3CH_2-C^+H_2\ (\text{II}) + Br^- \xrightarrow{快} CH_3CH_2CH_2Br \end{cases}$$

由于生成的仲碳正离子（Ⅰ）的稳定性大于伯碳正离子（Ⅱ），所以最后的生成产物以 2-溴丙烷为主。

【练习】

1. 写出烯烃 C_6H_{12} 的所有同分异构体，并命名，指出哪些有顺反异构体。

2. 写出下列基团或化合物的结构式：

（1）乙烯基　（2）丙烯基　（3）烯丙基　（4）异丙烯基

（5）顺-4-甲基-2-戊烯　（6）(*E*)-3,4-二甲基-3-庚烯

3. 某化合物分子式为 C_8H_{16}，它可以使溴水退色，也可以溶于浓硫酸，经臭氧化，在锌粉存在下水解只得一种产物丁酮，写出该烯烃可能的结构式。

4. 某化合物经催化加氢能吸收 1 分子氢，与过量的高锰酸钾作用生成丙酸，写出该化合物的结构式。

第六节　二　烯　烃

分子中含有 2 个碳碳双键的开链不饱和烃，叫做二烯烃，又叫双烯烃。由于它比烯烃多一个碳碳双键，故通式为 C_nH_{2n-2}。又因分子中含有 2 个碳碳双键，因此最简单的二烯烃至少具有 3 个碳原子。当分子中含有多个碳碳双键时，叫做多烯烃，但以二烯烃最重要。

一、二烯烃的分类

在二烯烃分子中，由于 2 个碳碳双键的相对位置不同，致使其性质也有差异。因此通常根据二烯烃分子中 2 个碳碳双键相对位置的不同，将二烯烃分为三种类型。

（1）累积二烯烃：2 个双键连在同一个碳原子上的二烯烃。例如

$CH_2{=}C{=}CH_2$　　$CH_3{-}CH{=}C{=}CH_2$

丙二烯　　1,2-丁二烯

（2）共轭二烯烃：2 个双键被 1 个单键隔开的二烯烃。例如

$CH_2{=}CH{-}CH{=}CH_2$　　$CH_2{=}\underset{\substack{|\\CH_3}}{C}{-}CH{=}CH_2$

1,3-丁二烯　　2-甲基-1,3-丁二烯（异戊二烯）

（3）隔离二烯烃：2 个双键被 2 个或 2 个以上的单键隔开的二烯烃。例如

$CH_2{=}CH{-}CH_2{-}CH{=}CH_2$　　$CH_3{-}CH{=}CH{-}\underset{\substack{|\\CH_3}}{CH}{-}CH{=}CH_2$

1,4-戊二烯　　3-甲基-1,4-己二烯

在二烯烃中，累积二烯烃一般不稳定，所以存在不多。隔离二烯烃的结构和性质基本上和烯烃相同。而共轭二烯烃则具有特殊的结构和性质，它除了具有烯烃双键的性质外，还具有特殊的稳定性和加成规律，它在理论研究和工业应用上都有重要的地位。

二、二烯烃的命名

二烯烃的命名原则与单烯烃相似。其基本要点如下：

（1）选择含有 2 个双键最长的碳链为主链，根据主链的碳原子数称为“某二烯”。

（2）从靠近双键的一端开始将主链中的碳原子编号，按照“较优先基团后列出”的原则，将取代基的位次、数目、名称以及 2 个双键的位次写在母体名称的前面。例如

$CH_3{-}\underset{\substack{|\\CH_3}}{CH}{-}CH{=}CH{-}CH{=}CH_2$　　$CH_3{-}\underset{\substack{|\\CH_3}}{C}{=}CH{-}\underset{\substack{|\\CH_2CH_3}}{C}{=}CH_2$

5-甲基-1,3-己二烯　　4-甲基-2-乙基-1,3-戊二烯

（3）若有顺反异构，每个双键的构型需用顺、反或 Z、E 标明。例如

H　　　H
C=C　　　H
CH_3CH_2　　　C=C
CH_3　　　CH_3

顺，顺-3-甲基-2,4-庚二烯
(2*E*,4*Z*)-3-甲基-2,4-庚二烯

CH_3CH_2　　　H
C=C　　　CH_3
H　　　C=C
CH_3　　　H

反，反-3-甲基-2,4-庚二烯
(2*Z*,4*E*)-3-甲基-2,4-庚二烯

三、共轭二烯烃的分子结构

（一）1,3-丁二烯的结构

1,3-丁二烯是最简单的共轭二烯烃。在1,3-丁二烯分子中，每个碳原子都以 sp^2 杂化与其他碳原子的 sp^2 杂化轨道或氢原子的 1s 轨道相互交盖，形成 3 个 C—C σ 键和 6 个C—H σ 键，这些 σ 键以及 4 个碳原子和 6 个氢原子在同一平面上，所有键角接近 120°。每个碳原子余下的一个未参与杂化且与该平面垂直的 p 轨道，它们在侧面相互重叠交盖形成 π 键，如图 3.4 所示。

在构成 π 键时，不仅 C-1 与 C-2 的 p 轨道和 C-3 与 C-4 的 p 轨道从侧面交盖，而且 C-2 与 C-3 之间的 p 轨道也有一定程度的交盖，因此 C-2 与 C-3 之间的键长缩短，且具有部分双键性质。测定结果表明，1,3-丁二烯中 C=C 双键的长度与乙烯中的双键长度相近，C—C 键长比乙烷中的短，说明 1,3-丁二烯分子中的碳碳键长趋于平均化，形成了一个整体，如图 3.5 所示。

在此整体中，每一个碳原子的 p 电子不再定位于相邻 2 个碳原子之间，而是形成包括 4 个原子、4 个电子的大 π 键，称为共轭 π 键或离域 π 键。含有共轭 π 键的分子称为共轭分子。1,3-丁二烯是典型的共轭分子，如图 3.6 所示。

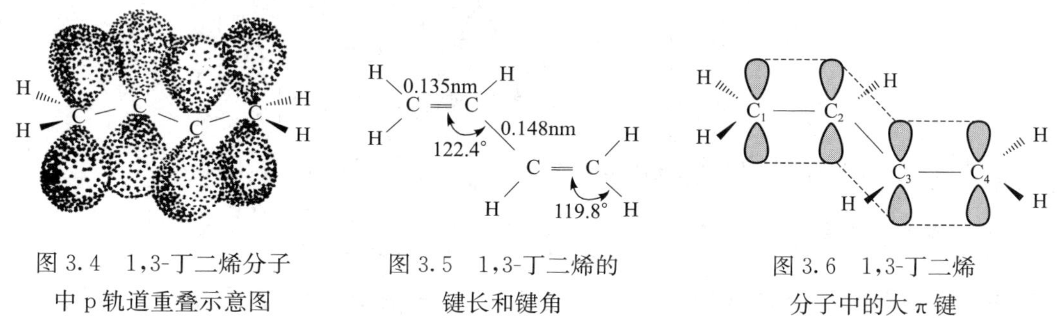

图 3.4　1,3-丁二烯分子中 p 轨道重叠示意图

图 3.5　1,3-丁二烯的键长和键角

图 3.6　1,3-丁二烯分子中的大 π 键

（二）共轭体系和共轭效应

一般所谓的共轭体系是指双键或叁键与单键彼此相间所组成的体系，如 1,3-丁二烯分子体系，由于该体系含有离域键，电子的离域使分子能量降低，体系趋于稳定，由此而产生的额外稳定能，称为离域能或共轭能。我们把包含离域键的体系统称为共轭体系。在共轭体系中由于原子间相互影响的电子效应称为共轭效应。

共轭效应与诱导效应不同，只有共轭体系才存在共轭效应，共轭效应在共轭链上呈现电荷正负交替现象；共轭效应的传递不因共轭链的增长而减弱。

$$A^{+} \dashrightarrow \overset{\curvearrowleft}{C}H_2=CH-\overset{\curvearrowleft}{C}H=CH_2$$

常见的共轭体系有以下 3 类。

（1）π-π 共轭。这种类型的共轭体系分子中，不饱和键与单键交替存在，各原子上的 p 轨道相互交盖组成共轭键，称为 π-π 共轭体系。例如

$CH_2=CH-CH=CH_2$　　$CH_2=CH-C\equiv CH$

1,3- 丁二烯　　乙烯基乙炔

$CH_2=CH-CHO$　　$CH_2=CH-C\equiv N$

丙烯醛　　丙烯腈

π-π 共轭体系中分子内的各原子间相互影响的电子效应，称为 π-π 共轭效应。

（2）p-π 共轭。这种类型的共轭体系分子中，1 个 π 键和与此平行的 p 轨道直接相连组成共轭键，称为 p-π 共轭体系。例如

$CH_2=CH-\ddot{C}l$　　$CH_2=CH-CH_2^+$　　$CH_2=CH-CH_2^-$　　$CH_2=CH-CH_2\cdot$

氯乙烯　　烯丙基正离子　　烯丙基负离子　　烯丙基自由基

p-π 共轭体系中分子内的各原子间相互影响的电子效应，称为 p-π 共轭效应。

（3）超共轭。电子的离域不仅存在于 π-π 共轭体系和 p-π 共轭体系中，分子中的 C—H σ 键也能与处于共轭位置的 π 键 p 轨道发生侧面部分重叠，产生类似的电子离域现象。例如，在 $CH_3-CH=CH_2$ 中，CH_3—的 C—H σ 键与—$CH=CH_2$ 中的 π 键 p 轨道发生共轭，称为 σ-π 共轭，由此产生的效应统称为超共轭效应，如图 3.7 所示。

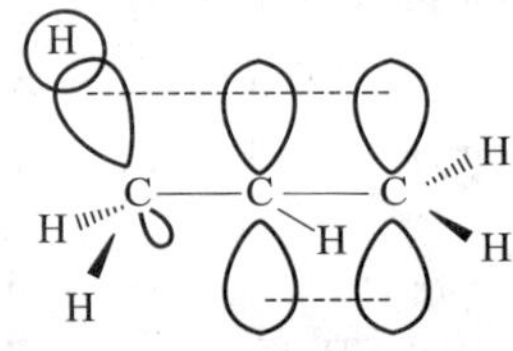

3.7　丙烯分子中的超共轭

需要指出的是，超共轭效应要比 π-π 共轭效应或p-π共轭效应弱得多。

（三）共轭效应的应用

共轭效应是有机化学中很重要的一种电子效应，应用共轭效应可以解释很多有机化学中的问题。例如，丙烯 α-氢原子的活泼性可利用超共轭效应解释。当氢原子离去后生成了烯丙基自由基，由于 p-π 共轭效应的影响，自由基比较稳定而容易生成。

同理，超共轭效应也可解释碳正离子的稳定性。碳正离子的稳定性次序是 $3°R^+ > 2°R^+ > 1°R^+ > C^+H_3$。

四、共轭二烯烃的化学性质

共轭二烯烃除具有一般单烯烃的性质外，由于其具有共轭体系的结构，还具有某些特殊的性质。

（一）1,2-加成和1,4-加成

与烯烃相似，共轭二烯烃也可以和卤素、卤化氢等亲电试剂进行加成反应；但又与烯烃不同，由于共轭二烯烃有2个双键，当它与1分子试剂加成时，将生成2种不同的产物。例如

$$CH_2{=}CH{-}CH{=}CH_2 + Br_2 \xrightarrow{\text{1,2-加成}} \underset{Br}{\underset{|}{CH_2}}{-}\underset{Br}{\underset{|}{CH}}{-}CH{=}CH_2$$

3,4-二溴-1-丁烯

$$CH_2{=}CH{-}CH{=}CH_2 + Br_2 \xrightarrow{\text{1,4-加成}} \underset{Br}{\underset{|}{CH_2}}{-}CH{=}CH{-}\underset{Br}{\underset{|}{CH_2}}$$

1,4-二溴-2-丁烯

由此可以看出，共轭二烯烃可以进行1,2-加成，也可以进行1,4-加成，但究竟是以1,2-加成为主还是以1,4-加成为主，则取决于反应物的结构、试剂的性质、产物的稳定性和反应条件（如温度、催化剂和溶剂的性质）等。一般情况下，低温有利于1,2-加成，在较高温度或使用催化剂条件下则有利于1,4-加成。例如

$$CH_2{=}CH{-}CH{=}CH_2 + HBr \xrightarrow{-80℃} \underset{20\%}{CH_3{-}CH{=}CH{-}\underset{Br}{\underset{|}{CH_2}}} + \underset{80\%}{CH_3{-}\underset{Br}{\underset{|}{CH}}CH{=}CH_2}$$

$$CH_2{=}CH{-}CH{=}CH_2 + HBr \xrightarrow{40℃} \underset{80\%}{CH_3{-}CH{=}CH{-}\underset{Br}{\underset{|}{CH_2}}} + \underset{20\%}{CH_3{-}\underset{Br}{\underset{|}{CH}}CH{=}CH_2}$$

（二）双烯合成

共轭二烯烃和某些具有碳碳双键（或碳碳叁键）的不饱和化合物进行1,4-加成，生成六元环状化合物的反应，称为双烯合成，也称狄尔斯-阿尔德（Diels-Alder）反应。例如

$$\text{丁二烯} + \text{乙烯} \xrightarrow{200℃} \text{环己烯}$$

环己烯

$$\text{丁二烯} + \text{乙炔} \xrightarrow{\triangle} \text{1,4-环己二烯}$$

1,4-环已烯

在上述反应中，含有共轭双键的二烯烃叫做双烯体；含有碳碳双键（或碳碳叁键）的重键化合物叫做亲双烯体，如上述反应中的乙烯和乙炔。如果亲双烯体的双键（或叁键）碳原子上连有吸电子基团（如—CHO、—COR、—COOR、—CN、$—NO_2$等）或双烯体含有供电子基团，则反应更容易进行。例如

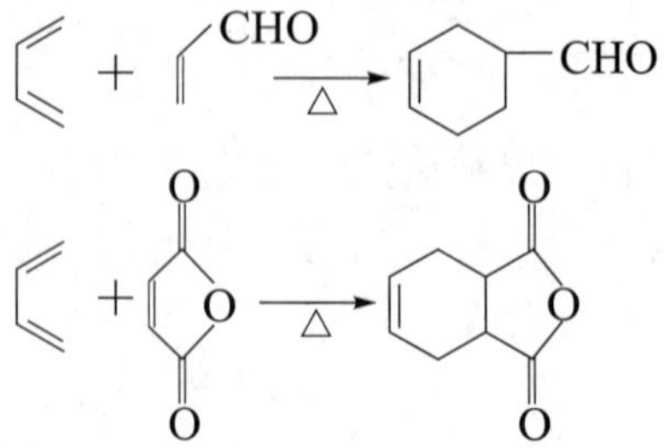

$$\text{(1,3-丁二烯)} + \text{CH}_2\text{=CH—CHO} \xrightarrow{\triangle} \text{(环己烯-4-甲醛, CHO)}$$

$$\text{(1,3-丁二烯)} + \text{(顺丁烯二酸酐, O, O, O)} \xrightarrow{\triangle} \text{(四氢邻苯二甲酸酐, O, O, O)}$$

双烯合成反应是由链状化合物合成环状化合物的方法之一。它既不是离子型反应，也不是自由基反应，而是一步完成的协同反应，即旧键的断裂和新键的生成同时进行，经环状过渡态生成产物，这类反应称为周环反应，其在理论研究及应用上具有重要价值。

（三）聚合反应

共轭二烯烃比烯烃更易发生聚合反应，在催化剂作用下，生成高分子化合物。例如，1,3-丁二烯在金属钠的催化作用下，生成聚丁二烯，它是最早出现的一种合成橡胶，称为丁钠橡胶。

$$n\text{CH}_2\text{=CH—CH=CH}_2 \xrightarrow{\text{Na}} \text{—[CH}_2\text{—CH=CH—CH}_2\text{]}_n\text{—}$$

聚丁二烯（丁钠橡胶）

上述反应其实并不如此简单，在反应时既可发生 1,2-加成聚合，也可以进行 1,4-加成聚合，甚至 1 分子发生 1,2-加成聚合，另一分子发生 1,4-加成聚合，从而生成各种加成聚合的混合物，所以这种橡胶性能并不理想。

随着催化剂和聚合反应研究的发展，工业上用齐格勒-纳塔催化剂［$(CH_3CH_2)_3Al+TiCl_4$］使 1,3-丁二烯基本按 1,4-加成聚合，所得的聚丁二烯称为顺-1,4-聚丁二烯，简称顺丁橡胶。顺丁橡胶主要用来制造轮胎、运输袋和胶管等。

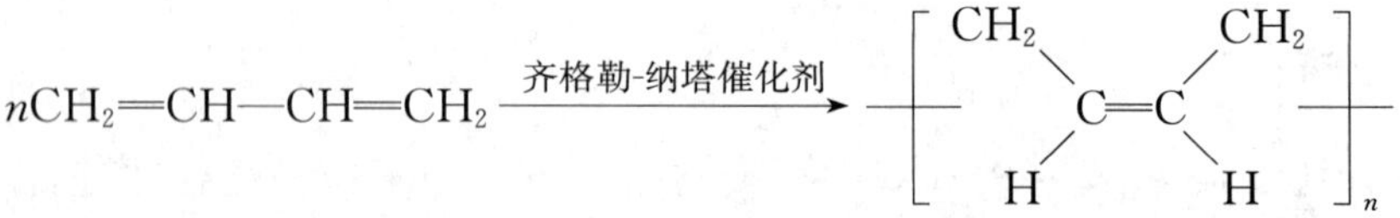

$$n\text{CH}_2\text{=CH—CH=CH}_2 \xrightarrow{\text{齐格勒-纳塔催化剂}} \left[\begin{array}{c} \text{CH}_2 \qquad\quad \text{CH}_2 \\ \text{C=C} \\ \text{H} \qquad\quad\ \ \text{H} \end{array}\right]_n$$

顺-1,4-聚丁二烯（顺丁橡胶）

共轭二烯烃除了能进行自身聚合外，还可以和其他双键化合物进行共聚合，生成系列合成橡胶。例如

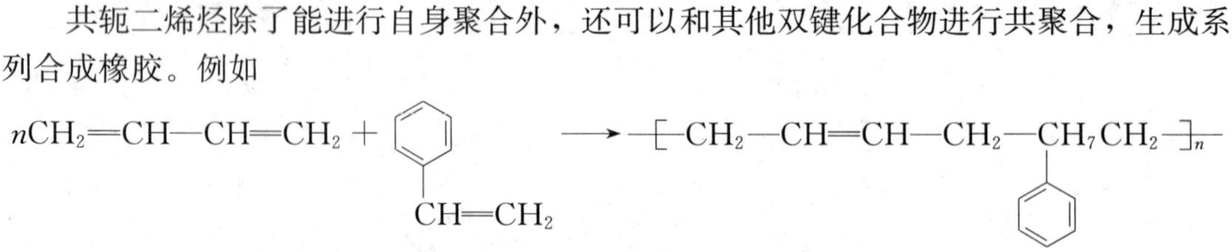

$$n\text{CH}_2\text{=CH—CH=CH}_2 + \text{C}_6\text{H}_5\text{—CH=CH}_2 \longrightarrow \text{—[CH}_2\text{—CH=CH—CH}_2\text{—CH}_7\text{CH}_2\text{]}_n\text{—}\ (\text{CH 上连 C}_6\text{H}_5)$$

苯乙烯　　　　丁苯橡胶

丁苯橡胶具有良好的耐老化性、耐热性和耐磨性，主要用于制造轮胎，是产量最大的合成橡胶。

【练习】

1. 指出下列化合物哪些属于共轭体系：

(1) $CH_3—CH═CH—CH_3$　　(2) $(CH_3)_3C—CH═CH_2$

(3) $CH_3—CH═CH—CH═CH_2$　　(4) $CH_2═CH—CH_2—CH═CH_2$

2. 完成下列反应式：

(1) $CH_2═CH—CH═CH_2 + Br_2 \xrightarrow{15℃}$

(2) $CH_2═CH—CH_2—CH_2—CH═CH_2 + Cl_2 \longrightarrow$

(3) $CH_2═CH—CH═CH_2 + HCl \longrightarrow$

(4) 1,3-丁二烯（结构式）+ 顺丁烯二酸酐（结构式，含 C═O、O、C═O） $\xrightarrow{\triangle}$

(5) 1,3-丁二烯（结构式）+ $CH_2═CH—CHO$（结构式） $\xrightarrow{\triangle}$

第七节　烯烃的来源和制备

一、石油的裂解和热裂气的分离

乙烯和丙烯是重要的化工原料，在工业上对这两种化工原料已进行了大规模生产，其中乙烯的产量被看作衡量一个国家石油化学工业发展水平的标志。

目前，工业上采用石油某一馏分或湿天然气（除主要含甲烷外，还含有乙烷和丙烷等）为原料经热裂解来大规模生产乙烯和丙烯。热裂解的实质是将原料与水蒸气混合，在 750～930℃进行反应，然后冷却到 300～400℃。这一过程需在不到 1s 内完成，所得产物主要是一些低级烃的混合物，然后经分离得乙烯和丙烯。

另外，乙烯和丙烯还可以从炼油厂炼制石油得到。炼油厂将原油加工成各种石油产品（如汽油、煤油、柴油等）的过程中，会产生大量气体，通称炼厂气，其中含有氢、C_1～C_4 烷烃、C_2～C_4 烯烃和少量其他气体。

二、醇脱水

醇在催化剂作用下加热，则脱去 1 分子水生成烯烃。这是实验室制备烯烃的一种重要方法。例如

$$\underset{\text{乙醇}}{\underset{|\quad\quad\;\;|}{CH_2—CH_2}\atop{H\quad\quad OH}} \xrightarrow{H_2SO_4,\ 160\sim170℃} \underset{\text{乙烯}}{CH_2═CH_2} + H_2O$$

$$\underset{\text{异丙醇}}{CH_3—\underset{OH}{\underset{|}{CH}}—\underset{H}{\underset{|}{CH}}} \xrightarrow{Al_2O_3,\ 350\sim400℃} \underset{\text{丙烯}}{CH_3CH═CH_2} + H_2O$$

三、卤代烃脱卤化氢

卤代烃与强碱的醇溶液（一般采用 KOH 或 NaOH 的乙醇溶液）共热，则卤代烃脱去 1 分子卤化氢生成烯烃。这是制备烯烃，也是生成 C═C 双键的一种方法。例如：

$$\underset{\quad\quad\quad\quad\quad\quad\quad\quad\quad\ \ \ \, H\quad\ \ \ Cl}{CH_3—CH_2—\overset{}{C}H—CH_2} \xrightarrow[\text{加热}]{\text{KOH，乙醇}} CH_3CH_2CH═CH_2 + HCl$$

第八节 常用的单烯烃和二烯烃

一、常用的单烯烃

（一）乙烯

通常情况下，乙烯是一种无色稍有芳香气味的无色可燃性气体。熔点为－169.5℃，沸点为－103.7℃，相对密度为 0.5699。乙烯几乎不溶于水，化学性质活泼。与空气混合能形成爆炸性化合物。遇明火、高热或与氧化剂接触，有引起燃烧爆炸的危险。与氟、氯等接触会发生剧烈的化学反应。

工业上所用的乙烯，主要是从石油炼制工厂和石油化工厂所生产的气体中分离而来的。实验室中通常是把乙醇和浓硫酸混合加热，使乙醇发生分子内脱水制得。

乙烯主要用于制造塑料、乙醇、乙醛、合成纤维等。此外还可作为一种植物激素，具有促进果实成熟的作用。

（二）丙烯

丙烯在常温、常压下为带有甜味的无色、可燃性气体。熔点为－185.3℃，沸点为－103.7℃，相对密度为 0.5699。

丙烯的化学性质很活泼，主要用于制造异丙醇、丙酮、合成甘油、合成树脂、合成橡胶、塑料和合成纤维等。丙烯主要由石油裂解气分离或由丙烷脱氢制取。

（三）苯乙烯

苯乙烯是一种无色、有特殊香气的液体。熔点为－30.6℃，沸点为 145.2℃，相对密度为 0.9060。不溶于水，能与乙醇、乙醚等有机溶剂混溶。

在室温下，苯乙烯能缓慢聚合，要加阻聚剂（如邻苯二酚）才能储存。苯乙烯自聚生成聚苯乙烯树脂，它还能与其他的不饱和化合物共聚，生成合成橡胶和树脂等多种产物。例如，丁苯橡胶是丁二烯和苯乙烯的的共聚物；ABS 树脂是丙烯腈（A）、丁二烯（B）和苯乙烯（S）的共聚物；制造离子交换树脂的原料是苯乙烯和少量 1,4-二（乙烯基）苯的共聚物。苯乙烯还可以发生烯烃所特有的加成反应。在工业上，苯乙烯可由乙苯催化去氢制得。

二、1,3-丁二烯和异戊二烯的来源

丁二烯和异戊二烯是合成橡胶工业的重要原料。

1,3-丁二烯主要由石油裂解得到的 C_4 馏分（丁烯、丁烷等）进一步脱氢制得。

$$\left.\begin{array}{r}CH_3—CH_2—CH═CH_2\\CH_3—CH═CH—CH_3\\CH_3—CH_2—CH_2—CH_3\end{array}\right\}\xrightarrow{\text{脱氢催化剂}}CH_2═CH—CH═CH_2$$

异戊二烯也可以从石油裂解产物中相应馏分的异戊烷、异戊烯部分脱氢制得，或由更低级的烯烃（如丙烯）通过一系列反应而制得。

"石化工业之母"名称的由来

在石油化学工业中，大多数中间产品和最终产品，均以烯烃和芳烃为原料，它们均是由乙烯通过特别装置生产的。附带生产的丙烯、丁烯、丁二烯、苯、甲苯、二甲苯等，都是石油化工的原料。

据测算，全世界几乎100%的乙烯、70%的丙烯、90%的丁二烯、35%的芳烃，都来自乙烯装置。若以总量计，约65%的化工原料来自乙烯生产。

乙烯是目前用途最广泛的有机化工基础原料，其衍生出合成纤维、合成橡胶、合成塑料、医药、染料、农药、化工新材料和日用化工产品，运用到汽车、电子电器、纺织、轻工、建筑等各行业，现在人们的衣食住行都离不开它，因此乙烯被形象地称为"石化工业之母"。它的主要用途如图 3.8 所示。

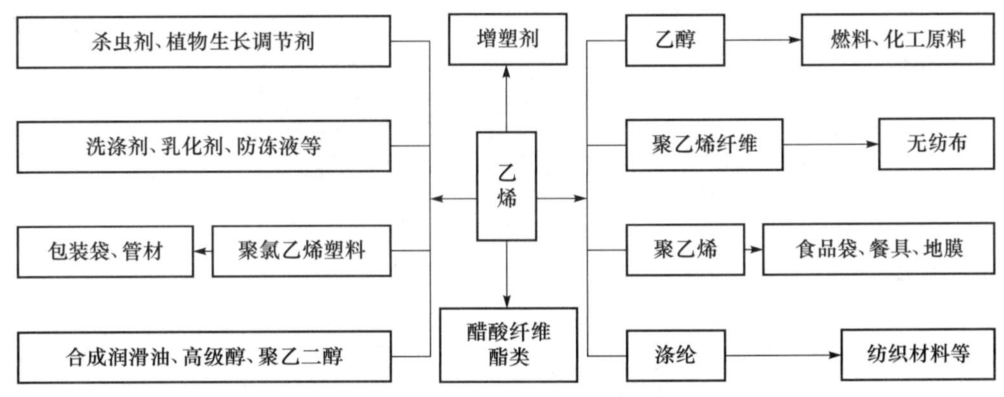

图 3.8　乙烯的主要用途

本章小结

（1）本章重点：烯烃的命名和顺反异构；烯烃和二烯烃的化学性质；通过了解共轭二烯烃的结构，掌握共轭效应和诱导效应的异同点，本章涉及的重要名词、术语、规律等应了解其内涵，如亲电试剂、亲电加成、亲核试剂、亲核加成、马尔科夫尼科夫规则等，以便今后加以应用。

（2）主要内容如下：

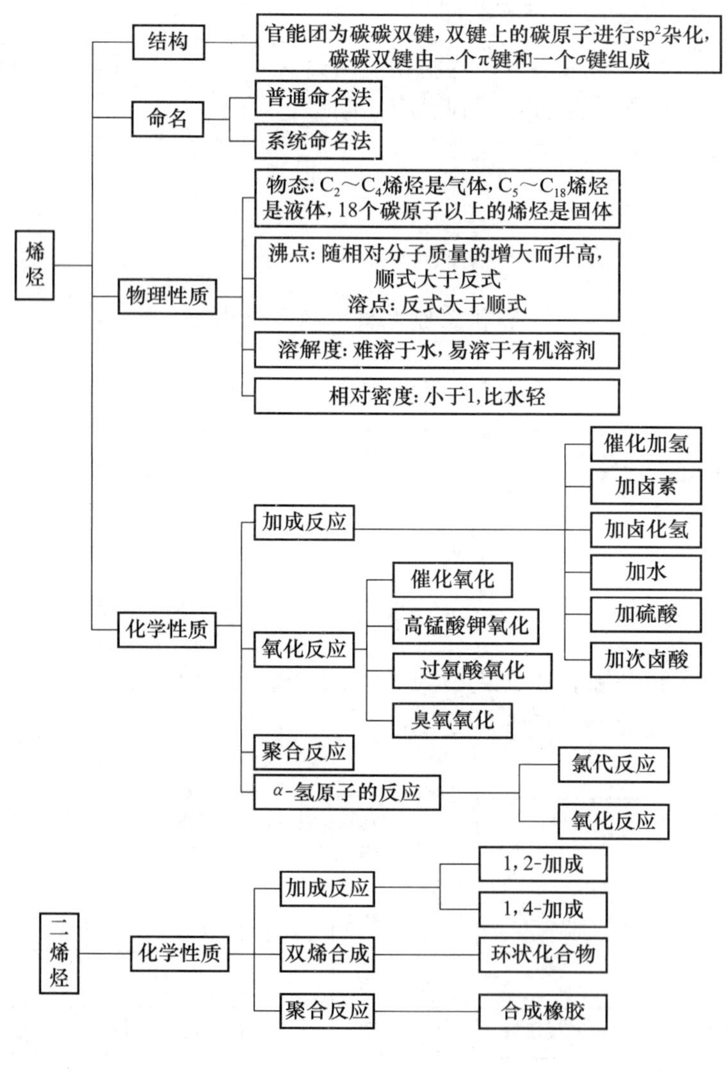

习题

1. 写出下列各烯烃的构造式：

（1）4-甲基-2-戊烯　（2）2,3-二甲基-1-戊烯　（3）3-甲基-2-乙基-1-己烯

（4）2,2,5-甲基-3-己烯　（5）2,5-二甲基-3-乙基-1-己烯　（6）2-十八碳烯

2. 用系统命名法命名下列烯烃：

(1) $CH_3CH{=}CHCH_2CH_3$　　(2) $CH_3CH_2C(CH_3)_2CH{=}CH_2$

(3) $(CH_3)_2CHCH{=}CHCH_2CH_3$　　(4) $(CH_3)_3CCH{=}CH_2$

(5) $(CH_3)_2C{=}C(CH_3)_2$　　(6) $CH_3CH(CH_2CH_3)CH_2CH{=}CH_2$

(7) $CH_2{=}CH{-}CH{=}C(CH_3)_2$　　(8) $(CH_3)_2C{=}CH{-}CH{=}CHCH_3$

3. 指出下列化合物有无顺反异构体。若有，写出其顺反异构体，并指出哪个是顺式，哪个是反式？

(1) 异丁烯　　(2) 1-丁烯　　(3) 2-戊烯

(4) 1-氯-1-溴乙烯　　(5) 2-甲基-2-戊烯　　(6) 3,4-二甲基-3-己烯

4. 命名下列化合物，如有顺反异构现象，写出顺反及（或）*Z-E* 名称。

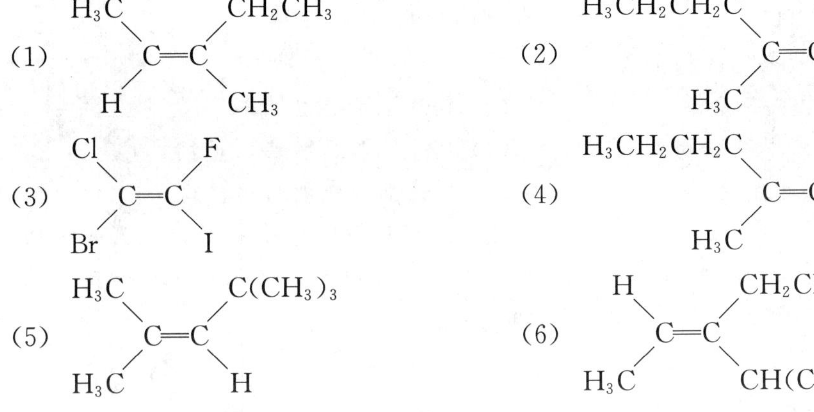

5. 用化学方法鉴别下列各组化合物：

(1) 己烷、1-己烯、2-己烯　　(2) 丁烷、1-丁烯、1,3-丁二烯

6. 完成下列反应式：

(1) $(CH_3)_2CHCH{=}CH_2 + HBr \longrightarrow$

(2) $(CH_3)_2CHCH{=}CH_2 + HBr \xrightarrow{ROOR}$

(3) $(CH_3)_2CHCH{=}CH_2 + HClO \longrightarrow$

(4) $(CH_3)_2C{=}CH_3 \xrightarrow[②H_2O]{①H_2SO_4}$

(5) $\underset{\displaystyle OH}{CH_3\overset{}{C}HCH_3} \xrightarrow{?} CH_3{-}CH{=}CH_2 \xrightarrow[光]{Cl_2}$

(6) $(CH_3)_2\underset{\displaystyle CH_3}{C}{-}CH{=}CHCH_3 \xrightarrow[\triangle]{KMnO_4/H^+}$

(7) 环戊二烯 + 顺丁烯二酸酐（O、O、O）$\longrightarrow$

(8) 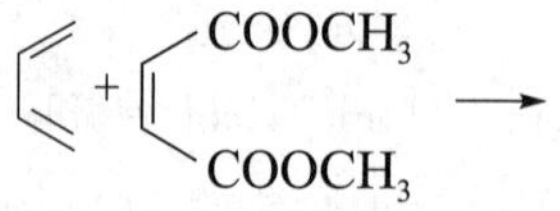 1,3-丁二烯 + $CH_3OOC-CH=CH-COOCH_3$ (顺式) $\longrightarrow$

7. 试给出经酸性高锰酸钾氧化后生成下列产物的烯烃的构造式：

(1) CH_3COOH 和 CH_3CH_2COOH　　(2) $CH_3\overset{O}{\overset{\|}{C}}CH_3$ 和 CH_3COOH

(3) CH_3COOH、 $CH_3\overset{O}{\overset{\|}{C}}CH_3$ 和 $HOOCCH_2CH_2COOH$

8. 比较下列烯烃与硫酸的反应活性大小，说明理由。

(1) $CH_3CH_2CH=CH_2$　　(2) $CH_3CH=CH_2$

(3) $CH_2=CH_2$　　(4) $(CH_3)_2C=CH_2$

9. 写出下列化合物的构造式：

(1) 2,3-二甲基-2-戊烯　　(2) (*E*)-4-甲基-2-戊烯

(3) 顺-2,5-二甲基-3-己烯　　(4) (*Z*)-2,4-二甲基-3-己烯

10. 试以丙烯为主要原料，选用必要的无机试剂合成下列化合物。

(1) 异丙醇　　(2) 1-溴丙烷　　(3) 3-氯-1,2-二溴丙烷　　(4) 聚丙烯腈

11. 在聚丙烯生产中，常用己烷或庚烷作溶剂，但要求溶剂中不能含有不饱和烃。如何检验溶剂中有无烯烃杂质？若有，如何除去？

12. 用 3-氯-2-甲基-1,2-环氧氯丙烷 $\left(ClCH_2-\overset{CH_3}{\overset{|}{C}}\underset{O}{\diagdown\!\!\diagup}CH_2 \right)$ 可以合成性能优良的环氧树脂，试以异丁烯和必要的无机原料进行合成。

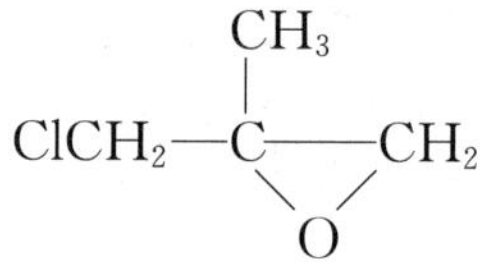

13. 某化合物分子式为 C_8H_{16}。它可使溴水退色，也可溶于浓硫酸，经酸性高锰酸钾氧化，只得到一种产物丁酮 $\left(CH_3\overset{O}{\overset{\|}{C}}CH_2CH_3 \right)$。写出该烯烃可能的构造式。

14. 分子式为 C_6H_{12} 的烯烃，被酸性高锰酸钾溶液氧化，得到两种产物，一种是 2-丁酮 $\left(CH_3-\overset{O}{\overset{\|}{C}}-CH_2-CH_3 \right)$，另一种是乙酸 ($CH_3COOH$)。试推出该烯烃的构造式。

第四章　炔　　烃

☞ **学习目标**

1. 熟悉炔烃的衍生命名法，掌握炔烃的系统命名法。
2. 了解炔烃的物理性质，掌握炔烃的化学性质。
3. 掌握炔烃的制备方法。

☞ **案例导入**

1836 年，英国著名化学家汉弗莱·戴维（Humphry Davy，1778—1829）的堂弟，爱尔兰港口城市科克（Cork）皇家学院化学教授爱德蒙德·戴维（Edmund Davy，1785—1857）在加热木炭和碳酸钾以制取金属钾的过程中，将残渣（碳化钾）投进水中，产生了一种气体，并发生了爆炸，爱德蒙德·戴维通过分析确定这一气体的元素组成是 C 和 H（当时采用碳的相对原子质量为 6 进行计算），并称其为“一种新的氢的二碳化物”。以此命名的原因是因为早在 1825 年同是英国化学家的法拉第（Michael Faraday，1791—1867）从加压蒸馏鲸鱼油所制得的气体（供当时欧洲人照明使用）中获得一种碳和氢的化合物，法拉第经分析测定这一化合物的元素组成是 C 和 H，即已命名其为“氢的二碳化物”了。实际上法拉第发现的是苯，而爱德蒙德·戴维发现的则是乙炔。

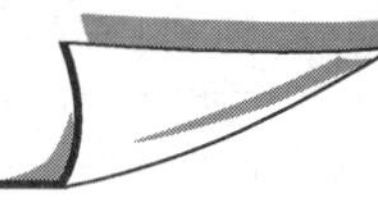

第一节　炔烃的结构

分子中含有碳碳叁键（C≡C）的不饱和烃，称为炔烃。碳碳叁键是炔烃的官能团。炔烃比相应的烯烃少两个氢原子，故其通式为 C_nH_{2n-2}。

一、乙炔分子的结构

乙炔是炔烃中最简单也是最重要的一种化合物，其结构可用电子式表示如下：H∶C⋮⋮C∶H。经电子衍射、X 射线衍射等物理方法证明，乙炔分子为线型分子，四个原子处于一条直线上，碳碳叁键的键长为 0.120nm，较乙烯碳碳双键的键长（0.134nm）和乙烷碳碳单键的键长（0.154nm）都短。乙炔中的 C—H 键长为 0.108nm，C—C—H 键角为 180°。

近代杂化轨道理论认为乙炔中的碳原子是以 sp 杂化形式成键的，即激发态的碳原子用 1 个 2s 轨道和 1 个 2p 轨道进行杂化，形成 2 个等同的 sp 杂化轨道，余下的 2 个 2p 轨道不参与杂化。

2s 2p —跃迁→ 2s 2p —sp杂化→ sp杂化轨道 2p（未杂化）

基态　　激发态　　杂化态

每个碳原子各用 1 个 sp 杂化轨道交盖重叠形成 1 个碳碳 σ 键，再各用 1 个 sp 轨道分别和 1 个氢原子的 s 轨道重叠，各形成一个碳氢 σ 键，因此，乙炔分子中共有 2 种 σ 键。2 个碳原子还各剩下 2 个未参与杂化的 p 轨道，与乙烯类似，它们相互垂直并同时垂直于 sp 杂化轨道的对称轴进行平行重叠，形成两个相互垂直的 π 键，从而形成了碳碳叁键。碳原子的 sp 杂化如图 4.1 所示。

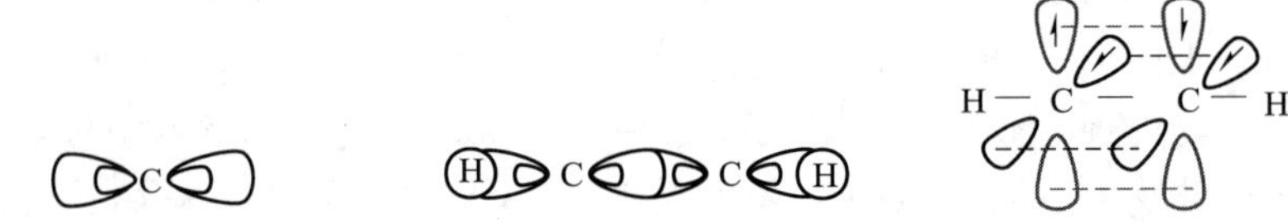

（a）碳原子的2个sp杂化轨道　（b）乙炔分子的σ骨架　（c）肩并肩形成的2个π键

图 4.1　碳原子的 sp 杂化

现将碳原子的 sp^3、sp^2、sp 3 种杂化方式进行简单比较，如表 4.1 所示。

表 4.1　sp^3、sp^2、sp 杂化轨道的特征比较

类型	sp^3	sp^2	sp
数目	4	3	2
成分	1/4s，3/4p	1/3s，2/3p	1/2s，1/2p
	s 成分越多，电子云离原子核越近，其电负性越强		
形状	葫芦形	葫芦形	葫芦形
	在长度上依次缩小，在宽度上依次增大		
杂化轨道的分布	正四面体分布（对称轴间夹角 109.5°）	平面三角形分布（对称轴间夹角 120°）	直线分布（对称轴间夹角 180°）
杂化轨道与未杂化轨道的关系	—	未杂化 p 轨道垂直于 3 个杂化轨道组成的平面	两个未杂化 p 轨道相互垂直，并垂直于杂化轨道

二、炔烃的异构现象

炔烃的通式为 C_nH_{2n-2}，它和二烯烃的通式相同，但有不同的官能团，二者互为构造异构体。

同烷烃及烯烃一样，炔烃也会形成一个同系列，即乙炔、丙炔、丁炔……它们的系列差也是 CH_2。

和烯烃类似，简单炔烃如乙炔和丙炔没有构造异构体，从 4 个碳原子的炔烃开始有位置异构体。例如

$CH_3—CH_2—C≡CH$　　$CH_3—C≡C—CH_3$

1-丁炔　　2-丁炔

沸点：18℃　　沸点：27.2℃

含有碳原子数较多的炔烃还会出现碳链异构体。例如

$CH_3—CH_2—CH_2—C≡CH$　　$CH_3—CH(CH_3)—C≡CH$

1-戊炔　　3-甲基-1-丁炔

与烯烃不同的是，由于炔烃分子中与叁键相连的 3 个 σ 键均在同一条直线上，因此炔烃不存在顺反异构。

【练习】

在乙烷、乙烯、乙炔分子中，其碳碳键的键长依次分别为 0.154nm、0.134nm、0.120nm；而碳氢键的键长依次分别为 0.110nm、0.108nm、0.106nm。请解释出现差异的原因。

第二节　炔烃的命名

炔烃的命名通常采用衍生命名法和系统命名法，并以系统命名法最为常用。

一、衍生命名法

简单的炔烃常用衍生命名法。命名时以乙炔作为母体，将其他炔烃看成乙炔的烃基衍生物。例如

$CH_3CH_2C≡C—CH_3$　　$CH_3—CH(CH_3)—C≡CH$　　$HC=CH—C≡CH$

甲基乙基乙炔　　异丙基乙炔　　乙烯基乙炔

二、系统命名法

与烯烃一样，去掉炔烃分子中叁键碳原子上的氢原子后，其所剩部分称为炔基。例如

$CH≡C—$　　$CH_3—C≡C—$　　$HC≡C—CH_2—$

乙炔基　　丙炔基　　炔丙基

炔烃的系统命名法与烯烃相似。

(1) 选择含有叁键的最长碳链作为主链，按主链碳原子数目命名为“某炔”。其他基团皆视为取代基。当主链碳原子数在 10 以内时用天干顺序表示，在 10 以上时用中文

数字表示。用数字表示时，在“炔”字之前必须加一个“碳”字（如 $C_{12}H_{20}$ 称为十二碳炔）。

（2）从主链最靠近叁键的一端开始给主链上的碳原子编号。

（3）以位次最小的炔碳表示叁键的位置。

（4）合并相同取代基，以中文数字一、二、三表示其数目，以阿拉伯数字 1、2、3 表示其位次，按取代基优先次序规则写在某炔前面。

（5）若分子中同时含有叁键和双键，选择同时含有双键和叁键的最长碳链作为主链，从最靠近不饱和键的一端开始编号，假如双键和叁键在主链中处于相同位置，则使双键的位次编号最小，并将“炔”字放在名称的最后。

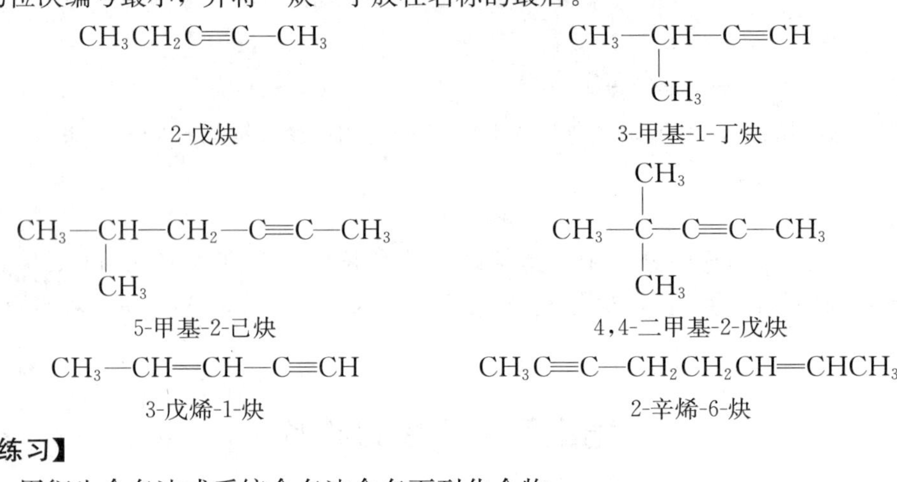

$CH_3CH_2C{\equiv}C{-}CH_3$ 2-戊炔

$CH_3{-}CH(CH_3){-}C{\equiv}CH$ 3-甲基-1-丁炔

$CH_3{-}CH(CH_3){-}CH_2{-}C{\equiv}C{-}CH_3$ 5-甲基-2-己炔

$CH_3{-}C(CH_3)_2{-}C{\equiv}C{-}CH_3$ 4,4-二甲基-2-戊炔

$CH_3{-}CH{=}CH{-}C{\equiv}CH$ 3-戊烯-1-炔

$CH_3C{\equiv}C{-}CH_2CH_2CH{=}CHCH_3$ 2-辛烯-6-炔

【练习】

1. 用衍生命名法或系统命名法命名下列化合物：

（1）$CH_3{-}C{\equiv}C{-}CH_3$ （2）$CH{\equiv}CCH_2CH_3$

（3）$CH_3CH(CH_3){-}CH_2C{\equiv}CH$ （4）$CH_3{-}C{\equiv}C{-}CH_2{-}CH_3$

（5）$CH_3{-}CH(CH_3){-}C{\equiv}C{-}CH_2{-}CH_3$ （6）$CH_2{=}CH{-}C{\equiv}CH$

2. 写出下列炔烃的构造式：

（1）二甲基乙炔 （2）二异丙基乙炔

（3）乙基叔丁基乙炔 （4）4,4-二甲基-2-戊炔

（5）2,5-二甲基-3-庚炔 （6）5-甲基-3-乙基-1-己炔

第三节　炔烃的性质

一、炔烃的物理性质

炔烃具有与烷烃、烯烃基本相同的物理性质。它们不溶于水而非常易溶于低极性的有机溶剂，如石油醚、乙醚、苯、四氯化碳。相对密度小于水。低级的炔烃在常温常压下是气体，但沸点比相同原子数的烯烃略高些。炔烃的沸点也是随着相对分子质量的增

加而增高，链的支化对沸点的影响也如惯常表现的一样，分支越多，沸点越低。叁键位于碳链末端的炔烃（又称末端炔烃）和叁键位于碳链中间的异构体相比较，前者具有更低的沸点，一些炔烃的物理常数见表 4.2。

表 4.2　一些炔烃的物理常数

名称	熔点/℃	沸点/℃	相对密度（d_4^{20}）
乙炔	−80.8（压力下）	−84.0（升华）	0.6181（−32℃）
丙炔	−101.5	−23.2	0.7062（−50℃）
1-丁炔	−125.7	8.1	0.6784（0℃）
2-丁炔	−32.3	27.0	0.6910
1-戊炔	−90.0	40.2	0.6910
2-戊炔	−101.0	56.1	0.7107
3-甲基-1-丁炔	−89.7	29.3	0.666
1-己炔	−132.0	71.3	0.7155
1-庚炔	−81.0	99.7	0.7328
1-辛炔	−79.3	125.2	0.747
1-壬炔	−50.0	150.8	0.760
1-癸炔	−36.0	174.0	0.765

二、炔烃的化学性质

炔烃的化学性质主要表现在官能团碳碳叁键的反应上，因此，炔烃的主要性质就取决于叁键的加成和叁键碳上氢原子的活泼性。

与烯烃一样，炔烃也能发生加成、氧化和聚合等反应。由于叁键碳原子对 π 电子云有更强的引力，π 电子云较难受外电场的影响发生变形极化，所以炔烃的亲电加成活性不如烯烃，此外，炔烃还能与易给出电子的亲核试剂发生亲核加成。

（一）加成反应

1. 炔烃的催化氢化

在使用较强的氢化催化剂如 Pd、Pt、Ni 等条件下，炔烃可以和氢发生加成反应，生成烷烃，难以停留在烯烃的阶段。

$$RC{\equiv}CH + H_2 \xrightarrow{\text{Ni、Pd 或 Pt}} RCH_2CH_3$$

如果采用活性较低的催化剂进行氢化，则炔烃可以只加 1 分子的氢而生成顺式加成的烯烃。

$$RC{\equiv}CH + H_2 \xrightarrow{\text{Lindlar}} RCH{=}CH_2$$

常用的催化剂为 Lindlar 催化剂，它是将细粉状的钯附着于碳酸钙上，并用醋酸铅与喹啉进行处理。铅盐可以降低钯催化剂的活性，使生成的烯烃不再加氢，炔烃的加氢反应即停留在成烯阶段。

其他用于炔烃部分加氢的催化剂还有以下两种。

（1）Cram 催化剂：$Pd/BaSO_4$-喹啉（$Pd/BaSO_4$ 中加入喹啉）。

（2）P-2 催化剂：Ni_2B（乙醇溶液中，用硼氢化钠还原醋酸镍得到），又称 Brown 催化剂。

炔烃在催化剂表面的吸附比烯烃快，因此炔烃比烯烃更容易进行催化加氢。若分子中同时含有双键和叁键，催化加氢首先发生在叁键上，而双键仍保留。工业上常利用此反应来除去乙烯中含有的少量乙炔，以提高乙烯的纯度。例如

$$CH_2{=}CH{-}CH_2{-}C{\equiv}CH \xrightarrow{Pd/BaSO_4\text{-喹啉}} CH_2{=}CH{-}CH_2{-}CH{=}CH_2$$

在液氨中用钠或锂来还原非端基炔烃，主要得到反式烯烃。端基炔不被钠或锂所还原。

$$CH_3CH_2C{\equiv}C(CH_2)_3CH_3 \xrightarrow[-33℃]{Na\text{-液氨}} \begin{matrix} H & & (CH_2)_3CH_3 \\ & C{=}C & \\ CH_3CH_2 & & H \end{matrix}$$

在醚中用乙硼烷还原炔烃，再经醋酸处理，则主要得到顺式烯烃：

$$CH_3CH_2{-}C{\equiv}C{-}CH_2CH_3 \xrightarrow[0℃]{B_2H_6\text{，醚，}CH_3COOH} \begin{matrix} CH_3CH_2 & & CH_2CH_3 \\ & C{=}C & \\ H & & H \end{matrix}$$

2. 炔烃的亲电加成

与烯烃相似，炔烃可以与卤素、卤化氢、水等发生亲电加成反应，但炔烃叁键碳原子由于进行 sp 杂化，较难给出电子，亲电加成比烯烃困难。

1）与卤素加成

炔烃能与两分子卤素进行亲电加成，主要与卤素中的 Cl_2、Br_2 发生加成反应（与 F_2 反应太快，与 I_2 反应太慢）。

$$RC{\equiv}CH \xrightarrow[\text{或 }Br_2]{Cl_2} \underset{(RCBr{=}CHBr)}{RCCl{=}CHCl} \xrightarrow[\text{或 }Br_2]{Cl_2} \underset{(RCBr_2CHBr_2)}{RCCl_2CHCl_2}$$

炔烃与溴加成后，溴的红棕色退去，因此可通过溴的四氯化碳溶液退色来检验炔烃。炔烃与卤素加成时，小心控制条件，也可得到 1 分子加成的产物。例如

$$CH_3C{\equiv}CCH_3 \xrightarrow[\text{乙醚，}-20℃]{Br_2} \begin{matrix} H_3C & & Br \\ & C{=}C & \\ Br & & CH_3 \end{matrix}$$

和烯烃相比较，炔烃与卤素的加成反应较难进行，因此，当分子中兼有双键和叁键时，首先在双键上发生卤素的加成，叁键可以不受影响而被保留。这种加成称为选择性加成。例如，在低温下，缓慢地加入溴，则叁键不参与加成反应：

$$CH_2{=}CH{-}CH_2{-}C{\equiv}CH + Br_2 \xrightarrow[\text{低温}]{\text{乙醚}} CH_2BrCHBrCH_2C{\equiv}CH$$

炔烃与卤素的加成也有立体选择性，跟烯烃一样，加成后的产物为反式异构体。

2）与氢卤酸的加成

炔烃与氢卤酸 HX（X=Cl、Br、I）的加成也不如烯烃那样容易进行，不对称炔烃的加成反应也按马氏规则进行。

$$\mathrm{RC{\equiv}CH} \xrightarrow{\mathrm{HX}} \mathrm{R{-}\underset{\underset{X}{|}}{C}{=}CH_2} \xrightarrow{\mathrm{HX}} \mathrm{R{-}\overset{\overset{X}{|}}{\underset{\underset{X}{|}}{C}}{-}CH_3}$$

上述反应可以控制在 1 分子加成阶段。反应速度表现为 HI>HBr>HCl。

如果用亚铜盐或高汞盐作为催化剂，可以加速反应的进行。例如

$$\mathrm{CH{\equiv}CH + HCl} \xrightarrow[\text{或 }\mathrm{HgSO_4}\text{、}\mathrm{HgCl_2}]{\mathrm{CuCl}} \mathrm{H_2C{=}CHCl} \xrightarrow[\mathrm{HgCl_2}]{\mathrm{HCl}} \mathrm{H_3C{-}CHCl_2}$$

在光和过氧化物的存在下，炔烃和 HBr 的加成也是自由基加成反应，但得到的是反马氏规则加成的产物。

3）硼氢化反应

炔烃也能进行硼氢化反应，叁键位于中间的炔，在与乙硼烷反应时只打开 1 个 π 键生成烯基型硼烷。烯基型硼烷再用碱性过氧化氢氧化，水解得到烯醇，重排后生成酮；烯基型硼烷和醋酸反应则得到顺式烯烃。例如

$$\mathrm{C_2H_5C{\equiv}CC_2H_5} \xrightarrow[\text{二甘醇二甲醚}]{\mathrm{B_2H_6},\ 0^\circ\mathrm{C}} \left[\begin{array}{c} \mathrm{C_2H_5}\qquad\mathrm{C_2H_5} \\ \mathrm{C{=}C} \\ \mathrm{H}\qquad\quad \end{array}\right]_3 \mathrm{B}$$

顺式加成

$$\xrightarrow[25^\circ\mathrm{C},68\%]{\mathrm{CH_3COOH}} \begin{array}{c} \mathrm{C_2H_5}\qquad\mathrm{C_2H_5} \\ \mathrm{C{=}C} \\ \mathrm{H}\qquad\quad\mathrm{H} \end{array}$$

顺-3-己烯

$$\xrightarrow[\mathrm{H_2O},62\%]{\mathrm{H_2O_2,OH^-}} \mathrm{C_2H_5CH_2\underset{\underset{O}{\|}}{C}C_2H_5}$$

3-己酮

3. 炔烃的亲核加成

炔烃易于和亲核试剂——醇、水、氢氰酸及醋酸等发生亲核加成反应。

1）与水的加成

炔烃在催化剂（如硫酸汞的硫酸溶液）作用下，也能与水进行遵守马式规则的加成反应。首先生成烯醇式化合物，烯醇式化合物不稳定，立即进行分子内重排，生成羰基化合物（醛或酮）。

$$\mathrm{RC{\equiv}CH + H_2O} \xrightarrow{\mathrm{HgSO_4},\text{稀}\mathrm{H_2SO_4}} \left[\begin{array}{c} \mathrm{OH\ \ H} \\ \mathrm{RC{=}CH} \end{array}\right] \xrightarrow{\text{重排}} \mathrm{R{-}\overset{\overset{O}{\|}}{C}{-}CH_3}$$

烯醇式　　酮式

乙炔进行该反应是工业上生产乙醛的方法之一：

$$\mathrm{CH{\equiv}CH + H_2O} \xrightarrow[98\sim105^\circ\mathrm{C}]{\mathrm{HgSO_4},\text{稀}\mathrm{H_2SO_4}} \left[\begin{array}{c} \mathrm{OH\ \ H} \\ \mathrm{HC{=}CH} \end{array}\right] \xrightarrow{\text{重排}} \mathrm{H{-}\overset{\overset{O}{\|}}{C}{-}CH_3}$$

由于汞盐有毒，会污染环境，影响健康，因此，近年来改进使用铜、锌或镉的磷酸盐作催化剂进行非汞催化的研究，已取得很大进展。

2）与醇的加成

在碱（如 NaOH 或醇钠）催化下，炔烃可以与醇进行加成反应，生成乙烯基醚。采用不同的醇，反应的条件也不同。例如

$$CH\equiv CH + CH_3OH \xrightarrow[160\sim165℃,\ 2\sim2.2MPa]{20\%NaOH} \underset{\text{甲基乙烯基醚}}{CH_2=CH-O-CH_3}$$

甲基乙烯基醚是气体，可用于制备聚乙烯基醚塑料。

3）与氢氰酸（HCN）的加成

在氯化亚铜-盐酸的催化下，乙炔与氢氰酸发生加成反应，生成丙烯腈，这是工业生产丙烯腈的方法之一（另一方法见烯烃的氧化）：

$$CH\equiv CH + HCN \xrightarrow[HCl]{CuCl} \underset{\text{丙烯腈}}{CH_2=CH-CN}$$

丙烯腈是工业上合成腈纶和丁腈橡胶的重要单体。

4）与羧酸的加成

在醋酸锌的催化下，将乙炔通入乙酸中，则生成乙酸乙烯酯。

$$HC\equiv CH + CH_3COOH \xrightarrow[170\sim210℃]{ZnAc_2/\text{活性碳}} \underset{\text{乙酸乙烯酯}}{CH_3\overset{\overset{O}{\|}}{C}-O-CH=CH_2}$$

乙酸乙烯酯是合成维尼龙的主要原料，也可用于制造橡胶、油漆、胶黏剂等。

从以上反应可以看出，乙炔与含有一个活泼氢原子的化合物反应时，结果相当于在这些化合物分子中引入了一个乙烯基，因此，此类反应也被称为乙烯基化反应。

（二）氧化反应

炔烃在一般条件下易被高锰酸钾、重铬酸钾、臭氧等氧化剂氧化。

1. 与高锰酸钾的反应

在用高锰酸钾氧化炔烃时，碳碳叁键发生断裂，生成 2 分子羧酸，高锰酸钾被还原成褐色的二氧化锰。例如

$$RC\equiv CH + KMnO_4 \xrightarrow{H_2O} RCOOH + CO_2 + MnO_2$$

$$RC\equiv CR' \xrightarrow[H^+]{KMnO_4} R-\overset{\overset{O}{\|}}{C}-OH + R'-\overset{\overset{O}{\|}}{C}-OH$$

炔比烯氧化的速度要慢，分子中如同时含有双键和叁键，选择适当的氧化试剂，可使双键氧化而叁键被保留下来。

由于与高锰酸钾反应过程中，高锰酸钾的紫色会逐渐退去，同时有褐色的二氧化锰沉淀生成，因此，可以利用此反应来检验是否有炔烃或含有碳碳叁键的化合物存在。和烯烃相似，也可以通过所得氧化产物羧酸的结构来推断炔烃的结构。

2. 与臭氧的反应

炔烃臭氧化可生成α-二酮和过氧化氢，随后过氧化氢将α-二酮氧化成羧酸。例如

$$CH_3CH_2CH_2C\equiv CCH_3 \xrightarrow[②H_2O]{①O_3} \underset{\text{丁酸}}{CH_3CH_2CH_2COOH} + \underset{\text{乙酸}}{HOOCCH_3}$$

但乙炔例外，生成乙二醛和甲酸：

$$HC\equiv CH \xrightarrow[②H_2O]{①O_3} CHO-CHO + 2HCOOH$$

（三）聚合反应

与烯烃不同的是，炔烃只能生成几个分子的聚合物。在不同条件下，乙炔可生成链状的二聚物或三聚物，也可以生成环状的三聚物或四聚物。例如

$$CH\equiv CH + CH\equiv CH \xrightarrow[NH_4Cl]{CuCl} \underset{\text{乙烯基乙炔}}{CH_2=CH-C\equiv CH} \xrightarrow[NH_4Cl]{CuCl} \underset{\text{二乙烯基乙炔}}{CH_2=CH-C=C-CH=CH_2}$$

乙烯基乙炔在 $CuCl\text{-}NH_4Cl$ 催化剂的作用下，与浓盐酸作用，生成 2-氯-1,3-丁二烯，它是工业上合成氯丁橡胶的单体。

$$CH_2=CH-C\equiv CH + HCl \xrightarrow[HCl]{CuCl\text{-}NH_4Cl} CH_2=CH-\underset{\underset{Cl}{|}}{C}=CH_2$$

2-氯-1,3-丁二烯

（四）金属炔化物

与 sp^2 和 sp^3 轨道比较，乙炔分子中的 sp 轨道有较小的 p 性质和较大的 s 性质。p 轨道中的电子离核距离较远，受到的约束力较小；而 s 轨道中的电子较接近于核，被约束得较牢，因此，杂化轨道的 s 成分越大则电子云越靠近原子核，即可以说 sp 杂化碳原子表现出更大的电负性。各种杂化碳原子的电负性次序为 $sp > sp^2 > sp^3$，因而连在叁键碳上的氢原子（$RC\equiv CH$）能显示出微弱的酸性，具有较为活泼的化学性质，被称为炔氢或活泼氢。炔氢的酸性是相对于烷氢和烯氢而言的。事实上，炔氢的酸性非常弱，甚至比乙醇还要弱。

乙炔是比水弱、比氨强的“酸”。这可从它们的 pK_a 看出：

	水	乙醇	乙炔	氨
pK_a	15.7	18	25	34

1. 碱金属炔化物的生成及应用

由于乙炔是比水还弱的酸，所以，要体现出其“酸”性，只能与极强的碱作用才能生成金属炔化物：

$$CH\equiv CH + Na \xrightarrow{\text{液}\ NH_3} \underset{\text{乙炔钠}}{CH\equiv CNa} \xrightarrow[\text{液}\ NH_3]{Na} \underset{\text{乙炔二钠}}{NaC\equiv CNa}$$

乙炔钠与乙炔二钠都为弱酸盐，与水作用很快水解生成乙炔和氢氧化钠，乙炔二钠与水作用时甚至是爆炸性质的，这是因为炔钠中的金属原子和碳原子是以离子键的形式结合的，容易发生水解反应。

其他的端基炔烃也能进行类似的反应：

$$RC\equiv CH + NaNH_2 \xrightarrow{液 NH_3} \underset{炔化钠}{RC\equiv CNa} + NH_3$$

炔化钠是非常有用的中间体，其与伯卤代烷作用，可生成高级的炔烃（见炔烃的制备）。

2. 过渡金属炔化物的生成及炔烃的鉴定

酸性的炔烃还能与某些重金属离子（主要是 Ag^+ 和 Cu^+）反应，生成不溶性的炔化物。例如，将乙炔通入银氨溶液或亚铜氨溶液中，能立刻生成灰白色或红棕色炔化物沉淀：

$$CH\equiv CH + 2Ag(NH_3)_2NO_3 \longrightarrow \underset{乙炔银（灰白色沉淀）}{AgC\equiv CAg\downarrow} + NH_4NO_3 + NH_3$$

$$CH\equiv CH + 2Cu(NH_3)_2Cl \longrightarrow \underset{乙炔铜（砖红色沉淀）}{CuC\equiv CCu\downarrow} + NH_4Cl + NH_3$$

其他具有 $RC\equiv CH$ 结构的末端炔烃也能发生上述反应：

$$RC\equiv CH - \begin{cases} \xrightarrow{Ag(NH_3)_2NO_3} RC\equiv CAg\downarrow & 炔银（灰白色沉淀） \\ \xrightarrow{Cu(NH_3)_2Cl} RC\equiv CCu\downarrow & 炔铜（砖红色沉淀） \end{cases}$$

因此，该反应能用来鉴别分子中是否有炔氢的存在。

炔银和炔铜中的金属原子和碳原子之间是以共价键的形式连接的，因此与水不起作用，可以在水溶液中制备它们。

生成的重金属炔化物，在干燥时很不稳定，受撞击、震动或受热容易发生爆炸。因此，为了避免发生意外，应及时将生成的重金属炔化物用硝酸或盐酸处理，使之转变成原来的炔烃。

$$R-C\equiv CAg + HNO_3 \longrightarrow R-C\equiv CH + AgNO_3$$

$$R-C\equiv CCu + HCl \longrightarrow R-C\equiv CH + CuCl$$

利用炔烃的这种性质，可用来萃取重金属以及分离和精制末端炔烃。

【练习】

1. 根据给定条件，试完成下列化学反应方程式：

（1） $CH_3C\equiv CCH_3 \xrightarrow[Pt]{H_2（过量）}$

（2） $CH_3CH_2C\equiv CCH_2CH_3 \xrightarrow{Cl_2}$

（3） $CH\equiv CCH_2CH_2CH_3 \xrightarrow[HgCl_2]{HCl（过量）}$

2. 试用化学方法鉴别乙烷、乙烯和乙炔三种无色气体。

第四节 炔烃的制备

一、二卤代烷脱卤化氢

碳碳叁键可由二卤代烷脱去 2 分子卤化氢形成，常用的二元卤代烷为邻二卤代烷 $\left(\begin{array}{c}\text{—CH—CH—}\\ \quad | \qquad | \\ \text{X} \quad \text{X}\end{array}\right)$ 及偕卤代烷（$\text{—CH}_2\text{—CX}_2\text{—}$）。例如

$$(CH_3)_3C\text{—}\underset{\large Br}{\underset{|}{CH}}\text{—}\underset{\large Br}{\underset{|}{CH_2}} \xrightarrow{NaNH_2,液\ NH_3} (CH_3)_3C\text{—}C\equiv CH$$

$$CH_3(CH_2)_4CH_2\text{—}CHCl_2 \xrightarrow[②H^+,60\%]{①NaNH_2,液\ NH_3} CH_3(CH_2)_4C\equiv CH$$

邻二卤代烷脱卤化氢的反应更为有用，因为邻二卤代烷容易从相应的烯烃和卤素加成而得到。

另外要注意的是，氢氧化钾和氨基钠都可以使炔烃发生异构化，即可使叁键发生位移，前者使叁键移向链的中部，后者则使叁键移向链的末端。因此，使用这两种试剂从二卤代烷制备炔烃时，都有一定的适用范围。制备端基炔时一般都采用氨基钠，而不采用氢氧化钾的醇溶液。

二、炔烃的烷基化

这是一个使较低级炔烃转变为较高级炔烃的方法。乙炔和其他的端基炔可以生成金属炔化物，再利用此炔化物和伯卤代烃反应就可制备更高级的炔烃。

$$RC\equiv CH + NaNH_2 \xrightarrow{液\ NH_3} \underset{炔化钠}{RC\equiv CNa} + NH_3$$

$$RC\equiv CNa + R'X \longrightarrow R\text{—}C\equiv C\text{—}R' + NaX$$

例如

$$CH\equiv CH \xrightarrow[-33℃]{NaNH_2，液\ NH_3} \underset{乙炔钠}{CH\equiv CNa} \xrightarrow[-33℃，80\%]{CH_3(CH_2)_3Br，液\ NH_3} \underset{1\text{-}己炔}{HC\equiv C(CH_2)_3CH_3}$$

【练习】

由指定原料合成下列化合物：

（1）由 1-丁炔和丙烯合成 3-庚炔

（2）由乙炔和丙烯合成 1,6-庚二烯-3-炔

第五节 常见的炔烃

一、乙炔

乙炔是最简单也是最主要的炔烃，它是基本有机合成的重要原料，可通过反应转变

成许多工业上有用的原料或单体，如生产氯乙烯、乙醛、乙酸乙烯酯等。炔烃和烯烃一样，本身在自然界并不存在，天然气（主要是甲烷）在控制条件下，经高温部分氧化可以制造出乙炔，该反应速度非常快，甲烷在 0.001～0.01s 内即可裂解生成乙炔。

$$2CH_4 \xrightarrow[\text{电热}]{1500℃} HC{\equiv}CH + 3H_2$$

目前，工业上制造乙炔的方法仍然以电石法为主，电石是由焦碳与生石灰在高温下反应生成的，电石为碳化钙的俗名。

$$CaO + C \xrightarrow[\text{电热}]{2200℃} CaC_2 + CO_2$$

$$CaC_2 + H_2O \longrightarrow HC{\equiv}CH + Ca(OH)_2$$

用电石法生产的乙炔，优点是纯度高（99%），缺点是制造电石耗电量大，成本高，另外会产生大量的氢氧化钙，需妥善处理。

纯净的乙炔是带有乙醚气味的无色气体。工业乙炔由于在制备中往往混有磷化氢和硫化氢等杂质，使气体具有臭味。乙炔在水中有一定的溶解度，在 0.1MPa 下乙炔能溶解于等体积的水中。乙炔在丙酮等有机溶剂中的溶解度更大。

乙炔与空气混合，当它的含量达到 3%～70%时，遇火即爆炸。液态乙炔遇震动也很容易发生爆炸，所以工业生产中加压使用乙炔时，压力不得超过 3MPa。但乙炔的丙酮溶液是稳定的，在商业中为了安全运输，常把乙炔在 1.2MPa 下压入盛满丙酮浸润饱和的多孔性物质（如硅藻土、软木屑或木炭）的钢瓶中。乙炔和氧气混合燃烧，可产生 2800℃的高温，用于焊接或切割金属及净化钢铁。

二、丙炔

丙炔的分子式为 C_3H_4，是一种无色气体，熔点为 −102.6℃，相对密度为 0.71（−50℃）。微溶于水，溶于乙醇、乙醚等多数有机溶剂，易爆炸。在工业上主要用于制造丙酮等。

【练习】

写出一个含有 75%反式和 25%顺式的 2-戊烯的混合物转变成基本上为纯的顺-2-戊烯的所有步骤。

知识链接

乙炔的生产

1892 年，美国人威尔森将煤焦油与石灰在碳质电极的电弧炉中反应，制得电石，随后用其与水反应得到乙炔，从此，乙炔开始进入工业化生产时代。

随着由乙炔合成的产品品种和数量日益增加，乙炔的需求量迅速增长。20 世纪 20 年代以后，又发展了多种由烃类裂解制备乙炔的方法。

目前工业上有多种生产乙炔的方法，按原料来源可分为两大类：电石法和烃类裂解法。

电石法是最古老且迄今仍在工业上普遍应用的乙炔生产方法，它是使电石与水在乙炔发生器中作用而制得乙炔，1kg 电石（含碳化钙 80%）可制得乙炔 310L（常温、常压）。

工业上应用的乙炔发生器分干式和湿式两种。由于反应放热量大，发生器的结构设计应能使反应热迅速移出，并要求防止局部过热和超温超压；电石分解应尽量完全，并避免所生成的乙炔在 150℃以上发生聚合等副反应。工业上，小型的乙炔发生器多为湿式，用水量为化学计量值的若干倍（1kg 碳化钙加水 8～20kg），排出稀石灰乳的同时移出反应热。而大型装置则多用干式发生器，类型比较多，常见的为卧式螺旋推进型或立式塔板型。干式发生器用水量大大减少（水量约与所用碳化钙等重），排出的石灰渣含水≤4%，污染大为减轻。有些工厂也用大型湿式发生器，操作比较安全，但稀石灰乳的处理较麻烦。尽管电石是固体原料，运输储备方便，且采用电石法制备得到的乙炔浓度很高，纯度也大，只需要简单精制即可使用，但由于生产电石能耗太高，目前该法的发展受到限制。

石油工业兴起后，采用石油裂解制取乙炔代替了用电石制取乙炔的方法。从天然气、轻油、原油等烃类经高温裂解都能得到乙炔。工业上已开发出很多种生产方法，这些方法的主要区别在于高温热能的产生与传导方式的不同，可大致分为直接传热的外热法、部分原料燃烧的自供热法、通过热载体间接传热的外热法等。

目前，工业上使用的方法主要是电弧法和部分氧化法。

电弧法：最早开发出来的烃制乙炔的方法，是以天然气或 C_1～C_4 的烃作为原料，裂解所需要的能量由电弧提供。典型的方法如建于德国赫斯化学公司的年产 100kt 乙炔装置：天然气沿切线进入乙炔炉，旋转地通过放电区，电弧温度为 1725℃，反应温度为 1480℃，反应时间约为 1.2ms，水淬冷至 175℃以下。反应气体中含有乙炔 15%（体积%）、乙烯 1%，烯炔总收率约 50%，若采用 C_2 以上的烃预淬冷，裂解气浓度可达乙炔 16%、乙烯 7%。每生产 1t 乙炔耗电 10 850kW · h，消耗甲烷 4350m^3，产生副产物氢气 3800m^3。

部分氧化法：反应所需要的热量来自原料烃与氧的不完全燃烧，燃烧的同时发生烃的裂解反应生成乙炔。最早由德国法本公司于 20 世纪 40 年代开发，其后出现多种不同结构的乙炔反应炉，但以该公司的部分氧化法应用最广。该法适用于天然气中甲烷的热裂解，甲烷与纯氧分别预热后混合，高速通过乙炔炉的烧嘴板，在反应区生成短火焰，另导入少量辅助氧以稳定火焰。反应时间仅几毫秒，在反应区出口处用水淬冷，反应区内生成的炭黑要经常刮除。裂解气主要组成为乙炔 8%（体积分数）、氢 57%、一氧化碳 26%，乙炔收率 24%。每生产 1t 乙炔耗甲烷 4.1t、氧 4.9t。

烃类裂解法与电石法相比，能耗低，适合大规模生产，但裂解气中乙炔含量低，并含有少量在乙炔加工中有害的气体，需经提浓和净化后才能使用。

由于石油价格波动，各国对煤制乙炔开始重视。英国煤炭利用研究协会（BCURA）以含氢的氩等离子流电弧炉使煤中所含碳的 20%～40%转化为乙炔；美国能源部资助的阿芙科公司氢等离子电弧炉从煤制乙炔的中间实验规模为每日 10t，电弧炉容量 1MW，被认为具有工业开发前途。高炉法制电石因消耗焦炭较多，还消耗纯氧，故电石生产成本较高，未得到发展。而 20 世纪 80 年代，研究改用粉煤代替焦炭与石灰一起入炉，下部鼓入纯氧，同时得到电石和高浓度的一氧化碳，生产成本上较有竞争力。其他国家也在进行各种煤制乙炔的研究开发工作。

（1）本章重点：炔烃的命名及结构，炔烃的性质，炔烃的制备方法。

（2）主要内容如下：

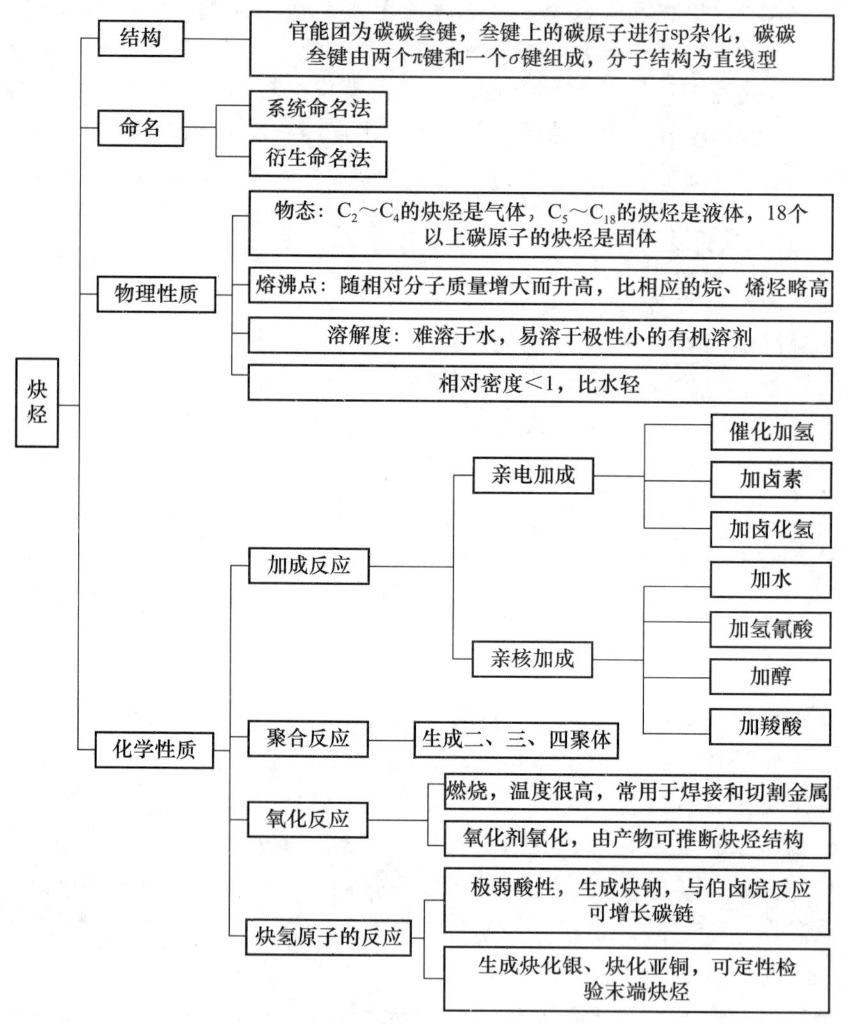

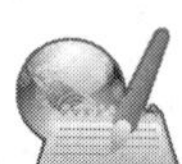

习题

1. 选择填空题。

（1）在下列化合物中，________是共轭体系，________是非共轭体系。

A. $(CH_3)CCH{=}CH_2$ B. $CH_2{=}\underset{\displaystyle CH_3}{\underset{|}{C}}{-}CH{=}CH_2$

C. $CH_2{=}CH{-}C{\equiv}CH$ D. $RC{\equiv}C{-}C{\equiv}CR$

(2) 在下列化合物中，________碳原子是 sp 杂化碳原子，________碳原子是 sp^2 杂化碳原子，________碳原子是 sp^3 杂化碳原子。

$$\underset{5}{CH_3}{-}\underset{4}{CH}{=}\underset{3}{CH}{-}\underset{2}{C}{\equiv}\underset{1}{CH}$$

2. 命名下列化合物：

(1) $(CH_3)_3C{-}C{\equiv}C{-}CH_2C(CH_3)_3$ (2) $CH_3CH{=}CHCH(CH_3)C{\equiv}C{-}CH_3$

(3) $HC{\equiv}CCH_2Br$

3. 写出下列化合物的构造式：

(1) 4-甲基-1-戊炔 (2) 二异丙基乙炔 (3) 1,5-已二炔

(4) 2-甲基-3-戊烯-1-炔 (5) 乙基叔丁基乙炔 (6) 3,5-二甲基庚炔

4. 用化学方法区分下列各组化合物：

(1) 乙烷、乙烯、乙炔 (2) 1-丁炔、2-丁炔

(3) 2-甲基丁烷、3-甲基-1-丁炔、3-甲基-1-丁烯

(4) 1-已炔、1,3-已二烯、已烷

5. 写出 1-丁炔与下列试剂反应的方程式：

(1) 热高锰酸钾水溶液 (2) H_2(2mol)/Pt

(3) 过量 Br_2/CCl_4，0℃ (4) $AgNO_3$ 的氨溶液

(5) H_2O，H_2SO_4，Hg^{2+} (6) H_2(1mol)/Pd/$BaSO_4$-喹啉

6. 以乙炔为原料合成下列化合物（其他有机、无机试剂任取）：

(1) 1,1-二溴乙烷 (2) 氯乙烯 (3) 1,2-二氯乙烷

(4) 乙醛 (5) 丙炔 (6) 1-丁炔

(7) 2-丁炔 (8) 顺-2-丁烯 (9) 反-2-丁烯

7. 有三种化合物 A、B、C，都具有分子式 C_5H_8，它们都能使溴的四氯化碳溶液退色，A 与 $AgNO_3$ 的氨溶液作用生成沉淀，B、C 则不能，当用热的高锰酸钾氧化时，A 得到正丁酸和 CO_2，B 得到乙酸和丙酸，C 得到戊二酸，请推导出 A、B、C 的构造式。

8. 化合物 A 的分子式为 C_8H_{12}，在 H_2/Pt 作用下生成 4-甲基庚烷，A 用 Lindlar 催化剂小心地氢化得到 B，分子式为 C_8H_{14}。A 与 Na-液 NH_3 作用得到 C，C 的分子式也是 C_8H_{14}。请写出 A、B、C 的构造式，并回答：A 的构造式是否唯一？请写出你认为可能的 A 的其他构造式。

第五章 脂 环 烃

学习目标

1. 掌握脂环烃的命名和环烷烃的化学性质。
2. 掌握环烷烃的结构与稳定性的关系。
3. 了解常见环烷烃的构象。
4. 了解脂环烃的工业制法和用途。

案例导入

尼龙6（简称PA6），化学名称为聚己内酰胺，它具有机械强度高、韧性好、耐磨、耐腐蚀、电绝缘性等优越性能，广泛地用于家用电器元器件、电子及机电工业产品如插头、电线等，亦用于汽车及仪表中的零部件、体育用品、输送管道、医疗器材、尼龙带、尼龙薄膜及织物等。那么，它是如何合成的呢?

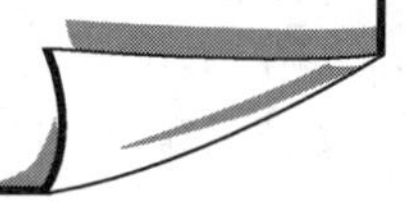

链烃分子骨架中的两端碳原子相互结合成环状结构，其性质与链状脂肪烃相似，这一类环状化合物称为脂环烃。脂环烃及其衍生物广泛存在于自然界。例如，石油中含有环己烷、环戊烷、甲基环戊烷等，植物香精油中含有松节油、樟脑等复杂的脂环化合物，它们大都具有生理活性。

第一节 脂环烃的分类和命名

一、分类

脂环烃可以分为饱和脂环烃和不饱和脂环烃两类。饱和脂环烃又称环烷烃，不饱和脂环烃有环烯烃和环炔烃。具体分类如图 5.1 所示。

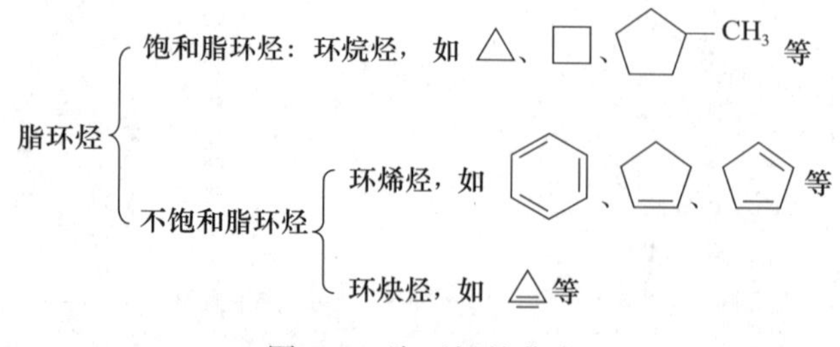

图 5.1 脂环烃的分类

另外，根据成环的数目又可分为单环烃和多环烃两大类，单环烃根据环的大小分为小环（$C_3 \sim C_4$）、普通环（$C_5 \sim C_7$）、中环（$C_8 \sim C_{12}$）和大环（C_{13}以上）；多环烃按共用碳原子数不同分为螺环烃、稠环烃与桥环烃三大类。本章重点讨论环烷烃。

二、命名

（一）单环烃

单环烃的通式与烯烃相同为 C_nH_{2n}，但其中没有双键，仅有一个闭合的碳环。环烷烃的命名与烷烃相似，根据成环碳原子数称为“某烷”，并在某烷前面冠以“环”字，称为环某烷。例如

环丙烷　　环丁烷 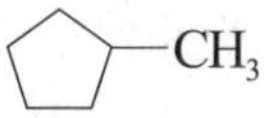　　甲基环戊烷 　　环己烷

环上带有支链时，一般以环为母体，支链为取代基进行命名，取代基位次按“最低系列”原则列出，基团顺序按“次序规则”，小的优先列出。例如

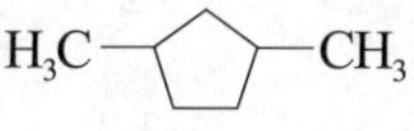

1,3-二甲基环戊烷 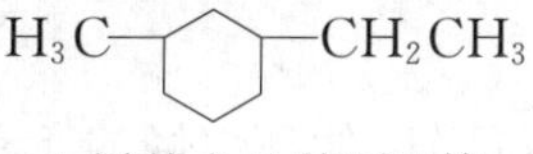　　1-甲基-3-乙基环己烷

环烯烃和环炔烃命名时编号从不饱和碳原子开始，并通过不饱和键，编号要求不饱和键的位次最低，取代基位次和最小。例如

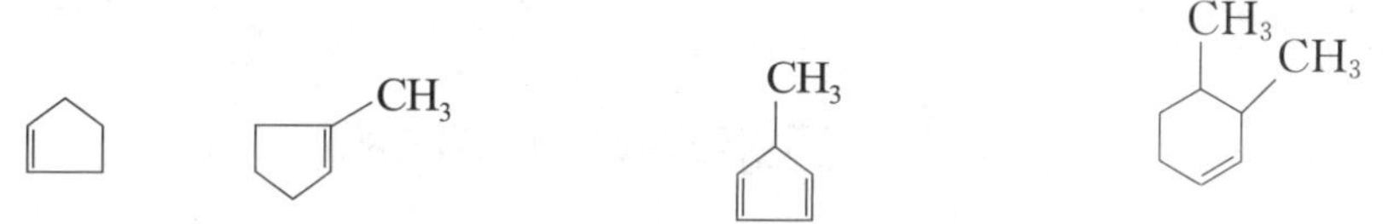

环戊烯　　1-甲基环戊烯　　5-甲基-1,3-环戊二烯　　3,4-二甲基环己烯

环上取代基比较复杂时，环烃部分也可以作为取代基来命名。例如

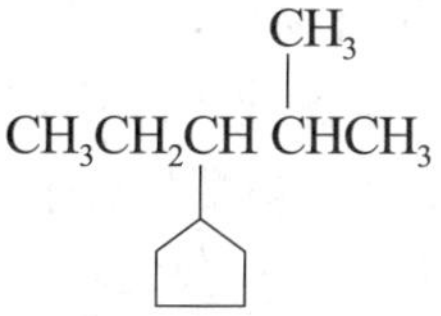

2-甲基-3-环戊基戊烷

（二）多环烃

螺环烃的命名：在多环烃中，两个环以共用一个碳原子的方式相互连接，称为螺环烃。其命名原则如下：根据螺环中碳原子总数称为螺某烃；在螺字后面用一方括号，在方括号内用阿拉伯数字标明每个环上除螺原子以外的碳原子数，小环数字排在前面，大环数字排在后面，数字之间用圆点隔开。例如

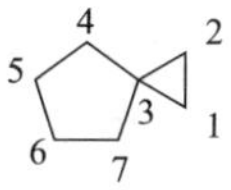

螺[2.4]庚烷 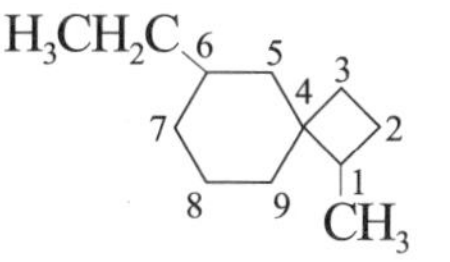　　1-甲基-6-乙基螺[3.5]壬烷

在多环烃中，2 个环共用 2 个或 2 个以上碳原子时，称为桥环烃。桥环烃命名时以二环（双环）为词头，后面用方括号，按照桥碳原子由多到少的顺序标明各桥碳原子数，写在方括号内（桥头碳原子除外），各数字之间用圆点隔开，再根据桥环中碳原子总数称为某烷。例如

双环[4.4.0]癸烷（十氢化萘）　　双环[4.1.0]庚烷

桥环烃编号从一个桥头碳原子开始，沿最长的桥路编到另一个桥头碳原子，再沿次长桥编回桥头碳原子，最后编短桥并使取代基的位次较小。例如

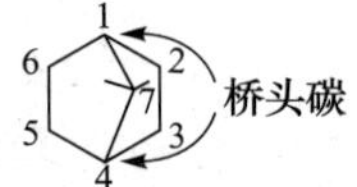

7,7-二甲基双环[2.2.1]庚烷

【练习】

1. 写出分子式为 C_4H_8 的环烷烃的所有构造异构体，并命名。

2. 命名下列化合物：

（1）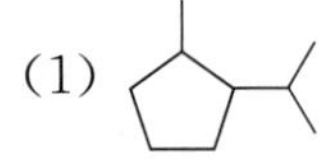　（2）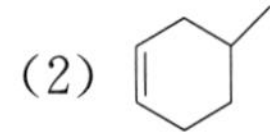　（3）　（4）

第二节　环烷烃的分子结构

一、张力学说

自 1883 年合成三元和四元碳环化合物后，人们发现：小环化合物比较容易开环，而五元、六元环系则是稳定的。为了解释各种环的稳定性，1885 年，德国化学家拜耳提出了张力学说。该学说认为：所有环形化合物都具有平面型结构，因此可以用偏转角度来衡量不同的碳环化合物中 C—C—C 键角与 sp^3 杂化轨道的正常键角 109°28′的偏离程度。其中，偏转角度＝(109°28′－正多边形的内角)/2。一些常见碳环的偏转角度见表 5.1。

表 5.1　一些常见碳环的偏转角度

碳环	环内键之间夹角	偏转角度
	60°	$\frac{1}{2}(109°28'-60°)=24°44'$
	90°	$\frac{1}{2}(109°28'-90°)=9°44'$
	108°	$\frac{1}{2}(109°28'-108°)=0°44'$
	120°	$\frac{1}{2}(109°28'-120°)=-5°16'$

表 5.1 中的数值表示为每根键屈挠的角度，正表示键向内屈挠，负表示键向外屈挠。键的屈挠，意味着化合物的内部产生了张力，因为这种张力是由于键角的屈挠引起的，故叫做角张力。拜耳认为：偏转角越大，角张力就越大。从能量来讲，张力大的结构能量比较高，比较不稳定。拜耳张力学说对小环的结论是正确的，但无法解释五环以上大环的稳定性，其原因是成环碳原子都处于同平面这个假设是错误的，它们实际上不是共平面的。

二、弯曲键

近代共价键理论认为，要形成一个化学键，两个成键的原子必须处于使原子轨道重叠的位置，重叠得越多，则所形成的键越牢固。环烷烃的 C—C 键都是 σ 键，其碳原子大多是 sp^3 杂化，键角为 109°28′。但根据量子力学计算，环丙烷分子中 C—C—C 键角为 105.5°，H—C—H 键角为 114°。因此当成键时，两个成键的电子云并非在一条直线上，而是以弯曲方向进行重叠，形成碳碳"弯曲键"，如图 5.2 所示。这种弯曲键表明杂化轨道的重叠程度没有一般 σ 键大，因而分子有一种力量趋向于能量最小、重叠最大的可能。我们把这种力当成拜耳所说的"张力"。这是造成环丙烷在化学性质上最不稳定的根本原因。

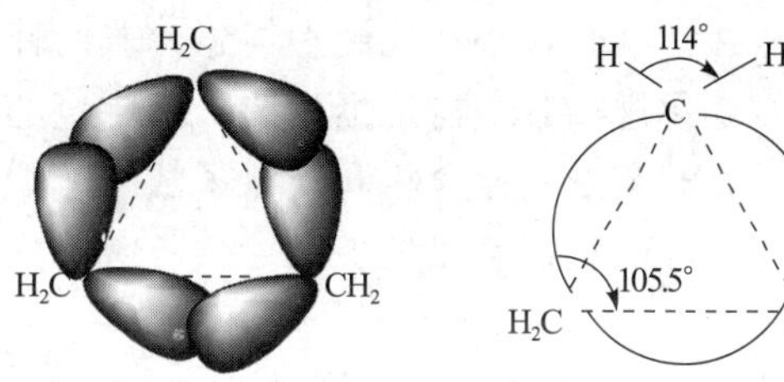

图 5.2 环丙烷分子中的弯曲键

与环丙烷相似，环丁烷分子中也存在着张力，但比环丙烷的小，因在环丁烷分子中四个碳原子不在同一平面上，根据结晶学和光谱学的证明，环丁烷是以折叠状构象存在的，这种非平面型结构可以减少 C—H 键的重叠，使扭转张力减小。环丁烷分子中 C—C—C 键角为 111.5°，角张力也比环丙烷的小，所以环丁烷比环丙烷要稳定些。环戊烷分子中，C—C—C 键角为 108°，接近 sp^3 杂化轨道间键角 109.5°，环张力甚微，是比较稳定的环。环己烷中，碳原子为 sp^3 杂化，C—C 键角可以保持在 109°28′，因此环很稳定。

三、燃烧热和环烷烃的稳定性

有机物的燃烧热是指"1mol 物质完全氧化为二氧化碳和水时所放出的热量"，它的数值大小反映了物质分子的内能高低。可以用环烷烃每个 CH_2 单位的燃烧热来衡量环张力的大小，环烷烃的环张力越大，表明分子的能量越高，稳定性越差。一些 CH_2 单位的燃烧热见表 5.2。

表 5.2 一些 CH_2 单位的燃烧热

名称	每个 CH_2 单位的燃烧热/(kJ/mol)
环丙烷	697.1
环丁烷	686.2
环戊烷	664.0

续表

名称	每个 CH_2 单位的燃烧热/(kJ/mol)
环己烷	658.6
环庚烷	662.4
直链烷烃	658.6

从燃烧热的数值上可以判断环的稳定性：六元环＞五元环＞四元环＞三元环。

【练习】

名词解释：

（1）张力学说（2）弯曲键（3）燃烧热

第三节 环烷烃的物理性质

在常温时，小环烷烃为气态，普通环烷烃为液态，中环和大环烷烃为固态，其物理性质变化规律基本与烷烃相似。环烷烃的分子结构比链烷烃排列紧密，所以，沸点、熔点、相对密度均比含相同碳原子数的链烷烃高。环烷烃不溶于水，易溶于有机溶剂。部分环烷烃的物理性质见表 5.3。

表 5.3 部分环烷烃的物理物质

名称	分子式	熔点/℃	沸点/℃	相对密度
环丙烷	C_3H_6	−127	−32.9	0.6807
环丁烷	C_4H_8	−80	12	0.7038
环戊烷	C_5H_{10}	−93	49.5	0.7457
环己烷	C_6H_{12}	6.4	80.8	0.7785
环庚烷	C_7H_{14}	−13	117	0.8098
环辛烷	C_8H_{16}	14	147	0.8349

第四节 环烷烃的化学性质

环烷烃的化学性质和组成环的碳原子数目有关，一般小环化合物稳定性差，环容易破裂，其性质与烯烃相似，易发生加成反应而成开链结构；五元环以上的化合物较稳定，环不易破裂，性质与烷烃相近，能发生取代反应等。

一、取代反应

环烷烃与烷烃一样，也可在高温或紫外光的照射下，主要进行自由基取代反应，生成相应的卤化物，而碳环保持不变。例如

$$\triangleright + Cl_2 \xrightarrow{光} \triangleright\!-Cl + HCl$$

环丙烷　　　　氯代环丙烷

$$\text{环己烷} + Br_2 \xrightarrow{300℃} \text{溴代环己烷} + HBr$$

环己烷　　溴代环己烷

氯代优先取代环上含氢少的碳上的氢原子。例如：

$$\text{甲基环己烷} + Cl_2 \xrightarrow{\text{光}} \text{1-甲基-1-氯代环己烷} + HCl$$

1-甲基-1-氯代环己烷

二、加成反应

（一）催化加氢

在催化剂存在下，环烷烃能发生加氢开环反应，生成相应的烷烃，并且环越大，反应条件越高。例如

$$\triangle + H_2 \xrightarrow[40℃]{Ni} CH_3CH_2CH_3$$

$$\square + H_2 \xrightarrow[100℃]{Ni} CH_3CH_2CH_2CH_3$$

$$\text{环戊烷} + H_2 \xrightarrow[300℃]{Pt} CH_3CH_2CH_2CH_2CH_3$$

环烷烃加氢反应的活性不同，其活性大小为环丙烷>环丁烷>环戊烷。

（二）加卤素

环丙烷很像烯烃，在常温下可以与卤素发生加成反应，而环戊烷以上的环烷烃与溴加成非常困难，随着温度升高而发生自由基取代反应。例如

$$\triangleright + Br_2 \xrightarrow{CCl_4} \underset{Br}{CH_2}-CH_2-\underset{Br}{CH_2}$$

$$\text{1,1,2-三甲基环丙烷} + Br_2 \xrightarrow{CCl_4} (CH_3)_2\underset{Br}{C}-\overset{CH_3}{CH}-\underset{Br}{CH_2}$$

$$\square + Br_2 \xrightarrow[CCl_4]{\triangle} \underset{Br}{CH_2}-CH_2-CH_2-\underset{Br}{CH_2}$$

$$\left.\begin{matrix}\text{环戊烷}\\ \text{环己烷}\end{matrix}\right\} + Br_2 \xrightarrow[CCl_4]{\triangle} \text{（不发生加成反应，而是发生取代反应）}$$

（三）加卤化氢

环丙烷及其衍生物很容易与卤化氢发生加成反应而开环，而环丁烷需加热后才能发

生反应。开环发生在含氢最多和含氢最少的 2 个碳原子之间，加成反应遵循马氏规则（氢加在含氢较多的碳原子上）。

例如

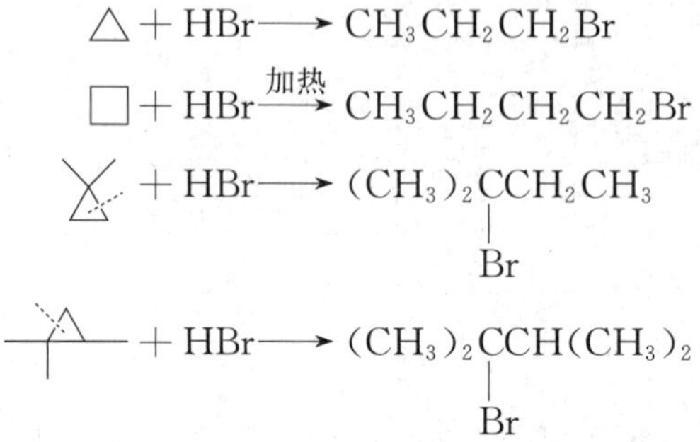

$$\triangle + HBr \longrightarrow CH_3CH_2CH_2Br$$

$$\square + HBr \xrightarrow{加热} CH_3CH_2CH_2CH_2Br$$

$$(1,1\text{-二甲基环丙烷}) + HBr \longrightarrow (CH_3)_2C(Br)CH_2CH_3$$

$$(1,1,2\text{-三甲基环丙烷}) + HBr \longrightarrow (CH_3)_2C(Br)CH(CH_3)_2$$

三、氧化反应

环烷烃在常温下不易氧化，不和高锰酸钾水溶液作用，因此可用高锰酸钾水溶液鉴别环烷烃和烯烃。当加热条件下利用强氧化剂，或在催化剂作用下用空气中的氧气进行氧化，则环烷烃与烷烃相似，也可以被氧化，氧化条件不同时所得产物也不同。例如

$$(\text{环己烷}) + O_2 \xrightarrow[125\sim165℃, 1.5MPa]{环烷酸钴} (\text{环己酮}) + (\text{环己醇})$$

环己酮　环己醇

$$(\text{环己烷}) + HNO_3(浓) \xrightarrow[\triangle]{} \begin{matrix} CH_2CH_2COOH \\ | \\ CH_2CH_2COOH \end{matrix}$$

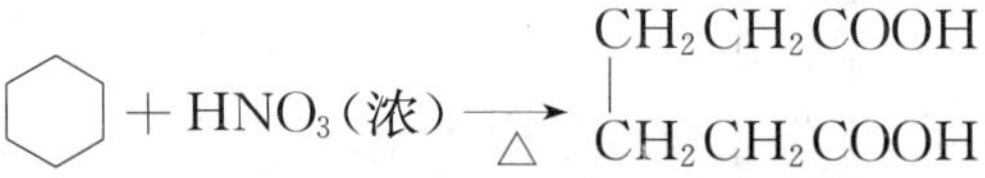

己二酸

环己醇和环己酮是重要的工业原料。环己醇用于制造己二酸、增塑剂和洗涤剂，也可用作溶剂和乳化剂。环己酮用于制造树脂和合成纤维尼龙 6 的单体——己内酰胺。己二酸与二元胺缩聚成聚酰胺，是制造尼龙 66 的主要原料，也用于制造增塑剂、润滑剂和工程塑料。

【练习】

1. 完成下列反应式：

(1) 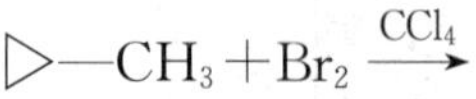 $\triangleright\!\!-CH_3 + Br_2 \xrightarrow{CCl_4}$

(2) (1,1,2-三甲基环丙烷) $+ HI \longrightarrow$

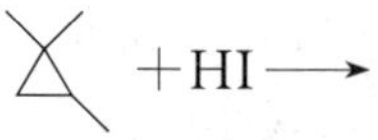

(3) 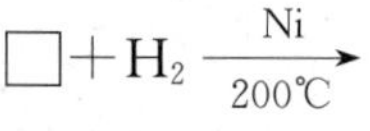 $\square + H_2 \xrightarrow[200℃]{Ni}$

(4) (环己烷) $+ Cl_2 \xrightarrow{h\nu}$

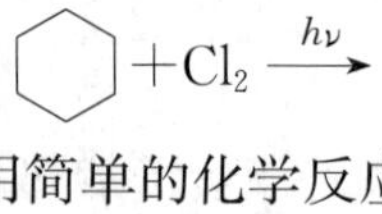

2. 用简单的化学反应鉴别环丙烷、丙烯、丙炔。

3. 已知环烷烃的分子式为 C_5H_{10}，根据氯化反应产物的不同，试推测各环烷烃的构造式。

(1) 一元氯代产物只有一种。

(2) 一元氯代产物可以有三种。

第五节 环烷烃的立体化学

一、环烷烃的顺反异构

环烷烃由于碳环的存在，使环上 C—C 键的自由旋转受到限制。因此当 2 个碳原子连接不同的基团时，它们在空间的排列就存在两种可能。例如，1,2-二甲基环丙烷存在顺式和反式两种异构现象。

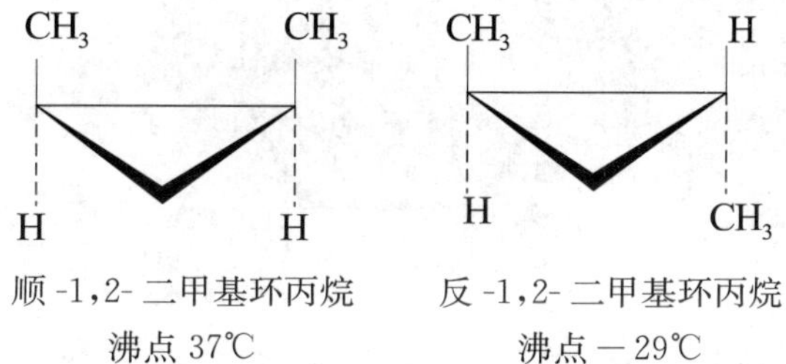

顺-1,2-二甲基环丙烷 反-1,2-二甲基环丙烷

沸点 37℃ 沸点 −29℃

随着环上取代基的增加，顺反异构的数目也相应增多。例如，1,2,3,4-四甲基环丁烷有 4 种几何异构体。

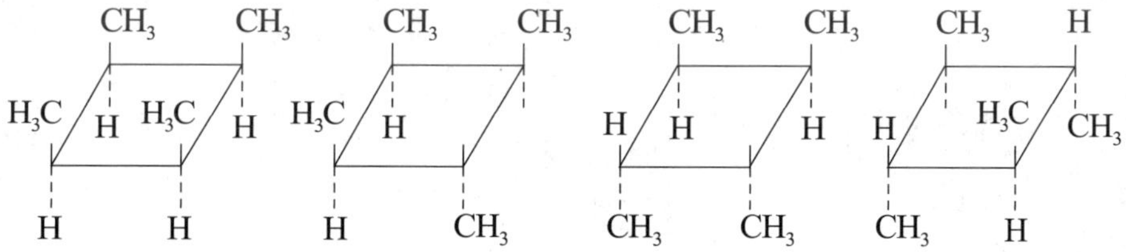

二、环烷烃的构象分析

(一) 环丁烷的构象

环丁烷的四个碳原子不在同一平面上，是一种蝶式构象，“两翼”上下摆动，两种构象迅速变化，与平面约成 30°角，C—C 键也是弯曲键，但弯曲程度较环丙烷小，键角张力有所降低，但仍然很大，如图 5.3 所示。

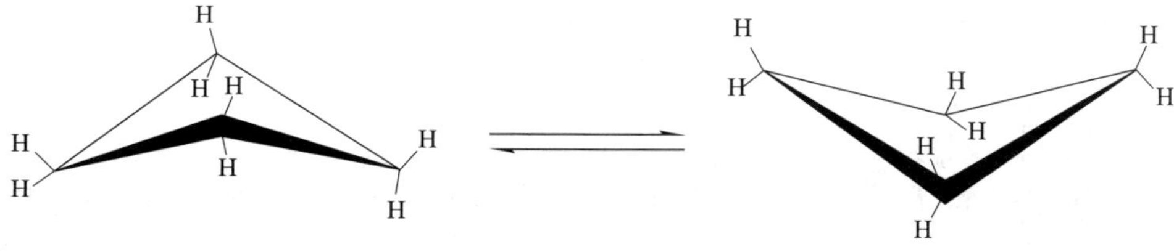

图 5.3 环丁烷的构象

（二）环戊烷的构象

环戊烷的 4 个碳原子处在一个平面上，一个碳原子离开平面，与平面的距离为 0.05nm，时而在上，时而在下，呈动态平衡，如图 5.4 所示。离开平面的碳上的氢原子与相邻碳上的氢原子呈交叉式，明显降低了扭转张力，所以能量较低，这也是环戊烷较稳定的原因。

（三）环己烷的构象

环己烷是非常重要的环烷烃，这种结构单元在自然界中广泛存在。环己烷分子中 6 个碳原子并不在同一平面上，它可以扭曲而产生无数个构象异构体。

1. 船式构象和椅式构象

船式构象和椅式构象是环己烷的 2 种典型构象，如图 5.5 所示。

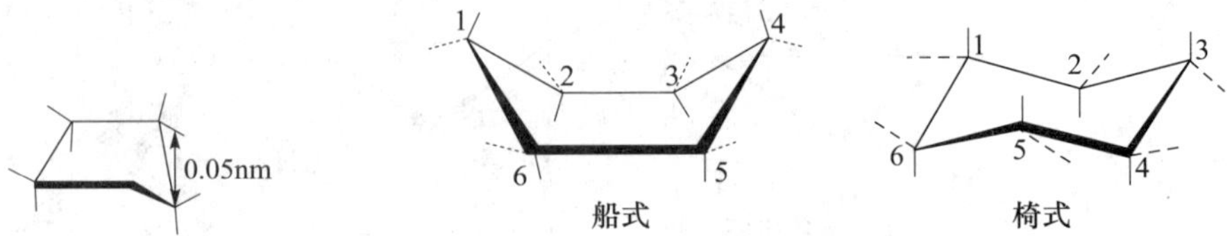

图 5.4　环戊烷的构象　　　图 5.5　环己烷的船式构象和椅式构象（一）

比较环己烷的船式构象和椅式构象：船式构象中两个船头碳原子 C－1 和 C－4 上的氢原子相距很近，只间隔 0.183nm，比它们的范德华半径之和 0.25nm 小得多，因此相互之间斥力较大；而在椅式构象中相邻的 2 个碳原子上的氢都处于邻位交叉式；船式构象中，C－2～C－3 和 C－5～C－6 上的 C—H 键是全重叠式，因而具有由于键扭转而产生的扭转张力。所以船式构象不如椅式构象稳定，2 种构象通过 C—C 单键的旋转，可相互转变。室温下，环己烷主要以椅式构象存在（99.9%以上），椅式构象为环己烷的优势构象，如图 5.6 所示。

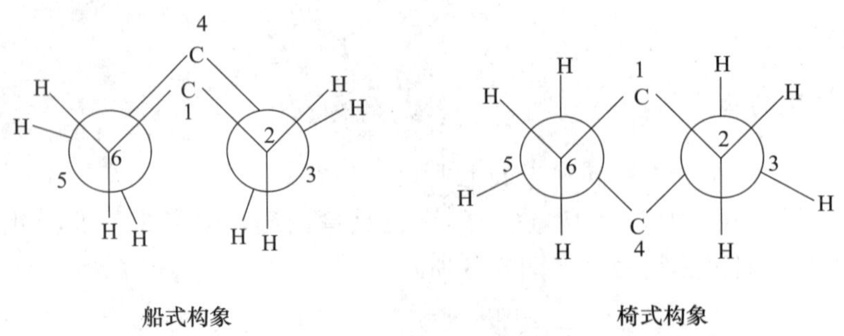

图 5.6　环己烷的船式构象和椅式构象（二）

在室温下，99.9%的环己烷分子是以椅式构象存在的。常温下，由于分子的热运动可使船式和椅式 2 种构象互相转变，因此不能拆分环己烷的船式、椅式构象异构体。

2. 平伏键和直立键

在椅式构象中 12 个 C—H 键分为两类。第一类 6 个 C—H 键与分子的对称轴平行，叫做直立键或 a 键（其中 3 个向环平面上方伸展，另外 3 个向环平面下方伸展）；第二类 6 个 C—H 键与直立键形成接近 109.5°的夹角，平伏着向环外伸展，叫做平伏键或 e 键，如图 5.7 所示。

3. 椅式构象环的翻转

椅式构象也有两种，由于分子的热运动，在常温下，通过 C—C 键的不断扭动，环己烷的一种椅式构象可以转变成另一种椅式构象，而且这种翻转进行得非常快。翻转以后原来的 e 键变为 a 键，a 键变为 e 键，如图 5.8 所示。

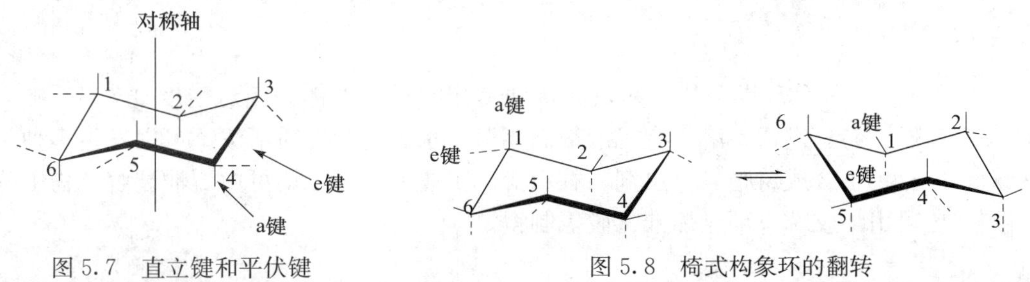

图 5.7　直立键和平伏键　　图 5.8　椅式构象环的翻转

（四）十氢化萘的结构

十氢化萘是双环［4.4.0］癸烷的习惯名称。它有顺式和反式两种构型，顺十氢化萘和反十氢化萘都不是平面结构。它们各自的 2 个六碳环都是椅式的。反式结构较平展，比顺十氢化萘稳定。

【练习】

1. 举例说明环烷烃的稳定性，并加以解释。

2. 如果将船式和椅式均考虑在环己烷的构象中，试问甲基环己烷有几种构象异构体？哪一种最稳定？哪一种最不稳定？

第六节　常用的脂环烃

石油是脂环烃的主要来源之一，其中常见的有环戊烷、环己烷及它们的衍生物。例如

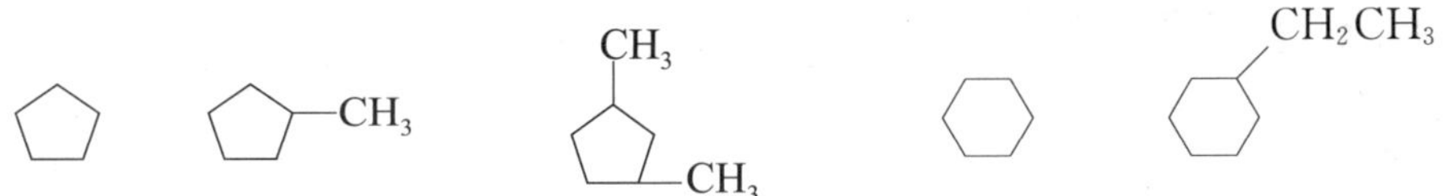

环戊烷　　甲基环戊烷　　1,3-二甲基环戊烷　　环己烷　　乙基环己烷

以上最重要的是环己烷。另外，从石油馏分及煤焦油中可以得到环戊二烯。

一、环己烷

环己烷是无色液体，沸点 80.8℃，相对密度 0.779，易挥发，不溶于水，可与许多

有机溶剂混溶，是制造尼龙 66 和尼龙 6 的单体——己二酸、己二胺及己内酰胺的原料，也是很好的溶剂，能溶解多种有机物，而且毒性较苯小。工业上生产环己烷主要采取石油馏分分离法和苯催化加氢法。其中，苯催化加氢法是目前普遍采用的方法，以镍为催化剂，在 200～240℃进行苯的催化加氢，生成环己烷。

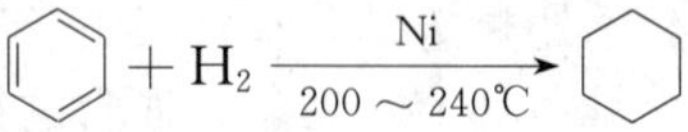

$$\text{苯} + H_2 \xrightarrow[200\sim240℃]{Ni} \text{环己烷}$$

此反应产率很高，而且产品纯度也较高。

二、环戊二烯

1,3-环戊二烯简称环戊二烯，是具有特殊臭味的无色液体，相对密度 0.805，沸点 41.5℃，易燃，易挥发，易溶于有机溶剂而不溶于水。化学性质活泼，可以发生多种化学反应，广泛用于合成树脂、杀虫剂、香料等。工业上环戊二烯可由石油裂解产物中分离得到，也可由环戊烷或环戊烯催化脱氢制得。

甾族化合物

甾族化合物广泛存在于动植物组织内，并在动植物生命活动中起着重要的作用。甾族化合物分子中，都含有一个称为甾核的四环碳骨架，环上一般带有 3 个侧链，其通式如下：

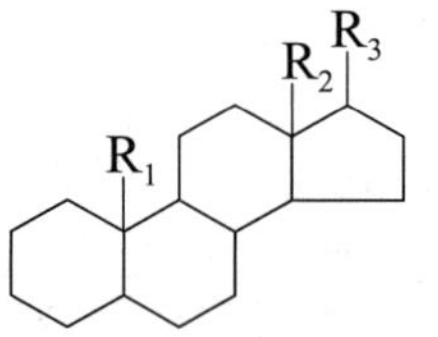

（甾核通式结构：R_1、R_2、R_3）

其中，R_1、R_2 一般为甲基，称为角甲基，R_3 为其他含有不同碳原子数的取代基。

甾是个象形字，是根据这个结构而来的，“田”表示 4 个环，“巛”表示为 3 个侧链。

许多甾体化合物除这 3 个侧链外，甾核上还有双键、羟基和其他取代基。下面来介绍重要的甾族化合物。

1. 胆甾醇

人体内发现的胆结石几乎全是由胆甾醇所组成的，胆固醇的名称也是由此而来的。

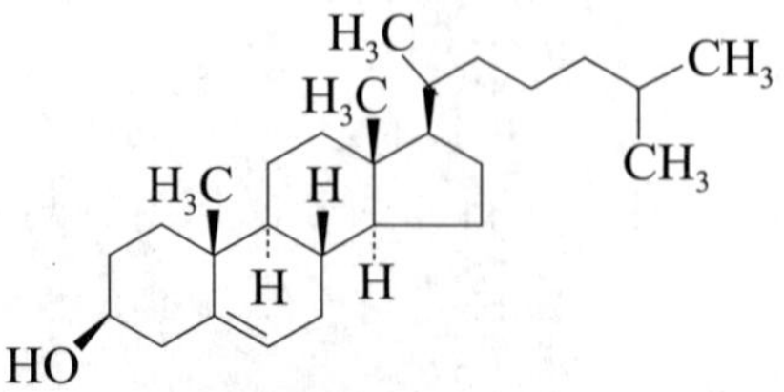

（结构式：H_3C，CH_3，CH_3，H_3C，H_3C，H，H，H，HO）

胆甾醇

2. 睾丸酮素

睾丸酮素是睾丸分泌的一种雄性激素，有促进形成第二性征如肌肉生长、使声音变低沉等作用，它是由胆甾醇生成的，并且是雌二醇生物合成的前体。

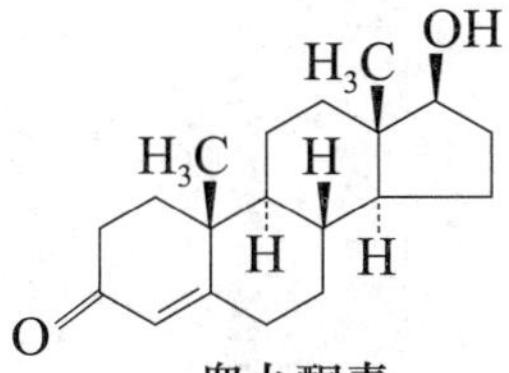

睾丸酮素

3. 雌二醇

雌二醇为卵巢的分泌物，对雌性的第二性征的发育起主要作用。

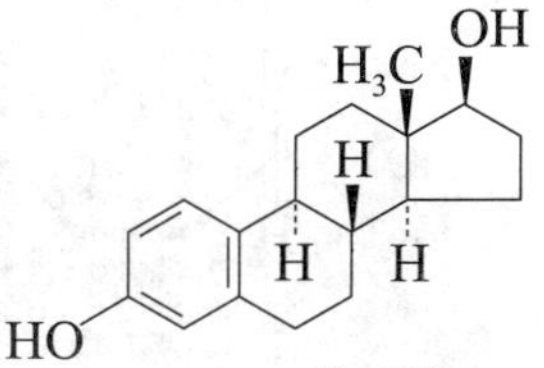

雌二醇

4. 肾上腺皮质激素

肾上腺皮质激素是哺乳动物肾上腺皮质分泌的激素，皮质激素的重要功能是维持体液的电解质平衡和控制碳水化合物的代谢。动物缺乏它会引起机能失常乃至死亡，如可的松。

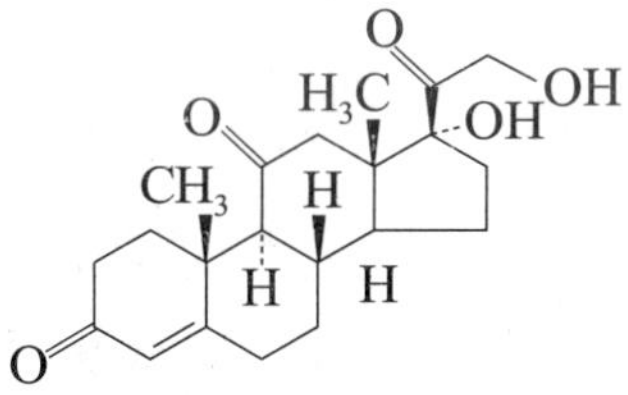

可的松

（1）环烷烃的命名法与烷烃相似，根据分子中成环碳原子数目，称为环某烷。环烯烃和环炔烃在命名时要求不饱和键的位次最低，取代基位次和最小。

（2）由于环的存在，环烷烃不仅存在构造异构体，而且还有顺反异构体。

（3）环烷烃的化学性质，“小环”似烯，“大环”似烷。

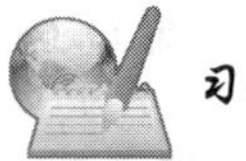

习题

1. 命名下列化合物：

(1)  $\triangleright$—CH_3　　(2) □—$CH(CH_3)_2$

(3) [结构式：3-甲基-4-乙基环戊烯，CH_3，CH_2CH_3]　　(4) [结构式：环己基-$CH{=}CH_2$]

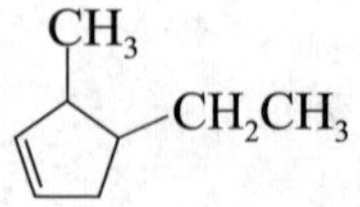

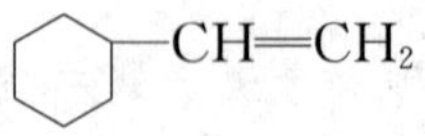

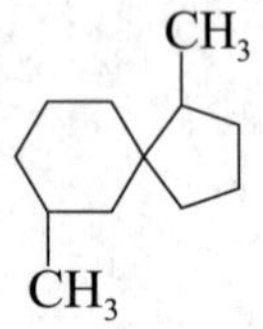

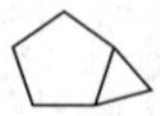

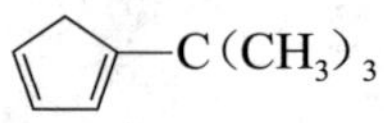

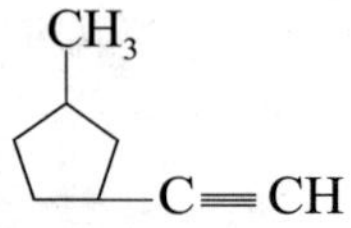

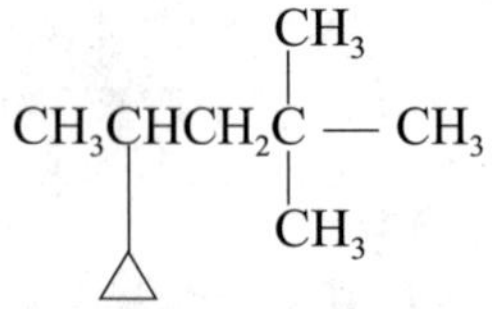

(5) [结构式：螺环化合物，CH_3，CH_3]　　(6) [结构式：双环化合物]

(7) [结构式：环戊二烯基-$C(CH_3)_3$]　　(8) [结构式：CH_3，环戊基-$C{\equiv}CH$]

(9) $CH_3CHCH_2C(CH_3)_2-CH_3$（CH 上连环丙基）　　(10) [椅式结构：CH_3，H，H，CH_3]

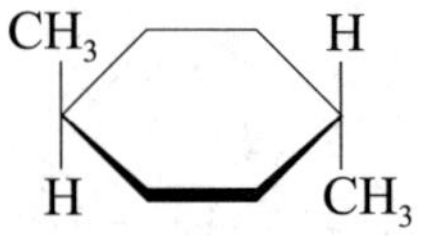

2. 写出下列化合物的构造式：

(1) 3-甲基-1,4-环己二烯　　(2) 1,3-环己二烯

(3) 1,1-二甲基环丙烷　　(4) 1,2-二甲基-1-乙基环己烷

(5) 1-叔丁基-1,3-环戊二烯　　(6) 乙烯基环己烷

(7) 1-甲基-4-异丙基环己烷　　(8) 顺-1,2-二溴环丙烷

3. 完成下列反应式：

(1) 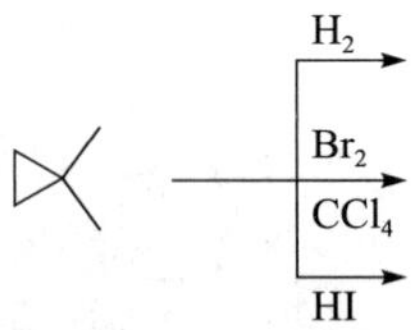 [结构式：1,1-二甲基环丙烷] $\xrightarrow{H_2}$；$\xrightarrow[CCl_4]{Br_2}$；$\xrightarrow{HI}$

(2) H_3C—[环丁烷]—$CH{=}CHCH_3$ $\xrightarrow[H_2O]{KMnO_4}$

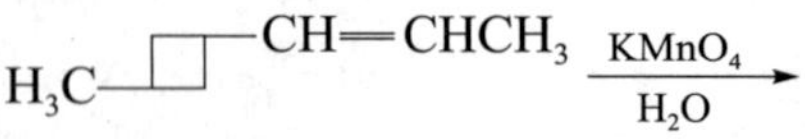

4. 用简单的化学方法，鉴别下列各组化合物：

(1) 异丁烯、甲基环己烷、甲基环丙烷

(2) 1,1-二甲基环丙烷、环戊烯

(3) 1-戊烯、2-戊烯、1,2-二甲基环丙烷、环戊烷

5. 写出分子式为 C_5H_{10} 的环烷烃的异构体的构造式（提示：包括五元环、四元环和三元环）。

6. 某化学式为 C_7H_{14} 的饱和烃，分子中含一个甲基，写出该化合物的所有构造式并命名。

7. 某烃 A 的分子式为 C_4H_8，常温下能与溴作用，但不能与酸性 $KMnO_4$ 溶液作用，1mol A 与 1mol HI 作用生成化合物 B，B 也可由 A 的同分异构体 C 与 HI 作用得到。化合物 C 能使溴水退色，也能使 $KMnO_4$ 溶液退色。试写出 A、B、C 可能的结构式。

8. 有 A、B、C 三种烃，其分子式都是 C_5H_{10}，它们与碘化氢反应时，生成相同的碘代烷；室温下都能使溴的 CCl_4 溶液退色；与高锰酸钾酸性溶液反应时，A 不能使其退色，B 和 C 能使其退色，C 还同时产生 CO_2 气体。试推测 A、B、C 的构造式。

9. 有一组成为 C_6H_{12} 的化合物，对其测试结果如下：

（1）在室温时不能使 $KMnO_4$ 水溶液退色

（2）与 HI 作用得到 $C_6H_{13}I$

（3）氢化得到的产物仅有 3-甲基戊烷

试写出该化合物的可能构造式。

第六章　芳　　烃

学习目标

1. 掌握苯分子的结构，了解用杂化轨道理论对 π 电子的离域作用的解释。

2. 了解单环芳烃的物理性质。

3. 掌握取代基的定位规律。

4. 掌握烷基苯中烷基的碳链异构和取代基在苯环上的位置异构以及单环芳烃的命名方法。

5. 了解萘的结构及其重要反应。

案例导入

现在越来越多的家庭会对新购买的房屋进行精致的装修，家庭购买汽车比率也在逐年上升。孰不知，因汽车和家庭装修中大量使用的软装饰材料，很可能引入健康杀手——苯、甲醛等。据专业资料显示，1/3 左右的白血病患者发病与家庭装修有密切关系。这是因为装修中天然石材射线会损害人体的造血功能，油漆、涂料、黏合剂等含有的化合物（尤其是苯类）被人体吸收后可使 DNA 断裂和移位，导致细胞癌变。研究证实，长期接触苯、甲醛类物质人群患血液病概率要高于普通人群。

近年来与胶黏剂、涂料、溶剂相关的建筑、装饰、服装、皮革等行业中频频出现芳烃类污染事故，一方面说明芳烃类物质用途广泛；但另一方面也说明在其使用中，应该充分掌握其特点、特性，以免成为“芳香杀手”的牺牲品。

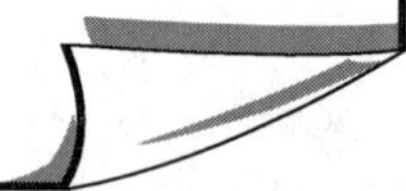

第一节　单环芳烃

一、分类

分子中只含有一个苯环的芳烃称为单环芳烃。按碳的骨架分类，单环芳烃属于环状化合物。按官能团分类，单环芳烃因为含有苯环，属于芳烃。

芳烃按其结构可进行如图 6.1 所示的分类。

苯环具有的特殊稳定性、难氧化、难加成、易取代、高度不饱和、键长平均化等一系列性质称为芳香性，简称芳性。苯环的芳香性是与它的结构有密切关系的。

- 芳烃
  - 苯系芳烃
    - 单环芳烃，分子中只含有1个苯环的芳烃
    - 多环芳烃，分子中含有2个或2个以上独立苯环的芳烃，如联苯、二苯基甲烷
    - 稠环芳烃，分子中含有2个或2个以上苯环，苯环之间通过共用相邻两个碳原子的芳烃，如萘、菲
  - 非苯系芳烃

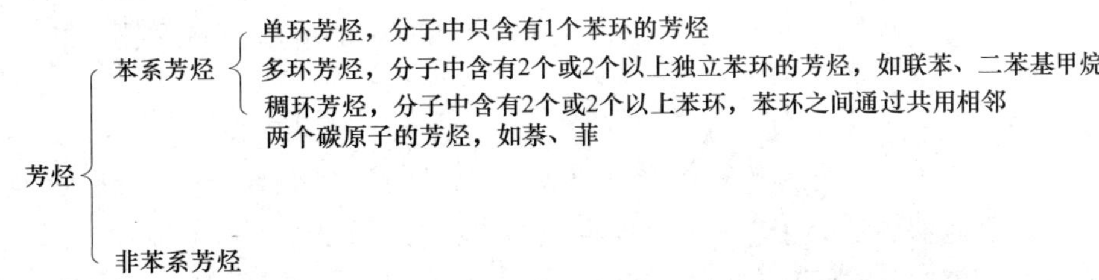

图 6.1　芳烃的分类

苯的不饱和性常用不饱和度（Ω）表征：

$$\Omega = 1 + n_4 + (n_3 - n_1)/2$$

式中：n_4——四价原子数量；

n_3——三价原子数量；

n_1——一价原子数量。

二、苯的结构

1. 正六边形平面

近代物理学研究证明：苯分子中的 6 个碳原子和 6 个氢原子都是在一个平面内的，因此它是一个平面正六边形结构，苯分子中相邻碳碳键之间的夹角是 120°，如图 6.2 所示。

2. 碳原子 sp^2 杂化

近代分子轨道理论认为，苯分子的 6 个碳原子均以 sp^2 杂化，即每个碳原子都有 3 个sp^2 杂化轨道和一个未经杂化的 p 轨道，这个 p 轨道垂直于由 3 个 sp^2 杂化轨道形成的平面，每个杂化轨道由 1 个 s 轨道和 2 个 p 轨道组合而成，每个 sp^2 杂化轨道都含有 s/3 和 2p/3 成分，如图 6.3 所示，杂化轨道间的夹角为 120°。

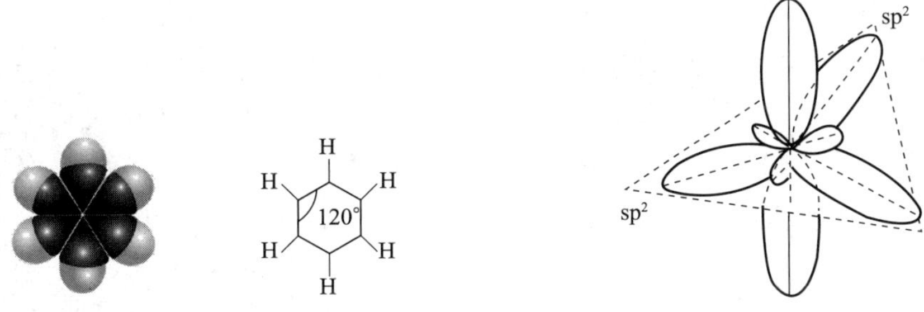

图 6.2　苯的结构

图 6.3　苯分子的碳原子轨道

苯分子中的碳原子以 1 个 sp^2 杂化轨道与氢原子的 s 轨道形成 C—H σ 键，与相邻的 2 个碳原子之间形成 C—C σ 键。在苯分子中一共有 6 个 C—H σ 键和 6 个 C—C σ 键，6 个碳原子通过 C—C σ 键形成 1 个环状大平面，而每个碳原子的 sp^2 杂化轨道是在 1 个平面内的，碳原子与氢原子形成的 C—H σ 键和 C—C σ 键呈 120°夹角并且共平面。

3. π 键

每个碳原子还有一个未经杂化的 p 轨道，由于它垂直于碳原子的 sp^2 杂化轨道形成的平面，所以也垂直于苯分子的 6 个碳原子形成的正六边形，它们的对称轴相互平行，

如图 6.4 所示，每个碳原子的 p 轨道与相邻的两个碳原子的 p 轨道从两侧重叠，“肩并肩”形成 π 键。

4. 共轭体系

由于 1 个 p 轨道可以和左右相邻的 2 个碳原子的 p 轨道同时重叠，p 轨道的重叠程度完全相等，因此形成的分子轨道是 1 个包含 6 个碳原子在内的封闭的或称为是连续不断的共轭体系，由此 π 轨道中的 π 电子能够高度离域，使 π 电子云像 2 个轮胎分布在分子平面的上下两侧，如图 6.5 所示，完全平均化，从而降低能量，并导致苯分子的每个 C—C 键的键长相同。因此导致苯的氢化热比相同碳原子数的环己三烯低，其差值（150.4kJ/mol）为苯的离域能，离域能越大，体系越稳定。分子轨道理论合理地说明了苯分子的对称性和稳定性。如图 6.6 所示的用扫描隧道显微镜获得的苯分子图像，可以证实这一点。

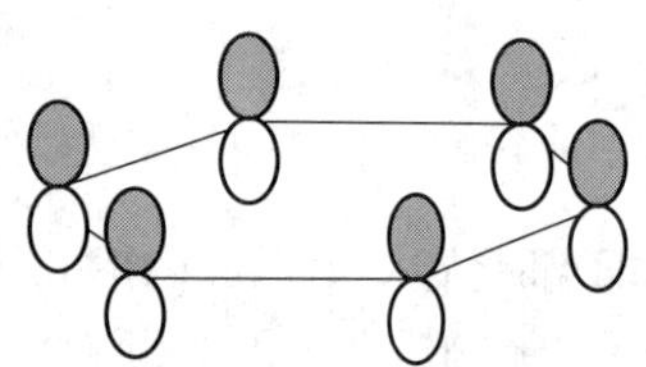

图 6.4　苯分子的碳原子轨道线性组合

图 6.5　苯分子中的离域大 π 键的立体图形

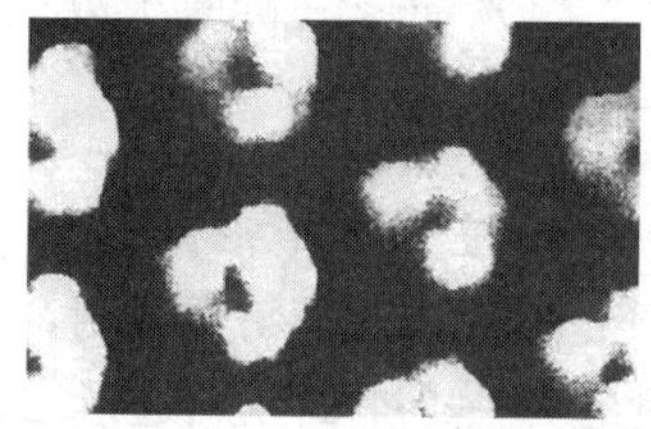

图 6.6　用扫描隧道显微镜获得的苯分子图像

由此可知，苯分子中不存在一般的碳碳双键和碳碳单键，苯分子里 6 个碳原子之间的键完全相同，这是一种介于单键和双键之间的独特的键——π 键。

三、命名

1. 基本概念

单环芳烃是含有一个苯环的芳香族碳氢化合物的简称，包括苯、苯的同系物和苯基取代的不饱和烃，如苯（C_6H_6）、甲苯（$C_6H_5CH_3$）、苯乙烯等。苯是最简单的芳烃。

苯　　甲苯（C_6H_5—CH_3）　　苯乙烯（C_6H_5—CH═CH_2）

芳烃的苯环上去掉一个氢原子所剩下的基团称为芳基，可以用 Ar—表示。最常见和最简单的一价芳基称为苯基，常用 Ph—表示。甲苯分子中苯环上去掉一个氢原子后所剩下的基团称为甲苯基；而甲苯的甲基上去掉一个氢原子，该基团称为苯甲基或苄基。

C_6H_5—　苯基(用 Ph—、Phenyl 表示)

CH_3—C_6H_4—　对甲苯基

C_6H_5—CH_2—　苄基

2. 命名

单环芳烃命名时按照取代基的多少进行如下分类。

（1）一元取代苯。苯的一元取代物只有 1 种，命名时以苯为母体，把烷基作为取代基，称为某基苯，但在命名时常常把“基”字省略，如甲苯、乙苯、正丙苯、异丙苯、氯苯、硝基苯等。

异丙基苯　　叔丁基苯　　硝基苯　　氯苯

当苯环上连有—COOH、$—SO_3H$、$—NH_2$、—OH、—CHO、$—CH═CH_2$或 R 较复杂时，则把苯环作为取代基。例如

苯甲醇　　苯甲酸　　苯乙烯　　2-(4-异丁基苯基)丙酸(布洛芬)

（2）二元取代苯。当苯上连有 2 个取代基时，苯环的二元取代物有 3 种异构体。由于取代基的位置不同，在命名时常常在名称前用邻（ortho 简写为 *o*-）、间（meta 简写为 *m*-）或对（para 简写为 *p*-）等字头注明它们的相对位置，或用（1,2-）、（1,3-）、（1,4-）表示。例如

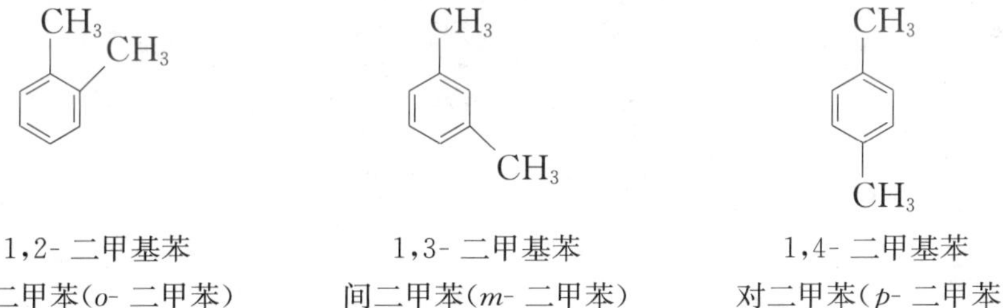

1,2-二甲基苯　　1,3-二甲基苯　　1,4-二甲基苯

邻二甲苯(*o*-二甲苯)　　间二甲苯(*m*-二甲苯)　　对二甲苯(*p*-二甲苯)

如果 2 个取代基不同，按—COOH、$—SO_3H$、—COOR、—COX、$—CONH_2$、—CN、—CHO、>C═O、—OH（醇羟基）、—OH（酚羟基）、$—NH_2$、—OR、—X、$—NO_2$、—NO 的顺序，先出现的官能团为主官能团，与苯环一起作为母体，另一个作为取代基。例如

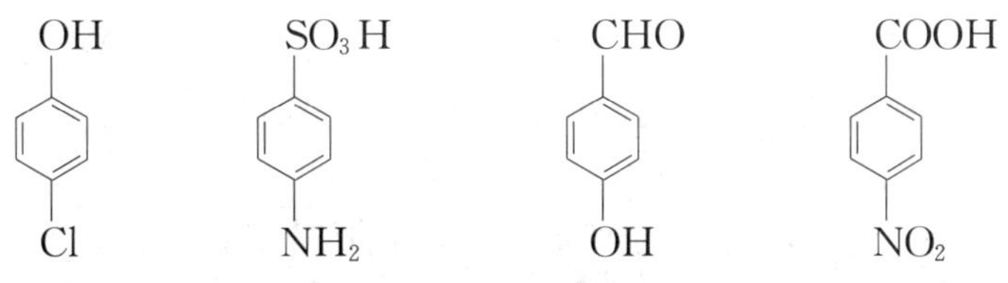

对氯苯酚　　对氨基苯磺酸　　对羟基苯甲醛　　对硝基苯甲酸

原则上在命名时可以先选主官能团，使主官能团编号为 1，其他作为取代基，然后进行编号，最后将较优基团后列出。例如

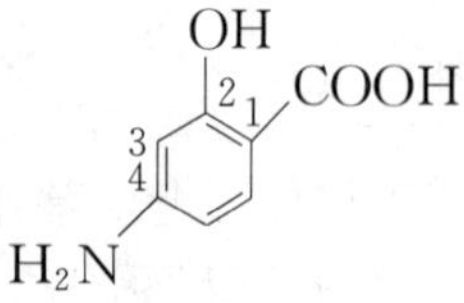

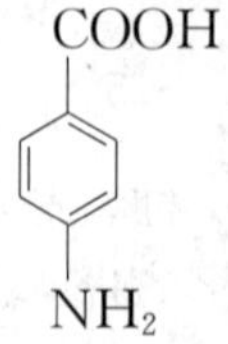

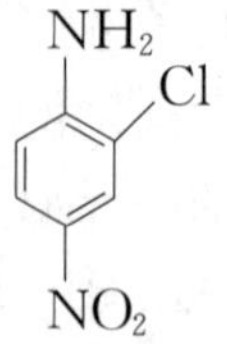

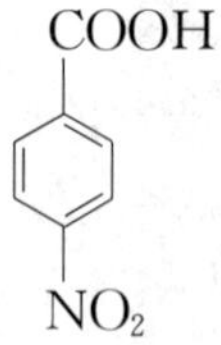

4-氨基-2-羟基苯甲酸　4-氨基苯甲酸　4-硝基-2-氯苯胺　4-硝基苯甲酸

（3）三元取代苯。当苯环上有 3 个取代基时，取代基相同的三元取代物有 3 种异构体，在命名时常常分别用阿拉伯数字表示取代基的位置，或者用连（vicinal 简写为 *vic*-，表示 3 个取代基团处在 1,2,3 位）、偏（unsymmetrical 简写为 *unsym*-，表示 3 个取代基团处在 1,2,4 位）、均（symmetrical 简写为 *sym*-，表示 3 个取代基团处在 1,3,5 位）等字头表示。例如

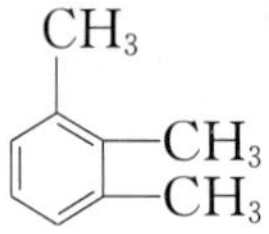

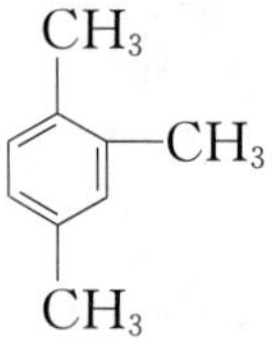

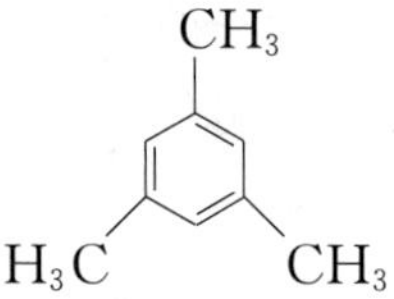

连三甲苯　偏三甲苯　均三甲苯

1,2,3-三甲苯　1,2,4-三甲苯　1,3,5-三甲苯

对于结构复杂或支链上有官能团的化合物，也可以把支链作为母体，把苯环作为取代基，把取代苯环上氢的基团作为主官能团来命名，称为苯（基）某。例如

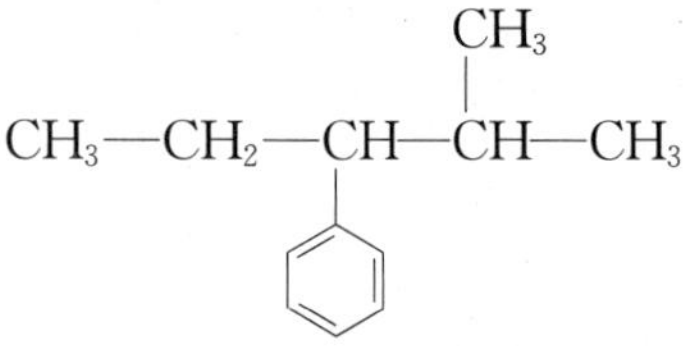

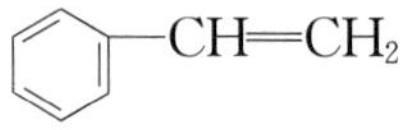

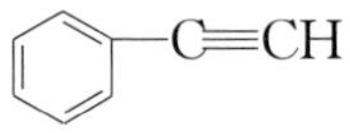

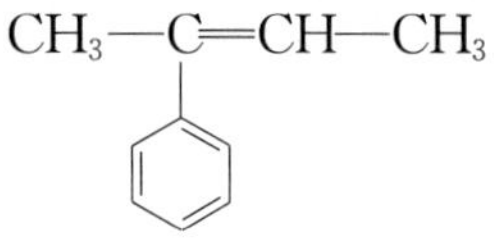

2-甲基-3-苯基戊烷　苯乙烯　苯乙炔　2-苯基-2-丁烯

四、物理性质

单环芳烃与苯在结构组成上相差 n 个 CH_2，化学性质与苯相似，与苯互称为同系物，通式为 C_nH_{2n-6}（$n \geqslant 6$）。

苯及其同系物一般为无色液体，不溶于水，但可与水共沸，可用作脱水剂；易溶于有机溶剂，如汽油、乙醚、四氯化碳、石油醚等；一般单环芳烃都比水轻，相对密度处于 0.86～0.9，高于与之相对分子质量相近的烷烃和烯烃；沸点随相对分子质量升高而升高，苯同系列中，每增加一个 CH_2 单位，沸点约升高 30℃；熔点除与相对分子质量大小有关外，还与结构有关，结构对称的异构体，都具有较高的熔点；通常对位异构体由于分子对称，晶格能较大，熔点较高，溶解度也较小。

因不饱和度较高，苯及其同系物燃烧时会产生带黑烟的火焰。苯及其同系物有毒，且具有特殊气味，大量或长期吸入其蒸气会对身体造成伤害，尤其是苯，会引起肝脏损伤，损坏造血器官及中枢神经系统，并能导致白血病。

甲苯也对中枢神经系统有抑制作用，但不会造成白血病。液态单环芳烃与皮肤长期

接触，会因脱水或脱脂而引起皮炎，使用时要避免与皮肤接触。

液态芳烃也是一种良好的溶剂。芳烃在二甘醇（一缩二乙二醇）、环丁砜、*N*-甲基吡咯烷-2-酮、*N*,*N*-二甲基甲酰胺、1,3-二氰基丁烷、*N*-甲酰吗啉等特殊溶剂中有很好的溶解度，因此也常常使用这些溶剂来萃取芳烃。

一般苯环上有烷基取代时，其稳定性增加，烷基越多，稳定性越大。但邻二甲苯的稳定性较对二甲苯差，原因在于 2 个邻位取代基在空间上比对位取代基拥挤。

表 6.1 列出了常用芳烃的物理性质。

表 6.1 常用芳烃的物理性质

名称	结构式	熔点/℃	沸点/℃	相对密度(d_4^{20})	名称	结构式	熔点/℃	沸点/℃	相对密度(d_4^{20})
苯	（苯环）	5.5	80.1	0.879	甲苯	—CH_3	−95	110.6	0.867
邻二甲苯	CH_3, CH_3	−25.2	144.4	0.880	间二甲苯	CH_3, CH_3	−47.9	139.1	0.864
对二甲苯	H_3C—（苯环）—CH_3	13.2	138.4	0.861	乙苯	—CH_2CH_3	−95	136.1	0.867
正丙苯	—$CH_2CH_2CH_3$	−99.6	159.3	0.862	异丙苯	—CH(CH_3)CH_3	−96	152.4	0.862
连三甲苯	CH_3, CH_3, CH_3	−25.5	176.1	0.894	偏三甲苯	H_3C—（苯环）—CH_3, CH_3	−43.9	169.2	0.876
均三甲苯	CH_3, H_3C, CH_3	−44.7	164.6	0.865	—	—	—	—	—

五、化学性质

苯及其同系物的化学性质主要表现在芳香性上，即反应时易发生取代，难发生加成和氧化。我们把分子中具有苯环结构和有着与苯相似的化学性质、电子结构的一类有机物，称为芳香性化合物。易进行取代反应，不易发生加成和氧化反应，这些特征是芳香性的标志。

芳香性化合物从碳氢比例看具有高度的不饱和性，但是由于苯环上闭合大 π 键电子云的高度离域，使得它们具有特殊的稳定性，在一般条件下大 π 键难以断裂进行加成和氧化反应。

由于苯环上没有典型的 C═C 双键性质，但环上电子云密度高，在苯环的上下有电子暴露，而且这些 π 电子结合得较松，流动性大，苯环充当着电子的一个来源，也就是说起着碱的作用，容易被缺电子的亲电试剂或酸进攻，引起芳烃 C—H 键的氢被取代。这种由亲电试剂的进攻而引起的取代反应，称为亲电取代反应，这是苯环的典型反应。

烷基苯的烷基与苯环相连的碳原子称为 α-C，其上的氢称为 α-H。在分子构造上芳烃侧链的 α-H 与烯烃的 α-H 相似，受苯环的影响比较活泼。苯环虽难以被氧化，但苯环上的烃基侧链由于受苯环上大 π 键的影响，α-H 变得很活泼，易发生氧化反应。同时，α-H 也易发生卤代反应。

苯环上的闭合共轭大 π 键虽然很稳定，但它仍然具有一定的不饱和性。因此，在强烈的条件下，也可发生某些加成反应。

（一）取代反应

1. 卤代反应

反应特征：ph—H 变为 ph—X。

主要是 Cl_2、Br_2 的取代反应；反应条件为 X_2＋Fe 或 Fe 盐（FeX_3）。

苯和氯、溴等在一般条件下不发生反应，苯也不能使溴的四氯化碳溶液退色。但在铁粉、三卤化铁或三氯化铝等催化剂作用下，苯较易与 Cl_2、Br_2 反应生成氯苯或溴苯，并放出卤化氢。这是工业实验室制备氯苯和溴苯的方法之一。

$$C_6H_6 + Cl_2 \xrightarrow{FeCl_3} C_6H_5Cl + HCl$$

三卤化铁（FeX_3）的作用是促使卤素分子极化而离解。

在比较强烈的条件下，氯苯或溴苯可继续与氯或溴作用，主要生成邻位和对位的二氯苯或二溴苯。

$$C_6H_6 + Cl_2 \xrightarrow[\triangle]{Fe \text{ 或 } FeCl_3} C_6H_4Cl_2\ (50\%) + C_6H_4Cl_2\ (45\%) + HCl$$

卤代仅限于氯代和溴代，卤素的反应活性为 $Cl_2 > Br_2$。

烷基苯的卤化反应可分为苯环上的卤代反应和侧链卤代反应。苯环侧链的卤代反应与烷烃的卤代反应一样，属于游离基反应。在紫外光照射或高温条件下，苯环侧链上的 α-H 易被卤素（氯或溴）取代。卤代反应主要发生在 α-C 上。

$$C_6H_5CH_3 + Cl_2 \xrightarrow[\text{或高温}]{\text{光照}} C_6H_5CH_2Cl \xrightarrow[\text{光照或高温}]{Cl_2} C_6H_5CHCl_2 \xrightarrow[\text{光照或高温}]{Cl_2} C_6H_5CCl_3$$

氯化苄（苄氯）　　苯二氯甲烷　　苯三氯甲烷

当侧链为 2 个或 2 个以上碳的烷基时，光照卤代主要发生在 α-C 上。

$$C_6H_5CH_2CH_3 \xrightarrow{Cl_2,\text{光}} C_6H_5CHClCH_3\ (91\%) + C_6H_5CH_2CH_2Cl\ (9\%)$$

$$C_6H_5CH_2CH_3 \xrightarrow{Br_2,光} C_6H_5CHBrCH_3$$

100%

$$C_6H_5CH_2CH_2CH(CH_3)CH_3 \xrightarrow{Br_2,光} C_6H_5CHBrCH_2CH(CH_3)CH_3$$

苯环上的卤代反应为离子型取代反应。由此可见，反应条件不同，产物也不同。

$$C_6H_5CH_3 + Cl_2 \xrightarrow{FeCl_3} o\text{-}ClC_6H_4CH_3 + Cl\text{-}C_6H_4\text{-}CH_3 + HCl$$

$$C_6H_5CH_3 + Cl_2 \xrightarrow{光或\triangle} C_6H_5CH_2Cl \xrightarrow{光或\triangle} C_6H_5CHCl_2 \xrightarrow{光或\triangle} C_6H_5CCl_3$$

氯化苄（苄氯）　　苯二氯甲烷　　苯三氯甲烷

2. 硝化反应

苯与浓硝酸和浓硫酸的混合物共热，苯环上的氢原子被硝基取代，生成硝基苯，这个反应称为硝化反应（nitration）。反应温度和酸的用量对硝化程度的影响很大。

常用的硝化试剂，还有稀硝酸、发烟硝酸和发烟硫酸、硝酸盐和硫酸、五氧化二氮及硝酸和乙酸的混合物等。一般情况下混酸是最常用的硝化试剂。

$$C_6H_6 + HONO_2(浓) \xrightarrow[50\sim60℃]{H_2SO_4} C_6H_5NO_2 + H_2O$$

硝基苯为浅黄色油状液体，有苦杏仁味，其蒸气有毒，能与血液中的血红蛋白作用。

硝基苯继续硝化比苯困难，需要在较高的温度下，继续与过量的混酸作用生成二硝基苯，而且主要产物是间位取代产物。

$$C_6H_5NO_2 \xrightarrow[浓 H_2SO_4,95℃]{发烟 HNO_3} m\text{-}C_6H_4(NO_2)_2 \xrightarrow[发烟 H_2SO_4]{发烟 HNO_3,110℃} 1,3,5\text{-}C_6H_3(NO_2)_3$$

间二硝基苯(88%)　　极少量

烷基苯比苯易硝化，如甲苯不需要浓硫酸，在30℃条件下就可以发生硝化反应，且主要为邻、对位取代产物。

CH_3　NO_2　CH_3　NO_2

CH_3　混酸 30℃　混酸 60℃　混酸 110℃　O_2N　CH_3　NO_2

CH_3　混酸 60℃　NO_2

NO_2　NO_2

2,4,6-三硝基甲苯

（TNT）

芳烃的硝化反应是一个十分有用的取代反应，在工业上有重要意义，因为通过它可以制备染料、炸药和香料等，由于硝基可以还原为氨基，其用途更为广泛。

例如，强心急救药物阿拉明的重要原料间硝基苯甲醛就是苯甲醛的硝化产物。因为醛容易氧化，反应是在低温（0℃）下进行的。首先在浓硫酸中加入少量的发烟硝酸，冷却至0℃后，慢慢滴加苯甲醛和发烟硝酸，反应完成后，需立即将产物倾倒在冰中。

3. 磺化反应

苯与98%的浓硫酸共热，或与发烟硫酸在室温下作用，生成苯磺酸的反应称为磺化反应。苯及其衍生物几乎都可以进行磺化反应，生成苯磺酸或取代苯磺酸。

SO_3H

$+ H_2SO_4$(浓) $\xrightleftharpoons{80℃}$　$+ H_2O$

SO_3H

$\xrightarrow[30\sim50℃]{H_2SO_4,SO_3}$

在较高温度下继续反应可以得到苯的二元取代产物，但以间位为主。

SO_3H　SO_3H

$+ H_2SO_4 \cdot SO_3$ 10%发烟硫酸 $\xrightarrow{200\sim245℃}$

SO_3H

苯磺酸是一种强酸，易溶于水，难溶于有机溶剂。磺化反应是可逆的，苯磺酸在与水共热时可脱去磺酸基，这一性质常常被用来在苯环上的某些特定位置引入某些基团，控制环上某一位置不被其他基团取代，或用于化合物的分离和提纯。例如

SO_3H

$+ H_2O \xrightarrow{180℃}$　$+ H_2SO_4$

CH_3　CH_3　CH_3　NO_2　CH_3　NO_2

$\xrightarrow{H_2SO_4}$　$\xrightarrow{混酸}$　$\xrightarrow[180℃]{H_2O/H^+}$

SO_3H　SO_3H

烷基苯比苯易磺化，产物也多为邻、对位取代物。

$$\text{C}_6\text{H}_5\text{CH}_3 + H_2SO_4 \longrightarrow o\text{-}CH_3C_6H_4SO_3H + p\text{-}CH_3C_6H_4SO_3H$$

反应温度不同，则产物比例不同		邻位	对位
	0℃	43%	53%
	25℃	32%	62%
	100℃	13%	79%

有机物分子中引入磺酸基后可增加其水溶性，磺化反应在合成染料、药物或洗涤剂时经常应用。常用的磺化剂有浓硫酸、发烟硫酸、三氧化硫、氯磺酸等。

苯在四氯化碳中与等摩尔氯磺酸反应可得到苯磺酸，但若氯磺酸过量，则得到苯磺酰氯，这种在苯环上引入一个氯磺酰基（$—SO_2Cl$）的反应称为氯磺酰化反应。氯磺酰基是一个活泼基团，通过它可以得到一系列的芳烃磺酸衍生物，在染料、农药和医药上具有广泛用途。这是因为在分子中通过引入磺酸基，可以增加染料或药物的溶解度和酸性。

$$C_6H_6 + ClSO_3H \longrightarrow C_6H_5SO_3H + HCl$$

$$C_6H_6 + 2ClSO_3H \longrightarrow C_6H_5SO_2Cl + HCl + H_2SO_4$$

磺化反应还是制备合成洗涤剂的重要反应，如市售合成洗涤剂的主要成分十二烷基苯磺酸钠就是十二烷基苯的磺化产物——十二烷基苯磺酸经过中和而得到的物质。

$$C_{12}H_{25}C_6H_5 + H_2SO_4 \longrightarrow p\text{-}C_{12}H_{25}C_6H_4SO_3H$$

4. 傅-克反应

1877 年法国化学家傅瑞德（Friedel C.，1832—1899）和美国化学家克拉夫茨（Crafts J. M.，1839—1917）发现了制备烷基苯和芳酮的反应，即在无水 $AlCl_3$ 等催化剂的作用下，芳烃与卤代烃、醇、烯烃等反应可生成烷基苯；和芳烃在催化剂作用下可与酰卤、酸酐等作用生成酰基苯。

(1) 烷基化反应

苯与烷基化试剂在路易斯酸（如 $AlCl_3$、$FeCl_3$、H_2SO_4、H_3PO_4、BF_3、HF 等）的催化下生成烷基苯的反应称为傅-克烷基化反应。卤代烷烃（RCl、RBr）、烯烃（RCH═CHR）、醚（R—O—R）、醇（ROH）、硫酸酯、烷烃、环烷烃等称为常用的烷基化试剂。

$$Ar—H + RX \xrightleftharpoons{AlCl_3} Ar—R + HX(X = F、Cl、Br、I)$$

卤代烃反应的活泼性顺序为 RF>RCl>RBr>RI。例如

$$C_6H_6 + CH_3CH_2CH_2Cl \xrightarrow[0℃]{AlCl_3} \underset{70\%}{C_6H_5CH(CH_3)_2} + \underset{30\%}{C_6H_5CH_2CH_2CH_3} + HCl$$

烷基化反应是在苯环上引入烷基的重要方法，如异丙苯和十二烷基苯等的合成都采用此法。

$$C_6H_6 + CH_3CH_2Br \xrightarrow[0\sim25℃]{AlCl_3} \underset{76\%}{C_6H_5CH_2CH_3} + HBr$$

烷基化试剂是烯烃或醇时，发生的反应如下：

$$C_6H_6 + CH_3CH(OH)CH_3 \xrightarrow{H^+} C_6H_5CH(CH_3)_2$$

$$C_6H_6 + CH_3CH{=}CH_2 \xrightarrow{AlCl_3} C_6H_5CH(CH_3)_2$$

烷基化的难易取决于烷基的结构，烷基的活泼顺序为三级卤化烷＞二级卤化烷＞一级卤化烷；若烷基相同，活泼顺序为 FR＞ClR＞BrR＞IR。例如

$$C_6H_6 + ClCH_2CH_2CH_2F \xrightarrow[-10℃]{AlCl_3} C_6H_5CH_2CH_2CH_2Cl + HF$$

芳烃还可以和多元卤化烷进行烷基化反应，得到多核的取代烷烃：

$$2\,C_6H_6 + CH_2Cl_2 \xrightarrow{AlCl_3} C_6H_5{-}CH_2{-}C_6H_5 + 2HCl$$

$$3\,C_6H_6 + CHCl_3 \xrightarrow{AlCl_3} (C_6H_5)_3C{-}H + 3HCl$$

$$3\,C_6H_6 + CCl_4 \xrightarrow{AlCl_3} (C_6H_5)_3C{-}Cl + 3HCl$$

四氯化碳只有三个氯被芳基取代，这可能是由于空间阻碍的关系。

反应中应注意以下几点：

(1) 常用的催化剂是无水 $AlCl_3$，此外还有 $FeCl_3$、BF_3、无水 HF、$SnCl_4$、$ZnCl_2$、H_3PO_4、H_2SO_4 等，其中以无水 $AlCl_3$ 的活性最高。

通常情况下，R—X 用 $AlCl_3$、$FeCl_3$、$SnCl_4$ 催化；R—OH 用 HF、H_3PO_4、H_2SO_4、$ZnCl_2$ 催化；R—CH═CH_2 用 HF、BF_3、H_2SO_4 催化。

（2）当用3个以上碳原子的直链伯卤代烷作烷基化试剂时，引入的烷基会发生碳链异构现象，主要得到带支链的烷基苯。例如

$$C_6H_6 + CH_3CH_2CH_2Cl \xrightarrow{AlCl_3} C_6H_5-CH(CH_3)_2 + C_6H_5-CH_2CH_2CH_3$$

异丙苯(65％～69％)　　正丙苯(35％～31％)

（3）苯环上已有—NO_2、—SO_3H、—COOH、—COR等取代基时，烷基化反应不易发生。因这些取代基都是强吸电子基，降低了苯环上的电子云密度，使亲电取代不易发生。例如，硝基苯就不能发生傅-克反应，但可用硝基苯作溶剂来进行烷基化反应。

（4）烷基化反应不易停留在一元阶段，通常在反应中有多烷基苯生成。要想得到一元取代产物需要严格控制反应条件和原料加入的方式及配比。烷基化反应为可逆反应，故烷基苯可进行歧化反应，即一分子烷基苯脱烷基变成苯，另一分子烷基苯增加烷基变成二烷基苯。例如

$$2\,C_6H_5CH_3 \xrightarrow{AlCl_3} C_6H_6 + CH_3C_6H_4-CH_3\,(o\text{-}, m\text{-}, p\text{-})$$

利用该反应，工业上把甲苯转化成用途广泛的苯和二甲苯，称作甲苯歧化反应。生成的烷基苯更容易进行烷基化反应，故烷基化反应能生成多元取代产物。这是合成烷基苯的重要方法，工业上广泛使用合成异丙苯、乙苯和十二烷基苯等。

芳烃与酰基化试剂如酰卤、酸酐、羧酸、烯酮等含酰基$\left(R-\overset{O}{\overset{\|}{C}}-\right)$的基团在路易斯酸（通常用无水三氯化铝）催化下发生酰基化反应，得到芳香酮。酰卤、酸酐、羧酸、烯酮、酯等能提供酰基的试剂称为酰基化试剂，但最常用的酰基化试剂是酰卤和酸酐。

$$C_6H_6 + CH_3COCl \xrightarrow{AlCl_3} C_6H_5COCH_3 + HCl$$

乙酰氯　　甲基苯基酮

（苯乙酮）97％

$$C_6H_6 + (CH_3CO)_2O \xrightarrow{AlCl_3} CH_3-C_6H_4-COCH_3 + CH_3COOH$$

乙酸酐　　甲基对苯基酮

（对甲基苯乙酮）80％

$$C_6H_6 + ClCOCl \xrightarrow{AlCl_3} C_6H_5COC_6H_5$$

光气　　二苯甲酮

芳烃在 $AlCl_3$ 和 CuCl 催化作用下可与 CO 和 HCl 反应制备苯甲醛。

$$C_6H_5CH_3 + CO + HCl \xrightarrow[20℃]{AlCl_3\text{-}CuCl} H_3C-C_6H_4-CHO$$

而苯在无水 $ZnCl_2$ 催化作用下和甲醛、氯化氢发生反应，生成苄氯。

$$C_6H_6 + HCHO + HCl \xrightarrow[60℃]{ZnCl_2} C_6H_5CH_2Cl$$

另外通过分子内的酰基化反应可以关环生成环酮。用这种方法可以制备产率较高的五元和六元环酮。

$$C_6H_5CH_2CH_2CH_2COCl \xrightarrow{AlCl_3} \alpha\text{-萘满酮}$$

β-苯基丙酰氯　　α-萘满酮

酰基化反应的特点：产物纯，产量高（因酰基不发生异构化，也不发生多元取代）。

长期以来，傅-克反应使用的催化剂多数为 $AlCl_3$，它有两个缺点：反应后有大量的水合三氯化铝需要处理；在进行烷基化反应时，反应选择性差，常常伴随着大量的二取代物或多取代物生成，甚至产生焦油，需要分离、处理，产物难纯化。现已开发出一些新的试剂或催化剂，常称为“绿色”工艺，提高了产物的选择性，更重要的是改善了环境。例如

$$R^1,R^2\text{-}C_6H_4 + CH_3(CH_2)_nCOOH \xrightarrow{M^+\text{交换蒙脱土}} R^1,R^2\text{-}C_6H_3\text{-}OC(CH_2)_nCH_3 + H_2O$$

$R^1 = H$ 或 CH_3，$R^2 = H$ 或 CH_3，$n = 0 \sim 14$，

$M^+ = H^+$、Al^{3+}、Ni^{2+}、Zr^{2+}、Ce^{3+}、Cu^{2+} 等

工业上常用比 H_2SO_4 和 $HClO_4$ 酸性强的固体杂多酸代替 H_2SO_4 等液体酸催化傅-克反应，以解决反应设备腐蚀问题，同时能在较缓和的反应条件下，提高产物的选择性。例如

$$o\text{-}HOOC\text{-}C_6H_4\text{-}CO\text{-}C_6H_5 \xrightarrow{\text{杂多酸}} \text{蒽醌} + H_2O$$

在无水 $ZnCl_2$ 存在情况下，芳烃与甲醛及氯化氢作用使苯环上的氢被氯甲基（—CH_2Cl）取代，该反应称为氯甲基化反应。实际操作中一般用三聚甲醛代替甲醛。

$$C_6H_6 + \frac{1}{3}(CH_2O)_3 + HCl \xrightarrow[60℃]{ZnCl_2} C_6H_5{-}CH_2Cl + H_2O$$

因为—CH_2Cl 很容易转化为—CH_2OH、—CH_2CN、—CHO、—CH_2COOH、—CH_2NH_2 等，在有机合成上可方便地将芳烃转化成相应的衍生物。

$$C_6H_5CH_2Cl \xrightarrow{H_2O,\ [O]} C_6H_5CHO$$

$$C_6H_5CH_2Cl \xrightarrow{H_2} C_6H_5CH_3$$

$$C_6H_5CH_2Cl \xrightarrow[H_2O]{HCN} C_6H_5CH_2COOH$$

$$C_6H_5CH_2Cl \xrightarrow{H_2O} C_6H_5CH_2OH$$

$$C_6H_5CH_2Cl \xrightarrow{HN(CH_3)_2} C_6H_5CH_2N(CH_3)_2$$

$$C_6H_5CH_2Cl \xrightarrow{HCN} C_6H_5CH_2CN$$

5. 氧化反应

1） α-C 彻底氧化

苯环不易被氧化，而苯环上所连的烷基容易被氧化。无论烷基长短，氧化时最后都变成羧基—COOH。氧化剂包括 $K_2Cr_2O_7+H_2SO_4$、$KMnO_4$、HNO_3、CrO_3+CH_3COOH。

$$\left.\begin{array}{l} C_6H_5{-}CH_2CH_3 \\ C_6H_5{-}CH(CH_3)_2 \\ C_6H_5{-}CH_2CH_2CH_2CH_3 \end{array}\right\} \xrightarrow{KMnO_4/H^+} C_6H_5{-}COOH$$

$$C_6H_5CH_3 \xrightarrow[\triangle]{KMnO_4} C_6H_5COOH$$

$$CH_3{-}C_6H_4{-}CH_3 \xrightarrow[150\sim160℃,1\sim1.5MPa]{稀\ HNO_3} HOOC{-}C_6H_4{-}COOH$$

甲苯在人体中可以被氧化成苯甲酸，随着尿液排出体外，所以甲苯不会引发白血病，而苯会被氧化为致癌物引发白血病。

当苯环上含有两个不等长的碳链取代基时，碳链较长的先被氧化。

$$CH_3{-}C_6H_4{-}CH_2CH_3 \xrightarrow[H^+]{KMnO_4} CH_3{-}C_6H_4{-}COOH$$

若两个烃基处在邻位，氧化的最后产物是酸酐。例如

$$\text{o-}C_6H_4(CH_2CH_3)(CH(CH_3)_2) \xrightarrow[350\sim450^\circ C]{O_2,V_2O_5} \text{邻苯二甲酸酐}$$

邻苯二甲酸酐

当与苯环相连的侧链碳（α-C）上无氢原子（α-H）时，该侧链不能被氧化。例如

$$(CH_3)_3C-C_6H_4-CH_2CH_3 \xrightarrow{KMnO_4/H^+} (CH_3)_3C-C_6H_4-COOH$$

2）苯环氧化

苯环在一般条件下不被氧化，但在特殊条件下，也能被氧化而使苯环破裂生成顺丁烯二酸酐。顺丁烯二酸酐简称顺酐，是重要的有机合成原料。这也是工业上生产顺丁烯二酸酐的常用方法。

$$C_6H_6 + O_2 \xrightarrow[450\sim500^\circ C]{V_2O_5} \begin{array}{l} CH-C(=O) \\ \| \qquad\quad \rangle O \\ CH-C(=O) \end{array} + CO_2 + H_2O$$

二甲苯和臭氧发生反应，生成三种化合物：丁二酮、丙醛酮和乙二醛。

$$\text{o-}C_6H_4(CH_3)_2 \xrightarrow[\text{②分解}]{\text{①}O_3} CH_3-\underset{\underset{O}{\|}}{C}-\underset{\underset{O}{\|}}{C}-CH_3 + 2OHC-CHO$$

$$\text{o-}C_6H_4(CH_3)_2 \xrightarrow[\text{②分解}]{\text{①}O_3} 2CH_3-\overset{\overset{O}{\|}}{C}-CHO + OHC-CHO$$

把苯蒸气通过红热的管子，2 个苯分子会各失去 1 个氢原子而相互结合生成联苯。

$$C_6H_5-H + H-C_6H_5 \longrightarrow C_6H_5-C_6H_5 + H_2$$

乙苯在 Fe_2O_3 和高温条件下可脱氢生成苯乙烯。

$$C_6H_5-CH_2-CH_3 \xrightarrow[500\sim600^\circ C]{Fe_2O_3} C_6H_5-CH=CH_2 + H_2$$

苯乙烯

苯乙烯是生产塑料、ABS、离子交换树脂的重要原料，包装材料底部常见的数字“6”表明该物质原料是聚苯乙烯。

6. 加成反应

苯比一般不饱和烃要稳定得多，难以发生加成反应，但在特殊条件（如催化剂、高

温、高压或光照）下表现出一定的不饱和性，可以和氢、卤素等发生加成反应。苯环上加氢、加卤素属于游离基型的加成反应。

1）催化氢化

苯在催化剂作用下于高温或高压下发生氢化加成反应。例如，在镍粉催化下，于180～250℃，苯加氢生成环己烷。

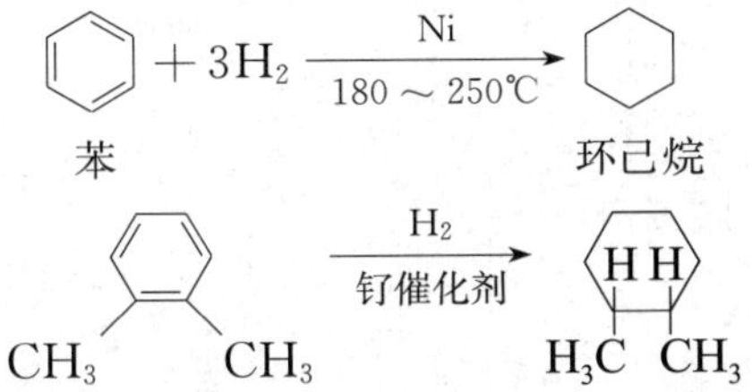

$$\text{苯} + 3H_2 \xrightarrow[180\sim250℃]{Ni} \text{环己烷}$$

$$\text{邻二甲苯} \xrightarrow[\text{钌催化剂}]{H_2} \text{顺-1,2-二甲基环己烷}$$

苯环的加成不会停留在环己二烯或环己烯的阶段，说明苯比环己二烯和环己烯都稳定。

利用这个反应可以将苯的一些衍生物转化为环己烷的衍生物。例如，苯酚和苯胺经过加氢后分别生成环己醇 C_6H_{11}—OH 和环己胺 C_6H_{11}—NH_2。

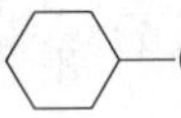

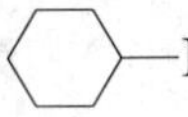

2）加氯

在紫外光照射下，苯与氯加成生成六氯环己烷（六氯化苯）。

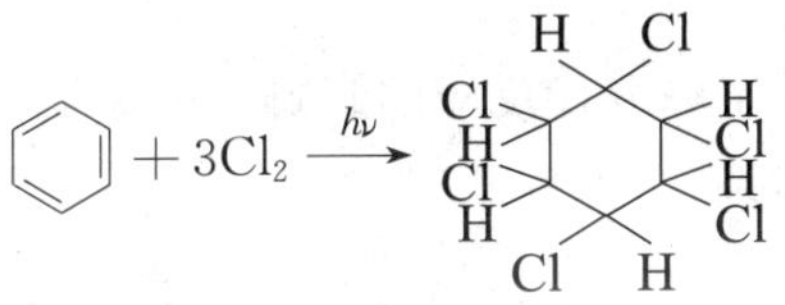

$$\text{苯} + 3Cl_2 \xrightarrow{h\nu} C_6H_6Cl_6$$

杀虫剂六六六是六氯化苯的8种异构体中的一种，化学性质稳定，残存毒性大，已对环境造成极大污染，目前已经被世界各国禁止使用。

六、苯环上取代反应的定位规律

1. 定位基

当苯环上已有一个取代基（A）时，再引入第二个取代基时可能进入它的邻位、间位或对位。

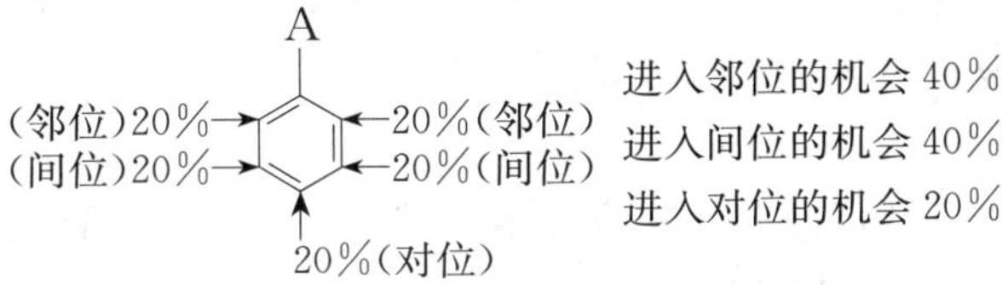

（邻位）20%　20%（邻位）
（间位）20%　20%（间位）
20%（对位）

进入邻位的机会 40%
进入间位的机会 40%
进入对位的机会 20%

在任何一个具体的反应中，这些位置的氢原子被取代的机会不是均等的，第二个取代基进入的位置，常常取决于第一个取代基，也就是说第一个取代基对第二个取代基有定位的作用。例如，从苯、甲苯和硝基苯的硝化条件和反应物可以看出，甲苯比苯容易硝化，硝基主要进入甲基的邻、对位。硝基苯比苯难硝化，第二个硝基主要进入间位。

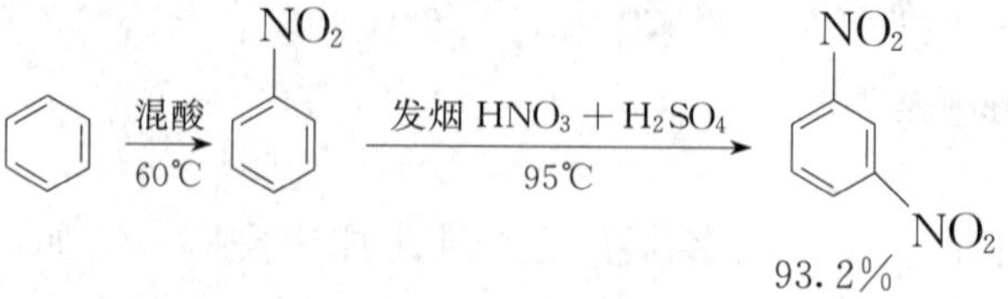

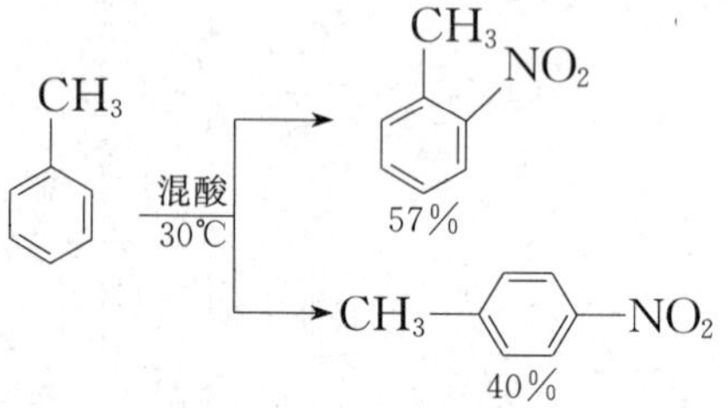

$$C_6H_6 \xrightarrow[60℃]{混酸} C_6H_5NO_2 \xrightarrow[95℃]{发烟\ HNO_3 + H_2SO_4} m\text{-}C_6H_4(NO_2)_2\ (93.2\%)$$

$$C_6H_5CH_3 \xrightarrow[30℃]{混酸} o\text{-}CH_3C_6H_4NO_2\ (57\%) + CH_3\text{—}C_6H_4\text{—}NO_2\ (40\%)$$

由此可见，第二个取代基进入苯环的位置，受苯环上原有基团的影响，这种影响包括取代反应的速度和新取代基进入苯环的位置两个方面。原来连在苯环上的基团如甲基、硝基等称为定位基，苯环上的基团对后续基团进入的位置和难易程度的影响称为苯环亲电取代定位规则（又称定位效应）。例如，$C_6H_5\text{—}CH_3$ 的硝化速度是 C_6H_6 的 25 倍，所以甲基使苯环活化；$C_6H_5\text{—}NO_2$ 的硝化速度是 C_6H_6 的 6×10^{-8} 倍，所以硝基使苯环钝化。

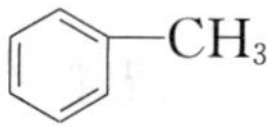

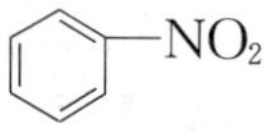

根据原有取代基对苯环亲电取代反应的影响，即新引入取代基导入的位置和反应的难易程度，将定位基分为两类。

1）第一类定位基

原有基团可活化苯环，使取代反应比苯易进行。新引入的取代基主要进入原基团邻位和对位（邻、对位产物之和大于 60%）。除烃基外，所连原子上要么有孤电子对，要么有负电荷。

A 的定位能力次序（由强到弱）：

对于 C_6H_5—A（箭头指向邻、对位），有—O^- >—NR_2 >—NHR >—NH_2 >—OH >—OR >—OCOR >—NHCOR >—R >—ph >—CH_2COOH >—H >—F >—Cl >—Br >—I。

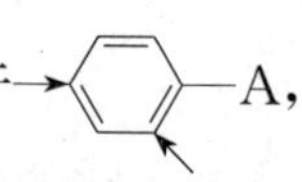

需要注意的是，卤素及—CH_2Cl 等，使苯环略微钝化，取代反应比苯难进行。但新引入的取代基主要进入原基团邻、对位。

2）第二类定位基

原有基团可钝化苯环，使取代反应比苯难进行。新引入的取代基主要进入原基团间位（间位产物大于 50%）。所连原子上要么有正电荷，要么有双键、叁键。

A 的定位能力次序（由强到弱）：

对于 C_6H_5—A（箭头指向间位），有—NH_3 >—NR_3 >—NO_2^+ >—CF_3 >—CCl_3 >—CN >—SO_3H >—CHO >—COR >—COOH >—$COOCH_3$ >—$CONH_2$。

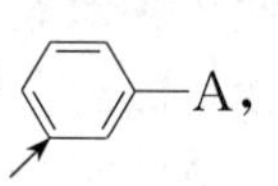

对上面的两类基团进行规律总结，可以发现，基团中与苯环直接相连的原子上有不饱和键或正电荷，该基团就是间位定位基；反之则是邻对位定位基。但有例外，如 $—CH═CH_2$ 是邻对位定位基，$—CCl_3$ 是间位定位基。

2. 定位规律的应用

1）苯环上已经有一个取代基时的定位效应

根据原有基团的定位效应确定第二个基团的位置。如原有取代基为第一类基团，则新引入的基团在原有基团的邻、对位出现，只是受到空间效应、电子云密度或反应条件的影响，出现在不同位置的几率不同。例如，取代基的体积越大，空间位阻越大，邻位比例减少得越多。

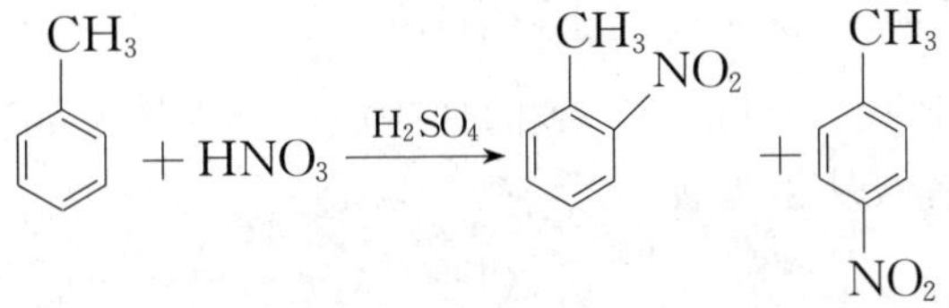

$$C_6H_5CH_3 + HNO_3 \xrightarrow{H_2SO_4} o\text{-}CH_3C_6H_4NO_2\ (61\%) + p\text{-}CH_3C_6H_4NO_2\ (39\%)$$

$$C_6H_5CH_2CH_3 + HNO_3 \xrightarrow{H_2SO_4} o\text{-}CH_3CH_2C_6H_4NO_2\ (50\%) + p\text{-}CH_3CH_2C_6H_4NO_2\ (50\%)$$

$$C_6H_5C(CH_3)_3 + HNO_3 \xrightarrow{H_2SO_4} o\text{-}(CH_3)_3CC_6H_4NO_2\ (18\%) + p\text{-}(CH_3)_3CC_6H_4NO_2\ (82\%)$$

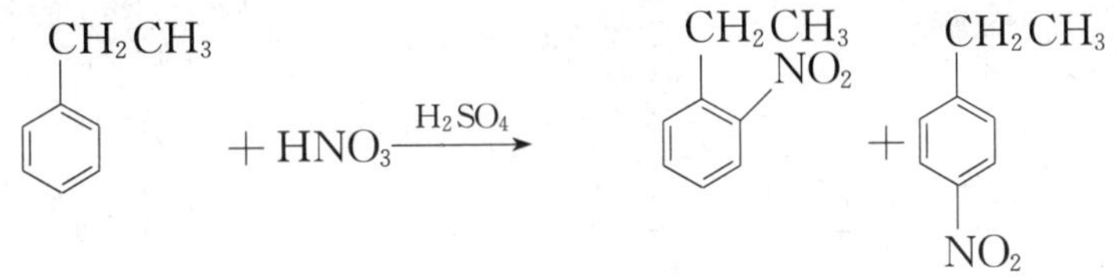

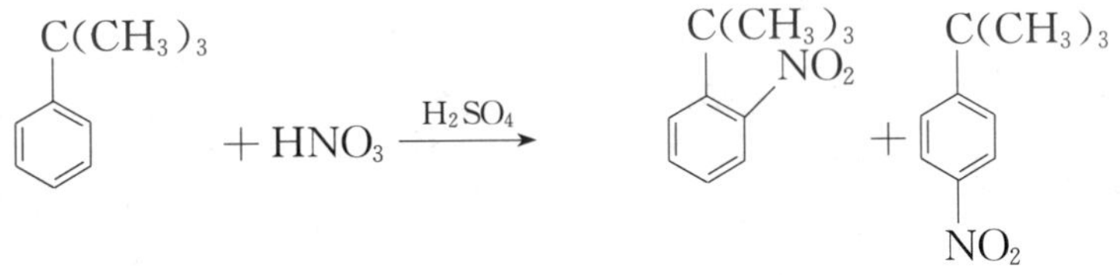

原有取代基为第二类基团时，新引入的基团在原有基团的间位出现。例如

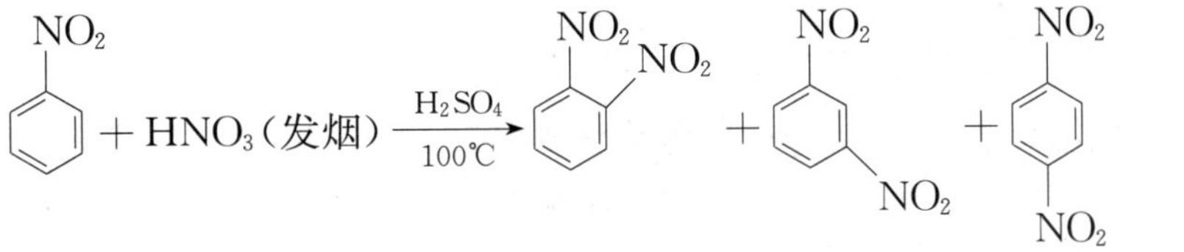

$$C_6H_5NO_2 + HNO_3(\text{发烟}) \xrightarrow[100℃]{H_2SO_4} o\text{-}C_6H_4(NO_2)_2 + m\text{-}C_6H_4(NO_2)_2 + p\text{-}C_6H_4(NO_2)_2$$

邻二硝基苯（6%）　间二硝基苯（93%）　对二硝基苯（1%）

2）苯环上已经有 2 个取代基时的定位效应

根据 2 个原有基团的定位效应确定第三个基团的位置。

（1）原有 2 个基团的定位效应一致时，生成产物的情况如下。

OH
CH3
CH3
NO2
COOH
NO2
COOH
Br
主
次

两种产物　　一种产物　　一种产物　　两种产物

CH3
NO2
COOH
Br
Cl
(少)
Cl
CH3
(少)
CH3
COOH
SO3H
CH3
NO2

一种产物　　两种产物　　两种产物　　两种产物　　一种产物　　两种产物

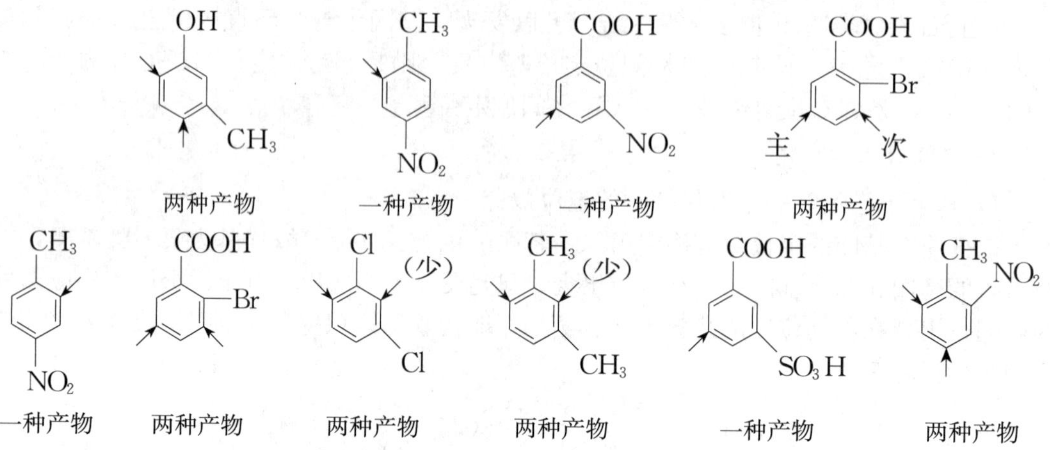

（2）原有 2 个基团的定位效应不一致时，生成产物的情况如下。

① 类型相同，弱者服从于强者：

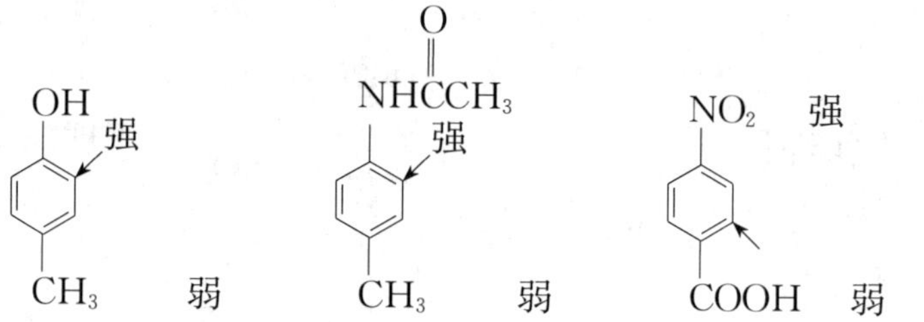

OH
强
CH3
弱
O
NHCCH3
强
CH3
弱
NO2
强
COOH
弱

② 类型相同，强度相近，平分秋色：

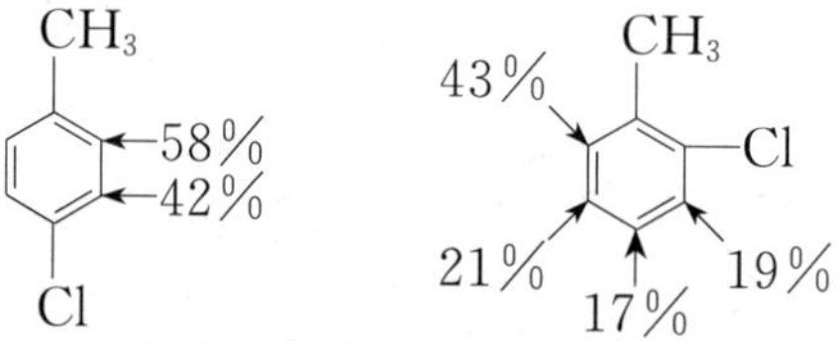

CH3
58%
42%
Cl
CH3
43%
Cl
21%
19%
17%

两种产物　　四种产物

③ 类型不同，二类服从于一类，但是主要进入二类定位基的邻位。

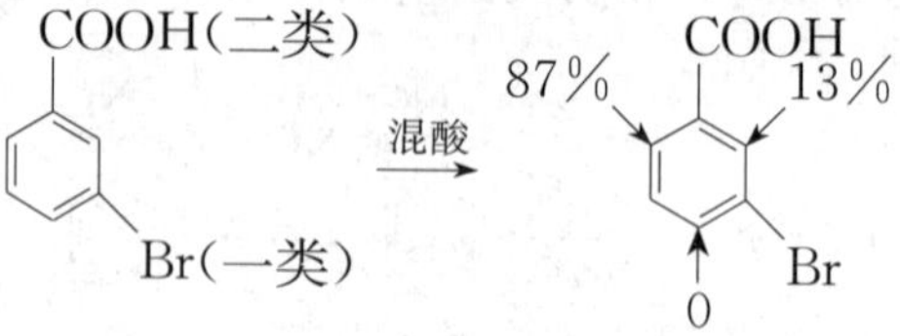

COOH(二类)
Br(一类)
混酸
87%
COOH
13%
Br
0

（3）在有机合成中的应用

例如

CHO
HNO3
H2SO4
CHO
NO2

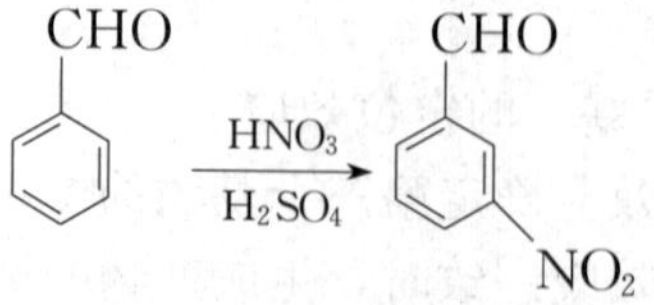

OH

$\xrightarrow{HNO_3}$ OH NO_2 + OH NO_2 （二者可通过水蒸气蒸馏分开）

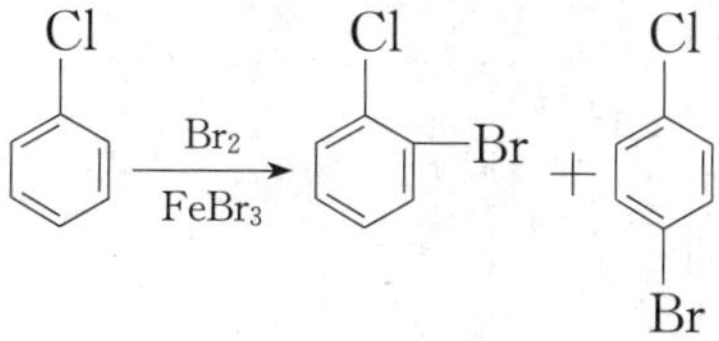

形成分子内氢键

Cl

$\xrightarrow[FeBr_3]{Br_2}$ Cl Br + Cl Br （通过重结晶分离）

熔点：－12℃　　68℃

合成设计：

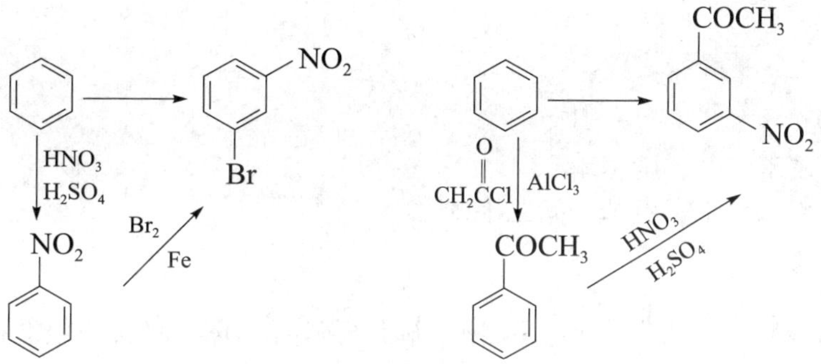

$\xrightarrow{}$ NO_2 Br

HNO_3 H_2SO_4

NO_2 $\xrightarrow[Fe]{Br_2}$

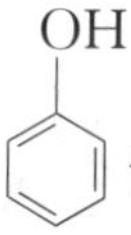

$\xrightarrow{}$ $COCH_3$ NO_2

O CH_2CCl $AlCl_3$

$COCH_3$ $\xrightarrow[H_2SO_4]{HNO_3}$

例如，由 OH 制纯 OH Br：

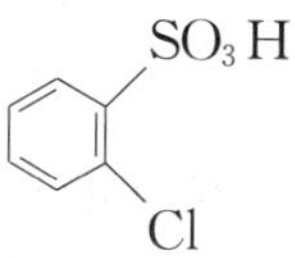

OH $\xrightarrow[100℃]{H_2SO_4}$ OH SO_3H SO_3H $\xrightarrow{Br_2}$ Br OH SO_3H SO_3H $\xrightarrow[\triangle]{H_2O}$ OH Br

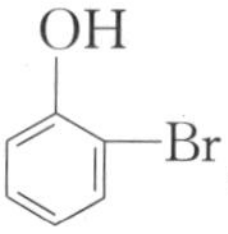

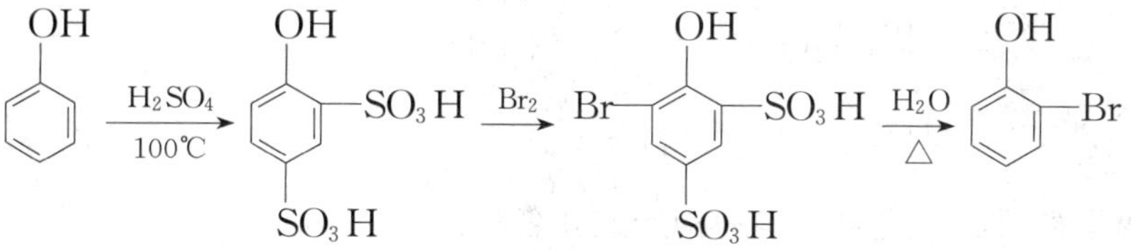

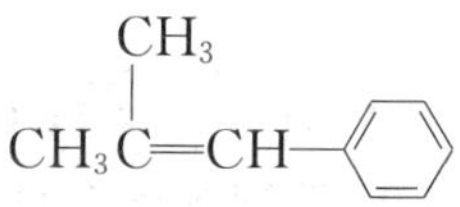

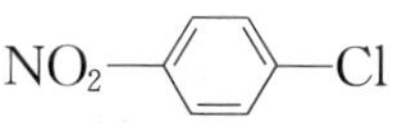

【练习】

1. 写出下列化合物的中文名称：

（1）CH_3—⟨苯环⟩—$CH(CH_3)_2$　（2）SO_3H Cl　（3）CH_3 $CH_3C═CH$—⟨苯环⟩

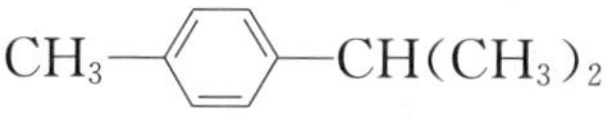

（4）NO_2—⟨苯环⟩—Cl　（5）CH_3—⟨苯环⟩—NH_2　（6）CH_3—⟨苯环⟩—Cl

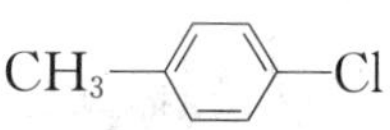

2. 写出下列化合物的构造式：

（1）间二硝基苯（2）对溴硝基苯（3）1,3,5-三乙苯（4）对羟基苯甲酸

（5）2,4,6-三硝基甲苯（6）间碘苯酚（7）对氯苄氯（8）3,5-二硝基苯磺酸

3. 写出并命名单环芳烃 C_9H_{12} 的同分异构体的构造式。

4. 将对二甲苯、邻二甲苯、间二甲苯的熔点按由高到低的顺序排列成序。

5. 把下列每组化合物按发生环上亲电取代的反应活性由大到小排列成序。

(1) 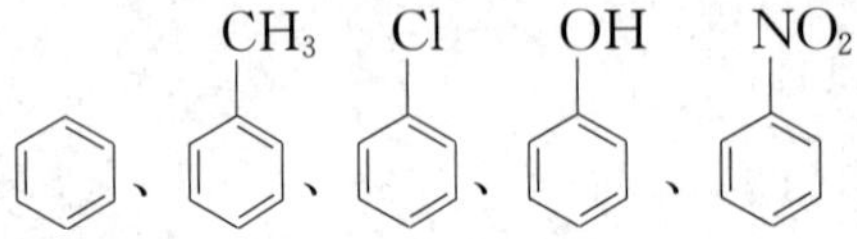 苯、CH_3（甲苯）、Cl（氯苯）、OH（苯酚）、NO_2（硝基苯）

(2) COOH（苯甲酸）、COOH / COOH（对苯二甲酸）、CH_3 / CH_3（对二甲苯）、CH_3 / COOH（对甲基苯甲酸）

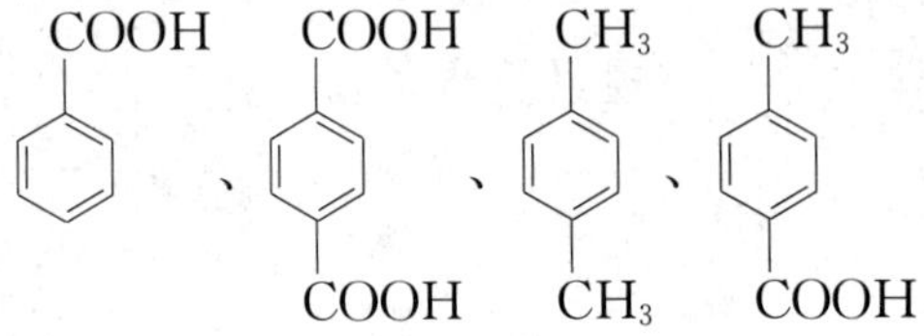

(3) Cl, NO_2, NO_2（2,4-二硝基氯苯）、Cl（氯苯）、NO_2 / Cl（对硝基氯苯）

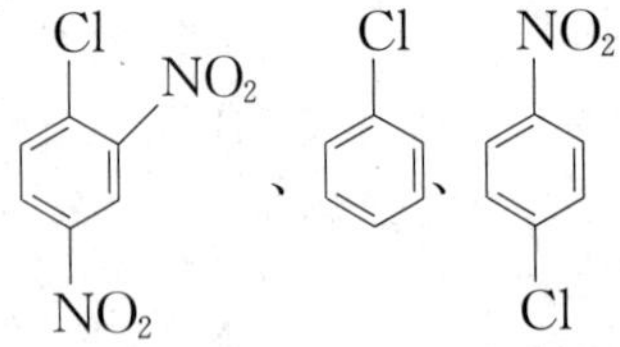

(4) 苯、溴苯、苯、硝基苯

(5) 对二甲苯、苯、甲苯、间二甲苯

6. 由苯合成（Cl, NO_2, SO_3 取代苯）的次序是氯化、磺化再硝化，还是氯化、硝化再磺化较合理呢？

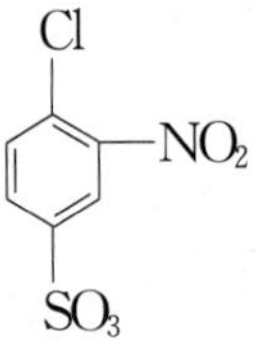

7. 根据氧化结果写出下列反应物的构造式：

(1) $C_8H_{10} \xrightarrow[\triangle]{KMnO_4\text{ 溶液}}$ C_6H_5—COOH

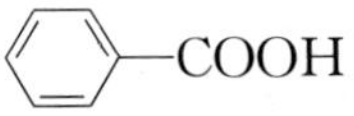

(2) $C_8H_{10} \xrightarrow[\triangle]{KMnO_4\text{ 溶液}}$ HOOC—C_6H_4—COOH

(3) $C_8H_{12} \xrightarrow[\triangle]{KMnO_4\text{ 溶液}} C_6H_5COOH$

8. 写出下列反应中主要产物的构造式和名称：

(1) $C_8H_6 + CH_3CH_2CH_2CH_2Cl \xrightarrow[100℃]{AlCl_3}$

(2) $nC_6H_4(CH_3)_2 + (CH_3)_3CCl \xrightarrow[100℃]{AlCl_3}$

(3) $PhH + CH_3CHClCH_3 \xrightarrow{AlCl_3}$

9. 下列各化合物进行硝化时，将硝基进入的位置用箭头表示出来：

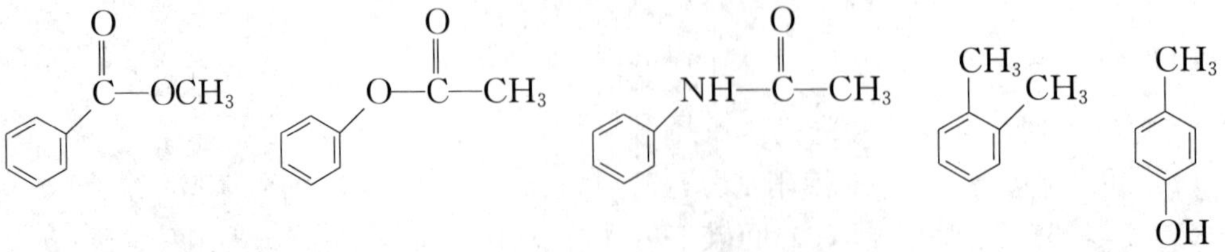

C_6H_5—C(=O)—OCH_3　　C_6H_5—O—C(=O)—CH_3　　C_6H_5—NH—C(=O)—CH_3　　（邻二甲苯）CH_3, CH_3　　（对甲苯酚）CH_3 / OH

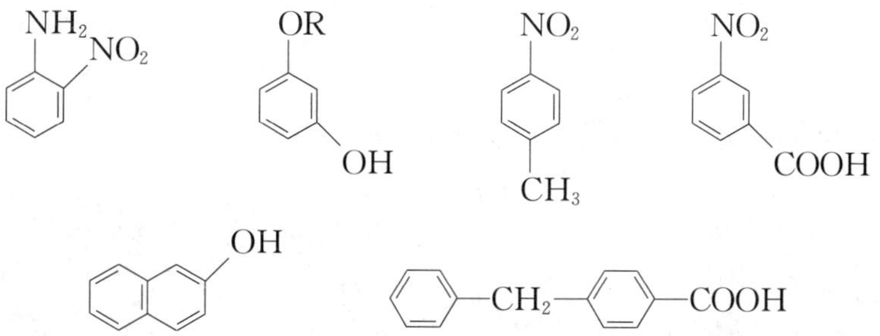

10. 下列化合物引入第三个取代基时，用箭头表示出第三个取代基主要进入的位置。

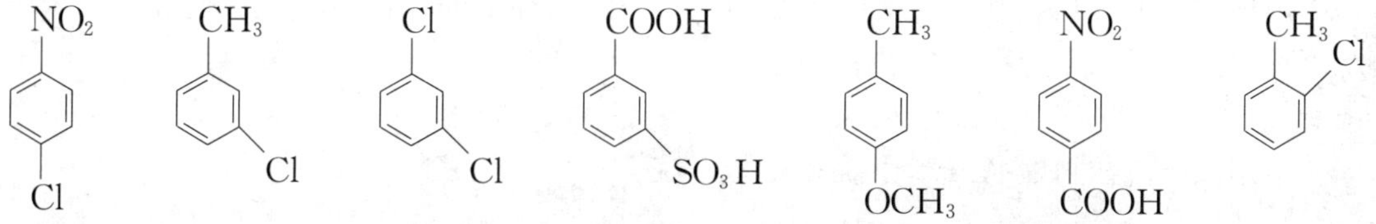

11. 芳香族化合物氯苯（Ⅰ）、硝基苯（Ⅱ）、*N*,*N*-二甲苯胺（Ⅲ）、苯甲醚（Ⅳ）等进行硝化时，其反应速度的快慢顺序是（　　）。

A. Ⅰ>Ⅱ>Ⅲ>Ⅳ　B. Ⅲ>Ⅳ>Ⅰ>Ⅱ　C. Ⅳ>Ⅲ>Ⅱ>Ⅰ　D. Ⅱ>Ⅰ>Ⅳ>Ⅲ

第二节　多环芳烃

分子中含有 2 个或 2 个以上苯环的烃类称为多环芳烃。按照苯环相互连接的不同方式，多环芳烃可以分为联苯、多苯代脂烃、稠环化合物三大类。

一、联苯

联苯是分子中有 2 个或 2 个以上的苯环直接以单键相连接的化合物，如联苯、三联苯等。这类化合物可以看作一个苯环上的氢原子被另一个苯环取代，因此每个苯环上的化学行为和单独的苯环类似。

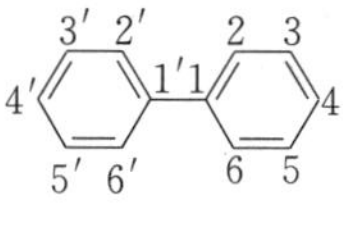

联苯 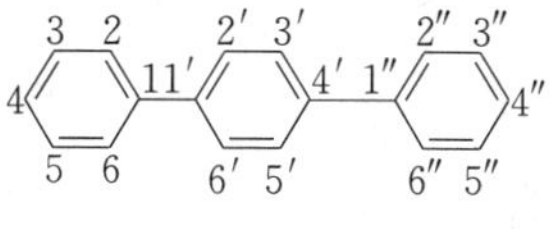　　三联苯 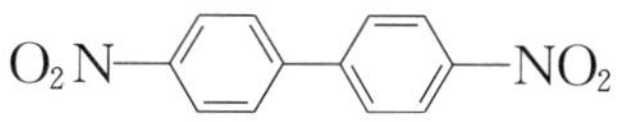　　4,4′-二硝基联苯 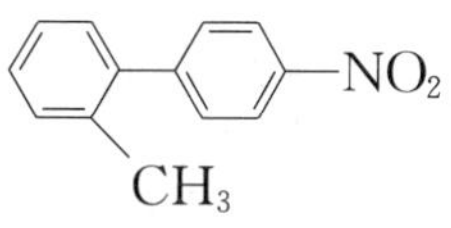　　2-甲基-4′-硝基联苯

例如，联苯可发生如下反应：

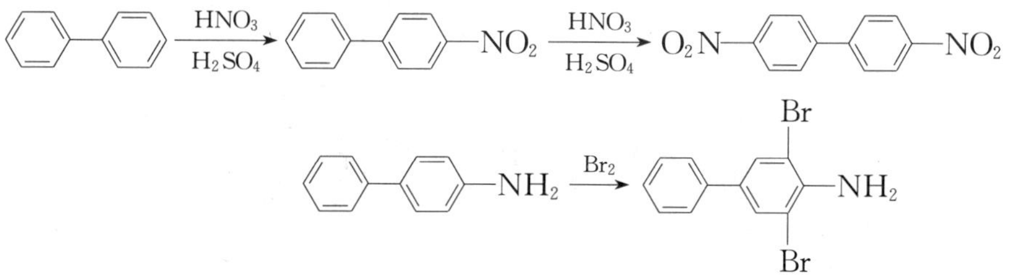

二、多苯代脂烃

多苯代脂烃可以看成苯环取代了烷烃中的氢。例如

$C_6H_5-CH_3$　　　$C_6H_5-CH_2-C_6H_5$　　　$(C_6H_5)_3C-H$

甲苯　　　二苯甲烷　　　三苯甲烷

烷烃被环取代后，烷基上的氢可被活化，同时苯环上的氢也被活化。例如，二苯甲烷两环之间的—CH_2—很容易被氧化。

1. 制备

采用以下方法可制备二苯甲烷和三苯甲烷。

$$C_6H_6 + C_6H_5CH_2Cl \xrightarrow{AlCl_3} C_6H_5-CH_2-C_6H_5 + HCl$$

$$2C_6H_6 + CH_2Cl_2 \xrightarrow{AlCl_3} C_6H_5-CH_2-C_6H_5 + HCl$$

$$3C_6H_6 + CHCl_3 \xrightarrow{AlCl_3} (C_6H_5)_3C-H + 3HCl$$

2. 反应

(1) 酸性：由于σ-π超共轭效应，使得H易以质子形式离去，具有酸性。

$$(C_6H_5)_3CH + KNH_2 \xrightarrow{液\ NH_3} (C_6H_5)_3\bar{C}K^+$$

$$(C_6H_5)_2CH_2 + KNH_2 \xrightarrow{液\ NH_3} (C_6H_5)_2\bar{C}HK^+$$

碳负离子稳定性：

$$(C_6H_5)_3\bar{C}K^+ \approx (C_6H_5)_2\bar{C}HK^+ > (C_6H_5)\bar{C}H_2$$

(2) 卤化：

$$C_6H_5-CH_2-C_6H_5 \xrightarrow{Br_2} C_6H_5-CHBr-C_6H_5$$

$$(C_6H_5)_2CH-C_6H_5 \xrightarrow{Br_2} (C_6H_5)_3C-Br$$

三苯氯甲烷制备：

$$3\,C_6H_6 + CCl_4 \xrightarrow{AlCl_3} (C_6H_5)_3C\text{—}Cl + 3HCl$$

3）氧化：

$$C_6H_5\text{—}CH_2\text{—}C_6H_5 \xrightarrow{H_2CrO_4} C_6H_5\text{—}\overset{O}{\overset{\|}{C}}\text{—}C_6H_5$$

$$(C_6H_5)_2CH\text{—}C_6H_5 \xrightarrow[CH_3COOH]{H_2CrO_4} (C_6H_5)_3C\text{—}OH$$

三、萘

稠环化合物是很重要的一类多环芳香化合物。这类化合物的结构特点是分子中有 2 个或更多个苯环共用 2 个相邻的碳原子而相互稠合，如萘、蒽和菲。它们都存在于煤焦油的高温分馏产物中。

萘是有光亮的白色片状晶体，熔点 80.2℃，沸点 218℃，不溶于水，易溶于乙醇、乙醚和苯等有机溶剂，燃烧时光亮弱、烟多。萘挥发性强，易升华，有特殊气味，具有驱虫防蛀作用，过去曾用于制作“卫生球”。近年来研究发现，萘可能有致癌作用，现使用樟脑取代萘制造卫生球。萘在工业上主要用于合成染料、农药等。萘的来源主要是煤焦油和石油。

1. 萘的结构及其衍生物的命名

萘的分子式为 $C_{10}H_8$，是由 2 个苯环共用 2 个相邻的碳原子稠合而成的，2 个苯环处于同一平面上。每个碳原子均以 sp^2 杂化轨道与相邻的碳原子形成 C—C σ 键，每个碳原子的 p 轨道互相平行，侧面重叠形成一个闭合共轭大 π 键，因此同苯一样具有芳香性。

但萘和苯的结构不完全相同，萘分子中 2 个共用碳上的 p 轨道除了彼此重叠外，还分别与相邻的另外 2 个碳上的 p 轨道重叠，因此萘分子中的闭合大 π 键电子云在萘环上不是均匀分布的，导致各碳原子之间的碳碳键长不完全等同，所以萘的芳香性比苯差。

由于萘环上各碳原子的位置并不完全等同，因此在对萘的衍生物命名时，无论萘环上有几个取代基，取代基的位置都要注明。萘环的编号方法如图 6.7 所示。

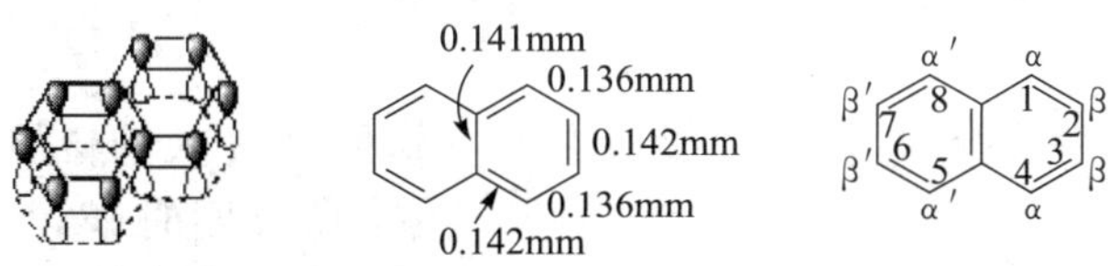

图 6.7　萘的结构及编号方法

1、4、5、8 位置相同，称为 α 位，一般编号总是从任意一个 α 位开始的；2、3、6、7 位置相同，称为 β 位。电子云密度 α＞β。萘的一元取代物只有两种，α-取代物（1-取代物）和 β-取代物（2-取代物）。例如

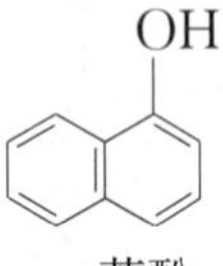

OH　　　　OH　　　　CH_3　　　　CH_3

α-萘酚 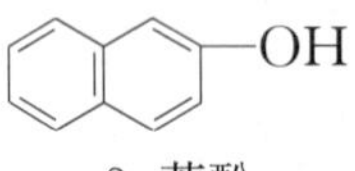　　β-萘酚 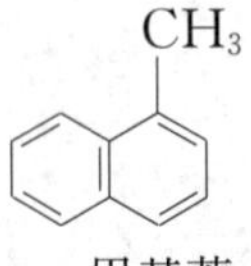　　α-甲基萘（1-甲基萘）　　β-甲基萘（2-甲基萘）

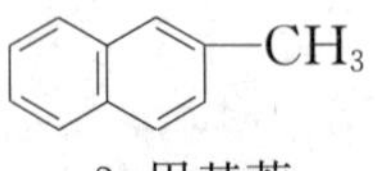

萘的二元取代物两取代基相同时有 10 种，不同时有 14 种。萘的二元取代物可参照下列命名：

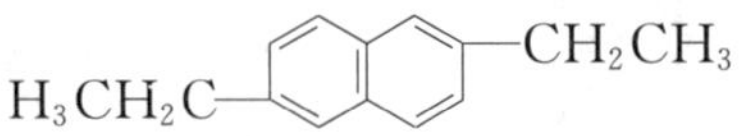

H_3CH_2C　CH_2CH_3　　　　CH_3　SO_3H

2,6-二乙基萘　　　　对甲萘磺酸

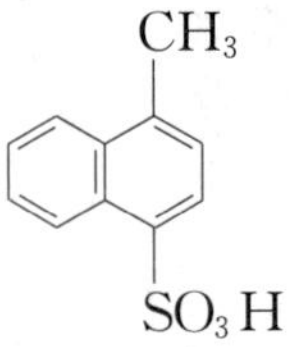

2. 萘的化学性质

由于萘环上闭合大 π 键电子云密度分布不是完全平均化的，因此它的芳香性比苯差。

1）取代反应

萘比苯更易发生亲电取代反应。萘的结构与苯相似，也是一个封闭的共轭体系。

萘环中有两种不同位置，即 α 位、β 位，所以亲电试剂既可进攻 α 位，又可进攻 β 位，因此一取代有两种。

在萘环上，α-碳原子上的电子云密度较高，β-碳原子上的次之，中间共用的 2 个碳原子上则更小，因此亲电取代反应一般发生在 α 位。但由于 β 位取代产物的热力学稳定性大于 α 位取代产物，所以当温度较高时，主要为 β 位取代产物。

（1）卤化反应。在氯化铁的作用下，将氯气通入熔融的萘中，主要生成 α-氯萘。

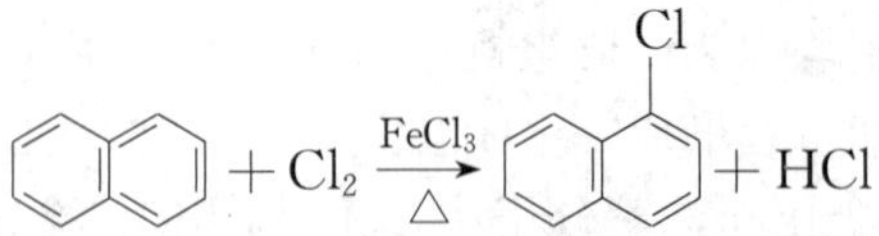

$$\text{萘} + Cl_2 \xrightarrow[\triangle]{FeCl_3} \text{α-氯萘 (Cl)} + HCl$$

α-氯萘为无色液体，沸点 259℃，可作高沸点溶剂和增塑剂。

（2）硝化反应。萘与混酸在常温下就可以反应，产物几乎全是 α-硝基萘。α-硝基萘是合成染料和农药的中间体，可用于制备 α-萘胺。

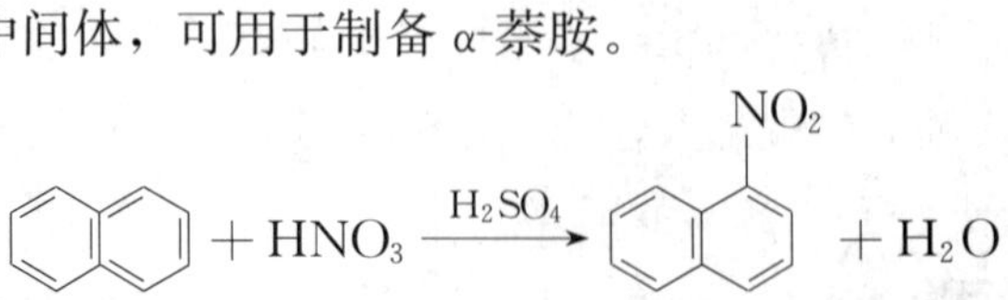

$$\text{萘} + HNO_3 \xrightarrow{H_2SO_4} \text{α-硝基萘 (}NO_2\text{)} + H_2O$$

（3）磺化反应。萘的磺化反应也是可逆的，磺酸基进入的位置和反应温度有关。萘在较低的温度下磺化，主要生成 α-萘磺酸。在较高温度时磺化，主要生成 β-萘磺酸。因磺化反应是可逆的，温度升高使最初生成的 α-萘磺酸转化为对热更为稳定的 β-萘磺酸。

$$\text{萘} + H_2SO_4 \begin{cases} \xrightleftharpoons{60℃} \text{α-萘磺酸}(SO_3H) + H_2O \\ \xrightleftharpoons{165℃} \text{β-萘磺酸}(SO_3H) + H_2O \end{cases}$$

（α-萘磺酸 $\xrightarrow{165℃}$ β-萘磺酸）

（4）傅—克酰基化反应。萘的酰基化反应产物与反应温度和溶剂的极性有关。

$$\text{萘} \xrightarrow[AlCl_3]{RCOCl} \text{α-萘-COR} + \text{β-萘-COR}$$

在低温和非极性溶剂（如 CS_2）中主要生成 α-取代物，而在较高温度及极性溶剂（如硝基苯）中主要生成 β-取代物。

$$\text{萘} + R-\overset{O}{\overset{\|}{C}}-Cl \xrightarrow{AlCl_3} \begin{cases} \xrightarrow{-15℃, CS_2} \text{α-萘}-\overset{O}{\overset{\|}{C}}-R + \text{β-萘}-\overset{O}{\overset{\|}{C}}-R \\ \xrightarrow{25℃, C_6H_5NO_2} \text{β-萘}-\overset{O}{\overset{\|}{C}}-R \end{cases}$$

α- 酰基萘(75%)　　β- 酰基萘(25%)

β- 酰基萘(99%)

这是因为在极性溶剂中，酰基碳正离子与溶剂形成溶剂化合物的体积较大，温度较高时进入 β 位；低温时在非极性溶剂中则进入活泼的 α 位。

（5）萘环上亲电取代反应的定位规律。萘环上有供电子的第一类定位基时，主要发生同环取代（即取代发生在定位基所在的苯环上）。若定位基位于 α 位，取代基主要进入同环的另一 α 位。若定位基位于 β 位，则取代基主要进入定位基相邻的 α 位。

$$\text{1-}CH_3\text{-萘} \xrightarrow[Fe]{Cl_2} \text{1-}CH_3\text{-4-Cl-萘} + HCl$$

$$\text{2-}NHCOCH_3\text{-萘} \xrightarrow[47\% \sim 49\%]{HNO_3, CH_3COOH} \text{1-}NO_2\text{-2-}NHCOCH_3\text{-萘}$$

当萘环上有吸电子的第二类定位基时，主要发生异环取代，取代基主要进入异环的 2 个 α 位。

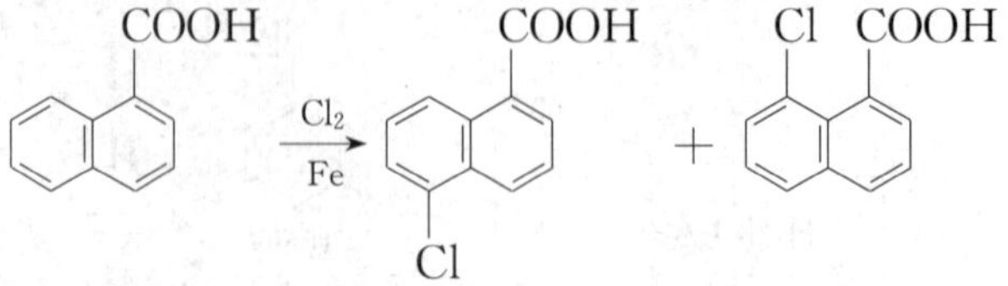

2）氧化反应

萘比苯容易氧化，根据反应条件可得到不同的氧化产物。

在低温下，用弱氧化剂氧化得 1,4-萘醌，但产率不高。例如，萘在醋酸溶液中用氧化铬进行氧化，其中一个环被氧化成醌。

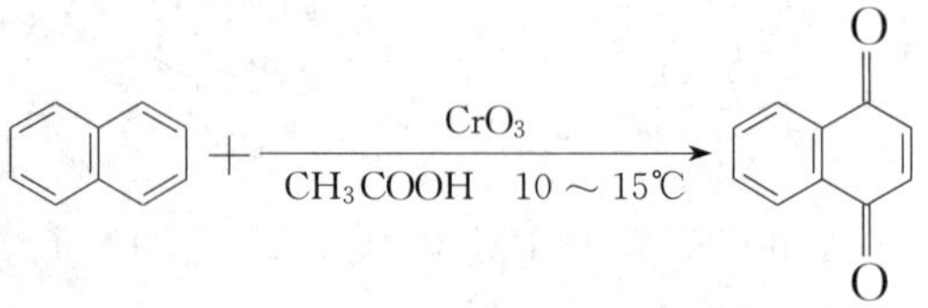

在强烈条件下氧化，则其中一个环被氧化破裂，生成邻苯二甲酸酐。这是工业上生产邻苯二甲酸酐的一种方法。邻苯二甲酸酐是一种重要的化工原料，它是制造许多合成树脂、增塑剂、染料等的原料。

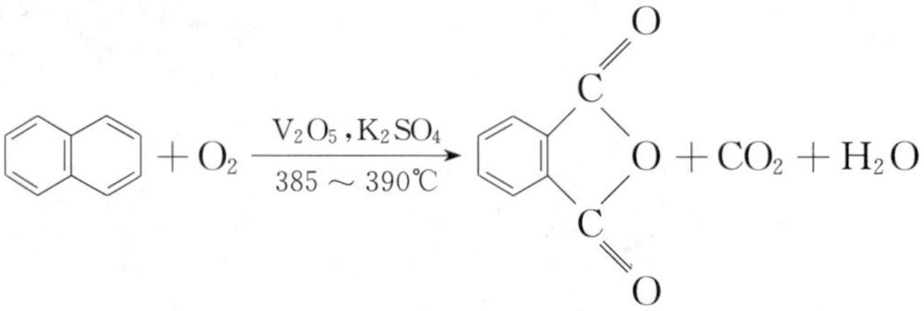

$$+ O_2 \xrightarrow[385 \sim 390^\circ C]{V_2O_5, K_2SO_4} \quad + CO_2 + H_2O$$

取代萘氧化时，氧化反应总是使电子云密度较大的环破裂。哪个苯环破裂取决于取代基的性质，取代基为第一类定位基时，使所在的环活化，氧化时同环破裂；取代基为第二类定位基时，使所在的环钝化，氧化时异环破裂。

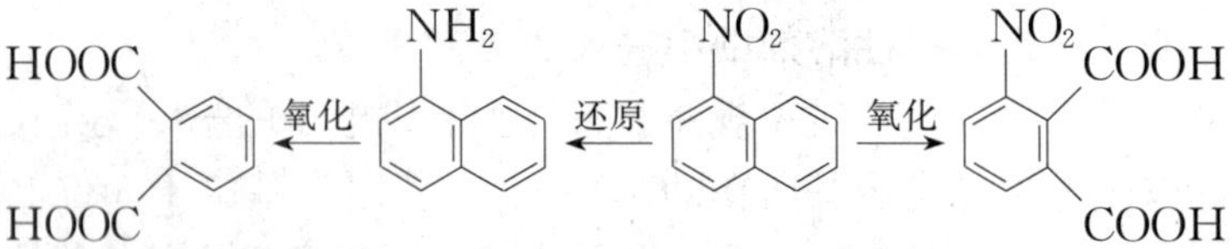

可见萘氧化的产物为苯的衍生物，仍保留一个苯环，表明苯比萘稳定。

3）加成反应

萘比苯易加成，在不同的条件下加氢可以得到四氢萘或十氢萘。

萘与金属钠、醇在液 NH_3 溶液中反应，生成二氢萘和四氢萘。

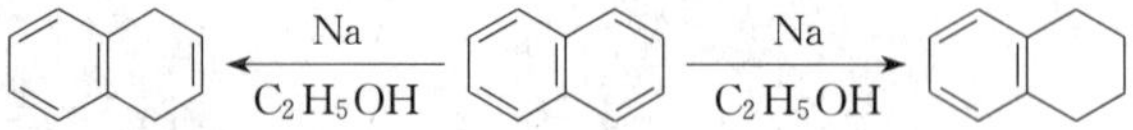

1,4- 二氢萘　　1,2,3,4- 四氢萘

工业上用催化加氢法制备四氢萘和十氢萘。

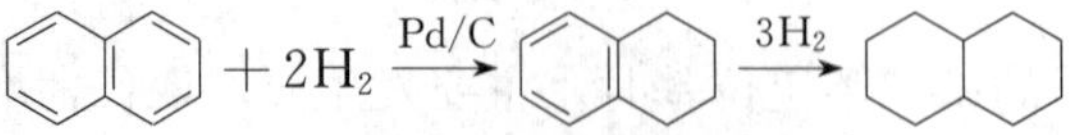

$$+ 2H_2 \xrightarrow{Pd/C} \quad \xrightarrow{3H_2}$$

四氢萘　　十氢萘

四氢萘和十氢萘是高沸点液体，都是良好的高沸点溶剂。四氢萘能溶解硫磺、脂肪和其他化合物，是一种良好的溶剂，常用于涂料工业。

四、蒽和菲

蒽为白色片状晶体，具有浅蓝色荧光，熔点 218℃，沸点 342℃，不溶于水，难溶于乙醇、乙醚等，可溶于苯。蒽的 9、10 位的电子云密度最高，反应活性最强。

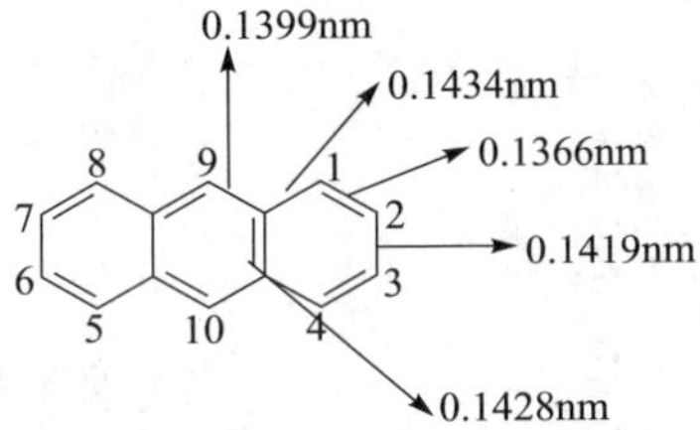

0.1399nm
0.1434nm
0.1366nm
0.1419nm
0.1428nm

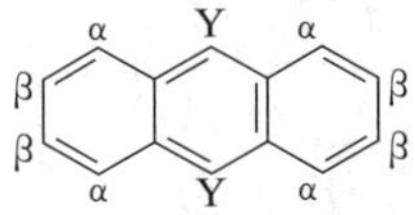

蒽和菲是同分异构体，由 3 个苯环稠合而成。

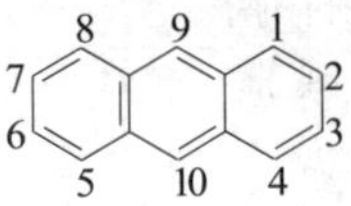

1、4、5、8 为 α 位
2、3、6、7 为 β 位
9、10 为 γ 位

蒽　　　　菲

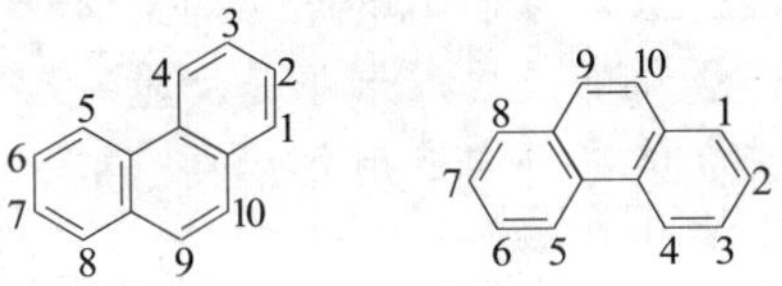

蒽、菲比苯活泼，可发生取代、氧化、还原等反应，试剂主要进攻 9、10 位。例如

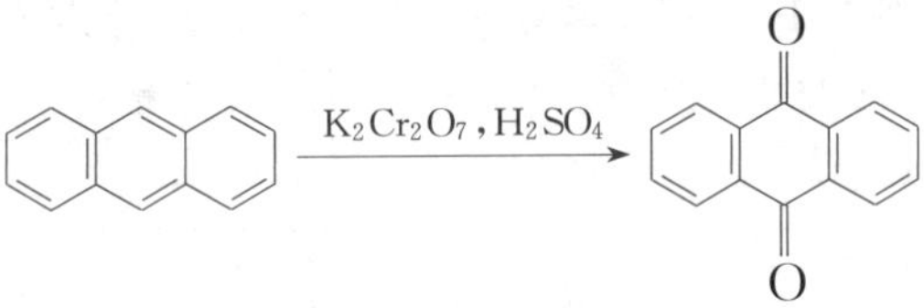

$K_2Cr_2O_7, H_2SO_4$

9,10-蒽醌

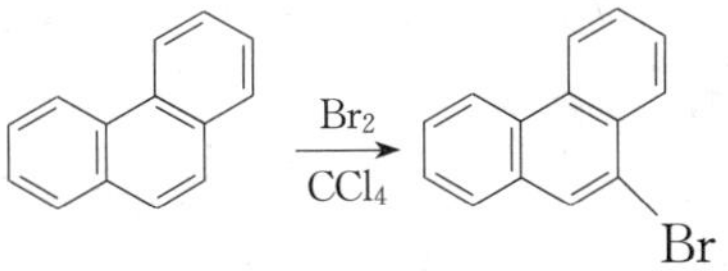

Br_2 / CCl_4

Br

【练习】

1. 写出下列化合物的构造式：

（1）α-萘磺酸（2）β-萘胺（3）9-溴菲（4）三苯甲烷

2. 命名下列化合物：

（1）二苯甲烷（2）对联三苯（3）1,7-二甲基萘

3. 硝基萘进行一元溴代时的主产物是（　　）。

A. 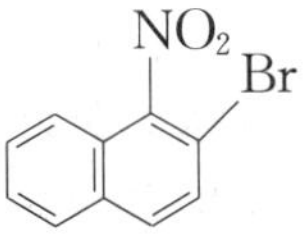 NO_2, Br　　B. 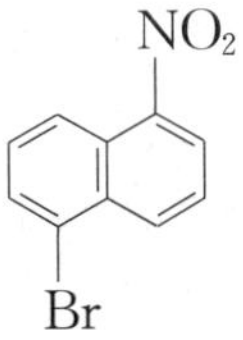 NO_2, Br　　C. 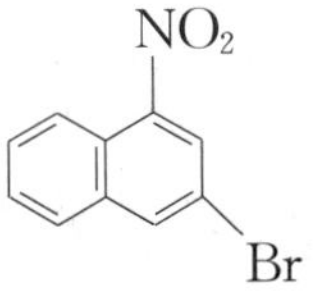 NO_2, Br　　D. 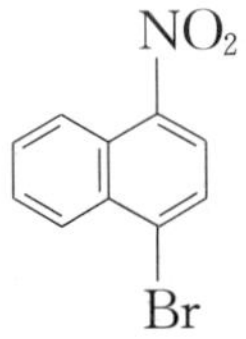 NO_2, Br

4. 萘最易溶于的溶剂是（　　）。

A. 水　　B. 乙醇　　C. 苯　　D. 乙酸

5. 完成下列反应式：

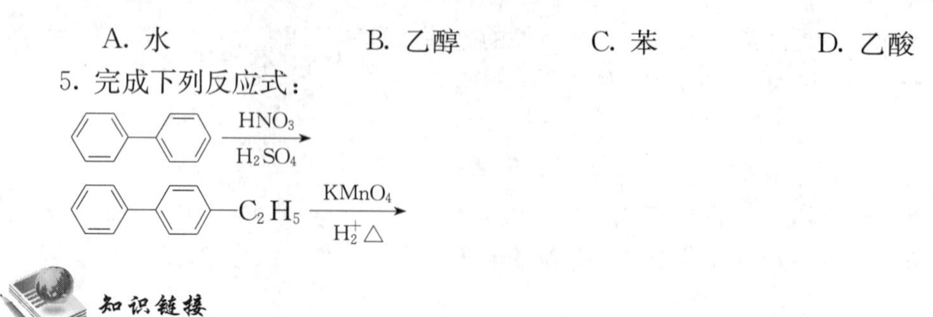

苯的危害

苯是煤焦油分馏及石油的裂解产物。它是一种无色至淡黄色的易挥发并具强烈的特殊芳香气味的非极性液体。苯具有高毒性，是一种已被世界卫生组织确定的强烈致癌物质。它难溶于水，易溶于有机溶剂，本身也可作为有机溶剂。苯是石油化工的基本原料，苯的产量和生产技术水平是衡量一个国家石油化工发展水平的标志之一。

苯在家庭装修时广泛用作溶剂（胶、油漆、涂料、防水材料）。而在与饮食相关的材料中也有苯的身影。

案例一：2002 年 8 月 5 日，李先生的妻子购买了一辆汽车。买车后就发现车内有味，但没在意。8 月 20 日，李先生的妻子感觉浑身无力，身体疲惫。9 月 20 日，李先生的妻子发现身上有很多出血点。去医院血液科检查后，诊断为全血低，血小板只有 2.4 万。复查发现，血小板只有 1.2 万。骨髓检查诊断为重度再生障碍性贫血，急性病程。据了解，正常人的血小板应该在 10 万～30 万个/L。

2003 年 3 月 25 日，李先生的妻子因治疗无效而病逝。

2003 年 7 月，李先生偶然得知苯中毒可能导致再生障碍性贫血。第二天把车送到中国室内装饰协会室内环境检测中心进行检测。检测的结果表明，车内苯含量达到 $0.18mg/m^3$，超过标准（$0.07mg/m^3$）。

案例二：2012 年 6 月 1 日起开始实施的一次性纸杯新国家标准规定，一次性纸杯杯口 15mm 内不能印图案。国际食品包装协会常务副会长董金狮称，中国没有食品级油墨的概念，也没有可用于接触食品的印刷油墨。喝水时嘴唇接触杯口，印刷图案里的油墨可能会被摄入，尤其是含苯油墨对健康更不利。能被苯溶剂擦拭掉色，表明纸杯使用的是含苯油墨，而苯一旦超标，严重可引起癌症。

案例三：在水果上直接贴标签，一般显得正规、高档。2012 年 11 月 6 日前后，一条“水果商标底下那块最好别吃”的微博被人民日报在内的众多官方微博转发。四川农业大学食品学专家李诚表示，普通食品标签正面的价格、品种等信息都是用油墨打印的，油墨中含有大量的苯系列有毒化学物质；在用于粘贴标签的一面，黏合剂上也含有苯、甲苯、二甲苯以及重金属物质，通常毒性较强，长期食用会破坏人体组织器官和血细胞，甚至会致癌。这与不能用报纸包裹食物是同样的道理。专家表示，消费者对水果应当认真清洗或削皮后再吃，尤其是商标底下那块最好不吃。

本章小结

(1) 苯分子的6个碳原子通过C—C σ键形成一个环状大平面，由六碳原子未经杂化的p轨道形成的正六边形，其对称轴相互平行，“肩并肩”形成π键。p轨道的重叠程度完全相等，因此形成包含6个碳原子在内的封闭的或连续不断的共轭体系，使π电子能够高度离域，完全平均化，从而降低能量，并导致苯分子的每个C—C键的键长相同。

(2) 一元取代物命名时以苯为母体，把烷基作为取代基，称为某基苯；多元取代苯按—COOH、—SO_3H、—COOR、—COX、—$CONH_2$、—CN、—CHO、>C=O、—OH(醇羟基)、—OH(酚羟基)、—NH_2、—OR、—X、—NO_2、—NO的顺序，先出现的官能团为主官能团，与苯环一起作为母体，另一个作为取代基。苯环上连有不饱和烃基或复杂烷基时，一般把苯作为取代基来命名。

(3) 苯及其同系物的化学性质主要是芳香性，即易进行取代反应，而难进行加成和氧化反应。易进行取代反应，不易进行加成和氧化反应，是芳香性的标志。

(4) 苯环的典型反应是亲电取代反应。苯环电子云密度高，π电子结合得较松，流动性大，而易被缺电子的亲电试剂进攻，引起芳烃C—H键的H被亲电取代。

(5) 苯环虽难以被氧化，但苯环上的烃基侧链由于受苯环上大π键的影响，α-H变得很活泼，易发生氧化反应。同时，α-H也易发生卤代反应。

(6) 苯环氯化反应为亲电取代反应，而光照卤化是自由基反应。

(7) 傅-克反应中酰基化反应产物纯、产量高(酰基不发生异构化，也不发生多元取代)，烷基化则不然。

(8) 苯环侧链反应主要是发生在α-C上的取代和氧化。

(9) 取代基有两类，第一类活化苯环；第二类钝化苯环。第一类为邻、对位定位基；第二类是间位定位基。除此之外，温度、催化剂、取代基的空间效应等都会对新引入基团的位置产生影响。

习题

1. 选择题：

(1) 下列化合物进行硝化反应时最容易的是(　　)。

A. 苯　　B. 硝基苯　　C. 甲苯　　D. 氯苯

(2) 下列化合物能与$FeCl_3$溶液发生颜色反应的是(　　)。

A. 甲苯　　B. 苯酚　　C. 2,4-戊二酮　　D. 苯乙烯

(3) 下列化合物不能被酸性$KMnO_4$氧化成苯甲酸的是(　　)。

A. 甲苯　　B. 乙苯　　C. 叔丁苯　　D. 环己基苯

(4) 下列化合物进行取代反应时反应速率最大的是(　　)。

(5) 比较下列化合物卤化反应时的反应速率为（　　）。

A. a>b>d>c　B. b>d>a>c　C. b>c>a>d　D. d>b>c>a

(6) 比较下列化合物的酸性为（　　）。

A. b>c>d>e>a　B. d>c>b>a>e
C. d>c>a>b>e　D. e>d>c>a>b

(7) 下列化合物进行硝化反应速率最大的是（　　）。

A. 甲苯　B. 硝基苯　C. 苯
D. 氯苯　E. 苯甲酸

(8) 下列化合物进行硝化反应速率最小的是（　　）。

A. 甲苯　B. 硝基苯　C. 苯
D. 氯苯　E. 苯甲酸

(9) 下列化合物酸性最弱的是（　　）。

(10) 反应 $C_6H_6 + (CH_3)_2CHCH_2Cl \xrightarrow[\triangle]{AlCl_3}$ 得到的产物是（　　）。

(11) 下列有机物的硝化反应活性最大的是（　　）。

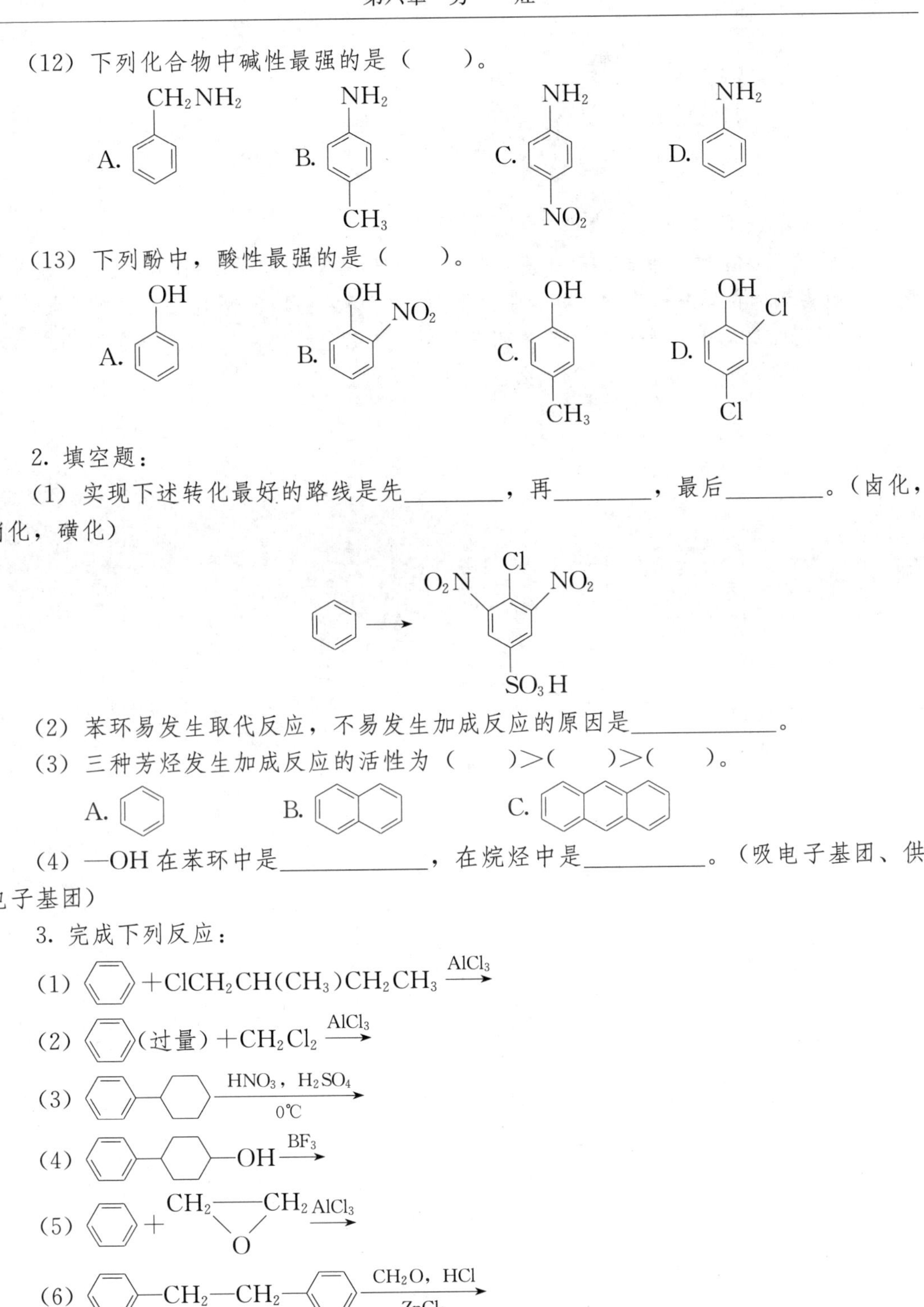

(12) 下列化合物中碱性最强的是（ ）。

A. CH_2NH_2　B. NH_2, CH_3　C. NH_2, NO_2　D. NH_2

(13) 下列酚中，酸性最强的是（ ）。

A. OH　B. OH, NO_2　C. OH, CH_3　D. OH, Cl, Cl

2. 填空题：

(1) 实现下述转化最好的路线是先________，再________，最后________。(卤化，硝化，磺化)

(2) 苯环易发生取代反应，不易发生加成反应的原因是__________。

(3) 三种芳烃发生加成反应的活性为（ ）>（ ）>（ ）。

A.　B.　C.

(4) —OH 在苯环中是__________，在烷烃中是__________。(吸电子基团、供电子基团)

3. 完成下列反应：

(1) $+ClCH_2CH(CH_3)CH_2CH_3 \xrightarrow{AlCl_3}$

(2) (过量) $+CH_2Cl_2 \xrightarrow{AlCl_3}$

(3) $\xrightarrow[0℃]{HNO_3,\ H_2SO_4}$

(4) $—OH \xrightarrow{BF_3}$

(5) $+ CH_2—CH_2$ (O) $\xrightarrow{AlCl_3}$

(6) $—CH_2—CH_2— \xrightarrow[ZnCl_2]{CH_2O,\ HCl}$

(7) $—CH_2CH_2CH_2CH_3 \xrightarrow[②H_3O^+]{①KMnO_4}$

(8) $\xrightarrow[HF]{(CH_3)_2C═CH_2}$

(9) $C_6H_5-CH=CH_2 \xrightarrow{O_3}$

(10) C_6H_6 + (丁二酸酐) $\xrightarrow{AlCl_3}$

4. 在硝化反应中，甲苯、苄基溴、苄基氯和苄基氟除主要得到邻、对位硝基衍生物外，也得到间位硝基衍生物，其含量分别为 3%、7%、14%和 18%，试解释之。

5. 在硝化反应中，硝基苯、苯基硝基甲烷、2-苯基-1-硝基乙烷所得间位异构体的量分别为 93%、67%和 13%，为什么？

第七章　对映异构

学习目标

1. 掌握偏振光、旋光性、立体异构、光学异构、对称因素（主要指对称面、对称中心）、手性碳原子、手性分子、对映体、非对映体等基本概念。

2. 掌握判断分子手性的方法。

3. 理解掌握构型的 D-L 和 R-S 标记法。

案例导入

尼古丁是一种存在于茄科植物中的生物碱，也是烟草的重要成分。尼古丁会使人上瘾或产生依赖性，通常使人难以克制自己，重复使用尼古丁会增加心脏速度和升高血压，并降低人的食欲。大剂量的尼古丁会引起呕吐以及恶心，严重时人会死亡。一支香烟所含的尼古丁可毒死一只小白鼠，20 支香烟中的尼古丁可毒死一头牛。虽然存在于烟草中的尼古丁毒性很大，但人工合成的尼古丁却没有什么毒性，这是为什么呢？原来，天然的尼古丁称为左旋尼古丁，而人工合成的尼古丁称为右旋尼古丁，它们是一对对映体。由此可见，研究左旋和右旋异构体生理作用的差异是很有意义的，目前，这类药物在合成新药中已占据重要地位。

同分异构现象是有机化学中存在的普遍现象。按结构不同，同分异构现象分为两大类。一类是由于分子中原子或原子团的连接次序不同而产生的异构，称为构造异构。构造异构包括碳链异构、官能团异构、官能团位置异构及互变异构等。另一类是由于分子中原子或原子团在空间的排列位置不同而引起的异构，称为立体异构。立体异构包括顺反异构、对映异构和构象异构等（其中，构象异构*、非对映异构*的内容本书大纲没做要求）。

其异构现象可归纳如图 7.1 所示。

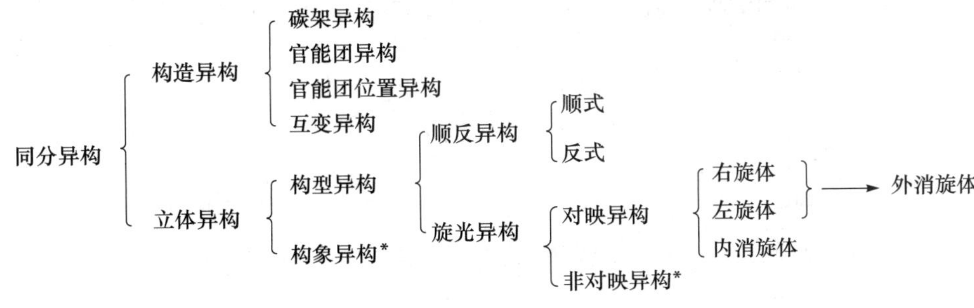

图 7.1　异构现象的分类

第一节　物质的旋光性

一、平面偏振光和物质的旋光性

（一）偏振光

光是一种电磁波，它的振动方向与其前进方向垂直。普通光线，光波可在垂直于它前进方向的任何可能的平面上振动。如图 7.2（a）所示，中心表示垂直于纸面的光的前进方向，双箭头表示光可能的振动方向。

当普通光通过一个由方解石制成的尼科尔棱镜时，它好像一个栅栏只允许同棱镜晶轴平行的平面上振动的光透过。假设这个棱镜的晶轴是直立的，则只有在这个垂直平面上振动的光线才能通过，因此通过这种棱镜的光线就只在某一个平面上振动前进，这种光就是平面偏振光，简称偏振光或偏光。如图 7.2（b）所示为偏振光的产生过程。

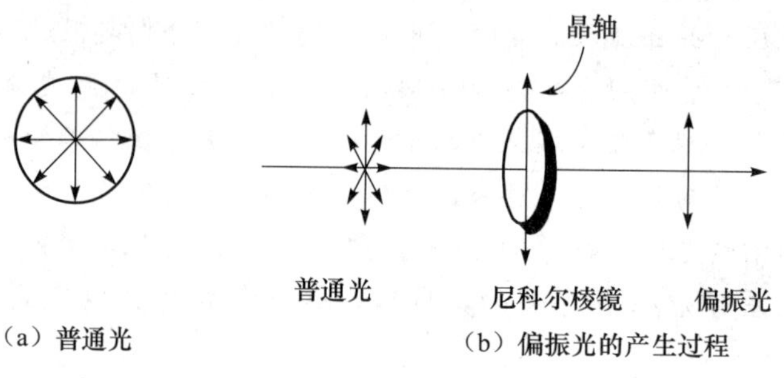

图 7.2　偏振光的产生

（二）旋光性

如果使偏振光再通过某种物质的液体或溶液，则会有两种可能：①偏振光可以通过这种物质，而这种物质对偏振光没有影响，即偏振光仍维持原来的振动平面；②偏振光通过该物质，必须是将原来的振动平面旋转一定角度后才能通过，即在某一平面内振动的偏振光通过这种物质出来时，将在另一个平面内振动。物质的这种能使偏振光振动平面旋转的性质，叫做物质的旋光性或物质的光学活性。具有旋光性的物质叫做旋光物质或光学活性物质，如葡萄糖、乳酸、氯霉素等。偏振光的旋转如图 7.3 所示。

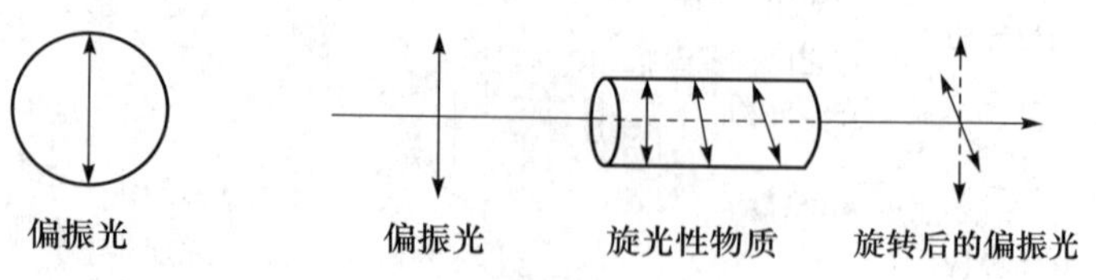

图 7.3　偏振光的旋转

能使偏振光的振动平面向右（顺时针方向）旋转的物质叫做右旋体，反之叫做左旋体。通常用（＋）或（*d*）表示右旋，用（－）或（*l*）表示左旋。旋光物质使偏振光偏振平面旋转的角度称为旋光度，用“α”表示。

二、旋光度与比旋光度

（一）旋光度

偏振光通过旋光物质时，其振动平面旋转的角度及旋光方向可用旋光仪测定。如图 7.4 所示为旋光仪的构造示意图。

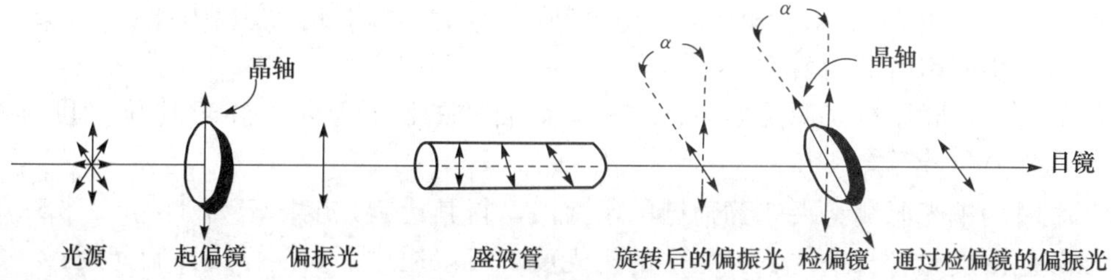

图 7.4 旋光仪的构造示意图

普通的旋光仪装有 2 个尼科尔棱镜。起偏镜是固定的，其作用是把普通光源透入的光变成偏振光。检偏镜与回转刻度盘相连，可以转动，用于测定偏振光振动平面的旋转角度。另外还有待测样品的盛液管和观察用的目镜。

如果盛液管是空的或盛放了非旋光物质的试样，那么经过起偏镜出来的偏振光就可以直接射在检偏镜晶轴上，若检偏镜晶轴和起偏镜晶轴平行，偏光就可以完全通过，这时目镜中能观察到最大的亮度。如图 7.5 所示为偏振光全部通过。

若旋转检偏镜亮度变弱，当旋转到与起偏镜晶轴垂直时，偏振光完全不能通过，目镜中观察不到任何光亮。如图 7.6 所示为偏振光全部被挡。

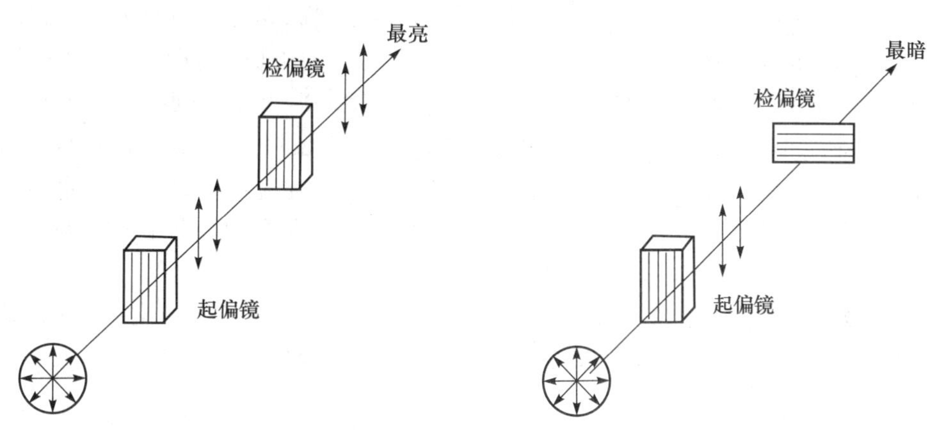

图 7.5 偏振光全部通过　　图 7.6 偏振光全部被挡

当盛液管内盛放了旋光物质的液体试样时，在检偏镜晶轴和起偏镜晶轴平行时，偏振光不能完全通过检偏镜，只有左右旋转检偏镜到一定角度时，才能使透过检偏镜的光量最大，此时目镜中能观察到最大的亮度，检偏镜所旋转的角度即该旋光物质的旋光度。由刻度盘读出旋光度数，由旋转方向标出左旋或右旋。

（二）比旋光度

每一种旋光物质，在一定条件下，都有一定的旋光度。影响旋光度的条件主要有测定时的温度、所用光的波长、被测物质的浓度、盛液管长度等。所以旋光度的值不能用来直接比较各物质的旋光能力。为此通常规定溶液的浓度为 1g/mL，盛液管长度为 1dm，在这种条件下测得的旋光度称为该物质的比旋光度。比旋光度是旋光物质特有的物理常数，一般用 $[\alpha]_{\lambda}^{t}$ 表示。其中，t 为测定时的温度；λ 为测定时光源的波长，用钠光灯作光源时，用 D 表示。测定时所用溶剂不同也会影响旋光度。因此，不用水作溶剂时，需注明所用溶剂的名称。

例如，20℃时用钠光源测定 5％的右旋酒石酸的乙醇溶液，得其比旋光度标记为 $[\alpha]_{D}^{20}=+3.79^{\circ}$（乙醇，5％）。

20℃时用钠光源测定天然葡萄糖的水溶液，得其比旋光度标记为 $[\alpha]_{D}^{20}=+52.5^{\circ}$。

在其他浓度或管长条件下，测得的旋光度，可以通过下式换算成比旋光度：

$$[\alpha]_{\lambda}^{t}=\frac{\alpha}{c\times L}$$

式中：α——用旋光仪测得的旋光度；

c——溶液浓度，单位为 g/mL，若被测样品为液体，用相对密度 d 代替；

L——盛液管长度，单位为 dm；

λ——测定时光源的波长，用钠光灯作光源时，用 D 表示；

t——测定时的温度。

与熔点、沸点、相对密度等一样，比旋光度也是化合物的一种物理性质。它是定量表示旋光物质的旋光活性的一个物理量。

应当注意的是，测定旋光度时，旋光仪上的一次读数不能准确无误地给出旋光物质的旋光度。如旋光仪上的第一次读数是 60°，旋光物质的旋光度可以是 60°、$60^{\circ}+(1\times180^{\circ})=240^{\circ}$ 等，也可以是 $60^{\circ}-(1\times180^{\circ})=-120^{\circ}$ 等，即可以是 $60^{\circ}\pm(n\times180^{\circ})$ 中的任何一个数。确定方法就是在不同管长或不同浓度下再测一次，若使管长缩短至原来的 1/2 或使溶液浓度降为原来的 1/2，旋光仪上读数如果为 30°，即为第一次读数 60°的1/2 时，说明该物质的旋光度为 60°。总之，用旋光仪测定某旋光物质时，对其进行两种不同浓度或两种不同长度盛液管的测定，两次读数成正比，就可确定该物质的旋光度，进而得到比旋光度。

【例 7.1】 某物质水溶液浓度为 5g/100mL，以钠光源在 20℃时用 1dm 长的旋光管，测得其旋光度为－4.64°，则该物质的比旋光度为多少？

解 根据公式

$$[\alpha]_{\lambda}^{t}=\frac{\alpha}{c\times L}$$

$$[\alpha]^{20}=\frac{-4.64^{\circ}}{5/100\times1}=-92.8^{\circ}$$

答：该物质的比旋光度为－92.8°。

【练习】

一种天然提取的旋光性植物碱，其相对分子质量为 365，取它的 0.2mol/L 的氯仿溶液盛于 20cm 的旋光管中，于 25℃时，测出旋光度为＋8.17°，计算它的比旋光度。

第二节　对映体和分子结构的关系

一、手性和手性分子

（一）手性的概念

我们知道，饱和碳原子具有正四面体结构，如乳酸可以用如图 7.7 所示的两种构型表示。

两种乳酸都具有相同的构造式 $CH_3CH(OH)COOH$，它们是否代表同一化合物呢？将两种乳酸分子模型叠在一起仔细观察，发现不论怎样放置，都不能使它们完全重合，如图 7.8 所示，即两种结构模型代表了两种不同的化合物，这两种化合物之间的关系就好像左手和右手的关系。

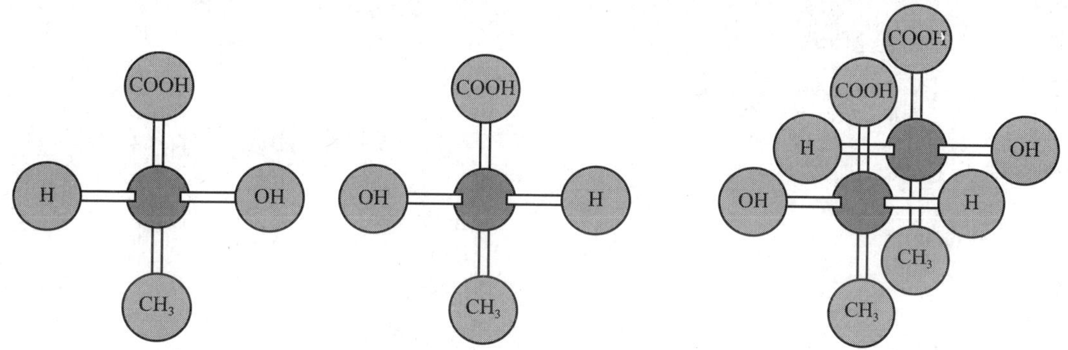

图 7.7　乳酸分子的两种构型　　图 7.8　两种构型不能叠合

左、右手无论怎样放置都不能重合，如图 7.9 所示。如果在左手前放一面镜子，右手就成了左手的镜像，如图 7.10 所示。这种实物与它的镜像不能重合的性质称为手性。这种与其镜像相像但不能重叠的分子，称为手性分子。凡是手性分子都具有旋光性；反之，非手性分子不具有旋光性。

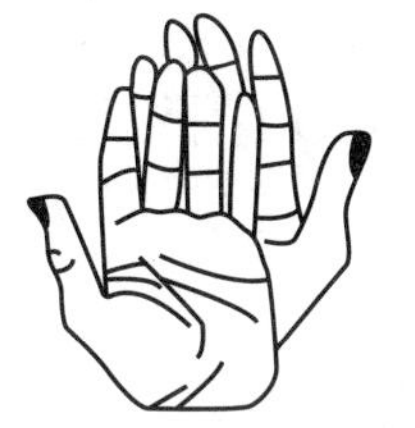

图 7.9　左、右手不能叠合

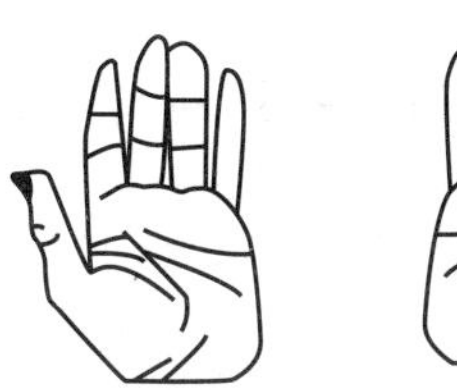

图 7.10　左右手互为镜像

均匀的木棒、烧杯、球体或铁钉等物体与镜像可重合，该类物质称为非手性物质。

（二）对映异构现象与手性分子

从乳酸的分子结构中可以看出，α-C 原子上所连的 4 个基团各不相同：

$$\begin{array}{c} COOH \\ | \\ H—C^{*}—OH \\ | \\ CH_3 \end{array}$$

这个C原子也称为不对称原子或手性碳原子，常用C^*表示。因此，手性C原子指的就是连有4个不同基团的C原子，如果其中任何2个基团相同，就不是手性C原子。例如，$CH_3CH(Cl)CH_2CH_3$，仅C-2为手性C原子，其他C都不是手性C原子。

乳酸分子中由于手性C原子的存在，使得其结构上具有不对称因素，也就是说乳酸分子是一个具有不对称结构的分子。

像乳酸分子这种构造相同，构型不同，互为实物和镜像关系，彼此不能重合的立体异构体，称为对映异构体（简称对映体），又称旋光异构体或光学异构体。

对映体是成对存在的，它们的比旋光度大小相同，但旋光方向相反，其他物理性质和化学性质在一般条件（非手性条件）下都相同。

除乳酸外，其他分子只要含有手性碳原子，就可能有手性，就可能有对映体存在。例如

$$\begin{array}{c} COOH \\ | \\ H—C^{*}—OH \\ | \\ CH_2COOH \end{array} \quad\vdots\quad \begin{array}{c} COOH \\ | \\ HO—C^{*}—H \\ | \\ CH_2COOH \end{array} \qquad\qquad \begin{array}{c} COOH \\ | \\ H—C^{*}—OH \\ | \\ HO—C^{*}—H \\ | \\ COOH \end{array} \quad\vdots\quad \begin{array}{c} COOH \\ | \\ HO—C^{*}—H \\ | \\ H—C^{*}—OH \\ | \\ COOH \end{array}$$

二、手性分子的判别——分子的对称性

一种物质是否有旋光现象，决定于该物质是否是手性分子，能否通过分子结构判断该化合物是否是手性分子呢？乳酸分子中有一个手性碳原子，同时也是手性分子。但酒石酸的分子结构为

$$\begin{array}{c} COOH \\ \vdots \\ HO \blacktriangleright C \blacktriangleleft H \\ | \\ H \blacktriangleright C \blacktriangleleft OH \\ \vdots \\ COOH \end{array} \quad\vdots\quad \begin{array}{c} COOH \\ \vdots \\ H \blacktriangleright C \blacktriangleleft OH \\ | \\ HO \blacktriangleright C \blacktriangleleft H \\ \vdots \\ COOH \end{array}$$

由结构式可知酒石酸有2个手性碳原子，但酒石酸分子与其镜像不能叠合，有手性，却没有旋光性，不是手性分子。因此，不能认为具有手性碳原子的分子就一定是手性分子。一个化合物分子是否是手性分子，决定于该分子是否对称。分子是否对称要通过是否有对称面或对称中心来判断。

(一) 对称面

假设有一个平面，它可以把分子分割成互为镜像的两半，这个平面就叫做对称面。例如，在1,1-二溴乙烷分子中，一个碳原子上连着2个相同的溴原子，其分子中有一个对称面，如图7.11 (a) 所示，整个分子是对称的，是非手性分子，没有对映体和旋光性。

在 (*E*) -1-氯-2-溴乙烯的分子中，所有原子都在同一平面上，这个平面就是该分子的对称面，如图7.11 (b) 所示。所以 (*E*) -1-氯-2-溴乙烯分子不是手性分子，没有对映体和旋光性。

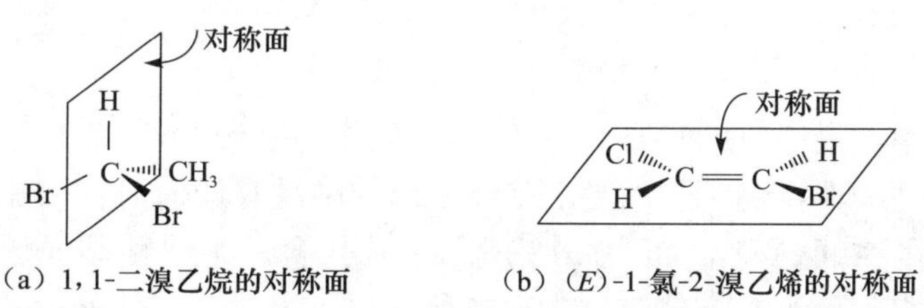

(a) 1,1-二溴乙烷的对称面 (b) (*E*)-1-氯-2-溴乙烯的对称面

图7.11 分子的对称面

(二) 对称中心

当假想分子中有一个点与分子中的任何一个原子或基团相连线后，在其连线反方向延长线的等距离处遇到一个相同的原子或基团，这个假想点即为该分子的对称中心。如图7.12中箭头所指处即为分子的对称中心，具有对称中心的分子和它的镜像能够重合。因此它们也不是手性分子，没有对映体和旋光性。除个别分子外，一个分子只要既没有对称面，又没有对称中心，就可以判断它是一个手性分子。

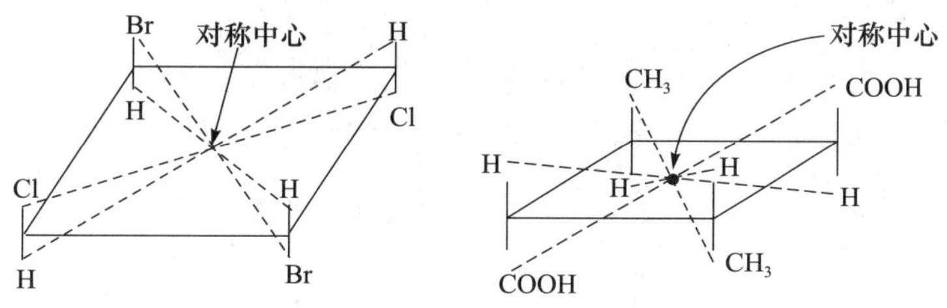

图7.12 分子的对称中心

【练习】

1. 下列分子中有几个对称面?

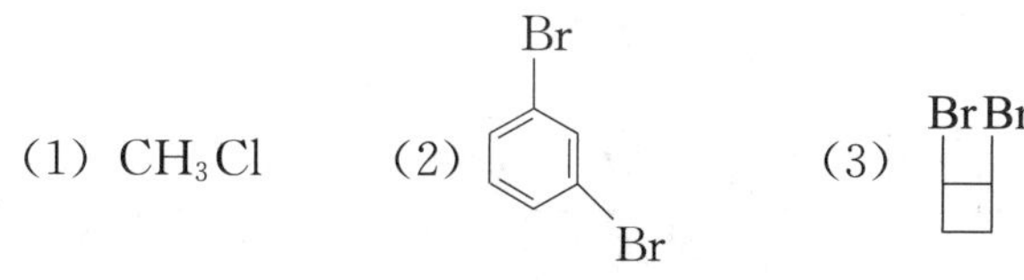

2. 下列化合物哪些有对称因素?

(1) 1-氯-2-溴丙烷 (2) 2-氯-2-溴丙烷 (3) 丙酮 (4) 2-氯-1-丙醇

3. 下列分子各有几个对称因素？

（1）四氯化碳 （2）碘仿 （3）苯 （4）水

4. 下列化合物分子中有无手性碳原子（用＊表示手性碳原子）？

（1）$C_2H_5CH{=}CHC(CH_3)_2CH{=}CHC_2H_5$ （2）$BrCH_2CHRCH_2Cl$ （3）▷—OH

第三节 含有手性碳原子化合物的对映异构

一、含有一个手性碳原子化合物的对映异构

（一）对映体

在旋光物质中，最简单的是含有一个手性碳原子的化合物。2-溴丁烷是只含一个手性碳原子的化合物的典型例子。2-溴丁烷分子结构中没有任何对称因素，所以是手性分子，有两种不同的空间构型，如图7.13所示。凡是含一个手性碳原子的化合物，都有两个对映体。其中，一个右旋体，一个左旋体。

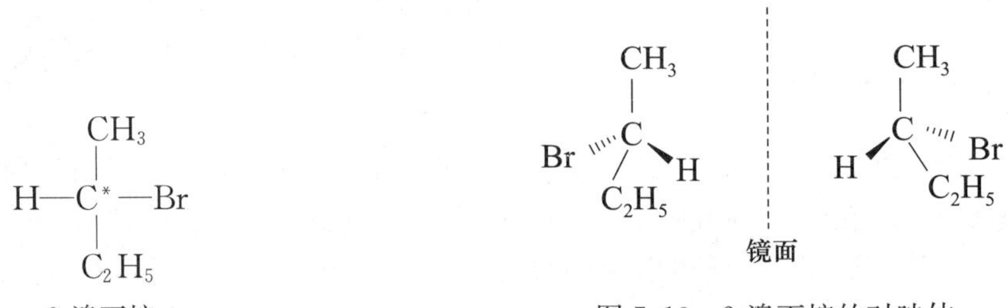

2-溴丁烷

图7.13 2-溴丁烷的对映体

左旋体和右旋体旋光度相同，但旋光方向相反。它们的物理性质和化学性质一般都相同。

例如，右旋和左旋的2-甲基-1-丁醇具有相同的沸点、相对密度和折射率，二者比旋光度数值相等，仅旋光方向相反。如表7.1所示为其主要的物理性质比较。

表7.1 2-甲基-1-丁醇的主要物理性质比较

化合物	比旋光度［α］	相对密度	沸点/℃	折射率（20℃）
(+)-2-甲基-1-丁醇	+5.765	0.8193	128	1.4102
(−)-2-甲基-1-丁醇	−5.765	0.8193	128	1.4102

化学性质相同，它们与浓硫酸作用时可以脱水生成同样的烯烃，与醋酸反应时生成一样的酯等。

同样，乳酸对映体的主要理化性质也相同，见表7.2。

表7.2 乳酸对映体性质比较

化合物	$[\alpha]_D^{20}$ 水	熔点/℃	pK_a（25℃）
(+)-乳酸	+3.82	53	3.79
(−)-乳酸	−3.82	53	3.79

（二）外消旋体

在肌肉运动中可得到右旋乳酸，从乳糖发酵可得到左旋乳酸。此外，还可从酸败的牛奶中提取或用合成的方法制得乳酸。所有获得的乳酸构造都相同，但后两种方法得到的乳酸没有旋光性。这是因后者得到的乳酸是含等量右旋乳酸和左旋乳酸的混合物。当偏振光透过该混合物时，等量的左、右旋乳酸对偏振光的旋转作用相互抵消，所以没有了旋光性。这种乳酸就称为外消旋乳酸。

将一对对映体的左旋体和右旋体等量混合，用旋光仪测其都无旋光性。这种由等量的左旋体和右旋体混合组成的无旋光性的混合物叫做外消旋体，用（±）或（*dl*）表示。药用合霉素就是左旋合霉素（有效体）和右旋合霉素的等量混合物，是外消旋体，没有旋光性。

外消旋体不仅在旋光性上与左旋体和右旋体不同，物理性质也不同。例如，外消旋乳酸的熔点为18℃，而左旋体和右旋体的熔点为53℃，但化学性质基本相同，在生理作用中各自发挥相应的效能。例如，外消旋的镇静剂“反应停”产生的畸胎事件中，*R* 构型体具有镇静作用，*S* 构型体非但没有这种功能，反而能导致胎儿畸形。

（三）对映体的构型表示方法

表示分子构型的方法可采用模型，这是一种既简单又直观的方法。但要在平面的纸上表示立体的分子构型，通常采用透视式和费歇尔投影式。

1. 透视式

透视式是将手性碳原子置于纸面，与手性碳原子相连的 4 个键，有 3 种不同的表示法，细实线表示处于纸面，楔形实线表示伸出纸前，楔形虚线表示伸向纸后。乳酸的对映体如图 7.14 所示。

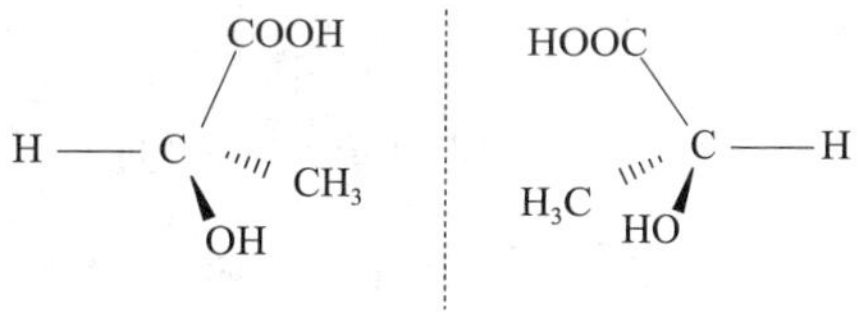

这种表示方法比较直观，但书写麻烦。

图 7.14 乳酸的对映体

2. 费歇尔投影式

费歇尔（Fischer）投影式简称投影式，是利用模型在纸面上投影得到的表达式。投影的规定如下：将手性碳原子置于纸面，横竖两线的交点代表手性碳原子，含碳基团作为竖的两个基团放在纸面下方（即碳链竖着摆放），且将命名时编号最小的碳原子（氧化态较高的碳原子）放在上端，横的两个基团放在纸面上方。

例如，乳酸分子的一对对映体用模型和费歇尔投影式分别表示如图 7.15 所示。

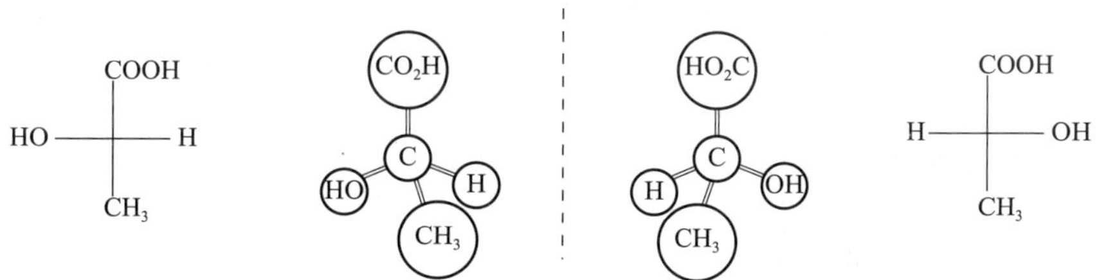

图 7.15 乳酸分子的对映体模型和费歇尔投影式

图 7.16 是乳酸分子的一对对映体的透视式和费歇尔投影式的对比。

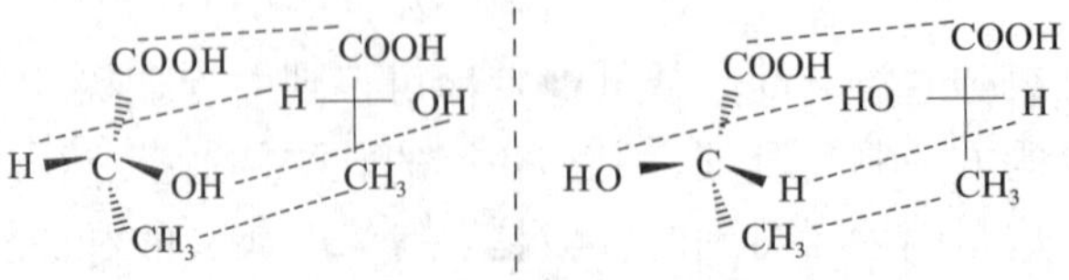

COOH COOH H—+—OH H◀C OH CH$_3$ CH$_3$ | COOH COOH HO—+—H HO◀C H CH$_3$ CH$_3$

图 7.16　乳酸分子对映体的透视式和费歇尔投影式的比较

费歇尔投影式是用平面结构来表示分子的立体构型的，所以在书写费歇尔投影式时，必须将模型按规定的方式投影，不能随意改变投影原则（即横前竖后，交叉点为手性碳原子）；费歇尔投影式不能脱离纸面翻转 180°，因为这会改变手性碳原子周围各原子或原子团的前后关系，导致构型改变；费歇尔投影式可在纸面上旋转 180°或其整数倍，因为这不会改变原子团的前后关系，其构型不会改变；若在纸面上旋转 90°或其奇数倍，其构型改变，成为其对映体。

在费歇尔投影式中任意固定一个原子或基团，依次顺时针或逆时针调换另外 3 个原子或基团的位置，不会改变原构型。例如

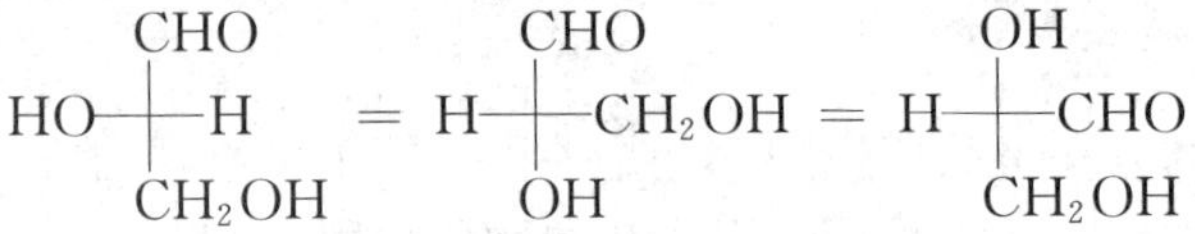

$$\begin{array}{c} CHO \\ HO—\!\!\!+\!\!\!—H \\ CH_2OH \end{array} = \begin{array}{c} CHO \\ H—\!\!\!+\!\!\!—CH_2OH \\ OH \end{array} = \begin{array}{c} OH \\ H—\!\!\!+\!\!\!—CHO \\ CH_2OH \end{array}$$

对调任意 2 个基团的位置，变为原构型的对映体。例如

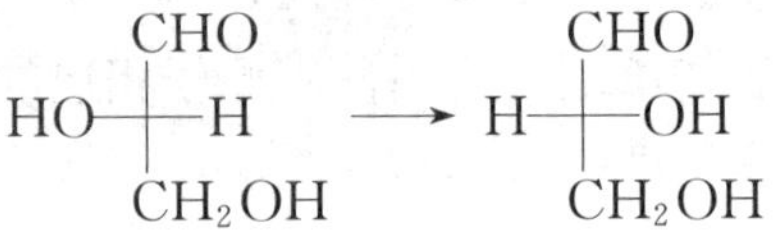

$$\begin{array}{c} CHO \\ HO—\!\!\!+\!\!\!—H \\ CH_2OH \\ S\text{构型} \end{array} \longrightarrow \begin{array}{c} CHO \\ H—\!\!\!+\!\!\!—OH \\ CH_2OH \\ R\text{构型} \end{array}$$

（四）手性碳原子的构型标记法

构型的标记方法，也称构型的命名。一般采用 *D-L* 构型标记法和 *R-S* 构型标记法。

1. *D-L* 构型标记法

人们可以用旋光仪测定一对对映体，但是测得的左旋体和右旋体究竟代表哪个构型，在 1951 年之前由于还没有直接观察或测定的方法，因此无法测定分子的真实构型（绝对构型），也就不能确定一种构型是左旋体还是右旋体。为了研究方便，以及能够表示旋光物质构型之间的关系，人为选择甘油醛为标准物质，并规定它们的构型。在如下所示的甘油醛的一对对映体的费歇尔投影式中，人为规定用Ⅰ式表示右旋甘油醛，即醛基在上、氢原子在左、羟基在右的构型为右旋甘油醛，并且用 *D* 标记它的构型。Ⅱ式为左旋体，标记为 *L* 型。

$$\begin{array}{c} \text{Ⅰ} \\ CHO \\ H—\!\!\!+\!\!\!—OH \\ CH_2OH \\ D\text{-}(+)\text{-甘油醛} \end{array} \qquad \begin{array}{c} \text{Ⅱ} \\ CHO \\ HO—\!\!\!+\!\!\!—H \\ CH_2OH \\ L\text{-}(-)\text{-甘油醛} \end{array}$$

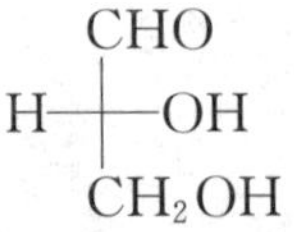

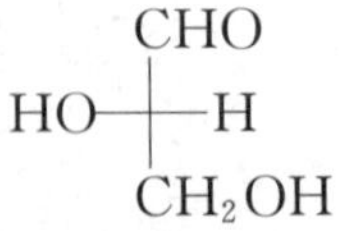

其他旋光异构体的构型可以通过化学转变方法与甘油醛联系起来确定。例如，左旋甘油醛经氧化得甘油酸，该甘油酸经旋光仪测定为右旋体，在反应过程中手性碳原子上的化学键未变化，即分子构型没变，因此确定生成的右旋甘油酸与左旋甘油醛的构型一样，都是 *L* 型。

$$\begin{array}{c} \text{CHO} \\ \text{HO}-\!\!\!\!+\!\!\!\!-\text{H} \\ \text{CH}_2\text{OH} \\ L\text{-}(-)\text{-甘油醛} \end{array} \xrightarrow{\text{HgO}} \begin{array}{c} \text{CHO} \\ \text{HO}-\!\!\!\!+\!\!\!\!-\text{H} \\ \text{CH}_2\text{OH} \\ L\text{-}(+)\text{-甘油酸} \end{array}$$

若将右旋甘油酸经一系列还原得乳酸，在各步反应过程中手性碳原子上的化学键均未变化，即分子构型始终没变，因此可确定生成的乳酸与右旋甘油酸及左旋甘油醛的构型一样，都是 *L* 型。但它的旋光方向必须由旋光仪来测定。

$$\begin{array}{c} \text{COOH} \\ \text{HO}-\!\!\!\!+\!\!\!\!-\text{H} \\ \text{CH}_2\text{OH} \\ L\text{-}(-)\text{-甘油酸} \end{array} \longrightarrow \xrightarrow{[\text{H}]} \longrightarrow \begin{array}{c} \text{COOH} \\ \text{HO}-\!\!\!\!+\!\!\!\!-\text{H} \\ \text{CH}_3 \\ L\text{-}(?)\text{-乳酸} \end{array}$$

这样通过与标准物质的化学反应关联，一系列化合物的构型也就确定了。这种人为规定的甘油醛的构型和其他物质关联确定的构型都是相对的，所以称为相对构型标记法。在已经取得关联的各类化合物中，特别是糖类和氨基酸类化合物，目前仍多使用 *D-L* 构型标记法。

2. *R-S* 构型标记法

D-L 构型表示法虽然应用较早，较普遍，但有局限性，特别是当分子中含有多个手性碳原子或环形结构时，有时很不适用，因此，常采用 *R-S* 构型表示法。具体方法如下：首先根据次序规则将手性碳原子上所连的 4 个原子或基团（a、b、c、d）按优先次序排列，设 a＞b＞c＞d；然后将次序最小的原子或基团（d）放在距离观察者对面视线最远处，即使 d、手性碳原子及眼睛三者成一条直线。这时其他 3 个原子或基团（a、b、c）就指向观察者，分布在距观察者眼睛最近的同一平面上（形似汽车司机面向方向盘，d 在转向盘连杆上）；再按优先次序观察 a、b、c 的排列顺序，如果 a＞b＞c 按顺时针排列，该化合物的构型称为 *R* 型，如果 a＞b＞c 按逆时针排列，则称为 *S* 型。如图 7.17 所示表明确定 *R-S* 构型的方法。

具体命名中应用次序规则的主要内容如下：首先比较直接连在手性碳原子上的 4 个原子，如果是不同的 4 种元素，先后次序取决于原子序数，原子序数较大的原子优先，如果所比较的原子是同一元素的同位素，则相对原子质量较高的原子优先。

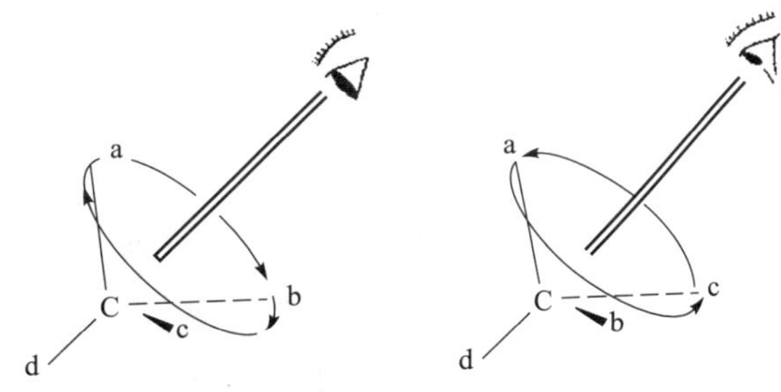

图 7.17　确定 *R-S* 构型的方法

例如

氯碘甲磺酸　　　　2-氘代乙基溴

$I>Cl>S>H$　　　　$Br>C>D>H$

（Cl、I、SO_3H、H 连于手性碳 C）　　（D、CH_3、Br、H 连于手性碳 C）

S 型　　　　*S* 型

如果手性碳原子上直接相连的 4 个原子中有相同的，次序不能由上一步决定，可用类似的方法比较基团中第二个原子（如有必要，可以从手性碳原子再逐步向外推）。也就是说，如果 2 个连在手性碳原子上的原子相同，就比较在这 2 个原子上的下一个原子。例如

2-氯丁烷

$Cl>C_2H_5>CH_3>H$

（H、C_2H_5、CH_3、Cl 连于手性碳 C）

R 型

C_2H_5 与 CH_3 比较时，第一个 C 原子相同，CH_3 碳原子再结合的是 3 个 H，C_2H_5 中第一个碳结合的是 1 个 C 和 2 个 H，由于碳原子序数比氢大，因此 C_2H_5 较 CH_3 优先。

例如

1,2-二氯-3-甲基丁烷

$Cl>CH_2Cl>CH(CH_3)_2>H$

（CH_3—CH(CH_3)、Cl、CH_2Cl、H 连于手性碳 C）

S 型

CH_2Cl 中第一个碳结合了 1 个 Cl、2 个 H，$CH(CH_3)_2$ 中第一个碳结合了 2 个 C、一个 H，氯甲基优先于异丙基。因为当第一个原子相同时，则第二原子谁的原子序数大者，其次序优先，氯原子序数大于碳，所以氯甲基优先于异丙基，依次类推。

如果原子团含有双键或叁键，则当作 2 个或 3 个相同的单键看待，可以认为连有 2 个或 3 个相同原子。例如

—C(=O)—H 看作 —C(O)(O)—H，—CH═CH_2 看作 —C(H)(C)—C(C)(H)—H，苯基 看作 HC—C(C)—CH。

现将一般原子或基团的次序排列如下：—I，—Br，—Cl，—SO_2R，—SR，—SH，—F，—O—C(=O)—R，—OR，—OH，—NO_2，—NR_2，—NHCOR，—NHR，—NH_2，—CCl_3，—COCl，—COOR，—COOH，—COR，—CHO，—CR_2OH，—CHROH，

—CH_2OH，—C_6H_5，—C≡CH，—CR_3，—CH═CH_2，—CHR_2，—CH_3，—D，—H。

R-S 构型标记法应用于透视式的命名原则同上。例如

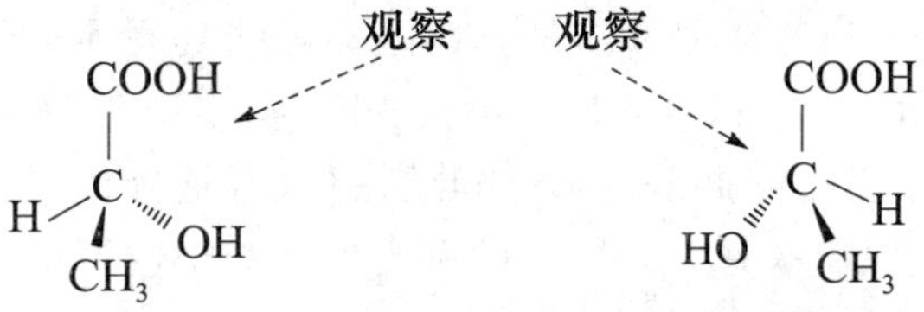

观察 观察

COOH H C OH CH_3 Ⅰ

COOH HO C H CH_3 Ⅱ

Ⅰ式中观察者确定位置后，判断 OH＞COOH＞CH_3 为逆时针排列，构型为 *S* 型。Ⅱ式中观察者确定位置后，判断 OH＞COOH＞CH_3 为顺时针排列，构型为 *R* 型。或者用大拇指指向最小的基团，然后观察其余 3 个基团由大到小的排列顺序是和右手握时一样，还是和左手握时一样，和右手握一样者为 *R*，和左手握一样者为 *S*。

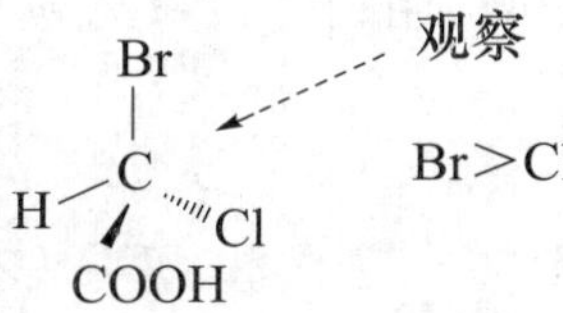

Br 观察 H C Cl COOH Br＞Cl＞COOH

R 型

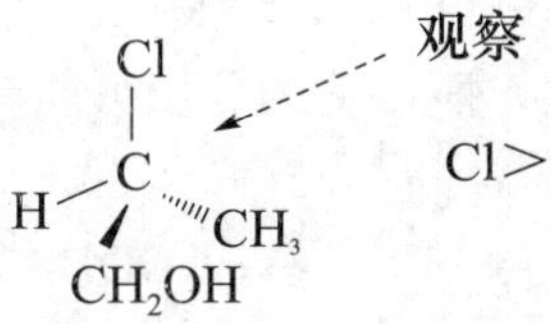

Cl 观察 H C CH_3 CH_2OH Cl＞CH_2OH＞CH_3

S 型

化合物的构型以费歇尔投影式表示时，*R-S* 构型标记法对费歇尔投影式的命名方法如下：当优先次序中最小原子或基团处于投影式的竖线上时，若其他 3 个原子或基团按顺时针由大到小排列，该化合物的构型是 *R* 型；若按逆时针排列，则是 *S* 型。例如

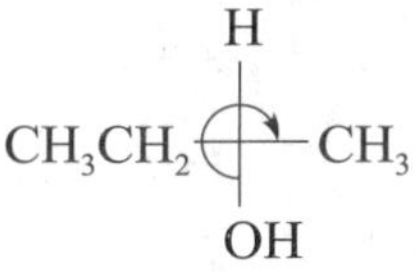

H CH_3CH_2 CH_3 OH

(*R*)-2- 丁醇

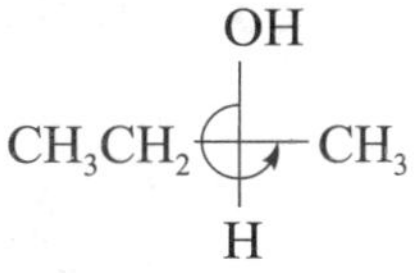

OH CH_3CH_2 CH_3 H

(*S*)-2- 丁醇

当优先次序中最小的原子或基团处于投影式的横线上时，若其他 3 个原子或基团按顺时针由大到小排列，该化合物的构型是 *S* 型；若按反时针排列，则是 *R* 型。例如

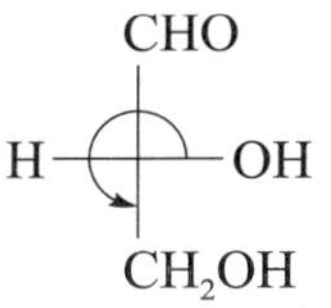

CHO H OH CH_2OH

(*R*)- 甘油醛

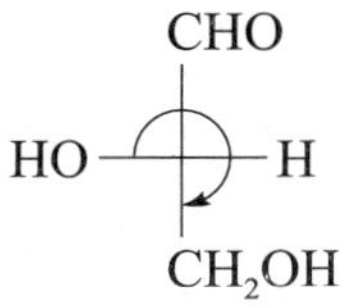

CHO HO H CH_2OH

(*S*)- 甘油醛

R-S 构型标记不依赖于任何标准物，所以，又称为绝对构型标记法。

结构模型及透视式与费歇尔投影式可以互变，所以可以根据自己熟悉的方式来确定构型。例如

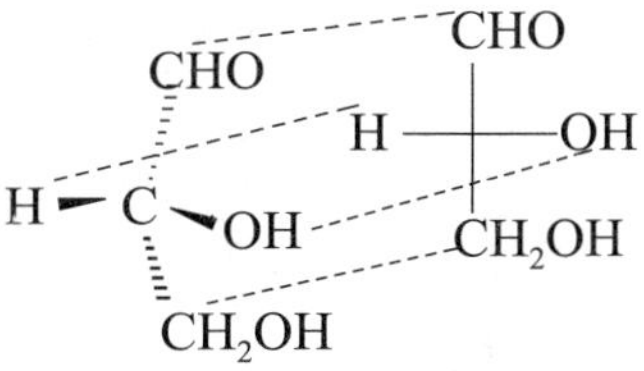

CHO H C OH CH_2OH CHO H OH CH_2OH

透视式变为投影式后判定，OH>CHO>CH_2OH 按逆时针方向，最小基团在横线上，所以为 *R* 型。

需要注意的是，*D-L* 构型标记法和 *R-S* 构型标记法之间无任何固定的关系。*D-L* 构型标记法和 *R-S* 构型标记法的依据不同，*R-S* 法依据与 C^* 相连的 4 个原子或原子团的大小次序；*D-L* 构型标注法依据是与 *D*-甘油醛的构型是否相同。2 种方法对旋光物质确定的构型与旋光方向没有关系，各物质的旋光方向必须通过旋光仪来测定。

二、含有两个手性碳原子化合物的对映异构

（一）含有两个相同手性碳原子化合物的对映异构

酒石酸是含有 2 个相同手性碳原子的化合物，它的 2 个手性碳原子所连接的 4 个基团完全相同，都是—OH、—COOH、—CH(OH)COOH、—H。由于一个手性碳原子有 2 种不同的构型，所以它的分子可能有 4 种构型。

```
              镜面
     COOH      ¦     COOH              COOH            COOH
      |        ¦      |                 |               |
  H—C—OH       ¦  HO—C—H            H—C—OH          HO—C—H
      |        ¦      |            -----|-----  ═  -----|-----
 HO—C—H        ¦   H—C—OH           H—C—OH          HO—C—H
      |        ¦      |                 |               |
     COOH      ¦     COOH              COOH            COOH
      A               B                  C               D
   (2R,3R)         (2S,3S)            (2R,3S)         (2S,3R)
(2R,3S)-(+)-酒石酸  (2R,3S)-(−)-酒石酸       (R,S)-酒石酸
  L-(+)-酒石酸       D-(−)-酒石酸           meso-酒石酸
```

这两个手性碳原子相连的 4 个基团优先顺序是：—OH >—COOH >—CH(OH)COOH>—H，按照规则在 H 的对面考察每一个手性碳原子上前 3 个基团的先后走向确定其构型，则 A 为 2*R*，3*R*；B 为 2*S*，3*S*；C 为 2*R*，3*S*；D 为 2*S*，3*R*。

显然 A 与 B 互为对映体。C 和 D 看上去像一对对映体，但是，若把 D 沿着纸面旋转 180°后，它就能和 C 完全重合，所以它们是同一种分子。在 C 中有一个对称面（虚线），它将分子分成实物与镜像关系的两半，故 C 是非手性分子。由于它分子内互为镜像的两半所产生的旋光性相互抵消，所以称为内消旋体，常用“*m*”（*meso*）或“*i*”表示。因此，酒石酸分子只有 3 种旋光异构体。

由此可见，手性碳原子是分子产生手性的因素之一，但是含有手性碳原子的分子不一定都有手性。

（二）含有两个不同手性碳原子化合物的对映异构

2,3,4-三羟基丁醛 $\left(\overset{4}{\underset{|\atop OH}{CH_2}}-\overset{3}{\underset{|\atop OH}{CH}}-\overset{2}{\underset{|\atop OH}{CH}}-\overset{1}{CHO}\right)$ 含有 2 个手性碳原子，因为一个手性

碳原子的化合物有 2 种不同的构型，所以含 2 个不同手性碳原子的化合物可以有 4 种不同的构型。它们的构型投影式表示为

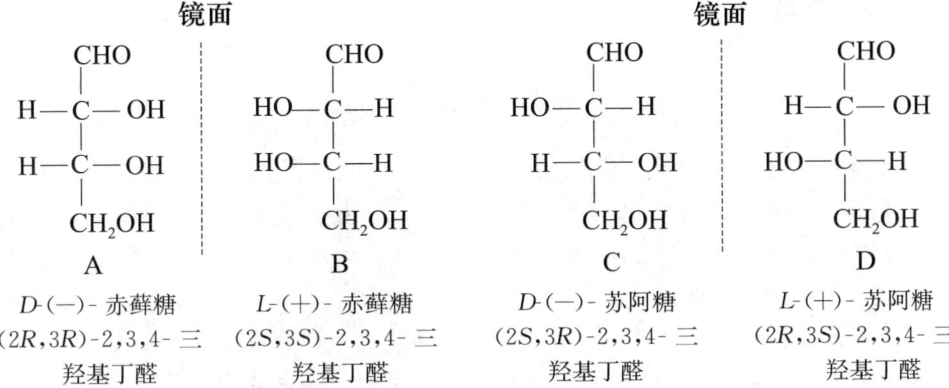

D-(—)-赤藓糖 (2*R*,3*R*)-2,3,4-三羟基丁醛　*L*-(+)-赤藓糖 (2*S*,3*S*)-2,3,4-三羟基丁醛　*D*-(—)-苏阿糖 (2*S*,3*R*)-2,3,4-三羟基丁醛　*L*-(+)-苏阿糖 (2*R*,3*S*)-2,3,4-三羟基丁醛

A 和 B、C 和 D 分别组成两对对映体。如将 A 和 B 或 C 和 D 分别等量混合可组成两种外消旋体。但 A 与 C 或 D，B 与 C 或 D 都不是实物与镜像的关系，所以叫做非对映体。

用 *R*-*S* 标记法对这些异构体构型的标定与含一个手性碳原子化合物的标定方法相同，但必须把每一个手性碳原子的构型都标出来。例如，C-2 上 4 个基团的优先顺序是—OH＞—CHO＞—CH(OH)CH_2OH＞—H；C-3 上 4 个基团的优先顺序则是—OH＞—CH(OH)CHO＞—CH_2OH＞—H。由 H 的对面分别考察 C-2 和 C-3 上其余 3 个基团的优先顺序，在 A 式中 C-2 上由—OH ⟶—CHO ⟶—CH(OH)CH_2OH 是顺时针方向，故为 *R* 型，标为 2*R*；C-3 上由—OH ⟶—CH(OH)CHO ⟶—CH_2OH 也是顺时针方向，故为 3*R*。B 是 A 的对映体，构型相反，应为（2*S*，3*S*）；C 式的 C-2 与 B 式的 C-2 同，C 式的 C-3 与 A 式的 C-3 同，所以 C 应为（2*S*，3*R*）；D 是 C 的对映体，应为（2*R*，3*S*）。

在有机化学中，常以赤藓糖和苏阿糖为典型，用赤型或苏型表示含有 2 个不同手性碳的化合物。

【练习】

1. 指出下列各化合物的构型是 *R* 型还是 *S* 型：

（1）上 CH_3，左 H，右 NH_2，下 C_2H_5　（2）上 COOH，左 H，右 OH，下 Br　（3）上 CH_3，左 H，右 Br，下 CN　（4）上 CH_2OH，左 H，右 CH_3，下 OH

2. 写出下列化合物对映体的费歇尔投影式，并指出哪些是对映体？哪些是内消旋体？

（1）$CH_3CH(OH)CN$　（2）$CH_3CH(Br)CH_2OH$　（3）$CH_3CHBrCHBrCH_3$

3. 指出哪些是对映体：

（1）上 H，左 F，右 Cl，下 Br　（2）上 Br，左 F，右 Cl，下 H　（3）上 F，左 H，右 Cl，下 Br　（4）上 F，左 H，右 Br，下 Cl

生命的手性之分

作为生命的基本结构单元，氨基酸有手性之分。也就是说，生命最基本的结构单元也有左右之分。另外惊人的发现，组成地球生命体的几乎都是左旋氨基酸，而没有右旋氨基酸。可是，在已经发现的 20 多种氨基酸中，除了最简单的甘氨酸（CH_2NH_2COOH）没有手性碳，分子没有手性以外，其他所有的氨基酸都是手性分子，即所有的氨基酸都有另一种手性对映体。检验手性最好、最简单的方法就是，让一束偏振光通过它，使偏振光发生左旋的是左旋氨基酸，反之则是右旋氨基酸。通过这种方法的检验，人们发现了一个震惊的事实，那就是除了少数动物或昆虫的特定器官内含有少量的右旋氨基酸之外，组成地球生命体的几乎都是左旋氨基酸。看来，手性的氨基酸决定着我们这个世界存在的方式。

右旋分子是人体生命的克星。因为人是由左旋氨基酸组成的生命体，它不能很好地代谢右旋分子，所以食用含有右旋分子的药物就会成为负担，甚至造成对生命体的损害。在手性药物未被人们认识以前，在 1961 年，欧洲一些医生曾给孕妇服用没有经过拆分的消旋体药物作为镇静止吐药，很多孕妇服用后，生出了无头或缺腿的先天畸形儿，仅仅 4 年时间，世界范围内诞生了 1.2 万多名畸形的“海豹婴儿”，这就是被称为“反应停”的惨剧。后来经过研究发现，反应停的 *R*-对映体有镇静作用，但是 *S*-对映体对胚胎有很强的致畸作用。正是有了 20 世纪 60 年代的这个教训，所以现在的药物在研制成功后，都要经过严格的生物活性和毒性实验，以避免其中所含的另一种手性分子对人体的危害。

（1）理解掌握以下一些基本概念或内容。

普通光、偏振光、旋光物质、光学活性物质、旋光度、比旋光度、手性、对映异构体、对映体、非对映异构体、非对映体、手性分子、手性碳、对称因素、对称中心、对称面、外消旋体、内消旋体、构型表示法、透视式、费歇尔投影式、费歇尔投影式投影原则、费歇尔投影式使用原则、构型标记法、*D-L* 构型标记法、标准物质右旋甘油醛的费歇尔投影式、化学关联、*R-S* 构型标记法命名原则、次序规则、含有两个不同手性碳原子的化合物、含有 2 个相同手性碳原子的化合物、外消旋体的拆分、拆分剂等。

（2）对映体。指具有旋光活性物质的一对左旋体、右旋体，二者空间构型具有对称性，类似实物与镜像的关系。

（3）手性。指实物与其镜像相类似但不能叠合的性质，只有手性分子才有旋光异构现象。手性分子一般含有手性碳原子（有例外），但含有手性碳原子的分子不一定是手性分子。只含有 1 个手性碳原子的分子一定是手性分子。

（4）判断分子是否有手性，可分析分子的几何结构中是否有对称面或对称中心，有就不是手性分子。

（5）手性分子的空间构型常用透视式和费歇尔投影式表示。

透视式中手性碳原子在纸面，4 个键的细实线在纸面，楔形实线伸出纸前，楔形虚线伸向纸后。

费歇尔投影式中的碳链在竖线上，命名时编号最小的碳原子在上端。两条直线的垂直交点是手性碳原子，位于纸面上，与横线相连的两个原子或基团伸向自己，与竖线相连的两个原子或基团伸向纸后面。

（6）比旋光度是旋光物质的一种物理性质。

$$[\alpha]_{\lambda}^{t}=\frac{\alpha}{c\times L}$$

（7）对映体在旋光性上表现为旋光度相同，旋光方向相反。左旋体和右旋体等量混合组成外消旋体，外消旋体无旋光性，外消旋体用适当的拆分剂可拆分成对映体的 2 个组分。

含 2 个相同的手性碳原子，因分子内存在对称因素而不显旋光活性的化合物称为内消旋体。

内消旋体和外消旋体都没有旋光性，但前者是一个单纯的非手性分子，是纯净物，后者是混合物。

习题

1. 说明下列名词的意义：

（1）旋光性　（2）比旋光度　（3）对映体　（4）非对应体

（5）外消旋体　（6）内消旋体

2. 下列化合物有无手性碳原子，若有，用 * 号标出：

（1）$CH_3CH_2CHCH_3$（CH 上连 Cl）

（2）$CH_3CHCHCOOH$（两个 CH 上分别连 H_3C、CH_3）

（3）$(CH_3)_2CCOOH$（C 上连 OH）

（4）$CH_3CH_2CH_2CHCH_2CH_3$（CH 上连 CH_3）

（5）$CH_3CHCHCH_2OH$（两个 CH 上分别连 Cl、Br）

（6）$CH_3CHCH_2CHCH_3$（两个 CH 上各连 Br）

3. 写出下列化合物的费歇尔投影式：

（1）C 上连 C_2H_5（上）、Br（楔形）、H（楔形）、CH_3（下）

（2）C 上连 OH（上）、H（楔形）、Br（楔形）、CH_3（下）

（3）C 上连 CH_3（上）、H（楔形）、Br（楔形）、Cl（下）

（4）C 上连 OH（上）、H（楔形）、CHO（楔形）、CH_3（下）

4. 指出下列构型是 R 或 S 型：

(1) H, I, Cl, SO_3H on C　(2) CH_3, D, Cl, C_6H_5 on C　(3) COOH, H, Cl, CH_3 on C　(4) C_2H_5, H, $CH(CH_3)_2$, CH_3 on C

5. 写出分子式为 C_3H_6DCl 所有构造异构体的结构式，在这些化合物中哪些具有手性？用费歇尔投影式表示它们的对映体。

6. 指出下列各对化合物间的相互关系（属于哪种异构体，或是否是相同分子）：

(1) C_2H_5, Br, H, CH_3 on C 与 C_2H_5, H, Br, CH_3 on C　(2) 费歇尔投影式：上 COOH，左 Br，右 CH_3，下 C_2H_5 与 上 COOH，左 Br，右 C_2H_5，下 CH_3

7. (+)-麻黄碱的构型如下：

C_6H_5, HO, H; H, CH_3, $NHCH_3$

它可以用下列哪个投影式表示？

(1) 上 C_6H_5；H—OH；H—$NHCH_3$；下 CH_3　(2) 上 C_6H_5；HO—H；CH_3NH—CH_3；下 H　(3) 上 CH_3；H—$NHCH_3$；HO—H；下 C_6H_5　(4) 上 C_6H_5；HO—H；H_3C—$NHCH_3$；下 H

8. 用费歇尔投影式画出下列化合物的构型式：

(1) (*R*)-2-丁醇

(2) 2-氯-(4*S*)-4-(*E*)-2-戊烯

(3) 内消旋-3,4-二硝基己烷

9. 化合物 A 的分子式为 C_7H_{14}，具有光学活性。它与 HBr 的作用生成主要产物 B，B 的构造式为 $(CH_3)_2C(Br)—CH(CH_3)—CH_2CH_3$。试推导 A 的构造式。

10. 写出下列化合物中可能有的旋光异构体的费歇尔投影式，用 *R-S* 标记法命名，并注明对映体和内消旋体。

(1) 2-氯-1-丁醇　　(2) 2,3-二溴丁二酸

(3) 2,3-二溴丁酸　　(4) 2-甲基-3-羟基丁二酸

11. 分子式是 $C_5H_{10}O_2$ 的酸，有旋光性，写出它的一对对映体的投影式，并用 *R-S* 标记法命名。

12. 将葡萄糖水溶液放在 1dm 长的盛液管中，在 20℃ 时测得其旋光度为 +3.2°，求该溶液的浓度。已知葡萄糖在水溶液中的比旋光度为 $[\alpha]_D^{20}=+52.5°$。

第八章　红外光谱与核磁共振谱

学习目标

1. 掌握红外光谱的基本原理和常见基团的特征吸收频率。

2. 掌握核磁共振的基本原理，以及常见各类氢的化学位移、偶合常数等概念。

3. 了解红外和核磁共振谱图。

案例导入

确定有机物的结构是有机化学研究的一个重要方面。过去用化学方法来确定有机物的结构是相当烦琐的工作，费时长，样品消耗多。同时由于有机化学反应的复杂性，常常给结构的确定带来困难，有时甚至导致错误的结论。建立在有机波谱学基础之上的近代物理方法，现在已经成为测定有机物结构的重要手段。最常用的方法主要包括红外光谱、核磁共振谱、质谱和紫外光谱。这些方法的优点是快速、准确，样品用量少，因而大大促进了对复杂有机物结构的研究。本章重点介绍红外光谱和核磁共振谱。

第一节　电磁波谱的一般概念

一、电磁波的波长、频率和能量

光是电磁波，有波长和频率两个特征。电磁波包括了一个极广阔的区域，从波长只有千万分之一纳米的宇宙线到波长用米甚至千米计的无线电波都包括在内，每种波长的光的频率不一样，但光速都一样。

波长与频率的关系为

$$\gamma = \frac{c}{\lambda} \tag{8.1}$$

式中：γ——频率，单位为 Hz；

λ——波长，单位为 cm；

c——光速，其值为 3×10^{10} cm/s。

频率的另一种表示方法是用波数表示：

$$\nu = \frac{1}{\lambda} \tag{8.2}$$

即在 1cm 长度内波的数目。例如，波长为 300nm 的光的波数为 $1/300\times10^{-7}\approx33\,333$（$cm^{-1}$）。

每一种波长的电磁辐射都伴随着能量，其吸收能与频率之间的关系为

$$\Delta E = h\gamma = \frac{hc}{\lambda} \tag{8.3}$$

式中：ΔE——吸收能量，即光子的能量；

h——普郎克常数，其值为 $6.626\times10^{-34}\text{J}\cdot\text{s}$。

二、分子吸收光谱

分子吸收幅射就获得能量，分子获得能量后，可以增加原子的转动或振动，或激发电子到较高的能级。但它们是量子化的，因此只有光子的能量恰等于两个能级之间的能量差时（即 ΔE）才能被吸收。所以对于某一分子来说，只能吸收某一特定频率的辐射，从而引起分子转动或振动能级的变化，或使电子激发到较高的能级，产生特征的分子光谱。

第二节　红外光谱

物质吸收的电磁辐射如果在红外光区域（波长在 0.7～1000μm），用红外光谱仪把产生的红外谱带记录下来，就得到红外光谱图（IR）。所有有机物在红外光谱区内都有吸收，因此，红外光谱的应用广泛，在有机物的结构鉴定与研究工作中，红外光谱是一种重要手段，用它可以确定两种化合物是否相同，也可以确定一种新化合物中某一特殊键或官能团是否存在。

红外光谱图用波长（或波数）作为横坐标，以表示吸收带的位置，用透光率（T）作为纵坐标，表示吸收强度。

一、红外光谱的基本原理

红外光谱是由于分子振动能级的跃迁而产生的，当物质吸收一定波长的红外光的能量时，就发生振动能级的跃迁。研究在不同频率照射下样品吸收的情况就得到了红外光谱图。

（一）分子的振动类型

（1）伸缩振动。成键原子沿着键轴伸长或缩短（键长发生改变，键角不变）。伸缩振动又分对称伸缩振动和不对称伸缩振动两种。

（2）弯曲振动。相邻化学键的原子离开键轴方向而上下、左右的振动。其特点是只有键角的改变而无键长的变化，它包含面内弯曲和面外弯曲两种，如图 8.1 所示。

（二）振动频率（振动能量）

对于分子的振动应该用量子力学来说明，但为了便于理解，也可用经典力学来说明。一般用不同质量的小球代表原子，以不同硬度的弹簧代表各种化学键。

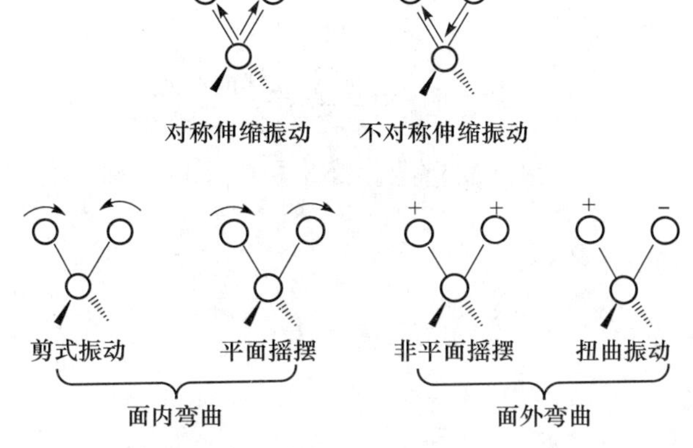

图 8.1　原子振动的几种类型

一个化学键的振动频率与化学键的强度（力常数 k）及振动原子的质量（m_1 和 m_2）有关，它们的关系式如下：

振动频率：

$$\gamma = \frac{1}{2\pi}\sqrt{\frac{k}{\mu}} \tag{8.4}$$

$$\mu = \frac{m_1 m_2}{m_1 + m_2} \tag{8.5}$$

波数：

$$\nu = \frac{1}{\lambda} = \frac{\gamma}{c} = \frac{1}{2\pi c}\sqrt{\frac{k}{\mu}} \tag{8.6}$$

式中：m_1、m_2——两原子的质量；

μ——折合质量；

k——常数。

从上述公式可以看出，吸收频率随键的强度的增加而增加，力常数越大即键越强，键振动所需要的能量就越大，振动频率就越高，吸收峰将出现在高波数区；相反，吸收峰则出现在低波数区。

【例 8.1】 估算 ν（C 双键 O）的数值。已知常数 k=12N/cm。

解：由波数：

$$\nu = \frac{1}{\lambda} = \frac{\gamma}{c} = \frac{1}{2\pi c}\sqrt{\frac{k}{\mu}}$$

$$= 1303\sqrt{\frac{k}{\mu}} = 1303\sqrt{\frac{k}{\mu}} = 1303\sqrt{\frac{12}{\frac{12\times 16}{12+16}}} \approx 1723.7$$

由式（8.2）计算羰基的振动频率为 1723.7cm^{-1}，这与红外光谱检测的羰基振动频率 1650～1850cm^{-1} 基本一致。当然这种按经典力学模型，把基团孤立起来的算法十分粗略，过于简化。实际上，分子振动遵从量子力学规律，分子中各原子之间存在着复杂的相互作用，对基团频率有着不同程度的影响。

（三）透光率和吸光度

红外光谱图是以横坐标为频率$\left(\text{常用波数 }\nu=\frac{1}{\lambda}\right)$或波长（$\mu$m）表示，以透光率（$T$）或吸光度（$A$）为纵坐标得到的谱图。横坐标表示吸收峰的位置，纵坐标表示吸收峰的强度。

透光率（T）的定义为

$$T=\frac{I}{I_0}\times 100\% \tag{8.7}$$

吸光度的定义为

$$A=\lg\frac{I_0}{I} \tag{8.8}$$

式中：I_0——入射光的强度；

I——透射光的强度。

因对光的吸收越强，透光率（T）就越小，故红外吸收光谱中的吸收峰表现为“谷”。目前红外光谱图中横坐标大多以波数表示，波数范围为 400～4000cm^{-1}。

二、各类有机基团的红外特征吸收

红外光谱图中的吸收峰是由键的振动引起的，同一类型的化学键的振动频率非常相近，总是出现在某一固定范围内，因此有机物中的各类基团具有特征的吸收峰，即若在分子的红外谱图中存在某一特征吸收峰，则表示该分子中含有此种化学键。

（一）饱和烃

饱和烃的红外光谱主要是由 C—H 键和碳骨架振动产生的，在 2853～2962cm^{-1}处有 CH_3—、—CH_2—的不对称伸缩振动峰和对称伸缩振动峰，在 1470cm^{-1}左右有 CH_3—、CH_2—的不对称变形振动吸收峰，在 1380cm^{-1}有 CH_3—的对称变形振动吸收峰，在 725cm^{-1}为—CH_2—的面内摇摆振动吸收峰。

（二）烯烃

烯烃分子中有双键，其特征频率是 C═C 双键伸缩振动和与双键相连═C—H 的伸缩振动和弯曲振动所产生的，═C—H 在 3000～3090cm^{-1}和 1345～1451cm^{-1}有吸收峰，═C—H 在 790～995cm^{-1}也有吸收峰，C═C 在 1632～1680cm^{-1}处有吸收峰。

（三）炔烃

炔烃分子中有 C≡C，主要的红外特征是 C≡C 键的伸缩振动，其位置在 2100～2300cm^{-1}区域。还有≡C—H 的相关特征频率，其吸收峰在 3210～3310cm^{-1}，≡C—H 在 600～700cm^{-1}处也有，若叁键两端的基团相等，则为非红外活性，无 C≡C 键的伸缩振动。

（四）芳烃

芳烃的特征吸收主要是苯环上的═C—H键和C═C键的振动引起的。苯环存在与否一般根据3000～3100cm^{-1}区域带环上═C—H伸缩振动吸收峰和1450～1650cm^{-1}苯环骨架振动吸收峰来判断。当苯环上进行单、二、三、四、五取代时各吸收频率不同，由此可以推断苯环的取代基个数及邻、间和对位取代情况。

（五）醇和酚

醇和酚的结构中都含有—OH，特征吸收峰为O—H键的伸缩振动、C—O键的伸缩振动和O—H键的变形振动。O—H键的游离、缔合、芳环上邻位取代基吸收位置分别为3590～3620cm^{-1}、3000～3250cm^{-1}、2500～3200cm^{-1}，C—O键的伯、仲、叔醇及酚分别在1050cm^{-1}、1100cm^{-1}、1150cm^{-1}、1200cm^{-1}处吸收。

（六）醚和环氧化合物

醚的结构特点是分子中含有C—O—C官能团。脂肪族醚和脂环族醚最主要的特征频率是C—O—C的不对称伸缩振动，位置在1060～1140cm^{-1}范围。芳香醚和乙烯基醚C—O—C的不对称伸缩振动峰在1200～1275cm^{-1}范围，而芳基烷基醚或烯基烷基醚的对称伸缩振动峰在1020～1120cm^{-1}范围，环氧乙烷是三元环醚，其三元环的振动吸收有三个峰，其位置在1240～1260cm^{-1}、810～950cm^{-1}和750～840cm^{-1}范围，这三个峰作为三元环氧基存在的标志。

（七）羰基化合物

醛、酮、酸、酰卤和酰胺结构中都含有羰基，伸缩振动峰是一个很强的峰，特征性很强，出现的位置在1550～1900cm^{-1}范围，由于化合物不同，其特征频率有所不同。

（八）含氮化合物

含氮化合物包括胺类、铵盐、氨基酸、硝基化合物、腈和异腈其特征吸收主要是由N—H键的伸缩振动和变形振动以及C—N键伸缩振动引起的。

三、红外光谱解析

在红外光谱上，波数在1400～3800cm^{-1}高频区域的吸收峰主要是由化学键和官能团的伸缩振动产生的，故称为特征吸收峰（或官能团区）。在官能团区，吸收峰存在与否可用于确定某种键或官能团是否存在，是红外光谱的主要用途。

在红外光谱上波数在650～1400cm^{-1}低区域，吸收峰密集而复杂，像人的指纹一样，所以称为指纹区。在指纹区内，吸收峰位置和强度特征性差，类型复杂且重叠，很多峰无法解释。但分子结构的微小差异却能在指纹区得到反映。因此，在确认有机物时用处也很大。如果2个化合物有相同的光谱，即指纹区也相同，则它们是同一化合物。

（一）脂肪烃类红外光谱

测定未知物的结构是红外光谱的另一重要应用。利用红外光谱堤供的信息，可以正确推测未知物的结构。

【例 8.2】 某化合物的分子式是 C_8H_{18}，其红外光谱图如图 8.2 所示，试确定其结构。

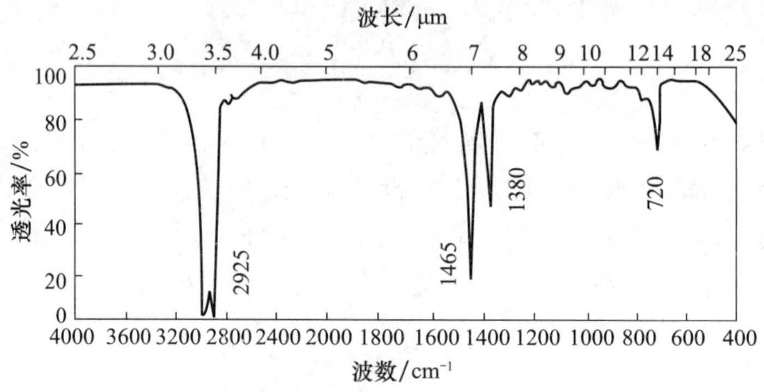

图 8.2 某化合物 C_8H_{18} 的红外光谱图

分析谱图，可见图 8.2 是典型的饱和烃的红外光谱图。$2925cm^{-1}$、$2975cm^{-1}$ 是饱和烃—CH_3、—CH_2—的伸缩振动吸收峰。$1380cm^{-1}$ 是—CH_3 的弯曲振动吸收峰，因该处为单峰。所以分子中不存在 2 个—CH_3 连在同一碳原子上的情况；$1465cm^{-1}$ 是—CH_3、—CH_2—的弯曲振动吸收峰（各为 $1460cm^{-1}$ 和 $1470cm^{-1}$）；$720cm^{-1}$ 是 $(CH_2)_n$（$n \geqslant 4$）的平面摇摆振动吸收峰。

由上述各信息可推断未知物的结构应是 $CH_3CH_2(CH_2)_5CH_3$。

【例 8.3】 某化合物的分子式是 C_8H_{16}，其红外光谱图如图 8.3 所示，试确定其结构。

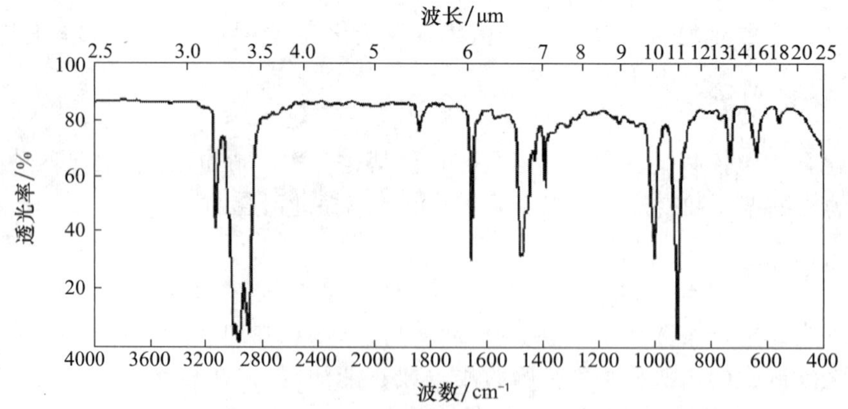

图 8.3 某化合物的红外光谱图

由图 8.3 可以看出，与双键有关的几个吸收峰，如 $3080cm^{-1}$ 为═CH_2 键的吸收峰，$1640cm^{-1}$ 为—C ═ C—键的伸缩振动吸收峰；$1820cm^{-1}$、$995cm^{-1}$、$915cm^{-1}$ 为—CH ═CH_2 键的平面外摇摆弯曲振动吸收峰。这 3 个弯曲振动吸收谱是末端乙烯基

（R—CH ═CH_2）的特征频率。

炔烃的特征频率有≡C—H 键的伸缩振动和面外弯曲振动以及C≡C键的伸缩振动。在 3300cm^{-1}附近有明显的≡C—H 键伸缩振动的吸收谱带，以及在 600～700cm^{-1}处的 C—H 键面外弯曲振动的吸收谱带。C≡C 键的伸缩振动吸收峰在 2100～2260m^{-1}，吸收强度取决于C≡C上取代基的数目和性质。例如，R—C≡C—H 有中等强度、尖锐的吸收峰。R—C≡C—R′，当 R≠R′时，出现弱峰；当 R＝R′时，则该区域无吸收峰，如图 8.4 所示。

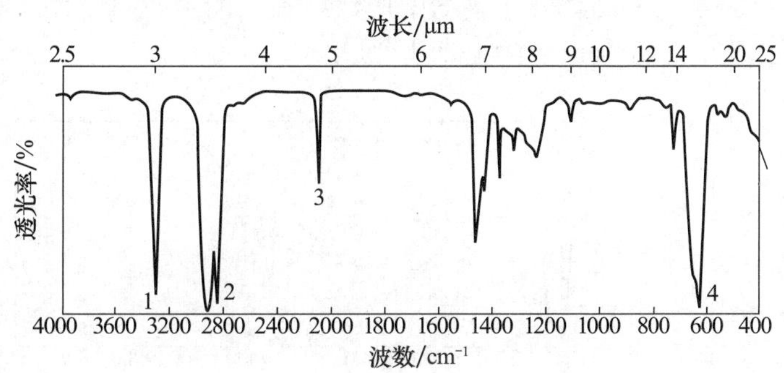

图 8.4　1-辛炔的红外光谱图

（二）芳烃红外光谱

芳烃的特征频率主要有═C—H 键伸缩振动和弯曲振动以及芳环碳碳键伸缩振动。芳环的═C—H 键伸缩振动吸收峰在 3000～3100cm^{-1}区域出现，峰形尖锐而不太强，常在烷基 C—H 键伸缩振动吸收峰的左侧，以肩峰形式出现，如图 8.5 所示。

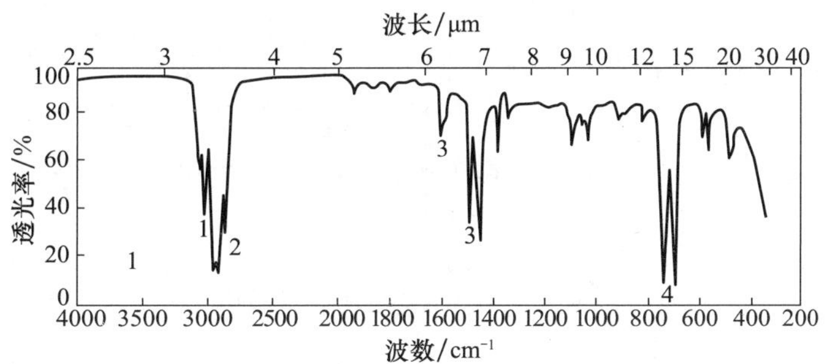

图 8.5　正丙苯的红外光谱图

芳烃碳碳键伸缩振动常在 1500～1600cm^{-1}区域出现一组特征峰（三峰或四峰），与烯烃 C═C 键相比，由于共轭效应使其吸收峰向低频方向移动。由以上 2 个区域的峰可判断芳环的存在。

芳环的═C—H 面内弯曲振动吸收峰在 1000～1100cm^{-1}区域出现，面外弯曲振动吸收峰在 675～870cm^{-1}区域出现，其精确位置取决于芳环上取代基的数目和位置。例如一元取代苯：在 690～710cm^{-1}和 730～770cm^{-1}区域有 2 个很强的吸收峰。

邻二取代苯：在 735～770cm^{-1}区域有 1 个很强的吸收峰。

间二取代苯：在 690～710cm^{-1}和 750～810cm^{-1}区域有 2 个很强的吸收峰。

对二取代苯：在 810～840cm^{-1}区域有 1 个很强的吸收峰。

一般而言，脂肪烃在较高频率有很强的吸收峰，而芳烃在较低频率有较强的吸收峰，且前者在 900cm^{-1}以下基本上没有吸收。

【练习】

指出图 8.6 和图 8.7 中的红外光谱图中用数字标出的吸收峰是用何种化学键或基团产生的，并指出这些吸收峰相对应的振动类型。

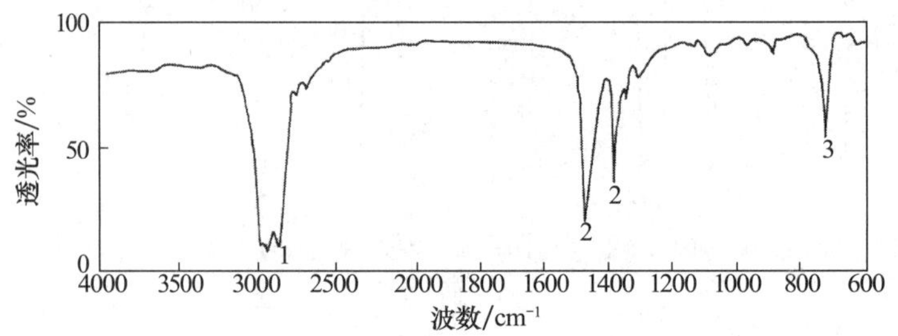

图 8.6　$CH_3(CH_2)_{10}CH_3$ 的红外光谱图

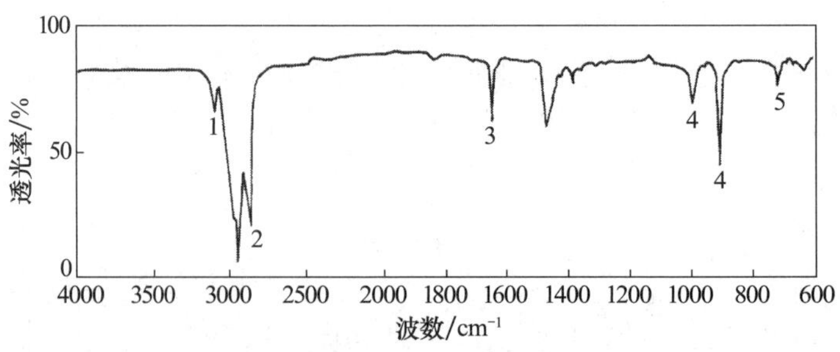

图 8.7　$CH_2{=}CH(CH_2)_7CH_3$ 的红外光谱图

第三节　核磁共振谱

核磁共振谱（NMR）也是一种吸收波谱，但它的原理和测定仪器与红外光谱有所不同。核磁共振谱在测定有机物分子的结构上有其特殊的功用。它和红外光谱一起已成为测定有机物分子结构的重要手段。

一、概述

所有元素的原子可分为有自旋和无自旋两大类，质量数为奇数的原子（或同位素）如^1H、^{13}C有自旋，而质量数为偶数的原子（同位素）没有自旋。有自旋的原子，核自旋时就会产生一个小小的磁场，这个磁场用核磁矩（矢量）来描述：

　箭头方向表示核磁矩的方向

有核自旋的所有原子，在核磁共振谱中都可应用，它们可以在不同频率的无线电波下发生共振吸收。但在核磁共振谱中研究最普遍的是氢核（^{1}H）质子，氢核的共振也称为质子磁共振（^{1}H-NMR）。

在核磁共振谱仪中，外加磁场是一个马蹄形的永久磁场或电磁铁。外加磁场强度用 H_0 表示，它的方向用箭头表示。

自旋的质子和它的核磁矩很像一根小小的磁棒。当把含有氢原子的分子放在外加磁场中，每个氢原子的核磁矩在外加磁场中就有两种取向：平行或反平行。在平行状态下，质子的核磁矩与外加磁场的磁矩方向一致；在反平行状态下，质子的核磁矩与外加磁场的磁矩方向相反，如图 8.8 所示。

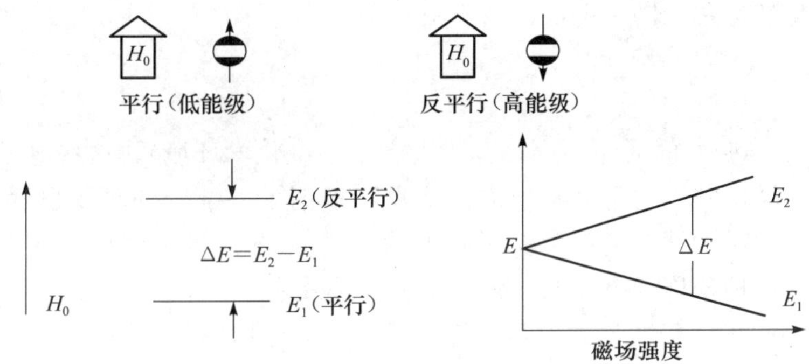

图 8.8　质子核磁共振示意图

质子在磁场中的 2 个取向相当于 2 个能级，平行状态下的质子比反平行状态下的质子稳定，能量较低，但 2 个能级差别很小，在波长很长的无线电波频率范围内，它可吸收一定的能量，从能级较低的平行状态跃迁到能级较高的反平行状态，能量的吸收是量子化的。2 个能级之差：

$$\Delta E = h\nu \tag{8.9}$$

只有当辐射频率和外加磁场强度达到一定关系时，才能吸收。量子力学计算结果表明：

$$\Delta E = \frac{rhH_0}{2\pi} \tag{8.10}$$

由式（8.9）和式（8.10）可导出：

$$\nu = \frac{rH_0}{2\pi} \tag{8.11}$$

式中：r——常数。

因原子核而异，质子的 $r=26750$（r 称为旋磁比）。把质子的磁矩从平行状态转为反平行状态所需要的能量取决于 H_0 的强度，越大核就越抗转变（ΔE 越大），所需的能量就越高，吸收的无线电频率也就越高。当外加磁场和某一无线电频率相匹配时，就可使质子从平行状态向反平行状态跃迁，我们就说质子发生了共振。所谓共振是指核在磁

场中共振，因此也称核磁共振。

看起来，似乎所有的质子都应在同样的 H_0 和 ν 相匹配的条件下发生共振，然而，事实并不是这样的，质子周围的磁场受分子结构以及分子中除质子本身以外的其他部分的影响，发生共振所吸收的能量是不同的。因此，质子共振常常用于结构的测定。

从式（8.11）可以看出，H_0 和 ν 都是变量，理论上讲，无论是改变 H_0 还是改变 ν，均可满足该关系式。

现在仪器设计上一般是固定无线电频率而改变磁场强度来满足上述关系式的。也就是通过改变磁场强度来使在某一状态下的质子发生共振吸收。

二、质子磁共振的化学位移

分子中的 H 与质子不同，由于化学环境（周围电子）不同，引起核磁共振信号位置的变化称为化学位移，用 σ 表示，也曾用 τ 表示。

（一）屏蔽效应

分子中的 H 与独立的质子不同，其周围有电子（化学环境），这些电子在磁场中运动，产生诱导磁场，其方向与外磁场方向相反，抵消了一部分外磁场强度，若使 H 发生核磁共振，必须增大外磁场强度。因此 H 的核磁共振信号出现在比独立质子共振信号的高场处，这种现象称为电子的屏蔽作用或屏蔽效应。

H 原子周围电子云密度越大，屏蔽效应越大，信号越偏向高场。

（二）化学位移表示方法

电子屏蔽效应引起的分子中不同 H 的共振频率的差很小，小到百万分之几，很难测准。为了方便测量，采用一种相对测量方法，用电子屏蔽效应很大的四甲基硅烷（简称 TMS）作参考物，其化学位移 σ 为零。如果采用 $\tau=10$，样品中某一种 H 的化学位移 δ 由下式计算：

$$\delta=\frac{\nu_{样}-\nu_{标}}{\nu_{仪}}\times 10^6\quad（相对值）\tag{8.12}$$

式中：$\nu_{样}$——样品信号频率，单位为 Hz；

$\nu_{标}$——TMS 信号频率，单位为 Hz；

$\nu_{仪}$——仪器电磁波辐射频率，单位为 Hz。

一般情况下，δ 值为负值，为使用方便，IUPAC 建议取绝对值。

【例 8.4】 在 60MHz 的仪器上，测得氯仿与 TMS 间吸收性频率差为 7Hz，用 δ 表示氢的化学位移如下：

$$\delta=\frac{\nu_{样}-\nu_{标}}{\nu_{仪}}\times 10^6$$

$$\nu_{仪}=60\text{MHz}$$

$$\nu_{样}-\nu_{仪}=-437\text{Hz}$$

$$\delta=-7.28$$

TMS的屏蔽效应大，其 $\delta=0$，一般有机物中的H的化学位移出现在其左边，即低磁场强度一边。屏蔽效应越小，离TMS的 δ 值越远。

使用不同电磁波频率的仪器，测定的同一化合物的化学位移相等，但如果谱图上标有零点的 δ 和 ν（单位为Hz），表示化学位移时，必须说明核磁共振仪器使用的频率。

（三）影响化学位移的 δ 值的因素

1. 电负性

吸电子基团会降低氢核周围的电子云密度，使屏蔽效应减弱，化学位移 δ 值增大，并且吸电子能力越强，δ 值增大得越多；给电子基团则增加氢核周围的电子云密度，使屏蔽效应增强，化学位移 δ 值减小，给电子能力越强，δ 值减小越多。例如

	CH_3F	CH_3Cl	CH_3Br	CH_3I
δ	4.26	3.06	2.68	2.15

同时化学位移 δ 值随着氢核与吸电子基团距离的增大而减小。例如

	CH_3Br	CH_3CH_2Br	$CH_3CH_2CH_2Br$	$CH_3(CH_2)_3Br$
δ	2.68	1.65	1.04	0.90

2. 磁各向异性效应

分子中的某些基团的电子云排布不是球形对称时，它对邻近的质子产生一个各向异性的磁场。处于屏蔽区的核，δ 值向高场移；处于去屏蔽区的核，δ 值向低场移。

由于磁各向异性效应，同是碳键上的氢，化学位移明显不同。

	$CH_2=CH_2$	$H_2C=O$	$CH\equiv CH$
δ	4.5～4.7	9～10	7～8.5

三、各类质子的化学位移

（一）甲基、亚甲基、次亚甲基氢的化学位移

例如

	CH_4	$CH_3—CH_3$	$CH_3—(CH_2)_3—CH_3$	$CH_3—CH(CH_3)—CH(CH_3)—CH_3$
δ	0.88	0.88	0.89　1.25	0.88　1.46

由这些数据可以看出，在饱和烃中，甲基、亚甲基、次亚甲基氢的化学位移范围为

$$\delta_{CH_3}=0.9,\quad \delta_{CH_2}=1.3,\quad \delta_{CH}=1.5$$

（二）烯氢的化学位移

烯氢的化学位移 δ 值一般在4.5～8。非共轭体系烯氢 δ 值为4.5～5.9。

（三）芳烃的化学位移

芳烃的化学位移一般出现在6.5～8。苯上的6个氢原子是等价质子，因而峰重叠

在一起，是一个单峰，当有取代基存在时，就会影响各个氢的化学位移。

（四）醛基氢的化学位移

醛基氢受到羰基的去屏蔽作用，化学位移的范围一般在 9.0～10.5。

	HCHO	$CH_3CH_2CH_2CHO$	$CH_3CH{=}CH—CHO$
δ	9.61	9.74	9.48

	Ph—CH═CH—CHO	Ph—CHO
δ	9.70	9.96

（五）活泼氢的化学位移

活泼氢是指—OH、—COOH、$—NH_2$、—SH 等基团上的氢，它们的化学位移与溶剂、浓度、温度有关，往往不是固定的值。

	醇	酚	烯醇	羧酸	Ph—SH	RSO_3H
δ	0.5～5.5	10.5～16	15～19	10～13	3～4	11～12

当分子中有多个活泼氢时，易发生化学交换，显示平均化的吸收峰。辨认活泼氢是否存在，可采用以下方法：

（1）改变浓度和温度，使峰稍加移动来辨认。

（2）加重水与活泼氢交换，使峰消失来辨认。

（3）对 OH 的 H 还可加化学试剂与之反应，使羟基氢消失。

四、自旋偶合和自旋分裂

图 8.9 可以看出，c 甲基为单峰，而 a 甲基有三重峰，b 亚甲基有四重峰，这是为什么呢？这是自旋的氢核之间相互干扰的结果，这种现象称为自旋-自旋偶合，简称自旋偶合。由自旋偶合引起的吸收峰使谱线增多的现象，称为自旋-自旋分裂，简称自旋分裂。偶合大小用偶合常数 J 表示，单位为 C/s（周/秒）或 Hz。

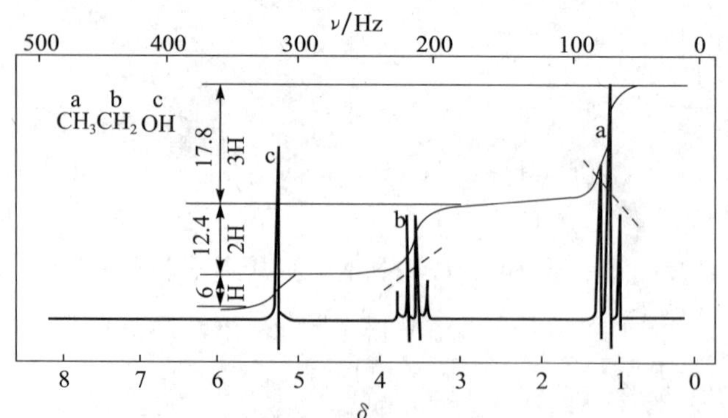

图 8.9　乙醇的核磁共振谱图（60MHz）

（一）自旋裂分

CH_2 对 CH_3 的影响。^1H 核在磁场中的两种取向分别用↑和↓来表示。CH_2 上 2 个氢原子有 3 种排列方式，产生 3 种局部磁场，使邻近 CH_3 的峰裂分为三重峰，高度为 1∶2∶1。

同理 CH_3 的 3 个氢原子有 4 种排列方式，产生四种局部磁场，使邻位 CH_2 峰裂分为四重峰，峰的高度为 1∶3∶3∶1。

由上可见，自旋分裂有一定的规律，称为 $n+1$ 规律。某基团有 n 个氢原子相邻时，将显示 $n+1$ 个峰。如果相邻氢原子处在不同环境中，如一种环境 n 个氢，另一种环境 n' 个氢，就有可能产生 $(n+1)(n'+1)$ 个峰。事实上有时峰重叠一起，若仪器灵敏度足够高，则峰的个数比理论上要少一些。

（二）偶合常数

自旋偶合的强度常用偶合常数 J 表示，J 的大小表示偶合作用的强弱。根据偶合质子间相隔化学键的数目，可将偶合作用分为同碳偶合（$^2J_{ab}$）、邻碳偶合（$^3J_{ab}$）和远程偶合。J 的右下方的字母代表相互偶合的质子，左上方的数字表示相互偶合的质子相隔的键数目。J 值的大小与两个作用核之间的相对位置有关，随着相隔键数的增加会很快减弱，两个质子相隔 2 个或 3 个单键可以发生偶合，超过 3 个以上单键时，偶合常数有时趋于零。例如，$\overset{a}{C}H_3\overset{b}{C}H_2—O—\overset{c}{C}H_3$ 中，H_a 和 H_b 之间可以发生偶合分裂，而 H_a 与 H_c 或 H_b 与 H_c 之间偶合极弱，$J\rightarrow 0$，但中间有双键或共轭体系。

$$\overset{a}{C}H_2=\overset{b}{C}H—\overset{c}{C}H=\overset{d}{C}H_2$$

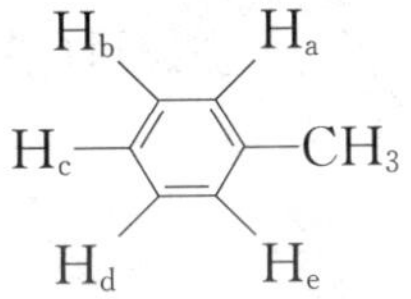

（苯环结构：取代基 H_b、H_a、H_c、$-CH_3$、H_d、H_e）

H_a 与 H_d 之间可以发生远程偶合，因此，芳烃中苯环（或有取代基团）的核磁共振是很复杂的。

化学位移随外磁场的改变而改变，而偶合常数与外磁场无关，它不随外磁场的改变而改变。因为自旋偶合的产生是磁场之间相互作用的结果，是通过成键电子来传递的，不涉及外磁场。

（三）化学等价、磁等价、磁不等价

化学环境（即核周围的电子云密度）相同的核，称为化学等价核，化学等价核必然具有相同的化学位移。因此，化学位移相同的核称为化学位移等价核。例如，氯乙烷 CH_3CH_2Cl，甲基的 3 个质子为化学等价，亚甲基的 2 个质子为化学等价。再如，2-甲基丙烯中的 H_a、H_b 为化学等价，但 2-氯丙烯中为化学不等价，因为 H_a 和 H_b 所处的化学环境不同。

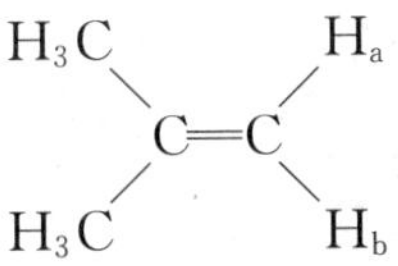

$(H_3C)_2C=CH_aH_b$　　　$(H_3C)(Cl)C=CH_aH_b$

2-甲基丙烯 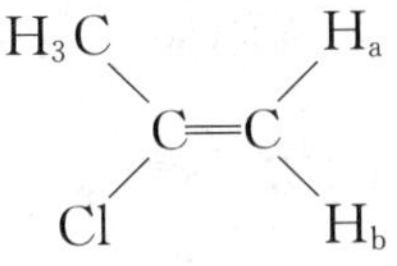　　　2-氯丙烯

一组化学位移等价的核，如果对组外任一核的偶合常数也相等，则这组核称为磁等价核。例如，CH_3—$CHBr_2$ 中甲基的 3 个质子，H_a、H_b、H_c 为化学等价的，并且每个质子对 H_d 的偶合常数都是相等的，即 $J_{ad}=J_{bd}=J_{cd}$。因此 H_a、H_b、H_c 为磁等价核。

有些核化学等价，但磁不等价，如对硝基甲苯中，H_a 和 H_b 为化学等价，但氢之间的偶合常数不等，因此，H_a 和 H_b、H_d 与 H_c 都是化学等价，对硝基甲苯中的质子磁不等价。

CH_3—$CHBr_2$ 的质子分布　　对硝基甲苯中的质子分布

磁等价核之间的偶合作用不产生峰的裂分，只有磁不等价核之间的偶合作用，才会产生峰的又一次裂分。

（四）积分曲线与质子的数目

在图 8.9 所示的核磁共振谱图上，有一条从低场向高场的阶梯曲线，称为积分曲线。积分曲线每个阶梯的高度与其相应的一组吸收峰的面积成比例，而峰面积与该组磁等价质子的数目成比例。因此，积分曲线高度比等于相应磁等价质子的数目比。积分曲线的总高度与分子中质子总数目成比例。

例如，图 8.9 中 a、b、c 3 组峰积分曲线的高度分别为 17.8、12.4 和 6，相当于 3∶2∶1，正是 a、b、c 3 组质子峰代表的质子 3∶2∶1，是乙醇的—CH_3、—CH_2、—OH 上质子数的比值。

（五）一级谱和 $n+1$ 规律

当两组（或几组）质子的化学位移之差 $\Delta\delta$ 与其偶合常数 J 之比至少大于 6 时，即 $\Delta\delta/J>6$，呈现一级谱。一级谱的吸收峰的裂分数目符合 $n+1$ 规律（n 为相邻碳原子上磁等价核的数目）。

五、图谱解析举例

（一）质子磁共振谱图

图 8.10 为乙酸乙酯的质子磁共振谱图，横坐标表示峰的化学位移，以 δ 或 τ 表示，纵坐标为吸收强度，以积分曲线高度表示各峰的峰面积。通过峰面积的相互之比，即可算出各峰所代表的氢原子数目。J 表示偶合常数，单位为 C/s 或 Hz，它表示核与核之间相互作用后峰发生分裂的大小。

（二）氢核共振谱图的分析方法

认识有机物的核磁共振谱，主要从 3 方面着手：①根据吸收峰（组峰）的数目和位置，推断分子中质子的类型；②根据吸收峰的强度（峰面积），估算出各类质子的相对数目；③根据吸收峰的位置和裂分情况，判断质子的化学环境。然后将三者结合起来，就可以对一个具体化合物有初步的认识。再与化学分析及其他光谱结合起来，就可以推测有机物的结构。下面举例说明。

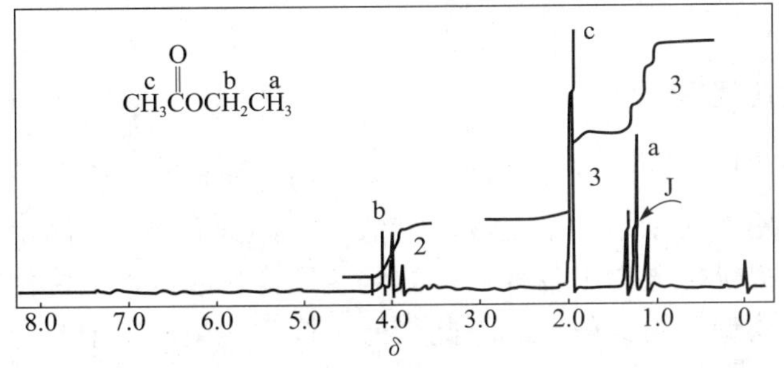

图 8.10　乙酸乙酯的质子磁共振谱图

【例 8.5】 对甲氧基苯酚的质子磁共振谱图如图 8.11 所示，解析其谱图。

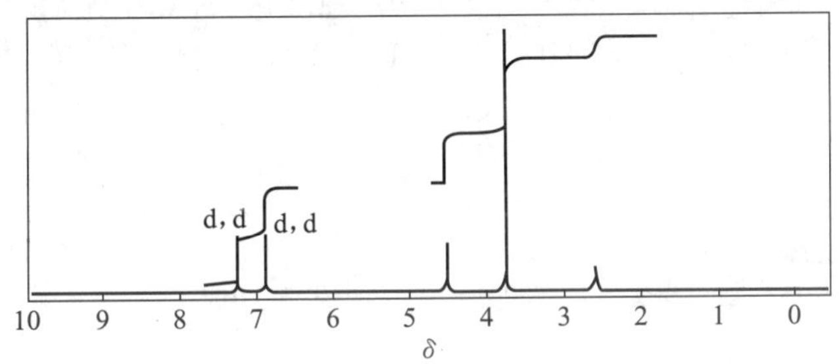

图 8.11　对甲氧基苯酚的质子磁共振谱图

解： $\delta=3.8$ 为 CH_3—，有 3 个面积单位，对应于 3 个 H，$\delta=4.5$ 为酚羟基，$\delta=6.8$、7.3 分别是苯环上两组 H，每组 H 有两个质子，所以峰面积为 2。

【例 8.6】 有一化合物的分子式为 C_3H_7Br，质子磁共振谱图如图 8.12 所示，请推测其结构。

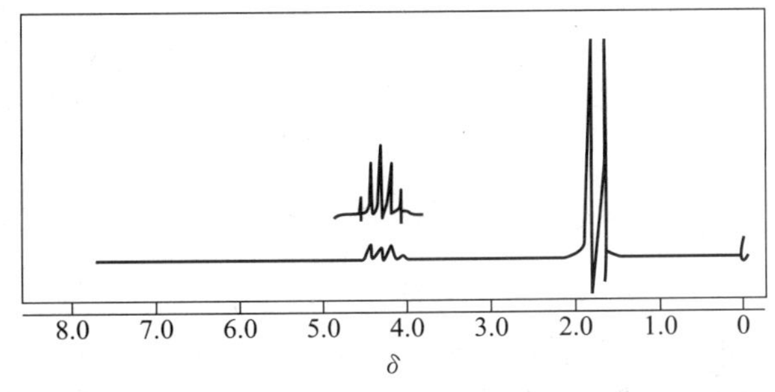

图 8.12　C_3H_7Br 的质子磁共振谱图

解： 从谱上看有两类氢，峰面积比为 6∶1。$\delta=1.7$ 的峰受相邻 1 个氢核偶合而裂分为双峰，δ=4.3 的峰为受到 6 个氢核偶合而裂分为七重峰，因为在同碳上连有溴原子，故 δ 值较高。化合物结构应为

$$\begin{matrix} CH_3 \\ \quad \diagdown \\ \quad\quad CH—Br \\ \quad \diagup \\ CH_3 \end{matrix}$$

六、核磁共振谱的应用

核磁共振谱的应用非常广泛。在低分子化合物、配合物、大分子化合物、高聚物等方面都有广泛的应用。它也是一个定性、定结构的有力工具。在测定未知复杂结构的化合物中，氢谱可以提供化合物中各种氢核的化学环境和数目，提供化合物中存在的官能团信息和化合物的构型、构象信息。除此之外，核磁共振还用于配合物结构的研究、互变异构体的研究、共聚物组成的测定和反应机理的研究等。

【练习】

1. 解释下列各种氢核的化学位移 δ：

δ　　2.2　9.8　　　0.97　1.67　2.42　9.74

$CH_3—CHO$　　$CH_3—CH_2—CH_2—CHO$

2. 某化合物的分子式为 $C_3H_6Br_2$，其质子磁共振谱图如图 8.13 所示，试推测该化合物的构造。

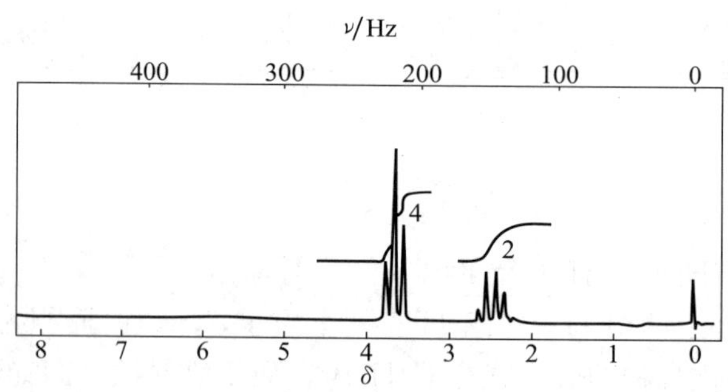

图 8.13　C_3H_6Br 的质子磁共振谱图

^{13}C 核磁共振谱简介

核磁共振谱不仅用于氢核，也用于其他元素有自旋的原子核，其中以 ^{13}C 核磁共振谱用得最多。因为碳原子构成有机物的骨架，获得有关碳原子的信息对有机物的结构鉴定具有重要的意义。天然丰度很大的 ^{12}C 由于自旋量子数为零而没有核磁共振信号。^{13}C 的自旋量子数与 ^1H 相同，因此 ^{13}C 有核磁共振信号，其基本原理与 ^1H 相同。^{13}C 同位素在自然界的丰度很低，约为 ^{12}C 的 1.1%；^{13}C 的灵敏度仅为 ^1H 的 1/64，需要多次扫描

积累方能得到较满意的核磁共振谱图。^{13}C与直接相连的氢核及相邻氢核都会发生偶合作用，使^{13}C信号变得非常复杂且淹没在噪声之中。因此，^{13}C核磁共振谱的实际应用受到了很大的限制。但是随着计算机的应用和核磁共振技术的发展，^{13}C核磁共振谱已可以成功地对有机物进行常规测定。

在^{13}C核磁共振谱图中，最重要的是化学位移值δ_c这一参数。^{13}C核磁共振谱中的化学位移δ_c是确定C在分子碳架中位置的依据。同^1H核一样，^{13}C的化学位移也是自旋核周围电子屏蔽造成的，影响^{13}C化学位移的因素有各种电子效应、碳的杂化状况、构型、构象、氢键、溶剂种类、溶液浓度、体系酸碱性等。在测定δ_c时也是以TMS为基准物，TMS的C的化学位移定为0，大多数有机物的^{13}C的化学位移在其左边。各种^{13}C的化学位移见表8.1。^{13}C核磁共振具有2个独特的优点。

表8.1 ^{13}C核磁共振谱中各类碳的化学位移值

δ_c	碳的类型	δ_c	碳的类型
0～40	C—I	65～85	≡C—(炔)
25～65	C—Br	100～150	═C—(烯)
35～80	C—Cl	170～210	C═O
8～30	$—CH_3$	40～80	C—O
15～55	$—CH_2—$	110～160	C_6H_6
20～60	—CH—	30～65	C—N

(1) 化学位移范围广。对大多数有机物来讲，δ在0～250，因而^{13}C核磁共振谱的分辨率比质子磁共振谱高10～20倍。

(2) ^{13}C核磁共振谱给出的是分子碳骨架以及与C直接相连的质子的信息，见表8.1。

从质子磁共振谱可以推测质子在碳骨架上的位置，而从^{13}C核磁共振谱可以得到碳骨架本身的信息，因此^{13}C核磁共振谱和质子磁共振在有机物结构鉴定中是相辅相成的，两种谱可以互相补充或互相验证。氢谱和碳谱各有所长，两者应互为补充、取长补短，针对要求要灵活应用。

1. 红外光谱

1）红外光谱的基本原理

（1）分子吸收了红外光，引起键振动，发生能级的跃迁，产生红外光谱。

（2）键的振动分为伸缩振动和弯曲振动。

（3）键的振动频率与振动原子的质量及键的强度（即键的力常数）有关。构成化学键的原子的质量越小，则振动频率或波数越高。键的力常数k越大，则振动频率或波数越高。

2）红外光谱图

红外光谱图是以波数（cm^{-1}）或波长（μm）为横坐标，以透光率（T）或吸光度（A）为纵坐标得到的谱图。

3）红外光谱的吸收峰

红外光谱的吸收峰可分为功能区和指纹区。功能区中官能团的特征吸收峰较多。根据官能团区的吸收峰的位置，可以推测未知化合物中所含的官能团。每一种化合物在指纹区都有它自己的特征光谱，分子结构有细微变化，就会引起该区域吸收峰的位置和强度的明显改变，为分子结构的鉴定提供重要信息。

2. 核磁共振谱

1）核磁共振谱的基本原理

^1H 核吸收电磁辐射，自旋方向发生反转，从低能量状态跃迁到高能量状态，即产生核磁共振。以磁场强度或电磁辐射的频率为横坐标，以电磁辐射的吸收程度为纵坐标作图，即得到核磁共振谱图。

2）化学位移

（1）由于化学环境不同引起的核磁共振信号位置的变化称为化学位移，常用符号 δ 表示。

（2）有机物中的氢核受到的屏蔽效应增强，吸收峰移向高磁场，δ 值减小。反之，吸收峰移向低磁场，δ 值增大。基团的电负性和各向异性效应是影响 δ 值的主要因素。

（3）化学环境不同的磁不等价质子具有不同的化学位移。利用化学位移值的差别能区分各类化学环境不同的质子。

3）自旋偶合和自旋裂分

（1）有机物分子中相邻的磁不等价质子由于自旋而产生的磁性相互作用，称为自旋偶合。自旋偶合所引起的核磁共振峰裂分而使峰增多的现象，称为自旋裂分。分裂峰中各小峰之间的距离称为偶合常数，用符号 J 表示。J 值的大小反映了核之间自旋偶合的有效程度，相互偶合而引起峰裂分的两组吸收峰具有相同的 J。对某一特定化合物，其 J 值不因测定仪器的兆赫数不同而改变，始终为一常数。

（2）自旋裂分有一定的规律，称为 $n+1$ 规律。某基团的氢有几个氢相邻时，将显示$n+1$个峰。如果相邻氢处在不同环境中，如一种环境 n 个氢，另一种环境 n' 个氢，就有可能产生 $(n+1)(n'+1)$ 个峰。事实上有时峰重叠一起，若仪器灵敏度足够高，则峰的个数比理论上要少一些。

习题

1. 用红外光谱区分下列各对异构体的特征吸收峰：

（1）$CH_3CH{=}CHCH{=}O$ 和 $CH_3C{\equiv}CH_2OH$

（2）$CH_3CH{=}CHCH_3$ 和 $CH_3CH_2CH{=}CH_2$

2. 根据下列化合物的分子式和红外光谱图，推断化合物的可能构造。

（1）C_4H_8

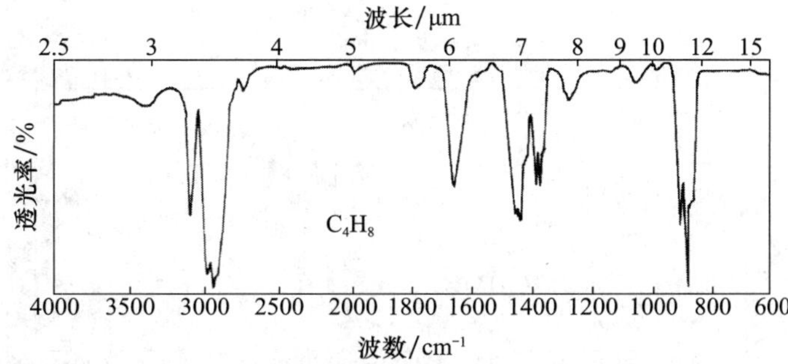

（2）C_8H_6

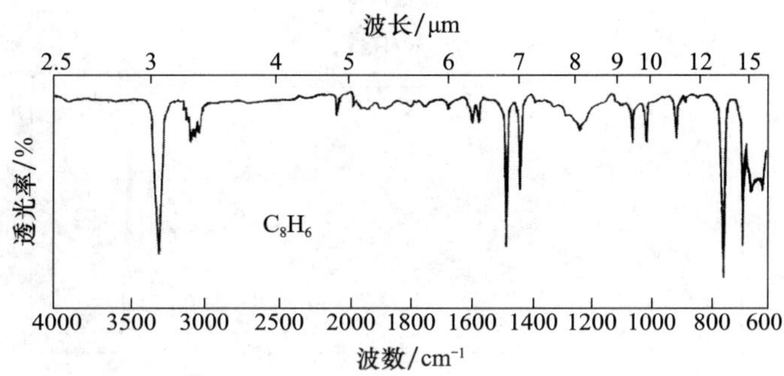

3. 从下列质子磁共振谱的数据推测化合物的构造：

（1）$C_3H_6Cl_2$　δ=2.4(6H) 单峰

（2）$C_3H_6Cl_2$　δ=1.2(3H) 三重峰，δ=1.9(2H) 五重峰，δ=5.8(1H) 三重峰

（3）$C_{10}H_{14}$　δ=1.3(9H) 单峰，δ=7.28(5H) 单峰

4. 根据下列化合物的分子式和质子磁共振谱图，推断化合物的可能构造。

（1）C_8H_{10}

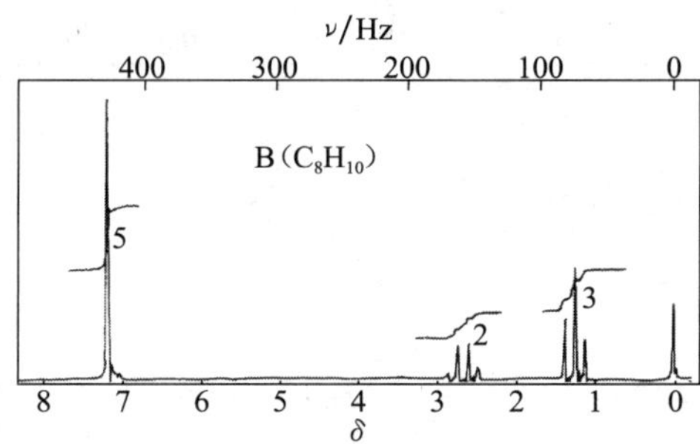

（2）$C_4H_8Br_2$

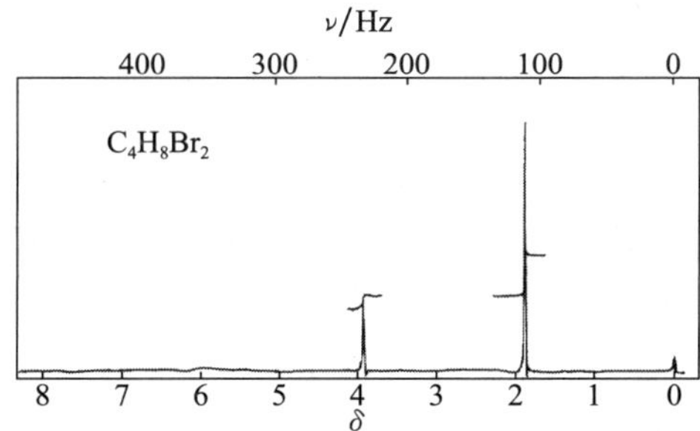

5. 从下列红外光谱和质子磁共振谱，推测化合物 $A(C_8H_{16})$ 的构造：

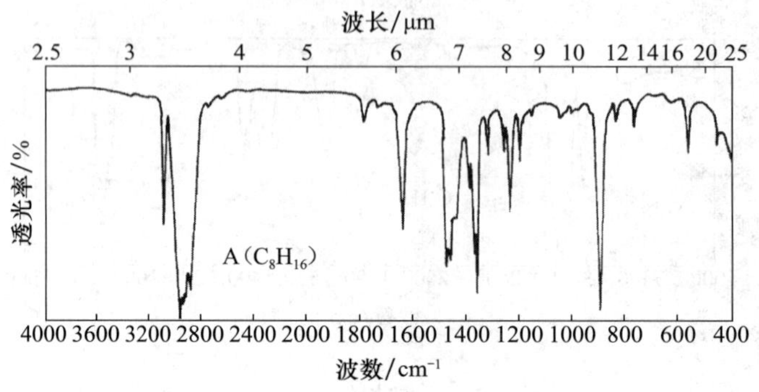

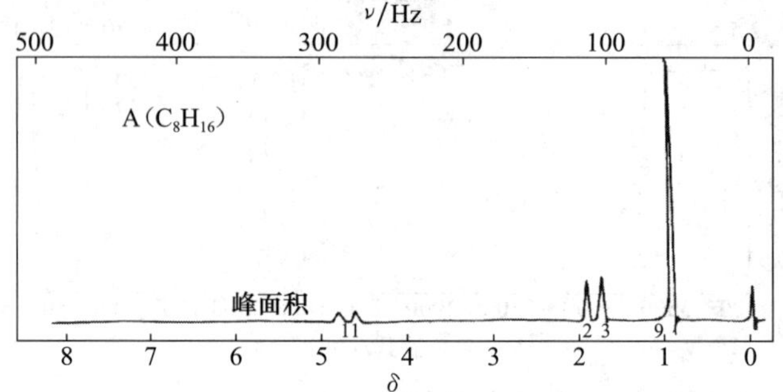

6. 用质子磁共振谱区别 $CH_3CH_2CH_2NO_2$ 和 $(CH_3)_2CHNO_2$：

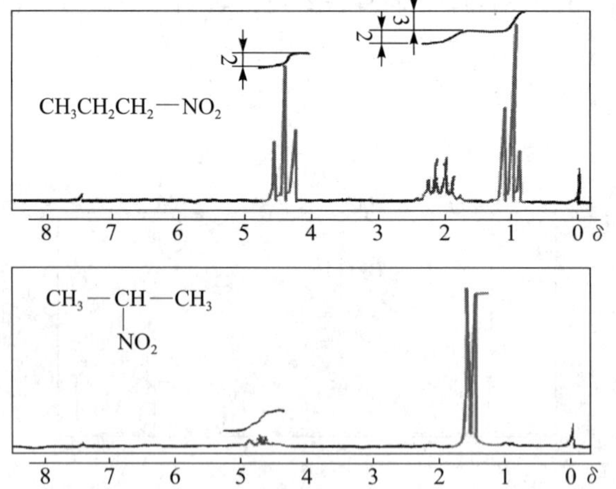

第九章　卤　代　烃

学习目标

1. 掌握卤代烃的分类和命名。
2. 掌握卤代烃的化学性质及制法。
3. 理解卤代烃的亲核反应历程及影响因素。
4. 了解一些常用卤代烃的性质及用途。

案例导入

激烈的足球比赛中，常常可以看到运动员受伤倒在地上打滚，医生跑过去，用药水对准球员的伤口喷射。不用多久，运动员便可以站起来奔跑了。医生用的是什么药物，能够这样迅速地治疗伤痛？这是球场上“化学大夫”的功劳，它的名称是氯乙烷，是一种在常温下呈气体的有机物，在一定压力下则成为液体。球员被撞以后，有些软组织挫伤或者拉伤，这时候，医生只要把氯乙烷液体喷射到伤痛的部位，氯乙烷碰到温暖的皮肤，立刻沸腾起来。因为沸腾得很快，液体一下就变成气体，同时把皮肤上的热也“带”走了，于是负伤的皮肤像被冰冻了一样，暂时失去感觉，痛感也消失了。这种局部冰冻，也使皮下毛细血管收缩起来，停止出血，负伤部位也不会出现瘀血和水肿。这种使身体的一个地方失去感觉，又不影响其他部位感觉的麻醉方法，叫做局部麻醉。足球场上的“化学大夫”就是靠局部麻醉的方法，使球员的伤痛很快消失的。

卤代烃是烃分子中的氢原子被卤素取代后生成的衍生物，其中卤原子是卤代烃的官能团。卤代烃的性质通常比烃活泼得多，能发生多种反应而转变成各类化合物，所以卤代烃在有机合成上是一类重要的中间体。

卤代烃在自然界中存在极少，绝大多数是人工合成的。这些卤代烃被广泛用作农药、麻醉剂、灭火剂、溶剂等。

第一节　卤代烃的分类和命名

一、分类

根据卤代烃分子的组成和结构特点，可以从不同角度进行分类。

（1）根据卤原子的种类不同，可分为氟代烃、氯代烃、溴代烃、碘代烃。

（2）根据卤原子的数目分为一卤代烃和多卤代烃。例如，一卤代烃有 CH_3X、RCH_2X、C_6H_5—X，多卤代烃有 CH_2X_2、$RCHX_2$、CHX_3、CX_4。

（3）根据烃基结构不同，可分为饱和卤代烃、不饱和卤代烃和芳香族卤代烃。例如

饱和卤代烃　R—CH_2—X

不饱和卤代烃　R—CH═CH—X　　乙烯式（卤原子连在 α-碳上）

R—CH═CH—CH_2—X　　烯丙式（卤原子直接与双键碳相连）

芳香族卤代烃　C_6H_5—CH_2X

（4）根据卤素所连碳原子种类不同又可分为伯卤代烃、仲卤代烃、叔卤代烃。

R—CH_2—X	R_2CH—X	R_3C—X
伯卤代烃	仲卤代烃	叔卤代烃
（一级卤代烃）	（二级卤代烃）	（三级卤代烃）

二、命名

1. 普通命名法

普通命名法适用于结构简单的卤代烃，是按卤原子相连的烃基的名称来命名的，称为“卤代某烃”或“某基卤”，“代”字常省略。例如

$CH_3CH_2CH_2Cl$	CH_3—CH(Cl)—CH_3	CH_2═CHBr	C_6H_5—CH_2Br
氯丙烷	氯代异丙烷	溴乙烯	溴化苄
（丙基氯）	（异丙基氯）	（乙烯基溴）	（苄基溴）

2. 系统命名法

结构复杂的卤代烃，采用系统命名法命名。在系统命名法中把卤原子当作取代基，即作为烃的卤代衍生物。它的命名与烃的命名相似，但在烃名称前面需标明卤原子的位置、数目和名称。

饱和卤代烃的命名是选择连有卤原子的最长碳链作为主链，称为“某烷”，从靠近支链（烃基或卤原子）的一端给主链编号，把支链的位次和名称写在母体名称前，并按“次序规则”将较优基团排列在后。例如

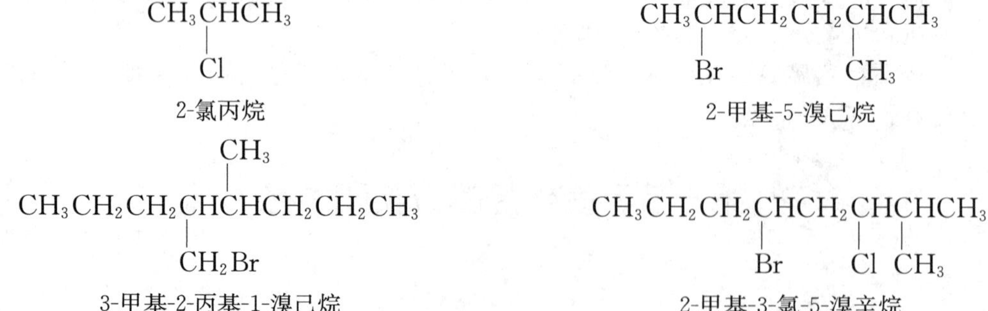

2-氯丙烷　　2-甲基-5-溴己烷

3-甲基-2-丙基-1-溴己烷　　2-甲基-3-氯-5-溴辛烷

不饱和卤代烃命名时要选取含有卤原子和不饱和键在内的最长碳链作为主链，称为“某烯”或“某炔”，编号时要使双键（或叁键）的位次最小。

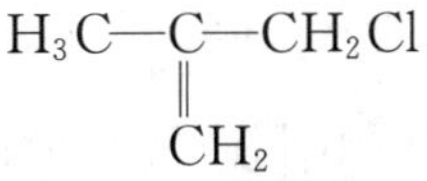

$H_3C-C(=CH_2)-CH_2Cl$　　$CH_3C\equiv C-CH(CH_3)CH_2CH_2Br$　　$CH_2=CH-CH(CH_3)-CH_2Cl$

2-甲基-3-氯丙烯 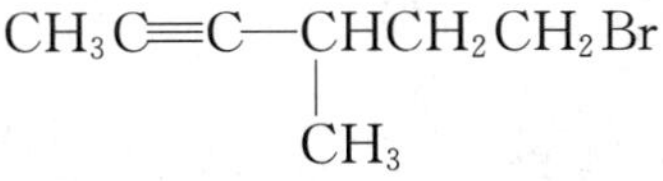　　4-甲基-6-溴-2-己炔 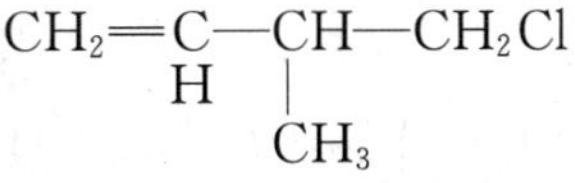　　3-甲基-4-氯-1-丁烯

芳香族卤代烃命名时以芳烃为母体，把卤原子作为取代基来命名。若环上还有其他取代基存在，则按习惯选择母体（使其编号最小），环上各取代基的编号及其书写顺序同卤代烷。

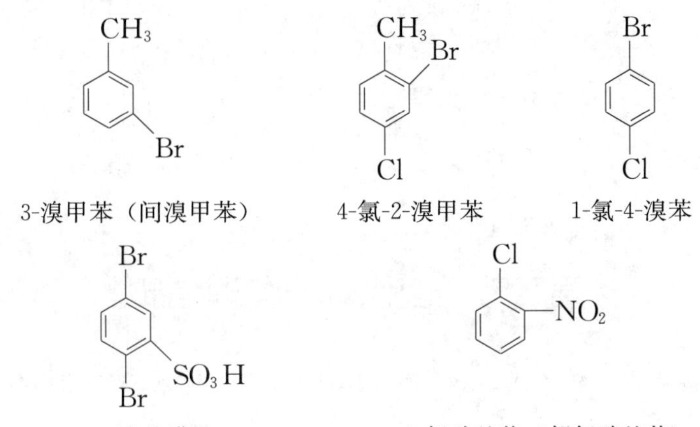

3-溴甲苯（间溴甲苯）　　4-氯-2-溴甲苯　　1-氯-4-溴苯

2,5-二溴苯磺酸　　2-氯硝基苯（邻氯硝基苯）

侧链芳香族卤代烃命名时，以链烃为母体，把卤原子和芳环都作为取代基。例如：

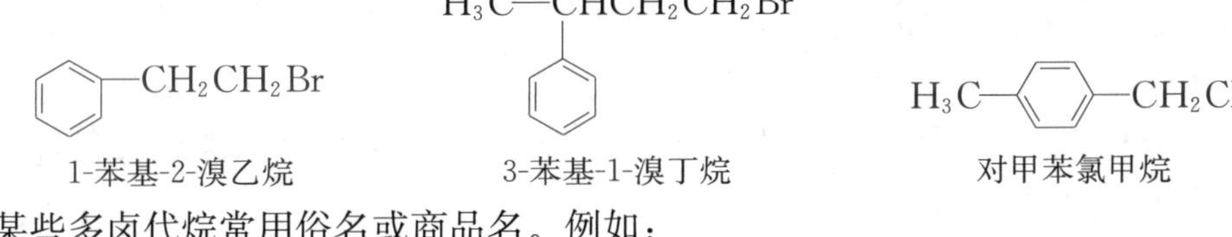

1-苯基-2-溴乙烷　　3-苯基-1-溴丁烷　　对甲苯氯甲烷

某些多卤代烷常用俗名或商品名。例如：

$CHCl_3$　　CHI_3　　CCl_2F_2

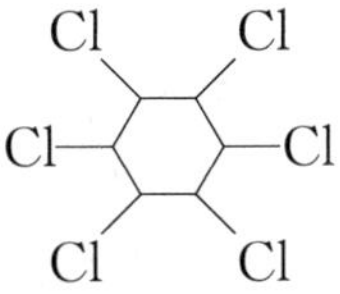

氯仿　　碘仿　　氟利昂-12　　六六六

【练习】

1. 用普通命名法命名下列化合物：

（1）$CH_3CH_2CH_2CH_2Br$　　（2）$CH_3-C(CH_3)(Cl)-CH_3$

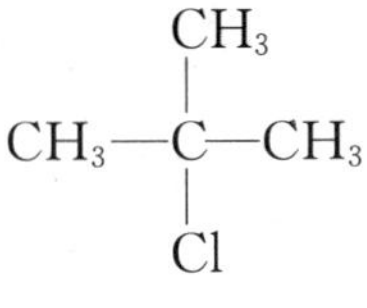

（3）溴苯结构式（Br 连于苯环）　　（4）$CH_3CH=CH-Cl$

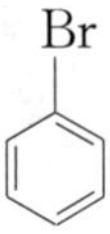

2. 用系统命名法命名下列化合物：

（1）$CH_3CH(Cl)CH(CH_3)CH(CH_3)CH_3$　　（2）$CH_3CH(Cl)CH{=}CHCH_3$

（3）$CH_3(H)C{=}C(H)CH_2Br$　　（4）$CH_3CH(F)CH(C_2H_5)CH_2CH_2CH_3$

（5）$C_6H_5CH_2Br$　　（6）1-$CH(CH_3)_2$-2-Cl-4-Br-苯

第二节　卤代烷的物理性质

在室温下，氯甲烷、氯乙烷、氯乙烯和溴甲烷是气体，一般的卤代烷为液体，C_{15}以上的卤代烷为固体。

一氯代烷相对密度小于 1，一溴代烷、一碘代烷及多卤代烷的相对密度均大于 1。在卤代烷的同系列中，相对密度随碳原子数的增加而降低，这是由于卤素在分子中所占的比例逐渐减少的缘故。

一元卤代烷的沸点随碳原子数的增加而升高。烷基相同而卤原子不同时，沸点顺序为 RI>RBr>RCl>RF。在卤代烷的同分异构体中，直链异构体的沸点最高，支链越多，沸点越低。例如

	$CH_3CH_2CH_2CH_2Cl$	$CH_3CH_2CH(Cl)CH_3$	$(CH_3)_3CCl$
沸点	78.44℃	68.2℃	52℃

卤代烷不溶于水，易溶于醇、醚等有机溶剂。有些卤代烃本身就是常用的溶剂，如常用 $CHCl_3$、CCl_4 从水层中提取有机物。纯净的卤代烷是无色的，碘代烷因易受光、热的作用而分解，产生游离碘而逐渐变为红棕色，一般在使用前需重新蒸馏。卤代烷的蒸气有毒，应尽量避免吸入体内。

卤代烷在铜丝上燃烧时生成绿色火焰，这是鉴别卤代烷的简单方法。表 9.1 是某些一卤代烷的物理常数。

表 9.1　某些一卤代烷的物理常数

烷基	氯代物		溴代物		碘代物	
	沸点/℃	相对密度（d_4^{20}）	沸点/℃	相对密度（d_4^{20}）	沸点/℃	相对密度（d_4^{20}）
CH_3—	−24.2	0.9159	3.6	1.6755	42.4	2.279
CH_3CH_2—	12.3	0.8978	38.4	1.4604	72.3	1.9358

续表

烷基	氯代物		溴代物		碘代物	
	沸点/℃	相对密度（d_4^{20}）	沸点/℃	相对密度（d_4^{20}）	沸点/℃	相对密度（d_4^{20}）
$CH_3CH_2CH_2$—	46.6	0.8909	71.0	1.3537	102.4	1.7489
$CH_3CH_2CH_2CH_2$—	78.44	0.8862	101.6	1.2758	130.5	1.6154
$CH_3CH_2CH_2CH_2CH_2$—	107.8	0.8818	129.6	1.2182	157	1.5161
$(CH_3)_2CH$—	35.7	0.8617	59.48	1.3140	89.14	1.7033
$(CH_3)_2CHCH_2$—	68.7	0.8810	91.7	1.2532	120.4	1.605
$CH_3CH_2CH(CH_3)$—	68.2	0.8732	91.2	1.2585	120.33	1.5920
$(CH_3)_3C$—	52	0.8420	73.25	1.2209		
C_6H_5—	132	1.106	155.5	1.495	188.5	1.832

第三节 卤代烃的化学性质

卤原子是卤代烃的官能团，在卤代烃分子中，由于卤原子吸引电子的能力比碳原子强，使得C—X键成为极性较强的共价键，容易断裂，从而发生各种化学反应。

一、取代反应

卤原子的电负性大于碳原子，卤原子的诱导吸电子作用使碳原子上带部分正电荷，易受亲核试剂的进攻，卤原子带一对电子离开，碳原子形成新键，从而发生取代反应。

1. 水解

一定条件下卤代烷与水反应，卤原子被羟基（—OH）取代生成醇。例如

$$RX + H_2O \rightleftharpoons ROH + HX$$

此反应是可逆的，通常加入强碱（氢氧化钠、氢氧化钾）的水溶液与卤代烷共热，以中和生成的氢卤酸，使反应向有利于生成醇的方向进行。例如

$$R—\boxed{X+H}—OH + NaOH \xrightarrow{\triangle} R—OH + NaX + H_2O$$

2. 醇解

卤代烷与醇钠作用，卤原子被烷氧基（RO—）取代，生成相应的醚。例如

$$CH_3—\boxed{X+Na}—O—\underset{CH_3}{\overset{CH_3}{C}}—CH_3 \xrightarrow{\text{叔丁醇}} CH_3O—\underset{CH_3}{\overset{CH_3}{C}}—CH_3 + NaX$$

甲基叔丁醚

这个反应称为威廉姆森（Williamson）合成法，是制备混醚最好的方法，但该反应只限于伯卤代烃。

3. 氨解

卤代烷与过量的NH_3反应，卤原子被氨基（—NH_2）取代生成伯胺。例如

$$CH_3CH_2CH_2CH_2—\boxed{X+H}—NH_2 \xrightarrow[\triangle]{ROH} CH_3CH_2CH_2CH_2NH_2 + HX$$

正丁胺

4. 氰解

卤代烃与氰化钠在醇溶液中反应，卤原子被氰基（—CN）取代而生成腈。例如

$$R—\boxed{X+Na}—CN \xrightarrow[\triangle]{ROH} NaX+R—CN$$

反应产物比原料增加了一个碳原子，故此反应在有机合成中用于增长碳链。

5. 与硝酸银-乙醇溶液反应

卤代烷与硝酸银的乙醇溶液反应生成硝酸酯，同时析出卤化银沉淀，反应现象明显。

$$R—\boxed{X+Ag}ONO_2 \xrightarrow{乙醇} RONO_2+AgX\downarrow$$

不同的卤代烷反应的难易不同，其活性次序为叔卤代烷＞仲卤代烷＞伯卤代烷。烯丙基卤、苄基卤、叔卤代烃在室温下即与硝酸银的醇溶液反应生成卤化银沉淀，伯、仲卤代烃加热才能与硝酸银的醇溶液反应生成卤化银沉淀，而与不饱和键相连的卤素不与硝酸银的醇溶液反应生成卤化银沉淀，因此可通过此反应鉴别这 3 种情况的卤代烃。

二、消除反应

卤代烷在强碱的醇溶液中加热，分子中脱去 1 分子 HX 而生成烯烃。例如

$$CH_3—\overset{\beta}{C}H(\boxed{H})—\overset{\alpha}{C}H_2(\boxed{Br})+KOH \xrightarrow[C_2H_5OH]{KOH} CH_3CH=CH_2+KBr+H_2O$$

这种脱去 1 个小分子如 H_2O、HX，同时形成碳碳双键的反应称为消除反应。这种消除反应是从 β 碳原子上脱去氢的，故称 β-消除反应。此反应是制备烯烃的方法之一。

仲卤代烃与叔卤代烃发生消除反应时，可以在碳链的两个不同方向进行，从而生成不同的产物。例如

$$2H_3C—H_2C—\overset{\beta}{C}H(H)—\overset{\alpha}{C}H(Br)—\overset{\beta}{C}H_2(H)+2KOH \xrightarrow[C_2H_5OH]{} \underset{69\%}{CH_3CH_2CH=CHCH_3}+\underset{31\%}{CH_3CH_2CH_2CH=CH_2}+2KBr+2H_2O$$

$$2H_3C—\overset{\beta}{C}H_2—\overset{\alpha}{C}(\overset{\beta}{C}H_3)(Br)—\overset{\beta}{C}H_3+2KOH \xrightarrow[C_2H_5OH]{KOH} \underset{71\%}{CH_3CH=C(CH_3)_2}+\underset{29\%}{CH_3CH_2C(CH_3)=CH_2}+2KBr+2H_2O$$

实验证明，主要产物是双键碳原子上含有烃基最多的烯烃，也就是说，脱卤化氢时主要脱去含氢少的 β 碳原子上的氢原子。此经验规律称为扎依采夫（Saytzeff）规则。

根据这个规则可推断各种卤代烷脱卤化氢的难易程度，即叔卤代烷＞仲卤代烷＞伯卤代烷。

卤代烷的水解与消除反应都是在碱的作用下进行的，当卤代烷水解时不可避免地会有消除产物生成，反之，在发生消除反应时也有水解产物生成，取代和消除两种反应相互竞争。根据多方面实验得出结论如下：强极性溶剂有利于取代反应进行，强碱和弱极性溶剂有利于消除反应进行。所以卤代烷水解反应在水溶液中进行，消除反应在碱性醇溶液中进行更为有利。

三、与金属镁的反应

室温下，一卤代烃和金属镁在绝对乙醚（无水、无醇的乙醚，也称为干醚）中生成有机镁化合物：

$$RX + Mg \xrightarrow{\text{无水乙醚}} \underset{\text{烃基卤化镁}}{RMgX}$$

法国青年格林雅（Grignard，1871—1936）制备了有机镁化合物。这一金属有机化合物在有机合成方面得到广泛应用，为此他获得了 1912 年诺贝尔化学奖。为纪念这一伟大发明成果，称 RMgX 为格氏试剂。

制备格氏试剂时，卤代烷的活性顺序为 R—I＞R—Br＞R—Cl，由于碘代烷太昂贵，卤代烷活性较小，故一般用溴代烷制备格氏试剂，且产率很高。

格氏试剂非常活泼，应用范围很广，是有机合成上常用的试剂，能与水、醇、酸、氨等含活泼氢的化合物反应生成相应的烷烃。例如

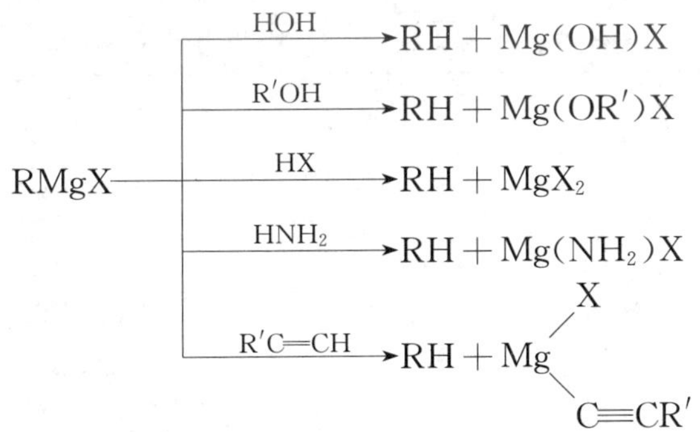

在制备格氏试剂时除需要在绝对乙醚中进行外，由于格氏试剂与氧气反应生成氧化产物，所以操作过程中还要隔绝空气，最好在氮气保护中进行。

【练习】

1. 完成下列反应：

(1) $CH_3\underset{\underset{CH_3}{|}}{C}HCH_2Br \xrightarrow[H_2O]{NaOH}$

(2) $CH_3\underset{\underset{CH_3}{|}}{C}HCH{=}CH_2 \xrightarrow[\text{过氧化物}]{HBr} \qquad\qquad \xrightarrow[\text{乙醇}]{AgNO_3}$

（3） $CH_3CHCH_2CH_2CH_2Cl \xrightarrow{CH_3CH_2ONa}$
　　　$\quad|$
　　　CH_3

（4） Br-/-环己烯 $\xrightarrow[乙醇]{NaOH}$

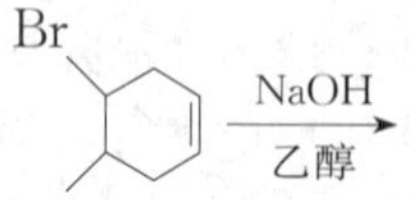

2. 将下列化合物按照与 KOH 醇溶液作用时消除卤化氢的难易顺序排列，并写出其产物的构造式：

（1） 2-溴-2-甲基丁烷　　（2） 1-溴戊烷　　（3） 2-溴戊烷

3. 用化学方法区别下列化合物：

（1） 烯丙基氯、1-氯丁烷、4-氯-1-丁烯

（2） 对氯甲苯、氯苄、β-氯乙苯

第四节　卤代烃的亲核取代反应历程

亲核取代反应是卤代烃的一类重要反应。由于这类反应可用于各种官能团的转变和碳碳键的形成，在有机合成中具有广泛的用途，故对其反应历程的研究也比较充分。

亲核取代历程可以用一卤代烷的水解为例来说明。在研究水解速度与反应物浓度的关系时发现有些卤代烷的水解速率仅与卤代院的浓度有关，而另一些卤代烷的水解速率则与卤代烷和碱的浓度都有关系。例如，溴代烷在 80％乙醇-水溶液中的相对水解速度（55℃）见表 9.2。

表 9.2　溴代烷在 80％乙醇-水溶液中的相对水解速度（55℃）

条件＼溴代烷	CH_3Br	$(CH_3)_3CBr$
中性	1	2900
0.1mol/L NaOH	610	2900

从表 9.2 中的实验数据可以看出，溴代叔丁烷在中性条件的水解速度比溴甲烷要快得多。加入 0.1mol/L NaOH 后即增高 OH^- 的浓度，对一级卤代烷的水解产生了显著的增速作用，但并不影响三级卤代烷的水解速度。以上实验现象及大量其他事实说明，卤代烷的亲核取代反应是按照两种不同的反应历程进行的。

一、S_N1、S_N2 反应历程

1. 单分子反应历程（S_N1）

溴代叔丁烷的水解反应速度只决定于溴代叔丁烷本身的浓度，而与碱的浓度无关，这就是说，在整个反应过程中决定反应速率的关键步骤与 OH^- 无关。

$$(CH_3)_3C{-}Br + NaOH \xrightarrow{H_2O} (CH_3)_3C{-}OH + NaBr$$

$$\nu = k\left[\begin{array}{c} CH_3 \\ | \\ CH_3—C—Br \\ | \\ CH_3 \end{array}\right]$$

式中：ν——反应速度；

k——反应速度常数。

由此可以推想，溴代叔丁烷的水解是按如下机理进行的。

第一步：

$$\begin{array}{c} CH_3 \\ | \\ CH_3—C \\ | \\ CH_3 \end{array} \xrightarrow{慢} \left[\begin{array}{c} CH_3 \\ |\ \delta^+\ \delta^- \\ CH_3—C\cdots Br \\ | \\ CH_3 \end{array}\right] \longrightarrow \begin{array}{c} CH_3 \\ |\ + \\ CH_3—C \\ | \\ CH_3 \end{array} + Br^-$$

过渡态（1）　　　碳正离子

第二步：

$$\begin{array}{c} CH_3 \\ | \\ CH_3—C^+ \\ | \\ CH_3 \end{array} + OH^- \xrightarrow{快} \left[\begin{array}{c} CH_3 \\ |\ \delta^+\ \delta^- \\ CH_3—C\cdots OH \\ | \\ CH_3 \end{array}\right] \longrightarrow \begin{array}{c} CH_3 \\ | \\ CH_3—C—OH \\ | \\ CH_3 \end{array}$$

过渡态（2）

整个反应分为两步，第一步溴代叔丁烷解离，溴原子带着电子对逐渐离开中心碳原子，经历一个C—Br键将断未断而能量较高的过渡态（1），这一步进行得很慢，当C—Br键完全断裂时而形成活泼碳正离子中间体；第二步是活泼碳正离子中间体与亲核试剂OH^-结合而生成取代产物叔丁醇，并在反应过程中经历了一个C…OH键尚未形成又即将形成的一个过渡态（2），过渡态（2）形成时需要的能量和第一步过渡态（1）形成时所需要的能量相比是较小的，所以第二步是一个进行得较快的反应。

这类反应历程进行过程的能量变化可用位能曲线来表示，如图9.1所示。

对于多步反应而言，生成最后产物的速率主要由速率最慢的一步来决定。由于在决定反应速度的关键步骤（第一步）时发生C—Br键的断裂，参与形成过渡态的只有溴代叔丁烷一个分子，所以称这种反应为单分子亲核取代，用S_N1（S_N代表substitution nucleophilic，“1”代表单分子）表示。也正是由于在决定反应速度步骤中，不涉及OH^-，所以反应速度与OH^-浓度无关，在动力学上是一级反应。

S_N1反应的特征是分步进行的单分子反应，并有活泼中间体碳正离子的生成。

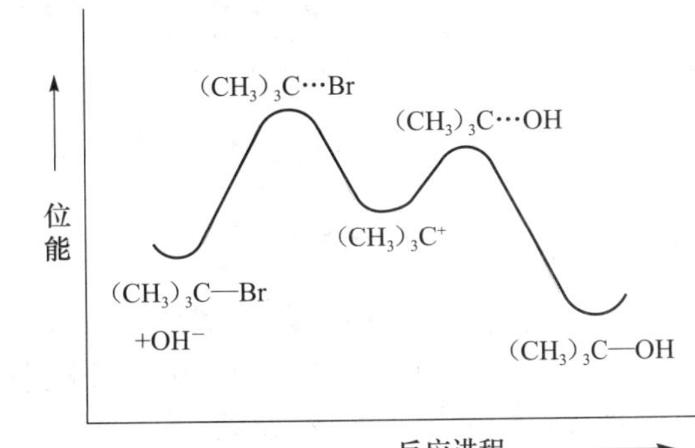

图9.1　S_N1反应过程中的能量变化

2. 双分子反应历程（S_N2）

与溴代叔丁烷不同，溴甲烷的水解速度同溴甲烷及碱（OH^-）的浓度都成正比关系。

$$CH_3Br + NaOH \xrightarrow{H_2O} CH_3OH + NaBr$$

$$\nu = k[CH_3Br][OH^-]$$

通过研究，认为溴甲烷的水解反应历程如图 9.2 所示。

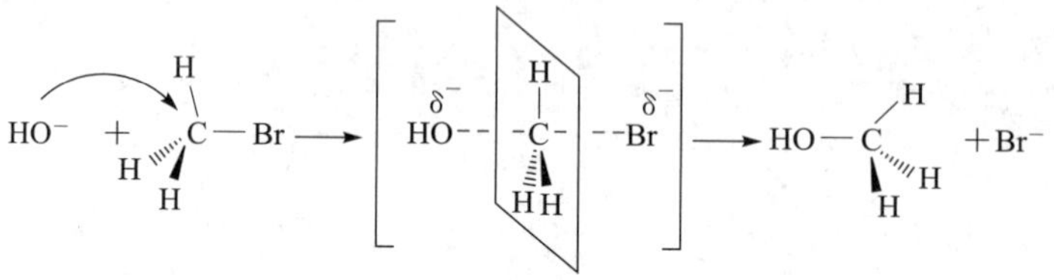

图 9.2　溴甲烷的水解反应历程

形成过渡态时，亲核试剂 OH^- 由于受电负性大的溴原子的排斥作用，只能从溴原子背后且沿 C—Br 键的轴线进攻 α-C 原子。到达过渡态时，OH^- 与 α-C 原子之间部分成键，C—Br 键部分断裂，3 个氢原子与碳原子在一个平面上，进攻试剂和离去基团分别处在该平面的两侧。同时，α-C 原子由 sp^3 杂化状态转变为 sp^2 杂化状态。当 OH^- 进一步接近 α-C 原子并最终形成 O—C 键时，3 个氢原子也向溴原子一方偏转，C—Br 键进一步拉长并彻底断裂，Br^- 离去，C 原子又转变为 sp^3 杂化状态，整个过程是连续的，旧键的断裂和新键的形成是同时进行的，所以水解反应速度与卤代烷和亲核试剂的浓度都有关系。

这类反应历程进行过程的能量变化可用位能曲线来表示，如图 9.3 所示。

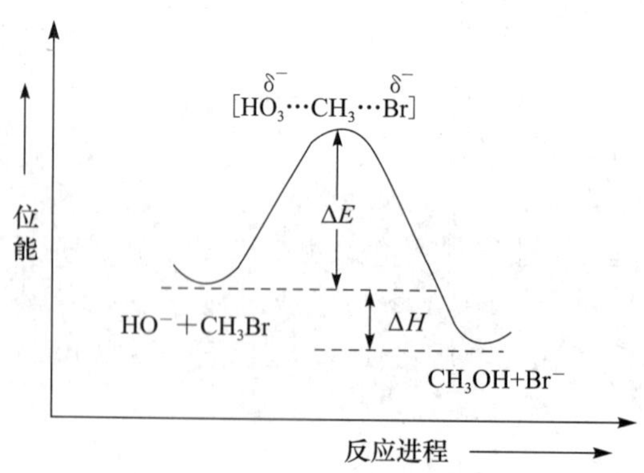

图 9.3　S_N2 反应进程中的能量变化

当反应物形成过渡态时，需要吸收活化能 ΔE，过渡态为位能最高点，一旦形成过渡态，即释放能量，形成生成物，反应物与生成物之间的能量差为 ΔH，因为控制反应速率一步是双分子的，需要 2 种分子的碰撞，故这个反应是双分子的亲核取代反应，简称为 S_N2，在动力学上是二级反应。

S_N2 反应的特征是旧键断裂与新键形成同时进行的双分子反应，反应一步完成。

二、影响取代反应的主要因素

前面我们介绍了卤代烃的亲核取代反应一般有 S_N1 和 S_N2 两种反应历程，现在的问题是不同结构的卤代烃，到底按哪种机理进行反应？我们说影响的因素很多，主要有卤代烃分子的结构，亲核试剂和离去基因的性质，以及溶剂性质等。本书仅对卤代烃分子的结构和亲核试剂性质的影响两个方面做一些讨论。

1. 烃基结构

烃基结构对亲核取代反应的影响包括两个方面，一是空间效应，二是电子效应。从空间效应看，α-C 原子上烃基数目越多，体积越大，对亲核试剂进攻的空间阻碍作用越大，越不利于反应按 S_N2 历程进行。相反，α-C 原子上烃基增多，基团之间拥挤程度以及相互斥力增大，促使卤素以 X^- 形式离去，反应易按 S_N1 历程进行。从电子效应看，α-C 原子上烃基越多，其上的电子密度越高，形成的碳正离子也越稳定，越有利于反应按 S_N1 历程进行。相反，α-C 原子上烃基越少，其上的电子密度越低，越有利于亲核试剂进攻 α-C 原子，因此有利于反应按 S_N2 历程进行。

总之，不同烃基的卤代烃的反应速率，在 S_N1 反应中，叔卤代烷＞仲卤代烷＞伯卤代烷＞甲基卤；在 S_N2 反应中，叔卤代烷＜仲卤代烷＜伯卤代烷＜甲基卤。

一般情况下，叔卤代烷主要按 S_N1 历程进行，伯卤代烷主要按 S_N2 历程进行，而仲卤代烷既可按 S_N1 历程又可按 S_N2 历程进行。

2. 亲核试剂性质

在 S_N1 反应中，反应速度只决定于 RX 的解离，而与亲核试剂无关。因此亲核试剂的性质对 S_N1 的反应活性无明显影响。而在 S_N2 反应中，亲核试剂的亲核性越强，浓度越大，其反应速度就越快。

【练习】

1. 下列化合物按 S_N1 反应活性大小顺序排列正确的是（　　）。

a. 苄基氯　　b. 对氯苄基氯　　c. 对甲基苄基氯　　d. 对硝基苄基氯

A. a＞b＞c＞d　B. c＞b＞a＞d　C. c＞a＞b＞d　D. c＞a＞d＞b

2. 下列化合物按 SN_2 反应活性大小顺序排列正确的是（　　）。

a. 2,2-二甲基-1-溴丙烷　　b. 2-甲基-1-溴丁烷

c. 1-溴戊烷　　d. 3-甲基-1-溴丁烷

A. c＞d＞b＞a　B. a＞b＞d＞c　C. a＞b＞c＞d　D. d＞b＞a＞c

第五节　卤代烃的制法

卤代烃是一类重要的化工原料，但在自然界中存在极少，只能用合成的方法来制备，其制备途径一般是向烃分子中直接引入卤素或将有机物分子中的其他官能团用卤素进行置换。

一、由烃制备

在光照或加热条件下烷烃氯化的产物一般为混合产物。若要得到纯化合物就得选用只含一种氢的原料。例如

$$\text{环己烷} + Cl_2 \xrightarrow{\triangle} \text{氯代环己烷(C}_6\text{H}_{11}\text{Cl)} + HCl$$

具有烯丙基型的化合物，在高温下可发生 α-H 的卤代反应，生成烯丙基型卤代烃。例如

$$CH_3CH_2CH{=}CH_2 + Cl_2 \xrightarrow{500℃} CH_3\underset{\displaystyle Cl}{\underset{|}{C}}HCH{=}CH_2 + HCl$$

$$—H + X_2 \xrightarrow{h\nu(光)} —X + HX$$

芳烃在不同条件下与卤素（Br_2 和 Cl_2）作用，可发生芳环或侧链 α-H 的卤代反应，生成卤苯型或卤化苄型卤代烃。例如

$$—CH_3 + X_2 \xrightarrow[\triangle]{FeCl_2} —CH_3,\ —X + X— —CH_3 + HX$$

$$—CH_2CH_3 + X_2 \xrightarrow{h\nu} —\underset{\displaystyle X}{\underset{|}{C}}HCH_3 + HX$$

另外，通过烯烃、炔烃与卤化氢或卤素的加成也可得到相应的卤代烃。例如

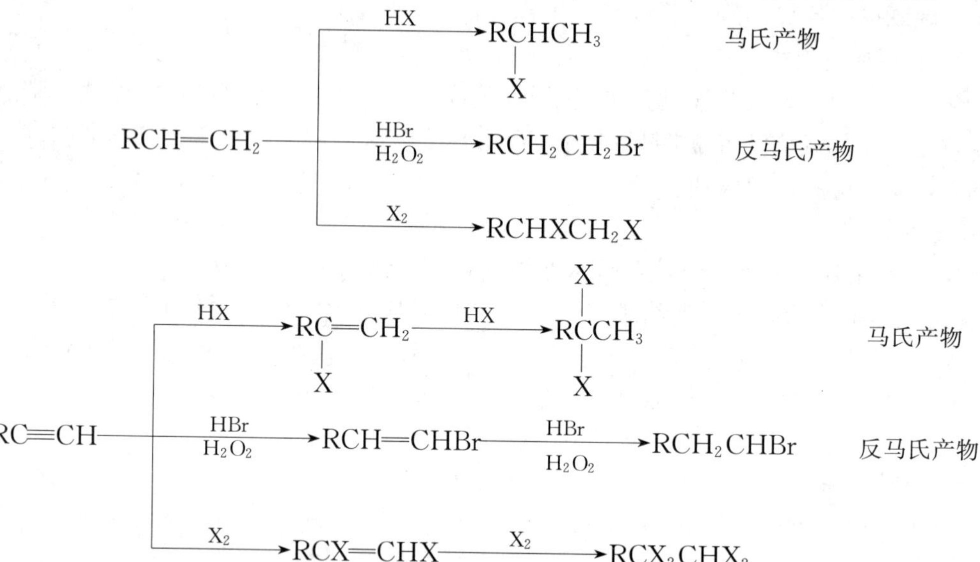

二、由醇制备

醇分子中的羟基用卤素置换可以得到相应的卤代烃，由于醇易得到，且价廉，这是制备卤代烃最普遍的方法。常用的试剂是氢卤酸、卤化磷或亚硫酰氯。

1. 醇与氢卤酸作用

例如

$$CH_3CH_2CH_2CH_2OH + HBr \xrightarrow[\triangle]{H_2SO_4} CH_3CH_2CH_2CH_2Br + H_2O$$

此反应中的氢溴酸常用溴化钠与硫酸代替，这是一级醇制卤代烃最常用的方法。但要注意此法不适合制叔卤代烷，因叔醇与强酸作用时易发生消除反应而生成烯烃。

2. 醇与卤化磷作用

例如

$$3CH_3CH_2OH + PI_3 \longrightarrow 3CH_3CH_2I + H_3PO_3$$

在制备时常将赤磷与碘（溴）加到醇中，然后加热，先生成三碘（溴）化磷，再与醇进行反应。

氯代烷常用五氯化磷与醇反应制备：

$$CH_3CH_2OH + PCl_5 \longrightarrow CH_3CH_2Cl + HCl + POCl_3$$

3. 醇与亚硫酰氯作用

用亚硫酰氯（二氯亚砜）和醇反应可直接得到氯代烷，同时生成二氧化硫和氯化氢两种气体，在反应过程中，这些气体都离开了反应体系，这有利于反应向生成产物的方向进行，该反应不仅速率快、反应条件温和、产率高，而且不生成其他副产物。

$$ROH + SOCl_2 \xrightarrow[\triangle]{} RCl + SO_2\uparrow + HCl\uparrow$$

三、卤代物的互换

卤代烃中的卤素可以被另一种卤素置换。例如，碘代烷常可由氯代烷或溴代烷通过亲核取代反应制得。

$$H_3C-\underset{CH_2CH_3}{\overset{CH_3}{\underset{|}{\overset{|}{C}}}}-Cl \xrightarrow[ZnCl_2/CS_2]{NaI} H_3C-\underset{CH_2CH_3}{\overset{CH_3}{\underset{|}{\overset{|}{C}}}}-I$$

96%

第六节　重要的卤代烃

1. 三氯甲烷

三氯甲烷（俗称氯仿）可从甲烷氯化得到，也可由四氯化碳还原制得：

$$3CCl_4 + CH_4 \xrightarrow{400\sim650℃} 4CHCl_3$$

$$CCl_4 + 2[H] \xrightarrow{Fe+H_2O} CHCl_3 + HCl$$

三氯甲烷是一种无色有甜味的液体，沸点 61.2℃，相对密度 1.483，不能燃烧，不溶于水，可溶于乙醇、乙醚、苯等有机溶剂。三氯甲烷是一种优良的有机溶剂，能溶解油脂、蜡、有机玻璃和橡胶等，还广泛用作有机合成的原料。三氯甲烷具有麻醉作用，因其对肝脏有严重损伤，并有致癌作用，现已禁用。

三氯甲烷在光照下容易被空气氧化并分解生成毒性很强的光气：

$$2CHCl_3 + O_2 \xrightarrow{日光} 2\ \overset{Cl}{\underset{Cl}{\diagdown\!\!\!\!\diagup}}C{=}O + 2HCl$$

光气

因此三氯甲烷要保存在棕色瓶中，装满到瓶口加以封闭，以防止和空气接触。通常还可加入 1%的乙醇以破坏可能生成的光气。

$$O{=}C(Cl)_2 + 2CH_3CH_2OH \longrightarrow O{=}C(OC_2H_5)_2 + 2HCl$$

光气　　碳酸二乙酯（无毒）

2. 四氯化碳

四氯化碳由甲烷完全氯化得到，也可以由二硫化碳和氯气在氯化铝或五氯化锑的催化下发生氯化反应制得

$$CH_4 + 4Cl_2 \xrightarrow{440℃} CCl_4 + 4HCl$$

$$CS_2 + 3Cl_2 \xrightarrow{SbCl_5} CCl_4 + S_2Cl_2$$

四氯化碳为无色液体，沸点 26.8℃，相对密度 1.594，有特殊的气味。四氯化碳不能燃烧，沸点低，其蒸气比空气密度大，不导电，因此它的蒸气可把燃烧物体覆盖，使之与空气隔绝而达到灭火的效果。适合于电气设备的灭火。但高温时能发生水解生成剧毒的光气，故灭火时要注意空气流通，以防中毒。

$$CCl_4 + H_2O \longrightarrow \underset{\text{光气}}{COCl_2} + 2HCl$$

四氯化碳也是良好的溶剂和有机合成原料，常用作干洗剂及去油剂，但四氯化碳有一定的毒性，会损害肝脏，使用时要注意安全。

3. 氯乙烯

氯乙烯是无色有乙醚气味的气体，沸点－13.9℃，难溶于水，易溶于多种有机溶剂，易燃，长期高浓度接触可引起许多疾病，是一种致癌物，使用时注意防护。

工业上可用乙炔或乙烯作原料生产氯乙烯。

乙炔法：氯乙烯在工业上较早是用乙炔法制备的。将乙炔在 $HgCl_2$ 催化下与氯化氢发生加成反应而制得

$$HC{\equiv}CH + HCl \xrightarrow[150\sim160℃]{HgCl_2} CH_2{=}CHCl$$

该法的优点是产率高，流程简单；缺点是成本高，催化剂有毒，故有被其他方法代替的趋势。

乙烯法：乙烯与氯气加成先生成 1,2-二氯乙烷，然后在高温及催化剂存在下从 1,2-二氯乙烷分子中脱去 1 分子 HCl，生成氯乙烯：

$$CH_2{=}CH_2 + Cl_2 \xrightarrow{FeCl_3} CH_2ClCH_2Cl$$

$$CH_2ClCH_2Cl \xrightarrow[480\sim520℃]{\text{高温裂解}} CH_2{=}CHCl + HCl$$

工业上为了利用乙烯法的副产物 HCl，将乙炔法与乙烯法联合使用，使裂解生成的 HCl 用做乙炔法的原料。因在工艺上合理，比较经济，现已得到推广。

氯乙烯主要用于合成聚氯乙烯（简称 PVC）。聚氯乙烯性质稳定，具有耐酸碱、耐化学腐蚀、不受空气氧化、不溶于一般溶剂等优良性质，是工农业中使用的重要塑料。

$$n\,CH_2{=}CHCl \longrightarrow \text{—}\!\!\left(CH_2\text{—}CHCl\right)\!\!\text{—}_n$$

4. 二氟二氯甲烷

二氟二氯甲烷可用干燥的氟化氢与四氯化碳在 $SbCl_5$ 或 $FeCl_3$ 催化下制得

$$CCl_4 + 2HF \xrightarrow{SbCl_5} CCl_2F_2 + 2HCl$$

二氟二氯甲烷为无色无臭的气体，易挥发，易压缩成不燃性液体，当压力降低后立即气化，同时吸收大量的热，因此可作冷冻剂，商品名为“氟利昂”。但现在人们发现二氟二氯甲烷对空气中臭氧层有较大的破坏作用，一旦臭氧层被破坏，日光中的紫外光就将大量照射到地球上，容易使人得皮肤癌，所以世界各国已禁止或减少生产和使用氟里昂。

5. 四氟乙烯

在工业上，使干燥的氟化氢与氯仿在催化剂 $SbCl_5$ 作用下先生成二氟一氯甲烷，该化合物受热分解即得四氟乙烯：

$$CHCl_3 + 3HF \xrightarrow{SbCl_5} CHClF_2 + 2HCl$$

$$2CHClF_2 \xrightarrow{600 \sim 800℃} F_2C{=}CF_2 + 2HCl$$

四氟乙烯在常温下为无色气体，沸点−76.3℃，不溶于水，易溶于有机溶剂。在催化剂作用下，可聚合生成聚四氟乙烯：

$$n\,F_2C{=}CF_2 \xrightarrow{(NH_4)_2S_2O_8} \left[-\underset{F}{\overset{F}{C}}-\underset{F}{\overset{F}{C}}- \right]_n$$

聚四氟乙烯（商品名为特氟隆）是一种应用广泛、性能非常稳定的塑料，具有优越的耐热性、耐寒性，机械强度高，耐强酸、强碱，无毒，是一种非常有用的工程塑料，有“塑料王”之称。

知识链接

随着合成材料的迅速发展，合成塑料、橡胶、纤维越来越多地应用于国民经济的各个部门及人们的生产生活中，但与此同时，由于高聚物被引燃而导致的火灾也在大大增加。因此，阻燃剂及阻燃材料的重要性已不容置疑。常见的溴系阻燃剂如下：

十溴二苯醚

四溴双酚 A

（十溴联苯结构式：两个苯环相连，每个苯环其余五个位置均为 Br）十溴联苯

本章小结

1. 卤代烃的命名

普通命名法：按卤原子相连的烃基的名称来命名，称为“卤代某烃”或“某基卤”。

系统命名法：饱和卤代烃的命名是选择连有卤原子的最长碳链作为主链，称为“某烷”，从靠近支链（烃基或卤原子）的一端给主链编号，把支链的位次和名称写在母体名称前，并按次序规则将较优基团排列在后；不饱和卤代烃命名时要选取含有卤原子和不饱和键在内的最长碳链作为主链，称为“某烯”或“某炔”，编号时要使双键（或叁键）的位次最小；芳香族卤代烃与卤代环烷烃的命名则一般以芳烃或脂环烃为母体命名，卤原子及支链都看作是它的取代基，若芳烃的侧链复杂，则以烃基为母体，将芳环与卤原子作为取代基命名。

2. 卤代烃的化学性质

$$RX \xrightarrow{NaOH/H_2O} ROH\text{（醇）}$$

$$RX \xrightarrow{R'ONa} ROR'\text{（醚）}$$

$$RX \xrightarrow{NaCN} RCN\text{（腈）}$$

$$RX \xrightarrow{NH_3} RNH_2\text{（胺）}$$

$$RX \xrightarrow{AgNO_3} AgX\downarrow + RONO_2\text{（硝酸酯）}$$

$$RCH_2\underset{\displaystyle X}{\underset{|}{C}}HCH_3 \xrightarrow[C_2H_5OH]{KOH} RCH{=}CHCH_3$$

$$RX + Mg \xrightarrow{\text{无水乙醚}} RMgX$$

3. 卤代烃的制法

$$\gt C{=}C\lt \xrightarrow{HX} -\underset{|}{\overset{|}{C}}-\underset{\underset{\displaystyle X}{|}}{\overset{|}{C}}-$$

$$\gt C{=}C\lt \xrightarrow{X_2} -\underset{\underset{\displaystyle X}{|}}{\overset{|}{C}}-\underset{\underset{\displaystyle X}{|}}{\overset{|}{C}}-$$

$$RCH_2CH{=}CH_2 + Cl_2 \xrightarrow{500℃} R\underset{\displaystyle Cl}{\underset{|}{C}}HCH{=}CH_2 + HCl$$

$$ROH + HX \xrightarrow[(PX_3 \text{ 或 } SOCl_2)]{} RX + H_2O$$

习题

1. 用系统命名法命名下列化合物：

(1) $CH_2BrCH_2CH_2CH_2Br$

(2) $CH_3CHClCH(CH_2CH_3)CH(CH_3)CH_3$（结构式：$CH_3CHClCHCHCH_3$，一个 CH 上连 CH_3，另一个 CH 上连 CH_2CH_3）

(3) 环己烯环，双键碳上连 Cl，对位碳上连 CH_2CH_3

(4) $F_2C{=}CF_2$

2. 写出下列化合物的结构式：

(1) 2,4-二硝基氯苯　　(2) 5-溴-1,3-环戊二烯

(3) 2-氯-5-溴己烷　　(4) 1-甲基-6-溴环己烯

3. 写出 1-溴戊烷与下列物质反应所得到的主要产物：

(1) NaOH（水溶液）　(2) KOH（醇溶液）　(3) Mg，乙醚

(4) NH_3（过量）　(5) NaCN　(6) $AgNO_3$，C_2H_5OH

4. 完成下列反应式：

(1) $CH_3CH_2CH(CH_3)CHBrCH_3 \xrightarrow{NaOH/H_2O}$

(2) 1-甲基环己烯（环己烯环，双键碳上连 CH_3）$\xrightarrow{HBr}$ $\xrightarrow{NaCN}$

(3) $CH_3CH_2CH{=}CH_2 \xrightarrow{HCl}$ $\xrightarrow[\text{乙醚}]{Mg}$ $\xrightarrow{CH_3C{\equiv}CH}$

(4) $CH_3CH_2CH(OH)CH_3 \xrightarrow{HBr}$ $\xrightarrow{AgNO_3\text{，乙醇}}$

(5) $CH_3CH(CH_3)CHBrCH_2CH_3$ —— $\xrightarrow{NaOH(\text{水})}$；$\xrightarrow{NaOH(\text{醇})}$

(6) 环己基—$CH{=}CH_2 \xrightarrow[\text{过氧化物}]{HBr}$ $\xrightarrow{NaOH，H_2O}$ $\xrightarrow{Na}$ $\xrightarrow{CH_3Br}$

5. 从指定原料合成下列化合物：

(1) 由 $CH_3CH{=}CH_2$ 合成 $CH_3CH_2CH_2OCH(CH_3)_2$

(2) 由 苯—CH_3 合成 苯—CH_2COOH

(3) 由 苯 合成 对硝基苯乙酸（NO_2—C_6H_4—CH_2COOH）

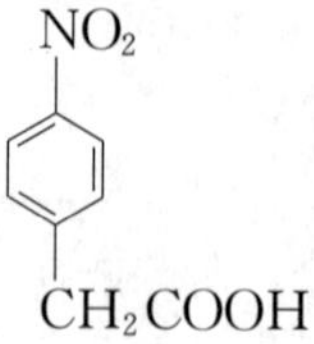

6. 用简单化学方法鉴别下列各组化合物：

(1) 正丁基氯、仲丁基氯、叔丁基氯

(2) 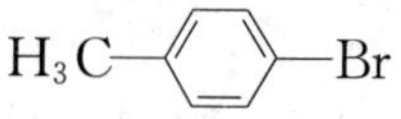 H_3C—C_6H_4—Br 、 C_6H_5—CH_2Br 、 C_6H_5—CH_2CH_2Br

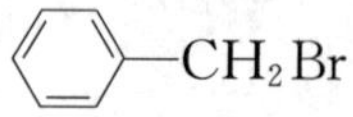

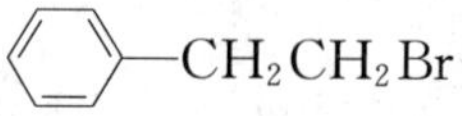

7. 请比较下列各组化合物进行反应时的速率：

(1) S_N2：环己基—$CHBrCH_3$ 、 环己基—CH_2Br 、 环己基—$CBr(CH_3)CH_3$

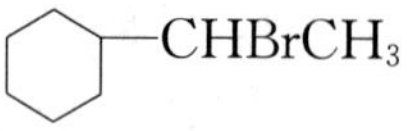

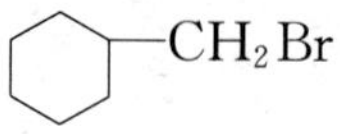

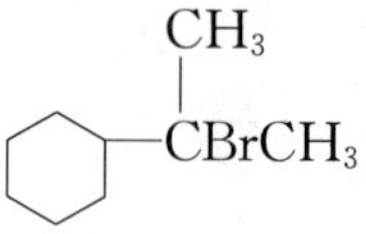

(2) S_N2：环戊基—Br、环戊基—Cl

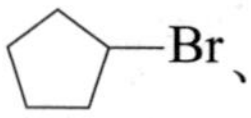

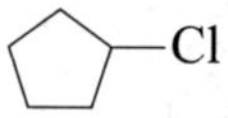

(3) S_N1：C_6H_5—CH_2Br 、 C_6H_5—CH_2CH_2Br

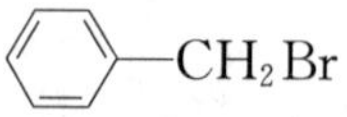

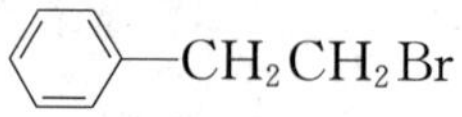

8. 分子式为 C_5H_{10} 的 A 烃，与溴水不发生反应，在紫外光照射下与溴作用得到产物 B（C_5H_9Br），B 与 KOH 的醇溶液加热得到 C（C_5H_8），C 经 $KMnO_4$ 酸性溶液氧化得到戊二酸，写出 A、B、C 的结构式及各步反应式。

9. 化合物 A 的分子组成为 C_4H_8，室温下 A 与 Br_2 作用生成化合物 B，B 组成为 $C_4H_8Br_2$；A 在光照下与 Br_2 作用下生成组成为 C_4H_7Br 的化合物 C；C 与 KOH 的醇溶液作用生成 1,3-丁二烯。试推测 A、B、C 的结构，并写出各步反应式。

10. 某卤代烃 $C_6H_{13}Br$(A) 与氢氧化钠的醇溶液作用生成 C_6H_{12}(B)，B 经氧化后得到 CH_3COCH_3（丙酮）和 CH_3CH_2COOH（丙酸）；B 与溴化氢作用则得到 A 的异构体 C。据此推出 A、B、C 的结构式，并写出有关反应式。

第十章　醇、酚、醚

学习目标

1. 了解并掌握醇、酚、醚的命名和同分异构现象。
2. 掌握醇、酚、醚的重要物理性质。
3. 掌握醇、酚、醚的化学性质。

案例导入

随着人民生活水平的大幅提高，汽车进入普通百姓家庭，汽车用汽油的需求大幅度增加。我国是世界上最大的发展中国家，人多地少，石油资源紧缺，随着世界原油价格持续攀升，环境压力日益加重，我国政府从世界乙醇汽油的发展历史以及我国的能源战略考虑，推广使用车用乙醇汽油具有重大的现实意义和深远的战略意义，是用科学发展观解决当前影响我国经济社会全面协调持续发展的诸多制约因素的积极探索。到目前为止，我国已成为世界第三大乙醇汽油生产国，乙醇汽油的使用在我国有着广阔的市场前景。那么，作为新型汽车燃料，乙醇汽油是怎样生产的呢？乙醇汽油中的乙醇是醇类中最重要、最常用的一种醇，它又有哪些性质呢？

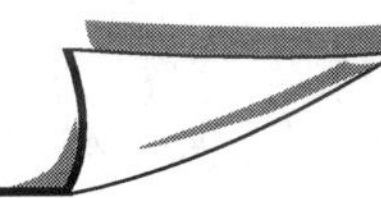

第一节　醇

水分子中的1个氢原子被烃基（R—）取代后的生成物称为醇。

一、醇的分类和命名

（一）醇的分类

（1）按羟基所连烃基的饱和程度不同，醇可分为饱和醇和不饱和醇。例如

饱和醇：CH_3CH_2OH（乙醇）　$CH_3CH(CH_3)CH_2OH$（异丁醇）　OH-环己基（环己醇）

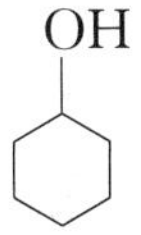

不饱和醇：$CH_2{=}CHCH_2OH$（2-丙烯醇（烯丙醇））　$CH_3C{\equiv}CCH_2CH_2OH$（3-戊炔-1-醇）

（2）按烃基的结构不同，醇可分为脂肪醇和芳香醇。例如，甲醇、乙醇、异丁醇都是脂肪醇，苯甲醇为芳香醇。

（3）按羟基所连烃基碳原子的类型不同，醇可分为伯醇（一级醇）、仲醇（二级醇）、叔醇（三级醇）。

（4）按分子中所含羟基的数目不同，醇可分为一元醇和多元醇（二元或二元以上的醇）。

$$CH_3OH \qquad \begin{array}{ccc} CH_2 & - & CH_2 \\ | & & | \\ OH & & OH \end{array} \qquad \begin{array}{ccccc} CH_2 & - & CH & - & CH_2 \\ | & & | & & | \\ OH & & OH & & OH \end{array} \qquad \begin{array}{ccccc} & & CH_2OH & & \\ & & | & & \\ HOH_2C & - & C & - & CH_2OH \\ & & | & & \\ & & CH_2OH & & \end{array}$$

甲醇　　乙二醇（甘醇）　　丙三醇（甘油）　　季戊四醇

（二）醇的命名

低级的一元醇可以用习惯命名法命名。直链一元醇称为“正某醇”，有支链的一元醇，根据烃基的结构不同，分别称为异、仲、叔某醇。例如

$$CH_3CH_2CH_2CH_2OH \qquad \begin{array}{l} CH_3CHCH_2OH \\ \quad\;\; | \\ \quad\;\; CH_3 \end{array} \qquad \begin{array}{ccccc} & & CH_3 & & \\ & & | & & \\ CH_3 & - & C & - & OH \\ & & | & & \\ & & CH_3 & & \end{array}$$

正丁醇　　异丁醇　　叔丁醇

结构比较复杂的醇，采用系统命名法命名，命名原则如下：

（1）选择含有羟基的最长碳链作为主链，根据主链碳原子的数目称为“某醇”。

（2）把支链作为取代基，从离羟基最近的一端开始编号，使羟基所连的碳原子的位次最小。

（3）把支链的位次、名称和羟基的位次写在某醇的前面。例如

$$\begin{array}{l} CH_3CHCH_2CH_2OH \\ \quad\;\; | \\ \quad\;\; CH_3 \end{array} \qquad \begin{array}{ccc} CH_3CH & - & CHCH_3 \\ \quad\;\; | & & | \\ \quad\;\; CH_3 & & OH \end{array}$$

3-甲基-1-丁醇　　3-甲基-2-丁醇

对于不饱和醇命名时，应选择含有羟基并同时含有双键或叁键的碳链为主链，并尽可能使羟基的位次最小，称为“某烯醇”或“某炔醇”，把羟基、双键或叁键的位次写在某醇的前面。例如

$$\begin{array}{l} \qquad\qquad\qquad\quad CH_3 \\ \qquad\qquad\qquad\quad | \\ CH_2{=}CHCH_2CCH_3 \\ \qquad\qquad\qquad\quad | \\ \qquad\qquad\qquad\quad OH \end{array} \qquad H_3C-C{\equiv}C-CH_2OH$$

2-甲基-4-戊烯-2-醇　　2-丁炔-1-醇

含有 2 个或 2 个以上羟基的多元醇常用俗名，比较复杂的多元醇命名时，应尽可能选择包含多个羟基在内的碳链作为主链，用二，三，四，…数字来表示羟基的数目，1，2，3，…表示羟基的位次，并写在醇名称前面。例如

$$\underset{\text{OH}}{\underset{|}{\text{CH}_2}}-\underset{\text{OH}}{\underset{|}{\text{CH}_2}}$$

1,2-乙二醇(乙二醇)

$$\underset{\text{OH}}{\underset{|}{\text{CH}_2}}-\underset{\text{OH}}{\underset{|}{\text{CH}}}-\underset{\text{OH}}{\underset{|}{\text{CH}_2}}$$

1,2,3-丙三醇(丙三醇)

$$\underset{\text{OH}}{\underset{|}{\text{CH}_2}}-\text{CH}_2-\underset{\text{OH}}{\underset{|}{\text{CH}}}-\underset{\text{OH}}{\underset{|}{\text{CH}_2}}$$

1,2,4-丁三醇

芳醇命名时可把芳环作为取代基。例如

$C_6H_5-CH_2OH$

苯甲醇(苄醇)

$C_6H_5-CH_2CH_2OH$

2-苯乙醇

二、醇的物理性质

在直链饱和一元醇中，4 个碳原子以下的醇是具有酒味的流动液体，5～11 个碳原子的醇有不愉快的气味，12 个碳原子以上的醇为无臭、无味的蜡状固体。

由于醇分子中含有极性较强的羟基，醇分子间能形成氢键，醇分子间氢键的存在会直接影响醇的熔点、沸点。除甲、乙、丙醇外，直链饱和一元醇的熔点、沸点、相对密度随相对分子质量的增加而增高。低级醇的沸点比相对分子质量相近的烷烃的沸点高得多。例如，甲醇的相对分子质量为 32，沸点为 64.7℃，而乙烷的相对分子质量为 30，沸点为−88.6℃。一部分醇的物理常数见表 10.1。

表 10.1　醇的物理常数

名称	熔点/℃	沸点/℃	相对密度（20℃）	水中的溶解度/(g/100gH_2O)
甲醇	−97	64.7	0.792	∞
乙醇	−114	78.3	0.789	∞
正丙醇	−126	97.2	0.804	∞
异丙醇	−88	82.3	0.786	∞
正丁醇	−90	117.7	0.810	7.9
异丁醇	−108	108.0	0.802	10.0
仲丁醇	−114	99.5	0.808	12.5
叔丁醇	25	82.5	0.789	∞
正戊醇	−78.5	138.0	0.817	2.4
正己醇	−52	156.0	0.819	0.6
正庚醇	−34	176	0.822	0.2
正辛醇	−15	195	0.825	0.05
正癸醇	6	228	0.829	
烯丙醇	−129	97	0.855	∞
环己醇	24	161.5	0.962	3.6
苯甲醇	−15.3	205.35	1.046	4
苄醇	−15	205	1.046	4
α-苯基乙醇		205	1.013	
β-苯基乙醇	−27	221	1.02	1.6
乙二醇	−16	197	1.113	∞
丙三醇	18	290	1.216	∞
季戊四醇	260	276（4000Pa）	1.050（15℃）	6

醇的沸点之所以这样高，是由于醇和水一样，分子间通过氢键而发生缔合作用。当醇受热气化时，除了克服分子间力要消耗能量以外，破坏氢键也需要消耗能量，因此，相对分子质量相近的醇的沸点比烷烃的沸点要高得多。

随着碳原子数的增加，醇与烷烃的沸点差在逐渐减小。例如，正十三醇和正十三烷的沸点差仅为25℃。这是因为随着碳原子数的增加，一方面长碳链起屏蔽作用，阻碍氢键的形成；另一方面羟基在分子中所占的比例降低，分子间以烷基的相互作用力为主，因此，高级醇的沸点与相应的烷烃的沸点差要小得多。对于碳原子数相同的醇，支链越多，沸点越低。

$$\cdots\underset{\mathrm{R}}{\underset{|}{\mathrm{O}}}—\mathrm{H}\cdots\underset{\mathrm{R}}{\underset{|}{\mathrm{O}}}—\mathrm{H}\cdots\underset{\mathrm{R}}{\underset{|}{\mathrm{O}}}—\mathrm{H}\cdots\underset{\mathrm{R}}{\underset{|}{\mathrm{O}}}—\mathrm{H}\cdots\underset{\mathrm{R}}{\underset{|}{\mathrm{O}}}—\mathrm{H}\cdots$$

二元及二元以上的多元醇，羟基越多，沸点越高，在水中的溶解度越大。例如，乙二醇的沸点为197℃，丙三醇的沸点为290℃，都能与水混溶。

低级醇能和一些无机盐类如 $MgCl_2$、$CaCl_2$、$CuSO_4$ 等形成结晶醇络合物，如 $MgCl_2 \cdot 6CH_3OH$、$CaCl_2 \cdot 3C_2H_5OH$、$CaCl_2 \cdot 4CH_3OH$ 等，结晶醇不溶于有机溶剂而溶于水。利用醇的这一性质可使其与其他化合物分离，或从反应物中除去醇。由于这一性质，在实验室中不能用干燥剂无水 $CaCl_2$ 干燥乙醇等低级醇，但也可用来除去混合物中的少量低级醇。

三、醇的化学性质

醇的化学性质发生在三个部位，即醇羟基上的H—O键、C—O键及α-H。

1. 与活泼金属的反应

醇分子可电离成烷氧负离子和质子，表现出一定的酸性。但由于烷基的供电子诱导效应，使醇不易释放出氢离子，所以，醇的酸性比水弱（水的 $pK_a=15.7$，甲醇的 $pK_a=16$）。实践表明，醇分子中α-碳原子上连接的烷基越多，酸性越弱，醇的酸性由强到弱的顺序为甲醇>伯醇>仲醇>叔醇；反之，醇分子中α-碳原子上连接的是吸电子基，使醇的酸性增强。

$$\mathrm{ROH} \rightleftharpoons \mathrm{RO^-} + \mathrm{H^+}$$

醇与水的性质相似，能与钾、钠、镁等活泼金属发生反应放出氢气，但反应比水缓慢得多。

$$2\mathrm{H—OH} + 2\mathrm{Na} \longrightarrow 2\mathrm{NaOH} + \mathrm{H_2}\uparrow$$

$$2\mathrm{R—OH} + 2\mathrm{Na} \longrightarrow 2\mathrm{R—ONa} + \mathrm{H_2}\uparrow$$

不同类型的醇的活性顺序为甲醇>伯醇>仲醇>叔醇。

醇钠是常用的强亲核试剂，有强碱性，其碱性比氢氧化钠还强。醇钠是白色固体，易溶于水，遇水立即分解生成醇和氢氧化钠。

$$2\mathrm{R—ONa} + \mathrm{H_2O} \rightleftharpoons \mathrm{ROH} + 2\mathrm{NaOH}$$

工业上为了避免使用价格昂贵的金属钠，一般采用醇与氢氧化钠反应。加入苯、醇与水形成恒沸混合液进行蒸馏，除去水分，破坏平衡，使平衡向生成醇钠的方向进行。

醇钠的化学性质很活泼，在有机合成上可用做强碱、缩合剂、烷氧基化试剂。乙醇钠 C_2H_5ONa、异丙醇铝 $[(CH_3)_2CHO]_3Al$ 和叔丁醇铝 $[(CH_3)_3CO]_3Al$ 等都是很好的还原剂和催化剂，在有机合成上都有重要的用途。

2. 与氢卤酸的反应

醇与氢卤酸作用，醇分子中的羟基被氢卤酸分子中的卤原子取代而生成卤代烷和水。这是制备卤代烷的重要方法。

$$R-OH + H-X \rightleftharpoons RX + H_2O$$

醇与氢卤酸反应的速度与氢卤酸的性质和醇的结构有直接关系。

氢卤酸的活性顺序为 HI＞HBr＞HCl；醇的活性顺序为烯丙醇＞苄醇＞叔醇＞仲醇＞伯醇。

当伯醇与氢碘酸一起加热比较容易生成碘代烃，而与浓盐酸一起加热时必须要有无水氯化锌存在才能生成氯代烃。

将浓盐酸与无水氯化锌制成的溶液称为卢卡氏（Lucas）试剂。卢卡氏试剂与醇作用时，叔醇反应最快，立即出现混浊现象；仲醇较慢，放置片刻后才出现混浊；伯醇在常温下不反应（烯丙醇型伯醇除外，其可以迅速发生反应），加热后才起反应。利用卢卡氏试剂与醇类反应出现混浊现象所需要的时间和分层情况，可以判别伯、仲、叔醇。例如

$$CH_3-\underset{CH_3}{\overset{CH_3}{\underset{|}{\overset{|}{C}}}}-OH + HCl \xrightarrow[20℃]{ZnCl_2} CH_3-\underset{CH_3}{\overset{CH_3}{\underset{|}{\overset{|}{C}}}}-Cl + H_2O$$

（立即出现混浊，分层）

$$CH_3CH_2\underset{OH}{\underset{|}{C}}HCH_3 + HCl \xrightarrow[20℃]{ZnCl_2} CH_3CH_2\underset{Cl}{\underset{|}{C}}HCH_3 + H_2O$$

（数分钟后出现混浊，分层）

$$CH_3CH_2CH_2CH_2OH + HCl \xrightarrow[20℃]{ZnCl_2} CH_3CH_2CH_2CH_2Cl + H_2O$$

（加热后才发生反应）

由于 C_6 以下的醇可溶于卢卡氏试剂，所以此反应只适用于 6 个碳原子以下的醇。

3. 与 PX_3 和 $SOCl_2$ 的反应

醇与三卤化磷（或 $P+Cl_2$）和氯化亚砜 $SOCl_2$ 反应（又称亚硫酰氯反应）生成卤代烃，是实验室制备卤代烃的一种重要方法。

$$3ROH + PX_3 \longrightarrow 3RX + H_3PO_3 \quad (X = Cl、Br)$$

例如

$$CH_3-\underset{CH_3}{\overset{CH_3}{\underset{|}{\overset{|}{C}}}}-CH_2OH + PBr_3 \xrightarrow{吡啶} CH_3-\underset{CH_3}{\overset{CH_3}{\underset{|}{\overset{|}{C}}}}-CH_2Br + H_3PO_3$$

醇与氯化亚砜反应时，条件温和，生成物除了氯代烷外，其余的都是气体，在反应过程中逸出，产物纯度高、分离方便，且产率高，反应速度快，是制备氯代烷的很好方法。

$$CH_3CH_2CH_2OH + SOCl_2 \longrightarrow CH_3CH_2CH_2Cl + SO_2\uparrow + HCl\uparrow$$

4. 与无机酸的反应

醇与硫酸、硝酸、磷酸等无机含氧酸反应，发生分子间脱水而生成无机酸酯。

例如，甲醇与硫酸作用时，因硫酸分子中有两个可离解的氢，先生成硫酸氢甲酯（酸性酯），然后再通过减压蒸馏，得到硫酸二甲酯（中性酯）。

$$CH_3—OH + HOSO_2OH \rightleftharpoons \underset{\text{硫酸氢甲酯}}{CH_3—OSO_2OH} + H_2O$$

$$\begin{array}{l} CH_3—O\boxed{SO_2OH} \\ CH_3—OSO_2\boxed{OH} \end{array} \xrightarrow[\triangle]{\text{减压蒸馏}} \underset{\text{硫酸二甲酯}}{(CH_3O)_2SO_2} + H_2SO_4$$

如用乙醇与硫酸作用可制得相应的硫酸二乙酯。

硫酸二甲酯和硫酸二乙酯都是重要的烷基化剂，有剧毒，对呼吸器官和皮肤有强烈的刺激性，使用时要特别小心。

醇与硝酸作用生成硝酸酯。例如，异戊醇与亚硝酸反应生成亚硝酸异戊酯。多元醇与硝酸作用生成的硝酸酯是烈性炸药。例如，甘油与 3 分子硝酸作用生成甘油三硝酸酯。

$$\begin{array}{l} CH_2—OH \\ | \\ CH—OH \\ | \\ CH_2—OH \end{array} + 3HNO_3 \xrightarrow[10℃]{H_2SO_4} \underset{\text{甘油三硝酸酯}}{\begin{array}{l} CH_2—O—NO_2 \\ | \\ CH—O—NO_2 \\ | \\ CH_2—O—NO_2 \end{array}} + 3H_2O$$

甘油三硝酸酯是一种烈性炸药，受热或受震动后会发生爆炸，在临床上还可用作缓解心绞痛的药物。

因磷酸是三元酸，醇与磷酸作用可生成 3 种类型的磷酸酯，即磷酸单酯、磷酸二酯和磷酸三酯。

$$\underset{\text{磷酸单酯}}{\begin{array}{c} O \\ \| \\ RO—P—OH \\ | \\ OH \end{array}} \qquad \underset{\text{磷酸二酯}}{\begin{array}{c} O \\ \| \\ RO—P—OR \\ | \\ OH \end{array}} \qquad \underset{\text{磷酸三酯}}{\begin{array}{c} O \\ \| \\ RO—P—OR \\ | \\ OR \end{array}}$$

磷酸酯大多是由醇与磷酰氯反应制得的。例如

$$3ROH + POCl_3 \longrightarrow \begin{array}{c} O \\ \| \\ RO—P—OR \\ | \\ OR \end{array} + 3HCl$$

一些脂肪醇的磷酸三酯常用做纺织物的阻燃剂、塑料制品中的增塑剂。此外，磷酸酯在生命活动中还具有十分重要的作用。

醇不仅可与无机酸反应，也可与有机酸羧酸反应生成羧酸酯（见第十二章）。

5. 脱水反应

由于反应条件不同，醇的脱水反应有两种形式。一种是在较高温度下，主要发生分子内脱水反应而生成烯烃；另一种是在较低温度下，主要发生分子间脱水反应而生成醚。

1）分子内脱水

在较高温度时，乙醇在浓硫酸存在下，发生β-消除，生成烯烃。例如

$$\underset{\text{H}}{\text{CH}_2}-\underset{\text{OH}}{\text{CH}_2} \xrightarrow[170^\circ\text{C}]{\text{浓}H_2SO_4} \underset{\text{乙烯}}{CH_2=CH_2}+H_2O$$

当仲醇、叔醇发生消除反应时，服从扎依采夫规则，脱去羟基和含氢较少的β-碳原子上的氢原子，即反应主要生成碳碳双键上含烃基较多的、较稳定的烯烃。有些醇的脱水反应产物，要根据它们在反应过程中生成碳正离子的稳定性来决定，如果生成较不稳定的碳正离子，则有可能重排而生成更稳定的碳正离子，然后，再按扎依采夫规则消除β-碳原子上的氢原子。例如

$$CH_3-\overset{CH_3}{\underset{CH_3}{C}}-\underset{OH}{CH}-CH_3 \xrightarrow[80^\circ\text{C}]{85\%\,H_3PO_4} \underset{80\%}{CH_3-\overset{H_3C}{C}=\overset{CH_3}{C}-CH_3} + \underset{20\%}{CH_3-\overset{H_3C}{CH}-\overset{CH_3}{C}=CH_2}$$

醇的反应活性顺序为叔醇＞仲醇＞伯醇。

2）分子间脱水

当醇类在浓硫酸存在下，在较低温度时，发生分子间脱水反应而生成醚。

$$R-O-H+H-O-R \xrightarrow[\triangle]{\text{浓}H_2SO_4} \underset{\text{醚}}{R-O-R}+H_2O$$

例如，乙醇在浓硫酸存在下，140℃时，发生分子间脱水反应而生成乙醚。

$$CH_3CH_2-OH+H-O-CH_2CH_3 \xrightarrow[140^\circ\text{C}]{\text{浓}H_2SO_4} \underset{\text{乙醚}}{CH_3CH_2-O-CH_2CH_3}+H_2O$$

由上可知，醇的脱水方式不仅与反应条件有关，而且与醇的结构有关。实验证明，仲醇易发生分子内脱水，主要产物为烯烃；叔醇脱水只能得到烯烃；而伯醇脱水可得到醚。

6. 氧化与脱氢

醇分子中与羟基直接连接的碳原子上的氢原子（α-H），由于受到羟基的影响，变得比较活泼而容易被氧化。不同结构的醇，氧化得到的产物也不同。实验室中常用的氧

化剂是高锰酸钾或重铬酸钾的硫酸溶液、氧化铬和冰醋酸溶液、三氧化铬吡啶络合物等。

伯醇被氧化生成醛或羧酸，若要得到醛，就必须把生成的醛从混合物中蒸馏出来，否则，生成的醛又被氧化为羧酸。例如

$$CH_3CH_2CH_2OH \xrightarrow{[O]} \underset{\text{丙醛}}{CH_3CH_2CHO} \xrightarrow{[O]} \underset{\text{丙酸}}{CH_3CH_2COOH}$$

仲醇氧化生成酮。例如

$$\underset{\displaystyle |\atop OH}{CH_3CHCH_3} \xrightarrow{[O]} \underset{\displaystyle \|\atop O}{CH_3CCH_3}$$

叔醇分子中不含 α-H，所以在相同条件下不能被氧化，但在强烈的氧化条件下，发生碳碳键断裂，生成碳原子数较少的氧化产物。

$$CH_3-\overset{\displaystyle CH_3}{\underset{\displaystyle OH}{C}}-CH_3 \xrightarrow{[O]} CH_3-\overset{\displaystyle O}{\overset{\|}{C}}-CH_3 + H-\overset{\displaystyle O}{\overset{\|}{C}}-H$$

$$\downarrow[O] \qquad\qquad \downarrow[O]$$

$$CH_3COOH + CO_2 \qquad CO_2 + H_2O$$

在实验室中，使用高锰酸钾或重铬酸钾的硫酸溶液氧化醇时，根据反应时生成的产物和颜色改变来区别伯、仲、叔三类醇。

氯化铬酸吡啶（PCC）、重铬酸吡啶（PDC）等试剂是较温和的氧化剂，如选用这些氧化剂氧化不饱和伯醇，不破坏碳碳双键、碳碳叁键。例如

$$C_6H_5-CH{=}CH-CH_2OH \xrightarrow{\text{三氧化铬-吡啶}} C_6H_5-CH{=}CH-CHO$$

伯醇和仲醇的蒸气在通过催化剂活性铜、银或镍时，发生脱氢反应，伯醇脱氢生成醛，仲醇脱氢生成酮。例如

$$CH_3CH_2OH \underset{250\sim350℃}{\overset{Cu}{\rightleftharpoons}} CH_3CHO + H_2$$

$$\underset{\displaystyle |\atop OH}{CH_3CHCH_3} \underset{500℃}{\overset{Cu}{\rightleftharpoons}} \underset{\displaystyle \|\atop O}{CH_3CCH_3} + H_2$$

脱氢反应是可逆的吸热反应，若将醇与适量的空气或氧混合，再通过催化剂进行氧化脱氢，则氢被氧化生成水，使反应可以进行到底，反应变为放热反应，且产率较高。

叔醇分子中 α-碳原子上没有氢原子，因此不能脱氢，只能脱水而生成烯烃。

四、醇的制法

1. 由烯烃水合制备

工业上以烯烃为原料，用直接或间接水合的方法制备低级醇。用乙烯可制得伯醇，其他烯烃水合只能得到仲醇或叔醇。例如

$$CH_2{=}CH_2 + H_2O \xrightarrow[\text{低温、压力}]{\text{磷酸-硅藻土}} CH_3CH_2OH$$

$$CH_3-CH=CH_2 + H_2O \xrightarrow[\text{低温、压力}]{\text{磷酸-硅藻土}} CH_3-\underset{\displaystyle OH}{\underset{|}{CH}}-CH_3$$

2. 由卤代烃水解制备

伯、仲卤代烃要在强碱性条件下水解生成醇，而叔卤代烃用水就可水解生成醇。

$$RX + H_2O \xrightarrow{OH^-} ROH + HX$$

$$CH_2=CH-CH_2Cl + H_2O \xrightarrow{Na_2CO_3} CH_2=CH-CH_2OH + HCl$$

3. 由格氏试剂制备

格氏试剂与不同的醛、酮作用，可分别生成伯醇、仲醇或叔醇（见十一章）。

（1）格氏试剂与甲醛作用生成伯醇。

$$HCHO + R-MgX \xrightarrow{\text{无水乙醚}} R-CH_2-OMgX \xrightarrow{H_2O} \underset{\text{伯醇}}{R-CH_2-OH}$$

（2）格氏试剂与其他醛作用生成仲醇。

$$R-CHO + R'-MgX \xrightarrow{\text{无水乙醚}} R-\underset{\displaystyle R'}{\underset{|}{CH}}-OMgX \xrightarrow{H_2O} \underset{\text{仲醇}}{R-\underset{\displaystyle R'}{\underset{|}{CH}}-OH}$$

（3）格氏试剂与酮作用生成叔醇。

$$\begin{matrix}R\\ \quad\diagdown\\ \quad C=O\\ \quad\diagup\\ R'\end{matrix} + R''-MgX \xrightarrow{\text{无水乙醚}} R-\overset{\displaystyle R''}{\overset{|}{\underset{\displaystyle R'}{\underset{|}{C}}}}-OMg \xrightarrow{H_2O} \underset{\text{叔醇}}{R-\overset{\displaystyle R''}{\overset{|}{\underset{\displaystyle R'}{\underset{|}{C}}}}-OH}$$

4. 由醛、酮或羧酸、酯制备

醛、酮还原后生成相应的伯醇和仲醇，羧酸、酯还原后生成伯醇。

例如

$$R-CHO \xrightarrow{[H]} R-CH_2OH$$

$$\begin{matrix}R\\ \quad\diagdown\\ \quad C=O\\ \quad\diagup\\ R'\end{matrix} \xrightarrow{[H]} \begin{matrix}R\\ \quad\diagdown\\ \quad CHOH\\ \quad\diagup\\ R'\end{matrix}$$

$$CH_3(CH_2)_7CH=CH(CH_2)_7COOC_4H_9 \xrightarrow{Na\text{-}C_4H_9OH} CH_3(CH_2)_7CH=CH(CH_2)_7CH_2OH$$

还原羰基化合物常用的还原剂有 $Na\text{-}C_2H_5OH$、$LiAlH_4$ 等，还可用 Ni、Pt、Pd 等。

五、常用的醇

1. 甲醇

甲醇又称木精，最初从木材中干馏而得。近代工业上以合成气（$CO+2H_2$）、天然气（CH_4）为原料，在高温、高压和催化剂存在下合成。

$$CO + 2H_2 \xrightarrow[20MPa,300℃]{CuO、ZnO、Gr_2O_3} CH_3OH$$

纯净的甲醇为无色透明液体，有类似于酒精的气味，易燃，爆炸极限 6.0%～35.5%（体积分数）。甲醇毒性很强，少量饮用（1～10mL）或长期与它的蒸气接触会使眼睛失明，甚至会致人死亡，所以在使用时要特别小心。

甲醇不仅是优良的溶剂，而且是重要的化工原料，如用于合成氯甲烷、甲胺、硫酸二甲酯、有机玻璃、合成纤维（涤纶）等。

2. 乙醇

乙醇俗称酒精，是无色透明的易燃液体，能与水及大多数有机溶剂混溶。

工业上以乙烯为原料，用直接或间接水合的方法生产乙醇。另外，古代劳动人民创造的发酵法生产乙醇现在仍在应用。

$$\underset{淀粉(甘薯、谷物等)}{(C_6H_{10}O_5)_n} \xrightarrow{淀粉酶} \underset{麦芽糖}{C_{12}H_{22}O_{11}} \xrightarrow{麦芽糖酶} \underset{葡萄糖}{C_6H_{12}O_6} \xrightarrow{酒化酶} C_2H_5OH + CO_2$$

乙醇是重要的有机溶剂，也是重要的化工原料，医药上用作消毒剂和防腐剂，还是重要的燃料。

3. 乙二醇

乙二醇俗称甘醇，它是最简单也是最重要的二元醇。工业上以环氧乙烷为原料，用水合法生产。

$$CH_2{=}CH_2 + O_2 \xrightarrow[220 \sim 280℃]{Ag} \underset{\diagdown\ O\ \diagup}{CH_2{-}CH_2} \xrightarrow[190 \sim 220℃,2.24MPa]{H_2O} \underset{OH\quad\ OH}{\underset{|\qquad\ |}{CH_2{-}CH_2}}$$

乙二醇是无色黏稠而又带有甜味的液体，沸点 197℃，能与水混溶，有毒性。它既是飞机、汽车水箱里使用的抗冻剂，又是重要的化工原料，可用于制造树脂、增塑剂和合成纤维等，还是常用的高沸点溶剂。

4. 丙三醇

丙三醇俗称甘油，为无色而有甜味的黏稠液体。因分子中含有的 3 个羟基，都可形成氢键，所以沸点很高（290℃）。丙三醇与水可混溶，也能溶于乙醇，但不溶于乙醚、氯仿等有机溶剂。工业上，以丙烯为原料合成丙三醇：

$$CH_3{-}CH{=}CH_2 \xrightarrow[500℃]{Cl_2} ClCH_2{-}CH{=}CH_2 \xrightarrow[25 \sim 30℃]{Cl_2,H_2O} \underset{Cl\qquad Cl\qquad OH}{\underset{|\qquad\ |\qquad\ |}{CH_2{-}CH{-}CH_2}} + \underset{Cl\qquad OH\quad Cl}{\underset{|\qquad\ |\qquad\ |}{CH_2{-}CH{-}CH_2}}$$

$$\xrightarrow[\triangle,-HCl]{Ca(OH)_2 或 NaOH} \underset{\diagdown\ O\ \diagup\qquad\qquad}{CH_2{-}CH_2{-}CH_2Cl} \xrightarrow[150℃]{NaCO_3} \underset{OH\quad OH\quad OH}{\underset{|\qquad\ |\qquad\ |}{CH_2{-}CH{-}CH_2}}$$

丙三醇吸湿性很强，能吸收空气中的水分。它可用来制造炸药、合成树脂、化妆品、药物及用作烟草和纺织品的润湿剂，用途很广。硝酸甘油有扩张冠状动脉的作用，在医药上用来治疗心绞痛等。

5. 季戊四醇

季戊四醇［$C(CH_2OH)_4$］是含有4个羟甲基的多元醇。

工业上用甲醛和乙醛为原料，进行交叉缩合反应和交叉歧化反应来制备季戊四醇。例如

$$3HCHO + CH_3CHO \xrightarrow[55℃]{Ca(OH)_2} (CH_2OH)_3—C—CHO$$

$$(CH_2OH)_3—C—CHO + HCHO \xrightarrow[55℃]{Ca(OH)_2} \underset{季戊四醇}{C(CH_2OH)_4} + Ca(HCOO)_2$$

季戊四醇为白色结晶粉末，溶于水，微溶于乙醇，可用来制造飞机用的高级涂料、聚季戊四醇树脂、表面活性剂、增塑剂等。

6. 苯甲醇

苯甲醇俗称苄醇，工业上可从苯氯甲烷水解来制备。

$$C_6H_5CH_2Cl \xrightarrow[105℃]{10\%Na_2CO_3,H_2O} C_6H_5CH_2OH$$

苯甲醇存在于茉莉等香精油中，为无色液体，有芳香气味，微溶于水，易溶于有机溶剂。它可用做香料的溶剂和定香剂，也可用来制备药物。苯甲醇有微弱的麻醉作用，在医药上常用做青霉素的注射液，以减轻注射时的疼痛。

【练习】

1. 用系统命名法命名下列化合物：

(1) $CH_3—C(CH_3)_2—OH$　(2) $(CH_3)_2CHCH═CHCH(OH)CH_3$　(3) $CH_2═CHCH_2C(CH_3)(OH)CH_3$

2. 写出下列醇的构造式，并指出它是伯醇、仲醇还是叔醇？

(1) 1-苯乙醇　(2) 环己基甲醇

(3) 4-甲基-1-己醇　(4) 三苯基甲醇

3. 比较下列化合物沸点的高低：

(1) 正戊醇　(2) 异戊醇　(3) 叔戊醇　(4) 正己醇　(5) 正戊烷

4. 排列下列醇与 $ZnCl_2$＋HCl 反应时由快到慢的活性顺序：

(1) 烯丙醇　(2) β-苯乙醇　(3) 2-甲基-2-丙醇　(4) 2-丁醇

5. 写出下列反应的主要产物：

(1) $C_6H_5—CH_2OH \xrightarrow{KMnO_4,\ H_2O}$

(2) $CH_2═CHCH_2—CH_2OH \xrightarrow{K_2Cr_2O_7\text{-稀 }H_2SO_4}$

(3) 2-甲基环己醇（环己烷环上 —OH，邻位 —CH_3）$\xrightarrow{CrO_3\text{-冰醋酸}}$

（4） $CH_3-\underset{\underset{OH}{|}}{CH}-CH_3 \xrightarrow[400\sim480℃]{Cu}$

6. 写出下列反应的主要产物：

（1） $CH_3CH_2CH_2CH{=}CH_2 \xrightarrow{H_2O/H^+}$

（2） $CH_3CH_2CH_2CH{=}CH_2 \xrightarrow[\text{过氧化物}]{HBr}$ ？ $\xrightarrow{H_2O/OH^-}$？

第二节　酚

一、酚的分类和命名

羟基与苯环直接相连的化合物称为酚。最简单的酚为苯酚，其通式为 Ar—OH。酚按其分子中羟基的数目，可分为一元酚和多元酚。

一元酚：

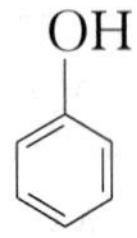

苯酚 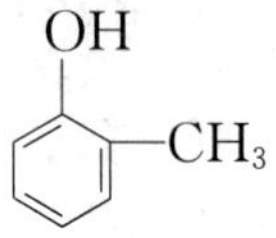　　邻甲苯酚 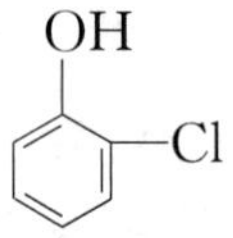　　邻氯苯酚 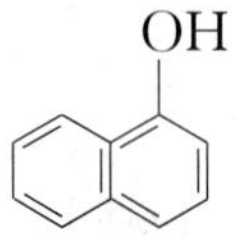　　α-萘酚

多元酚：

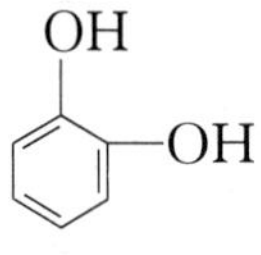

邻苯二酚 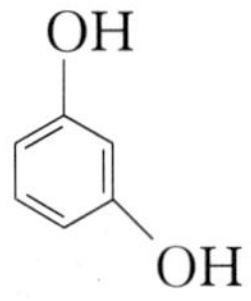　　间苯二酚 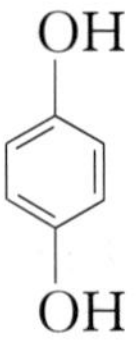　　对苯二酚

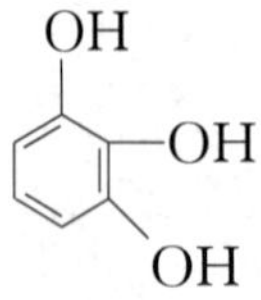

连苯三酚 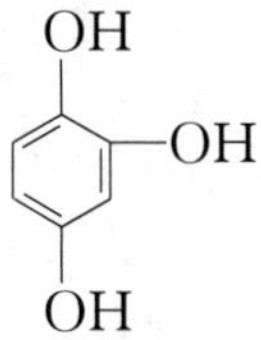　　偏苯三酚 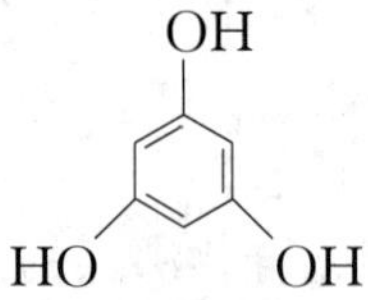　　均苯三酚

二、酚的物理性质

除少数烷基酚为高沸点液体外，大多数酚为无色结晶固体。由于酚的性质比较活泼，因此酚易被空气氧化而呈粉红色或红色。

由于酚分子中含有羟基，因此，酚与醇相似，也可发生酚分子间或酚与水分子间的氢键缔合现象。苯酚的沸点、熔点和在水中的溶解度都比相对分子质量相近的环己醇高。总体上说，酚类在水中的溶解度随羟基数目的增加而增大。一部分常见酚的物理常数见表 10.2。

表 10.2　酚的物理常数

名称	熔点/℃	沸点/℃	溶解度/(g/100gH_2O)	pK_a
苯酚	40.8	181.8	8	9.98
邻甲苯酚	30.5	191	2.5	10.28
间甲苯酚	11.9	202.2	2.6	10.08
对甲苯酚	34.5	201.8	2.3	10.24
邻硝基苯酚	44.5	214.5	0.2	7.23
间硝基苯酚	96	194	2.2	8.40
对硝基苯酚	114	295	1.5	7.15
2,4,6-三硝基苯酚	122	分解（300℃爆炸）	1.4	0.25
α-萘酚	94	279	难	9.31
β-萘酚	123	286	0.1	9.55

三、酚的化学性质

由于酚羟基与苯环直接相连，羟基受苯环的影响，在性质上与醇羟基有一定的差别。酚的苯环由于受羟基的影响而变得活泼，因此酚的芳环上更容易发生取代反应。酚的化学性质集中反映在O—H键、C—O键断裂和苯环上的取代反应上。

（一）酚羟基的反应

1. 酸性

苯酚的酸性（$pK_a=10$）比醇（乙醇 $pK_a=17$，环己醇 $pK_a=18$）强，但比碳酸（$pK_a=6.38$）弱。苯酚能与氢氧化钠溶液作用，生成可溶于水的酚钠。

$$C_6H_5OH + NaOH \longrightarrow C_6H_5ONa + H_2O$$

但苯酚不能与碳酸氢钠作用生成盐。在酚钠水溶液中通入CO_2，酚就可游离出来。

$$C_6H_5ONa + CO_2 + H_2O \longrightarrow C_6H_5OH + NaHCO_3$$

利用酚的这一性质，可区别或分离酚和羧酸及其混合物。

苯酚不能使石蕊变色，因此苯酚的酸性比碳酸还弱，酸性顺序为羧酸＞碳酸＞苯酚，故苯酚又叫石炭酸。

苯酚的酸性是由于酚羟基中氧原子的p轨道与苯环的π轨道形成了p-π共轭体系，p电子发生离域而使氧原子上的电子云密度降低，从而有利于氢原子离解成质子而呈酸性。离解后生成的苯氧负离子，由于氧原子上的负电荷可以更好的离域，因而比苯酚更为稳定。

2. 酚醚的生成

酚与醇相似，也能生成醚。但酚羟基的C—O键比较牢固，一般不能通过酚分子间脱水的方法来制备醚。酚醚一般通过威廉姆森合成法来制备，通常用酚盐和烷基化试剂（卤代烃或硫酸二甲酯）作用。例如

$$C_6H_5ONa + ICH_3 \longrightarrow C_6H_5OCH_3 + NaI$$

苯甲醚

二芳基醚可由酚钠与芳卤代烃作用制得，但由于芳环上的卤原子不活泼，所以必须在铜催化下加热而制得。例如

$$C_6H_5ONa + Br-C_6H_5 \xrightarrow[210℃]{Cu} C_6H_5-O-C_6H_5$$

二苯醚

酚醚的化学性质比较稳定，但与氢碘酸作用时可分解为原来的酚。

$$C_6H_5OCH_3 + HI \xrightarrow{\triangle} C_6H_5OH + CH_3I$$

由于酚醚比较稳定，在有机合成上，常用酚醚来保护酚羟基，以免在反应中酚羟基被氧化，待反应结束后，再将酚醚分解为原来的酚。

3. 酯的生成

酚与醇相似也可生成酯，但酚直接生成酯比醇困难，因醇的酯化是放热反应，而酚的酯化是吸热反应，对平衡反应不利，因此，一般采用酚或酚钠与酰氯或酸酐反应来制得酯。例如

$$C_6H_5OH + CH_3COCl \xrightarrow{10\%NaOH} C_6H_5O-CO-CH_3$$

乙酰苯酯

$$C_6H_5OH + CH_3-\overset{\overset{O}{\|}}{C}-O-\overset{\overset{O}{\|}}{C}-CH_3 \xrightarrow{10\%NaOH} C_6H_5O-\underset{\underset{O}{\|}}{C}-CH_3$$

乙酰苯酯

$$C_6H_5OH + C_6H_5COCl \xrightarrow[45℃]{10\%NaOH} C_6H_5COO-C_6H_5$$

苯甲酸苯酯

4. 与三氯化铁的显色反应

大多数酚与三氯化铁溶液作用生成有颜色的配合物。

$$6Ar-OH + FeCl_3 \longrightarrow [Fe(OAr)_6]^{3-} + 6H^+ + 3Cl^-$$

不同的酚所形成的配合物显示不同的颜色，这种特殊颜色的反应，常用做酚的定性鉴定。

与三氯化铁的显色反应并不限于酚，凡具有烯醇式结构的化合物，都可发生这种显色反应。不同酚与三氯化铁反应所显的颜色见表 10.3。

表 10.3　不同酚与三氯化铁反应所显的颜色

化合物	所显颜色	化合物	所显颜色
苯酚	蓝紫色	1,2,4-苯三酚	蓝绿色
邻苯二酚	深绿色	1,2,3-苯三酚	淡棕红色
对甲苯酚	蓝色	α-萘酚	紫色结晶
间苯二酚	深紫色	β-萘酚	绿色
对苯二酚	暗绿色结晶	—	—

（二）苯环上的反应

羟基是较强的第一类定位基，羟基与苯环相连后，可使苯环活化。酚的苯环上发生亲电取代反应要比苯容易得多。

1. 卤化

当苯酚与过量的溴水在室温下作用时，立即生成 2,4,6-三溴苯酚白色沉淀。

$$C_6H_5OH + 3Br_2 \xrightarrow{H_2O} C_6H_2Br_3OH \downarrow + 3HBr$$

2,4,6- 三溴苯酚(白色)

2,4,6-三溴苯酚的溶解度很小，极稀的（$\mu L/L$）苯酚溶液中也有三溴苯酚析出，反应非常灵敏，故此反应可用于苯酚的定性鉴定和定量测定。

卤化反应如在弱极性或非极性溶剂中和低温条件下，控制卤素的用量，可得到一卤代酚或二卤代酚。

$$C_6H_5OH \xrightarrow[\text{低温 } Br_2]{CS_2\text{（或 } CCl_4\text{）非极性溶剂}} \text{对溴苯酚} + \text{邻溴苯酚}$$

$$C_6H_5OH \xrightarrow[\text{冰醋酸}]{\text{低温 } Cl_2} \text{2,4-二氯苯酚}$$

2. 硝化

苯酚在室温下即可被稀硝酸硝化，生成邻、对位硝基苯酚的混合物。由于苯酚的性质比较活泼，因此，苯酚易被硝酸氧化而有较多的副产物，故硝化产物的产率较低。

$$C_6H_5OH + HNO_3(20\%) \xrightarrow{25℃} \text{邻硝基苯酚}(-NO_2) + \text{对硝基苯酚}(NO_2)$$

邻硝基苯酚由于羟基与硝基相距较近，可形成分子内氢键而构成六元环状的螯合物。而对硝基苯酚因羟基与硝基相距较远，不能形成螯合环，只能形成分子间氢键而缔合，相对分子质量较高，不能随水蒸气而挥发。因此，利用这一性质，可用水蒸气蒸馏的方法把邻硝基苯酚和对硝基苯酚分开。

3. 磺化

苯酚与浓硫酸作用时，易使苯酚磺化，温度不同可得到不同的羟基苯磺酸，继续磺化，则可得到苯酚二磺酸。

$$\text{C}_6\text{H}_5\text{OH} \xrightarrow{\text{浓硫酸}} \begin{cases} \xrightarrow{25^\circ\text{C}} \text{邻-HOC}_6\text{H}_4\text{SO}_3\text{H} \\ \xrightarrow{100^\circ\text{C}} \text{对-HOC}_6\text{H}_4\text{SO}_3\text{H} \end{cases} \xrightarrow{\text{浓硫酸}} \text{2-OH-1,5-}(\text{SO}_3\text{H})_2\text{C}_6\text{H}_3$$

苯酚分子中引入 2 个磺酸基后，使苯环钝化，不易被氧化，再用浓硝酸硝化时，磺酸基被硝基取代而生成 2,4,6-三硝基苯酚，这是工业上合成 2,4,6-三硝基苯酚的方法。

$$\text{HOC}_6\text{H}_3(\text{SO}_3\text{H})_2 \xrightarrow{\text{HNO}_3} \text{HOC}_6\text{H}_2(\text{NO}_2)_3$$

2,4,6-三硝基苯酚

2,4,6-三硝基苯酚俗称苦味酸，黄色固体，熔点 122℃，有苦味，可溶于乙醇、乙醚和热水中，它的水溶液呈强酸性（$pK_a = 0.25$）。苦味酸及其盐极易爆炸，可用做炸药。

4. 傅-克反应

由于酚的化学性质比较活泼，因此，酚比芳烃容易发生烷基化和酰基化反应，常用 HF、BF_3、浓硫酸等作催化剂，烯烃或醇为烷基化试剂。例如

$$\text{C}_6\text{H}_5\text{OH} + (\text{CH}_3)_2\text{CHCl} \xrightarrow{\text{HF}} \text{对-HOC}_6\text{H}_4\text{C}(\text{CH}_3)_3$$

$$\text{对-HOC}_6\text{H}_4\text{CH}_3 + (\text{CH}_3)_2\text{C}{=}\text{CH}_2 \xrightarrow{\text{浓硫酸}} \text{2,6-}[(\text{CH}_3)_3\text{C}]_2\text{-4-CH}_3\text{C}_6\text{H}_2\text{OH}$$

2,6-二叔丁基-4-甲基苯酚

（俗称二六四抗氧剂）

二六四抗氧剂为无色晶体，可用于有机物的抗氧剂、食物的防腐剂。

酚类用无水三氯化铝作催化剂发生酰基化反应时，往往产率不高。但如和乙酸反应，用三氟化硼作催化剂发生酰基化反应，可得到较高产率的对羟基苯乙酮。

$$C_6H_5OH + CH_3COOH \xrightarrow{Br_2} p\text{-}HOC_6H_4COCH_3 + H_2O$$

对羟基苯乙酮

四、酚的制法

1. 异丙苯氧化法

工业上主要用异丙苯氧化法生产苯酚。用苯和丙烯为原料，先进行烷基化反应而得到异丙苯，将异丙苯氧化为氢过氧化异丙苯，再进行酸化得到苯酚和丙酮。例如

$$C_6H_6 + CH_3CH{=}CH_2 \xrightarrow[80\sim90℃]{\text{无水 }ACCl_3} C_6H_5{-}CH(CH_3)_2 \xrightarrow[0.3\sim0.4MPa]{O_2\ 100\sim120℃} C_6H_5{-}C(CH_3)_2OOH$$

氢过氧化异丙苯

$$\xrightarrow[60℃]{H_2SO_4} C_6H_5OH + CH_3COCH_3$$

氧化反应一般在弱碱性条件下进行。

2. 芳磺酸碱熔法

以苯为原料，通过磺化、成盐、碱熔、酸化即可得到苯酚。

磺化：

$$C_6H_6 \xrightarrow[140\sim180℃]{\text{浓 }H_2SO_4} C_6H_5{-}SO_3H + H_2O$$

成盐：

$$C_6H_5{-}SO_3H + Na_2SO_3 \longrightarrow C_6H_5{-}SO_3Na + SO_2 + H_2O$$

碱熔：

$$C_6H_5{-}SO_3Na + 2NaOH \xrightarrow{\text{熔融}} C_6H_5{-}ONa + Na_2SO_3 + H_2O$$

酸化：

$$C_6H_5{-}ONa + SO_2 + H_2O \longrightarrow C_6H_5{-}OH + Na_2SO_3$$

工业上把苯磺酸钠的生产和酸化操作结合起来，碱熔时的副产物 Na_2SO_3 可用来使苯磺酸转化成盐，同时放出的 SO_2 用来酸化苯酚钠。

五、常用的酚

1. 苯酚

纯净的苯酚是无色透明的针状晶体，熔点 43℃，有特殊的气味。暴露在空气中，

易被氧化而变为红色或深褐色，故要避光保存。苯酚在冷水中微溶，65℃以上可与水混溶，易溶于乙醇、乙醚、苯等有机溶剂。苯酚有毒，能灼伤皮肤。

苯酚是有机合成的重要原料，医药上用作防腐剂和消毒剂，大量用于制造合成酚醛树脂、环氧树脂以及其他高分子材料、药物、染料、炸药等。

2. 对苯二酚

对苯二酚又称氢醌，为无色或浅灰色针状晶体，熔点170℃，溶于水、乙醇、乙醚。对苯二酚有毒，可渗入皮肤而引起中毒，其蒸气可导致眼病，在使用时要小心。

对苯二酚极易氧化为醌，是一种强还原剂。在高分子材料中用做抗氧剂、阻聚剂和橡胶防老剂等。

对苯二酚可用苯酚或苯胺氧化为对苯醌后，再经还原制得。

$$\text{C}_6\text{H}_5\text{OH} \xrightarrow[10^\circ\text{C}]{Na_2Gr_2O_7,\ H_2SO_4} \text{O=C}_6\text{H}_4\text{=O} \xrightarrow{SO_2,\ H_2O} \text{HO-C}_6\text{H}_4\text{-OH}$$

$$\text{C}_6\text{H}_5\text{NH}_2 \xrightarrow[H_2SO_4]{MnO_2} \text{O=C}_6\text{H}_4\text{=O} \xrightarrow{Fe+HCl} \text{HO-C}_6\text{H}_4\text{-OH}$$

对苯醌　　对苯二酚

对苯二酚常被用做显影剂，使照相和底片上感光后的溴化银还原为金属银。例如

$$\text{HO-C}_6\text{H}_4\text{-OH} + 2AgBr + 2OH^- \longrightarrow \text{O=C}_6\text{H}_4\text{=O} + 2Ag + 2HBr + 2H_2O$$

3. 萘酚

萘酚可分为α-萘酚和β-萘酚两种异构体，少量存在于煤焦油中。α-萘酚为无色针状晶体，在空气中和光照下，渐渐变为玫瑰色，易升华，熔点96℃，难溶于水，易溶于乙醇、乙醚、氯仿等有机溶剂中，微溶于四氯化碳。其化学性质与苯酚相似，有弱酸性，可溶于碱。

工业上以α-萘胺为原料，在稀硫酸中加压水解而制得α-萘酚。例如

$$\text{C}_{10}\text{H}_7\text{NH}_2 + H_2O \xrightarrow[200^\circ\text{C},\ 1.4\text{MPa}]{\text{稀 } H_2SO_4} \text{C}_{10}\text{H}_7\text{OH}$$

α-萘酚

α-萘酚可用做塑料、橡胶中的抗氧剂和防老剂，也可用来合成香料、农药、染料等。

β-萘酚为无色或稍带黄色的片状晶体，在空气中和光照下颜色也容易变深，熔点122℃，溶解性能与α-萘酚相似，也易升华。

工业上β-萘酚可用萘磺酸碱熔法制得。例如

$$\text{C}_{10}\text{H}_7\text{—SO}_3\text{H} \xrightarrow[\text{中和}]{Na_2SO_3} \text{C}_{10}\text{H}_7\text{—SO}_3\text{Na} \xrightarrow[\text{碱熔}]{NaOH} \text{C}_{10}\text{H}_7\text{—ONa} \xrightarrow[\text{酸化}]{SO_2 + H_2O} \text{C}_{10}\text{H}_7\text{—OH} + Na_2SO_3$$

β-萘酚

与苯酚相似，萘酚的羟基也容易生成酚醚和酚酯。

$$\text{C}_{10}\text{H}_7\text{—OH} \xrightarrow[H_2O]{NaOH} \text{C}_{10}\text{H}_7\text{—ONa} \xrightarrow{CH_3I} \text{C}_{10}\text{H}_7\text{—OCH}_3$$

β-萘甲醚

β-萘甲醚是一种香料。β-萘酚与α-萘酚的用途相似。

【练习】

1. 写出下列化合物的构造式：

（1）间羟基苯甲醇　（2）邻苯二酚（儿茶酚）　（3）5-硝基-α-萘酚

2. 判断下列试剂与苯酚有无反应，若有则写出反应方程式：

（1）稀硝酸　（2）溴水　（3）乙酸酐

（4）乙酰氯　（5）碳酸氢钠　（6）硫酸

3. 采用什么方法可以从邻羟基苯乙酮和对羟基苯乙酮的混合物中分离出邻、对位异构体？

4. 比较下列化合物酸性的强弱：

（1）乙醇　（2）苯酚　（3）对甲苯酚　（4）对硝基苯酚

第三节　醚

一、醚的分类和命名

1. 醚的分类

醚是2个烃基通过氧原子连接起来的化合物。醚可以看作是水分子中的2个氢原子被烃基取代后的生成物，也可以看作是醇羟基中的氢原子被烃基取代后的生成物，烃基可以是烷基、烯基或芳基。其通式为R—O—R′(Ar)。醚分子中的官能团（—O—）叫做醚键。

醚可分为单醚和混醚。醚键两端连接的烃基相同（即R=R′）称为单醚，2个烃基不同（即R≠R′）称为混醚。醚键两端连接的都是饱和烃基的称为饱和醚，2个烃基中有一个是不饱和烃基的称为不饱和醚。醚键两端连接的都是脂肪烃基的称为脂肪醚，其中有一端连接的是芳基的称为芳醚。如果烃基与氧原子连接成环状称为环醚，多氧的大环醚称为冠醚。

2. 醚的命名

醚的命名有习惯命名法和系统命名法。用得较多的是习惯命名法，即把醚键两端连接的烃基的名称（按碳原子数目少的在前、多的在后）写在“醚”字前面。但芳醚要把芳基写在脂肪烃基前面来命名。单醚在相同烃基名称前加“二”字（“二”字也可省略），混醚则按照次序规则中较优基团放在后面。例如

$CH_3CH_2OCH_2CH_3$
（二）乙醚

$CH_3OCH_2CH{=}CH_2$
甲基烯丙基醚

$C_6H_5{-}O{-}CH_3$
苯甲醚

$C_6H_5{-}O{-}C_6H_5$
二苯醚

结构比较复杂的醚，则用系统命名法命名，即取最长的碳链为主链，以烷氧基（RO—）为取代基，称为“某烷氧基某烷”。例如

$CH_3CH(OCH_3)CH_2CH_2CH_3$
2-甲氧基戊烷

$CH_2(OCH_3)CH_2CH(OCH_3)CH_3$
1,3-甲氧基丁烷

环醚多用俗名，一般称为环氧某烷。例如

$\overset{CH_2{-}CH_2}{\diagdown_{O}\diagup}$
环氧乙烷

$CH_3CHCl{-}CH{-}CH_2$（CH—CH_2 经 O 成环）
3-氯-1,2-环氧丁烷

O（$CH_2{-}CH_2$）$_2$O 六元环
1,4-二氧六环（二噁烷）

二、醚的物理性质

在常温下除甲醚、乙醚是气体外，其他大多数醚都为无色、有特殊气味、易燃的液体，相对密度小于1。由于醚分子中没有羟基，分子间不能通过氢键缔合，因此低级醚与相同碳原子数的醇相比，其沸点要低得多。醚为弱极性分子，微溶于水，这是因为醚分子与水分子之间能形成氢键缔合的缘故。大多数醚易溶于有机溶剂，醚本身就是一种优良的溶剂。一些醚的物理常数见表10.4。

表10.4　一些醚的物理常数

名称	熔点/℃	沸点/℃	相对密度（20℃）	n_D^{20}
甲醚	−140	−24.9	0.661	—
甲乙醚		7.9	0.691	—
乙醚	−116	34.5	0.741	1.3526
乙丙醚	−79	63.6	0.7386	—
丙醚	−122	90.5	0.736	1.3809
异丙醚	−86	68	0.735	1.3679
丁醚	−98	142	0.7689	1.3992
苯甲醚	−37	154	0.994	1.5179
二苯醚	27	258	1.0728	1.5787
环氧乙烷	−111.3	10.7	0.88824	1.3597

三、醚的化学性质

除了环醚外，醚对大多数试剂如碱、稀酸、氧化剂、还原剂都十分稳定。醚也是

许多反应的溶剂，它在常温下不与金属钠反应，因而可用金属钠干燥醚。但醚的稳定性是相对的，由于醚键（C—O—C）的存在，在一定条件下也能发生某些特有的化学反应。

1. 盐的生成

醚都能溶解于强酸中，这是因为在醚键的氧原子上，有孤电子对，常温下醚能接受强酸（如浓硫酸、浓 HX）的质子而生成鉾盐。例如

$$CH_3CH_2—O—CH_2CH_3 + H_2SO_4 \xrightarrow{\text{低温}} (CH_3CH_2—\ddot{O}(H)—CH_2CH_3)^+ \; HSO_4^-$$

$$\xrightarrow{H_2O} CH_3CH_2OCH_2CH_3 + H^+$$

鉾盐是强酸弱碱盐，不稳定，遇水立即分解为原来的醚，醚从酸溶液中分离出来而分层。利用醚生成鉾盐而溶于浓酸的特性，可区别烷烃或卤代烃，也可将醚从烷烃或卤代烃等混合物中分离出来。

由于醚的氧原子上有孤电子对，它能与缺电子的化合物如 BF_3、$AlCl_3$、RMgX 等形成配合物，所以，许多有机金属反应都要用醚作为溶剂。

2. 醚键的断裂

鉾盐的生成，使得醚分子中的 C—O 键的极性增强，因此，当醚遇到浓的氢卤酸共热时，醚键断裂。

$$R—O—R' + HX \xrightarrow{\triangle} R—X + R'—OH$$

$$R'—OH \xrightarrow{HX} R'—X + H_2O$$

氢卤酸的活性顺序为 HI>HBr>HCl，通常用 HI 或 HBr 来断裂醚键。

烷基醚与氢碘酸反应时，首先生成碘代烷和醇，醇可以进一步和过量的氢碘酸反应生成碘代烷。混醚与氢碘酸反应时，一般是碳原子数较少的烷基生成碘代烷，碳原子数较多的烷基生成醇。例如

$$CH_3—O—CH_2CH_3 + HX \xrightarrow{\triangle} CH_3X + CH_3CH_2OH$$

芳醚中的 C—O 键比较牢固，不能断裂。例如

$$Ar—O—R + HX \xrightarrow{\triangle} Ar—OH + R—X$$

$$Ar—O—Ar \xrightarrow{\triangle} \text{不反应}$$

3. 过氧化物的生成

醚虽然对氧化剂比较稳定，但在长期存放过程中，会慢慢地被空气中的氧氧化为过氧化物。一般认为氧化发生在 C—H α 键上，先生成氢过氧化物，然后再转变为复杂的过氧化物。

$$CH_3CH_2—O—CH_2CH_3 \longrightarrow CH_3\overset{\alpha}{C}H(O—O—H)—O—CH_2CH_3$$

过氧化物不稳定，受热极易爆炸。因此，在蒸馏乙醚时，残留液中的过氧化物浓度

逐渐增加，切记不可蒸干，以免发生爆炸。另外，醚类化合物应放在深色瓶中并避光保存。

为了防止危险的发生，在蒸馏乙醚前，要用碘化钾淀粉试纸检验，如有过氧化物存在，碘化钾被氧化析出游离的 I_2，I_2 遇淀粉变蓝色。储存过程中含有过氧化物的醚，一定要用 $FeSO_4$-H_2SO_4 的溶液洗涤或用 Na_2SO_3 等还原剂处理后方可进行蒸馏。为了防止过氧化物的生成，可在醚中加入少许金属钠或铁屑。

四、醚的制法

1. 醇分子间脱水

在用酸作为催化剂的条件下，使醇分子间脱水而生醚。在反应过程中要控制适当的温度，因为温度过高会生成烯烃。

$$R-\boxed{O-H+H}-O-R \xrightarrow[\triangle]{\text{浓}H_2SO_4} R-O-R+H_2O$$

醇分子间脱水制备醚时，伯醇产率最高，仲醇次之，叔醇只能得到烯烃。上述方法只能制备低级的简单醚。

2. 威廉姆森合成法

对于混合醚和芳醚要用威廉姆森合成法合成。

$$R-O^- \ Na^+ + X-R \longrightarrow R-O-R' + NaX$$

$$Ar-O^- \ Na^+ + X-R \longrightarrow Ar-O-R' + NaX$$

威廉姆森合成法既可合成单醚，也可合成混醚。

需要注意的是，如以叔卤代烃为原料来合成醚，由于叔卤代烃在强碱性条件下，主要发生消除反应而生成烯烃，因此，在合成醚时，应选用伯卤代烃和叔丁基醇钠作用。例如

$$\underset{\text{叔丁基醇钠}}{(CH_3)_3C-O^- \ Na^+} + \underset{\text{碘甲烷}}{CH_3I} \longrightarrow \underset{\text{甲基叔丁基醚}}{(CH_3)_3C-O-CH_3} + NaI$$

$$\underset{\text{叔丁基碘}}{(CH_3)_3CI} + \underset{\text{甲醇钠}}{CH_3ONa} \longrightarrow \underset{\text{异丁烯}}{(CH_3)_2C=CH_2} + CH_3OH + NaI$$

由于芳卤代烃中的卤原子不活泼，因此，在合成芳基醚时，一般采用酚钠而不用醇钠。

五、常用的醚

1. 乙醚

乙醚是常用的、重要的醚。乙醚是无色液体，有特殊气味，沸点 34.5℃，相对密度比水小，常温下易挥发，易燃，不能接近明火，使用时要注意安全。乙醚蒸气的相对密度比空气大 2.5 倍，实验时，应将反应中逸出的乙醚蒸气引入水沟排出户外。

乙醚微溶于水，在无机盐水溶液中的溶解度很小，能与有机溶剂混溶。乙醚是优良的有机溶剂，能溶解油脂、树脂、硝化纤维素等。纯乙醚在医药上可用做麻醉剂。

2. 环氧乙烷

环氧乙烷是最简单的环醚。它在常温下是无色、有毒的气体，熔点－110℃，沸点10.7℃，易燃，易液化，能与水混溶，可溶于乙醇、乙醚等有机溶剂。

环氧乙烷能与空气形成爆炸性混合物，爆炸极限为3.6%～78%（体积分数），使用时一定要注意安全，环氧乙烷一般储存在钢瓶中。

在工业上，合成环氧乙烷有两种方法，即氯醇法和乙烯经催化氧化而制得。例如

$$CH_2{=\!=}CH_2 \xrightarrow[75\sim80℃]{H_2O,Cl_2} CH_2Cl{-}CH_2OH \xrightarrow{Ca(OH)_2} \underset{\diagdown\ O\ \diagup}{CH_2{-}CH_2}$$

$$CH_2{=\!=}CH \xrightarrow[220\sim280℃]{O_2,Ag} \underset{\diagdown\ O\ \diagup}{CH_2{-}CH_2}$$

环氧乙烷的化学性质很活泼，在酸、碱催化下，能与许多试剂作用而开环，生成多种有机物。

$$\underset{\diagdown\ O\ \diagup}{CH_2{-}CH_2} \xrightarrow[H_2O]{H^+} \underset{\text{乙二醇}}{\underset{OH\quad OH}{CH_2{-}CH_2}}$$

$$\underset{\diagdown\ O\ \diagup}{CH_2{-}CH_2} \xrightarrow[C_2H_5OH]{H^+} \underset{\text{乙二醇单乙醚}}{\underset{OH\quad OC_2H_5}{CH_2{-}CH_2}} \xrightarrow[C_2H_5OH]{H^+} \underset{\text{乙二醇二乙醚}}{\underset{OC_2H_5\quad OC_2H_5}{CH_2{-}CH_2}}$$

$$\underset{\diagdown\ O\ \diagup}{CH_2{-}CH_2} \xrightarrow{HCl} \underset{\text{氯乙醇}}{\underset{OH\quad Cl}{CH_2{-}CH_2}}$$

$$\underset{\diagdown\ O\ \diagup}{CH_2{-}CH_2} \xrightarrow{NH_3} \underset{\text{乙醇胺}}{\underset{OH\quad NH_2}{CH_2{-}CH_2}} \xrightarrow{\underset{\diagdown O \diagup}{CH_2-CH_2}} \underset{\text{二乙醇胺}}{(HOCH_2CH_2)_2NH} \xrightarrow{\underset{\diagdown O \diagup}{CH_2-CH_2}} \underset{\text{三乙醇胺}}{(HOCH_2CH_2)_3N}$$

$$\underset{\diagdown\ O\ \diagup}{CH_2{-}CH_2} \xrightarrow[\text{干醚}]{RMgX} \underset{R\quad OMgX}{CH_2{-}CH_2} \xrightarrow{H_2O} \underset{\text{伯醇}}{\underset{R\quad OH}{CH_2{-}CH_2}}$$

【练习】

1. 用方程式表示2-丁醇与下列试剂作用时的产物：

（1）浓 H_2SO_4（180℃，140℃） （2）HBr （3）Cu（加热） （4）Na

（5）$K_2Cr_2O_7+H_2SO_4$

2. 完成下列反应：

（1）碘甲烷＋正丙醇钠⟶

（2）溴乙烷＋2-丁醇钠⟶

（3）3-甲氨基戊烷＋HI（过量）⟶

知识链接

为了杜绝汽车司机酒后驾车而造成交通事故，采用酒精检测仪（图 10.1）可非常方便地来检测汽车司机是否饮酒以及饮酒的量。酒精检测仪的原理就是利用乙醇容易被氧化这一性质。在酒精测试仪中，用一个小的燃料电池，通过空气中氧气催化醇的氧化，在这一氧化过程产生电流，而电流强度与样品中乙醇的浓度成正比。

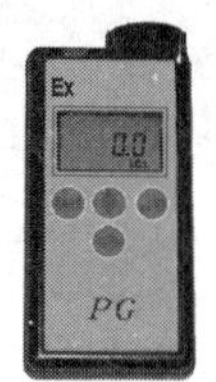

图 10.1　酒精检测仪

汽车司机只要用嘴在酒精测试仪上呼气，就可以准确地测出汽车司机呼出气体中酒精的含量，依据酒精检测仪测出的结果，警察就可对汽车司机是否饮酒或饮酒多少做出准确的判断。

本章小结

（1）了解醇的分类方法，低级一元醇常用习惯命名法命名，较复杂的醇则要用系统命名法命名，要掌握系统命名法的规则。

（2）醇的物理性质中尤其要注意的是醇的沸点比相对分子质量相近的烷烃高得多，原因是醇分子间可形成氢键而发生缔合现象，醇分子中羟基越多，沸点越高。

（3）醇的化学性质中，了解化学反应发生的 3 个部位，即醇羟基上的 H—O 键、C—O 键和 α-H。主要有以下几类反应：

① 与活泼金属的反应。

② 与氢卤酸的反应。要重点注意氢卤酸的活性顺序和三类醇的活性顺序。另外，浓盐酸的无水氯化锌溶液即卢卡氏（Lucas）试剂，用于检验三类不同的醇。

③ 与 PX_3 和 $SOCl_2$ 的反应。可用来制备相应的卤代烃。

④ 与无机酸（含氧酸）的反应，生成相应的无机酸酯。

⑤ 脱水反应。醇的脱水反应可分为分子内脱水（生成烯烃）和分子间脱水（生成醚），分子内脱水要遵守扎依采夫（Saytzeff）规则，分子间脱水用来合成醚。但要注意，仲醇易发生分子内脱水，主要产物为烯烃，叔醇脱水只能得到烯烃，只有伯醇脱水才能得到醚。

⑥ 氧化与脱氢。反应规律如下：伯醇氧化生成醛，仲醇氧化生成酮；伯醇脱氢生成醛，仲醇脱氢生成酮，叔醇分子中不含 α-H，所以在相同条件下不能被氧化，但在强烈的氧化条件下，发生碳碳键断裂，生成碳原子数较少的氧化产物；也不能被脱氢，只能脱水而生成烯烃。

⑦ 掌握了醇的各类化学性质后，还应十分注意醇与其他各类有机物之间的相互变换。

习题

1. 命名下列化合物：

(1) $CH_3—\overset{\overset{\large CH_3}{|}}{\underset{\underset{\large CH_2}{|}}{C}}—OH$

(2) 邻位含 OH 与 CH_3 的苯环（OH 在上，CH_3 在邻位）

(3) $(CH_3)_2CHCH{=}CH\underset{\underset{\large OH}{|}}{C}HCH_3$

(4) 苯环—O—苯环

(5) 苯环上含三个 OH（OH 在 1、2、4 位）

(6) 苯环上 OH 与 NO_2 处于对位

(7) 环己烷—OH

(8) 苯环上 OH，两个邻位各一个 Br，对位一个 Br

(9) 萘环 1 位上的 OH

2. 写出下列化合物的构造式：

(1) 间甲氧基苯酚　(2) 甲异丁醚　(3) 季戊四醇

(4) 异戊醇　(5) 二乙烯基醚　(6) 乙烯基正丁醚

(7) 甘油　(8) 磷酸三丁酯

3. 完成下列反应式：

(1) $2CH_3\overset{\overset{\large OH}{|}}{C}HCH_2CH_3 \xrightarrow[140℃]{H_2SO_4}$

(2) $CH_3\underset{\underset{\large OH}{|}}{C}HCH_2CH_3 \xrightarrow[\triangle]{K_2Cr_2O_7/H_2SO_4}$

(3) 苯环—$CH_2CH_3 \xrightarrow[无]{Cl_2}$? $\xrightarrow[H_2O]{KOH}$

(4) 环己烷—OH $+HCl \xrightarrow{无水\ ZnCl_2}$

(5) $CH_3CH{=}CH_2 \xrightarrow[500℃]{Cl_2}$? $\xrightarrow{?}$ $\underset{\underset{\large Cl}{|}}{CH_2}—\underset{\underset{\large OH}{|}}{CH}—\underset{\underset{\large Cl}{|}}{CH_2} \xrightarrow[60℃]{Ca(OH)_2}$? $\xrightarrow{?}$ $\underset{\underset{\large OH}{|}}{CH_2}—\underset{\underset{\large OH}{|}}{CH}—\underset{\underset{\large OH}{|}}{CH_2}$

(6) $CH_3CH_2\underset{\underset{\large OCH_3}{|}}{C}HCH_3 \xrightarrow{过量\ HI}$

(7) $CH_3CH_2CHCH_3 \xrightarrow{NaIO}$ （CHCH 的 C 上连 OH）

(8) $(CH_3)_2CHOH \xrightarrow[H^+]{K_2Cr_2O_7}$

(9)

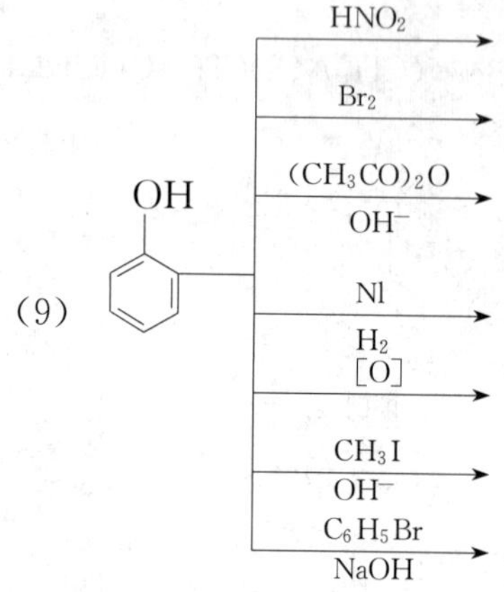

4. 用化学方法区别下列各组化合物：

(1) 乙醇、异丙醇和叔丁醇

(2) 苯酚、苯甲醚、2-苯基乙醇

(3) 烯丙醇、正丙醇、1-氯丙烷

(4) 2,4,6-三甲基苯酚、2,4,6-三硝基苯酚、苯酚

5. 分离下列各组化合物：

(1) 乙醚中含有少量乙醇

(2) 邻甲苯酚和苯甲醇

6. 将下列各组化合物按其酸碱性由强到弱排列顺序：

(1) 苦味酸、邻硝基苯酚、苯酚、2,4-二硝基苯酚、邻甲基苯酚

(2) 苯酚、苯甲酸、对甲基苯酚、邻硝基苯酚、对硝基苯甲酸

7. 根据下列要求排列顺序：

(1) 与金属钠反应由易到难的顺序：乙醇、甲醇、叔丁醇、异丙醇。

(2) 沸点由高低的顺序：乙醇、甘油、甘醇、3-甲氧基-1,2-丙二醇、2-甲氧基-1,3-丙二醇。

8. 下列试剂与苯酚有无反应？若有，用反应式表示。

(1) 稀 HNO_3　(2) 溴水　(3) 乙酸酐　(4) 乙酰氯　(5) 碳酸氢钠　(6) 硫酸

9. 合成题（无机试剂可自选）：

(1) 从丙烯合成正丙醚。

(2) 从甲烷合成二甲醚。

(3) 从丙烯→甘油→三硝酸甘油酯。

(4) 从苯和丙烯合成 2-苯基-2-丙醇。

10. 推断题：

(1) 有一伯醇 A 的分子式为 $C_4H_{10}O$，与 $SOCl_2$ 作用可生成 B，B 分子式为 C_4H_9Cl。A 与 B 进行消除反应时可得到相同的 C，C 与 HCl 反应，可得到 D，而 D 与 B 互为异构体。将 C 进行氧化则得到 E（$C_3H_6O_2$）、CO_2 与水，写出 A→E 的构造式和各步反应。

(2) 某芳香族化合物 A，分子式为 C_7H_8O，A 与钠不发生反应，与浓的氢碘酸共热生成两种化合物 B 和 C，B 能溶于氢氧化钠水溶液，并与三氯化铁作用呈紫色，C 与硝酸银水溶液作用生成黄色碘化银。试写出 A、B、C 的构造式及各步反应式。

(3) 分子式为 $C_9H_8O_3$ 的一种化合物，能溶于 NaOH 和 Na_2CO_3 溶液，与三氯化铁作用成红色，能使溴的四氯化碳溶液退色，用高锰酸钾氧化得到对羟基苯甲酸，试推测其结构式。

第十一章　醛、酮

☞ **学习目标**

1. 掌握醛、酮的结构特点和命名方法。
2. 掌握醛、酮的主要化学性质和用途。

☞ **案例导入**

我们都知道，新装修的房子不能立即住进去，要开窗通风一段时间，因为从装修材料中挥发出来的甲醛等有机物是致癌的；在生物实验室很多形象逼真的生物标本是浸泡在甲醛的水溶液（福尔马林）中的；学校里，整齐的楼房，洁白的墙壁粉刷得非常漂亮，这主要是由于涂了一层以丙酮为原料制造的涂料。本章我们就来认识、学习醛和酮的知识。

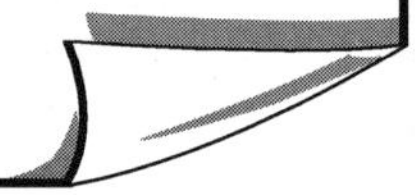

第一节　醛、酮的分类、结构和命名

一、醛、酮的分类

根据醛、酮分子中烃基的不同，一般把醛、酮分为脂肪族醛、酮和芳香族醛、酮。根据烃基中是否含有不饱和键，又可分为饱和醛、酮和不饱和醛、酮。还可根据醛、酮分子中含羰基的数目，分为一元或多元醛、酮。

二、醛、酮的结构

醛、酮都是含有羰基$\left(\begin{array}{c}\text{H}\\ | \\ —\text{C}{=}\text{O}\end{array}\right)$官能团的化合物，因此又统称为羰基化合物。羰基中碳原子和氧原子以双键相连。羰基与 1 个氢原子相连接称为醛基（简写为—CHO），醛的通式为 $\text{(Ar)R}—\overset{\overset{\Large\text{O}}{\|}}{\text{C}}—\text{H}$；羰基碳原子连有两个烃基（或芳香）的化合物，称为酮，酮的通式为 $\text{(Ar)R}—\overset{\overset{\Large\text{O}}{\|}}{\text{C}}—\text{R}'(\text{Ar}')$。

在羰基中，碳原子以 sp^2 杂化，形成 3 个 sp^2 杂化轨道，分别与氧及 2 个氢原子形成 3 个 σ 键，这 3 个 σ 键处于同一平面上，键角近似 120°。碳原子上未杂化的 p 轨道与氧原子未杂化的 p 轨道平行重叠形成 π 键，并与 3 个 σ 键所在的平面垂直。在碳氧双键中，由于氧的电负性较大，成键电子云偏向氧，使氧带部分负电荷（δ^-），而碳带部分正电荷（δ^+），所以，羰基是一个极性的不饱和基团，如图 11.1 所示。

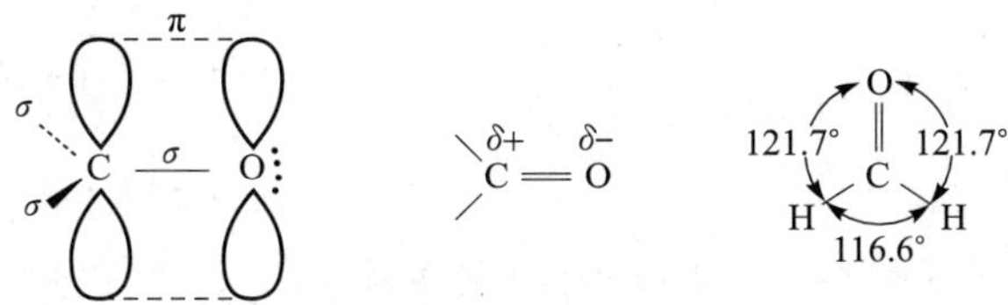

图 11.1　羰基的结构

三、醛、酮的命名

（一）习惯命名法

简单的醛、酮常采用习惯命名法。脂肪醛按分子中含有的碳原子数称为“某醛”。芳香醛将芳基作为取代基，以脂肪醛为母体命名。例如

CH_3CH_2CHO　丙醛

C_6H_5—CHO　苯甲醛

C_6H_5—CH_2CHO　苯（基）乙醛

酮则按羰基所连接的 2 个烃基的名称来命名，通常将简单烃基放前，复杂烃基放后再加“甲酮”来命名，“基”和“甲”常省去。例如

CH_3—CO—CH_2CH_3　甲（基）乙（基）（甲）酮

CH_3CH_2—CO—CH_2CH_3　二乙（基）（甲）酮

C_6H_5—CO—C_6H_5　二苯基甲酮

C_6H_5—CO—CH_3　甲苯酮（苯乙酮、乙酰苯）

（二）系统命名法

系统命名法是国际上通用的醛、酮命名法。选择含有羰基的最长碳链作主链，醛类从醛基碳开始编号，醛基位置可不必标出；酮类从靠近羰基的一端给主链编号，表示酮基位置的数字写在母体名称之前；并在母体醛、酮名称前写出与主链相连的取代基位置及名称。不饱和醛、酮应选择连有羰基和不饱和键在内的最长碳链作主链，并使羰基编号最小。芳香醛、酮是以醛、酮为母体，芳香烃基作为取代基来命名。例如

CH_3—CH(CH_3)—CHO　2-甲基丙醛

CH_3CH_2—CO—CH(CH_3)CH_3　2-甲基-3-戊酮

$$OHCCH_2CHO$$

丙二醛

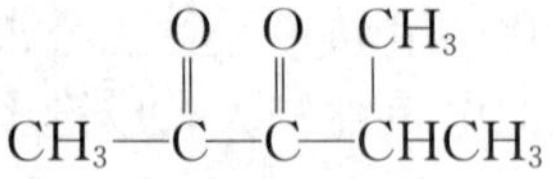

$$CH_3-\overset{\overset{O}{\|}}{C}-\overset{\overset{O}{\|}}{C}-\overset{\overset{CH_3}{|}}{C}HCH_3$$

4-甲基-2,3-戊二酮

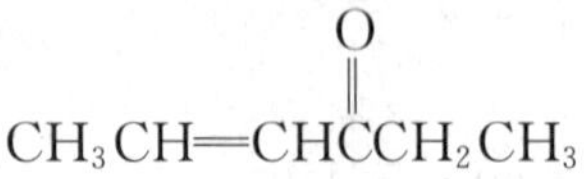

$$CH_3CH{=}CH\overset{\overset{O}{\|}}{C}CH_2CH_3$$

4-己烯-3-酮

$$C_6H_5-CH{=}CHCHO$$

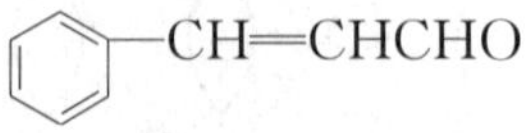

3-苯基丙烯醛（肉桂醛）

对于脂环酮，若羰基碳参与成环，则根据成环碳原子数称为环某酮；若羰基在环外，则将环当作取代基。例如

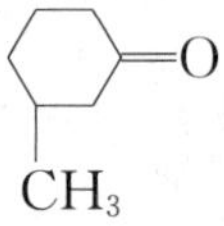

3-甲基环己酮 　　1-环己基-2-丁酮 （$C_6H_{11}-CH_2COCH_2CH_3$）　　环己基甲醛 （$C_6H_{11}-CHO$）

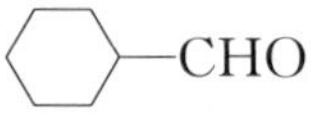

【练习】

1. 用系统命名法命名下列化合物：

(1) 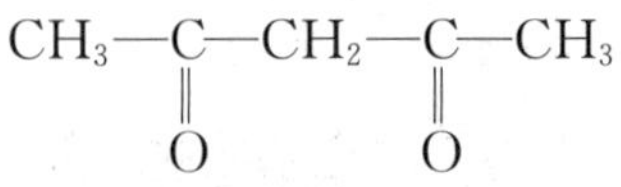 $CH_3-\underset{\underset{O}{\|}}{C}-CH_2-\underset{\underset{O}{\|}}{C}-CH_3$　　(2) $CH_3CH_2-\overset{\overset{O}{\|}}{C}-CH_2-\underset{\underset{CH_2CH_3}{|}}{CH}-CH_3$

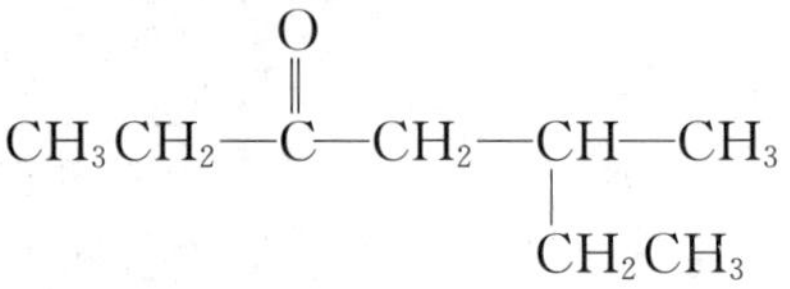

2. 写出下列化合物的结构式：

(1) 1,1,3-三溴丙酮　　(2) 丙烯醛

第二节　醛、酮的性质

一、醛、酮的物理性质

常温下，除甲醛是气体外，12 个碳原子以下的醛酮是液体，高级的醛酮和芳香酮多为固体。分子一般具有较大的极性，因此沸点比相对分子质量相近的烃和醚要高，但比相应的醇要低。醛、酮的分子可以与水形成氢键，低级的醛、酮（C_4 以下的脂肪醛、酮）易溶于水，C_5 以上的醛、酮，微溶或不溶于水，而易溶于有机溶剂。

二、醛、酮的化学性质

（一）醛、酮的亲核加成反应

在醛、酮分子中，由于羰基氧的电负性大于碳，羰基碳上带有部分正电荷，易受亲核试剂的进攻。所以羰基的加成一般是亲核试剂中负离子或偶极负端首先进攻羰基带部分正电荷的碳原子，生成氧负离子中间体，然后再与试剂中带正电荷的部分结合，最终生成加成产物。这种由亲核试剂进攻所引起的加成反应称为亲核加成反应，反应通式如下：

$$\begin{matrix}R\\R\end{matrix}\!\!>\overset{\delta+}{C}=\overset{\delta-}{O} + Nu:A \xrightleftharpoons{慢} \left[\begin{matrix}R\\R'\end{matrix}\!\!>C\!\!<\begin{matrix}O^-\\Nu\end{matrix}\right] \xrightleftharpoons[快]{A^+} \begin{matrix}R\\R'\end{matrix}\!\!>C\!\!<\begin{matrix}OA\\Nu\end{matrix}$$

羰基碳原子上的正电性越大，亲核反应越易进行；羰基所连的烃基越多或体积越大，空间位阻也越大，反应越不易进行。因此在亲核加成反应中，醛一般比酮活泼。不同结构的醛、酮进行亲核加成时，反应活性次序如下：

$$\begin{matrix}H\\H\end{matrix}\!\!>C=O > \begin{matrix}H\\CH_3\end{matrix}\!\!>C=O > \begin{matrix}H\\C_6H_5\end{matrix}\!\!>C=O > \begin{matrix}CH_3\\CH_3\end{matrix}\!\!>C=O > \text{环戊酮}$$

$$> \begin{matrix}CH_3\\C_4H_5\end{matrix}\!\!>C=O > \begin{matrix}C_6H_5\\C_6H_5\end{matrix}\!\!>C=O$$

1. 与氢氰酸的加成

醛、脂肪族甲基酮都能与氢氰酸加成，生成 α-羟基腈。碱可催化该反应，加碱反应速率加快，而加酸反应速率明显减慢。这是因为氢氰酸是弱酸，加酸使 CN^- 浓度降低，而加碱可增加 CN^- 浓度。由此说明，CN^- 先参加反应，反应的速率取决于 CN^- 浓度的大小，这一步反应较慢，是决定整个反应速率的关键步骤。该反应如下：

$$R-\overset{\overset{\large O}{\|}}{C}-CH_3(H) + HCN \xrightleftharpoons{OH^-} R-\underset{\underset{\large CN}{|}}{\overset{\overset{\large OH}{|}}{C}}-CH_3(H)$$

生成的 α-羟基腈可进一步水解生成 α-羟基酸。

$$R-\overset{\overset{\large OH}{|}}{CH}-CN \xrightarrow[H^+]{H_2O} R-\overset{\overset{\large OH}{|}}{CH}-COOH$$

生成的 α-羟基腈比反应物醛、酮多了 1 个碳原子，这是有机合成中增长碳链的方法之一。

2. 与亚硫酸氢钠加成

醛、脂肪族甲基酮可与饱和亚硫酸氢钠溶液（40%）作用，生成亚硫酸氢钠的加成物 α-羟基磺酸钠。该加成产物溶于水，但不溶于饱和亚硫酸氢钠水溶液，故以白色晶体析出。

在加成时，由于亚硫酸氢根中的硫原子上有未成键电子对，可作为亲核试剂进攻羰基碳原子，生成磺酸盐。其反应历程表示如下：

$$\begin{matrix}R\\(H)H_3C\end{matrix}\!\!>C=O + :\underset{\underset{\large O^-Na^+}{|}}{\overset{\overset{\large O}{\|}}{S}}-OH \rightleftharpoons \begin{matrix}R\\(H)H_3C\end{matrix}\!\!>C\!\!<\begin{matrix}ONa\\SO_3H\end{matrix} \rightleftharpoons \begin{matrix}R\\(H)H_3C\end{matrix}\!\!>C\!\!<\begin{matrix}OH\\SO_3Na\end{matrix}$$

该反应可逆，加酸或碱可分解亚硫酸氢钠，使反应逆向进行，α-羟基磺酸钠分解出原来的醛、酮。因此，常用此方法来分离或精制醛或酮。

3. 与醇加成

在干燥氯化氢的催化下，醛能和 1 分子醇发生亲核加成，生成半缩醛。半缩醛为一种羟基醚化合物，不稳定，可继续与 1 分子醇作用，脱去 1 分子水而生成缩醛。

$$\mathrm{R{-}\overset{\overset{\large O}{\|}}{C}{-}H} + \mathrm{HOR'} \underset{}{\xrightleftharpoons{\text{干燥 HCl}}} \underset{\text{半缩醛}}{\mathrm{R{-}\overset{\overset{OH}{|}}{\underset{\underset{H}{|}}{C}}{-}OR'}} \underset{\text{干燥 HCl}}{\xrightleftharpoons{\mathrm{HOR'}}} \underset{\text{缩醛}}{\mathrm{R{-}\overset{\overset{OR'}{|}}{\underset{\underset{H}{|}}{C}}{-}OR'}}$$

缩醛可看作是同碳二元醇的双醚，性质与醚相似，它对碱性试剂及氧化剂稳定，但在稀酸溶液中，可水解生成原来的醛和醇。

$$\mathrm{R{-}\overset{\overset{OR'}{|}}{\underset{\underset{H}{|}}{C}}{-}OR'} + \mathrm{H_2O} \xrightarrow{\mathrm{H^+}} \mathrm{R{-}\underset{\underset{H}{|}}{C}{=}O} + 2\mathrm{R'OH}$$

在有机合成中常利用这个性质来保护醛基，即先将醛转变成缩醛，然后进行分子中其他基团的转化反应，最后使缩醛水解而重新获得原来的醛基。

$$\mathrm{R_2C{=}O} + \begin{matrix}\mathrm{CH_2{-}OH}\\ |\\ \mathrm{CH_2{-}OH}\end{matrix} \xrightarrow[\text{苯},\triangle]{\mathrm{CH_3{-}C_6H_4{-}SO_3H}} \underset{\text{酮缩乙二醇}}{\mathrm{R_2C}\begin{matrix}\mathrm{O{-}CH_2}\\ \\ \mathrm{O{-}CH_2}\end{matrix}} + \mathrm{H_2O}$$

4. 加格氏试剂

格氏试剂中，碳镁键高度极化，碳原子带部分负电荷，是一种很强的亲核试剂，能与不同类型的醛、酮进行亲核加成，所得产物不需分离，直接经酸水解得醇，甲醛生成伯醇，其他醛生成仲醇，酮生成叔醇。此反应是实验室制备醇类最重要的方法之一，通式如下：

$$\mathrm{H_2C{=}O} + \mathrm{R{-}MgX} \xrightarrow{\text{无水乙醚}} \mathrm{R{-}\overset{\overset{H}{|}}{\underset{\underset{H}{|}}{C}}{-}OMgX} \xrightarrow[\mathrm{H^+}]{\mathrm{H_2O}} \mathrm{R{-}\overset{\overset{H}{|}}{\underset{\underset{H}{|}}{C}}{-}OH} + \mathrm{Mg(OH)X}$$

$$\mathrm{R{-}\overset{\overset{\large O}{\|}}{C}{-}H} + \mathrm{R'{-}MgX} \xrightarrow{\text{无水乙醚}} \mathrm{R{-}\overset{\overset{H}{|}}{\underset{\underset{R'}{|}}{C}}{-}OMgX} \xrightarrow[\mathrm{H^+}]{\mathrm{H_2O}} \mathrm{R{-}\overset{\overset{H}{|}}{\underset{\underset{R'}{|}}{C}}{-}OH} + \mathrm{Mg(OH)X}$$

$$\mathrm{R{-}\overset{\overset{\large O}{\|}}{C}{-}R'} + \mathrm{R''{-}MgX} \xrightarrow{\text{无水乙醚}} \mathrm{R{-}\overset{\overset{R'}{|}}{\underset{\underset{R''}{|}}{C}}{-}OMgX} \xrightarrow[\mathrm{H^+}]{\mathrm{H_2O}} \mathrm{R{-}\overset{\overset{R'}{|}}{\underset{\underset{R''}{|}}{C}}{-}OH} + \mathrm{Mg(OH)X}$$

（二）α-活泼氢的反应

与醛、酮羰基相连的α-碳原子上的氢，因受到羰基的影响，C—H键极性增大，使得α-氢原子具有一定的活泼性，在碱催化下，易解离成质子而离去，α-氢原子的解离显示出酸的性质，pK_a约为19，比乙炔（$pK_a=25$）的酸性强。

1. 羟醛缩合反应

在稀碱作用下，含有α-氢原子的醛可发生羟醛缩合反应，生成既含有醛基，又含有醇羟基的化合物——β-羟基醛。因此该反应称为羟醛缩合反应。羟醛缩合反应也是一种增长碳链的反应，反应的总结果是使主碳链增长两个碳原子。例如

$$CH_3-\overset{O}{\overset{\|}{C}}-H + \overset{H}{\overset{|}{C}}H_2-\overset{O}{\overset{\|}{C}}-H \xrightarrow{\text{稀碱}} \underset{\beta\text{-羟基丁醛}}{CH_3-\overset{OH}{\overset{|}{\underset{H}{\underset{|}{C}}}}-CH_2-\overset{O}{\overset{\|}{C}}-H} \xrightarrow[-H_2O]{\triangle} \underset{\text{2-丁烯醛}}{CH_3CH=CHCHO}$$

含有α-氢原子的两种不同的醛发生羟醛缩合反应，可生成4种缩合产物的混合物，由于分离困难，实用意义不大。若用一种含α-氢原子的醛作为亲核试剂，另一种不含α-氢原子的醛作为羰基提供者，则可得到较单一的产物。

$$C_6H_5-CHO + CH_3CHO \xrightarrow{\text{稀}\ OH^-} C_6H_5-\overset{OH}{\overset{|}{C}}H-CH_2-CHO \xrightarrow[\triangle]{-H_2O} C_6H_5-CH=CH-\overset{O}{\overset{\|}{C}}-H$$

含有α-氢原子的酮在碱催化下也能发生羟酮缩合反应，但酮的羟酮缩合反应比醛较难发生。

2. 卤代反应和卤仿反应

在碱催化下，醛、酮的α-氢原子可被卤素原子取代，生成α-多卤代醛、酮。例如

$$CH_3CH_2CHO \xrightarrow[Cl_2]{NaOH} CH_3\overset{Cl}{\overset{|}{C}}HCHO \xrightarrow[Cl_2]{NaOH} CH_3\overset{Cl}{\overset{|}{\underset{Cl}{\underset{|}{C}}}}CHO$$

此反应的特点是：即使所用的卤素量不足，也几乎不会生成部分α-氢原子被取代的产物。这是因为醛、酮的一个α-氢原子被卤代后，由于受卤原子吸电子效应的影响，α-氢原子的酸性增强，在碱作用下更易离去，有利于进行第二次卤代。若有第三个α-氢原子存在，则会生成α-三卤代物。

三卤代醛、酮，由于受到3个卤原子极强的吸电子诱导效应的影响，使得羰基碳原子的正电性增强。在碱溶液中羰基易被OH^-进攻，进而使碳碳键发生断裂，生成卤仿和少一个碳原子的羧酸盐。

$$(H)R-\overset{O}{\overset{\|}{C}}-CH_3 \xrightarrow{X_2/NaOH} (H)R-\overset{O}{\overset{\|}{C}}-CX_3 \xrightarrow{NaOH} (H)R-\overset{O}{\overset{\|}{C}}-ONa + CHX_3$$

上述反应过程可归纳如下：

$$CH_3-\overset{\overset{\large O}{\|}}{C}-H(R)+3X_2+4NaOH\longrightarrow (H)R-\overset{\overset{\large O}{\|}}{C}-ONa+CHX_3+3NaX+3H_2O$$

由于反应过程中有卤仿生成，所以常把乙醛或甲基酮这类具有 3 个 α-氢原子结构的化合物与次卤酸钠的碱性溶液作用生成三卤甲烷的反应称为卤仿反应。如用 I_2 的 NaOH 溶液作为反应试剂，生成的碘仿是一种有特殊气味的黄色结晶，该反应称为碘仿反应。

碘仿反应可用来鉴别乙醛和甲基酮化合物，此外具有 $CH_3\underset{\underset{\large OH}{|}}{CH}-R(H)$ 结构的醇也能发生卤仿反应，也可用碘仿反应做定性鉴别。

（三）与氨及其衍生物的加成缩合反应

氨及其衍生物（如羟氨、苯肼、氨基脲）可与醛、酮发生加成反应，但产物很不稳定，随即发生脱水消除反应，因此这类反应被称为加成-消除反应。

$$>C=O+H_2N-Y\longrightarrow\left[-\overset{\overset{\boxed{OH}}{|}}{\underset{|}{C}}-\overset{\overset{\boxed{H}}{|}}{N}-Y\right]\xrightarrow{-H_2O}>C=N-Y$$

$$CH_3-\overset{\overset{\large H}{|}}{C}=O+H_2N-OH\xrightarrow{\text{微热}}CH_3-CH=N-OH$$

乙醛肟

$$CH_3-\overset{\overset{\large CH_3}{|}}{C}=O+H_2N-NH-\overset{\overset{\large O}{\|}}{C}-NH_2\longrightarrow CH_3-\overset{\overset{\large CH_3}{|}}{C}=N-NH-\overset{\overset{\large O}{\|}}{C}-NH_2$$

丙酮缩氨脲

羟氨、苯肼、氨基脲与羰基化合物形成的产物分别称为肟、腙、缩氨脲。这些产物大多数是有固定的熔点和一定晶型的固体，不但易从反应体系分离出来，而且还容易进行重结晶提纯，更重要的是这些产物在酸性溶液中还可以分解生成原来的醛或酮。这为羰基化合物的鉴别、分离和提纯提供了一种有效的方法。

（四）氧化还原反应

1. 氧化反应

醛基上的氢对氧化剂比较敏感，极易被氧化。一些弱氧化剂如托伦（Tollens）试剂、菲林（Fehling）试剂也能将醛氧化成羧酸，而酮不被氧化。酮只有在剧烈条件下才被氧化，发生碳链断裂，生成含碳原子数目较少的羧酸混合物。因此可用弱氧化剂来鉴别醛、酮。

托伦试剂是一种无色银氨配合物溶液。其中，$Ag(NH_3)_2^+$ 起氧化剂作用被还原成金属银，附着在管壁上形成光亮的银镜（否则生成灰黑色沉淀），故此反应又称为银镜反应。

$$RCHO + 2Ag(NH_3)_2^+ + 3OH^- \xrightarrow{\triangle} RCOO^- + 2Ag\downarrow + 2NH_3 + 2H_2O$$

菲林试剂是由硫酸铜和酒石酸钠的碱溶液混合而成的，Cu^{2+}作为弱氧化剂，可把脂肪醛氧化成羧酸，而Cu^{2+}被还原生成砖红色的氧化亚铜沉淀。苯甲醛不能与菲林试剂发生反应，因此可用菲林试剂鉴别脂肪醛和苯甲醛。

$$RCHO + 2Cu^{2+} + NaOH + H_2O \xrightarrow{\triangle} RCOONa + Cu_2O\downarrow + 4H^+$$

2. 还原反应

醛、酮分子中的羰基可以被还原，但所用的还原剂不同，生成的产物也不同。

在金属铂、镍或钯催化下，醛、酮与氢气作用，可以把羰基还原成醇羟基。醛加氢还原为伯醇，酮加氢还原成仲醇。若分子中有其他不饱和基团，将同时被还原。

$$R-\overset{O}{\overset{\|}{C}}-R'(H) + H_2 \xrightarrow{Ni} R-\underset{H}{\underset{|}{\overset{OH}{\overset{|}{C}}}}-R'(H)$$

$$CH_3-CH{=}CH-CHO + H_2 \xrightarrow{Ni} CH_3-CH_2-CH_2-CH_2OH$$

1）用金属氢化物还原

醛或酮也可被金属氢化物还原成相应的醇。常用的金属氢化物有氢化铝锂（$LiAlH_4$）、硼氢化钠（$NaBH_4$）等。这些金属氢化物是一类有选择性的化学还原剂，只将羰基还原成羟基，而不影响分子中的碳碳双键和叁键。氢化铝锂极易水解，反应要在绝对无水条件下进行。硼氢化钠不与水和醇作用，故可在水和醇溶液中使用。

$$C_6H_5-CH{=}CH-CHO \xrightarrow[(2)H_3O^+]{(1)LiAlH_4,乙醚} C_6H_5-CH{=}CH-CH_2OH$$

肉桂醛　　　　肉桂醇

2）Clemmensen 反应

采用锌汞齐和浓盐酸与醛或酮一起回流，可将羰基还原成亚甲基，此反应叫做 Clemmensen 还原。此法只适合对酸稳定的化合物。例如：

$$C_6H_5-\overset{O}{\overset{\|}{C}}CH_2CH_3 \xrightarrow[\triangle]{Zn\text{-}Hg,HCl} C_6H_5-CH_2CH_2CH_3$$

3）Wolff-Kishner-黄鸣龙反应

对酸不稳定但对碱稳定的醛或酮的还原采用 Wolff-Kishner 还原法：醛或酮与肼反应生成腙，腙在碱性条件下受热分解，放出氮气，生成烃。

$$\begin{matrix}(H)R \\ \diagdown \\ \quad C{=}O \\ \diagup \\ R'\end{matrix} + H_2N-NH_2 \longrightarrow \begin{matrix}(H)R \\ \diagdown \\ \quad C{=}NNH_2 \\ \diagup \\ R'\end{matrix} \xrightarrow[200℃,加压]{KOH或NaOR/HOR} \begin{matrix}(H)R \\ \diagdown \\ \quad CH_2 \\ \diagup \\ R'\end{matrix} + N_2\uparrow$$

1946 年，我国化学家黄鸣龙对上述方法进行了创造性改进：将醛、酮、NaOH、85％水合肼一同放在一种高沸点水溶性溶剂中（如二缩乙二醇，沸点为 245℃）加热回流，反应可在常压下进行。这一改进克服了原料要求无水，设备要求耐高压，反应时间长等缺点。此法被称为 Wolff-Kishner-黄鸣龙还原法。

$$C_6H_5COCH_2CH_2CH_3 \xrightarrow[(HOCH_2CH_2)_2O,回流]{NH_2NH_2(85\%),NaOH} C_6H_5CH_2CH_2CH_2CH_3$$

3. Cannizzaro 歧化反应

在浓碱作用下，不含 α-氢原子的醛可发生分子之间的氧化还原反应，1 分子醛被氧化成羧酸盐，另一分子醛被还原成醇。这种在同种分子间，同时进行着两种性质完全相反的反应称为 Cannizzaro 反应。例如：

$$2HCHO + NaOH \longrightarrow HCOONa + CH_3OH$$

$$2\ C_6H_5CHO + NaOH \longrightarrow C_6H_5COONa + C_6H_5CH_2OH$$

【练习】

1. 完成下列反应式：

(1) $C_6H_5COCH_3 + C_6H_5MgBr \longrightarrow \xrightarrow{H_2O}$

(2) $(CH_3)_2C{=}O + HCN \xrightarrow{OH^-}$

(3) $C_6H_5COCH_3 \xrightarrow{?} C_6H_5CH_2CH_3 \xrightarrow{?} C_6H_5COOH$

(4) 环丁酮（$\square{=}O$） $+ NH_2OH \longrightarrow$

(5) 对甲基苯甲醛 $\xrightarrow{浓\ OH^-}$

2. 下列化合物中，哪些可以发生 Cannizzaro 反应？

(1) 环戊基甲醛　(2) 2-甲基-2-苯基丙醛　(3) 3-甲基丁醛

(4) 苯乙醛　(5) 2,2-二甲基丁醛

第三节　醛、酮的制法

醛、酮的制法很多，下面讨论几种常用的方法。

一、烯烃的氧化

烯烃在 $CuCl_2$-$PdCl_2$ 的催化下，能被空气氧化，制得醛、酮。

$$CH_2{=}CH_2 + \frac{1}{2}O_2 \xrightarrow[100-123℃]{PdCl_2\text{-}CuCl_2} CH_3CHO$$

$$CH_3CH{=}CH_2 + \frac{1}{2}O_2 \xrightarrow[120℃]{PdCl_2\text{-}CuCl_2} (CH_3)_2C{=}O$$

二、芳烃的傅-克酰基化反应

芳烃的酰基化是制备芳酮的重要方法。常用的酰化剂有酰卤或酸酐。例如：

$$\text{C}_6\text{H}_6 + CH_3CH_2\overset{\overset{\displaystyle O}{\|}}{C}—Cl \xrightarrow{AlCl_3} \text{C}_6\text{H}_5—\overset{\overset{\displaystyle O}{\|}}{C}—CH_2CH_3 + HCl$$

芳烃的酰化产物，侧链不重排，且酰基是间位定位基，属钝化基团，难以继续反应引入第二个酰基，因此，其一元取代产物的产率一般很高。

三、醇的氧化与脱氢

伯醇、仲醇通过氧化或脱氢，可分别生成同碳原子数的醛、酮。工业上将醇的蒸气通过加热的催化剂（铜或银等），也可使伯醇、仲醇脱氢生成相应的醛、酮，这是制备醛、酮的重要方法。

$$RCH_2OH \xrightarrow{[O]\text{或}-2H} R—\overset{\overset{\displaystyle O}{\|}}{C}—H$$

$$R_2CHOH \xrightarrow{[O]\text{或}-2H} R—\overset{\overset{\displaystyle O}{\|}}{C}—R$$

第四节　重要的醛、酮

1. 甲醛

甲醛是无色气体，对黏膜有强烈刺激作用，易溶于水。甲醛能凝固蛋白质，使其变性，故有消毒、杀菌的作用。37%～40%的甲醛水溶液——福尔马林，是医药和农业上广泛使用的消毒剂和防腐剂。例如，用于谷仓、无菌室熏蒸消毒，小麦、棉花浸种杀菌及生物标本防腐等。工业上，甲醛是合成药物、染料、树脂的重要原料。

甲醛在不同条件下可得到不同的聚合产物。气体甲醛在常温下自动聚合成环状的三聚甲醛。三聚甲醛加热可分解成甲醛。

$$3HCHO \underset{\text{解聚}}{\overset{\text{聚合}}{\rightleftharpoons}} (CH_2O)_3 \text{（环状：}—CH_2—O—CH_2—O—CH_2—O—\text{）}$$

甲醛很容易与氨或铵盐作用，缩合成六亚甲基四胺，俗称乌洛托品，其为无色晶型固体，熔点263℃，易溶于水，有甜味，在医药上用作利尿剂和抗流感、抗风湿药物。

2. 丙酮

丙酮为无色液体，沸点56℃，味清香，溶于水，能溶解许多有机物，是常用的有机溶剂，也是重要的有机合成原料。

丙酮是一种优良的溶剂，广泛用于油漆、电影胶片、化学纤维等工业中，它又是重要的有机合成原料，用来制备有机玻璃、卤仿、环氧树脂等。

在生理化学变化中，丙酮是糖类物质的分解产物，常有少量存在于尿中。糖尿病患者由于代谢失常，尿中丙酮含量增高，可用碘仿反应进行检查。

3. 苯甲醛

苯甲醛是具有苦杏仁味的无色液体，沸点 179℃，微溶于水，易溶于有机溶剂。在自然界常与葡萄糖、氢氰酸等结合而存在于杏、桃、李等许多果实的种仁内，尤以苦杏仁中含量较高，所以苯甲醛又称苦杏仁油。

苯甲醛易被空气氧化而生成苯甲酸，加入 0.001%对苯二酚可以防止发生这种氧化作用。在工业上苯甲醛可以用于制造香料、染料及其他芳香族化合物。

知识链接

醌是一类特殊的环状不饱和共轭二酮。下面是一些常见的醌类：

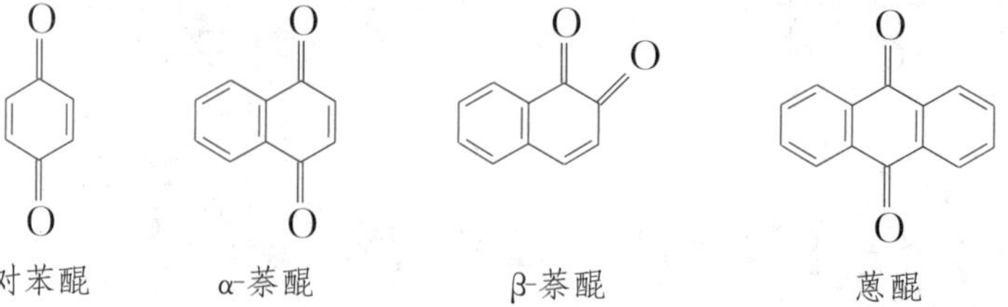

对苯醌　　α-萘醌　　β-萘醌　　蒽醌

从上述所列醌类化合物中可以看出，醌型结构的结构特征为（对醌型）或（邻醌型）。醌不是芳香族化合物，它们的性质与不饱和酮相似。

1. 羰基的加成

醌中的羰基能与羰基试剂加成。例如：

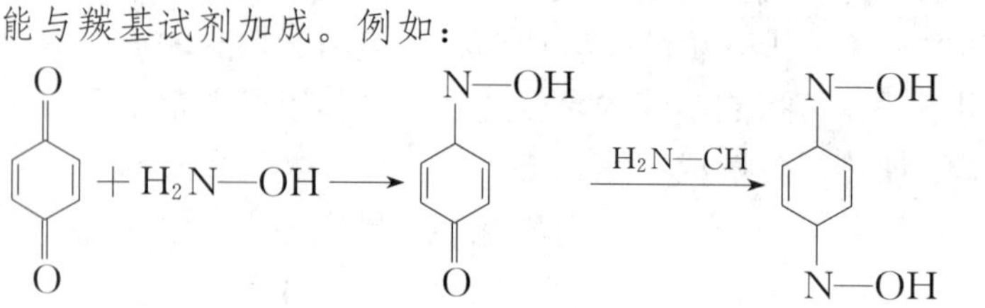

O　　+ $H_2N—OH$ ⟶　N—OH　$\xrightarrow{H_2N—CH}$　N—OH　N—OH

对苯醌肟　　对苯醌二肟

2. 碳碳双键的加成

醌中的碳碳双键可以与卤素、卤化氢等亲电试剂发生加成反应。

对苯醌与溴、氯加成，可生成环状的卤代二酮。

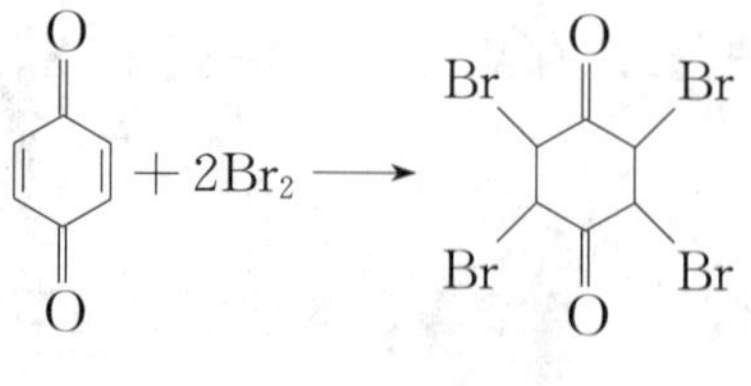

O　O　+ $2Br_2$ ⟶　Br　Br　Br　Br　O　O

3. 还原反应

醌类可以还原成酚类，而酚类又可被氧化成醌类。醌与酚之间的氧化还原关系可表示如下：

$$\text{对苯醌} \underset{[O]}{\overset{[H]}{\rightleftharpoons}} \text{对苯二酚}$$

这种醌酚氧化还原体系在生理生化过程中有重要意义，在植物呼吸过程中起着相当重要的作用，是呼吸时所发生的各种有机物的氧化中间环节。

本章小结

1. 醛、酮的结构

醛和酮分子中均含有羰基。羰基与氢和烃基相连（甲醛除外）的有机物称为醛，通式为 $\text{(Ar)R}-\overset{\overset{\displaystyle O}{\|}}{C}-\text{H}$。羰基与两个烃基相连的有机物称为酮，通式为 $\text{(Ar)R}-\overset{\overset{\displaystyle O}{\|}}{C}-\text{R}'(\text{Ar}')$。羰基中碳原子为 sp^2 杂化，C═O 双键由 1 个 σ 键和 1 个 π 键组成。由于氧的电负性较大，因此羰基是极性不饱和基团。

2. 醛、酮的化学性质

（1）羰基的亲核加成反应。羰基中碳原子带部分正电荷，易受到亲核试剂的进攻而发生加成反应。反应通式为

$$\begin{matrix}R\\R'\end{matrix}\!\!>\overset{\delta^+}{C}=\overset{\delta^-}{O} + \text{Nu}:\text{A} \underset{}{\overset{\text{慢}}{\rightleftharpoons}} \left[\begin{matrix}R\\R'\end{matrix}\!\!>C<\!\!\begin{matrix}O^-\\\text{Nu}\end{matrix}\right] \underset{\text{快}}{\overset{A^-}{\rightleftharpoons}} \begin{matrix}R\\R'\end{matrix}\!\!>C<\!\!\begin{matrix}\text{OA}\\\text{Nu}\end{matrix}$$

羰基化合物进行亲核加成反应的活性大小顺序如下：

甲醛＞脂肪醛＞芳香醛＞丙酮＞环酮＞脂肪族甲基酮＞苯乙酮＞二苯酮

（2）α-氢原子的反应。

$$\text{R}-\underset{\underset{\displaystyle O}{\|}}{\text{H}}-\text{CH}_3 \xrightarrow{X_2} \text{(R)H}-\underset{\underset{\displaystyle O}{\|}}{C}-\text{CH}_2\text{X} \quad \text{卤代反应}$$

$$\xrightarrow{\text{NaOH}} \text{R(H)}-\text{COONa} + \text{CHI}_3 \quad \text{碘仿反应}$$

$$\xrightarrow{\text{稀 OH}^-} \text{CH}_3-\underset{\underset{\displaystyle \text{OH}}{|}}{\text{CH}}-\text{CH}_2\text{CHO} \longrightarrow \text{CH}_3\text{CH}=\text{CHCHO} \quad \text{羟醛缩合反应}$$

(3) 还原反应。在金属铂、镍或钯催化下与氢气作用时，羰基被还原成醇羟基，若分子中有其他不饱和基团，将同时被还原。

用金属氢化物（$LiAlH_4$、$NaBH_4$）还原醛或酮时，羰基被还原成醇羟基，这些金属氢化物具有选择性，它只还原羰基，而不影响分子中的碳碳双键和叁键。

醛、酮与锌汞齐和浓盐酸一起回流，羰基被还原成亚甲基。

(4) Cannizzaro 歧化反应。在浓碱作用下，不含 α-氢原子的醛可发生分子之间的氧化还原反应，一分子醛被氧化成羧酸盐，另一分子醛被还原成醇。

(5) 醛、酮的鉴别反应。一些弱的氧化剂如托伦试剂能将所有醛氧化成羧酸；菲林试剂能将脂肪醛氧化成羧酸，而酮和苯甲醛不被氧化。因此，可用弱氧化剂来鉴别醛、酮。

习题

1. 用系统命名法命名下列化合物：

(1) $(CH_3)_2CHCHO$

(2) $CH_3CH(CH_2CH_3)CH_2CHO$

(3) $CH_3CH(CH_3)—C(=O)CH_2CH_3$

(4) 环己基=N—OH

2. 写出下列反应的主要产物：

(1) C_6H_5—CHO + $(CH_3)_2C{=}O \xrightarrow[\triangle]{\text{稀 }OH^-}$

(2) 间-CHO-C_6H_4—$CH_2CH_2CHO \xrightarrow[\triangle]{\text{菲林试剂}}$

(3) $CH_3CH(OH)CH_2C(=O)CH_3 \xrightarrow{I_2/NaOH}$

(4) $CH_3CH_2CH_2CHO + 2CH_3OH \longrightarrow$

(5) $CH_3CH(CH_3)CHO \xrightarrow{\text{稀 }OH^-}$

(6) CH_3O—C_6H_4—$CHO \xrightarrow[HCl，\triangle]{Zn\text{-}Hg}$

(7) 环己-2-烯酮 $\xrightarrow[(2)\ H_3O^+]{(1)\ NaBH_4}$

(8) 邻-OH-C_6H_4—CHO + $H_2N—OH \longrightarrow$

3. 下列化合物中，哪些化合物可与饱和 $NaHSO_3$ 加成？哪些化合物能发生碘仿反应？

(1) $CH_3COCH_2CH_3$　(2) $CH_3CH_2CH_2CHO$　(3) CH_3CH_2OH

(4) 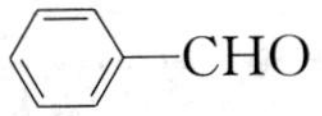 C_6H_5-CHO　(5) 环己酮　(6) 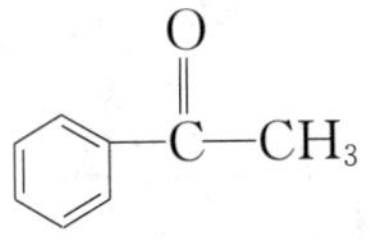 $C_6H_5-\overset{O}{\overset{\|}{C}}-CH_3$

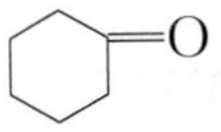

(7) $CH_3CHOHCH_2CH_3$　(8) $(CH_3)_3CCHO$

4. 按亲核加成反应活性次序排列下列化合物：

(1) CH_3CHO　(2) CH_3COCH_3　(3) CF_3CHO

(4) 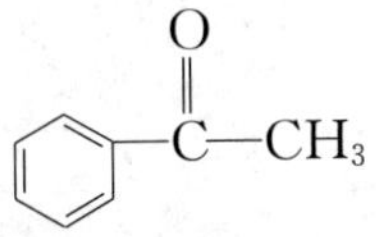 $C_6H_5-\overset{O}{\overset{\|}{C}}-CH_3$　(5) C_6H_5-CHO　(6) HCHO

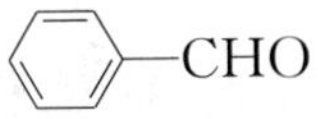

5. 用化学方法鉴别下列各组化合物：

(1) 丁醛和 1-丁醇

(2) 丁醛和丁酮

6. 由指定原料（其他试剂任选）合成目标化合物：

(1) 从乙醇制备乳酸

(2) 从丙烯制备丙酮

7. 某化合物 A 的分子式为 $C_5H_{10}O$，能与羟胺反应，也能发生碘仿反应。A 催化氢化后得化合物 B（$C_5H_{12}O$）。B 与浓硫酸共热得主要产物 C(C_5H_{10})，化合物 C 没有顺反异构现象。试推测 A 的结构式。

8. 化合物甲（C_8H_8O）与托伦试剂不反应，但与 2,4-二硝基苯肼生成相应的苯腙，可发生碘仿反应。甲经 Clemmensen 还原得乙苯。推导甲的构造式。

第十二章 羧 酸

学习目标

1. 掌握羧酸的系统命名法及常见羧酸的俗称。

2. 了解饱和一元羧酸的物理性质。

3. 掌握羧酸的结构与化学性质之间的联系。

4. 了解羧酸的制法。

5. 掌握一元羧酸、二元羧酸的重要代表物的性质、制备方法及其在工业生产中的应用。

案例导入

日常生活中人们常说菠菜和豆腐不能同吃，因为菠菜中所含的草酸与豆腐中所含的钙会产生草酸钙凝结物，阻碍人体对菠菜中铁质和豆腐中蛋白质的吸收。那么什么是草酸？它有什么作用？在工业上它是怎样生产的呢？

草酸又名乙二酸，是最简单的二元酸，结构简式 HOOCCOOH。广泛存在于自然界中，特别是植物中，如草本植物、大黄属植物、酢浆草、菠菜等，并常以钾盐的形式存在。在人或肉食动物的尿中，草酸以钙盐或草尿酸的形式存在。

草酸是一种重要的化工原料，可直接应用于许多领域。例如，大量用于稀土元素和其他金属元素的分离和提取；用于金属清洗和形成保护膜；用于棉、毛的媒染剂；用于羊毛特种花样染色的洗涤剂；还被用于皮革的鞣制和漂白，以及纸浆、软木、胶合板、麦秆、稻草的漂白；在合成树脂生产中用作冷固化酚醛树脂的固化剂，生产酚醛清漆的酸性催化剂组分，以及制备疏水性多孔聚酰胺膜中的冷凝液组分；在维生素 B_2、金霉素、四环素、链霉素等生产过程中用草酸酸化发酵液。此外，草酸还可用于墨水、油墨和涂料的生产，催化剂制备，摄影和晒图工艺，向日葵和菜籽油脱胶，金粉制造，无铅汽油的防爆，亚甲蓝脱色，混凝土抗蚀，泡花板增强，提高乳化燃料的燃烧效率和麦芽糖的氧化率，以及用作衣料杀虫剂组分和除垢剂中的有效成分。

就目前情况来看，我们一方面要集中开发草酸生产的各种新技术、新工艺，对现有企业进行技术改造，从而降低消耗、减少污染；另一方面要采用经济和环保等手段鼓励和引导企业采用新工艺技术，鼓励使用石油加工产品、含一氧化碳或二氧化碳的工业排放尾气等为原料生产草酸，从而提高我国草酸工业的整体水平。

第一节 羧酸的结构、分类和命名

一、羧酸的结构与分类

分子中含有羧基（—COOH）的化合物称为羧酸，羧基（—COOH）是羧酸的官能团。

羧酸可按分子中烃基结构不同和羧基数目不同进行分类。根据羧酸分子中烃基的结构不同可以分为饱和羧酸、不饱和羧酸和芳香酸，根据羧酸分子中羧基的数目又可分为一元羧酸、二元羧酸及多元羧酸等。羧酸的烃基中若有其他取代基，还可分为羟基酸、羰基酸、卤代酸、氨基酸等取代羧酸。

按烃基的结构分为以下三类。

饱和羧酸：

$$CH_3CH_2CH_2COOH$$

丁酸

不饱和羧酸：

$$CH_2{=}CHCOOH$$

丙烯酸

芳香酸：

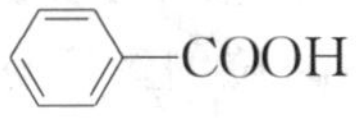

$$C_6H_5—COOH$$

苯甲酸

按羧酸的数目分为以下三类。

一元羧酸：

$$CH_3COOH \qquad CH_3CH_2COOH$$

乙酸 丙酸

二元羧酸：

$$HOOC—COOH \qquad HOOC—CH_2—COOH$$

乙二酸（草酸） 丙二酸

多元羧酸：

$$(HOOC)_2CHCH(COOH)_2$$

2,3-二羧基-1,4-丁二酸

二、羧酸的命名

羧酸的命名有俗称和系统命名两种。

（一）羧酸的俗称

羧酸的俗称是根据羧酸的来源命名。例如，甲酸是大约 1670 年从蚂蚁蒸馏液中分离获得的，所以称为蚁酸；乙酸是大约 1700 年从食醋中得到的，故又称醋酸。另外还有草酸、苹果酸、柠檬酸、琥珀酸、乳酸和肉桂酸等。常见的一元羧酸与二元羧酸的名称见表 12.1。

表 12.1 常见的一元羧酸与二元羧酸的名称

羧酸	俗称	系统命名
$HCOOH$	蚁酸	甲酸
CH_3COOH	醋酸	乙酸
CH_3CH_2COOH	初油酸	丙酸
$CH_3CH_2CH_2COOH$	酪酸	丁酸
$CH_3(CH_2)_{16}COOH$	硬脂酸	十八酸
$HOOCCOOH$	草酸	乙二酸
$HOOCCH_2COOH$	缩苹果酸	丙二酸
$HOOC(CH_2)_2COOH$	琥珀酸	丁二酸
(Z)-$HOOCCH{=}CHCOOH$	马来酸	顺丁烯二酸
(E)-$HOOCCH{=}CHCOOH$	富马酸	反丁烯二酸

（二）羧酸的系统命名

脂肪羧酸的系统命名是选择含羧基的最长碳链作主链，根据主链的碳原子数目称为某酸。编号由羧基的碳原子开始，用阿拉伯数字标明取代基的位次，并将取代基的位次、数目、名称写于酸的名称之前。例如

$$\underset{\displaystyle 3\text{-甲基丁酸}}{CH_3-\underset{\displaystyle CH_3}{\underset{|}{CH}}-CH_2-COOH} \qquad \underset{\displaystyle 2,3\text{-二甲基丁酸}}{CH_3-\underset{\displaystyle CH_3}{\underset{|}{CH}}-\underset{\displaystyle CH_3}{\underset{|}{CH}}-COOH}$$

对于不饱和酸，则主链应选取含有不饱和键和羧基的最长碳链为主链，并标明不饱和键的位次，称为某烯酸、某炔酸等。例如

$$\underset{\text{丙烯酸}}{CH_2{=}CHCOOH} \qquad \underset{\text{2-丁烯酸（巴豆酸）}}{CH_3-CH{=}CH-COOH}$$

位次也可从羧基相邻的碳原子开始，用 α、β、γ、δ 等希腊字母表示。命名脂肪族多元羧酸时，则选择含两个羧基的最长碳链为主链，称为某二酸。例如

$$\underset{\displaystyle \beta\text{-甲基丁酸}}{CH_3-\underset{\displaystyle CH_3}{\underset{|}{CH}}-CH_2-COOH} \qquad \underset{\text{乙二酸（草酸）}}{HOOC-COOH} \qquad \underset{\text{丙二酸}}{HOOC-CH_2-COOH}$$

芳香族羧酸命名分为两类：一类是羧基连在芳环上；另一类是羧基连在侧链上。前者以芳甲酸为母体，环上其他基团作取代基来命令。后者以脂肪酸为母体，芳基作为取代基来命名。例如

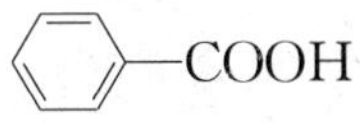

苯甲酸（安息香酸）

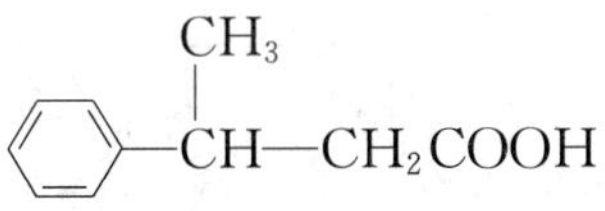

3-苯基丁酸或 β-苯基丁酸

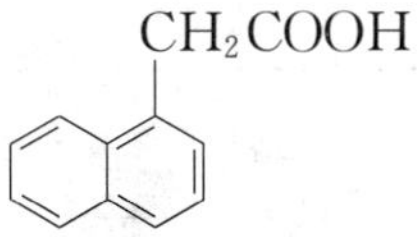

1-萘乙酸或 α-萘乙酸

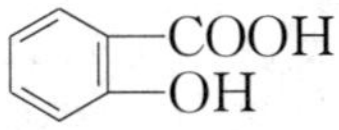

邻羟基苯甲酸（水杨酸）

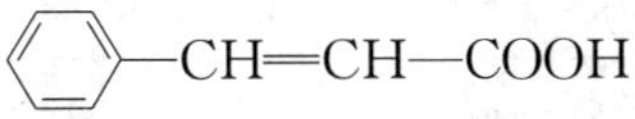

3-苯基丙烯酸（肉桂酸）

【练习】

1. 用系统法命名下列化合物：

（1）$CH_3CH(CH_3)CH(CH_3)CH_2COOH$　　（2）$(CH_3)_2C{=}CHCOOH$

（3）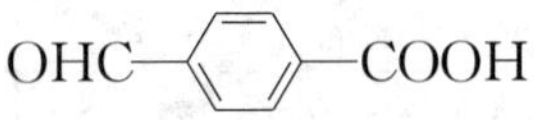　　（4）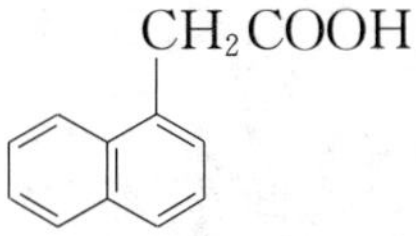

（5）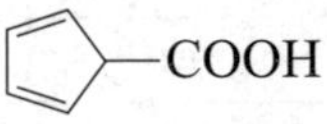　　（6）$HOOC-C(CH_3){=}C(CH_3)-COOH$

2. 写出下列化合物的结构式：

（1）甲酸　　（2）二氯乙酸　　（3）2-乙基丁酸

（4）2,3-二羟基丙酸　　（5）苯甲酸　　（6）乙二酸

第二节　羧酸的物理性质

一、溶解度

羧基是极性较强的亲水基团，其与水分子间的缔合比醇与水的缔合作用强，羧酸分子能与水形成氢键，在水中有较大的溶解度。C_4 以下的羧酸（甲酸、乙酸、丙酸、丁酸）可以和水互溶，随着羧酸相对分子质量的增大，其疏水烃基的比例增大，在水中的溶解度迅速降低。C_5～C_{10} 的羧酸部分溶解，C_{11} 以上的羧酸难溶解。高级脂肪羧酸不溶于水，苯甲酸由于含碳原子数太多，因此在水中没有明显的溶解度，芳香族羧酸在水中的溶解度都很小。羧酸能溶于极性较小的溶剂，如醚、醇、苯等。

室温下，C_{10} 以下的饱和一元脂肪羧酸是有刺激气味的液体，C_{10} 以上的是蜡状固体。饱和二元脂肪羧酸和芳香羧酸在室温下是结晶状固体。一些一元羧酸的物理常数见表 12.2。

表 12.2　一些一元羧酸的物理常数

化合物名称	俗名	熔点/℃	沸点/℃	相对密度（d_4^{20}）	溶解度 g/(100g 水)	pK_a（25℃）
甲酸	蚁酸	8.4	100.7	1.220	∞	3.76
乙酸	醋酸	16.6	117.9	1.0492	∞	4.75
丙酸	初油酸	−20.8	141.1	0.9934	∞	4.87

续表

化合物名称	俗名	熔点/℃	沸点/℃	相对密度（d_4^{20}）	溶解度 g/(100g 水)	pK_a（25℃）
正丁酸	酪酸	−4.5	165.6	0.9577	∞	4.81
正戊酸	缬草酸	−34.5	186～187	0.9391	4.97	4.82
正己酸	羊油酸	−2～−1.5	205	0.9274	0.968	4.83
正辛酸		16.5	239.3	0.9088	0.068	
正癸酸		31.5	270	0.8858（40℃）	0.015	
十二酸	月桂酸	44	225/13.3kPa	0.8679（50℃）	0.0055	
十四酸	豆蔻酸	58.5	326.2	0.8439（60℃）	0.0020	
十六酸	软脂酸（棕榈酸）	63	351.5	0.853（62℃）	0.00072	
十八酸	硬脂酸	71.2	383	0.9408	0.00029	6.37
丙烯酸		13.5	141.6	1.0511	溶	4.26
苯甲酸	安息香酸	122.4	249	1.2659（15℃）	0.34 溶于热水	4.17

二元羧酸易与水形成氢键，在水中溶解度较大，它们易溶于水和乙醇，而难溶于有机溶剂中。二元羧酸含有两个可电离的氢，故可以生成中性盐和酸性盐。二元羧酸的第一个羧基电离常数比第二个羧基大。

二、沸点

羧酸的沸点随相对分子质量的增大而逐渐升高，并且比相对分子质量相近的烷烃、卤代烃、醇、醛、酮的沸点高。例如，丙酸（沸点 141℃）比丙醇（沸点 97.2℃）高得多；也比相对分子质量相近的正丁醇的沸点（118℃）高出 20℃以上。这是由于羧基是强极性基团，羧酸分子间的氢键（键能约为 14kJ/mol）比醇羟基间的氢键（键能为 5～7kJ · mol）更强。相对分子质量较小的羧酸，如甲酸、乙酸，即使在气态时也以双分子二聚体的形式存在。

$$
\begin{array}{ccccc}
 & O\cdots H-O & \\
CH_3-C\!\!\!\!\diagup\!\!\!\!\diagup & & \diagdown C-CH_3 \\
 & \diagdown O-H\cdots O\!\!\!\!\diagup\!\!\!\!\diagup &
\end{array}
$$

三、熔点

直链饱和一元羧酸的熔点随相对分子质量的增加而呈锯齿状变化，偶数碳原子的羧酸比相邻两个奇数碳原子的羧酸熔点高，这是由于含偶数碳原子的羧酸碳链对称性比含奇数碳原子羧酸的碳链高，在晶格中排列较紧密，分子间作用力大，需要较高的温度才能将它们彼此分开，故熔点较高。

二元羧酸是固体，熔点比相对分子质量相近的一元羧酸高得多，这是由于分子中两端都有羧基，分子间引力增大，熔点升高。

第三节　羧酸的化学性质

羧酸的化学反应主要发生在五个部位，即①羧基中 O—H 键的反应，显示酸性；②羰基的亲核加成消除—OH 的反应，包括酰卤化、酯化等反应；③羧基的还原反应；④失羧反应；⑤α-H 的卤代反应。

一、酸性

羧酸具有明显的酸性，在水溶液中可建立如下平衡：

$$R-\overset{\overset{\displaystyle O}{\|}}{C}-OH \rightleftharpoons R-\overset{\overset{\displaystyle O}{\|}}{C}-O^- + H^+$$

通常用电离平衡常数 K_a 或 pK_a 来表示羧酸酸性的强弱，K_a 越大或 pK_a 越小，其酸性越强。羧酸的酸性比碳酸（$pK_a=6.38$）强，但比其他无机酸弱。常见羧酸的 pK_a 见表 12.2。

羧酸能与碱反应生成盐和水，也能和活泼的金属反应放出氢气。

$$RCOOH + NaOH \longrightarrow RCOONa + H_2O$$

羧酸的酸性比碳酸强，所以羧酸可与碳酸钠或碳酸氢钠反应生成羧酸盐，同时放出 CO_2，用此反应可鉴定羧酸。

$$RCOOH + NaHCO_3 \longrightarrow RCOONa + H_2O + CO_2$$

羧酸 pK_a 一般为 4～5，比碳酸、酚和醇等含活泼氢化合物的酸性强。从表 12.3 列出的一些含氢化合物的 pK_a 可见，羧酸具有明显的酸性。

表 12.3　一些含氢化合物的 pK_a

类别	pK_a	类别	pK_a	类别	pK_a
RCOOH	4～5	C_6H_5OH	10	RH	～50
H_2CO_3	6.5	ROH	16～19	$HC\equiv CH$	～25

羧酸之所以较醇等的酸性强，主要在于羧基中的 p-π 共轭效应。影响羧酸酸性强弱的主要因素有以下两种。

1. 诱导效应

影响羧酸酸性的因素很多，其中最重要的是羧酸烃基所连基团的诱导效应。

当烃基上连有吸电子基团（如卤原子）时，由于吸电子效应使羧基中羟基氧原子上的电子云密度降低，O—H 键的极性增强，因而较易电离出 H^+，其酸性增强；另一方面，由于吸电子效应使羧酸负离子的电荷更加分散，使其稳定性增加，从而使羧酸的酸性增强。总之，取代基团的吸电子能力越强，数目越多，距离羧基越近，产生的吸电子效应就越大，羧酸的酸性就越强。

二元羧酸中，由于羧基是吸电子基团，两个羧基相互影响使一级电离常数比一元饱和羧酸大，这种影响随着两个羧基距离的增大而减弱。二元羧酸中，草酸的酸性最强。

不饱和脂肪羧酸和芳香羧酸的酸性，除受到基团的诱导效应影响外，往往还受到共轭效应的影响。一般来说，不饱和脂肪羧酸的酸性略强于相应的饱和脂肪羧酸。当芳香环上有基团产生吸电子效应时，酸性增强；产生给电子效应时，酸性减弱。例如

	对硝基苯甲酸（COOH，NO_2）	>	对氯苯甲酸（COOH，Cl）	>	苯甲酸（COOH）	>	对甲氧基苯甲酸（COOH，OMe）
pK_a	3.40		3.97		4.20		4.47

诱导效应影响结果如下：

（1）吸电子诱导效应使酸性增强。

$$FCH_2COOH > ClCH_2COOH > BrCH_2COOH > ICH_2COOH > CH_3COOH$$

pK_a　2.66　2.86　2.89　3.16　4.76

（2）供电子诱导效应使酸性减弱。

$$CH_3COOH > CH_3CH_2COOH > (CH_3)_3CCOOH$$

pK_a　4.76　4.87　5.05

（3）吸电子基增多，酸性增强。

$$ClCH_2COOH > Cl_2CHCOOH > Cl_3CCOOH$$

pK_a　2.86　1.29　0.65

（4）取代基的位置距羧基越远，酸性越小。

$$CH_3CH_2\underset{\underset{Cl}{|}}{CH}COOH > CH_3\underset{\underset{Cl}{|}}{CH}CH_2COOH > \underset{\underset{Cl}{|}}{CH_2}CH_2CH_2COOH > \underset{\underset{H}{|}}{CH_2}C_2CH_2COOH$$

pK_a　2.86　4.41　4.70　4.82

（5）当能与基团共轭时，则酸性增强。

CH_3COOH　Ph—COOH

pK_a　4.76　4.20

2. 取代基位置

取代苯甲酸的酸性与取代基的位置之间的关系比较复杂，可大致归纳如下：

（1）邻位取代基（氨基除外）使苯甲酸的酸性增强（位阻作用破坏了羧基与苯环的共轭）。

（2）间位取代基使其酸性增强。

另外，大多数的羧酸是弱酸，比盐酸、硫酸等无机酸的酸性弱，但比碳酸、酚、醇、炔的酸性强；羧酸的酸性受主链碳原子数目的影响，甲酸的酸性比其他饱和一元羧酸的酸性强；苯甲酸的酸性强于一般脂肪酸（除甲酸外）；二元羧酸的酸性与 2 个羧基的相对距离有关。二元羧酸的酸性比相同碳原子数的一元羧酸强，而且总是 $pK_{a_1} < pK_{a_2}$。

二、羧基中羟基的反应

羧酸中的羟基可以被烷氧基、卤素、酰氧基以及氨基或取代氨基取代而生成酯、酰

卤、酸酐和酰胺。

（一）酯的生成

在无机强酸（浓 H_2SO_4 或干 HCl 气体）的催化下，羧酸和醇反应生成酯和水，该反应称为酯化反应。例如

$$R-\overset{\overset{\displaystyle O}{\|}}{C}-OH + HO-R' \xrightleftharpoons{H^+} R-\overset{\overset{\displaystyle O}{\|}}{C}-OR' + H_2O$$

酯化反应是可逆反应，在这里要加入较便宜的原料醇或设法把生成物中的水不断从反应体系中带出来，使平衡右移，从而提高酯的收率。

例如，用同位素^{18}O标记的醇酯化，反应完成后，^{18}O在酯分子中而不是在水分子中。这说明酯化反应生成的水是醇羟基中的氢与羧基中的羟基结合而成的，即羧酸发生了酰氧键的断裂。例如：

$$CH_3-\overset{\overset{\displaystyle O}{\|}}{C}-OH + H-{}^{18}OC_2H_5 \xrightleftharpoons{H^+} CH_3-\overset{\overset{\displaystyle O}{\|}}{C}-{}^{18}OC_2H_5 + H_2O$$

羧酸和醇的结构对酯化反应的速度影响很大。一般 α-C 上连有较多烃基或所连基团越大的羧酸和醇，酯化反应速度越慢。不同结构的羧酸和醇进行酯化反应的活性顺序如下。

酸：

$$CH_3COOH > RCH_2COOH > R_2CHCOOH > R_3CCOOH$$

醇：

$$CH_3OH > RCH_2OH > R_2CHOH$$

（二）酰卤的生成

羧酸与三卤化磷（PX_3）、五卤化磷（PX_5）或氯化亚砜（$SOCl_2$）等反应生成酰卤，这是制备酰卤的一般方法。

$$R-\overset{\overset{\displaystyle O}{\|}}{C}-OH + PCl_3 \xrightarrow{\triangle} R-\overset{\overset{\displaystyle O}{\|}}{C}-Cl + H_3PO_3$$

$$R-\overset{\overset{\displaystyle O}{\|}}{C}-OH + SOCl_2 \longrightarrow R-\overset{\overset{\displaystyle O}{\|}}{C}-Cl + SO_2\uparrow + HCl\uparrow$$

$SOCl_2$ 作卤化剂时，副产物都是气体，容易与酰氯分离。

产物酰卤及卤化剂遇水极易分解，故反应须在无水条件下进行。

（三）酸酐的生成

甲酸在浓 H_2SO_4 的存在下加热，分子内脱水生成 CO 和 H_2O，这是实验室制备 CO 的方法。

$$H-\overset{\overset{O}{\|}}{C}-OH \xrightarrow[\triangle]{H_2SO_4} CO + H_2O$$

除甲酸外，羧酸在强脱水剂 P_2O_5 或乙酸酐等的作用下，分子内（二元羧酸）或分子间（一元羧酸）脱水可形成酸酐。

一元羧酸形成酸酐的反应通式为

$$\begin{matrix} R-\overset{\overset{O}{\|}}{C}-OH \\ R-\overset{\overset{O}{\|}}{C}-OH \end{matrix} \xrightarrow[\triangle]{P_2O_5} (R-\overset{\overset{O}{\|}}{C})_2O + H_2O$$

二元羧酸可以采用直接加热方式使分子内脱水，形成五元、六元环状酸酐。例如

$$C_6H_4(COOH)_2 \xrightarrow{\triangle} C_6H_4(CO)_2O + H_2O$$

（四）酰胺的生成

羧酸与氨或碳酸铵反应，生成羧酸的铵盐，铵盐受强热或在脱水剂的作用下加热，可在分子内失去1分子水形成酰胺。

$$R-\overset{\overset{O}{\|}}{C}-OH + NH_3 \longrightarrow R-\overset{\overset{O}{\|}}{C}-ONH_4$$

$$2\ R-\overset{\overset{O}{\|}}{C}-OH + (NH_4)_2CO_3 \longrightarrow 2\ R-\overset{\overset{O}{\|}}{C}-ONH_4 + CO_2 + H_2O$$

$$R-\overset{\overset{O}{\|}}{C}-ONH_4 \xrightarrow[\triangle]{P_2O_5} R-\overset{\overset{O}{\|}}{C}-NH_2 + H_2O$$

二元羧酸与氨共热脱水，可生成酰亚胺。例如

$$C_6H_4(COOH)_2 + NH_3 \xrightarrow{\triangle} C_6H_4(CO)_2NH$$

三、羧基被还原

羧基较难被还原，用强的还原剂氢化锂铝可将其还原为伯醇。其反应通式如下：

$$RCOOH \xrightarrow[②H_2O]{①LiAlH_4} RCH_2OH$$

例如

$$CH_3O-C_6H_4-COOH \xrightarrow[②H_2O]{①LiAlH_4} CH_3O-C_6H_4-CH_2OH$$

氢化锂铝是一种选择性还原剂，不饱和羧酸分子中的双键、叁键可不被还原。此种反应产率高，还原不饱和酸时，不会影响双键。例如

$$CH_3-CH=CH-COOH \xrightarrow{LiAlH_4} CH_3-CH=CH-CH_2OH$$

四、脱羧反应

通常情况下，羧酸中的羧基是比较稳定的，但在一些特殊条件下也可以发生脱去羧基，放出二氧化碳的反应，称为脱羧反应。

一般脂肪羧酸难以脱羧。但当羧酸 α-C 上连有硝基、卤素、酰基等时就容易脱羧。例如，β-酮酸加热即可放出 CO_2。

$$RCOCH_2COOH \xrightarrow{\triangle} R-COCH_3 + CO_2$$

芳香羧酸的脱羧较脂肪羧酸容易，尤其是邻、对位上连有吸电子基时更易脱羧。例如

$$2,4,6\text{-}(NO_2)_3C_6H_2COOH \xrightarrow[\triangle]{H_2O} 1,3,5\text{-}(NO_2)_3C_6H_3 + CO_2$$

一元羧酸的钠盐与强碱共热，生成比原来羧酸少一个碳原子的烃。例如，无水醋酸钠和碱石灰混合加热，发生脱羧反应生成甲烷，这是实验室制备甲烷的方法。

$$CH_3-\overset{O}{\overset{\|}{C}}-ONa \xrightarrow[CaO]{\triangle} CH_4 + Na_2CO_3$$

有些低级二元羧酸，由于羧基是吸电子基团，在两个羧基的相互影响下，受热也容易发生脱羧反应。例如，乙二酸和丙二酸加热，脱去二氧化碳，生成比原来羧酸少 1 个碳原子的一元羧酸。

$$HOOC-COOH \xrightarrow{\triangle} HCOOH + CO_2\uparrow$$

$$HOOC-CH_2-COOH \xrightarrow{\triangle} CH_3COOH + CO_2\uparrow$$

丁二酸及戊二酸加热至熔点以上不发生脱羧反应，而是分子内脱水生成稳定的内酐。二元羧酸热分解时，一定条件下尽可能生成五元环或六元环。

$$\begin{array}{l}CH_2COOH\\|\\CH_2COOH\end{array}\xrightarrow{\triangle}\text{(丁二酸酐)}+H_2O$$

己二酸及庚二酸在氢氧化钡存在下加热，既脱羧又失水，生成环酮：

$$\begin{array}{l}CH_2CH_2COOH\\|\\CH_2CH_2COOH\end{array}\xrightarrow[\triangle]{Ba(OH)_2}\text{(环戊酮)}=O+CO_2\uparrow+H_2O$$

$$CH_2\begin{array}{l}\diagup CH_2CH_2COOH\\ \diagdown CH_2CH_2COOH\end{array}\xrightarrow[\triangle]{Ba(OH)_2}\text{(环己酮)}=O+CO_2\uparrow+H_2O$$

脱羧反应是生物体内重要的生物化学反应，呼吸作用所生成的二氧化碳就是羧酸脱羧的结果。生物体内的脱羧是在脱羧酶的作用下完成的：

$$CH_3COOH\xrightarrow{\text{脱羧酶}}CH_4+CO_2\uparrow$$

五、α-H 的反应

羧酸 α-C 上的氢有一定的活性（但比醛、酮的 α-H 活性差），能被卤原子取代，但需在少量红磷或三卤化磷存在下方可与卤素发生反应，生成 α-卤代酸。例如

$$CH_3COOH\xrightarrow[P]{Cl_2}\underset{\text{一氯乙酸}}{ClCH_2COOH}\xrightarrow[P]{Cl_2}\underset{\text{二氯乙酸}}{Cl_2CHCOOH}\xrightarrow[P]{Cl_2}\underset{\text{三氯乙酸}}{Cl_3CCOOH}$$

控制反应条件可使反应停留在一元取代阶段。

卤代羧酸是合成多种农药和药物的重要原料，有些卤代羧酸如 α,α-二氯丙酸或 α,α-二氯丁酸还是有效的除草剂。氯乙酸与 2,4-二氯苯酚钠在碱性条件下反应，可制得 2,4-二氯苯氧乙酸（简称 2,4-D），它是一种有效的植物生长调节剂，高浓度时可防治禾谷类作物田中的双子叶杂草；低浓度时，对某些植物有刺激早熟，提高产量，防止落花落果，产生无籽果实等多种作用。

【练习】

1. 比较下列各组化合物的酸性：

（1）乙酸、氯乙酸、三氯乙酸

（2）α-硝基丁酸、β-硝基丁酸、γ-硝基丁酸

2. 写出乙酸与下列试剂反应的方程式：

（1）$NaHCO_3$　（2）红磷＋Br_2/加热　（3）$LiAlH_4$

（4）C_2H_5OH/H_2SO_4（少量）　（5）PCl_3

第四节　羧酸的制法

一、氧化法

羧酸可通过烃、醇、醛、烯、炔及芳烃侧链氧化来制备。

（一）烃被氧化

不饱和烃（烯烃、炔烃）受强氧化剂氧化可生成羧酸。烷基芳烃在 $KMnO_4$ 存在下加热，侧链被氧化生成芳香酸。这些反应均可作为羧酸制备的方法。

$$CH_3CH_2CH_2CH{=}CH_2 \xrightarrow{O} CH_3CH_2CH_2COOH + CO_2$$

$$C_6H_5CH_2CH_3 \xrightarrow[\triangle]{KMnO_4} C_6H_5COOH$$

（二）醇被氧化

醇被氧化的反应历程如下：

$$RCH_2OH \xrightarrow{[O]} RCHO \xrightarrow{[O]} RCOOH$$

（三）醛被氧化

饱和醛氧化后直接得到羧酸，氧化不饱和醛制备不饱和酸时，要选用温和的弱氧化剂，如湿润的 Ag_2O 或 $[Ag(NH_3)_2]^+$ 等，以避免双键被氧化。

$$CH_3CHO + O_2 \xrightarrow[60\sim75℃]{C_4H_6,MnO_4} CH_3COOH$$

$$\underset{CH_3CH_2}{\overset{H}{}}\!\!>C{=}C<\!\!\underset{CH_3}{\overset{CHO}{}} \xrightarrow[H_2O,OH^-]{Ag_2O} \xrightarrow{HCl} \underset{CH_3CH_2}{\overset{H}{}}\!\!>C{=}C<\!\!\underset{CH_3}{\overset{COOH}{}}$$

（四）甲基酮的卤仿反应

甲基酮通过卤仿反应可制备减少 1 个碳原子的羧酸，其他开链酮因氧化产物较复杂，一般不作为制备羧酸的原料。

$$R{-}\underset{\underset{O}{\|}}{C}{-}CH_3 \xrightarrow{I_2/NaOH} RCOOH + CH_3I\downarrow$$

二、水解法

酰卤、酸酐、酯、酰胺、腈在不同条件下与水反应，最终产物都是羧酸，即

$$RCOCl + H_2O \longrightarrow RCOOH + HCl$$

$$(RCO)_2O + H_2O \longrightarrow RCOOH + RCOOH$$

$$RCONH_2 + H_2O \longrightarrow RCOOH + NH_3$$

$$RCN + H_2O \longrightarrow RCOOH + NH_3$$

酰卤、酸酐与水非常容易反应，低级酰卤和酸酐能被空气中的水分水解。相比之下酯的反应活性较差，它的反应必须有酸或碱催化。酯的水解是一个平衡，一般在碱催化

下水解生成羧酸盐，使酯脱离平衡体系以完成反应。酰胺和腈水解较难，在酸或碱催化下较长时加热才可完成反应。

$$RX + KCN \longrightarrow RCN + HX$$

$$RCN + H_2O \xrightarrow[\text{或 } OH^-]{H^+} RCOOH + NH_4^+$$

三、格氏试剂与 CO_2 作用

格氏试剂与 CO_2 的加成产物，在酸性溶液中水解后生成羧酸。

$$RCl + Mg \xrightarrow{C_4H_{10}O} RMgCl \xrightarrow{O=C=O} RCOOMgCl \xrightarrow{H_2O} RCOOH$$

【练习】

1. 用两种不同的方法将正丁醇转变成正戊酸。

2. 用适当方法转变下列化合物：

（1）甲苯⟶苯乙酸

（2）丙酸⟶丁酸

第五节 常用的羧酸

1. 甲酸

甲酸俗称蚁酸，是最简单的羧酸。无水甲酸为无色有刺激性气味的液体，沸点100.5℃，能与水、乙醇、乙醚混溶，在饱和一元羧酸中，它的酸性最强，具有一定的腐蚀性。

甲酸分子中的羧基直接与氢相连，而不像其他羧酸中羧基是与烃基相连的。因而甲酸分子可看作既有羧基，又有醛基。因此甲酸除具有羧酸的特性外，还具有醛的某些性质。例如，能发生银镜反应；可被高锰酸钾氧化；与浓硫酸在60～80℃条件下共热，可以分解为水和一氧化碳，实验室中用此法制备纯净的一氧化碳。

$$\boxed{H-\overset{\overset{\displaystyle O}{\|}}{C}}-OH$$

$$H-COOH \xrightarrow[\triangle]{H_2SO_4} CO\uparrow + H_2O$$

$$HCOOH + 2[Ag(NH_3)_2]^+ + 2OH^- \longrightarrow 4NH_3 + CO_3^{2-} + 2Ag + 2H_2O$$

甲酸在工业上主要是由 CO 和粉末状的 NaOH 在加压、加热下制备的。

$$CO + NaOH \xrightarrow{0.6\sim0.8\text{MPa},\ 120\sim130℃} HC\begin{matrix}\diagup O\\ \diagdown ONa\end{matrix} \xrightarrow{H^+} HCOOH$$

甲酸的价格较为便宜，在工业上有时可以替代无机酸。甲酸在工业上还用作还原剂、橡胶凝聚剂，也用来合成酯类和染料。

2. 乙酸

乙酸俗称醋酸，是食醋的主要成分，一般食醋中含乙酸6%～8%。乙酸为无色具有刺激性气味的液体。当室温低于16.6℃时，无水乙酸很容易凝结成冰状固体，故常把无水乙酸称为冰醋酸。乙酸能与水按任何比例混溶，也可溶于乙醇、乙醚和其他有机溶剂。

在工业上，乙酸主要由乙醛在醋酸锰催化下用空气氧化制成。此法的优点是乙酸纯度高，得率高，副反应少。

$$CH_3CHO+\frac{1}{2}O_2 \xrightarrow[0.2\sim0.3MPa,\ 70\sim80℃]{(CH_3COO)_2Mn} CH_3COOH$$

乙酸为重要的工业原料，广泛应用在有机合成中，是染料、香料、医药、涂料及塑料等工业不可缺少的原料。其主要用来生成乙酐、乙烯酮、乙酸乙烯酯、氯乙酸、乙酸酯、醋酸纤维等。

3. 乙二酸

乙二酸俗称草酸，是最简单的二元酸，草酸一般含有两分子结晶水，为无色透明结晶，草酸在100℃开始升华，125℃时迅速升华，157℃时大量升华，并开始分解。易溶于乙醇，溶于水，微溶于乙醚，不溶于苯和氯仿。

乙二酸容易被氧化生成CO_2和H_2O。例如，在酸性溶液中乙二酸可以定量地被高锰酸钾氧化，因此，常用这个方法来标定高锰酸钾溶液。

$$5\begin{array}{c}COOH\\ |\\ COOH\end{array}+2KMnO_4+3H_2SO_4 \longrightarrow K_2SO_4+2MnSO_4+10CO_2+8H_2O$$

草酸能和金属离子络合，形成的络合物能溶于水。例如，草酸钾和草酸铁可生成如下易溶于水的络合物：

$$Fe(C_2O_4)_3+3K_2C_2O_4+6H_2O \longrightarrow 2K_3[Fe(C_2O_4)_3]\cdot 6H_2O$$

草酸主要用于生产抗菌素和冰片等药物，以及作为提炼稀有金属的溶剂、染料还原剂、鞣革剂等。此外，草酸还可用于合成各种草酸酯、草酸盐和草酰胺等产品，而以草酸二乙酯、草酸钠、草酸钙等产量最大。草酸还可用于钴-钼-铝催化剂的生产、金属和大理石的清洗及纺织品的漂白。

柠檬酸的应用与开发

1. 柠檬酸的生产概况

柠檬酸（即枸橼酸、2-羟基丙三羧酸）是世界上以生物化学方法生产的产量最大的有机酸，广泛分布于植物及柑橘、葡萄等果类中。通常用红薯、玉米、土豆等碳水化合物或甘蔗、甜菜、糖、菜籽油等糖质的农副产品为原料，经糖化、发酵、分离制取柠檬酸。它的结构简式为

$$\begin{array}{c}CH_2COOH\\ |\\ HO-C-COOH\\ |\\ CH_2COOH\end{array}$$

20 世纪 60 年代初，我国开始进行柠檬酸工业化生产，由于国内外市场和生产成本等原因，生产量在 25 万 t/a。大部分出口，国内消费量占总量的 25%～30%。因此，开发柠檬酸及其深加工产品的用途，扩大柠檬酸的使用途径，是柠檬酸行业的发展方向。

2. 柠檬酸的用途

柠檬酸的用途非常广泛。食品工业使用量占生产量的 75%以上，可作为食品的酸味剂、抗氧剂、pH 调节剂，用于清凉饮料、果酱、水果和糕点等食品中；医药工业占 10%左右，主要用作抗凝血剂、解酸药、矫味剂、化妆品等；化学工业等占 15%左右，用作缓冲剂、络合剂、金属清洗剂、媒染剂、胶凝剂、调色剂等；电子、纺织、石油、皮革、建筑、摄影、塑料、铸造和陶瓷等工业领域中也有十分广阔的应用。

3. 柠檬酸深加工产品的制法及用途

我国是农业大国，玉米、薯干等原料资源丰富，发酵技术先进，工艺简单。加入世界贸易组织以后，柠檬酸生产和出口形势更加明朗，柠檬酸生产企业应抓住机遇，不断提高产品质量，降低生产成本，开发高档次产品，提高出口创汇能力，因此必须开发柠檬酸的深加工产品和新的工业用途，以适应市场需要和加入世界贸易组织要求。可代替三聚磷酸钠作为洗涤剂助剂。以沸石为主要助剂，柠檬酸钠、硫酸钠聚合物、氮川三醋酸等作为辅助剂，效果可以达到磷酸盐助剂的水平。

本章小结

（1）羧酸的系统命名法与醛相似，仅将“醛”字改为“酸”字即可。部分羧酸有俗称，羧酸的俗称是根据羧酸的来源命名的。

（2）羧酸分子呈极性，分子间能形成较强氢键，低级羧酸甚至在蒸气中也以二聚体存在，因此羧酸的沸点比相对分子质量相近的有机物较高。羧酸的熔点随着相对分子质量的增大呈锯齿形变化。

（3）羧酸是含有羧基（—COOH）官能团的弱酸，羧基中存在着 p-π 共轭效应。羧酸的化学性质主要表现如下：

```
              O④
              ‖
R—CH—C—O—H
     |      ③  ②  ①
     H
     ⑤
```

① 酸性：

$$RCOOH + NaHCO_3 \longrightarrow RCOONa + CO_2 + H_2O$$

酸性强弱表现为无机酸＞羧酸＞碳酸＞苯酚。

② 羟基（—OH）被取代：

$$RCOOH \longrightarrow RCOZ,$$

其中，Z 为—X、—NH_2、—OR′、R′COO^-。

③ 脱羧反应：

$$\mathrm{R\overset{\overset{O}{\|}}{C}CH_2COOH \xrightarrow{\triangle} R\overset{\overset{O}{\|}}{C}CH_3 + CO_2}$$

④ 羰基还原：

$$\mathrm{RCOOH \xrightarrow{LiAlH_4} RCH_2OH}$$

⑤ α-H 反应：

$$\mathrm{RCH_2COOH \xrightarrow[红磷]{Br_2} R\underset{\underset{Br}{|}}{C}HCOOH}$$

(4) 诱导效应对羧酸酸性的影响：羧酸烃基上引入吸电子基团时酸性增强，引入给电子基团时酸性减弱；羧酸的烃基上引入的基团越多，对酸性的影响越大；羧酸烃基上的取代基团离羧基越近，对羧酸的酸性影响越大。

(5) 在二元羧酸中，乙二酸和丙二酸加热易脱羧；丁二酸和戊二酸受热易发生失水反应生成五元环和六元环；己二酸和庚二酸加热后，同时发生失水和脱羧反应。

(6) 羧酸的制备方法：

烯烃，炔烃，醇，醛 $\xrightarrow{[O]}$ RCOOH

$$\mathrm{RMgX \xrightarrow[②H_2OH^+]{①CO_2} RCOOH \xleftarrow[NaOH]{I_2} R\overset{\overset{O}{\|}}{C}CH_3}$$

酰卤，酸酐，酯，酰胺，腈 $\xrightarrow{水解}$ RCOOH

习题

1. 命名下列化合物：

(1) $\mathrm{CH_3\underset{\underset{CH_3}{|}}{C}HCH_2COOH}$　　(2) $\mathrm{Cl\text{—}C_6H_4\text{—}\overset{\overset{CH_3}{|}}{C}HCH_2COOH}$（对位）

(3) 间苯二甲酸结构（苯环上1,3-位各连一个COOH）　　(4) $\mathrm{CH_3(CH_2)_4CH{=}CHCH_2CH{=}CH(CH_2)_7COOH}$

2. 写出乙酸与下列试剂的反应式：

(1) 乙醇　(2) 三氯化磷　(3) 氨　(4) 碱石灰热熔

3. 写出下列化合物制备苯甲酸的反应式：

(1) 甲苯　(2) 溴苯　(3) 苯甲腈　(4) 苯乙酮

4. 完成下列反应式：

(1) $\mathrm{HOOCH_2CH_2COOH \xrightarrow[②H^+]{①LiAlH_4}}$

(2) $\mathrm{C_6H_5COOH + C_6H_5CH_2OH \xrightarrow{H^+}}$

（3）$CH_3CH_2CH_2COOH \xrightarrow[P]{Br_2}$

（4）C_6H_{11}—MgBr $\xrightarrow[②H_2SO_4]{①CO_2}$

5. 比较下列各组化合物的酸性：

（1）$CH_3CH_2CH(Br)COOH$、$CH_3CH(Br)CH_2COOH$、$CH_2(Br)CH_2CH_2COOH$、$CH_3CH_2CH_2COOH$

（2）$O_2N—C_6H_4—COOH$、$CH_3—C_6H_4—COOH$、$C_6H_5—COOH$

（3）$C_6H_5—CH(Cl)COOH$、$C_6H_5—CH_2CH_2COOH$、$C_6H_5—CH_2COOH$、$Cl—C_6H_4—COOH$

（4）$O_2N—C_6H_4—COOH$、$O_2N—C_6H_4—CH_2CH_2COOH$、$O_2N—C_6H_4—CH_2COOH$

6. 合成题：

（1）以乙醛为原料合成正戊酸。

（2）以甲苯为原料合成 2-氨基-2-(4-溴苯基) 乙酸。

7. 化合物甲、乙、丙的分子式都是 $C_3H_6O_2$，甲与碳酸钠作用放出 CO_2，乙与丙不能反应，但乙与丙在 NaOH 溶液中加热后可水解，在乙的蒸馏液中有碘仿反应，试推测甲、乙、丙的结构。

8. 某化合物分子式为 $C_7H_6O_3$，可随水蒸气挥发，能溶于 NaOH 及 Na_2CO_3，它与 $FeCl_3$ 有颜色反应，与乙酐作用生成 $C_9H_8O_4$，与甲醇作用生成香料物质 $C_8H_8O_3$，$C_8H_8O_3$ 硝化后可得两种一元硝基化合物，试推测该化合物的结构式。

第十三章　羧酸衍生物

学习目标

1. 掌握羧酸衍生物的分类、结构和命名。
2. 了解羧酸衍生物的物理性质。
3. 掌握羧酸衍生物的化学性质。
4. 掌握乙酰乙酸乙酯、丙二酸二乙酯的性质及在有机合成中的应用。
5. 了解有机合成路线设计的基本原则及过程。

案例导入

为什么烧菜时加了酒和醋会产生一股香味？这是因为酒与醋在热锅里发生了化学反应，生成香料——乙酸乙酯，乙酸乙酯具有香蕉的香味，因此菜就有了香味。那么，什么是乙酸乙酯？它具有什么性质？工业上是怎样进行生产的呢？

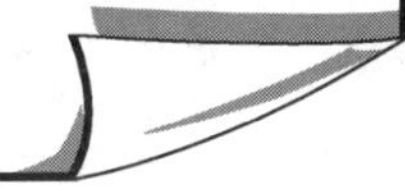

第一节　羧酸衍生物的命名

羧酸中的羟基被其他原子或基团取代后生成的化合物称为羧酸衍生物。主要包括被卤原子取代生成的酰卤，被酰氧基取代生成的酸酐，被烷氧基取代生成的酯和被氨基取代生成的酰胺四大类。

羧酸分子中去掉羟基后剩余的基团称为酰基$\left(\mathrm{R{-}\overset{\displaystyle O}{\overset{\|}{C}}{-}}\right)$。例如：

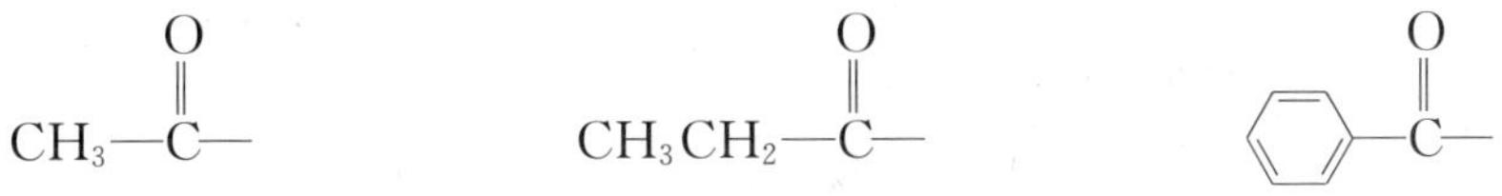

$$\mathrm{CH_3{-}\overset{\displaystyle O}{\overset{\|}{C}}{-}} \qquad \mathrm{CH_3CH_2{-}\overset{\displaystyle O}{\overset{\|}{C}}{-}} \qquad \mathrm{C_6H_5{-}\overset{\displaystyle O}{\overset{\|}{C}}{-}}$$

乙酰基　　　　丙酰基　　　　苯甲酰基

羧酸衍生物是由酰基和其他原子组成的，统称为酰基化合物，通常根据它们相应的羧酸或酰基来命名。

一、酰卤的命名

酰卤由酰基和卤原子组成，命名是在酰基后面加上卤素的名称，称为“某酰卤”。

例如：

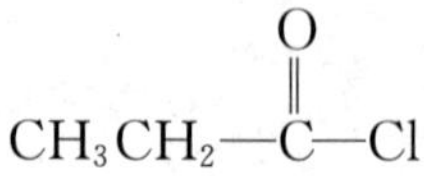

$$CH_3CH_2-\overset{\overset{\Large O}{\|}}{C}-Cl$$
丙酰氯

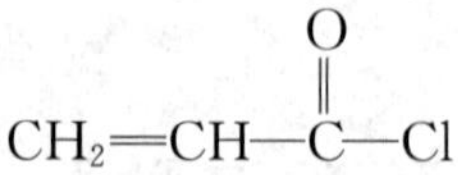

$$CH_2=CH-\overset{\overset{\Large O}{\|}}{C}-Cl$$
丙烯酰氯

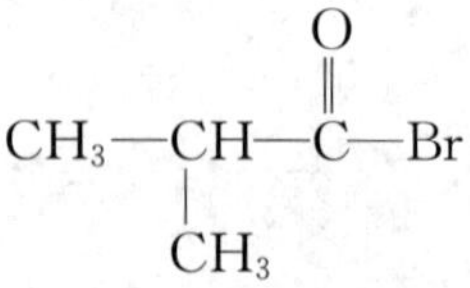

$$CH_3-\underset{\underset{\Large CH_3}{|}}{CH}-\overset{\overset{\Large O}{\|}}{C}-Br$$
2-甲基丙酰溴

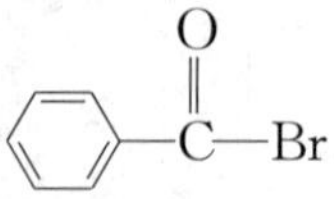

$$C_6H_5-\overset{\overset{\Large O}{\|}}{C}-Br$$
苯甲酰溴

二、酸酐的命名

酸酐由酰基和酰氧基组成，命名是在相应羧酸的名称之后加一“酐”字。相同羧酸形成的酸酐称为单酐，不同羧酸形成的酸酐称为混酐。二元羧酸分子内失水形成的环状酐称为环酐或内酐。例如

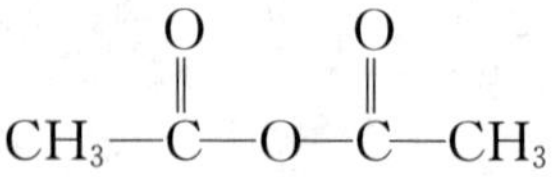

$$CH_3-\overset{\overset{\Large O}{\|}}{C}-O-\overset{\overset{\Large O}{\|}}{C}-CH_3$$
乙酸酐（单酐）

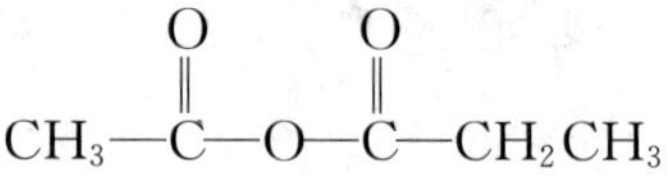

$$CH_3-\overset{\overset{\Large O}{\|}}{C}-O-\overset{\overset{\Large O}{\|}}{C}-CH_2CH_3$$
乙丙酐（混酐）

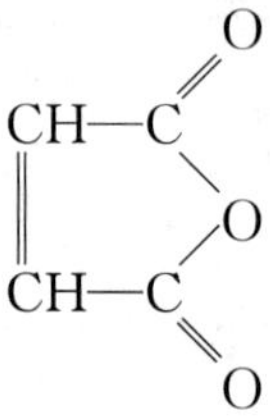

顺丁烯二酸酐（内酐）

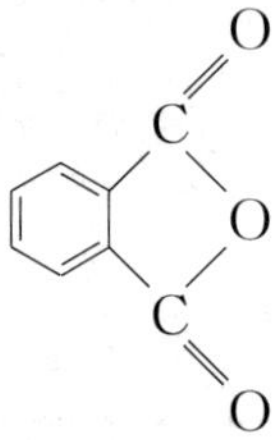

邻苯二甲酸酐（内酐）

三、酯的命名

酯是由酰基和烷氧基组成的，命名时由相应的羧酸和烃基名称组合称为“某酸某酯”。例如

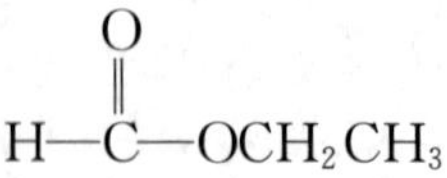

$$H-\overset{\overset{\Large O}{\|}}{C}-OCH_2CH_3$$
甲酸乙酯

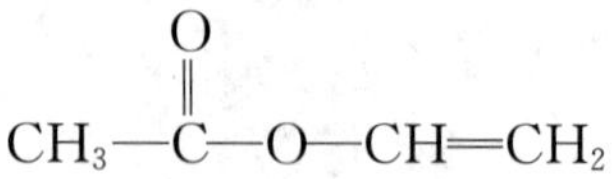

$$CH_3-\overset{\overset{\Large O}{\|}}{C}-O-CH=CH_2$$
乙酸乙烯酯

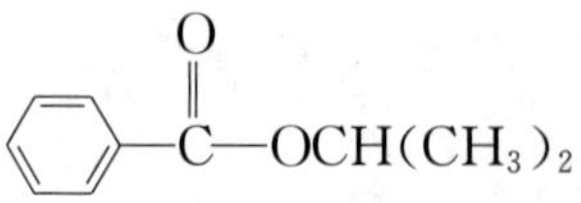

$$C_6H_5-\overset{\overset{\Large O}{\|}}{C}-OCH(CH_3)_2$$
苯甲酸异丙酯

$$CH_3OOC-C_6H_4-COOCH_3$$
对苯二甲酸二甲酯

四、酰胺的命名

酰胺是由酰基和氨基组成的，命名时根据酰基的名称称为“某酰胺”。例如

$$CH_3-\overset{O}{\overset{\|}{C}}-NH_2$$
乙酰胺

$$C_6H_5-\overset{O}{\overset{\|}{C}}-NH_2$$
苯甲酰胺

$$CH_2=CH-\overset{O}{\overset{\|}{C}}-NH_2$$
丙烯酰胺

酰胺分子中含有取代氨基，命名时把氮原子上所连的烃基作为取代基，写名称时用“*N*”表示其位次。例如

$$CH_3-\overset{O}{\overset{\|}{C}}-NHCH_2CH_3$$
N-乙基乙酰胺

$$H-\overset{O}{\overset{\|}{C}}-N(CH_3)_2$$
N,*N*-二甲基甲酰胺

$$C_6H_5-\overset{O}{\overset{\|}{C}}-N(CH_3)CH_2CH_3$$
N-甲基-*N*-乙基甲酰胺

【练习】

1. 写出下列羧酸衍生物的名称：

(1) $CH_3-C_6H_4-COCl$（对位）　　(2) $CH_2=CH\overset{O}{\overset{\|}{C}}-Br$

(3) $CH_3\overset{O}{\overset{\|}{C}}-N(CH_3)_2$　　(4) $C_6H_5-\overset{O}{\overset{\|}{C}}-NH_2$

2. 写出下列羧酸衍生物的结构式：

(1) 乙酰氯　　(2) 乙酸乙酯　　(3) 乙酸酐

第二节　羧酸衍生物的物理性质

低级酰氯是具有刺激性气味的无色液体，高级酰氯为白色固体。酰氯的沸点比相应的羧酸低，不溶于水，易溶于有机溶剂。低级酰氯遇水易分解。酰氯对黏膜有刺激性。

低级酸酐是具有刺激性气味的无色液体，高级酸酐为固体，酸酐的沸点较相对分子质量相近的羧酸低，酸酐难溶于水而易溶于有机溶剂，低级酸酐遇水易水解。

低级酯是具有芳香性气味的无色液体，广泛存在于水果和花草中，高级酯多为固体，除低级酯微溶于水外，其他酯都不溶于水，易溶于有机溶剂，沸点比相应的羧酸低。

除甲酰胺是液体外，其余酰胺均为固体，低级酰胺溶于水，随着相对分子质量增大，在水中的溶解度逐渐降低，酰胺由于分子间的缔合作用较强，沸点比相对分子质量相近的羧酸、醇都高。

部分羧酸衍生物的物理常数见表 13.1。

表 13.1　部分羧酸衍生物的物理常数

类别	名　称	结构式	熔点/℃	沸点/℃	相对密度（d_4^{20}）
酰卤	乙酰氯	CH_3COCl	−112	52	1.104
	乙酰溴	CH_3COBr	−96	76.7	1.52
	苯甲酰氯	C_6H_5COCl	−1	197.2	1.212

续表

类别	名　称	结构式	熔点/℃	沸点/℃	相对密度（d_4^{20}）
酸酐	乙酸酐	$(CH_3CO)_2O$	−73	139.6	1.082
	苯甲酸酐	$(C_6H_5CO)_2O$	42	360	1.199
	邻苯二甲酸酐	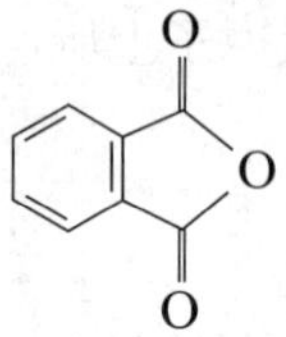	132	284.5	1.527
酯	甲酸乙酯	$HCOOCH_2CH_3$	−80	54	0.969
	乙酸乙酯	$CH_3COOCH_2CH_3$	−84	77.1	0.901
	苯甲酸乙酯	$C_6H_5COOCH_2CH_3$	−35	213	1.051^{15}
酰胺	乙酰胺	CH_3CONH_2	82	222	1.159
	苯甲酰胺	$C_6H_5CONH_2$	130	290	1.341
	N,*N*-二甲基甲酰胺	$HCON(CH_3)_2$	−61	153	$0.948^{22.4}$
	乙酰苯胺	$CH_3CONHC_6H_5$	114	305	1.21^4

第三节　羧酸衍生物的化学性质

羧酸衍生物分子中都含有酰基，因此它们具有相似的化学性质。但由于酰基所连接的原子和基团不同，所以它们的反应活性存在差异。反应活性强弱顺序如下：

$$\mathrm{R-\overset{O}{\overset{\|}{C}}-Cl > R-\overset{O}{\overset{\|}{C}}-O-\overset{O}{\overset{\|}{C}}-R' > R-\overset{O}{\overset{\|}{C}}-OR' > R-\overset{O}{\overset{\|}{C}}-NH_2}$$

一、水解

酰氯、酸酐、酯和酰胺都可水解生成相应的羧酸。

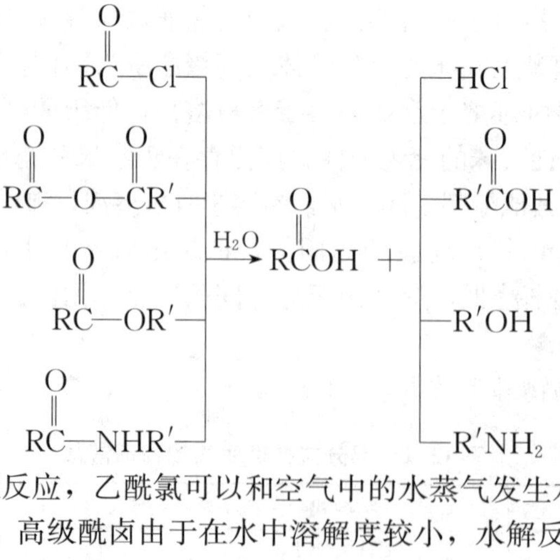

$$\left.\begin{array}{l}\mathrm{R\overset{O}{\overset{\|}{C}}-Cl}\\ \mathrm{R\overset{O}{\overset{\|}{C}}-O-\overset{O}{\overset{\|}{C}}R'}\\ \mathrm{R\overset{O}{\overset{\|}{C}}-OR'}\\ \mathrm{R\overset{O}{\overset{\|}{C}}-NHR'}\end{array}\right] \xrightarrow{H_2O} \mathrm{R\overset{O}{\overset{\|}{C}}OH} + \left[\begin{array}{l}\mathrm{HCl}\\ \mathrm{R'\overset{O}{\overset{\|}{C}}OH}\\ \mathrm{R'OH}\\ \mathrm{R'NH_2}\end{array}\right.$$

低级酰卤遇水迅速反应，乙酰氯可以和空气中的水蒸气发生水解反应，产生白色烟雾（水解生成的盐酸）。高级酰卤由于在水中溶解度较小，水解反应速度较慢。

$$\mathrm{CH_2\overset{O}{\overset{\|}{C}}Cl + H_2O \longrightarrow CH_3\overset{O}{\overset{\|}{C}}OH + HCl}$$

多数酸酐由于不溶于水，在冷水中缓慢水解，在热水中迅速反应。

$$CH_3\overset{O}{\overset{\|}{C}}—O—\overset{O}{\overset{\|}{C}}CH_3 + H_2O \longrightarrow 2CH_3\overset{O}{\overset{\|}{C}}OH$$

酯的水解只有在酸或碱的催化下才能顺利进行。酯的水解在理论上和生产上都有重要意义。酸催化下的水解是酯化反应的逆反应，水解不能进行完全。碱催化下的水解生成的羧酸可与碱生成盐而从平衡体系中除去，所以水解反应可以进行到底。酯的碱性水解反应也称为皂化。高级脂肪酸酯常在碱性条件下水解得其钠盐，用于制造肥皂和其他洗涤剂。

$$R—\overset{O}{\overset{\|}{C}}—OR' + HOH \underset{}{\overset{H^+}{\rightleftharpoons}} R—\overset{O}{\overset{\|}{C}}—OH + R'OH$$

$$R—\overset{O}{\overset{\|}{C}}—OR' + HOH \overset{OH^-}{\rightleftharpoons} R—\overset{O}{\overset{\|}{C}}—O^- + R'OH$$

$$CH_3\overset{O}{\overset{\|}{C}}Cl + H_2O \longrightarrow CH_3\overset{O}{\overset{\|}{C}}OH + HCl$$

$$\begin{array}{l} CH_2OOCR \\ | \\ CH_2OOCR' \\ | \\ CH_2OOCR'' \end{array} + NaOH \xrightarrow{H_2O} \begin{array}{l} CH_2OH \\ | \\ CHOH \\ | \\ CH_2OH \end{array} + RCOONa + R'COONa + R''COONa$$

酰胺必须在酸或碱存在和加热条件下，才能水解生成相应的羧酸和氨，反应进行缓慢。

$$C_6H_5—\overset{CH_3}{\overset{|}{CH}}—\overset{O}{\overset{\|}{C}}NH_2 \xrightarrow[H_2O,\ \triangle]{H_2SO_4} C_6H_5—\overset{CH_3}{\overset{|}{CH}}—COOH + NH_3$$

二、醇解

羧酸衍生物都能发生醇解反应，产物主要是酯。它们进行醇解的反应速度顺序与水解时相同。

$$\left.\begin{array}{r} R\overset{O}{\overset{\|}{C}}—Cl \\ R\overset{O}{\overset{\|}{C}}—O—\overset{O}{\overset{\|}{C}}R' \\ R\overset{O}{\overset{\|}{C}}—OR' \\ R\overset{O}{\overset{\|}{C}}—\overset{H}{\overset{|}{N}}—H(R') \end{array}\right] \xrightarrow{R''OH} R\overset{O}{\overset{\|}{C}}OR'' + \left[\begin{array}{l} HCl \\ R'\overset{O}{\overset{\|}{C}}OH \\ R'OH \\ NH_3(R'NH_2) \end{array}\right.$$

酰氯很容易与醇反应生成酯，工业上常用此方法制取一些难以用羧酸酯化法得到的酯。例如

$$CH_3-\overset{O}{\overset{\|}{C}}-Cl+HO-C_6H_5+NaOH \longrightarrow CH_3-\overset{O}{\overset{\|}{C}}-O-C_6H_5+NaCl+H_2O$$

酸酐和醇的反应较酰氯温和，酸或碱可以催化反应，这也是制备酯的常用方法。例如

$$(CH_3\overset{O}{\overset{\|}{C}})_2O+C_6H_5-OH \xrightarrow{H_2SO_4} CH_3\overset{O}{\overset{\|}{C}}-O-C_6H_5+CH_3\overset{O}{\overset{\|}{C}}OH$$

酯与醇反应，生成另外的酯和醇，称为酯交换反应。此反应在有机合成中可用于从低级醇酯制取高级醇酯。例如，工业上合成涤纶树脂的单体——对苯二甲酸二乙二醇酯。

$$p\text{-}C_6H_4(COOCH_3)_2+2HOCH_2CH_2OH \xrightarrow[200℃]{ZnAc_2} p\text{-}C_6H_4(COOCH_2CH_2OH)_2+2CH_3OH$$

对苯二甲酸二甲酯　　乙二醇　　对苯二甲酸二乙二醇酯

三、氨解

酰卤、酸酐和酯与氨（或胺）作用生成酰胺的反应，称为氨解。

$$\left.\begin{array}{l} R\overset{O}{\overset{\|}{C}}-X \\ R\overset{O}{\overset{\|}{C}}-O-\overset{O}{\overset{\|}{C}}R' \\ R\overset{O}{\overset{\|}{C}}-OR' \end{array}\right\} \xrightarrow{NH_3\ (R'NH_2)} R\overset{O}{\overset{\|}{C}}NH_2(R'') \left\{\begin{array}{l} NH_4X \\ R'\overset{O}{\overset{\|}{C}}O^-\ NH_4^+ \\ R'OH \end{array}\right.$$

酰胺与过量的胺作用可得到 *N*-取代酰胺。

$$R-\overset{O}{\overset{\|}{C}}-NH_2+H-NHR' \longrightarrow R-\overset{O}{\overset{\|}{C}}-NHR'+NH_3$$

酰氯与氨或胺迅速反应，生成酰胺和 HCl，生成的 HCl 与原料胺生成盐；为提高反应收率，氨（胺）需过量。如果用酰氯与胺反应，常采用碱（如 NaOH）中和反应中生成的 HCl。

$$C_6H_5-COCl+C_5H_{10}NH+NaOH \longrightarrow C_6H_5-CO-NC_5H_{10}+NaCl+H_2O$$

酸酐也比较容易与氨（胺）反应生成酰胺和 1 分子的羧酸，反应中常加入三乙胺以中和生成的酸。这个反应常用于芳香一级胺或二级胺的乙酰化（用乙酸酐）。

$$\text{C}_6\text{H}_4(\text{NaCH}_3)(\text{NO}_2) + (\text{CH}_3\overset{\overset{\text{O}}{\|}}{\text{C}})_2\text{O} \xrightarrow{\text{H}_2\text{SO}_4} \text{C}_6\text{H}_4(\text{CH}_3\text{NCOCH}_3)(\text{NO}_2) + \text{CH}_3\overset{\overset{\text{O}}{\|}}{\text{C}}\text{—OH}$$

酯也能和氨（胺）反应生成酰胺，肼和烃胺也能和酯反应。例如：

$$CH_3CH_2COOC_2H_5 + H_2NOH \longrightarrow C_2H_5CONHOH + C_2H_5OH$$

$$C_2H_5COOC_2H_5 + H_2NNH_2 \longrightarrow C_2H_5CONHNH_2 + C_2H_5OH$$

羧酸衍生物的水解、醇解和氨解反应相当于在水、醇、氨分子中引入酰基。凡是向其他分子中引入酰基的反应都称为酰基化反应，提供酰基的试剂称为酰基化试剂。酰氯、酸酐的酰化能力较强，是常用的酰基化试剂。

四、还原

（一）用氢化铝锂还原

羧酸衍生物都比羧酸容易还原。酰氯、酸酐和酯用被 $LiAlH_4$ 还原生成醇，而酰胺则被还原为胺。用 $LiAlH_4$ 还原时，羧酸衍生物分子中存在的碳碳双键可不受影响。

$$CH_3CH{=}CHCOOC_2H_5 \xrightarrow[C_4H_{10}O]{LiAlH_4,H_2O} CH_3CH{=}CHCH_2OH + C_2H_5OH$$

$$C_6H_5\text{—}OCH_2CONH_2 \xrightarrow[C_4H_{10}O]{LiAlH_4,H_2O} C_6H_5\text{—}OCH_2CH_2NH_2$$

$$C_6H_5COCl \xrightarrow[C_4H_{10}O,\triangle]{LiAlH_4,H_2O} C_6H_5CH_2OH$$

（二）罗森孟德还原

用钯催化剂（$Pd/BaSO_4$-喹啉）可将酰氯催化氢化成醛，此反应称为罗森孟德还原，分子中存在的硝基、卤素和酯基等基团不受影响。

$$C_2H_5O\overset{\overset{O}{\|}}{C}CH_2CH_2CCl \xrightarrow[H_2,\ (CH_3)_2C_6H_4]{Pd/BaSO_4\text{-喹啉}} C_2H_5O\overset{\overset{O}{\|}}{C}CH_2CH_2CHO$$

五、酯的特殊反应

与羧酸相似，酯分子中的 α-H 较活泼。用强碱或醇钠处理时，两分子酯可脱去 1 分子醇生成 β-酮酸酯，这个反应称为克来森（Claisen）酯缩合反应。

$$CH_3\text{—}\overset{\overset{O}{\|}}{C}\text{—}OC_2H_5 + H\text{—}CH_2\text{—}\overset{\overset{O}{\|}}{C}\text{—}OC_2H_5 \xrightleftharpoons{C_2H_5ONa} CH_3\overset{\overset{O}{\|}}{C}CH_2\overset{\overset{O}{\|}}{C}\text{—}OC_2H_5 + C_2H_5OH$$

乙酰乙酸乙酯

酯缩合反应历程类似于羟醛缩合反应。首先，强碱夺取 α-H 原子形成负碳离子，负碳离子向另一分子酯羰基进行亲核加成，再失去一个烷氧基负离子生成 β-酮酸酯：

$$CH_3-\overset{\overset{O}{\|}}{C}-OC_2H_5+\bar{C}H_2-\overset{\overset{O}{\|}}{C}-OC_2H_5 \rightleftharpoons CH_3-\underset{\underset{OC_2H_5}{|}}{\overset{\overset{O^-}{|}}{C}}-CH_2-\overset{\overset{O}{\|}}{C}-OC_2H_5$$

六、酰胺的特殊反应

酰胺除具有羧酸衍生物的通性外，还具有一些特殊性质。

（一）酸碱性

在酰胺分子中，由于氮原子上的孤对电子与羰基形成 p-π 共轭体系，使氮原子上的电子云密度降低，氮原子与质子的结合能力下降，所以碱性比氨弱，只有在强酸作用下才显示“弱碱性”。

$$CH_3CONH_2+HCl \longrightarrow CH_3CONH_2HCl$$

但用强碱处理时则生成盐，又表现为“弱酸性”。

$$CH_3CONH_2+NaNH_2 \longrightarrow [CH_3CONH^-]\ Na^+ + NH_3$$

上述生成的两种盐极不稳定，遇水时立即分解为原来的酰胺。

（二）水解与脱水

酰胺与强脱水剂（P_2O_5、$POCl_3$、$SOCl_2$ 等）共热，发生分子内脱水反应，生成腈，这是制备腈的方法之一。

$$CH_3(CH_2)_4CONH_2 \xrightarrow[\triangle]{SOCl_2} CH_3(CH_2)_4C\equiv N$$

$$C_6H_4(Cl)-CONH_2 \xrightarrow[\triangle]{P_2O_5} C_6H_4(Cl)-C\equiv N$$

（三）霍夫曼降级反应

酰胺与次氯酸钠或次溴酸钠作用，失去羰基生成比原来少一个碳原子的伯胺，这个反应称为霍夫曼（Hofmann）降级反应。例如

$$R-\overset{\overset{O}{\|}}{C}-NH_2 \xrightarrow{NaOH,Br_2} R-NH_2$$

$$C_6H_5-CH_2-\underset{\underset{CH_3}{|}}{CH}-\underset{\underset{O}{\|}}{C}-NH_2 \xrightarrow{NaOH,Br_2} C_6H_5-CH_2-\underset{\underset{CH_3}{|}}{CH}-NH_2$$

2-甲基-3-苯基丙酰胺　　　　苯异丙胺

【练习】

1. 完成下列反应式：

(1) $C_6H_5-CH_2Cl \xrightarrow{NaCN,\ LiAlH_4}$

（2） 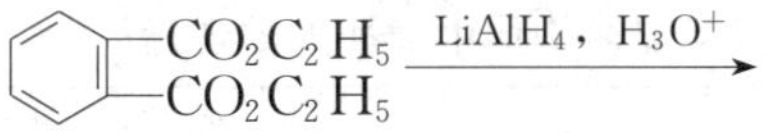 $C_6H_4(CO_2C_2H_5)_2$（邻位） $\xrightarrow{LiAlH_4,\ H_3O^+}$

（3） $CH_3CH_2O\overset{\overset{O}{\|}}{C}Cl \xrightarrow[1mol]{NH_3}$

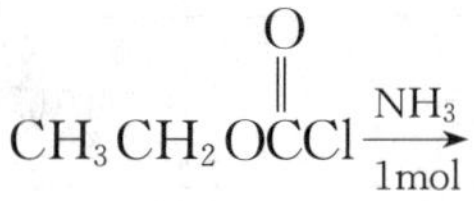

2. 比较下列化合物发生水解反应的活性：

（1） $C_6H_5COOCH_3$　　（2） $(C_6H_5CO)_2O$

（3） $C_6H_5CONHCH_3$　　（4） C_6H_5COCl

第四节　β-二羰基化合物及其在有机合成上的应用

一、β-二羰基化合物概述

分子中含有 2 个羰基官能团的化合物称为二羰基化合物，其中 2 个羰基为 1 个亚甲基相间隔的化合物称为β-二羰基化合物。2 个羰基的作用使亚甲基很活泼，所以又称为活泼亚甲基化合物。

β-二羰基化合物一般有下列 3 种结构类型：

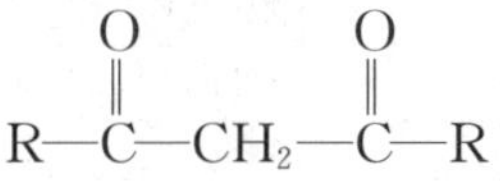

$$R-\overset{\overset{O}{\|}}{C}-CH_2-\overset{\overset{O}{\|}}{C}-R \qquad R-\overset{\overset{O}{\|}}{C}-CH_2-\overset{\overset{O}{\|}}{C}-OR \qquad RO-\overset{\overset{O}{\|}}{C}-CH_2-\overset{\overset{O}{\|}}{C}-OR$$

β-二酮 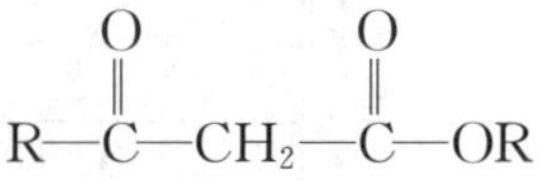　　β-酮酸酯 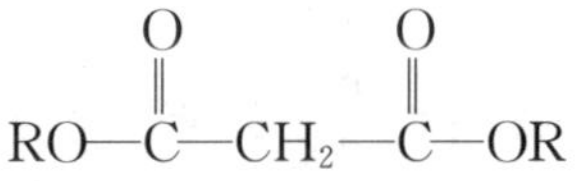　　丙二酸酯

β-二羰基化合物是重要的有机合成中间体。

二、酮式—烯醇式的互变异构现象

β-二羰基化合物由于酸性较强，存在酮式—烯醇式互变的动态平衡体系。通常情况下，乙酰乙酸乙酯的烯醇式结构和酮式结构在其平衡体系中共存，酮式结构占 92.5%，烯醇式结构占 7.5%。

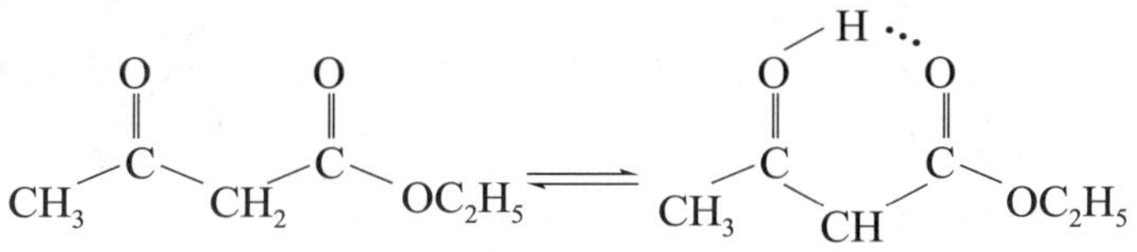

$$CH_3-\overset{\overset{O}{\|}}{C}-CH_2-\overset{\overset{O}{\|}}{C}-OC_2H_5 \rightleftharpoons CH_3-\overset{\overset{O-H\cdots}{|}}{C}=CH-\overset{\overset{O}{\|}}{C}-OC_2H_5$$

酮式（92.5%）　　烯醇式（7.5%）

常温下，乙酰乙酸乙酯两种异构体互变速度极快，不能将它们分离开，表现出酮和烯醇两方面的特征反应。将乙酰乙酸乙酯的石油醚溶液用干冰冷却至－78℃，分离出熔点为－39℃的无色晶体。该晶体最初不发生与 $FeCl_3$ 显色或使 Br_2 的乙醇溶液退色等烯醇的特征反应，但可发生酮的特征反应。

酮式-烯醇式互变异构现象在 β-二羰基化合物中普遍存在。各种化合物的酮式—烯醇式平衡混合物中，烯醇式的含量主要取决于分子结构。某些化合物的酮式—烯醇式互变异构体中烯醇式的含量见表 13.2。

表 13.2 某些化合物的酮式—烯醇式互变异构体中烯醇式的含量

酮式	烯醇式	烯醇式含量/%
$CH_3-\overset{\overset{O}{\parallel}}{C}-CH_3$	$CH_2=\overset{\overset{OH}{\mid}}{C}-CH_3$	0.00 015
$H_5C_2O-\overset{\overset{O}{\parallel}}{C}-CH_2-\overset{\overset{O}{\parallel}}{C}-OC_2H_5$	$H_5C_2O-\overset{\overset{OH}{\mid}}{C}=CH-\overset{\overset{O}{\parallel}}{C}-OC_2H_5$	0.1
$CH_3-\overset{\overset{O}{\parallel}}{C}-CH_2-\overset{\overset{O}{\parallel}}{C}-OC_2H_5$	$CH_3-\overset{\overset{OH}{\mid}}{C}=CH-\overset{\overset{O}{\parallel}}{C}-OC_2H_5$	7.5
$C_6H_5-\overset{\overset{O}{\parallel}}{C}-CH_2-\overset{\overset{O}{\parallel}}{C}-CH_3$	$C_6H_5-\overset{\overset{OH}{\mid}}{C}=CH-\overset{\overset{O}{\parallel}}{C}-CH_3$	90.0

酮式-烯醇式互变异构体在平衡体系中也随溶剂、浓度和温度的不同而改变。在非极性溶剂中，有利于形成分子内氢键，烯醇式含量较高。不同溶剂中乙酰乙酸乙酯的烯醇式含量见表 13.3。

表 13.3 不同溶剂中乙酰乙酸乙酯的烯醇式含量

溶剂	烯醇式含量/%	溶剂	烯醇式含量/%
水	0.4	苯	16.2
乙醇	10.52	乙醚	27.1
乙酸乙酯	12.9	正己烷	46.4

三、乙酰乙酸乙酯

乙酰乙酸乙酯又称 β-丁酮酸乙酯，简称三乙。它是无色透明、有果香气味的液体，沸点 180℃，微溶于水，易溶于乙醇、乙醚等大多数有机溶剂。实验表明，一般情况下，乙酰乙酸乙酯是由酮式和烯醇式两种异构体组成的，它们能相互转变，在室温时，液态乙酰乙酸乙酯是由约 92.5%的酮式异构体和约 7.5%的烯醇式异构体组成的混合物。

$$\underset{\text{酮式结构}}{CH_3-\overset{\overset{O}{\parallel}}{C}-CH_2-\overset{\overset{O}{\parallel}}{C}-OC_2H_5} \rightleftharpoons \underset{\text{烯醇式结构}}{CH_3-\overset{\overset{OH}{\mid}}{C}=CH-\overset{\overset{O}{\parallel}}{C}-OC_2H_5}$$

（一）乙酰乙酸乙酯的制备

乙酰乙酸乙酯可用克来森酯缩合反应制备，由乙酸乙酯在金属钠或乙醇钠的催化作用下经缩合反应而得。

$$2CH_3\overset{\overset{O}{\parallel}}{C}-OC_2H_5 \xrightarrow[\text{②}H^+]{\text{①}C_2H_5ONa} CH_3\overset{\overset{O}{\parallel}}{C}CH_2\overset{\overset{O}{\parallel}}{C}OC_2H_5 + C_2H_5OH$$

（二）乙酰乙酸乙酯的性质

乙酰乙酸乙酯有两种分解方式，即酮式分解和酸式分解。

$$\mathrm{R-\overset{\overset{\displaystyle O}{\|}}{C}-CH_2 \vdots \overset{\overset{\displaystyle O}{\|}}{C}-OC_2H_5} \qquad \mathrm{R-\overset{\overset{\displaystyle O}{\|}}{C} \vdots CH_2-\overset{\overset{\displaystyle O}{\|}}{C}-OC_2H_5}$$

酮式分解　　　　　　　　　　酸式分解

1. 酮式分解

乙酰乙酸乙酯与稀碱（5%NaOH）作用，发生水解反应，酸化生成乙酰乙酸，该物质为β-羰基酸，其中羧基因受羰基影响很不稳定，酸化后加热即脱羧生成丙酮，称为酮式分解。

$$CH_3COCH_2COOC_2H_5 \xrightarrow[H_2O]{5\%NaOH} CH_3COCH_2COONa \xrightarrow{H^+} CH_3COCH_2COOH$$

$$\xrightarrow[-CO_2]{\triangle} CH_3COCH_3$$

2. 酸式分解

乙酰乙酸乙酯与浓碱（40%NaOH）共热，在α-碳原子和β-碳原子之间发生断裂，生成2分子乙酸盐，酸化后得2分子乙酸，称为酸式分解。

$$CH_3COCH_2COOC_2H_5 \xrightarrow[\triangle]{40\%NaOH} 2CH_3COONa + C_2H_5OH$$

$$\downarrow H^+$$

$$2CH_3COOH$$

3. 活泼亚甲基氢的取代反应

乙酰乙酸乙酯分子中亚甲基上的氢原子使酮基和酯基的双重α-氢原子，变得很活泼。在醇钠作用下，生成乙酰乙酸乙酯的钠盐，它与卤代烃反应，在α-碳原子上引入烃基，生成一烃基取代乙酰乙酸乙酯。

$$CH_3COCH_2COOC_2H_5 \xrightarrow{C_2H_5ONa} [CH_3COCHCOOC_2H_5]^- Na^+ \xrightarrow{RX} CH_3CO\underset{\displaystyle R}{\underset{|}{C}}HCOOC_2H_5$$

一烃基取代乙酰乙酸乙酯

一烃基取代乙酰乙酸乙酯中另一个活泼的α-氢原子再依次与乙醇钠、卤代烃反应，生成二烃基取代乙酰乙酸乙酯。

$$CH_3CO\underset{\displaystyle R}{\underset{|}{C}}HCOOC_2H_5 \xrightarrow[②R'-X]{①C_2H_5ONa} CH_3CO\overset{\displaystyle R'}{\overset{|}{\underset{\displaystyle R}{\underset{|}{C}}}}COOC_2H_5$$

二烃基取代乙酰乙酸乙酯

反应中所用的卤代烃一般是伯卤代烃、烯丙基型和苄基型卤代烃。叔卤代烃在强碱作用下易发生消除反应而生成烯烃，所以不能采用。另外，引入的2个烃基可以相同，也可以不同，可以是脂肪族烃基，也可以是芳香族烃基。若2个烃基不同，一般先引入大的烃基，后引入小的烃基。2个相同的烃基也要分步引入。

4. 碳负离子的偶合反应

乙酰乙酸乙酯首先与强碱（钠或乙醇钠）反应生成碳负离子。再与活泼卤代烷或酰卤作用，生成烃基化或酰基化的乙酰乙酸乙酯。

$$CH_3-\overset{\overset{O}{\|}}{C}CH_2\overset{\overset{O}{\|}}{C}OC_2H_5 \xrightarrow{C_2H_5ONa} Na^+[CH_3\overset{\overset{O}{\|}}{C}\overset{-}{C}H\overset{\overset{O}{\|}}{C}-OC_2H_5]$$

$$\xrightarrow{R-X} CH_3\overset{\overset{O}{\|}}{C}-\underset{\underset{R}{|}}{CH}-\overset{\overset{O}{\|}}{C}-OC_2H_5$$

$$CH_3-\overset{\overset{O}{\|}}{C}CH_2\overset{\overset{O}{\|}}{C}OC_2H_5 \xrightarrow{C_2H_5ONa} Na^+[CH_3\overset{\overset{O}{\|}}{C}\overset{-}{C}H\overset{\overset{O}{\|}}{C}-OC_2H_5]$$

$$\xrightarrow{RCOX} CH_3\overset{\overset{O}{\|}}{C}-\underset{\underset{R-C=O}{|}}{CH}-\overset{\overset{O}{\|}}{C}-OC_2H_5$$

（三）乙酰乙酸乙酯在有机合成上的应用

1. 合成取代丙酮

乙酰乙酸乙酯首先与乙醇钠反应生成碳负离子，再与活泼卤代烷作用，生成烃基化的乙酰乙酸乙酯，在稀碱作用下进行酮式分解，最终合成取代丙酮。

$$CH_3-\overset{\overset{O}{\|}}{C}CH_2\overset{\overset{O}{\|}}{C}OC_2H_5 \xrightarrow{C_2H_5ONa} Na^+[CH_3\overset{\overset{O}{\|}}{C}\overset{-}{C}H\overset{\overset{O}{\|}}{C}-OC_2H_5]$$

$$\xrightarrow{R-X} CH_3\overset{\overset{O}{\|}}{C}-\underset{\underset{R}{|}}{CH}-\overset{\overset{O}{\|}}{C}-OC_2H_5$$

$$\xrightarrow[\triangle]{5\%NaOH,H_2O} CH_3\overset{\overset{O}{\|}}{C}-CH_2-R$$

2. 合成二元酮

用酰卤与乙酰乙酸乙酯的钠盐反应可生成 1,3-二酮。

$$\left[CH_3-\overset{\overset{O}{\|}}{C}-\overset{-}{C}H-\overset{\overset{O}{\|}}{C}-OC_2H_5\right]^- Na^+ \xrightarrow{RCOCl} CH_3-\overset{\overset{O}{\|}}{C}-\overset{\overset{\overset{R}{|}}{C=O}}{\overset{|}{CH}}-\overset{\overset{O}{\|}}{C}-OC_2H_5$$

$$\xrightarrow[②H^+,\triangle,-CO_2]{①稀\ NaOH,-C_2H_5OH} CH_3-\overset{\overset{O}{\|}}{C}-CH_2-\overset{\overset{O}{\|}}{C}-R$$

用 α-卤代酮乙酰乙酸乙酯的钠盐反应可合成 1,4-二酮。

$$\left[CH_3-\overset{\overset{O}{\|}}{C}-CH-\overset{\overset{O}{\|}}{C}-OC_2H_5\right]^- Na^+ \xrightarrow{RCOCH_2Cl} CH_3-\overset{\overset{O}{\|}}{C}-\underset{\underset{CH_2-\underset{\underset{O}{\|}}{C}-R}{|}}{CH}-\overset{\overset{O}{\|}}{C}-OC_2H_5$$

$$\xrightarrow[\text{②}H^+,\triangle,-CO_2]{\text{①稀 }NaOH,-C_2H_5OH} CH_3-\overset{\overset{O}{\|}}{C}-CH_2CH_2-\overset{\overset{O}{\|}}{C}-R$$

3. 合成羧酸

利用乙酰乙酸乙酯可烃基化及可进行酸式分解的性质可制备各种羧酸。乙酰乙酸乙酯首先与乙醇钠反应生成碳负离子，再与活泼卤代烷或酰卤作用，生成烃基化或酰基化的乙酰乙酸乙酯，然后经酸式分解，可以制备不同的羧酸。

$$CH_3-\overset{\overset{O}{\|}}{C}CH_2C-OC_2H_5 \xrightarrow{C_2H_5ONa} Na^+\left[CH_3\overset{\overset{O}{\|}}{C}CH\overset{\overset{O}{\|}}{C}-OC_2H_5\right]$$

$$\xrightarrow{R-X} CH_3\overset{\overset{O}{\|}}{C}-\underset{\underset{R}{|}}{CH}-OC_2H_5$$

$$\xrightarrow{40\%NaOH,H_2O} R-CH_2COOH$$

$$CH_3-\overset{\overset{O}{\|}}{C}CH_2C-OC_2H_5 \xrightarrow{C_2H_5ONa} Na^+\left[CH_3\overset{\overset{O}{\|}}{C}CH\overset{\overset{O}{\|}}{C}-OC_2H_5\right]$$

$$\xrightarrow{RCOX} CH_3\overset{\overset{O}{\|}}{C}-\underset{\underset{R\diagup\overset{|}{C}\diagdown\!\!\diagdown O}{|}}{CH}-\overset{\overset{O}{\|}}{C}-OC_2H_5$$

$$\xrightarrow[\triangle]{5\%NaOH,H_2O} CH_3\overset{\overset{O}{\|}}{C}-CH_2-\overset{\overset{O}{\|}}{C}-R$$

但由于酸式分解反应中常伴有酮式分解的副产物生成，影响羧酸的产率，因此常采用乙酰乙酸乙酯合成法制备酮，制备羧酸则常采用丙二酸二乙酯合成法。

4. 合成酮酸（羰基酸）

用卤代酸酯与乙酰乙酸乙酯的钠盐反应可合成羰基酸。

$$\left[CH_3-\overset{\overset{O}{\|}}{C}-CH-\overset{\overset{O}{\|}}{C}-OC_2H_5\right]^- Na^+ \xrightarrow{Cl(CH_2)_n-\overset{\overset{O}{\|}}{C}-OC_2H_5} CH_3-\overset{\overset{O}{\|}}{C}-\underset{\underset{(CH_2)_nCOOC_2H_5}{|}}{CH}-COOC_2H_5$$

$$\xrightarrow[\text{②}H^+,\triangle,-CO_2]{\text{① 稀 NaOH},-C_2H_5OH} CH_3-\overset{\overset{\displaystyle O}{\|}}{C}-CH_2(CH_2)_n-COOH(n=1,2,3,\cdots)$$

四、丙二酸二乙酯

丙二酸二乙酯简称丙二酸酯，分子式为 $CH_2(COOC_2H_5)_2$，为无色有芳香气味的液体，沸点 199.3℃，微溶于水，易溶于乙醇、乙醚等有机溶剂，是合成取代乙酸和其他羧酸的常用试剂，在有机合成中具有广泛用途。

（一）丙二酸二乙酯的制备

丙二酸二乙酯可以由乙酸经卤化、氰解、酯化得到。

$$CH_3COOH \xrightarrow[P]{Cl_2} \underset{\displaystyle Cl}{\underset{|}{CH_2}}COOH \xrightarrow[OH^-]{NaCN} \underset{\displaystyle CN}{\underset{|}{CH_2}}COONa \xrightarrow[H^+]{C_2H_5OH} H_2C\begin{matrix} \diagup COOC_2H_5 \\ \diagdown COOC_2H_5 \end{matrix}$$

（二）丙二酸二乙酯的化学性质

1. 水解与脱羧

丙二酸二乙酯的 α-氢原子，是 2 个酯基双重的 α-氢原子，非常活泼，能与醇钠作用生成钠盐。其钠盐是强的亲核试剂，能与卤代烃作用，在 α-碳原子引入烃基，生成 α-烃基取代的丙二酸二乙酯。α-烃基丙二酸二乙酯水解后，得到 α-烃基丙二酸，它受热脱羧，即得一取代乙酸。

$$H_2C\begin{matrix} \diagup COOC_2H_5 \\ \diagdown COOC_2H_5 \end{matrix} \xrightarrow{C_2H_5ONa} \left[CH\begin{matrix} \diagup COOC_2H_5 \\ \diagdown COOC_2H_5 \end{matrix} \right]^- Na^+ \xrightarrow{RX}$$

$$R-HC\begin{matrix} \diagup COOC_2H_5 \\ \diagdown COOC_2H_5 \end{matrix} \xrightarrow[H_2O]{NaOH} R-HC\begin{matrix} \diagup COOH \\ \diagdown COOH \end{matrix} \xrightarrow[\triangle]{-CO_2} RCH_2COOH$$

2. 活泼亚甲基氢的取代反应

一取代丙二酸二乙酯还有 1 个 α-氢原子，再依次与醇钠、卤代烃作用，然后水解、脱羧可以得到二取代乙酸。

$$H_2C\begin{matrix} \diagup COOC_2H_5 \\ \diagdown COOC_2H_5 \end{matrix} \xrightarrow{C_2H_5ONa} \left[HC\begin{matrix} \diagup COOC_2H_5 \\ \diagdown COOC_2H_5 \end{matrix} \right]^- Na^+ \xrightarrow{RX} R-HC\begin{matrix} \diagup COOC_2H_5 \\ \diagdown COOC_2H_5 \end{matrix}$$

$$\xrightarrow{C_2H_5ONa} \left[R-C\begin{matrix} \diagup COOC_2H_5 \\ \diagdown COOC_2H_5 \end{matrix} \right]^- Na^+ \xrightarrow{R'X} \begin{matrix} R \diagdown & & \diagup COOC_2H_5 \\ & C & \\ R' \diagup & & \diagdown COOC_2H_5 \end{matrix}$$

3. 碳负离子的偶合反应

丙二酸二乙酯由于分子中含有一个活泼亚甲基，因此在理论和合成上都有重要意义。丙二酸二乙酯在醇钠等强碱催化下，能产生 1 个碳负离子，它可以和卤代烃发生亲核取代反应，产物经水解和脱羧后生成羧酸。用这种方法可合成 RCH_2COOH 和 $RR'CHCOOH$型的羧酸，如用适当的二卤代烷作为烃化试剂，也可以合成脂环族羧酸。例如：

$$CH_2(COOC_2H_5)_2 + R{-}X \xrightarrow[C_2H_5OH]{C_2H_5ONa} RCH(COOC_2H_5)_2 \xrightarrow[\triangle,H^+]{NaOH} RCH_2COOH$$

$$CH_2(COOC_2H_5)_2 + BrCH_2CH_2CH_2Br \xrightarrow[C_2H_5OH]{C_2H_5ONa} \begin{array}{l} CH_2{-}C(COOC_2H_5)_2 \\ |\qquad\quad | \\ CH_2{-}CH_2 \end{array}$$

$$\xrightarrow[\triangle,H^+]{NaOH} \begin{array}{l} CH_2{-}CH{-}COOH \\ |\qquad\quad | \\ CH_2{-}CH_2 \end{array}$$

（三）丙二酸二乙酯在合成上的应用

1. 合成取代乙酸

丙二酸二乙酯具有弱酸性，和强碱如乙醇钠作用时生成钠盐。

$$CH_2(COOC_2H_5)_2 + C_2H_5ONa \longrightarrow [CH(COOC_2H_5)_2]^- Na^+ + C_2H_5OH$$

该盐与卤代烷反应，在分子中引入一个烷基，生成烷基取代的丙二酸二乙酯，该物质经水解生成烷基丙二酸，然后加热脱羧就得到烷基取代的乙酸。

$$[CH(COOC_2H_5)_2]^- Na^+ \xrightarrow{RX} RCH(COOC_2H_5)_2 \xrightarrow[NaOH]{H_2O} RCH(COONa)_2$$

$$\xrightarrow[\triangle]{H^+} RCH_2COOH$$

如果不将得到的一烷基取代的丙二酸二乙酯进行水解，在亚甲基上还可以继续引入第二个烷基，最后得到的是二烷基取代乙酸。

$$RCH(COOC_2H_5) \xrightarrow{C_2H_5ONa} [RC(COOC_2H_5)_2]^- Na^+ \xrightarrow{R'X} \begin{array}{l} R' \\ \quad \diagdown \\ \quad\; C(COOC_2H_5)_2 \\ \quad \diagup \\ R \end{array}$$

$$\xrightarrow[\triangle]{OH^-,H^+} \begin{array}{l} R' \\ \quad \diagdown \\ \quad\; CHCOOH \\ \quad \diagup \\ R \end{array}$$

反应中引入的 RX、R′X 一般是伯卤代烷、苄卤和烯丙基卤。

2. 合成环状羧酸

合成环状羧酸的反应过程如下：

$$CH_2(COOC_2H_5)_2 \xrightarrow{C_2H_5ONa} [CH(COOC_2H_5)_2]^- Na^+$$

$$\xrightarrow{\begin{array}{c} CH_2Br \\ | \\ CH_2Br \end{array}} BrCH_2CH_2{-}CH(COOC_2H_5)_2$$

$$\xrightarrow{C_2H_5ONa} [BrCH_2CH_2C(COOC_2H_5)_2]^- Na^+$$

$$\xrightarrow{-\text{NaBr}} \begin{array}{l} CH_2 \diagdown \\ | \quad\quad C(COOC_2H_5)_2 \\ CH_2 \diagup \end{array}$$

$$\xrightarrow[\text{NaOH}]{H_2O} \begin{array}{l} CH_2 \diagdown \\ | \quad\quad C(COONa)_2 \\ CH_2 \diagup \end{array} \xrightarrow[\triangle]{H^+} \begin{array}{l} CH_2 \diagdown \\ | \quad\quad CHCOOH \\ CH_2 \diagup \end{array}$$

3. 合成二元羧酸

丙二酸二乙酯与卤代酸酯作用可以制备二元羧酸。

$$CH_2(COOC_2H_5)_2 \xrightarrow{C_2H_5ONa} [CH(COOC_2H_5)_2]^- Na^+ \xrightarrow{XCH_2COOC_2H_5} \begin{array}{l} CH(COOC_2H_5)_2 \\ | \\ CH_2COOC_2H_5 \end{array}$$

$$\xrightarrow{H_2O/NaOH} \begin{array}{l} CH(COONa)_2 \\ | \\ CH_2COONa \end{array} \xrightarrow[\triangle]{H^+} \begin{array}{l} CH_2COOH \\ | \\ CH_2COOH \end{array}$$

丙二酸二乙酯与二元卤代烃作用时若控制用料的比例，如用 1mol 的二元卤代烃与 2mol 冰乙酸二乙酯负离子作用，经水解、脱羧后也可以得到二元酸。

$$2CH_2(COOC_2H_5)_2 \xrightarrow{C_2H_5ONa} 2[CH(COOC_2H_5)_2]^- Na^+ \xrightarrow{\begin{array}{c} CH_2Br \\ | \\ CH_2Br \end{array}} \begin{array}{l} CH_2—CH(COOC_2H_5)_2 \\ | \\ CH_2—CH(COOC_2H_5)_2 \end{array}$$

$$\xrightarrow{H_2O/NaOH} \begin{array}{l} CH_2—CH(COONa)_2 \\ | \\ CH_2—CH(COONa)_2 \end{array} \xrightarrow{H^+} \begin{array}{l} CH_2CH(COOH)_2 \\ | \\ CH_2CH(COOH)_2 \end{array}$$

$$\xrightarrow[\triangle]{-CO_2} \begin{array}{l} CH_2COOH \\ | \\ CH_2COOH \end{array}$$

【练习】

1. 以乙酰乙酸乙酯为主要原料合成下列化合物：

(1) $CH_3\overset{\overset{\large O}{\|}}{C}CH_2CH_2CH_2CH_3$　　(2) $CH_3CH_2CH_2COOH$

2. 以丙二酸二乙酯为主要原料合成下列化合物：

(1) $CH_3CH_2\underset{\underset{\large CH_3}{|}}{CH}CH_2COOH$　　(2) $C_6H_5—CH_2\underset{\underset{\large CH_2CH_3}{|}}{CH}COOH$

第五节　常用的羧酸衍生物

一、乙酐

乙酸酐简称乙酐，又称醋酐，是最重要的酸酐。乙酐是具有刺激性气味的无色液体，沸点 140℃，微溶于水，易溶于乙醚和苯等有机溶剂。纯乙酐为中性化合物，是良好的溶剂，也是重要的乙酰化试剂。工业上大量用于制造醋酸纤维素，还用于染料、医药、香料等方面。

工业上乙酐的生产方法主要有乙酸裂解法和乙醛氧化法。

乙酸裂解法是乙酸与乙烯酮作用得到乙酐，这是工业制造乙酐的主要方法。这个反应所得的产品很纯。

$$CH_3COOH + CH_2{=}C{=}O \longrightarrow (CH_3CO)_2O$$

乙醛氧化法是用乙酸钴-乙酸铜为催化剂，在 2.5～5MPa、45～50℃时，用氧气将乙醛氧化生成过氧乙酸，后者与乙醛作用而生成乙酐。

$$CH_3-\overset{\overset{\displaystyle O}{\|}}{C}-H + O_2 \xrightarrow{\text{催化剂}} CH_3-\overset{\overset{\displaystyle O}{\|}}{C}-OOH \xrightarrow{CH_3CHO} (CH_3CO)_2O + H_2O$$

从反应式可看出，在生成乙酐的同时还生成水，乙酐水解便生成乙酸。为了防止乙酐水解，在生产过程中应保持较低的温度（45～50℃）。

二、己内酰胺

己内酰胺为白色晶体或结晶性粉末，易溶于水、乙醇、乙醚、氯仿和苯等溶剂，受热发生聚合作用，用于制造聚己内酰胺树脂、聚己内酰胺纤维和人造皮革等。

工业上生产己内酰胺的方法很多，环己烷光亚硝化法就是其中之一。在光照下，环己烷与亚硝酰氯进行反应得到环己酮肟，环己酮肟在发烟硫酸作用下得到环己酰胺。

$$\text{环己烷} \xrightarrow[\text{光 } HCl]{NOCl} \text{环己酮肟（}{=}NOH\text{）} \xrightarrow{H_2SO_4} \text{己内酰胺（}\overset{H}{N}-C{=}O\text{）}$$

三、甲基丙烯酸甲酯

甲基丙烯酸甲酯为无色并具有强烈辣味的液体，沸点 100℃，易燃，溶于乙醇、乙醚、丙酮等多种有机溶剂，它是合成有机玻璃的单体，也是生产合成树脂、塑料、涂料及黏合剂的原料。甲基丙烯酸甲酯可由羟基腈用甲醇和浓硫酸处理，同时发生脱水、水解、酯化而得的。

$$H_3C-\underset{\underset{\displaystyle CH_3}{|}}{\overset{\overset{\displaystyle OH}{|}}{C}}-CN \xrightarrow[H_2SO_4]{CH_3OH} H_2C{=}\overset{\overset{\displaystyle CH_3}{|}}{C}-COOCH_3$$

第六节　有机合成路线的选择

在生产实践中，若从天然产物中得到一个很有用的化合物，我们采取的一般步骤是纯化，确定其结构；若为一新化合物，我们就用人工已知、可靠的合成方法把它合成出来，以验证其结构。所以，有机合成路线设计是有机化学工作者必备的技能。合成路线的好坏，反映出一个化学工作者的知识水平与能力；合成路线设计得合理与否对于目标物的得率、企业成本等起着决定作用。

一、有机合成路线设计的基本原则

（一）原料

我们在做有机合成之前，一般是在确定了合成目标之后，通过其他原料来制备出目标物质，那么原料是否容易得到对合成工作起着主要作用，只有原料容易得到，才能组织生产。原料若可以就地取材，则可以大大节省运费和很多环节的费用，从而降低成本。另外，原料价格必须便宜。一般来说，原料能用工业品的，就不要用试剂级的；能利用三废的，就不要用工业品的；若是科研或中试，没有工业品，有试剂级的原料，要尽量用次级的。

（二）由目标物质决定（逆合成法）

合成路线设计一般是从产物开始，由后倒推，逐步推导，直至推到适当的原料为止。

$$\text{丁} \xleftarrow[\text{发生什么反应}]{\text{试剂？条件？}} \text{丙} \xleftarrow{\text{怎样制得？}} \text{乙} \xleftarrow[??]{} \text{甲}$$

目标分子　　　　　　　　　　原料

推导过程从产物开始，可以追问一下问题：①产物丁是何种类型的化合物？②制备丁使用何种方法与何种试剂？在什么条件下？发生哪类反应？从而推出它的前身丙。③若丙不是允许使用的原料，那么丙又是何种类型的化合物？又有何种方法制备——试剂、条件、反应，进而推出乙。④若乙仍不是允许使用的原料，还需如此类推下去，直到推出允许使用的合适的原料甲为止。经过这样反向的推导过程，反过来即得到一条完整的合成路线。

二、有机合成路线的设计

运用“逆合成法”设计合成路线，可分两大步。

（1）第一步，分析。具体包括：

① 原理上的推导。从目标分子出发，分析其结构，逐步化繁为简，反推路线，去追溯最终所需要的原料，原料要易得、价格低廉，若推出的原料不符合这两项要求，则应放弃，重新推导。

② 确定实用的路线。将按上法推出的各种可能的路线进行比较、分析。若客观条件不便实施，则应当放弃，再重新推导，直至找到切实可行的路线为止。

（2）第二步，合成。此步需要加上具体操作条件，以制定切实可行的合成路线。具体条件主要包括：

① 确定反应的具体条件。完成各步反应进行的具体条件，如酸、碱环境，何种溶剂，温度，压力，光照或加催化剂，反应时间等，选择的反应要尽量避免高温、高压、超低温、有毒或昂贵的试剂和溶剂等。

② 适当地控制反应。例如，对官能团进行活化或钝化（对于多官能团尤其如此），对分子中其他部位进行保护。

碳酸衍生物

碳酸相当于羟基甲酸或看成两个羟基共用一个羰基的二元羧酸$\left(\mathrm{HO{-}\overset{\overset{\displaystyle O}{\|}}{C}{-}OH}\right)$，碳酸分子中的1个或2个羟基被其他基团取代后的生成物叫做碳酸衍生物。含1个羟基的酸性碳酸衍生物不稳定，易分解并放出二氧化碳，故常见的碳酸衍生物是两个羟基都被其他基团取代的中性衍生物。下面对常见的碳酸衍生物进行介绍。

1. 碳酰氯

碳酰氯俗称光气，是一种极毒带甜味的无色气体，工业上是在200℃时，以活性炭作催化剂，利用氯气与一氧化碳的反应来制备的。

$$\mathrm{CO+Cl_2 \xrightarrow[\text{活性炭}]{200^\circ C} COCl_2}$$

2. 碳酰胺

碳酰胺也称为脲$\left(\mathrm{H_2N{-}\overset{\overset{\displaystyle O}{\|}}{C}{-}NH_2}\right)$，存在于人和哺乳动物的尿中，俗称尿素，工业上是在20MPa、180℃时，用二氧化碳和过量的氨作用来制备的。

$$\mathrm{CO_2+2NH_3 \longrightarrow NH_2COONH_4 \longrightarrow NH_2CONH_2+H_2O}$$

脲是结晶固体，熔点为132℃，能溶解于水和乙醇。它具有酰胺的一般化学性质，但也具有一些特性。脲的用途很广，是高效固体氮肥，适用于各种土壤和作物。

3. 胍

胍可看成脲分子中的氧原子被亚氨基（$=$NH）取代而生成的化合物$\left(\mathrm{H_2N{-}\overset{\overset{\displaystyle NH}{\|}}{C}{-}NH_2}\right)$，由氨基氰与氯化铵作用可制得胍的盐酸盐。

$$\mathrm{H_2NCN+NH_4Cl \longrightarrow (H_2N)_2C{=}NH \cdot HCl}$$

胍为吸湿性很强的无色晶体，熔点50℃，易溶于水。胍是很强的一元碱，它的许多衍生物在生理上有重要作用。

本章小结

（1）羧酸的酰基衍生物有酰氯、酸酐、羧酸酯、酰胺。它们的命名可分为3种情况：酰氯和酰胺是从相应的酰基来命名的；羧酸酯是根据组成酯的羧酸和醇的名称来命名的；酸酐是由成酐的2个羧酸分子名称来命名的。

（2）在酰氯、酸酐、羧酸酯和酰胺的分子中均含有酰基，所以它们的化学性质具有极大的相似性。但由于它们分子中所含官能团的差异性，故化学性质又稍有不同，羧酸衍生物的化学性质活泼顺序为酰氯＞酸酐＞酸酯＞酰胺。

（3）就水解来说，酰卤最容易，当酰卤暴露在空气中时，即吸湿水解，酸酐水解不如酰卤猛烈；酯的水解是可逆的，反应必须在酸或碱的催化下才能进行。酰胺水解最难，需在酸或碱的催化下加热方能反应。羧酸衍生物的醇解、氨解反应的难易程度与水解顺序相同。

（4）羧酸衍生物的还原均比羧酸容易。酰氯还原生成伯醇，若选用催化活性小的催化剂则反应可停留在醛的阶段，称为罗森蒙德还原法；酯可以用多种方法还原，其产物为两种醇，常用的还原剂为金属钠加乙醇；酸酐、酰胺还原需用强还原剂如 $LiAlH_4$，分别生成醇和胺或取代胺。

（5）酰胺除能发生与酰氯、酰胺相似的化学反应外，还有一些特有的化学性质，如酸碱性、脱水生成腈和霍夫曼降级反应。可利用霍夫曼降级反应来制备比反应物少一个碳原子的伯胺，且产率较高。

（6）乙酸乙酯在强碱性试剂乙醇钠的催化下发生缩合反应生成β-丁酮酸乙酯，即乙酰乙酸乙酯，称为酯缩合反应。乙酰乙酸乙酯在醇钠存在条件下分别与卤代烃、酰卤、卤代酸酯等作用，其后产物进行酮式分解，分别得到甲基酮、1,3-二酮、1,4-二酮。在有机合成中常用此反应来制备酮。

（7）丙二酸二乙酯在醇钠存在条件下分别与卤代烃、二元卤化物、卤代酸酯等作用，其后产物进行水解，则分别得到一元羧酸、脂环羧酸、二元羧酸。在有机合成上常用此反应来制备羧酸。

（8）羧酸及羧酸衍生物的生成及它们之间的转化关系如下：

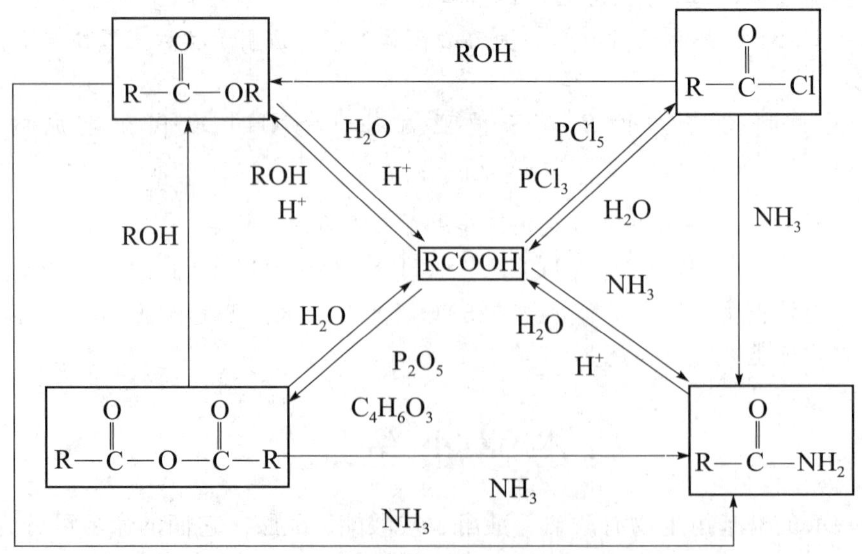

习题

1. 写出下列化合物的结构式：

(1) 苯甲酰胺　　(2) 乙酰苯胺　　(3) α-甲基丁二酸二甲酯

2. 用化学方法区别下列各组化合物：

(1) 乙酰胺与乙酸胺　　(2) 乙酰氯、乙酸酐和乙酸胺

(3) 乙酸、乙酰氯、乙酰胺和丁酸乙酯　(4) 甲基丙烯酸甲酯、乙酸丁酯和丁酸丁酯

3. 写出丙酸乙酯与下列试剂作用的产物：

(1) H^+/H_2O　　(2) 1-辛醇，HCl　　(3) CH_3NH_2

(4) $LiAlH_4$

4. 完成下列反应式：

(1) $\begin{array}{l} CH_2OOCR \\ | \\ CHOOCR \\ | \\ CH_2COOCR \end{array} + 3CH_3OH \xrightarrow{H^+ 或 OH^-}$

(2) $\begin{array}{c} CH_3\quad O \\ |\qquad \| \\ CH_3CH—C—Cl \end{array} + CH_3NH_2 \longrightarrow$

(3) $(CH_3CO)_2O + (CH_3)_3—C—OH \xrightarrow{H^+}$

5. 依据下列条件判断所述是羧酸的哪一种（或几种）衍生物？

(1) 与 $AgNO_3$ 的醇溶液反应能迅速产生白色沉淀。

(2) 与 NaOH 水溶液共煮时，放出的气体能使湿的石蕊试纸变蓝。

(3) 与冷的 NaOH 水溶液反应，放出的气体能使湿的石蕊试纸变蓝。

6. 在下列各反应式中填上适当的试剂：

环己基—O—C(=O)—CH_3（起始物）：

$\xrightarrow{a} CH_3CH_2OH$

$\xrightarrow{b} CH_3—\overset{O}{\overset{\|}{C}}—OC_2H_5$

$\xrightarrow{c} CH_3—\overset{O}{\overset{\|}{C}}—CH_3$

$\xrightarrow{d} CH_3COOH$

$\xrightarrow{e} CH_3—C—NH_2$

7. 化合物 A、B、C 的分子式均为 $C_3H_6O_2$，只有 A 能与 $NaHCO_3$ 作用放出 CO_2，B 和 C 在 NaOH 溶液中水解，B 的水解产物之一能发生碘仿反应，推测 A、B、C 的结构式。

8. 化合物 A 的分子式为 $C_4H_6O_2$，它不溶于氢氧化钠溶液，和碳酸钠没有作用，可使溴水退色。它有类似于乙酸乙酯的香味。A 与氢氧化钠溶液共热后变为 CH_3COONa 和 CH_3CHO。另一化合物 B 的分子式与 A 相同。它和 A 一样，不溶于氢氧化钠，和碳酸钠不起作用，可使溴水退色，香味与A类似。但B和氢氧化钠水溶液共热后生成醇、羧酸盐，这种盐用硫酸酸化后蒸馏出的有机物可使溴水退色。问A、B为何物？

9. 某化合物A的分子式为$C_5H_6O_3$，A和乙醇作用得到两个互为异构体的B和C，将B和C分别与亚硫酰氯作用后，再与乙醇作用得到相同的化合物D，试推测A、B、C、D的结构式。

第十四章　含氮有机物

学习目标

1. 掌握硝基化合物、胺、腈、重氮和偶氮化合物等的分类和命名。

2. 熟悉硝基化合物的结构和性质，学会用杂化轨道理论解释其结构和性质。

3. 掌握胺的结构和性质，学会用杂化轨道理论解释胺的结构和性质。

4. 掌握腈的结构和性质，学会用杂化轨道理论解释腈的结构和性质。

5. 熟悉重氮化合物和偶氮化合物。

6. 学会含氮化合物在合成中的应用。

案例导入

美国《华尔街日报》2013年1月25日报道，享誉全球的新西兰牛奶及奶制品近日被检测出含有低含量的有毒物质双氰胺，为此新西兰政府已经下令禁售含有双氰胺的奶类产品。新西兰农民普遍会在牧场使用双氰胺，目的是防止硝酸盐等对人体有害的肥料副产品流入河流或湖泊。双氰胺也是三聚氰胺的生产原料。报道称，目前国际上没有相关标准规定食物产品中可接受的双氰胺含量，但高剂量的双氰胺会对人体有害。

你知道双氰胺吗？双氰胺是什么化合物？有什么样的结构特征？

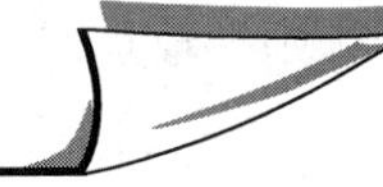

第一节　硝基化合物

一、硝基化合物的分类和命名

（一）硝基化合物的分类

硝基化合物是硝基（—NO_2）取代烃分子中的氢原子所形成的化合物，或者可看作是烃基取代硝酸分子中的羟基所形成的化合物。硝基化合物的结构中，有烃基和硝基两部分，硝基是它们的官能团。

1）按烃基结构分类

硝基化合物的种类很多，按烃基结构的不同，可以分为饱和硝基化合物、不饱和硝基化合物。

$R-CH_2-NO_2$　　　$R-CH=CH-NO_2$

硝基烷烃　　　硝基烯烃

饱和硝基化合物　　　不饱和硝基化合物

2）按烃基碳架结构分类

按烃基碳架结构的不同，可以分为脂肪族硝基化合物、脂环族硝基化合物、芳香族硝基化合物等。

（1）脂肪族硝基化合物：

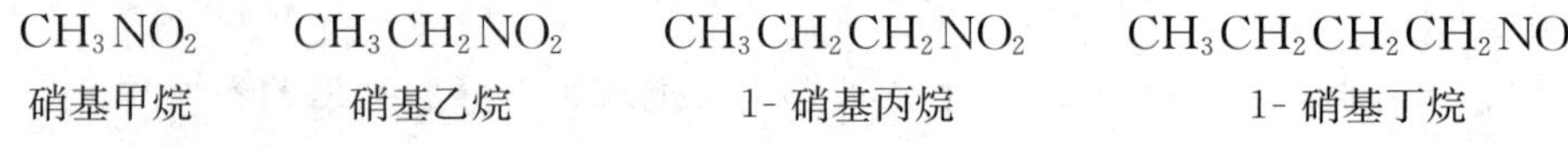

CH_3NO_2　　$CH_3CH_2NO_2$　　$CH_3CH_2CH_2NO_2$　　$CH_3CH_2CH_2CH_2NO_2$

硝基甲烷　　硝基乙烷　　1-硝基丙烷　　1-硝基丁烷

（2）脂环族硝基化合物：

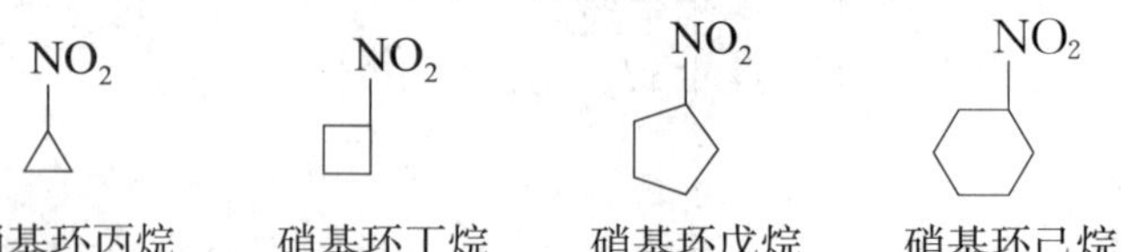

硝基环丙烷　　硝基环丁烷　　硝基环戊烷　　硝基环己烷

（3）芳香族硝基化合物：

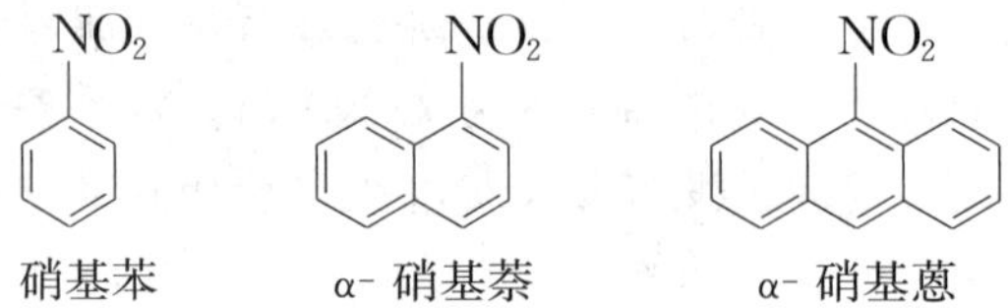

硝基苯　　α-硝基萘　　α-硝基蒽

3）按硝基数目分类

按硝基数目的多少，可以分为一硝基化合物或多硝基化合物。

$R-CH_2-NO_2$　　$R-CH(NO_2)-CH_2-NO_2$　　$R-CH(NO_2)-CH(NO_2)-CH_2-NO_2$

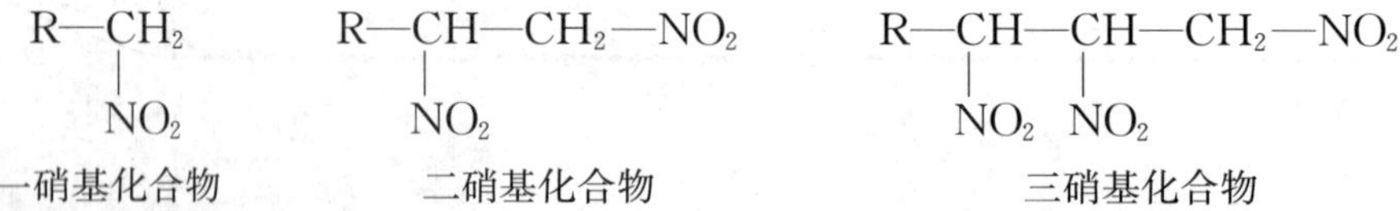

一硝基化合物　　二硝基化合物　　三硝基化合物

4）按硝基所连碳原子的种类分类

按硝基所连碳原子的种类不同，可以分为伯、仲、叔硝基化合物。

$R-CH_2-NO_2$　　$R-CH(NO_2)-CH_3$　　$R-C(CH_3)(NO_2)-CH_3$

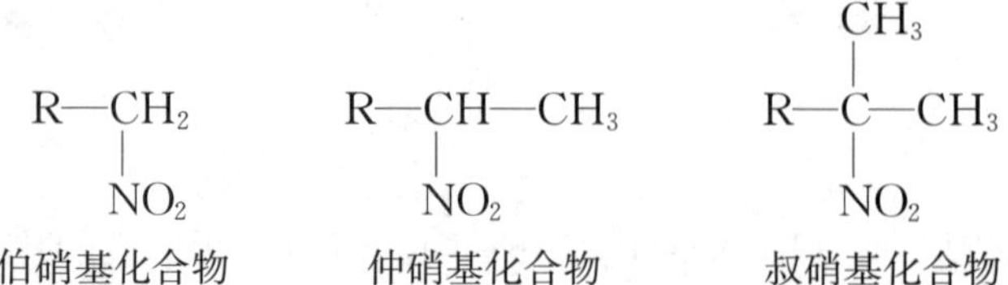

伯硝基化合物　　仲硝基化合物　　叔硝基化合物

（二）硝基化合物的命名

命名硝基化合物时，总是以烃为母体，以硝基作为取代基。例如

$$H_3C-C(CH_3)_2-CH_2-CH(NO_2)-CH_3$$

2,2-二甲基-4-硝基戊烷

$$H_3C-C(CH_3)(NO_2)-CH_2-CH_2-CH_2-CH_3$$

2-甲基-2-硝基己烷

$CH_3CH(NO_2)CH_3$

2-硝基丙烷

$O_2NCH_2CH_2NO_2$

1,2-二硝基乙烷

$H_3C-CH=CH-NO_2$

1-硝基-1-丙烯

Cl　COOH　O_2N　CH_3

2-甲基-4-硝基-5-氯苯甲酸

CH_3　O_2N　NO_2　NO_2

2,4,6-三硝基甲苯(TNT)

OH　O_2N　NO_2　NO_2

2,4,6-三硝基苯酚(苦味酸)

$$CH_2-ONO_2$$
$$CH_2-ONO_2$$

二硝酸乙二酯

$C_6H_5-NO_2$

硝基苯

$C_6H_5-ON=O$

亚硝酸苯酯

二、硝基化合物的物理性质

硝基化合物含有硝基，具有较高的极性，分子间作用力大，因此，硝基化合物的熔点、沸点较卤代烃高。常温下，脂肪族硝基化合物一般是油状液体，是大多数有机物的良好溶剂，因为它们具有一定的稳定性，常作为一些有机化学反应的溶剂。需要注意的是，多数硝基化合物有毒，在储存和使用时应当注意。芳香族硝基化合物除了一硝基化合物是高沸点液体外，一般为淡黄色或无色晶体，不溶于水，易溶于有机溶剂和浓硫酸，相对密度大于1，有苦杏仁味，有的具有强烈的香味。例如，叔丁基苯的某些多硝基化合物有类似天然麝香的气味，可用做化妆品的定香剂。

CH_3　O_2N　NO_2　H_3C　$C(CH_3)_3$　NO_2

二甲苯麝香

OH　O_2N　NO_2　OCH_3　$C(CH_3)_3$

葵子麝香

芳香族多硝基化合物随着分子中硝基数目的增加，其熔点、沸点和密度增大，苦味增加，热稳定性减少，受热易分解爆炸（如 TNT 是强烈的炸药）。

三、硝基化合物的化学性质

硝基化合物的官能团和烃基都能发生一些化学反应。

（一）还原反应

硝基化合物有硝基官能团，硝基可以被还原成氨基，硝基化合物的主要性质之一是可还原生成胺。例如，在催化加氢（H_2 和 Ni）或酸性还原系统（Fe、Zn、Sn 和盐酸；$SnCl_2$ 和盐酸；硫化物等）中，硝基化合物被还原成胺。合成胺有很重要的工业价值。

1. 脂肪族硝基化合物

在脂肪族硝基化合物的结构中，有硝基官能团，容易被还原；另外还有 α-H，具有 α-H 的活性。

$$R—NO_2 + H_2 \xrightarrow{Ni} R—NH_2 + H_2O$$

硝基化合物　　　　胺

脂肪族硝基化合物除了可发生还原反应外，由于 α-H 的存在，还显酸性。

	CH_3NO_2	$CH_3CH_2NO_2$	$CH_3CH_2CH_2NO_2$
pK_a	10.2	8.5	7.8

2. 芳香族硝基化合物

在芳香族硝基化合物的结构中，有硝基，容易被还原，但没有 α-H。芳香族硝基化合物主要发生还原反应。

$$C_6H_5—NO_2 + H_2 \xrightarrow[225℃]{Cu} C_6H_5—NH_2 + H_2O$$

硝基苯　　　　苯胺

$$C_6H_5—NO_2 \xrightarrow{Fe，H_2O，H^+} C_6H_5—NH_2$$

硝基苯　　　　苯胺

$$C_{10}H_7—NO_2 \xrightarrow{Fe，HCl，CH_3CH_2OH} C_{10}H_7—NH_2$$

β-硝基萘　　　　β-萘胺

芳香族硝基化合物在不同的条件下，还原会得到不同的产物。例如，芳香族硝基化合物在酸性介质中用铁粉还原，生成芳香族伯胺；在中性条件中用锌粉还原，生成氢化偶氮化合物；在碱性条件中用锌粉还原，生成联苯胺。这是因为硝基苯在不同的介质中，还原历程不同。

1）硝基苯在酸性介质中还原

硝基苯在酸性介质中还原生成苯胺。

$$C_6H_5—NO_2 \xrightarrow{Fe，Sn，HCl} C_6H_5—NH_2$$

硝基苯　　　　苯胺

硝基苯在酸性介质中的还原反应有很多中间产物，如亚硝基苯和 *N*-羟基苯胺等，硝基苯的还原过程可以表示如下：

$$C_6H_5NO_2 \xrightarrow{[H]} C_6H_5NO \xrightarrow{[H]} C_6H_5NHOH \xrightarrow{[H]} C_6H_5NH_2$$

硝基苯　　亚硝基苯　　*N*-羟基苯胺　　苯胺

亚硝基苯和 *N*-羟基苯胺在酸性介质中比硝基苯还原迅速，因此不能被分离出来。

2）硝基苯在中性介质中还原

硝基苯在中性介质中还原生成氢化偶氮化合物。

在中性介质中，硝基苯还原生成的 *N*-羟基苯胺，占 62%～68%，生成的 *N*-羟基苯胺经常用于制备亚硝基苯。

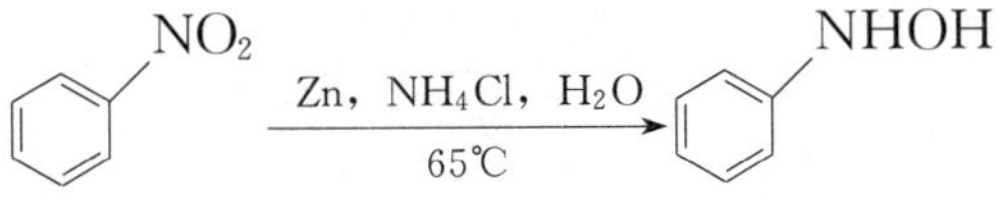

$$C_6H_5NO_2 \xrightarrow[65℃]{Zn，NH_4Cl，H_2O} C_6H_5NHOH$$

硝基苯　　*N*-羟基苯胺

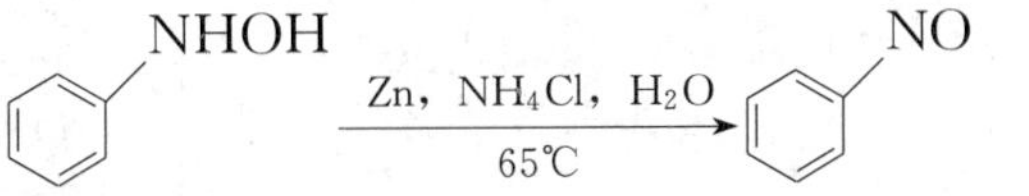

$$C_6H_5NHOH \xrightarrow[65℃]{Zn，NH_4Cl，H_2O} C_6H_5NO$$

N-羟基苯胺　　亚硝基苯

3）硝基苯在碱性介质中还原

硝基苯在碱性介质中还原能生成偶氮苯、氢化偶氮苯、苯胺、联苯胺等多种产物。硝基苯用锌粉在 NaOH 醇溶液中还原，主要生成偶氮苯，如果上述反应所用锌粉过量，则主要生成氢化偶氮苯。

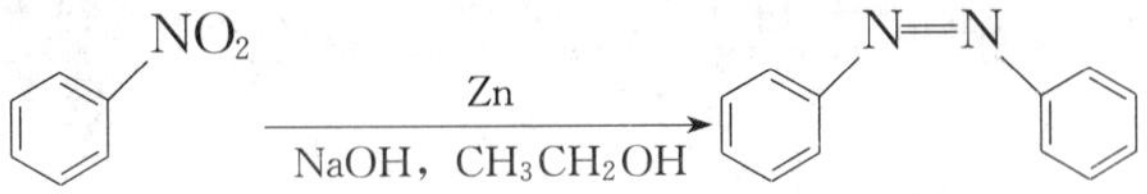

$$C_6H_5NO_2 \xrightarrow[NaOH，CH_3CH_2OH]{Zn} C_6H_5N{=}NC_6H_5$$

硝基苯　　偶氮苯

$$C_6H_5NO_2 \xrightarrow[NaOH，CH_3CH_2OH]{Zn} C_6H_5HN{=}NHC_6H_5$$

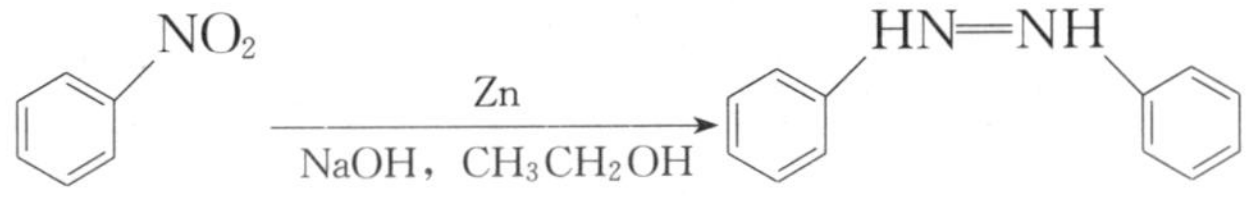

硝基苯　　氢化偶氮苯

氢化偶氮苯在乙醇介质中，用钠进一步还原，则生成苯胺。

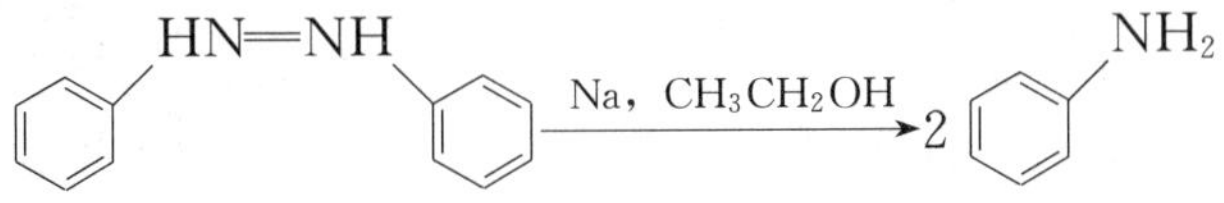

$$C_6H_5HN{=}NHC_6H_5 \xrightarrow{Na，CH_3CH_2OH} 2\,C_6H_5NH_2$$

氢化偶氮苯　　苯胺

多硝基芳香族化合物在碱性介质中，也可以被还原。

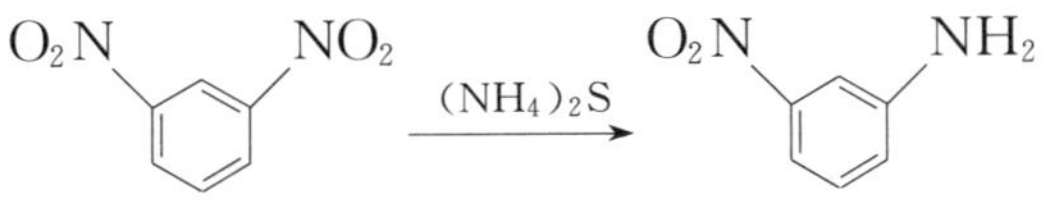

$$m\text{-}C_6H_4(NO_2)_2 \xrightarrow{(NH_4)_2S} m\text{-}O_2NC_6H_4NH_2$$

间二硝基苯　　间硝基苯胺

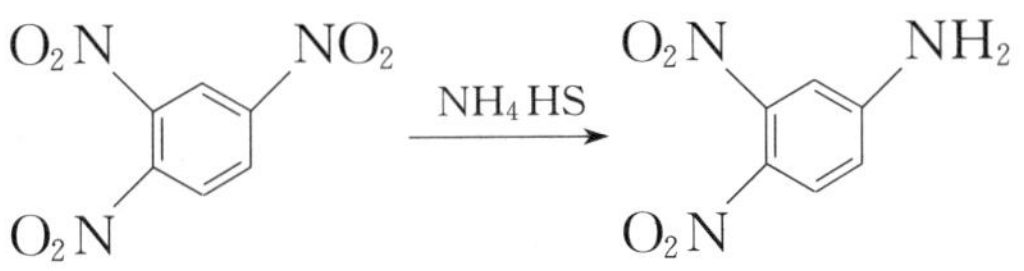

$$1,2,4\text{-}C_6H_3(NO_2)_3 \xrightarrow{NH_4HS} 3,4\text{-}(O_2N)_2C_6H_3NH_2$$

1,2,4-三硝基苯　　3,4-二硝基苯胺

（二）取代反应

硝基化合物有烃基，可以发生取代反应。

芳香族硝基化合物的硝基直接连着苯环。硝基是吸电子基，属于第二类定位基，决定苯环的取代反应主要发生在间位；硝基和苯环直接相连，从苯环上吸电子，使苯环电子云密度降低，苯环钝化，活性下降。硝基苯取代反应活性低于苯。

取代反应活性顺序如：

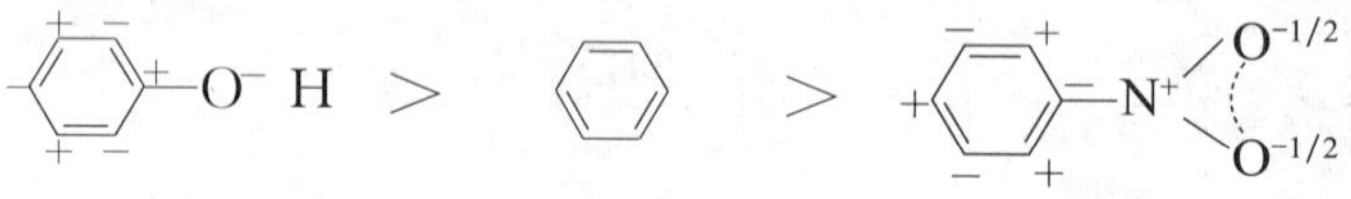

苯酚　　苯　　硝基苯

苯环有第一类定位基　苯环没有定位基　苯环有第二类定位基

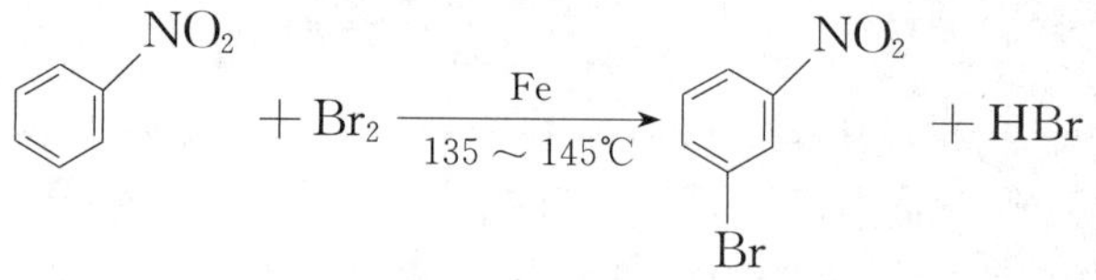

$$C_6H_5NO_2 + Br_2 \xrightarrow[135\sim145℃]{Fe} m\text{-}BrC_6H_4NO_2 + HBr$$

硝基苯　　间硝基溴苯

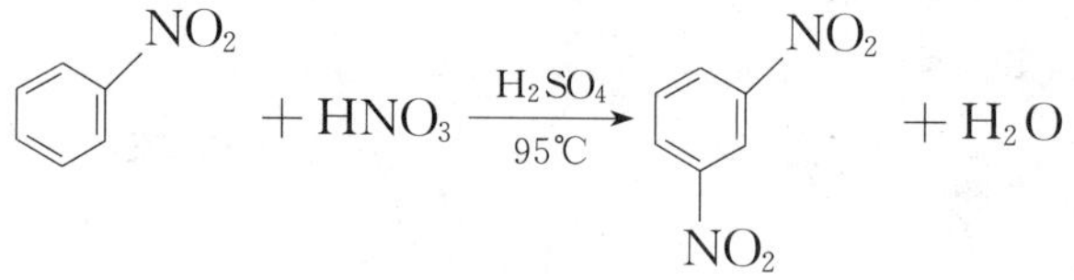

$$C_6H_5NO_2 + HNO_3 \xrightarrow[95℃]{H_2SO_4} m\text{-}C_6H_4(NO_2)_2 + H_2O$$

硝基苯　　间二硝基苯

$$C_6H_5NO_2 + H_2SO_4 \xrightarrow[110℃]{H_2SO_4} m\text{-}NO_2C_6H_4SO_3H + H_2O$$

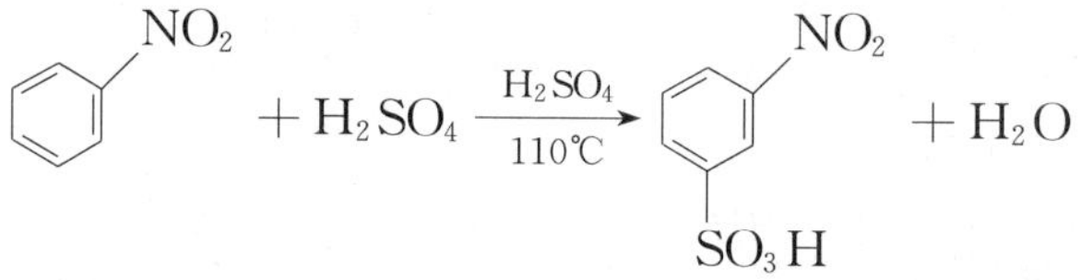

硝基苯　　间硝基苯磺酸

硝基苯上的硝基，使苯环上的电子云密度降低很多，不利于苯环亲电取代反应的进行，硝基苯的活性较低，有较强的稳定性，如不发生傅-克反应，故经常用作这类反应的溶剂。

四、常用的硝基化合物

（一）硝基苯

硝基苯是淡黄色的油状液体，熔点 5.7℃，沸点 210.9℃，相对密度 1.205（25℃），有苦仁气味，不溶于水，能溶于乙醇、乙醚、苯等有机溶剂。硝基苯能通过皮肤和呼吸道进入血液，破坏血红素输送氧的能力，有很大的毒性，应该注意。硝基苯能溶解很多有机物和一些无机盐，可以作有机溶剂和缓和的氧化剂，还是置备苯胺、染料和药物等的重要原料。

硝基苯一般由苯直接硝化制备，常用的反应物是苯和消化剂。常用的消化剂是浓硝酸和浓硫酸，混酸中浓硝酸是反应物，浓硫酸是催化剂和脱水剂。反应原理如下：

$$C_6H_6 + HNO_3 \xrightarrow[50℃]{H_2SO_4} C_6H_5NO_2 + H_2O$$

苯　　　　硝基苯

硝基苯的性质比较稳定。硝基直接连接在苯环上，从苯环上吸电子，使苯环钝化，硝基苯比苯更难进行取代反应；硝基是间位定位基，取代反应只能发生在间位。

（二）2,4,6-三硝基苯酚

2,4,6-三硝基苯酚，俗名苦味酸，是黄色片状结晶，熔点121.8℃，有很强的苦味，不溶于冷水，能溶于热水、乙醇、乙醚、苯中，是一种强酸。2,4,6-三硝基苯酚还是置备烈性炸药、染料和药物等的重要原料，无毒。

制备方法一：2,4,6-三硝基苯酚一般由苯酚间接硝化制备，反应原理如下：

$$C_6H_5OH \xrightarrow[100℃]{H_2SO_4} HO_3S\text{-}C_6H_3(OH)\text{-}SO_3H$$

苯酚　　　　4-羟基间苯二磺酸

$$HO_3S\text{-}C_6H_3(OH)\text{-}SO_3H \xrightarrow[0℃]{HNO_3} HO_3S\text{-}C_6H_2(NO_2)(OH)\text{-}SO_3H$$

4-羟基间苯二磺酸　　　　5-硝基-4-羟基苯二磺酸

$$HO_3S\text{-}C_6H_2(NO_2)(OH)\text{-}SO_3H \xrightarrow[75℃]{HNO_3} O_2N\text{-}C_6H_2(NO_2)(OH)\text{-}NO_2$$

5-硝基-4-羟基苯二磺酸　　　　2,4,6-三硝基苯酚

用苯酚制备2,4,6-三硝基苯酚，而不采用直接硝化法，是为了避免被硝酸氧化。

制备方法二：2,4,6-三硝基苯酚可以由氯苯制备，反应原理如下：

$$C_6H_5Cl \xrightarrow{HNO_3,\ H_2SO_4} O_2N\text{-}C_6H_3(Cl)\text{-}NO_2$$

氯苯　　　　2,4-二硝基氯苯

$$C_6H_3Cl(NO_2)_2 \xrightarrow[60\sim90℃]{Na^2CO_3} C_6H_3(ONa)(NO_2)_2 \xrightarrow{[H^+]} C_6H_3(OH)(NO_2)_2$$

2,4-二硝基氯苯　　　　2,4-二硝基苯酚钠　　　　2,4-二硝基苯酚

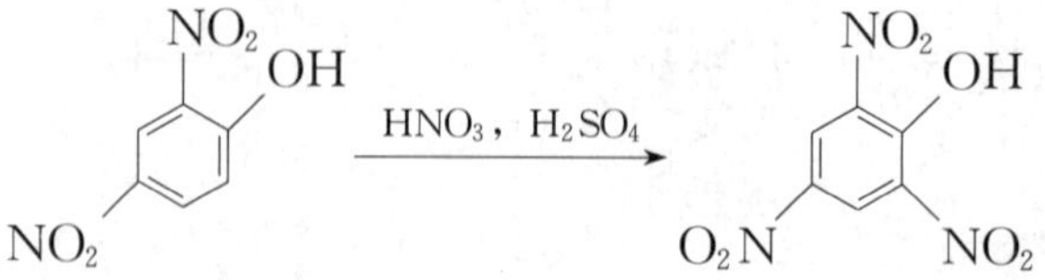

$$\text{2,4-二硝基苯酚} \xrightarrow{HNO_3，H_2SO_4} \text{2,4,6-三硝基苯酚}$$

2,4-二硝基苯酚　　　　2,4,6-三硝基苯酚

【练习】

1. 命名下列化合物：

(1) $CH_3C(CH_3)_2(CH_2)_2CH(NO_2)CH_3$　　(2) $CH_3CH_2CH(CH_3)CH_2NO_2$

2. 写出下列物质的结构：

(1) 2,3 二甲基-2-硝基丁烷　(2) 2,4,6-三硝基苯酚　(3) 间硝基苯甲醛

3. 用苯制备下列化合物：

(1) 邻羟基苯胺　(2) 2,4,6-三硝基苯酚

4. 鉴别下列化合物：

苯酚、氯苯和苯胺

第二节　胺

一、胺的分类和命名

（一）胺的分类

胺可以看作是氨基（$—NH_2$）取代烃分子中的氢原子所形成的化合物，或者看作是烃基取代氨分子中的氢原子所形成的化合物。胺的结构中，有烃基和氨基两部分，氨基是它们的官能团。胺类广泛存在于生物界，具有很重要的生理作用，如蛋白质、核酸以及很多激素、抗生素、生物碱和药物都含有氨基官能团。

1. 按氨基的数目分类

按氨基的数目多少，可以分为一元胺、二元胺和多元胺。

$R—CH_2—NH_2$　　$R—CH(NH_2)—CH_2—NH_2$　　$R—CH(NH_2)—CH(NH_2)—CH_2—NH_2$

一元胺　　二元胺　　多元胺

2. 按烃基碳架结构分类

按烃基碳架结构的不同，可以分为脂肪族胺、脂环族胺、芳香族胺等。

(1) 脂肪族胺：

CH_3NH_2	$CH_3CH_2NH_2$	$CH_3CH_2CH_2NH_2$	$CH_3CH_2CH_2CH_2NH_2$
甲胺	乙胺	丙胺	丁胺

(2) 脂环族胺：

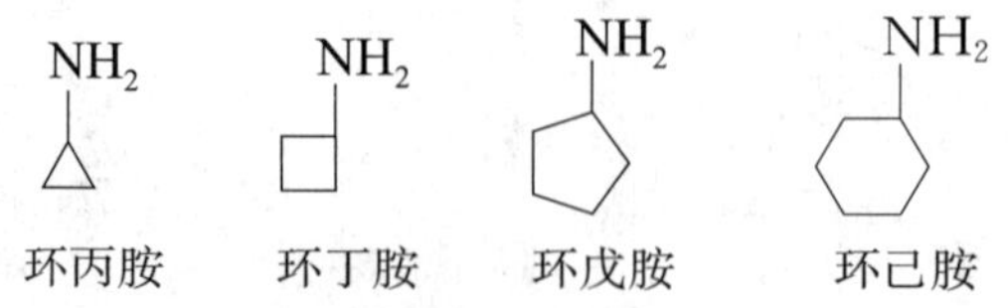

环丙胺　环丁胺　环戊胺　环己胺

（3）芳香族胺：

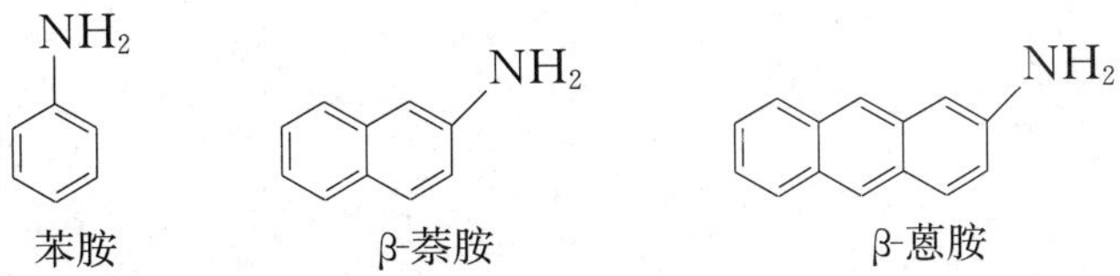

苯胺　　β-萘胺　　β-蒽胺

3. 按烃基结构分类

胺的种类很多，按烃基结构的不同，可以分为饱和胺、不饱和胺。

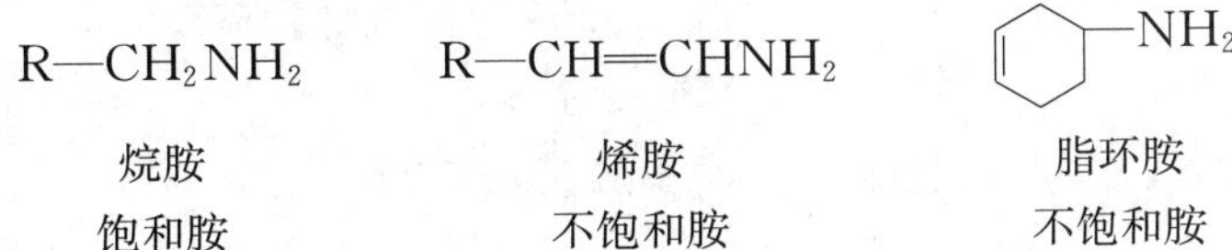

烷胺　　烯胺　　脂环胺

饱和胺　　不饱和胺　　不饱和胺

4. 按胺基所连的碳原子的种类分类

按胺基所连的碳原子的种类不同，可以分为伯、仲、叔胺。

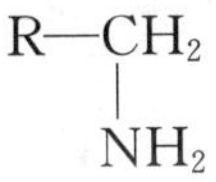

$$R{-}CH_2{-}NH_2 \qquad R{-}CH(NH_2){-}CH_3 \qquad R{-}C(CH_3)(NH_2){-}CH_3$$

伯胺 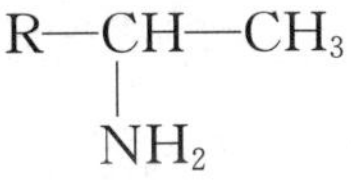　　仲胺 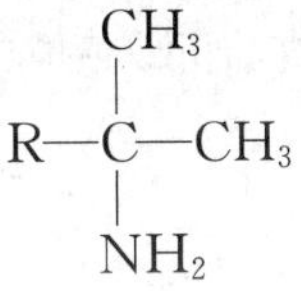　　叔胺

（二）命名

胺的命名通常有两种方法。

1. 简单胺的命名

简单胺用习惯命名法，把氨基作为母体，命名为胺，将烃基等作为取代基，放在胺前面。取代基相同则合并，在前面加二或三等标明；取代基不同，简单的放前面，复杂的放后面。例如

CH_3NH_2 甲胺　　$CH_3CH_2NH_2$ 乙胺　　$CH_3CH(CH_3)NH_2$ 异丙胺　　$CH_3CH_2CH_2NH_2$ 丙胺

$H_3C{-}C(CH_3)(NH_2){-}CH_3$ 叔丁胺　　$H_3C{-}CH(CH_3){-}CH_2{-}NH_2$ 异丁胺　　$C_6H_5CH_2NH_2$ 苄胺　　$C_6H_5NH_2$ 苯胺

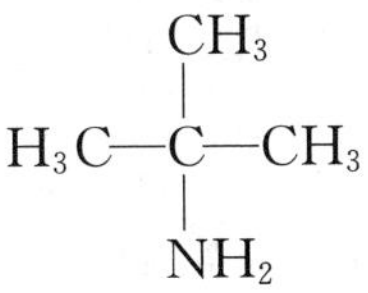

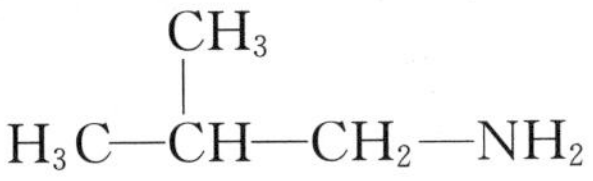

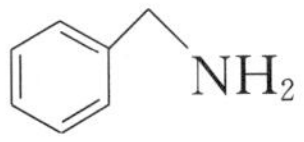

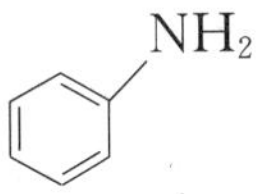

$CH_3CH_2NHCH_3$ 甲乙胺　　$CH_3CH_2CH_2NHCH_2CH_3$ 乙丙胺　　$CH_3CH_2CH_2CH_2NHCH_2CH_2CH_3$ 丙丁胺

有两个氨基的胺称为二胺。例如：

$H_2NCH_2CH_2NH_2$ 乙二胺　　$H_2NCH_2CH_2CH_2CH_2NH_2$ 1,4-丁二胺　　$H_2NCH_2CH_2CH_2CH_2CH_2NH_2$ 1,5-戊二胺

芳香胺的芳环上有别的取代基，需要标明取代基的相对位置。例如

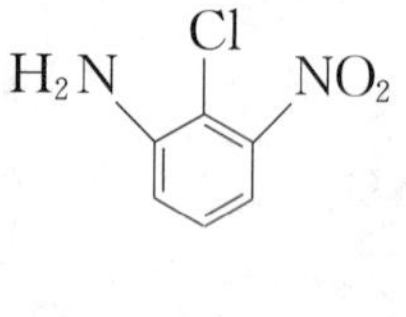

2-氯-3-硝基苯胺 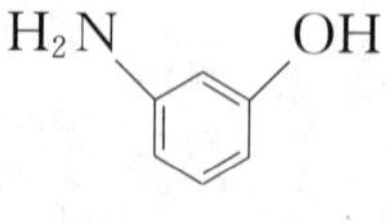　　间羟基苯胺 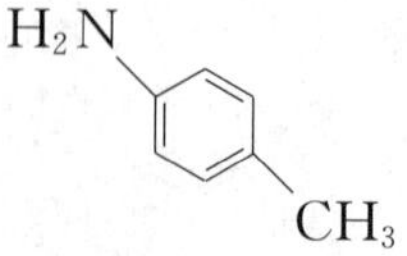　　对甲基苯胺 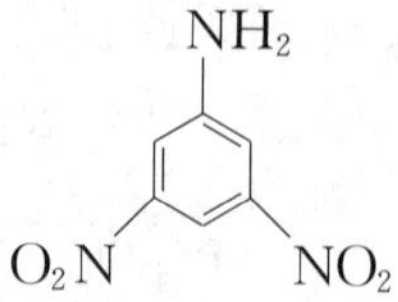　　3,5-二硝基苯胺

芳香胺的氨基上有取代基，在取代基前需要标明 *N*-。例如

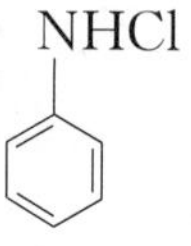

N-氯苯胺 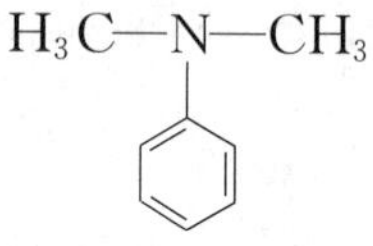　　*N*,*N*-二甲基苯胺 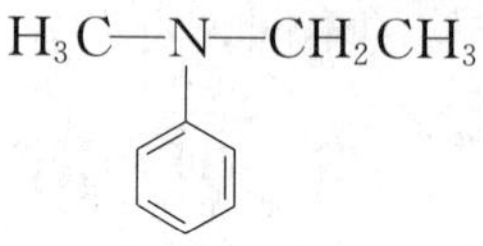　　*N*-甲基-*N*-乙基苯胺 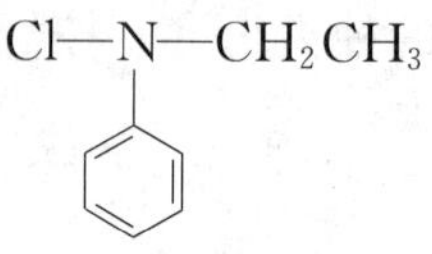　　*N*-氯-*N*-乙基苯胺

2. 复杂胺的命名

复杂胺可以看作是烃类的衍生物，用系统命名法命名，把结构复杂的烃基作为母体，将氨基等作为取代基，放在烃前面。取代基相同则合并，在前面加二或三等标明；取代基不同，简单的放前面，复杂的放后面。例如

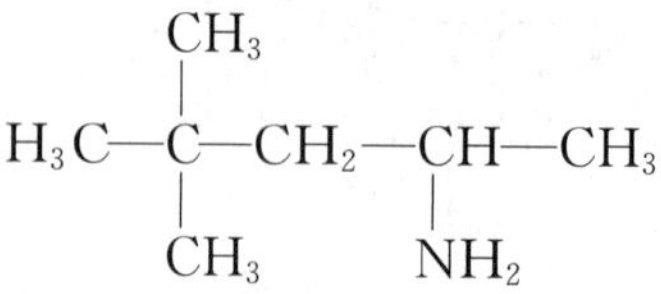

2-氨基-4,4-二甲基戊烷 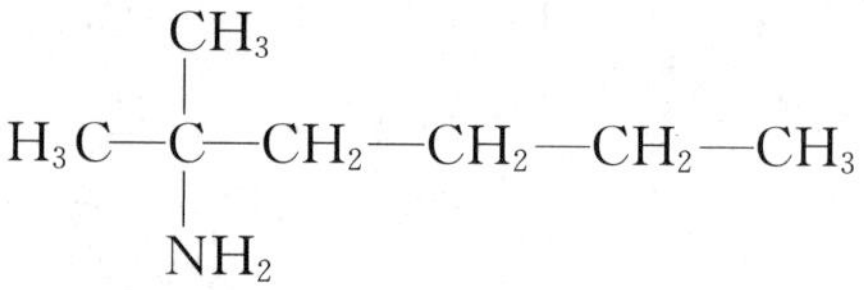　　2-氨基-2-甲基己烷

【练习】

1. 命名下列化合物：

(1) $CH_3C(CH_3)_2CH_2CH(NH_2)CH_3$　　(2) $CH_3CH{=}CH_2CH_2NH_2$

(3) 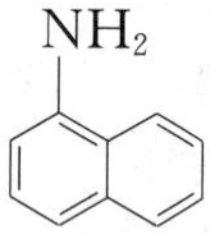　(4) 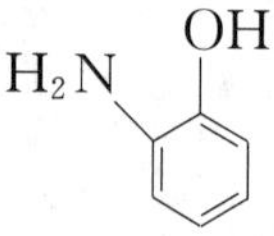　(5)

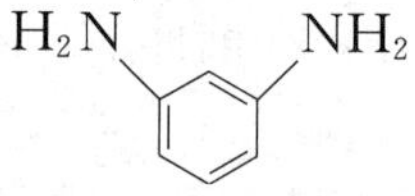

2. 写出下列物质的结构：

(1) 2,3-二甲基-2-氨基庚烷　(2) 间硝基苯胺　(3) 2,4,6-三硝基苯胺

二、胺的物理性质

低级脂肪胺是气体或易挥发液体，如甲胺、二甲胺、三甲胺和乙胺在常温下是气体，丙胺以上是液体，含有 12 个碳以上的胺是固体。伯胺和仲胺能形成分子间氢键，它们的沸点高于相对分子质量相近的烷烃，叔胺无法形成氢键，其沸点与相对分子质量相近烷烃的沸点接近。低级胺易溶于水，溶解度随相对分子质量的增加而降低，高级胺不溶于水。胺有令人不愉快的或很难闻的气味，尤其低级胺的气味与氨相似，有的还有鱼腥味，如三甲胺；丁二胺（腐胺）和戊二胺（尸胺）有极臭气味，且毒性很大；芳香胺气味稍小，但毒性极大，通过呼吸和接触能渗透皮肤，引起中毒。某些芳香胺还有致癌作用，如联苯胺。表 14.1 是常见胺的物理常数。

表 14.1　常见胺的物理常数

名称	构造式	熔点/℃	沸点/℃	相对密度（d^{20}）	pK_b（25℃）	pK_a（25℃）
甲胺	CH_3NH_2	−93.5	−6.3	0.7961（−10℃）	3.36	10.64
二甲胺	$(CH_3)_2NH$	−96	7.3	0.6604（0℃）	3.28	10.72
三甲胺	$(CH_3)_3N$	−124	3.5	0.7229（25℃）	4.30	9.70
乙胺	$CH_3CH_2NH_2$	−80.5	17	0.706（0℃）	3.25	10.75
二乙胺	$(CH_3CH_2)_2NH$	−89	55	—	3.02	10.98
三乙胺	$(CH_3CH_2)_3N$	−115	89	0.7275	3.24	10.76
正丙胺	$CH_3CH_2CH_2NH_2$	−83.6	49	0.7173	3.33	10.67
异丙胺	$CH_3CH(NH_2)CH_3$	−101	34	0.8889	3.28	10.72
正丁胺	$CH_3CH_2CH_2CH_2NH_2$	−50	78	0.7414	3.39	10.61
苯胺	C_6H_5—NH_2	−6	186	1.022	9.38	4.62
N-甲基苯胺	C_6H_5—$NHCH_3$	−57	196	0.986	9.21	4.79
N,*N*-二甲基苯胺	C_6H_5—$N(CH_3)_2$	3	194	0.956	8.94	5.06
二苯胺	C_6H_5—NH—C_6H_5	53	302	1.159	13.79	0.21

【练习】

$CH_3CH(NH_2)CH_3$ 和 $CH_3CH_2NH_2$，哪种物质的沸点高，为什么？

三、胺的化学性质

胺有官能团氨基和烃基，氨基和烃基都能发生一些化学反应，氨基的性质与氮原子上的未共用电子对有关，与官能团上的氢原子有关。

（一）氨基上的反应

胺有官能团氨基，氨基上有一对未共用电子处于棱锥的顶端，能结合质子，显碱性。

$$R—NH_2 + H^+ \longrightarrow R—NH_3^+$$

1. 胺的碱性

甲胺为有机碱，是弱碱，因此存在电离平衡：

$$H_3C—NH_2 + H_2O \rightleftharpoons H_3C—NH_3^+ + OH^-$$

$$K_b = \frac{[H_3C—NH_3^+]\cdot[OH^-]}{[H_3C—NH_2]} = 4.4\times10^{-4}$$

$$pK_b = -\lg K_b = 3.36$$

1）胺碱性的强弱

胺的碱性强弱，由氨基氮原子结合质子的能力决定。氮原子结合质子的能力越强，胺的碱性越强，反之，碱性越弱。氨基氮原子结合质子的能力受氮原子上电子云密度的影响，氮原子上电子云密度越大，其吸引质子的能力越强，表现出它的碱性越强；反之，氮原子上电子云密度越小，吸引质子的能力越小，表现出它的碱性越弱。每种胺都可以用电离平衡常数 K_b、pK_b 或者它们的共轭酸的 K_a、pK_a 来表示胺碱性的强弱。如果一个胺的 K_b 值越大，pK_b 就越小，则其碱性越强。胺的 K_b 与其共轭酸的 K_a 有如下关系：

$$K_a \cdot K_b = K_w$$

$$pK_a + pK_b = pK_w$$

K_b 越大，pK_b 就越小，则胺的碱性越强，其对应的共轭酸的 K_a 值越小，pK_a就越大，即胺的共轭酸的酸性越弱；K_b 越小，pK_b 就越大，则胺的碱性越弱，其对应的共轭酸的 K_a 越小，pK_a 就越大，即胺的共轭酸的酸性越强。常见胺的 pK_a 和 pK_b 见表 14.1。

由表 14.1 可以看出，胺的碱性与氨基所连的基团的结构和数目有关，可以大致总结出如下规律：

(1) 甲胺、乙胺、丙胺等大多数脂肪族伯胺，因为烷基是供电子基，增强了氮原子吸引质子的能力，表现出碱性比氨强。当为气体时，仲胺的碱性比伯胺的碱性强，叔胺的碱性比仲胺的碱性强。碱性强弱顺序如下：

$$\underset{\text{叔胺}}{(CH_3)_3N} > \underset{\text{仲胺}}{(CH_3)_2NH} > \underset{\text{伯胺}}{CH_3NH_2} > \underset{\text{氨气}}{NH_3}$$

氨基上有其他集团时，这些集团的结构很重要，第一类供电子基可以给氨基氮原子电子增加其电子云密度，使其增强吸引质子的能力，所以，胺的碱性增强。第二类吸电子基，能从氨基氮原子上吸电子，减少氮原子电子云密度，使其吸引质子的能力降低，所以，胺的碱性减弱。一般地，氨基上第一类供电子基越多，胺的碱性增强得越多，表现出胺的碱性越强；反之，增强越少，表现出胺的碱性不强；氨基上第二类吸电子基越多，胺的碱性减弱得越多，表现出胺的碱性越弱，反之，表现出胺的碱性较强。

(2) 脂肪胺受溶剂的影响，碱性的强弱会发生变化，一般地，脂肪叔胺的碱性总是比仲胺弱，胺在溶液中的碱性强弱顺序如下：

$$\underset{\text{仲胺}}{(CH_3)_2NH} > \underset{\text{伯胺}}{CH_3NH_2} > \underset{\text{叔胺}}{(CH_3)_3N} > \underset{\text{氨气}}{NH_3}$$

伯胺：

$$RNH_2 + H_3O^+ \rightleftharpoons RNH_3^+ + H_2O$$

仲胺：

$$R_2NH + H_3O^+ \rightleftharpoons R_2NH_2^+ + H_2O$$

叔胺：

$$R_3N + H_3O^+ \rightleftharpoons R_3NH^+ + H_2O$$

胺的官能团是氨基，它接受氢离子的能力越强，碱性越强，形成的铵离子就越稳定；反之，氨基接受氢离子后形成的铵离子越稳定，则胺的碱性也越强。也就是说，铵离子的稳定性决定胺的碱性。铵离子的稳定性受两种主要因素的影响：一是由胺本身性质决定，即主要由官能团氨基和氨基氮上连接的集团和数目决定，氮原子上连接第一类供电子基，能增加氮的电子云密度，增强铵离子的稳定性，胺的碱性也强，且氮原子上连接的第一类供电子基越多，给氮原子增加的电子云越多，越能增强铵离子的稳定性，增强胺的碱性；但同时，由于烷基数目的增多，大大占据氮原子的空间，使氢离子很难接近氨基氮原子，如叔胺，直接影响其碱性的增强。二是由胺所处的环境决定。胺在水溶液中，自然会溶剂化，胺接受氢离子形成铵离子后，更容易和溶剂水中的氧以氢键方式结合，铵离子能形成的氢键越多，正电荷越分散，铵离子越稳定，胺的碱性就越强。胺的官能团氨基中的氮原子能形成的共价键数目是一定的，如果氨基氮连接的第一类供电子基越多，氮上能连接的氢原子数目就越少，形成铵离子后，溶剂化能形成的氢键数目就越少，铵离子带的正电荷越难分散，溶剂化时铵离子的稳定性相对较低，逆过程释放氢离子的程度增大，胺的碱性相对减弱。例如，叔胺连接的供电子基多，增强了叔胺的碱性；空间效应使叔胺氨基很难接近氢离子，影响叔胺碱性的增强。在水溶液中，叔铵离子溶剂化时形成的氢键数目最少，铵离子带的正电荷不能有效分散，叔铵离子稳定性低于仲铵离子。两种因素综合的结果是导致叔胺在水溶液中碱性不如仲胺强。

(3) 芳香胺的碱性不如脂肪胺强。因为芳香胺是氨基直接连在苯环上的，容易形成p-π共扼体系，氨基氮上电子云密度大，是第一类供电子基，向苯环输电子，使氮原子电子云密度降低，更难接收氢离子，碱性降低。正因为苯环的存在，使芳香胺的碱性降低，通常它们的碱性低于氨。脂肪胺由于烃基向氨基氮输电子，使氮原子电子云密度增大，增强脂肪胺的吸引氢离子能力，胺碱性增强，它们的碱性通常强于氨。故芳香胺的碱性一般不如脂肪胺强。

2）胺显碱性——成盐反应

胺有氨基，可以结合氢离子，呈碱性，与酸反应生成盐。

$$\underset{\text{甲胺}}{CH_3NH_2} + HCl \longrightarrow \underset{\text{氯化甲铵}}{[CH_3NH_3]^+Cl^-}$$

$$\underset{\text{苯胺}}{C_6H_5NH_2} + HCl \longrightarrow \underset{\text{氯化苯铵}}{C_6H_5NH_3^+Cl^-}$$

3）胺显酸性——成盐反应

胺的官能团氨基上若有氢原子，还可以给出氢离子，成盐显示酸性。

$$\underset{\text{甲胺}}{2H_2NCH_3} + 2Na \xrightarrow{Fe} \underset{\text{甲基氨基钠}}{2Na^+N^-HCH_3} + H_2$$

$$\underset{\text{二甲胺}}{HN(CH_3)_2} + C_4H_9Li \xrightarrow{H_5C_2—O—C_2H_5} \underset{\text{二甲基氨基锂}}{Li^+N^-(CH_3)_2} + C_4H_{10}$$

2. 氨基氮的烷基化反应

胺的官能团氨基上若有氢原子，可以被烷基取代，发生取代型的烷基化反应。

烷基化反应的通式：

$$R_1NH_2 \xrightarrow[-HZ]{R_2—Z} R_1NHR_2 \xrightarrow[-HZ]{R_3—Z} R_1—\underset{R_3}{\overset{R_2}{N}} \xrightarrow{R_4—Z} \left[R_1—\underset{R_3}{\overset{R_2}{N}}—R_4\right]^+ Z^-$$

R—Z是烷基化试剂，R是烷基，Z是离去集团，根据需要，不同的烷基化试剂Z不尽相同，如烃基化试剂为卤代烃、醇、酯等，则Z=—X、—OH、—OOCR、—OSO_3H……

$$C_6H_5NH_2 \xrightarrow[-HCl]{CH_3Cl,\ NaOH} C_6H_5NHCH_3$$

苯胺　　N-甲基苯胺

$$C_6H_5NHCH_3 \xrightarrow[-HCl]{CH_3Cl,\ NaOH} C_6H_5N(CH_3)_2$$

N-甲基苯胺　　N,N-二甲基苯胺

$$C_6H_5N(CH_3)_2 \xrightarrow{CH_3Cl,\ NaOH} C_6H_5N(CH_3)_3Cl^-$$

N,N-二甲基苯胺　　氯化三甲基苯铵

$$C_{10}H_7NH_2 \xrightarrow[-HCl]{CH_3Cl,\ NaOH,\ C_2H_5OH} C_{10}H_7NHCH_3$$

α-萘胺　　N-甲基-α-萘胺

$$C_{10}H_7NHCH_3 \xrightarrow[-HCl]{CH_3Cl,\ NaOH,\ C_2H_5OH} C_{10}H_7N(CH_3)_2$$

N-甲基-α-萘胺　　N,N-二甲基-α-萘胺

$$C_{10}H_7N(CH_3)_2 \xrightarrow{CH_3Cl,\ NaOH,\ C_2H_5OH} C_{10}H_7N^+(CH_3)_3Cl^-$$

N,N-二甲基-α-萘胺　　氯化三甲基-α-萘铵

因叔胺的官能团氨基上没有氢原子，不能发生烷基化反应。

3. 氨基氮的酰基化反应

胺可被酰化剂如酰氯、酸酐、酯等取代官能团上的氢，生成N-酰胺，即发生胺的酰基化反应，也称酰化。下面重点介绍乙酰化和磺酰化。

1）胺乙酰化反应

（1）胺乙酰化的条件。胺乙酰化需要满足一定的条件，酰化取代的是官能团氨基上的氢原子，所以，需要氨基上有氢原子。

伯胺：

$$RNH_2 + XOCCH_3 \rightleftharpoons R{-}\overset{H}{\underset{H}{N^+}}{-}\overset{O^-}{\underset{X}{C}}{-}CH_3 \rightleftharpoons RNHCOCH_3 + HX$$

仲胺：

$$R_2NH + XOCCH_3 \rightleftharpoons R-\underset{\underset{R}{|}}{\overset{\overset{H}{|}}{N^+}}-\underset{\underset{X}{|}}{\overset{\overset{O^-}{|}}{C}}-CH_3 \rightleftharpoons R_2NCOCH_3 + HX$$

因叔胺的官能团氨基上没有氢原子，故不能发生酰化反应。

(2) 胺酰化的顺序。酰化剂的反应活性由羰基碳上正电荷的大小决定，正电荷越大反应活性越强。那么酰化剂的烃基相同时，离去集团 X 的吸电子能力就决定羰基碳上正电荷的大小，X 的吸电子能力越强，羰基碳上的电子云密度越小，正电荷越多，反应活性越强；反之，反应活性越弱。反应活性顺序如下：酰氯>酸酐>羧酸。

酰化剂相同时，胺的结构也影响酰化反应活性，胺碱性越强，氨基氮原子上的电子云密度越高，空间位阻越小，胺酰化越容易。反应活性顺序如下：脂肪胺>芳香胺；伯胺>仲胺；无位阻胺>有位阻胺。芳香胺的苯环上有供电子基时，碱性增强，酰化反应活性增强；反之，芳香胺的苯环上有吸电子基时，碱性减弱，酰化反应活性减弱。

(3) 用乙酸酰化。乙酸作酰化剂，不仅廉价，且乙酰化过程可逆，是很实用的反应。

$$\underset{\text{伯胺}}{RNH_2} + CH_3COOH \rightleftharpoons \underset{N\text{-烃基乙酰胺}}{CH_3CONHR} + H_2O$$

$$\underset{\text{苯胺}}{C_6H_5NH_2} + CH_3COOH \rightleftharpoons \underset{N\text{-苯基乙酰胺}}{CH_3CONHC_6H_5} + H_2O$$

羧酸酰化会不断生成水，影响反应的进行，需要不断除去产物水，才能保证酰化反应的顺利进行。芳香胺活性很高，一般的工艺中，先把芳香胺变成酰胺，以保护氨基，工艺反应结束，在强碱性溶液中加热，酰胺水解变成芳香胺。

(4) 用乙酸酐酰化。乙酸酐是比乙酸活性高的酰化剂，乙酰化反应过程中没有水生成，酰化过程不可逆，反应温度一般需要控制在 20～90℃，碱性强的胺也不需要催化剂。该乙酰化容易，只是乙酸酐价格比较昂贵。

$$(CH_3CO)_2O + H-\underset{\underset{R_2}{|}}{N}-R_1 \longrightarrow CH_3-\overset{\overset{O}{\|}}{C}-\underset{\underset{R_2}{|}}{N}-R_1 + CH_2COOH$$

R_1 和 R_2 可以相同，也可以不同，它们可以是氢原子、烷基、芳基等。

$$\underset{\text{苯胺}}{C_6H_5NH_2} + (CH_3CO)_2O \longrightarrow \underset{N\text{-苯基乙酰胺}}{CH_3CONHC_6H_5} + CH_3COOH$$

(5) 用乙酰氯酰化。乙酰氯是最强的酰化剂，适用于活性低的胺酰化，反应不可逆，乙酰化温度不需要太高，有时要在 0℃或更低温度下进行反应。

$$RNH_2 + CH_3COCl \longrightarrow CH_3CONHR + HCl$$

伯胺　　　　N-烃基乙酰胺

$$C_6H_5NH_2 + CH_3COCl \longrightarrow CH_3CONHC_6H_5 + HCl$$

苯胺　　　　N-苯基乙酰胺

$$(C_6H_5)_2NH + CH_3COCl \longrightarrow CH_3CON(C_6H_5)_2 + HCl$$

二苯胺　　　　N,N-二苯基乙酰胺

2）胺磺酰化反应

胺被磺酰化剂如苯磺酰氯、对甲基苯磺酰氯等取代官能团上的氢，生成 N-磺酰胺，即胺的磺酰基化反应，也称磺酰化。

（1）胺磺酰化反应通式：

$$C_6H_5SO_2Cl + H-N(R_2)-R_1 \longrightarrow C_6H_5SO_2N(R_2)-R_1 + HCl$$

$$p\text{-}H_3C-C_6H_4SO_2Cl + H-N(R_2)-R_1 \longrightarrow p\text{-}H_3C-C_6H_4SO_2N(R_2)-R_1 + HCl$$

其中 R_1＝氢、烷基等。

（2）胺磺酰化的条件：胺磺酰化需要在碱存在条件下；酰化取代官能团氨基上的氢原子，所以，需要胺的官能团氨基上必须有氢原子，叔胺不能发生磺酰化反应。

$$C_6H_5SO_2Cl + CH_3CH_2NH_2 \longrightarrow C_6H_5SO_2NHCH_2CH_3 + HCl$$

乙胺　　　　N-乙基苯磺酰胺

$$C_6H_5SO_2Cl + (CH_3CH_2)_2NH \longrightarrow C_6H_5SO_2N(CH_2CH_3)_2 + HCl$$

二乙胺　　　　N,N-二乙基苯磺酰胺

$$p\text{-}H_3C-C_6H_4SO_2Cl + CH_3NH_2 \longrightarrow p\text{-}H_3C-C_6H_4SO_2NHCH_3 + HCl$$

甲胺　　　　N-甲基对甲基苯磺酰胺

（3）Hinsberg 反应：伯胺、仲胺、叔胺在碱性条件下，与苯磺酰氯作用情况不同，因此可以用来鉴别伯胺、仲胺、叔胺。

Hinsberg 实验，用 3 支试管，各装取 3mL 0.002mol/L 的 NaOH 溶液，再分别装取伯胺、仲胺、叔胺各 0.5mL，摇匀后，分别滴加对甲基苯磺酰氯 10 滴，振荡，观察实验现象。

现象和结论：无明显现象的是叔胺；对甲基苯磺酰氯消失，并生成固体的是仲胺；

对甲基苯磺酰氯消失，并没有分层的是伯胺。

原理：叔胺没有氨基氢原子，不能发生磺酰化反应，也不能溶于 NaOH 溶液。

$$p\text{-}H_3C\text{-}C_6H_4\text{-}SO_2Cl + (CH_3)_3N \not\longrightarrow$$

对甲基苯磺酰氯　　三甲胺

仲胺有 1 个氨基氢原子，能够发生磺酰化反应，生成苯磺酰胺固体，磺酰化后，分子中没有氨基氢原子，不能溶于 NaOH 溶液。

$$p\text{-}H_3C\text{-}C_6H_4\text{-}SO_2Cl + (CH_3)_2NH \longrightarrow p\text{-}H_3C\text{-}C_6H_4\text{-}SO_2N(CH_3)_2\downarrow + HCl$$

对甲基苯磺酰氯　　二甲胺　　*N*,*N*-二甲基对甲基苯磺酰胺

伯胺有 2 个氨基氢原子，能够发生磺酰化反应，生成苯磺酰胺固体，磺酰化后，分子中还有 1 个氨基氢原子，其受磺酰基的影响，可以电离出来，能够与 NaOH 发生中和反应而溶于 NaOH 溶液。

$$p\text{-}H_3C\text{-}C_6H_4\text{-}SO_2Cl + CH_3NH_2 \longrightarrow p\text{-}H_3C\text{-}C_6H_4\text{-}SO_2NHCH_3 + HCl$$

对甲基苯磺酰氯　　甲胺　　*N*-甲基对甲基苯磺酰胺

Hinsberg 实验可以用于鉴别和分离伯胺、仲胺、叔胺。三者的混合物发生 Hinsberg 反应后，首先通过蒸馏，可以把没发生反应的叔胺分离出来。接着过滤剩余的蒸馏母液，滤出固体苯磺酰胺仲胺，加强酸加热水解，得到仲胺。最后往滤液加酸，将析出固体苯磺酰胺伯胺，过滤得到苯磺酰胺伯胺固体，加强酸加热水解，得到伯胺。

$$p\text{-}H_3C\text{-}C_6H_4\text{-}SO_2NHCH_3 + NaOH \longrightarrow p\text{-}H_3C\text{-}C_6H_4\text{-}SO_2N^-(CH_3)\ Na^+ + H_2O$$

N-甲基对甲基苯磺酰胺　　*N*-甲基对甲基苯磺酰氨基钠

$$p\text{-}H_3C\text{-}C_6H_4\text{-}SO_2N^-(CH_3)\ Na^+ + HCl \longrightarrow p\text{-}H_3C\text{-}C_6H_4\text{-}SO_2NHCH_3 + NaCl$$

N-甲基对甲基苯磺酰氨基钠　　*N*-甲基对甲基苯磺酰胺

4. 与亚硝酸的反应

胺与亚硝酸反应情况复杂，下面按伯胺、仲胺、叔胺一一说明。

1）伯胺与亚硝酸反应

伯胺的氨基官能团上，有 2 个氢，与亚硝酸反应，发生重氮化，生成极不稳定的重氮盐，很容易分解，放出氮气，形成碳正离子。亚硝酸不稳定，很难保存，可以用亚硝

酸盐＋盐酸（或硫酸）代替。

$$CH_3CH_2CH_2NH_2+NaNO_2+HCl\longrightarrow\begin{cases}\overset{\text{不稳定，易分解}}{CH_3CH_2CH_2N_2^+Cl^-}\\ \underset{\text{按 1：1 比例定量生成氮气，可测定胺}}{CH_3CH_2CH_2^+ + N_2 + Cl^-}\end{cases}$$

$$C_6H_5NH_2+NaNO_2+HCl\xrightarrow{<5^\circ C}C_6H_5N_2^+Cl^-+NaCl+H_2O$$

芳香重氮盐也不稳定，但因为氮和苯环形成共轭体系，氮较难断裂下来，所以，稳定性比脂肪胺的重氮盐稳定性好。例如，温度低于5℃时，芳香重氮盐可以存在。

碳正离子能发生的反应如下：

$$CH_3^+\xrightarrow{H_2O}CH_3OH\xrightarrow{X^-}CH_3X$$

$$CH_3CH_2^+\xrightarrow{H_2O}CH_3CH_2OH\xrightarrow{X^-}CH_3CH_2X\xrightarrow{-HX}CH_2=CH_2$$

$$CH_3CH_2CH_2^+\begin{cases}\xrightarrow{H_2O}CH_3CH_2CH_2OH\\ \xrightarrow{X^-}CH_3CH_2CH_2X\\ \xrightarrow{-H^+}CH_3CH=CH_2\\ \longrightarrow CH_3CH^+CH_3\\ \cdots\cdots\end{cases}$$

伯胺与亚硝酸反应的产物呈现多样化，副反应太多，没有合成价值。该反应放出氮气，现象明显，通过测定放出的氮气量，能够测量胺。

$$RNH_2+NaNO_2+HCl\xrightarrow{0^\circ C}ROH+N_2\uparrow+2H_2O+NaCl$$

2）仲胺与亚硝酸反应

仲胺的氨基官能团上，只有1个氢原子，与亚硝酸反应，生成黄色的*N*-亚硝基胺，现象明显，与稀酸共热可以水解成胺。

$$\underset{\text{仲胺}}{R_2NH}+NaNO_2+HCl\xrightarrow{0^\circ C}\underset{N\text{-亚硝基胺（黄色）}}{R_2N-N=O}+2H_2O+NaCl$$

$$\underset{N\text{-亚硝基胺}}{R_2N-N=O}+H_2O\xrightarrow{H^+}\underset{\text{仲胺}}{R_2NH}+HNO_2$$

$$\underset{\text{二乙胺}}{(CH_3CH_2)_2NH}+NaNO_2+HCl\longrightarrow\underset{N\text{-亚硝基二乙胺（黄色液体）}}{(CH_3CH_2)_2N-NO}+H_2O+NaCl$$

$$\underset{N\text{-亚硝基二乙胺}}{(CH_3CH_2)_2N-NO}+H_2O\xrightarrow{H^+}\underset{\text{二乙胺}}{(CH_3CH_2)_2NH}+HNO_2$$

$$\underset{\text{二苯胺}}{(C_6H_5)_2NH}+NaNO_2+HCl\longrightarrow\underset{N\text{-亚硝基二苯胺（黄色固体）}}{(C_6H_5)_2N-NO}+NaCl+H_2O$$

$$(C_6H_5)_2N-NO + H_2O \longrightarrow (C_6H_5)_2NH + HNO_2$$

N-亚硝基二苯胺　　　　二苯胺

研究发现，N-亚硝基胺和亚硝酸都可以引起癌变。日常生活中，腌肉、腌菜、罐头等食品加工过程中，一般要加硝酸盐和亚硝酸盐来防腐、保鲜、增色。但硝酸盐不稳定，容易产生亚硝酸盐，亚硝酸盐在胃酸作用下，转变成亚硝酸，亚硝酸能使体内的氨基亚硝化，产生 N-亚硝基胺，容易引起癌变。

3）叔胺与亚硝酸反应

叔胺的氨基官能团上没有氢原子，不能生成亚硝基产物。叔胺与亚硝酸反应，一般生成无色的盐，反应现象不明显。叔胺生成的盐不稳定，在碱性条件下容易发生复分解反应。芳香叔胺因为共轭效应的影响，与亚硝酸反应生成盐困难，更容易在苯环上取代亚硝基，产物有颜色，一般是绿色的，现象明显。

$$R_3N + NaNO_2 + HCl \xrightarrow{0℃} [R_3NH^+]NO_2^- + NaCl$$

叔胺　　　　亚硝酸盐（无色）

$$[R_3NH^+]NO_2^- + NaOH \longrightarrow R_3N + NaNO_2 + H_2O$$

亚硝酸盐　　　　叔胺

$$(C_6H_5)_3N + NaNO_2 + HCl \longrightarrow [(C_6H_5)_3NH^+]NO_2^- + NaCl$$

三苯胺　　　　亚硝酸三苯胺（无色）

$$[(C_6H_5)_3NH^+]NO_2^- + NaOH \longrightarrow (C_6H_5)_3N + NaNO_2 + H_2O$$

亚硝酸三苯胺　　　　三苯胺

$$C_6H_5N(CH_3)_2 + NaNO_2 + HCl \longrightarrow p\text{-}ON\text{-}C_6H_4\text{-}N(CH_3)_2 + H_2O + NaCl$$

N,N-二甲基苯胺　　　　对亚硝基-N,N-二甲基苯胺（绿色固体）

熔点 86℃

利用伯胺、仲胺、叔胺与亚硝酸反应的产物明显不同，可以鉴定伯胺、仲胺、叔胺。

（二）芳胺苯环上的取代反应

芳香胺是氨基直接连在苯环上的，氨基是第一类定位基，给苯环输入电子，使苯环电子云密度增大，使其很容易发生亲电取代反应。芳香胺的苯环活性大大增加，易发生溴代、硝化、磺化等反应。

1. 芳香胺苯环的溴代

苯胺与溴水发生取代反应快速，可迅速完成三元取代，生成三溴苯胺，很难停留在一元、二元取代阶段。

$$\text{(苯胺)}\ NH_2 + Br_2 \longrightarrow \text{(三溴苯胺)}\ Br,\ NH_2,\ Br,\ Br \downarrow + HBr$$

苯胺　　　三溴苯胺（白色沉淀）

苯胺与溴水反应时，要想制取一溴苯胺，必须减小定位基的供电子能力，降低苯环的活性，使苯环上的取代反应难度增大，进而取代反应变慢。

方法一：酰基化，减小定位基的供电子能力。

$$NH_2 + (CH_3CO)_2O \longrightarrow NHCOCH_3 + CH_3COOH$$

苯胺　　　乙酰基苯胺

胺酰基化后，在酰基的吸电子作用下，氨基氮原子不能从酰基上得到更多的电子，也不能给苯环输入更多的电子，减小了官能团氨基的供电子能力，苯环上取代反应难度增大，取代反应变慢。

$$2\ NHCOCH_3 + 2Br_2 \xrightarrow{CH_2COOH} NHCOCH_3,\ Br + NHCOCH_3,\ Br + 2HBr$$

乙酰基苯胺　　　对溴乙酰基苯胺（主产物）　　　邻溴乙酰基苯胺

$$NHCOCH_3,\ Br + H_2O \underset{}{\overset{H^+或OH^-}{\rightleftharpoons}} NH_2,\ Br + CH_3COOH$$

对溴乙酰基苯胺　　　对溴苯胺

$$NHCOCH_3,\ Br + H_2O \underset{}{\overset{H^+或OH^-}{\rightleftharpoons}} NH_2,\ Br + CH_2COOH$$

邻溴乙酰基苯胺　　　邻溴苯胺

方法二：成盐，改变定位基的性质，使其从供电子基变成吸电子基，进而使苯环钝化。

$$NH_2 + H_2SO_4 \longrightarrow NH_3^+HSO_4^-$$

苯胺　　　硫酸氢苯铵

$$C_6H_5NH_3^+HSO_4^- + Br_2 \longrightarrow m\text{-}BrC_6H_4NH_3^+HSO_4^- + HBr$$

硫酸氢苯铵　　　　硫酸氢间溴苯铵

$$m\text{-}BrC_6H_4NH_3^+HSO_4^- + NaOH \longrightarrow m\text{-}BrC_6H_4NH_2 + Na_2SO_4 + H_2O$$

硫酸氢间溴苯铵　　　　间溴苯胺

2. 芳香胺苯环的硝化

苯胺的氨基官能团很容易被氧化，不能直接与硝酸直接接触，否则氧化反应同时发生。与硝酸硝化，需要先保护氨基。

方法一：先给苯胺酰基化，保护氨基官能团后，再进行硝化。

$$C_6H_5NH_2 + (CH_3CO)_2O \longrightarrow C_6H_5NHCOCH_3 + CH_3COOH$$

苯胺　　　　乙酰基苯胺

$$C_6H_5NHCOCH_3 + HNO_3 \xrightarrow{CH_3COOH} p\text{-}O_2NC_6H_4NHCOCH_3 + o\text{-}O_2NC_6H_4NHCOCH_3 + H_2O$$

乙酰基苯胺　　　　对硝基乙酰苯胺（主要产物）　　　　邻硝基乙酰苯胺

$$o\text{-}O_2NC_6H_4NHCOCH_3 + H_2O \underset{}{\overset{H^+或OH^-}{\rightleftharpoons}} o\text{-}O_2NC_6H_4NH_2 + CH_3COOH$$

邻硝基乙酰苯胺　　　　邻硝基苯胺

$$p\text{-}O_2NC_6H_4NHCOCH_3 + H_2O \underset{}{\overset{H^+或OH^-}{\rightleftharpoons}} p\text{-}O_2NC_6H_4NH_2 + CH_3COOH$$

对硝基乙酰苯胺　　　　对硝基苯胺

如果只制取邻硝基苯胺，需要在硝化之前，先占着对位，以保证邻位的硝化。

$$C_6H_5NHCOCH_3 + H_2SO_4 \longrightarrow p\text{-}HO_3SC_6H_4NHCOCH_3 + H_2O$$

乙酰基苯胺　　　　对乙酰氨基苯磺酸

$$p\text{-}HO_3SC_6H_4NHCOCH_3 + HNO_3 \xrightarrow{H_2SO_4} 2\text{-}O_2N\text{-}4\text{-}HO_3SC_6H_3NHCOCH_3 + H_2O$$

对乙酰氨基苯磺酸　　　　间硝基对乙酰氨基苯磺酸

$$\text{间硝基对乙酰氨基苯磺酸} + H_2O \xrightarrow{H^+ \text{或} OH^-} \text{邻硝基苯胺}$$

间硝基对乙酰氨基苯磺酸　　邻硝基苯胺

方法二：先使苯胺成盐，保护氨基官能团后，再进行硝化。

$$C_6H_5NH_2 + H_2SO_4 \longrightarrow C_6H_5NH_3^+HSO_4^-$$

苯胺　　硫酸氢苯铵

$$C_6H_5NH_3^+HSO_4^- + HNO_3 \xrightarrow{H_2SO_4} m\text{-}O_2NC_6H_4NH_3^+HSO_4^- + H_2O$$

硫酸氢苯铵　　硫酸氢间硝基苯铵

$$m\text{-}O_2NC_6H_4NH_3^+HSO_4^- + NaOH \longrightarrow m\text{-}O_2NC_6H_4NH_2 + Na_2SO_4 + H_2O$$

硫酸氢间硝基苯铵　　间硝基苯胺

苯胺与浓硫酸和浓硝酸的混酸进行硝化时，主要产物是间硝基苯胺。

3. 芳香胺苯环的磺化

同样是苯胺和浓硫酸，反应条件不同，则产物不同，原因是反应机理不一。

苯胺和浓硫酸低温相遇，直接磺化，在官能团氨基的定位下，主要生成邻、对位产物，同时，苯胺和浓硫酸会结合生成盐，部分氨基定位基转变成铵离子定位基，定位磺化产物是间位。因此，低温条件下的反应，就有邻、对、间3种生成物。

$$C_6H_5NH_2 + H_2SO_4 \xrightarrow{0℃} p\text{-}HO_3SC_6H_4NH_2 + o\text{-}HO_3SC_6H_4NH_2 + H_2O$$

苯胺　　对氨基苯磺酸　　邻氨基苯磺酸

$$C_6H_5NH_2 + H_2SO_4 \xrightarrow{0℃} C_6H_5NH_3^+HSO_4^-$$

苯胺　　硫酸氢苯铵

$$C_6H_5NH_3^+HSO_4^- + H_2SO_4 \xrightarrow{0℃} m\text{-}HO_3SC_6H_4NH_3^+HSO_4^- + H_2O$$

硫酸氢苯铵　　硫酸氢间磺酸基苯铵

$$m\text{-}HO_3SC_6H_4NH_3^+HSO_4^- + NaOH \xrightarrow{0℃} m\text{-}HO_3SC_6H_4NH_2 + Na_2SO_4 + H_2O$$

硫酸氢间磺酸基苯铵　　间氨基苯磺酸

苯胺和浓硫酸在较高温度时，进行磺化反应，主要产物是对氨基苯磺酸。

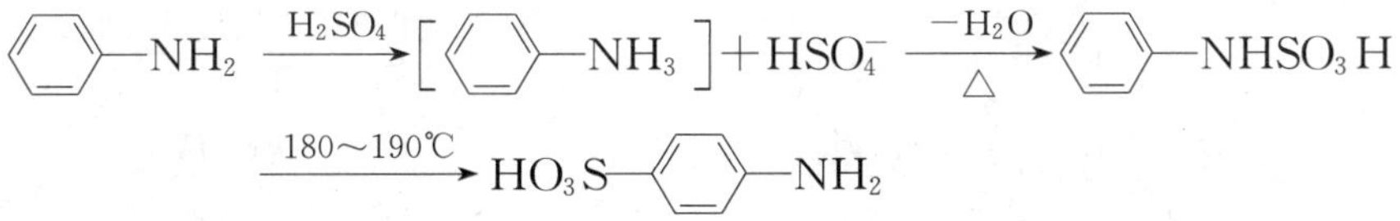

$$C_6H_5-NH_2 \xrightarrow{H_2SO_4} [C_6H_5-NH_3]^+ HSO_4^- \xrightarrow[\triangle]{-H_2O} C_6H_5-NHSO_3H$$

$$\xrightarrow{180\sim190℃} HO_3S-C_6H_4-NH_2$$

（三）胺的氧化反应

胺由烃基和官能团氨基组成，极易被氧化，氧化可以发生在烃基上，也可以发生在官能团氨基上。氧化分在胺分子上加入氧和从胺分子上脱去氢两种方式。

芳香胺很容易被氧化，尤其是芳香伯胺，有 2 个氨基氢原子，极易被氧化。通常，纯净的苯胺是无色油状液体，放置一段时间后，就会被空气中的氧氧化，颜色逐渐变成黄色、红棕色。苯胺的氧化有复杂的过程，氧化产物因芳香胺、氧化剂、反应条件等的不同而不同。苯胺用二氧化锰和硫酸氧化，能生成苯醌：

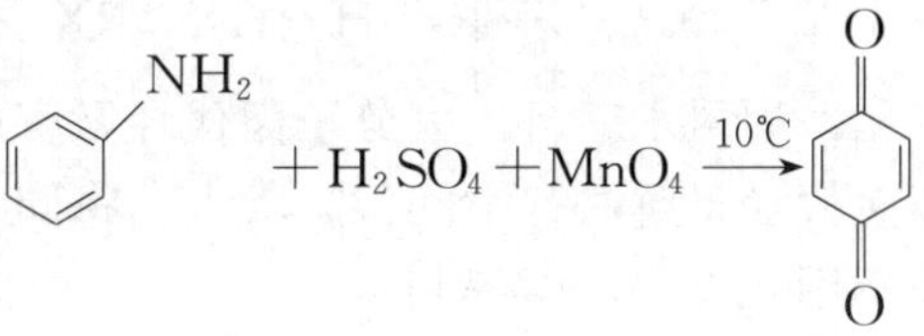

$$C_6H_5NH_2 + H_2SO_4 + MnO_4 \xrightarrow{10℃} O=C_6H_4=O$$

苯胺　　　　苯醌

苯醌被还原后，得到对苯二酚。这是用原料苯胺合成对苯二酚的一种工业方法。

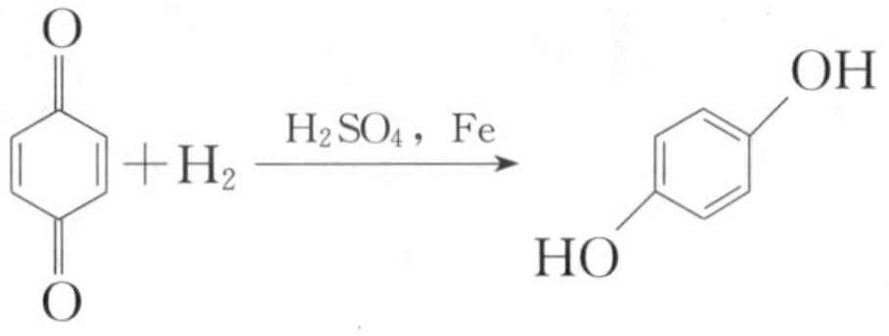

$$O=C_6H_4=O + H_2 \xrightarrow{H_2SO_4,\ Fe} HO-C_6H_4-OH$$

苯醌　　　　对苯二酚

芳香胺的苯环上有吸电子基团时，用三氟过氧乙酸氧化，可以生成硝基化合物。

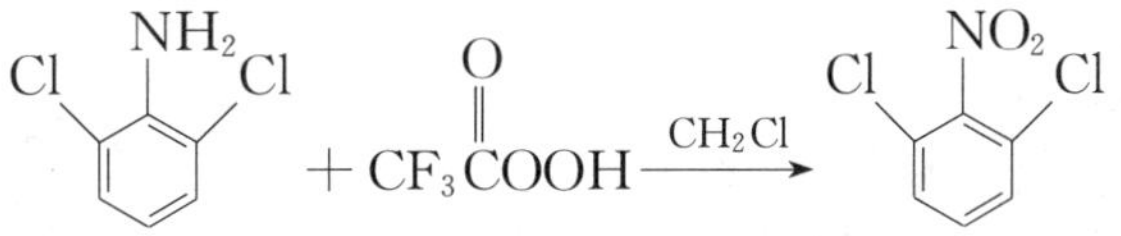

$$2,6\text{-}Cl_2C_6H_3NH_2 + CF_3COOH \xrightarrow{CH_2Cl} 2,6\text{-}Cl_2C_6H_3NO_2$$

2,6-二氯苯胺　　　　1,3-二氯-2-硝基苯（89%～92%）

四、胺的制法

胺在自然界中广泛存在，很多天然或人造的胺有重要用途，因此学习其制备十分重要。胺的制备方法，从胺的结构上看，可以分为氨或胺的烃基化和含氮化合物的还原两类。

（一）氨或胺的烃基化

氨或胺上的氢被烃基取代的过程，就是烃基化，也可以称为给烃的衍生物氨解，这是很重要的制备胺的方法。

$$\text{2,4-二硝基氯苯} + NH_3 \longrightarrow \text{2,4-二硝基苯胺} + NH_4Cl$$

2,4-二硝基氯苯　　　　2,4-二硝基苯胺

下面是一些重要胺类的制备。

1. 卤代烃氨解

卤代烃与氨、伯胺、仲胺的反应，是合成胺的一条重要路线。卤代烃与氨反应生成脂肪伯胺，脂肪伯胺（脂肪仲胺）的碱性比氨强，更容易与卤代烃反应，会继续氨基化，生成的是脂肪伯胺、脂肪仲胺、脂肪叔胺等的混合物，使用价值不大，除乙二胺外，工业上一般不用卤代烃氨解制胺。

$$RX \xrightarrow{NH_3} RNH_2 + HX \quad RX \xrightarrow{RNH_2} R_2NH + HX \quad RX \xrightarrow{R_2NH} R_3N + HX$$

小分子卤代烃氨解容易，用氨水就行。大分子卤代烃氨解困难，一般要用氨的醇溶液或液氨进行。另外，叔卤代烃氨解时，空间位阻太大，将同时发生消去反应，会生成大量的烯烃，所以，一般不用叔卤代烃氨解制胺。

$$\text{2,4,6-三硝基氯苯} + NH_3 \longrightarrow \text{2,4,6-三硝基苯胺} + NH_4Cl$$

2,4,6-三硝基氯苯　　　　2,4,6-三硝基苯胺

$$\text{4-氯甲苯} \xrightarrow[-33℃]{NH_3,\ NaNH_2} \text{4-甲基苯胺} + NH_4Cl$$

4-氯甲苯　　　　4-甲基苯胺

2. 酚和醇的氨解

1）酚的氨解

酚的羟基直接连着苯环，羟基氧与酚的苯环形成 p-π 共轭体系，增大了羟基连接苯环的稳定性，很难被取代氨解，如果氨解，条件会十分剧烈。

$$\text{3-甲基苯酚} + NH_4Cl \xrightarrow[350℃]{Al_2O_3\text{-}SiO_2} \text{3-甲基苯胺} + H_2O + HCl$$

3-甲基苯酚　　　　3-甲基苯胺（转化率 35%）

$$\text{2,8-二羟基萘-6-磺酸} + NH_3 + NH_4HSO_4 \longrightarrow \text{8-羟基-2-氨基萘-6-磺酸}$$

2,8-二羟基萘-6-磺酸　　　　8-羟基-2-氨基萘-6-磺酸

2）醇的氨解

醇的氨解反应历程如下：

$$ROH+NH_3 \xrightarrow[\triangle]{Al_2O_3} RNH_2+H_2O$$

醇和卤代烃的氨解相似，产物是伯胺、仲胺、叔胺的混合物，加入过量的醇，则生成的叔胺量较多，加入过量的氨，则生成的伯胺量较多。

$$ROH+HN(CH_3)_3 \xrightarrow[220\sim235℃]{H_2/CuO，Cr_2O_3} RN(CH_3)_2+H_2O$$

产率 96%～97%

其中，R＝C_8H_{17}、$C_{12}H_{25}$、$C_{16}H_{33}$，很多低级脂肪胺都可以通过醇的氨解制取。

$$\underset{\text{甲醇}}{CH_3OH}+NH_3 \xrightarrow{H_2/CuO，Cr_2O_3} \underset{\text{甲胺}}{CH_3NH_2}+H_2O$$

$$\underset{\text{甲醇}}{CH_3OH}+CH_3NH_2 \xrightarrow{H_2/CuO，Cr_2O_3} \underset{\text{二甲胺}}{CH_3NHCH_3}+H_2O$$

（二）含氮化合物的还原

1. 硝基化合物的还原

在一定条件下，催化加氢或加化学还原剂，硝基可以被还原。例如，加锌、铁和稀盐酸，或者锡、氯化亚锡和盐酸、硫化物等，可以还原硝基化合物。芳香胺的最常用制备方法就是硝基化合物的还原。

$$\underset{\text{硝基苯}}{C_6H_5NO_2} \xrightarrow[Fe，H_2O，H^+]{H_2，Cu，225℃} \underset{\text{苯胺}}{C_6H_5NH_2}+H_2O$$

$$\underset{\text{间硝基苯}}{m\text{-}C_6H_4(NO_2)_2}+H_2 \xrightarrow{Fe，H^+} \underset{\text{间苯二胺}}{m\text{-}C_6H_4(NH_2)_2}+H_2O$$

$$\underset{\alpha\text{-硝基萘}}{C_{10}H_7NO_2}+H_2 \xrightarrow[CH_3CH_2OH]{Fe，H^+} \underset{\alpha\text{-萘胺}}{C_{10}H_7NH_2}+H_2O$$

2. 腈还原

腈的官能团是—CN，可以被强还原剂还原。

腈还原的通式如下：

$$\underset{\text{腈}}{R—C\equiv N}+CH_3CH_2OH+Na \longrightarrow \underset{\text{伯胺}}{RCH_2NH_2}+CH_3CH_2ONa$$

$$C_6H_5C\equiv N \xrightarrow{LiAlH_4} C_6H_5CH_2NH_2$$

苯腈　　　　　　苄胺

3. 酰胺还原

酰胺的官能团是—$CONH_2$，不仅能够被还原，还能够进行氨化还原。

酰胺还原反应历程如下：

$$R—CONH_2 \xrightarrow[-H_2O]{LiAlH_4} R—CH_2—NH_2$$

伯胺

$$CH_3(CH_2)_{10}CONHCH_3 \xrightarrow[-H_2O]{LiAlH_4} CH_3(CH_2)_{10}CH_2NHCH_3$$

N-甲基十二胺

$$\text{环己酮} \underset{-H_2O}{\overset{NH_3}{\rightleftharpoons}} \text{环己亚胺} \xrightarrow{Ni,\ H_2} \text{环己胺}$$

环己酮　　　　　　环己胺

腈、肟、酰胺的官能团分别是—CN、—CH ═NOH、—$CONH_2$，属于 C—N 键化合物，用适当的还原剂，都可以被还原为胺。

（三）霍夫曼降级反应

酰胺在碱溶液中，与卤素作用，脱去羰基，生成胺，发生霍夫曼降级反应。

$$RCONH_2+Br_2+NaOH \longrightarrow RNH_2+Na_2CO_3+Na_2CO_3+NaBr+H_2O$$

伯胺

$$CH_3(CH_2)_9CH_2CONH_2+Br_2+NaOH \longrightarrow CH_2(CH_2)_9CH_2NH_2+Na_2CO_3+NaBr+H_2O$$

十二酰胺　　　　　　十一胺

$$C_6H_5CH_2CONH_3+Cl_2+NaOH \longrightarrow C_6H_5CH_2NH_2+Na_2CO_3+NaCl+H_2O$$

苯乙酰胺　　　　　　苄胺

【练习】

1. 给下列两组化合物按碱性由大到小排序：

（1）$CH_3CH_2CH_2NH_2$、NH_3、$(CH_3)_3N$

（2）$C_6H_5NHCH_3$、$C_6H_5NHCOCH_3$、$C_6H_5NH_2$

2. 由苯胺制备硝基苯胺。

3. 写出下列物质的反应方程式：

（1）乙胺与乙酸酐　（2）间硝基苯胺与溴水　（3）苯胺与二氧化锰和浓硫酸

五、季铵盐和季铵碱的性质和用途

（一）季铵盐的性质

1. 季铵盐的制备

季铵盐是胺彻底烷基化生成的化合物

$$\underset{\text{叔胺}}{R_3N}+RX \longrightarrow \underset{\text{季铵盐}}{[R_4N]^+X^-}$$

在上面的化学反应方程式中，X=Cl、Br 等。

2. 季铵盐的物理性质

季铵盐是白色晶体，具有盐的性质，溶于水，不溶于非极性的有机溶剂，熔点较高，常常加热未到熔点即分解。

3. 季铵盐的化学性质

季铵盐热稳定性不高，受热容易分解。

$$\underset{\text{季铵盐}}{[R_4N]^+X^-} \xrightarrow{\triangle} \underset{\text{叔胺}}{R_3N}+RX$$

季铵盐可以发生复分解反应，与强碱反应，生成季铵碱的平衡混合物。

$$\underset{\text{季铵盐}}{[R_4N]^+X^-}+NaOH \rightleftharpoons \underset{\text{季铵碱}}{[R_4N]^+OH^-}+NaX$$

季铵盐的复分解反应如果发生在醇中，则生成的 KX 不溶于醇而析出，复分解反应能够进行到底；若为其他能生成沉淀的碱，则也能反应到底。

$$\underset{\text{季铵盐}}{[R_4N]^+X^-}+KOH \xrightarrow{CH_3CH_2OH} \underset{\text{季铵碱}}{[R_4N]^+OH^-}+KX\downarrow$$

$$\underset{\text{季铵盐}}{[R_4N]^+X^-}+AgOH \xrightarrow{CH_3CH_2OH} \underset{\text{季铵碱}}{[R_4N]^+OH^-}+AgX\downarrow$$

（二）季铵碱的性质

1. 季铵碱的制备

制备季铵碱的反应通式如下：

$$\underset{\text{季铵盐}}{[R_4N]^+X^-}+KOH \xrightarrow{CH_3CH_2OH} \underset{\text{季铵碱}}{[R_4N]^+OH^-}+KX\downarrow$$

在上面化学反应方程式中，X=Cl、Br 等。

2. 季铵碱的物理性质

季铵碱是无色晶体，易溶于水，不溶于四氯化碳、苯等非极性有机溶剂。季铵碱是强碱，与氢氧化钠、氢氧化钾的碱性相当，易吸湿，并能吸收空气中的二氧化碳。

3. 季铵碱的化学性质

季铵碱受热易分解，分解产物因季铵碱结构的不同而不同。含 β-氢原子的季铵碱发生消去反应，生成烯烃和叔胺；不含β-氢原子的季铵碱发生消去反应，生成醇和叔胺。

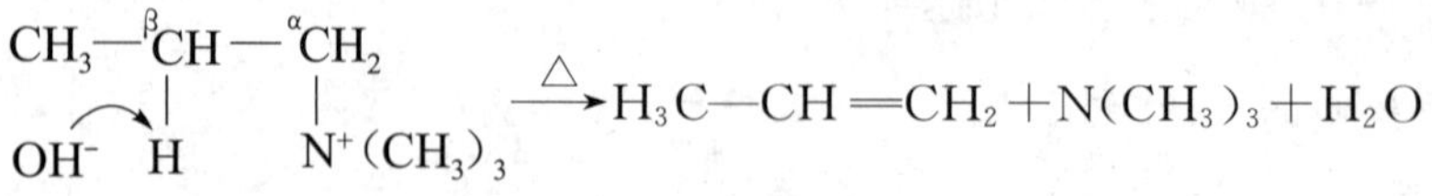

$$CH_3-\overset{\beta}{C}H(H)-\overset{\alpha}{C}H_2-N^+(CH_3)_3\ OH^- \xrightarrow{\triangle} H_3C-CH=CH_2+N(CH_3)_3+H_2O$$

氢氧化三甲基丙基胺（季铵碱）　　丙烯　　三甲胺（叔胺）

$$[(CH_3)_3N^+CH_3]OH^- \xrightarrow{\triangle} CH_3OH+(CH_3)_3N$$

氢氧化四甲基胺（季铵碱）　　甲醇　　三甲胺（叔胺）

（三）季铵盐和季铵碱的性质和用途

1. 季铵盐的相转移催化作用

在非均相反应中，能将反应物由一相转移到另一相进行均相反应的催化剂称为相转移催化剂（简称 PTC）。季铵盐无毒且价格便宜，是最常用的相转移催化剂。

季铵盐和季铵碱，尤其是含 16 个碳的季铵盐可产生较好的催化效果。例如，氯化四正丁基胺、氯化三乙基苄基胺等，长碳链一端具有亲油性，带正电荷一端具有亲水性，即在有机相和水相都有一定的溶解性，能够使很多负离子从一相（如水相）转移到另一相（如有机相）中，促使其反应发生。

下列反应用氯化四正丁基铵进行相转移催化时，产率大于 65%；不进行相转移催化时，产率小于 5%。

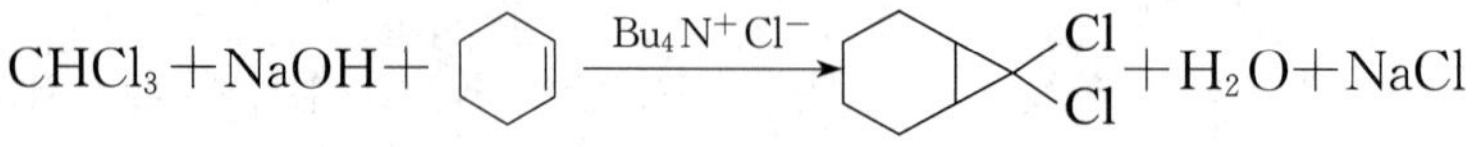

$$CHCl_3+NaOH+\text{环己烯} \xrightarrow{Bu_4N^+Cl^-} \text{7,7-二氯双环[4.1.0]庚烷}+H_2O+NaCl$$

2. 作阳离子表面活性剂

一般地，具有 12 个以上碳的季铵盐，常作阳离子表面活性剂，具有杀菌、柔软纤维织物等功能。季铵盐带正电荷一端，容易与带静电的纤维织物相吸，吸附后，另一端烃基在外，在外为排列有序的烃基，从而减小纤维织物与接触物的摩擦因数，对纤维织物有平滑作用和柔软作用，可以作柔软剂等。

3. 作杀菌消毒剂

季铵盐或季铵碱的特殊结构，一端带正电荷，一端是有序的长碳链，可以在细菌的细胞膜等半透膜上定向有序排列分布，阻碍细菌呼吸和营养物质的摄取，使细菌死亡。下面是常见的两种消毒剂。

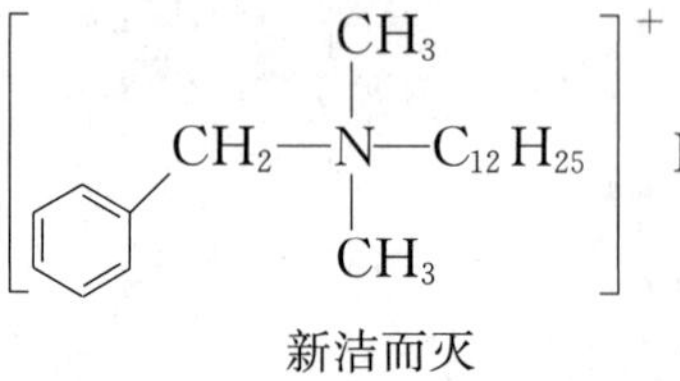

$$\left[C_6H_5-CH_2-N(CH_3)_2-C_{12}H_{25}\right]^+ Br^-$$

新洁而灭

$$\left[C_6H_5-O-CH_2-CH_2-N(CH_3)_2-C_{12}H_{25}\right]^+ Br^-$$

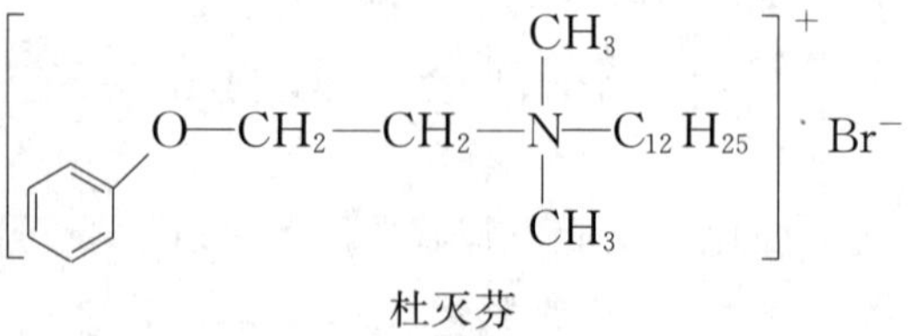

杜灭芬

4. 具生理活性

某些低碳链的季铵盐或季铵碱具有生理活性。例如，氯化胆碱能够促进碳水化合物和蛋白质的新陈代谢，可以作为治疗脂肪肝和肝硬化的药物。矮壮素能使植株变矮，杆茎变粗，叶片变绿，具有提高农作物耐旱、耐盐碱和抗倒伏能力等作用，是一种植物调节剂。乙酰胆碱对动物神经有调节保护作用。

三种物质的结构式如下：

$[(CH_3)_3NCH_2CH_2OH]^+Cl^-$　氯化胆碱

$[(CH_3)_3NCH_2CH_2Cl]^+Cl^-$　矮壮素

$[(CH_3)_3NCH_2CH_2OOCCH_3]^+OH^-$　乙酰胆碱

六、常用的胺

1. 苯胺

苯胺最早用靛蓝与硫酸作用生成，工业上主要采用两种方法生产苯胺：①由硝基苯经活性铜催化氢化制备，此法可进行连续生产，无污染。②由氯苯和氨在高温和氧化铜催化剂存在下反应得到。

$$C_6H_5NO_2 \xrightarrow[1.4\sim1.7MPa,\ 360\sim460^\circ C]{Al_2O_3\text{-}SiO_2,\ NH_3} C_6H_5NH_2$$

硝基苯　　　苯胺

$$C_6H_5Cl + 2NH_3 \xrightarrow[6\sim10MPa,\ 200^\circ C]{Cu_2O,\ NH_3} C_6H_5NH_2 + NH_4Cl$$

氯苯　　　苯胺

苯胺是氨基直接连接苯环上形成的，分子式为 $C_6H_5NH_2$，是最简单的一级芳香胺。无色或微黄色油状液体，有强烈气味，微溶于水，易溶于乙醇、乙醚等有机溶剂。熔点−6.3℃，沸点 184℃，相对密度 1.02173（20/4℃）。苯胺有毒，对血液和神经系统的毒性非常强烈，可经皮肤吸收或经呼吸道引起中毒。苯胺加热至 370℃分解，放置于空气或日光下逐渐变为棕色。

苯胺显碱性，易与酸反应生成盐。官能团氨基上的氢原子可以被烃基、酰基等取代，生成仲胺、叔胺、酰基苯胺等。苯胺进行取代反应，主要生成邻、对位取代产物。苯胺与亚硝酸反应生成重氮盐，由此盐可制成一系列苯的衍生物或偶氮化合物。苯胺是重要的化工原料，主要是染料、橡胶硫化促进剂和磺胺类药物的重要中间体，也是制造树脂和涂料的原料。

2. 三甲胺

鱼肉蛋白质腐败代谢的产物之一是三甲胺，三甲胺广泛存在于天然产物中。工业上，主要用甲醇和氨的混合物，通过加热的氧化铝来制备。

$$CH_3OH + NH_3 \xrightarrow[400^\circ C]{Al_2O_3} CH_3NH_2 \xrightarrow{CH_3OH} (CH_3)_2NH \xrightarrow{CH_3OH} (CH_3)_3N$$

甲醇　　氨　　　伯胺　　　仲胺　　　叔胺

固体氯化铵和三聚甲醛共热，可以制备三甲铵盐酸盐。

$$2NH_4Cl + 3HCHO \longrightarrow (CH_3)_3NH^+Cl^- + H_2O$$

氯化铵　　三聚甲醛　　　三甲胺盐酸盐

三甲胺分子式为 $(CH_3)_3N$，在常温下是气体，有类似于氨的臭味。其熔点

−117.1℃，沸点3℃，相对密度0.66（−5℃）。易溶于水，也易溶于乙醇、乙醚等有机溶剂。三甲胺碱性强，易燃，应当密闭在阴凉通风处储存，避免日光照射，不适宜放在易产生静电的装置中，需要防止激烈撞击和震动。三甲胺主要用于农药生产、表面活性剂的合成，也用作消毒剂。

3. 乙二胺

乙二胺用途很广，由1,2-二氯乙烷和氨反应制取，也可由1,2-二溴乙烷与氨反应制取。

$$ClCH_2CH_2Cl + NH_3 \xrightarrow{0.9\sim1MPa,\ 145\sim180℃} H_2NCH_2CH_2NH_2 + NH_4Cl$$

1,2-二氯乙烷　氨　乙二胺

$$BrCH_2CH_2Br + NH_3 \xrightarrow{0.9\sim1MPa,\ 145\sim180℃} H_2NCH_2CH_2NH_2 + NH_4Br$$

1,2-二溴乙烷　氨　乙二胺

乙二胺是最简单的二元胺，又称为1,2-二氨基乙烷，分子式为$H_2NCH_2CH_2NH_2$，有类似于氨的臭味。乙二胺是无色或微黄色黏稠状液体，熔点8.5℃，沸点116.5℃，相对密度0.8995（20/20℃）。易溶于水，易溶于乙醇，微溶于乙醚，有吸湿性，吸收二氧化碳会生成不挥发的碳酸盐，因此储存时需要隔绝空气。

乙二胺是重要的化工原料和试剂，广泛用于制造药物、乳化剂、农药、离子交换树脂等，也是黏合剂环氧树脂的固化剂，以及酪蛋白、白蛋白和虫胶等的良好溶剂。乙二胺有腐蚀性，能刺激皮肤和黏膜引起过敏，高浓度蒸气可引起气喘，严重时可导致致命性中毒。乙二胺为强碱，遇酸易反应生成盐，溶于水时生成水合物。乙二胺可与许多无机盐形成络合物。乙二胺与氯乙酸在碱性条件下，可以缩合生成乙二胺四乙酸钠，酸化后得到的乙二胺四乙酸，简称EDTA，它是分析上最重要的金属配位剂。

$$H_2NCH_2CH_2NH_2 + 4ClCH_2COOH + 4NaOH \longrightarrow$$

乙二胺　氯乙酸

$$(NaOOCH_2C)_2NCH_2CH_2N(CH_2COONa)_2 + 4H_2O + 4NaCl$$

乙二胺四乙酸钠

$$(NaOOCH_2C)_2NCH_2CH_2N(CH_2COONa)_2 + 4HCl \longrightarrow$$

乙二胺四乙酸钠

$$(HOOCH_2C)_2NCH_2CH_2N(CH_2COOH)_2 + 4NaCl$$

乙二胺四乙酸

4. 己二胺

己二胺是最重要的二元胺，工业上主要采用三种方法生产己二胺：①由己二酸与氨反应生成铵盐，加热失水变成己二腈，再催化氢化就会得到己二胺。②由1,3-丁二烯与氯气进行1,4加成，生成1,4-二氯-2-丁烯，加氰化钠反应，再催化氢化就会得到己二胺。③由丙烯腈电解，在阴极产生己二腈，再催化氢化就会得到己二胺。

$$\underset{\text{己二酸}}{HOOC(CH_2)_4COOH}+\underset{\text{氨}}{NH_3} \longrightarrow \underset{\text{己二酸铵}}{H_4NOOC(CH_2)_4COONH_4}$$

$$\underset{\text{己二酸铵}}{H_4NOOC(CH_2)_4COONH_4} \xrightarrow{-H_2O} \underset{\text{己二腈}}{N{\equiv}C(CH_2)_4C{\equiv}N}$$

$$\underset{\text{己二腈}}{N{\equiv}C(CH_2)_4C{\equiv}N} \xrightarrow{Ni,\ H_2} \underset{\text{己二胺}}{H_2NH_2C(CH_2)_4CH_2NH_2}$$

$$\underset{\text{丙烯腈}}{2CH_2{=}CH{-}CN} \underset{\text{电解}}{\longrightarrow} \underset{\text{己二腈}}{N{\equiv}C(CH_2)_4C{\equiv}N}$$

己二胺又称1,6-二氨基己烷，结构式为 $H_2N{-}H_2C(CH_2)_4CH_2{-}NH_2$，白色片状结晶体，有氨臭，可燃，微溶于水，难溶于乙醇、乙醚和苯，熔点42℃，沸点204℃，相对密度0.883（30/4℃）。己二胺毒性大，能引起神经系统、血管张力和造血功能的改变。有吸湿性，在空气中易吸收水分和二氧化碳，储存时应装入密封的马口铁桶内，放置于阴凉通风处，避光、避热、隔绝空气。己二胺是合成聚酰胺高分子材料的重要单体，主要用于生产聚酰胺，如尼龙66、尼龙610等；也用于合成二异氰酸酯，以及用作脲醛树脂、环氧树脂等的固化剂、有机交联剂等；还可用作聚氨酯泡沫塑料的原料及环氧树脂固化剂。

第三节　腈

腈可以看作是氢氰酸分子（HCN）中的氢原子被烃基取代形成的化合物，或者看作是烃分子（R—H）中的氢原子被氰基取代形成的化合物，通式为 $R{-}C{\equiv}N$ 。腈由官能团氰基和烃基两部分构成，官能团决定腈的性质。

最简单的腈是乙腈，它能与水互溶，丙腈在水中的溶解度也很大，高级的腈一般只微溶于水。低级腈多是无色液体，C_{14}以上的腈则多为结晶状的固体。腈的沸点一般略高于相应的脂肪酸。腈有芳香气味，一般都很稳定。一些高级腈存在于植物精油中。例如，苯乙腈存在于独行菜油、苦橙油、铃兰花油中，苯丙腈存在于水田芥中，乙烯基乙腈也存在于多种植物中。

一、腈的水解

腈有官能团氰基，氰基中有两个π键，可以在酸或碱性溶液中水解成羧酸或酰胺。腈可与格氏试剂加成、水解生成酮，还原成一级胺等。

（一）脂肪族腈的水解

脂肪族腈在酸性或碱性溶液中水解，可以生成相应的羧酸或酰胺。

$$R—C\equiv N + H_2O \xrightarrow{H^+} R—COOH + NH_4^+$$
腈　　　　羧酸

$$R—C\equiv N + H_2O \xrightarrow{OH^-} R—COO^- + NH_3$$
腈　　　　羧酸根

$$R—C\equiv N + H_2O \xrightarrow{H^+或OH^-} R—CONH_2$$
腈　　　　酰胺

$$R—CONH_2 + H_2O \xrightarrow{H^+或OH^-} R—COONH_4$$
酰胺　　　　羧酸铵

（二）芳香族腈的水解

芳香族腈在酸性或碱性溶液中水解，可以生成相应的酰胺或羧酸。

$$C_6H_5CH_2CN + H_2O \xrightarrow{H^+或OH^-} C_6H_5CH_2CONH_2$$
苯乙腈　　　　苯乙酰胺

$$C_6H_5CH_2CONH_2 + H_2O \xrightarrow{H^+或OH^-} C_6H_5CH_2COONH_4$$
苯乙酰胺　　　　苯乙酸铵

工业上，用苯乙腈酸化水解，制备苯乙酸。

$$C_6H_5CH_2CN + H_2O + H_2SO_4 \xrightarrow{130℃} C_6H_5CH_2COOH + NH_4HSO_4$$
苯乙腈　　　　苯乙酸

$$C_6H_5CH_2CN + H_2O + KOH \longrightarrow C_6H_5CH_2COOK + NH_3$$
苯乙腈　　　　苯乙酸钾

$$C_6H_5CH_2COOK + HCl \longrightarrow C_6H_5CH_2COOH + KCl$$
苯乙酸钾　　　　苯乙酸

二、腈的还原

腈可以被强还原剂加成还原，生成胺。

腈还原的通式如下：

$$R—C\equiv N + H_2 \xrightarrow{Ni或Pd} R—CH_2NH_2$$
腈　　　　伯胺

$$CH_3CH_2C\equiv N + H_2 \xrightarrow{Ni} CH_3CH_2CH=NH$$

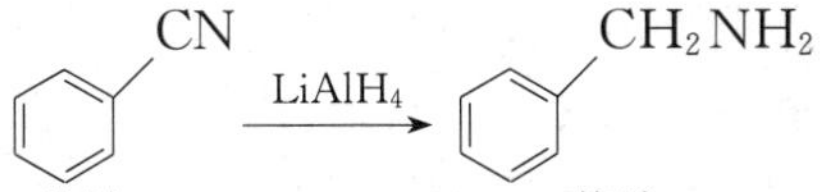

$$\text{C}_6\text{H}_5\text{CN} \xrightarrow{\text{LiAlH}_4} \text{C}_6\text{H}_5\text{CH}_2\text{NH}_2$$

苯腈　　　　苄胺

$$\text{NCCH}_2\text{CH}_2\text{CN} \xrightarrow{\text{LiAlH}_4} \text{H}_2\text{NH}_2\text{CCH}_2\text{CH}_2\text{CH}_2\text{NH}_2$$

乙二腈　　　　1,4-丁二胺

腈是重要的化工原料和合成中间体。例如，己二腈是制备尼龙 66 的原料，己二腈氢化还原生成己二胺，水解生成己二酸，再经缩聚反应得到尼龙 66。丙烯腈则是生产聚丙烯腈的单体，它与其他单体共聚合，可用于生产合成橡胶和工程塑料。生产丙烯腈的副产物乙腈是很好的有机溶剂。有些高级腈可以用作香料，如十一腈有核桃香味，十二腈有柑橘和葡萄香味，十四腈有持久的柑橘香味。腈有毒，但毒性一般比氢氰酸低，有一些低级腈和不饱和腈毒性较大，如丙腈和丁腈的毒性与氢氰酸相近。多氰基化合物的毒性往往更大些，而高级的腈一般是低毒或无毒的。

【练习】

以乙醇或正丙醇为原料合成下列化合物：

(1) $CH_3CH_2CH_2Cl$，$CH_3CH_2CH_2CN$，$CH_3CH_2CH_2COOH$

(2) CH_3CONH_2，CH_3COONH_4

第四节　重氮和偶氮化合物

重氮化合物含有官能团“—N ═N—”，官能团的两端都直接连着烃基。

偶氮化合物的官能团是偶氮基，如果两端连接的烃基 R 相同，命名为“偶氮 R”，如果两端连接的烃基不相同，分别是 R 和 R′，命名是“R 偶氮 R′”。例如

N═N　　　　HO　N═N　OH

偶氮苯 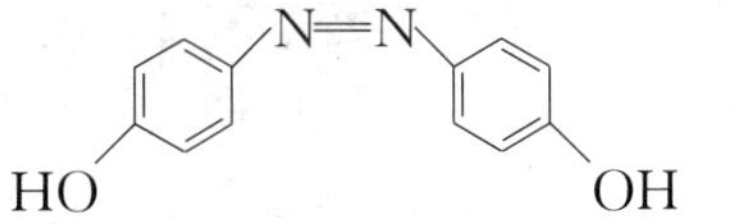　　　　偶氮对羟基苯

N═N　CH_3　　　　N═N

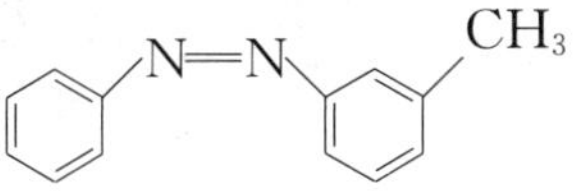

苯偶氮间甲苯 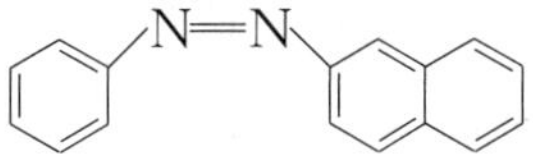　　　　苯偶氮萘

$CH_3—N═N—CH_3$　　　　$CH_3—N═N—CH_2CH_3$　　　　$N═N—CH_3$

偶氮甲烷　　　　甲偶氮乙烷　　　　甲偶氮苯

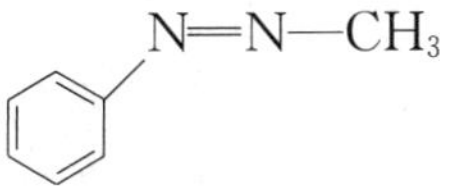

重氮化合物也含有官能团“—N ═N—”，与偶氮化合物不同的是，官能团—N_2—的一端直接连着烃基，另一端直接连着其他原子（非碳原子、—CN 除外）或原子团。

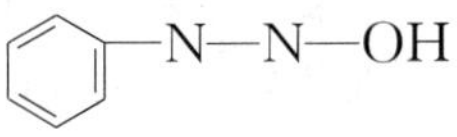

N—N—OH　　　　N—N—NH　　　　N═N—CN

氢氧化重氮苯 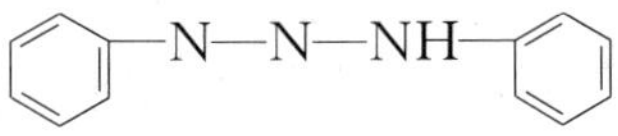　　　　苯氨基重氮苯 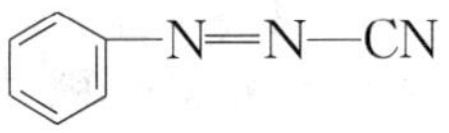　　　　氰化重氮苯

脂肪族重氮化合物的大多数都符合通式 $RCH{=}N{\equiv}N$。

$CH_2{=}N{\equiv}N$	$CH_3CH_2CH_2CH{=}N{\equiv}N$	$CH_3CH_2OCOCH{=}N{\equiv}N$
重氮甲烷	重氮丁烷	重氮醋酸乙酯
$CH_3CH{=}N{\equiv}N$	$CH{\equiv}C{-}CH_2CH{=}N{\equiv}N$	$CH_2{=}CHCH{=}N{\equiv}N$
重氮乙烷	重氮-3-丁炔	重氮-2-丙烯

一、重氮盐的制法

伯胺与亚硝酸反应，生成重氮化合物，该反应称为重氮化反应。伯胺的氨基官能团上，有 2 个氢，能与亚硝酸反应，其他胺都不能发生该类反应。重氮化反应生成极不稳定的重氮盐，所以，重氮化反应需要在低温条件下，低于 5℃才能得到高产率的重氮盐。由于亚硝酸不稳定，很难保存，一般用亚硝酸盐和酸（盐酸或硫酸）代替亚硝酸。

重氮化反应的通式如下：

$$RNH_2 + HCl + NaNO_2 \xrightarrow{0\sim5℃} RN_2^+Cl^- + H_2O + NaCl$$

伯胺　　　　重氮化合物（不稳定，易分解）

$$CH_3CH_2CH_2NH_2 + HCl + NaNO_2 \xrightarrow{0\sim5℃} CH_3CH_2CH_2N_2^+Cl^- + H_2O + NaCl$$

丙胺　　　　氯化重氮丙烷（不稳定，易分解）

芳香重氮盐也不稳定，但因为氮和苯环形成共轭体系，氮难断裂下来，所以，其稳定性比脂肪胺的重氮盐稳定性好。例如，温度低于 5℃时，芳香重氮盐可以存在。

$$C_6H_5NH_2 + HCl + NaNO_2 \xrightarrow{<5℃} C_6H_5N_2^+Cl^- + H_2O + NaCl$$

苯胺　　　　氯化重氮苯

制备重氮盐时，先将伯胺溶于过量的盐酸或硫酸，在冷却时逐渐加入亚硝酸钠或亚硝酸钾溶液。过量的酸可以增加重氮盐的稳定性，还能避免生成的重氮盐与未反应的伯胺发生偶合反应。亚硝酸盐不宜太过量，否则生成太多的亚硝酸能促进重氮盐分解。淀粉碘化钾试纸可以鉴定亚硝酸盐和亚硝酸是否过量，试纸变蓝，说明过量，氧化出碘单质。过量的亚硝酸可以用尿素除去。

二、重氮盐的性质

（一）重氮盐的物理性质

重氮盐具有盐的性质，很多无机重氮盐是无色晶体，可以溶于水，不溶于有机溶剂。在溶液中，重氮盐能够电离出正离子 RN_2^+ 和负离子 X^-，能够导电。重氮盐一般极不稳定，受热或震动，容易发生爆炸。

（二）重氮盐的化学性质

重氮盐的化学性质非常活泼，可以发生很多化学反应，归纳起来包括两类：①放出氮的反应——重氮基被其他原子或原子团取代的反应；②保留氮的反应——重氮基保留在分子中，发生还原反应或偶合反应。

1. 放出氮的反应

1）被氢取代

重氮盐与乙醇、次磷酸等反应，重氮基被氢原子取代，生成烃。

$$C_6H_5N_2^+HSO_4^- + CH_3CH_2OH \xrightarrow{\triangle} C_6H_6 + CH_3CHO + N_2\uparrow + H_2SO_4$$

硫酸氢重氮苯

用次磷酸 H_3PO_2 比用乙醇的产率高，现在次磷酸法被越来越多的采用。

$$C_6H_5N_2^+HSO_4^- + H_3PO_2 + H_2O \xrightarrow{130℃} C_6H_6 + H_3PO_3 + N_2\uparrow + H_2SO_4$$

硫酸氢重氮苯

重氮盐被氢原子取代的反应，在有机合成上，用于某些不易或不能用常规方法制备的烃的制备。

例如，用甲苯合成间硝基甲苯的过程如下：

$$C_6H_5CH_3 \xrightarrow{HNO_3,\ H_2SO_4} p\text{-}O_2NC_6H_4CH_3 \xrightarrow{Ni,\ H_2} p\text{-}H_2NC_6H_4CH_3$$

$$\xrightarrow{(CH_3CO)_2O} p\text{-}CH_3COHNC_6H_4CH_3 \xrightarrow{HNO_3,\ H_2SO_4} \text{(2-}NO_2\text{-4-}CH_3)C_6H_3NHCOCH_3$$

$$\xrightarrow[H^+]{H_2O} \text{(2-}NO_2\text{-4-}CH_3)C_6H_3NH_2 \xrightarrow[NaNO_2]{HCl} \text{(2-}NO_2\text{-4-}CH_3)C_6H_3N_2^+Cl \xrightarrow[H_2O]{H_3PO_2} m\text{-}O_2NC_6H_4CH_3$$

2）被羟基取代

重氮盐与水等反应时，重氮基被羟基取代，生成醇或酚。例如

$$C_6H_5N_2^+HSO_4^- + H_2O \xrightarrow[\triangle]{H^+} C_6H_5OH + N_2\uparrow + H_2SO_4$$

硫酸氢重氮苯

$$m\text{-}BrC_6H_4NH_2 \xrightarrow{NaNO_2,\ H_2SO_4} m\text{-}BrC_6H_4N_2^+HSO_4^- + H_2O + Na_2SO_4$$

间溴苯胺　　硫酸氢重氮间溴苯

$$m\text{-}BrC_6H_4N_2^+HSO_4^- + H_2O \xrightarrow[\triangle]{H^+} m\text{-}BrC_6H_4OH + N_2\uparrow + H_2SO_4$$

硫酸氢重氮间溴苯　　间溴苯酚

重氮盐被羟基取代的反应，在有机合成上，用于某些不易或不能用常规方法制备的

醇酚的制备。

用苯合成间硝基苯酚：

$$C_6H_6 \xrightarrow{HNO_3,\ H_2SO_4} C_6H_5NO_2 \xrightarrow{HNO_3,\ H_2SO_4} m\text{-}C_6H_4(NO_2)_2 \xrightarrow[CH_3CH_2OH]{HN_4HS}$$

$$m\text{-}NO_2C_6H_4NH_2 \xrightarrow[H_2SO_4]{NaNO_2} m\text{-}NO_2C_6H_4N_2^+HSO_4^- \xrightarrow[60℃]{H_2O,\ H^+} m\text{-}NO_2C_6H_4OH$$

3）被卤素取代

重氮基可被氯原子、溴原子、碘原子取代，生成卤代物。重氮盐与碘化钾的水溶液共热，重氮基可以被碘原子取代，生成碘代物；重氮盐与氯化亚铜和浓盐酸的溶液共热，重氮基可以被氯原子取代，生成氯代物；重氮盐与溴化亚铜和氢溴酸的浓溶液共热，重氮基可以被溴原子取代，生成溴代物。

$$C_6H_5N_2^+Cl^- + KI \xrightarrow{\triangle} C_6H_5I + KCl + N_2\uparrow$$

氯化重氮苯　　　　碘苯

$$C_6H_5N_2^+Cl^- \xrightarrow[\triangle]{CuCl,\ HCl} C_6H_5Cl + N_2\uparrow$$

氯化重氮苯　　　　氯苯

$$C_6H_5N_2^+Cl^- \xrightarrow[\triangle]{CuBr,\ HBr} C_6H_5Br + N_2\uparrow$$

氯化重氮苯　　　　溴苯

$$m\text{-}H_2NC_6H_4NO_2 \xrightarrow[<5℃]{NaNO_2,\ H_2SO_4} m\text{-}HSO_4^-N_2^+C_6H_4NO_2 \xrightarrow[\triangle]{KI} m\text{-}IC_6H_4NO_2$$

用重氮盐进行卤素取代，制备的卤代芳烃，产物较纯。需要注意的是，该类反应的催化剂亚铜盐，必须是新制备的，因为这时的活性较高。在有机合成上，用于制备某些不易制备或不能直接卤化制备的卤代物。

用苯合成间二氯苯：

$$C_6H_6 \xrightarrow{HNO_3,\ H_2SO_4} O_2NC_6H_5 \xrightarrow{HNO_3,\ H_2SO_4} m\text{-}O_2NC_6H_4NO_2$$

$$\xrightarrow{Ni,\ H_2} m\text{-}H_2NC_6H_4NH_2 \xrightarrow[H_2SO_4]{NaNO_2} m\text{-}HSO_4^-N_2^+C_6H_4N_2^+HSO_4^- \xrightarrow[\triangle]{CuCl,\ HCl} m\text{-}ClC_6H_4Cl$$

4）被氰基取代

重氮基可被氰基取代，生成腈。重氮盐与氰化亚铜和氰化钾的水溶液共热，或者与铜粉和氰化钾的水溶液共热，重氮基可以被氰基取代，生成腈。

$$C_6H_5N_2^+Cl^- \xrightarrow[\triangle]{CuCN，KCN} C_6H_5CN + N_2\uparrow$$

氯化重氮苯　　苯腈

$$C_6H_5N_2^+HSO_4^- \xrightarrow[\triangle]{CuCN，KCN} C_6H_5CN + N_2\uparrow$$

硫酸氢重氮苯　　苯腈

在适宜条件下，腈可以被水解、还原，能制备很多物质，如羧酸、酰胺、醛、醇、胺等。所以，重氮基被氰基取代的制腈反应，用途很广。

$$C_6H_5CN + H_2O \xrightarrow{H^+或OH^-} C_6H_5CONH_2$$

苯腈　　苯甲酰胺

在苯环上引入羧基：

$$\text{4-}CH_3\text{-3-}Br\text{-}C_6H_3NH_2 \xrightarrow[H_2SO_4]{NaNO_2} \text{4-}CH_3\text{-3-}Br\text{-}C_6H_3N_2^+HSO_4^- \xrightarrow[\triangle]{CuCN，KCN} \text{4-}CH_3\text{-3-}Br\text{-}C_6H_3CN \xrightarrow[H_2O]{H^+或OH^-} \text{4-}CH_3\text{-3-}Br\text{-}C_6H_3CONH_2 \xrightarrow[H_2O]{H^+或OH^-} \text{4-}CH_3\text{-3-}Br\text{-}C_6H_3COONH_4$$

2. 保留氮的反应

保留氮的反应，是重氮盐在反应后，重氮基上的 2 个氮原子仍然保留在反应产物的分子中。

1）偶合反应

在适宜条件下，重氮盐与酚或芳胺反应，能生成有颜色的偶氮化合物，这个反应称为偶合反应。重氮盐称为重氮组分，与重氮盐偶合的酚或芳胺等称为偶合组分。

$$C_6H_5N_2^+HSO_4^- + C_6H_5OH \xrightarrow{NaOH，H_2O} C_6H_5N{=}N\text{-}C_6H_4\text{-}OH(p)$$

硫酸氢重氮苯　　苯酚　　对羟基偶氮苯（橘红色）

$$C_6H_5N_2^+Cl^- + C_6H_5N(CH_3)_2 \xrightarrow[CH_3COONa]{H_2O} C_6H_5N{=}N\text{-}C_6H_4\text{-}N(CH_3)_2(p)$$

氯化重氮苯　　二甲苯胺　　对二甲氨基偶氮苯（黄色）

偶氮反应发生在弱酸性、中性或碱溶液中，主要发生在羟基的对位，若羟基的对位被占，则主要发生在邻位。

$$C_6H_5N_2^+Cl^- + p\text{-}CH_3C_6H_4OH \xrightarrow{NaOH} C_6H_5N{=}N\text{-}C_6H_3(OH)(CH_3)$$

氯化重氮苯　　对甲苯酚　　间甲邻羟基偶氮苯

伯胺和仲胺在弱酸性或中性溶液中，重氮盐的阳离子会进攻氨基上的氮原子，生成偶氮氨基化合物。所以，伯胺和仲胺的偶氮反应，需要在强酸中进行。

$$C_6H_5N_2^+ + C_6H_5NH_2 \xrightarrow[CH_3COOH]{CH_3COONa} C_6H_5N{=}N{-}NH{-}C_6H_5 + H^+$$

重氮苯阳离子　　苯胺　　偶氮氨基苯

$$C_6H_5N_2^+ + C_6H_5NHCH_3 \xrightarrow[CH_3COOH]{CH_3COONa} C_6H_5N{=}N{-}N(CH_3){-}C_6H_5 + H^+$$

重氮苯阳离子　　甲苯胺　　N-甲基偶氮氨基苯

偶氮化合物通常具有颜色，很多可以作为染料。因为偶氮化合物分子中含有偶氮基，所以称为偶氮染料。偶氮染料品种多、用途广。

2）还原反应

在适宜条件下，重氮盐可以被锡、氯化亚锡和盐酸，以及锌和乙酸、亚硫酸钠、亚硫酸氢钠等还原，生成苯肼。

方法一：

$$C_6H_5N_2^+HSO_4^- + HCl + Sn \longrightarrow C_6H_5NHNH_2\,HCl + SnCl_4$$

硫酸氢重氮苯　　苯肼盐酸盐

$$C_6H_5NHNH_2\,HCl + NaOH \longrightarrow C_6H_5NHNH_2 + H_2O + NaCl$$

苯肼盐酸盐　　苯肼

苯肼是无色液体，沸点 243℃，熔点 19.8℃，在空气中很容易被氧化，逐渐变成深黑色。苯肼有毒。苯肼是有机合成的原料，可以和羰基反应，经常用于鉴别醛和酮。

【练习】

由指定的原料合成下列化合物：

(1) $C_6H_5COOH \longrightarrow$ 2,4,6-三溴苯甲酸（COOH，Br，Br，Br）

(2) $C_6H_5CH_3 \longrightarrow$ 3,5-二溴甲苯（CH$_3$，Br，Br）

三、偶氮化合物

偶氮化合物含有官能团“—N═N—”，官能团的两端都直接连着烃基。偶氮化合物的通式为 R—N═N—R′，因为存在双键，偶氮化合物有顺、反异构体。反式异构体比顺式异构体稳定，两种异构体在光照或加热条件下可相互转换。因为官能团偶氮基（—N═N—）是一个发色集团，所以很多偶氮化合物都有颜色。在偶氮化合物分子中，如果有助色基—NH_2、—OH、—OCH_3 等，有生色基—NO_2、—NO、—C═O 等，则颜色更深。目前，使用的偶氮染料品种最多，占合成染料的 60%以上，广泛应用于棉、毛、丝等织品的染色，塑料、印刷、皮革、食品等的着色；也可作为酸碱指示剂，如甲基红；聚合反应的引发剂，如偶氮二异丁腈等。

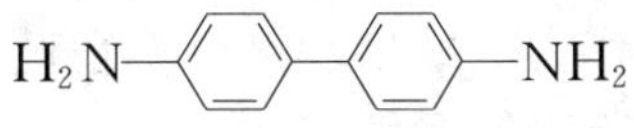

无色 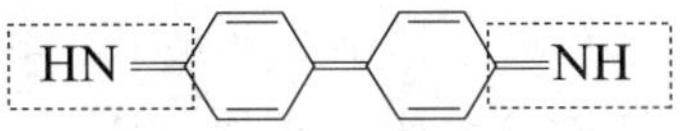　　蓝色（增加共轭体系）

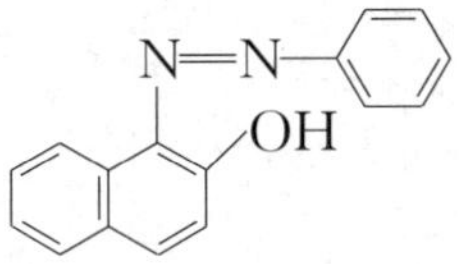

苏丹红（红色） 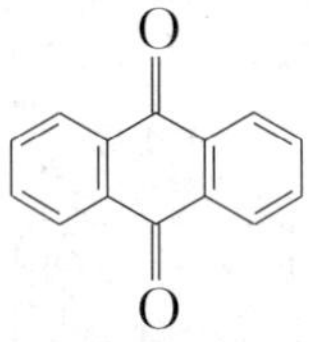　　浅黄色 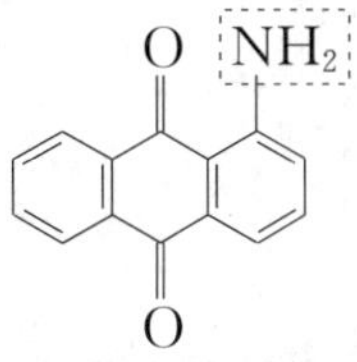　　红色（增加助色基）

需要特别注意的是，很多偶氮化合物都有致癌作用，如给人造奶油着色的奶油黄能诱发肝癌，现已禁用；作为指示剂的甲基红可引起膀胱和乳腺肿瘤；苏丹红Ⅰ号、Ⅱ号、Ⅲ号、Ⅳ号，都对人体的肝肾器官具有明显的毒性作用，有致突变性，能致癌。有些偶氮化合物虽不致癌，但毒性与硝基化合物和芳香胺相近。

（一）偶氮化合物离子化对颜色的影响

有些偶氮化合物能吸附或者解吸 H^+ 等离子，从而改变物质的颜色。

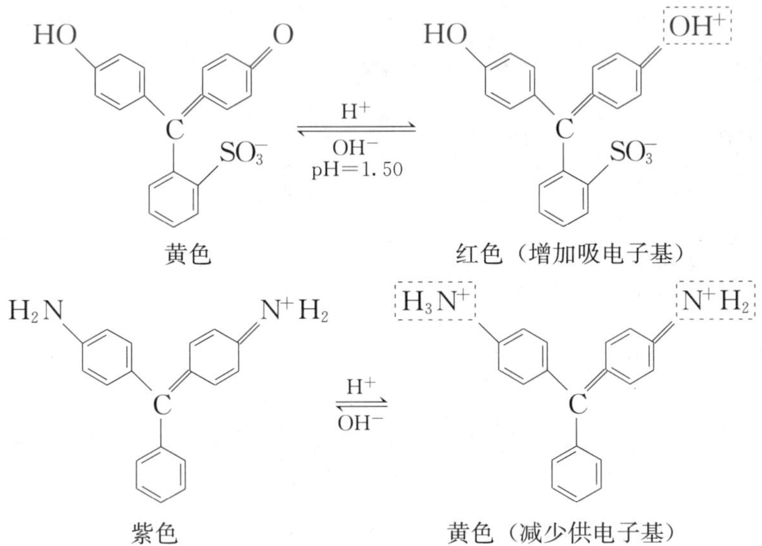

黄色　　红色（增加吸电子基）

紫色　　黄色（减少供电子基）

（二）偶氮化合物的颜色

1. 甲基橙

甲基橙的结构式：

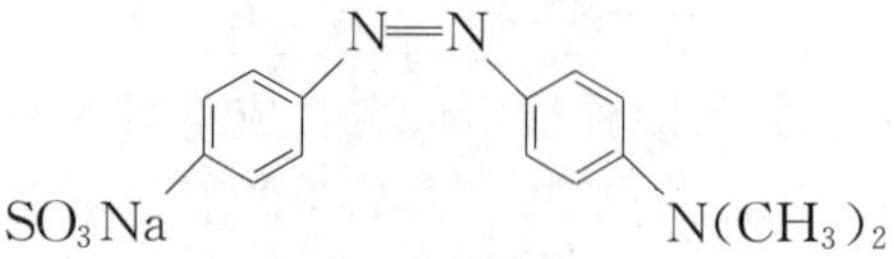

SO_3Na $N(CH_3)_2$

对二甲氨偶氮苯磺酸钠（甲基橙）

甲基橙的颜色易变，不能作为染料，可以作为酸碱指示剂，变色范围是 3.1～4.4。在酸碱溶液中，结构发生如下变化，从而显示不同的颜色。

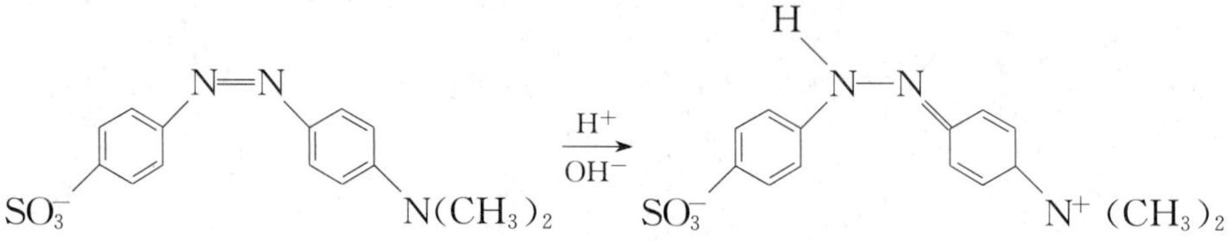

SO_3^- $N(CH_3)_2$ $\xrightarrow[OH^-]{H^+}$ SO_3^- $N^+(CH_3)_2$

黄色（偶氮式）　　　　红色（醌式）

2. 苏丹红

“苏丹”是一类能溶于醇和酯的染料的一个商品牌号，共有 60 余个品种，国内外均有大量生产，色泽包括黄、橙、红、蓝、紫、绿、棕、黑等。由于能用于溶剂着色，故《染料索引》中把它归类于溶剂染料，主要是用于石油、机油和其他的一些工业溶剂中，使其增色，也用于鞋、地板等的增光，国内称为油溶性染料。苏丹红Ⅰ号、Ⅱ号、Ⅲ号和Ⅳ号均属偶氮类染料，且苏丹Ⅱ号、Ⅲ号和Ⅳ号为苏丹Ⅰ号的衍生物，都含有 2-萘酚-1-偶氮苯结构。

苏丹红Ⅰ号、Ⅱ号、Ⅲ号和Ⅳ号的结构如下：

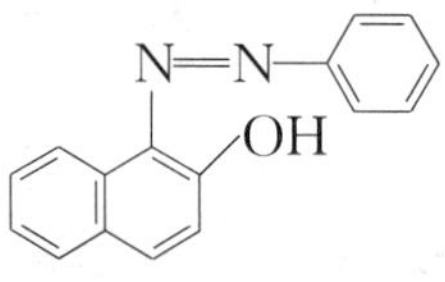

苏丹红Ⅰ号（1-苯基偶氮-2-萘酚）

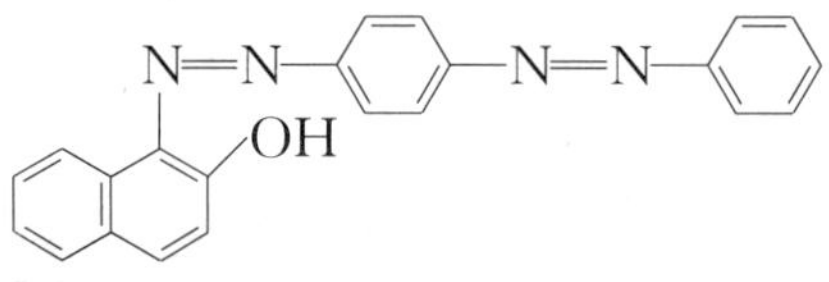

苏丹红Ⅲ号（1-[4-(苯基偶氮)苯基]偶氮-2-萘酚）

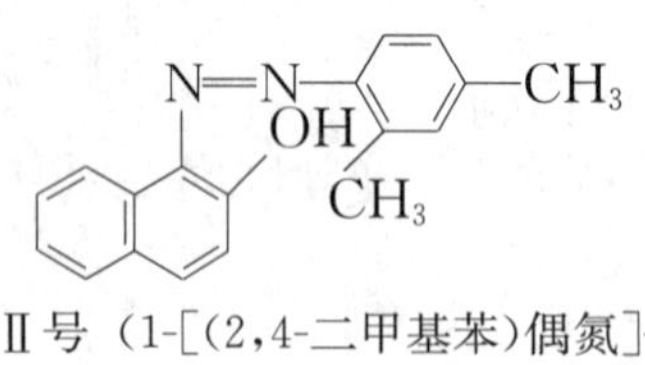

苏丹红Ⅱ号（1-[(2,4-二甲基苯)偶氮]-2-萘酚，俗称孔雀石绿）

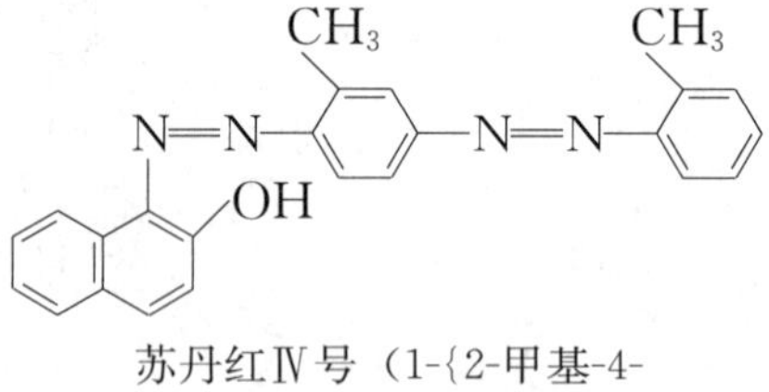

苏丹红Ⅳ号（1-{2-甲基-4-[(2-甲基)苯偶氮]苯基}偶氮-2-萘酚）

苏丹红是暗红色或深黄色片状晶体，微溶于水，易溶于脂，熔点 404～406K（131～133℃），475K（202℃）升华。苏丹红Ⅱ号俗称孔雀石绿，是带有金属光泽的绿色晶体，又名碱性绿、严基块绿、孔雀绿，易溶于水，溶液呈蓝绿色，溶于甲醇、乙醇和戊醇等。苏丹红非天然，系人工合成的工业染料，不是食品添加剂，1995 年欧盟（EU）等国家已禁止将苏丹红当色素添加到食品中，我国也明文禁止。但因苏丹红染色鲜艳，印度等一些国家允许在加工辣椒粉中添加；另外，有一些不法商贩在辣椒粉、香肠、泡面、熟肉、馅饼、辣椒粉、调味酱等产品中违法使用。另外需要注意的是，孔雀石绿在鱼体内残留时间长，具有高毒素、高残留和致癌、致畸、致突变等作用，但长期以来，渔民都沿袭使用，用于预防鱼的水霉病、鳃霉病、小瓜虫病等。

2005 年，人们在辣椒粉、酸辣酱、开胃小菜和调味品等 150 多种产品中，发现了苏丹红Ⅰ号。很多地方在水产品养殖和运输时，普遍使用“孔雀石绿”对车厢、鱼池进行消毒，防止鱼类在运输时鱼鳞脱落。苏丹红Ⅲ号，是溶剂红 23，国际香精香料染料索引号为 CI26100，是一种着色剂，用于化妆品中。红心鸭蛋含有苏丹红Ⅳ号。苏丹红是化工染色剂，不是食用色素，大剂量的摄入，会在体内长期累积致癌。

双　氰　胺

据报道，新西兰牛奶及奶制品曾被检测出含有低含量的有毒物质双氰胺。双氰胺属于氰胺类，是一种重要的化工产品中间体，是生产医药、塑料、化工助剂、涂料等的重要原料。因为双氰胺含有氰基，也含有氨基，具有特有的化学性能，其用途日趋广泛化。新西兰农民普遍会在牧场使用双氰胺，目的是防止硝酸盐等对人体有害的肥料副产品流入河流或湖泊，另外也作为氮肥的增效剂、农药上的杀虫剂。其结构式如下：

$$(H_2N)_2C{=}N{-}C{\equiv}N$$

双氰胺

双氰胺还是三聚氰胺的生产原料，有毒，不能用作食品添加剂。报道称，目前国际上没有相关标准规定食物产品中可接受的双氰胺含量，但高剂量一定会对人体有害，所以，要防止化工产品、中间体或残留物进入食品。

本章小结

含氮化合物是由氮与碳相连形成的化合物。

（1）硝基化合物。硝基化合物分子中含有官能团硝基，硝基使化合物的 α-H 显酸性，硝基化合物能被还原成胺。芳香族硝基化合物是硝基直接连在芳环上，硝基是第二类定位基，使苯环钝化，亲电取代反应难度增大，反应主要发生在间位。硝基增大了芳环上羟基、羧基等给出氢离子的能力，增大了芳环上卤原子的活性，芳香族硝基化合物能被还原成胺。

（2）胺。胺分子中含有官能团氨基，氨基能接受氢离子，使胺显碱性，与酸反应能够成盐。芳胺的氨基直接连在芳环上，氨基是第一类定位基，使苯环活化，使亲电取代反应更加容易进行，反应主要发生在邻、对位。胺可以发生卤化、烷基化、酰基化、磺酰化、氧化等，还能与亚硝酸反应，该反应能鉴别伯胺、仲胺、叔胺。

（3）腈。腈分子中含有官能团氰基，氰基有两个 π 键，能够打开进行加成。腈能水解，反应生成酰胺、羧酸等，腈能被还原生成胺。

（4）重氮和偶氮化合物。重氮和偶氮化合物分子中含有官能团—N＝N—，重氮盐的重氮基可以被氢、羟基、卤素、氰基取代，生成烃、醇、酚、卤代烃、腈等及其衍生物。重氮盐能被强还原剂还原，生成肼的衍生物。重氮盐还能发生偶合反应，生成有颜色的偶氮化合物。

习题

1. 命名下列化合物：

（1）$CH_3—C(CH_3)_2—CH(NO_2)—CH(NO_2)—CH_3$　　（2）$CH_3—C(CH_3)(NH_2)—CH_2—CH_2—CH_2—CH_3$

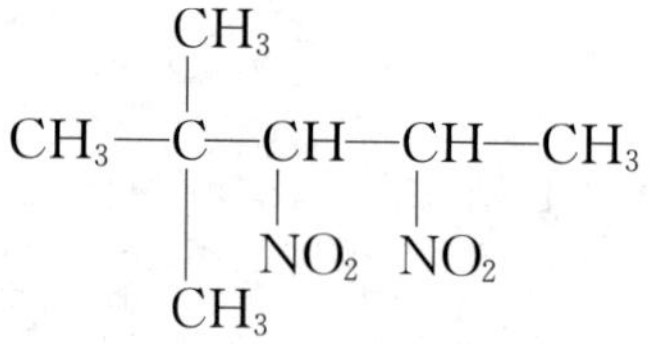

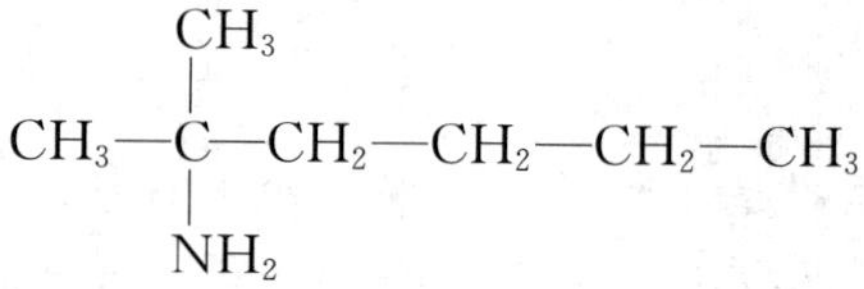

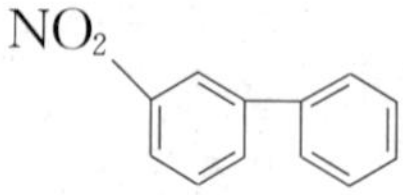

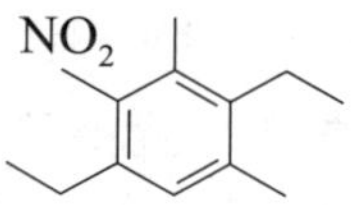

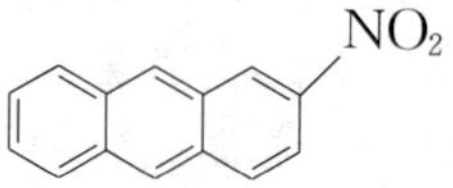

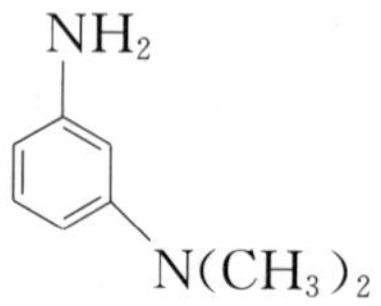

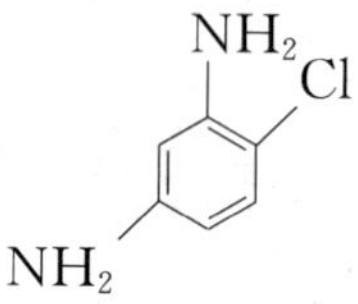

（3）NO_2　（4）NO_2　（5）NO_2

（6）NH_2　$N(CH_3)_2$　（7）NH_2　Cl　NH_2　（8）NH_2

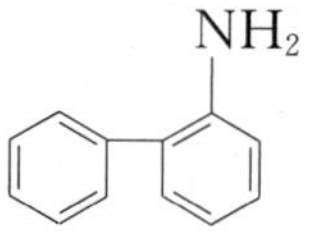

2. 写出下列化合物的构造式：

（1）2-甲基-4-硝基-5-氯苯甲酸　　（2）2,4,6-三硝基甲苯（TNT）

（3）2,4,6-三硝基苯酚（苦味酸）　　（4）二硝酸乙二酯

（5）联苯胺　　（6）间硝基苯甲酸

（7）碘化四甲基铵　　（8）对甲基苄胺

（9）*N*-甲基苯胺　　（10）三丁基胺

3. 按碱性强弱排列下列胺（水溶液条件）：

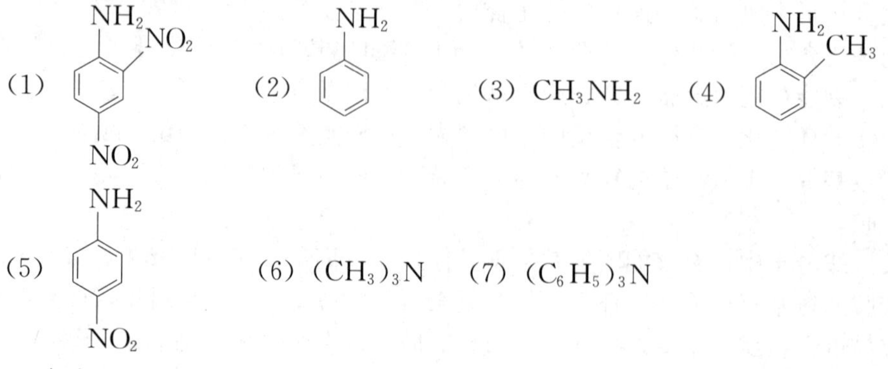

4. 完成下列转变：

(1) CH_3-苯环 → CH_3-苯环-NH_2　　(2) CH_3-苯环 → CH_3, NH_2-苯环-NH_2

(3) CH_3-苯环 → CH_3, NO_2-苯环　　(4) 苯环 → COOH, COOH-苯环

(5) CH_3-苯环 → CH_3, CN-苯环　　(6) CH_3, NO_2-苯环 → CH_3, NH_2-苯环

5. 用苯制备下列化合物：

(1) NH_2, OH-苯环　　(2) NH_2-苯环　　(3) OH, Br, Br, Br-苯环

6. 鉴别下列物质：

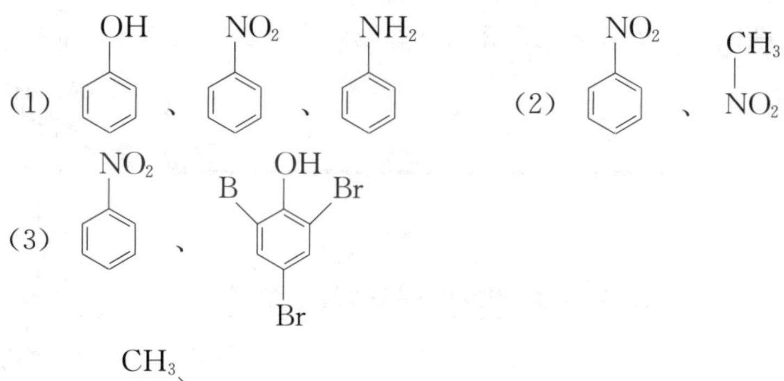

7. 写出 CH_3-苯环-$N_2^+HSO_4^-$ 与下列物质反应的方程式：

(1) CH_3CH_2OH　　(2) CuCN，KCN　　(3) HCl，Sn

8. 写出苯胺与下列物质反应的方程式：

(1) Br_2　　(2) H_2SO_3　　(3) CH_3Cl（过量）

第十五章　杂环化合物

学习目标

1. 了解杂环化合物的命名。
2. 掌握五元杂环呋喃、噻吩、吡咯的分子结构和化学性质。
3. 掌握六元杂环吡啶的分子结构和化学性质。
4. 掌握稠杂环化合物吲哚、喹啉及其衍生物的化学性质。

案例导入

可口可乐和百事可乐部分产品被质疑含有致癌物质：美国食品和药物管理局（FDA）收到美国消费者权益组织“公共利益科学中心”的一份报告，报告称可口可乐和百事可乐中含有一种致癌物。报告中声明，新的化学分析发现，可口可乐和百事可乐等多种可乐产品所使用的焦糖色素含有较高水平的4-甲基咪唑，这种物质在动物实验中能引发癌症，也有可能给人体带来致癌风险。

你知道4-甲基咪唑吗？4-甲基咪唑是什么化合物？有什么样的结构特征？

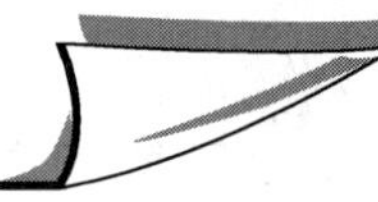

第一节　杂环化合物的分类和命名

一、杂环化合物的分类

有机环状化合物中，参与成环的原子，除了碳原子外，还有其他原子，这类化合物称为杂环化合物。其他元素的原子称为杂原子，最常见的杂原子有氧、氮、硫等。狭义的杂环化合物，专指具有芳香结构和一定的稳定性的杂环化合物。广义的杂环化合物则指所有杂环化合物，包括饱和的、不饱和的、芳香结构，如环氧、内酯、交酯、环状羧酸等在内的一切杂环化合物。本章主要介绍狭义的杂环化合物。

（1）广义的杂环化合物包括：

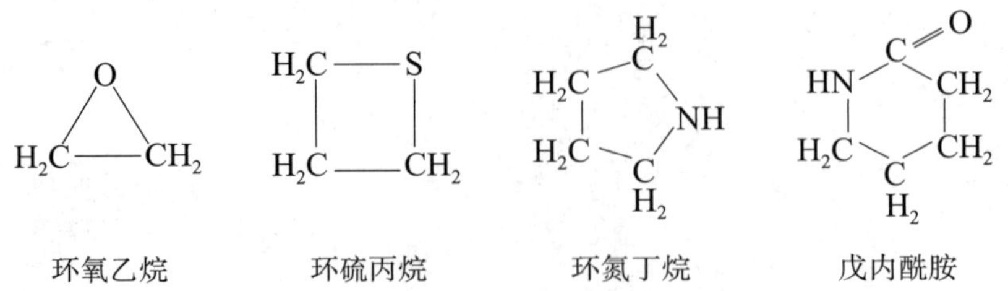

环氧乙烷　　环硫丙烷　　环氮丁烷　　戊内酰胺

(2) 狭义的杂环化合物包括：

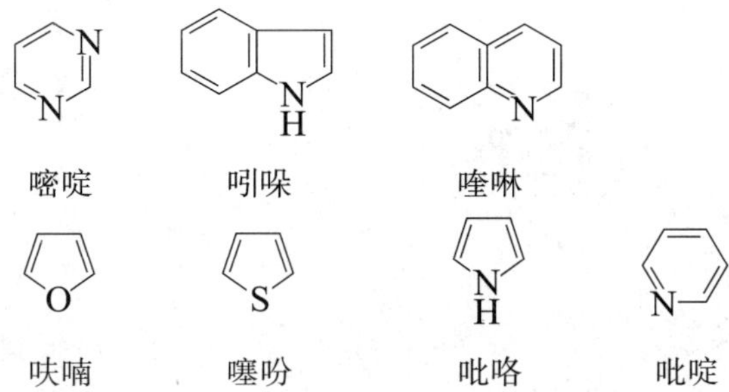

(一) 按环的大小分类

环的大小由环上所含的原子数目决定，按杂环上所含原子数目的不同，可以把杂环化合物主要分为三大类：小杂环（三元、四元杂环）、杂环（五元、六元杂环）、大杂环（七元、八元及以上的杂环）。其中，最常见、最重要的是杂环。在自然界中，五元杂环和六元杂环存在最多，结构最稳定，也是研究的重点。

(1) 小杂环：

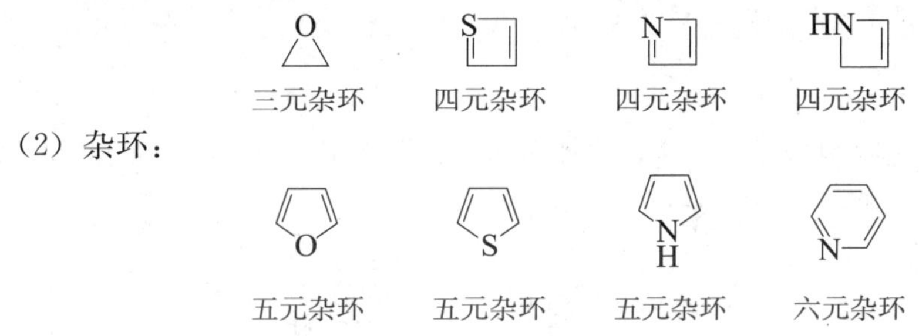

(二) 按环上杂原子的不同分类

按环上含有杂原子数目的不同，杂环化合物可以分为含有 1 个杂原子的杂环化合物和含有多个杂原子的杂环化合物；按环上含有杂原子的不同，杂环化合物可以分为单杂原子和混杂原子，单杂原子又可以按原子种类分为氧杂原子、氮杂原子等。目前这种分类主要用在学术研究中。

(1) 含 1 个杂原子的杂环化合物：

(2) 含多个杂原子的杂环化合物：

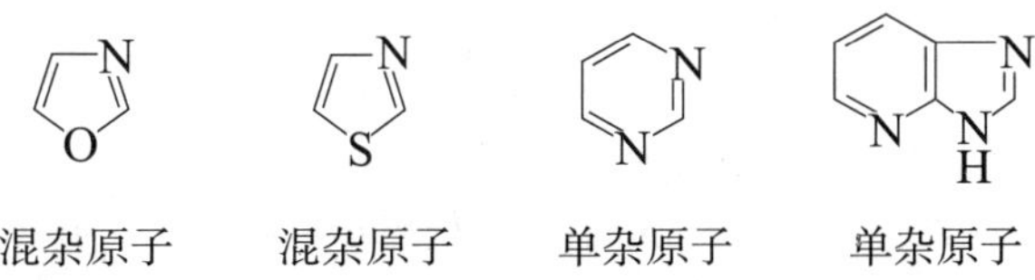

(三) 按环的数目和连接方式分类

杂环化合物可以根据环的数目和连接方式分为三类：单杂环、多杂环和稠杂环。其中单杂环化合物和稠杂环化合物是研究的重点。

（1）单杂环：

（2）多杂环：

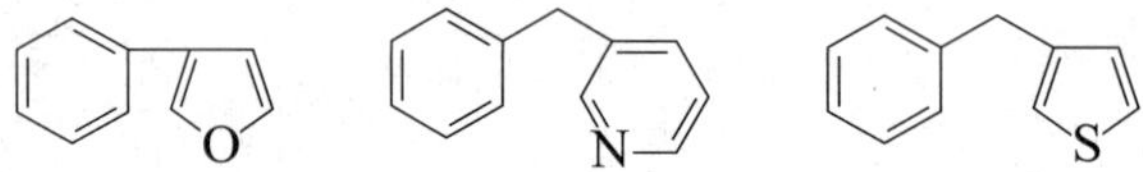

（3）稠杂环：

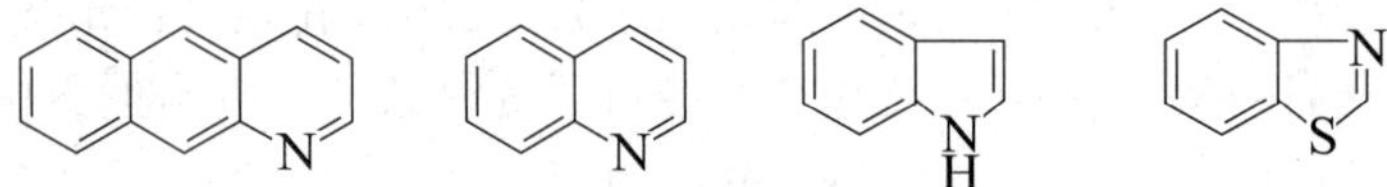

二、杂环化合物的命名

（一）音译命名法

杂环化合物的命名常用音译法，就是按外文名词音译，用“口”字做偏旁，加在同音汉字左边，如嘧啶、吲哚、喹啉等。

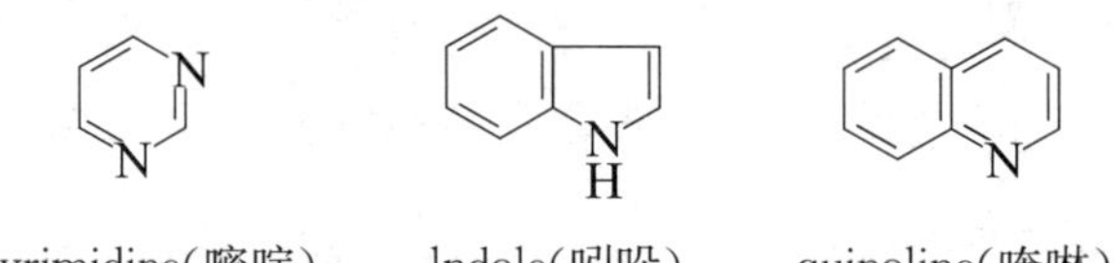

pyrimidine(嘧啶)　　lndole(吲哚)　　quinoline(喹啉)

（二）系统命名法

杂环化合物的系统命名，先以杂环为母体音译来命名。只有一个杂原子的简单杂环化合物，环上有取代基时，以杂环为母体，以取代基所在位置的编号数最小为原则，从杂原子开始给杂环上原子编号。环上有多个相同杂原子时，从连着氢原子或取代基的那个杂原子开始编号，并使这些杂原子所在位置的编号数最小；环上的杂原子不同时，按氧、硫、氮的顺序编号。

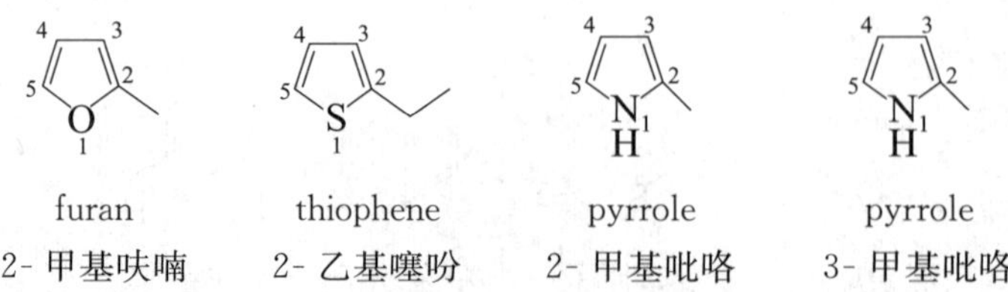

furan　　thiophene　　pyrrole　　pyrrole

2-甲基呋喃　　2-乙基噻吩　　2-甲基吡咯　　3-甲基吡咯

简单杂环化合物如果环中只有一个杂原子，可以把杂原子看作官能团，那么和杂原子相连的是 α 碳，和 α 碳相连的是 β 碳，在六元环中还有和 β 碳相连的 γ 碳，则可以用 α 位、β 位或 γ 位系统标出取代基的方法来命名简单杂环化合物。

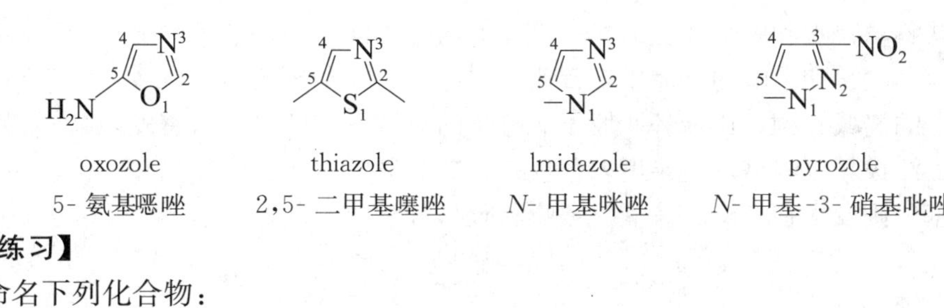

【练习】

命名下列化合物：

(1)　　(2)　　(3)　　(4)

第二节　五元杂环化合物

一、呋喃、噻吩、吡咯的结构与芳香性

呋喃、噻吩和吡咯结构的共性如下：

呋喃　　噻吩　　吡咯

重要的五元杂环呋喃、噻吩和吡咯的杂原子分别是 O、S 和 N。O：原子序数为 8，核外电子排布 $1s^2 2s^2 2p^4$。S：原子序数为 16，核外电子排布 $1s^2 2s^2 2p^6 3s^2 3p^4$。N：原子序数为 7，核外电子排布 $1s^2 2s^2 2p^3$。氧和硫有 6 个价电子，氮有 5 个价电子。呋喃、噻吩和吡咯的结构有相同点：它们都是平面型分子，环上的杂原子和环上的 4 个碳原子都采取 sp^2 杂化，5 个原子在同一平面内，两两重叠 sp^2 杂化轨道形成 σ 键，彼此连成环状，环上的 4 个碳原子剩余的一个 sp^2 杂化轨道，都在这个平面内分别与 4 个氢原子的 1s 轨道重叠形成 σ 键，组成中的所有原子，4 个 C、4 个 H 和杂原子都在同一平面内，构成平面型分子。环上的 5 个原子都剩余一个 p 轨道，垂直这个平面，p 轨道相互间平行，侧面重叠形成大 π 键。4 个碳原子的 p 轨道各有一个电子，杂原子的 p 轨道都有一对未共用电子，离域的 π 键上就有 6 个电子，符合休克尔 $4n+2$ 规则，都具有芳香性。

下面是以呋喃为例来介绍该类化合物的分子结构，如图 15.1 所示。

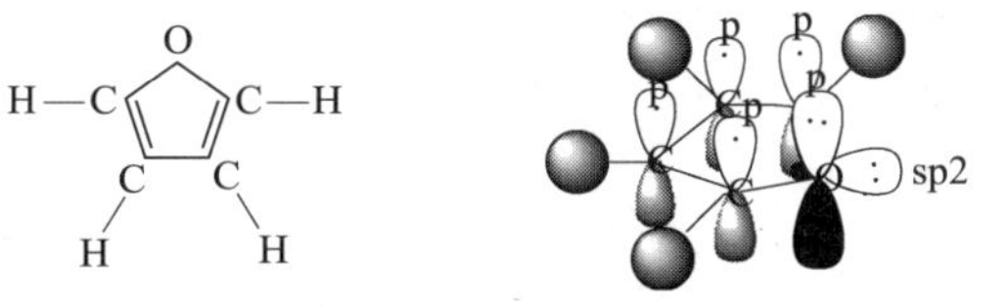

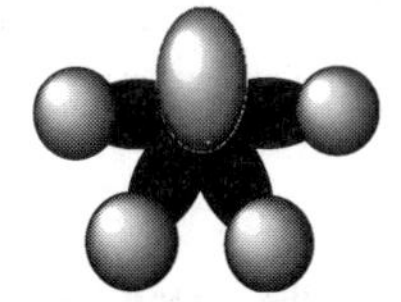

(a) 呋喃平面分子结构　　(b) 呋喃分子的共轭结构　　(c) 呋喃的比例模型

图 15.1　呋喃分子结构

由于呋喃、噻吩和吡咯环上的氧、硫和氮与碳不同，使得杂环的电子云不像苯那么均匀。呋喃、噻吩和吡咯的杂原子，都用一对电子参与杂环的共轭体系，使杂环成为五原子 6 电子的离域 π 键，比苯环 6 原子 6 电子的离域 π 键的电子云密度还高，所以，它们比苯环更活泼，更容易发生亲电取代反应，并且通常取代反应发生在 α 位。如果 α 位已有取代基，则发生在 β 位。呋喃、噻吩和吡咯分子中的键长如下：

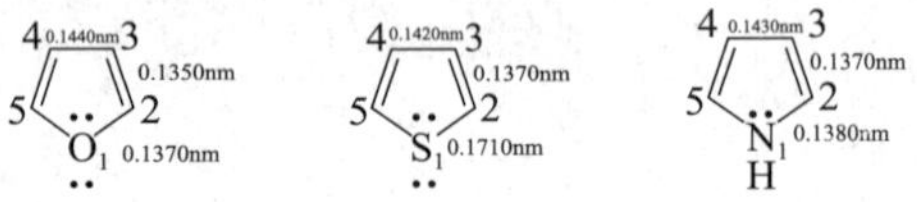

呋喃　　噻吩　　吡咯

从键长看，呋喃、噻吩和吡咯的杂原子 X 与碳原子 C 形成的 X_1—C－2 和 X_1—C－5 键比普通的 C—O、C—S、C—N 键短；碳原子与碳原子形成的 C－3—C－4 键比饱和的C—C 单键短，形成的 C－2═C－3 和 C－4═C－5 双键比普通 C—C 双键长，说明杂环化合物的键长发生了平均化。但是，平均化只是一定程度的，双键的不饱和性仍然明显，芳香性和稳定性也比苯环差。

呋喃、噻吩和吡咯结构各自的特点如下：呋喃、噻吩和吡咯的杂原子不同，杂原子的结构和性质直接影响杂环的结构和性质。O 的电负性为 3.5，S 的电负性为 2.5，N 的电负性为 3.0，电负性越大，吸电子能力越强，造成电子云分布越不均匀，芳香性越差。芳香性由强到弱的顺序如下：

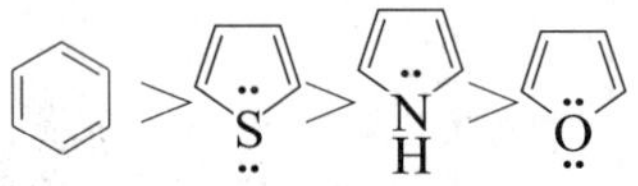

苯　　噻吩　　吡咯　　呋喃

二、呋喃、噻吩、吡咯的物理性质与检验方法

呋喃存在于松木焦油中，是无色液体，沸点 31.36℃，相对密度 0.9336（20℃），有氯仿气味，不溶于水，易溶于乙醇、乙醚等有机溶剂。遇见盐酸浸湿过的松木片显绿色，称为松木片反应，利用此反应可以鉴定呋喃的存在。

噻吩与苯共存于煤焦油中，从煤焦油中提取的苯中含噻吩 0.5%。噻吩是无色液体，有类似苯的特殊气味，不溶于水，易溶于乙醇、乙醚等有机溶剂。沸点 84.16℃，与苯的沸点接近，很难用蒸馏法分离。噻吩与吲哚醌在硫酸作用下发生蓝色反应，利用此反应可以鉴定噻吩的存在。

吡咯存在于煤焦油和骨焦油中，是无色液体，在空气中放置会自动氧化，颜色逐渐变深，沸点 130～131℃，有弱的苯胺气味，不溶于水，易溶于乙醇、乙醚等有机溶剂。它的蒸气遇见盐酸浸湿过的松木片显红色，利用这个反应可以鉴定吡咯及其低级同系物的存在。

三、呋喃、噻吩、吡咯的化学性质

结构决定性质，重要的五元杂环呋喃、噻吩和吡咯都具有芳香性，且五原子共有六个 π 电子，使杂环上的电子云密度高于苯环，故它们的亲电取代反应比苯环容易，反应速度也快得多。呋喃、噻吩和吡咯的杂原子分别是氧、硫、氮，性质差异显著，五元杂环在不同杂原子的影响下，它们的芳香性和稳定性不同，造成反应活性也不同。吡咯和呋喃比较活泼，吡咯的活性与苯胺或苯酚相当，噻吩是三者中活性最差的，即便如此，噻吩也比苯的亲电取代反应快得多。它们的活性顺序如下：

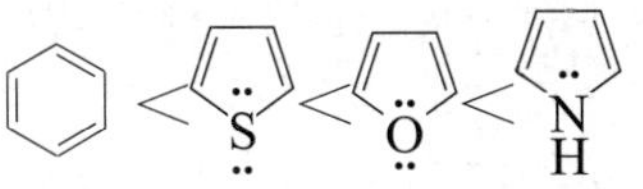

苯 < 噻吩 < 呋喃 < 吡咯

1. 五元杂环的亲电取代反应

五元杂环比苯环活泼，更容易发生亲电取代反应，并且通常取代反应发生在 α 位，如果 α 位已有取代基，则发生在 β 位。

1）呋喃的亲电取代反应

呋喃具有芳香性，比苯活泼，亲电取代反应比苯快得多，会很快完成两步取代反应。

（1）溴化：呋喃和溴在室温条件下溴化，反应主要生成 2,5-二溴呋喃。

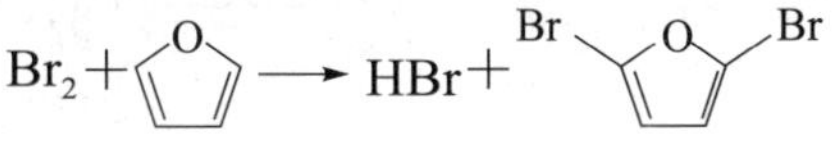

Br_2 + 呋喃 ⟶ HBr + 2,5-二溴呋喃

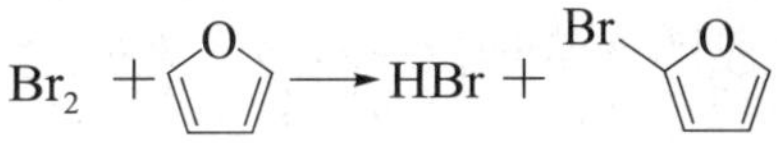

Br_2 + 呋喃 ⟶ HBr + 2-溴呋喃

要使呋喃的溴化反应停留在一取代阶段，需要严格控制反应条件，需要以 $O(CH_2CH_2)_2O$ 为溶剂，在 0℃条件下，与溴反应，主要生成 2-溴呋喃。

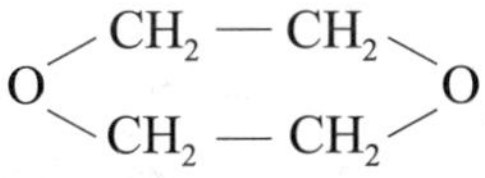

呋喃和氯在 0℃条件下氯化，反应主要生成 2-氯呋喃和 2,5-二氯呋喃。

（2）硝化：呋喃和 CH_3COONO_2 在 −30～−5℃条件下硝化，反应主要生成 2-硝基呋喃。

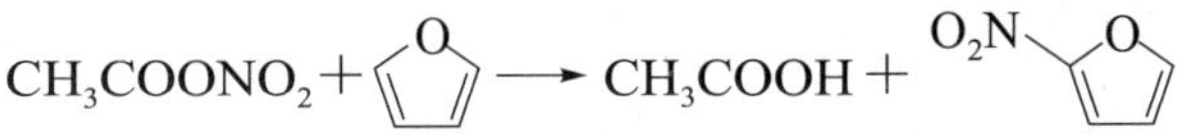

CH_3COONO_2 + 呋喃 ⟶ CH_3COOH + 2-硝基呋喃

（3）磺化：呋喃和吡啶三氧化硫，以 $ClCH_2CH_2Cl$ 为溶剂，在室温条件下磺化，反应主要生成呋喃-2-磺酸。

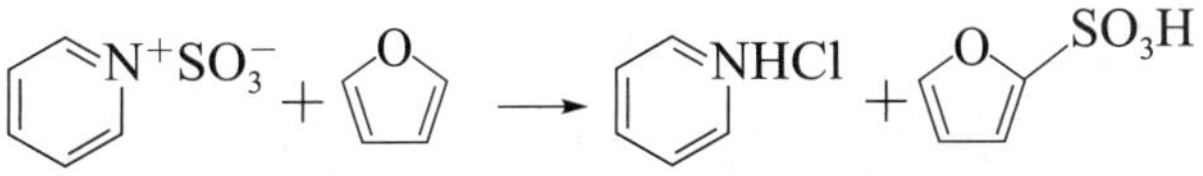

吡啶三氧化硫 + 呋喃 ⟶ 吡啶盐酸盐 + 呋喃-2-磺酸

（4）乙酰化：呋喃和 $(CH_3CO)_2O$，以 BF_3 为催化剂，乙醚为溶剂，在 0℃条件下乙酰化，反应主要生成 2-乙酰基呋喃。

$(CH_3CO)_2O$ + 呋喃 ⟶ CH_3COOH + 2-乙酰基呋喃（H_3COC 取代）

呋喃　　　　2-乙酰基呋喃

2）噻吩的亲电取代反应

噻吩是常见的五元杂环中，芳香性最强、最稳定的一种，不易被氧化，但噻吩的亲电取代反应比苯快得多。

（1）溴化：噻吩溴化，需要在室温条件下，以 CH_3COOH 为溶剂，主要生成 2-溴噻吩。

Br_2 + 噻吩 ⟶ HBr + 2-溴噻吩（Br 取代）

噻吩　　　　2-溴噻吩

（2）硝化：噻吩与 CH_3COONO_2 硝化，需要以乙酐为催化剂，在－10℃条件下反应，主要生成 2-硝基噻吩。

CH_3COONO_2 + 噻吩 ⟶ CH_3COOH + 2-硝基噻吩（O_2N 取代）

噻吩　　　　2-硝基噻吩(70%)

（3）磺化：噻吩比苯活泼，在室温（25℃）下能与浓 H_2SO_4 发生磺化反应，主要生成 2-噻吩磺酸。该反应生成的产物能溶于硫酸，利用这一性质，可以除去粗苯中的少量噻吩。

H_2SO_4(95%) + 噻吩 ⟶ H_2O + 2-噻吩磺酸（HO_3S 取代）

噻吩　　　　2-噻吩磺酸

（4）乙酰化：噻吩和 $(CH_3CO)_2O$ 乙酰化，以 H_3PO_4 为催化剂，反应主要生成 2-乙酰基噻吩。

$(CH_3CO)_2O$ + 噻吩 ⟶ CH_3COOH + 2-乙酰基噻吩（H_3COC 取代）

噻吩　　　　2-乙酰基噻吩

3）吡咯的亲电取代反应

吡咯是常见五元杂环中，芳香性最弱、活性最强的一种。吡咯的亲电取代反应极快，卤化产物具是四卤吡咯。需要注意的是，吡咯遇酸容易聚合，一般不用酸性试剂进行卤化、磺化等反应。吡咯的活性，使其极易被氧化。

Br_2 + 吡咯 ⟶ HBr + 2,3,4,5-四溴吡咯（四个 Br 取代）

C 吡咯　　　　2,3,4,5-四溴吡咯

（1）溴化和碘化：吡咯活泼，容易卤化。吡咯溴化，在乙醇溶液中，0℃条件下，能

迅速反应生成2,3,4,5-四溴吡咯；吡咯与碘在NaOH溶液中碘化，主要生成2,3,4,5-四碘吡咯。

I_2 + 吡咯 ⟶ HI + 2,3,4,5-四碘吡咯

吡咯　　2,3,4,5-四溴吡咯

（2）硝化：吡咯与CH_3COONO_2硝化，需要以乙酐为催化剂，在－10℃条件下反应，主要生成2-硝基吡咯和一定量的3-硝基吡咯。

CH_3COONO_2 + 吡咯 ⟶ 2-硝基吡咯 + 3-硝基吡咯 + CH_3COOH

吡咯　　2-硝基噻吩（51%）　　硝基吡咯（13%）

（3）磺化：吡咯与吡啶三氧化硫磺化，需要以$ClCH_2CH_2Cl$为溶剂，在室温条件下反应，主要生成吡咯-2-磺酸。

吡啶三氧化硫（$N^+SO_3^-$）+ 吡咯 ⟶ 吡啶盐酸盐（NHCl）+ 吡咯-2-磺酸（SO_3H）

吡啶三氧化硫　　吡咯　　吡啶盐酸盐　　吡咯-2-磺酸

（4）乙酰化：吡咯与$(CH_3CO)_2O$酰化，在150～200℃条件下，主要反应产物为2-乙酰基吡咯和2,5-二乙酰基吡咯。

$(CH_3CO)_2O$ + 吡咯 ⟶ 2,5-二乙酰基吡咯（H_3COC, $COCH_3$）+ 2-乙酰基吡咯（$COCH_3$）+ CH_3COOH

吡咯　　2,5-二乙酰基吡咯　　2-乙酰基吡咯

2. 五元杂环的加成反应

五元杂环具有一定的芳香性，同时分子内的双键仍然存在，仍然具有两个双键的活性，能发生两步加成反应。但由于它们的芳香性不同，有的加成容易，有的比较困难。呋喃容易氢化，并很快生成四氢呋喃，而噻吩氢化可以停留在一步加成阶段。

1）呋喃的加成反应

呋喃杂环电子云密度大，非常活泼，加成反应迅速，快速完成两步加成。

（1）加溴：

Br_2 + 呋喃 ⟶ [2,3-二溴-2,3-二氢呋喃 + 2,5-二溴-2,5-二氢呋喃]

呋喃　　不能停留阶段

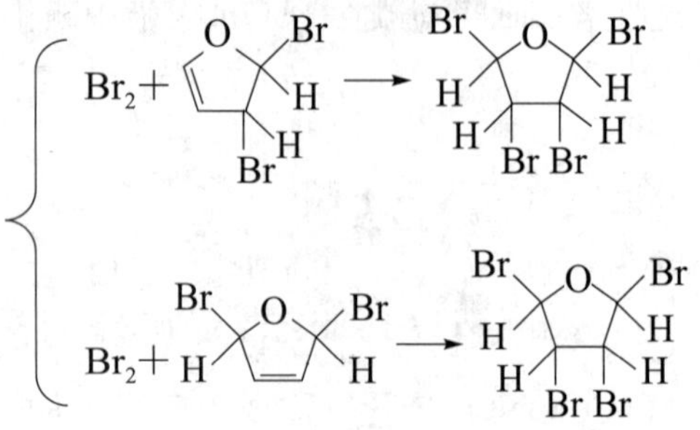

2,5- 二溴呋喃

（2）催化加氢：呋喃与氢加热至 80～140℃，在 5MPa 压力下，以兰尼-Ni 为催化剂，主要反应产物为四氢呋喃。

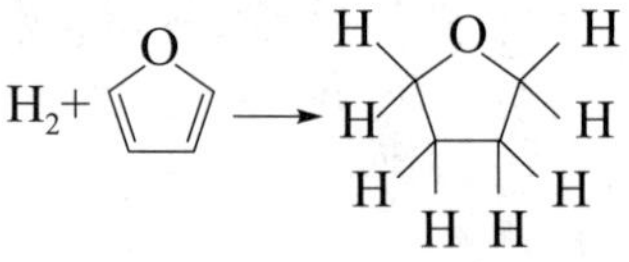

呋喃　　四氢呋喃

2）噻吩的加成反应

（1）催化加氢：噻吩比较稳定，与氢加热 200℃，在 200MPa 压力下，以 MoS_2 为催化剂，可以停留在一步加成阶段，主要生成二氢噻吩；也可以完成两步加氢，反应产物为四氢呋喃。噻吩彻底加氢的产物还可以被氧化，生成环丁砜。

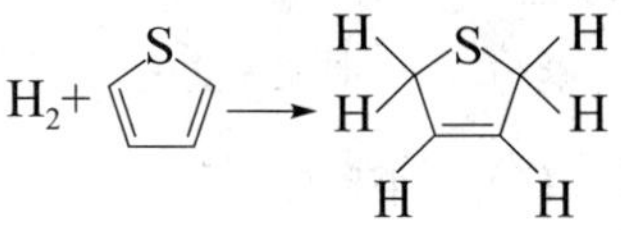

噻吩　　二氢噻吩

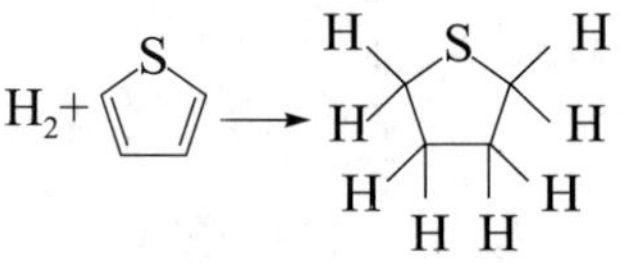

噻吩　　四氢噻吩

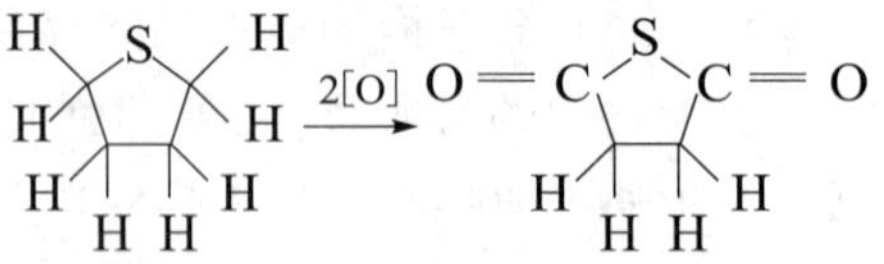

四氢噻吩　　环丁砜

（2）加氯：噻吩在－50℃，可以与氯加成，主要生成四氯噻吩。

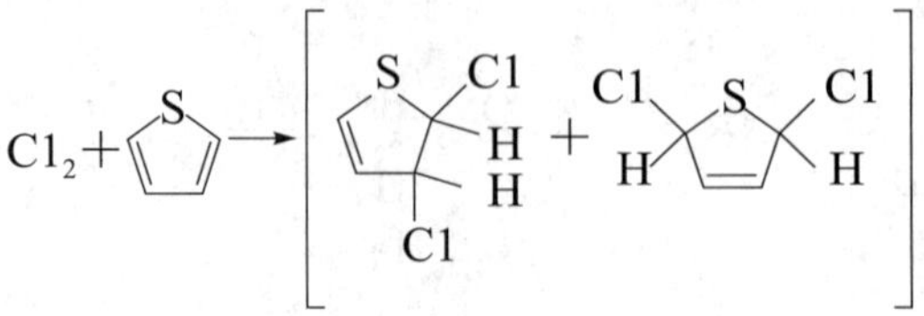

噻吩　　中间产物

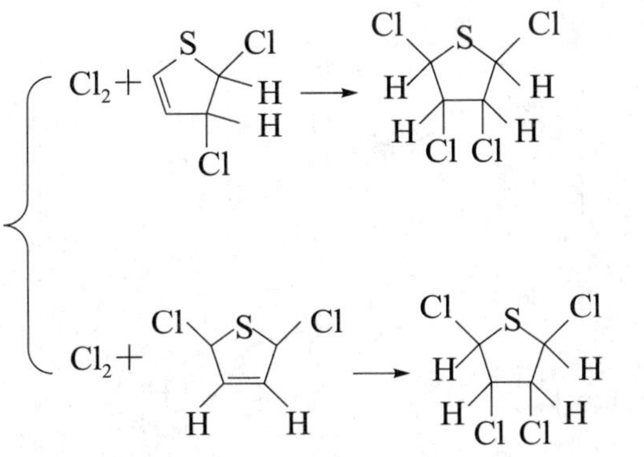

2,3,4,5-四氯噻吩

3）吡咯的加成反应

（1）催化加氢：吡咯活泼，加成反应迅速。吡咯与 Zn 和 CH_3COOH 的混合物进行加氢反应，可以停留在一步加成阶段，主要生成二氢吡咯，也可以彻底加氢，生成四氢吡咯。吡咯在 Ni 作催化剂、温度 200℃、压力 200MPa 的反应条件下，能够快速加氢彻底，生成四氢吡咯。

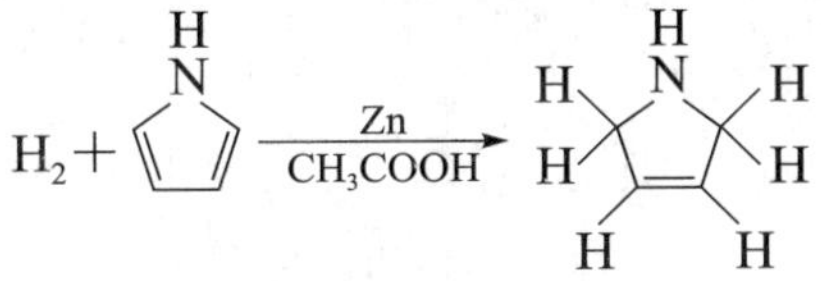

吡咯　　二氢吡咯

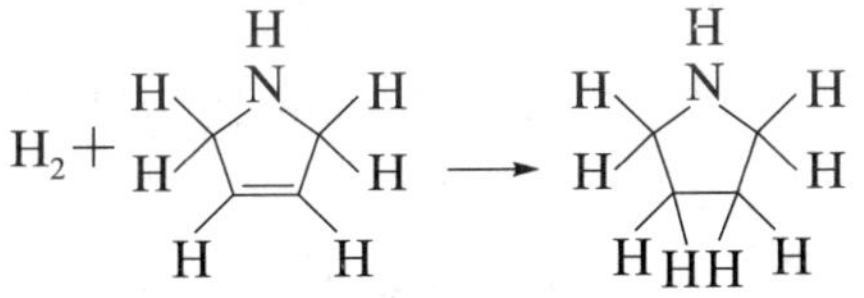

二氢吡咯　　四氢吡咯

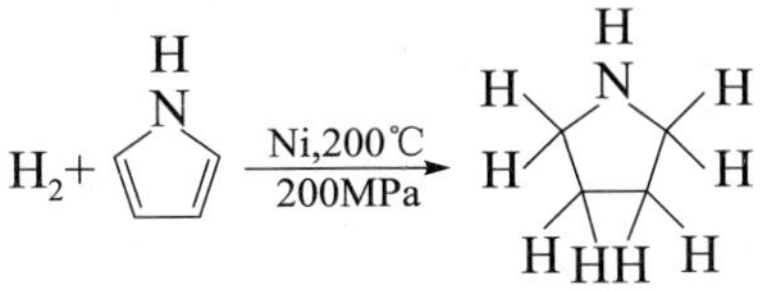

吡咯　　四氢吡咯

（2）加氯：吡咯活泼，与氯加成反应迅速。吡咯在 0℃的反应条件下，能够快速进行两步加成，彻底反应生成四氯吡咯。

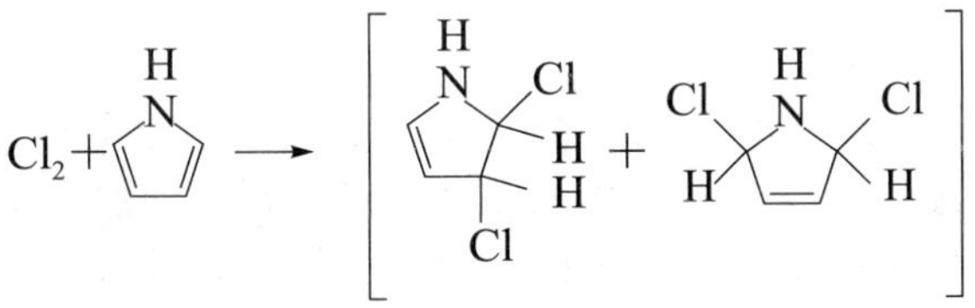

吡咯　　不能停留阶段

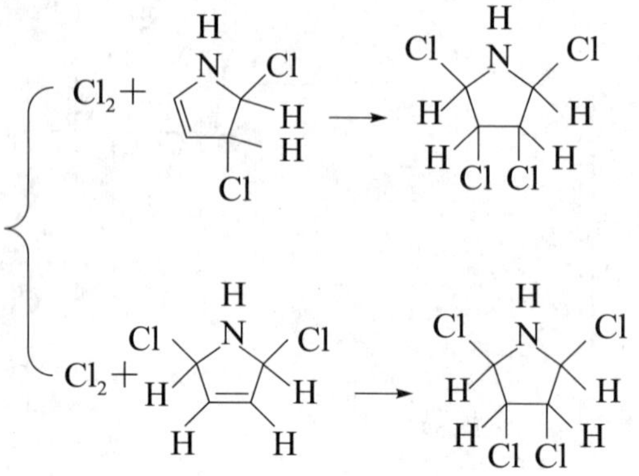

2,3,4,5-四氯吡咯

3. 呋喃的双烯合成反应

呋喃杂环在强酸性溶液中，杂原子氧与氢离子结合，破坏杂环的 π 键，失去杂环的芳香性，则完全显示出环状共轭二烯烃的性质，能够进行双烯合成。产物是固体，现象明显，可用于鉴别呋喃。

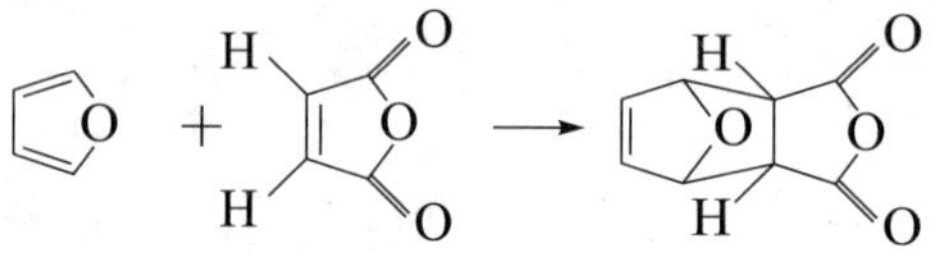

呋喃　　顺丁烯二酸酐　　固体

四、糖醛

糖醛是呋喃最重要的衍生物，即 α-呋喃甲醛最初从米糠与稀酸加热制得，俗称糖醛。

工业上用玉米芯、绵子壳、高粱秆等植物纤维为原料，在酸催化下水解，分解生成戊糖，再脱水制取糖醛。

$$(C_5H_8O_4)_n + nH_2O \xrightarrow[\triangle]{3\% \sim 5\% H_2SO_4} nC_5H_{10}O_5$$

多缩戊糖　　　　戊糖

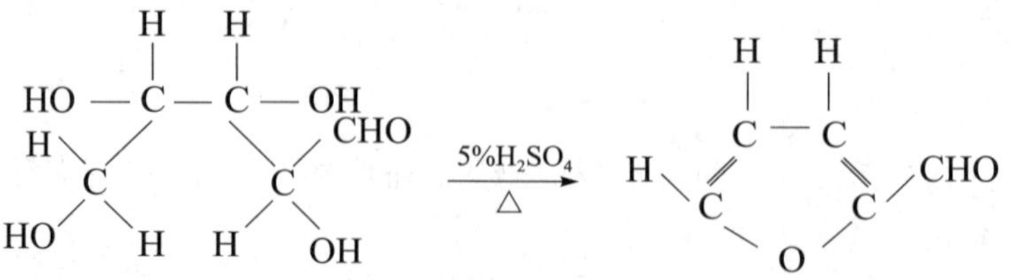

$\xrightarrow[\triangle]{5\% H_2SO_4}$

戊糖　　　　糖醛

糖醛是无色透明液体，有刺鼻的气味，熔点－36.5℃，沸点 162℃，可溶于水，并能与乙醇、乙醚、丙酮、苯、乙酸丁酯等混溶，是良好的溶剂。糖醛有醛基，可以发生银镜反应，如果放置在空气中很容易氧化，逐渐变为黄色至棕褐色，遇见苯胺醋酸盐显深红色，利用这些性质可以鉴别糖醛，这些也是鉴别戊糖常用的方法。

糠醛不含 α-H，与苯甲醛或甲醛性质相似。

（1）氧化：

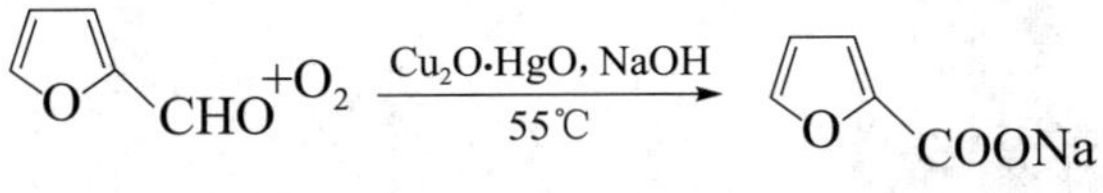

$$\text{糠醛（2-呋喃-CHO）} + O_2 \xrightarrow[55℃]{Cu_2O\cdot HgO,\ NaOH} \text{COONa（α-呋喃甲酸钠）}$$

糠醛　　α- 呋喃甲酸钠

$$\text{COONa} + HCl \longrightarrow \text{COOH} + NaCl$$

α- 呋喃甲酸钠　　α- 呋喃甲酸

（2）催化加氢：

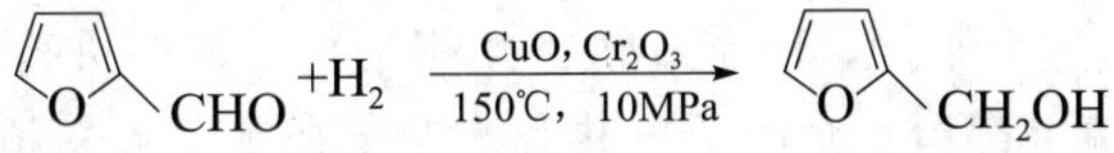

$$\text{CHO} + H_2 \xrightarrow[150℃，10MPa]{CuO,\ Cr_2O_3} CH_2OH$$

糠醛　　糠醇

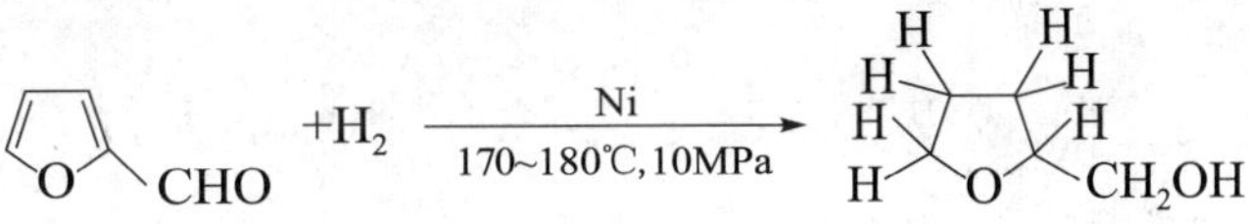

$$\text{CHO} + H_2 \xrightarrow[170\sim180℃,10MPa]{Ni} CH_2OH$$

糠醛　　四氢糠醇

（3）歧化：

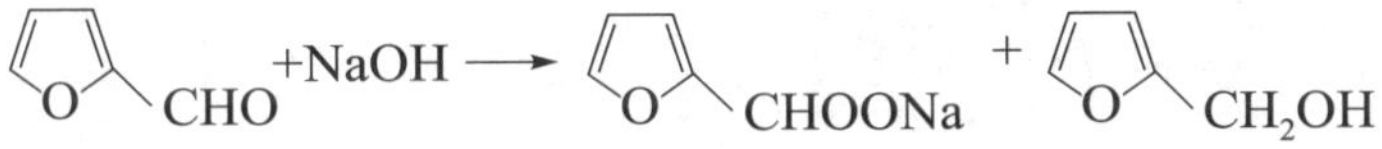

$$\text{CHO} + NaOH \longrightarrow \text{CHOONa} + CH_2OH$$

糠醛　　α- 呋喃甲酸钠　　α- 呋喃甲醇

（4）脱羰基：糠醛在 280℃、Ni 催化条件下，能够脱去羰基，生成呋喃。

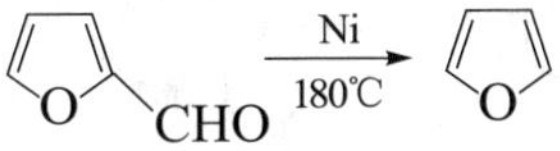

$$\text{CHO} \xrightarrow[180℃]{Ni} \text{呋喃}$$

糠醛　　呋喃

【练习】

完成下列反应方程式：

（1）呋喃 + $Br_2 \longrightarrow$

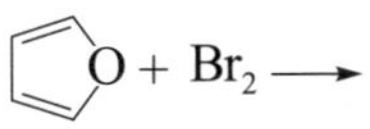

（2）2,5-二甲基噻吩（S）+ $H_2 \longrightarrow$

（3）吡咯（NH）+ $CH_3COONO_2 \longrightarrow$

（4）吡啶（$N^+SO_3^-$）+ 吡咯（H N）$\longrightarrow$

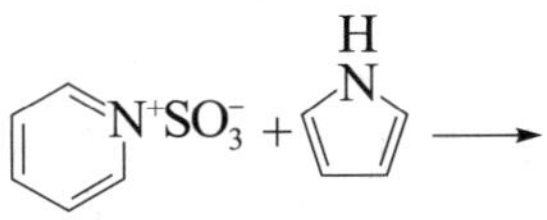

（5）呋喃 + 马来酸酐（H、H、O、O、O）$\longrightarrow$

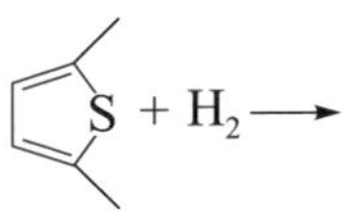

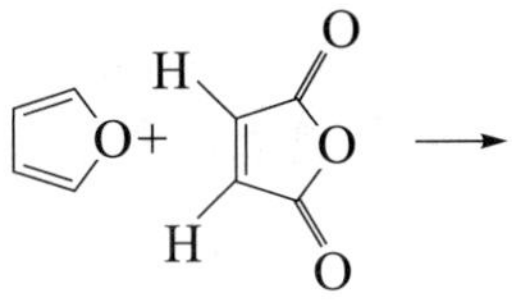

第三节　六元杂环化合物

一、吡啶的结构与芳香性

吡啶的结构与苯相似，也是平面型分子，杂环上也有 6 个原子，5 个碳原子和一个氮原子，并且都采取 sp^2 杂化。组成吡啶环的 6 个原子在同一平面内，两两重叠 sp^2 杂化轨道形成 σ 键，彼此连成环状，环上的 5 个碳原子剩余的一个 sp^2 杂化轨道，都在这个平面内分别与 5 个氢原子的 1s 轨道重叠形成 σ 键，组成中的所有原子，5 个 C、5 个 H 和 1 个氮原子都在同一平面内，构成平面型分子。环上的 6 个原子都剩余 1 个 p 轨道，6 个 p 轨道都垂直这个平面，所有 p 轨道互相平行，两两进行侧面重叠形成环状 π 键。每个 π 键的 p 轨道上都有 1 个电子，共有 6 电子在 6 个 p 轨道上形成离域大 π 键，离域电子符合休克尔 $4n+2$ 规则，吡啶具有很好的芳香性。吡啶的分子结构如图 15.2 所示。

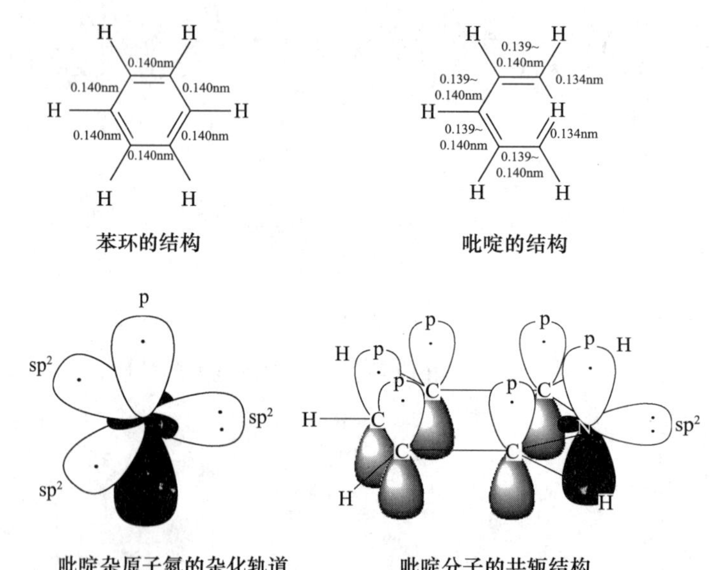

图 15.2　吡啶的分子结构

吡啶与苯十分相似，吡啶环的碳碳键长与苯环碳碳键长相似，碳氮键长（0.134nm）与一般的碳氮单键（0.147nm）和碳氮双键（0.128nm）相比，吡啶的碳氮显然有大幅度的平均化，所以，吡啶具有芳香性。不同的是，吡啶碳氮的平均化不像苯一样完全平均化，吡啶环上电子云也不像苯环那么均匀。吡啶环上有吸电子的氮原子，使吡啶环处于缺电子状态，与五元杂环相反，吡啶在亲电取代反应中很不活泼，比苯的取代反应难得多，反应条件高，与硝基苯相似，不能进行傅-克酰基化和烷基化反应。吡啶环在氮原子诱导效应和离域 π 键的共轭效应的作用下，在 β-碳原子上电子云密度降低最少，因此，取代反应主要发生在 β 位。

吡啶环的电子云出现的密度　　杂原子氮诱导吡啶环电子分布

二、吡啶的物理性质

吡啶存在于煤焦油及页岩油中，是无色液体，有特殊的臭味，熔点 115.5℃，沸点 42℃，相对密度 0.982，能以任意比与水混溶，并能溶于乙醇、乙醚、苯、石油等极性或非极性有机溶剂，还能溶解氯化铜、氯化锌、氯化汞、硝酸银等无机盐，吡啶本身是很重要的优良溶剂，也是合成某些杂环化合物的原料。

三、吡啶的化学性质

（一）碱性

1. 与指示剂反应

吡啶的氮原子上有一对未共用电子，能接受氢离子，显碱性，吡啶的 $pK_b=8.8$，和其他氨和氨的衍生物碱性比较如下：

$$C_2H_5NH_2 > CH_3NH_2 > NH_3 > \text{吡啶} > C_6H_5NH_2 > \text{吡咯}$$

	乙胺	甲胺	氨	吡啶	苯胺	吡咯
pK_b	3.25	3.36	4.72	8.80	9.42	13.60

吡啶比苯胺碱性强，比氨和脂肪族碱性弱得多，它能使石蕊试纸变蓝。

2. 与强无机酸反应

吡啶氮原子的一对未共用电子处于 sp^2 杂化轨道上，其 s 成分决定离核近，受原子核的吸引力强，接受氢离子难，显弱碱性，只能与强酸作用生成较稳定的盐。

$$C_5H_5N + HCl \longrightarrow [C_5H_5N^+H]Cl^-$$

吡啶　　　　氯化吡啶

吡啶既是碱性催化剂，又是酸性结合剂，还是常用的溶剂。

（二）亲电取代

吡啶环的电子云密度小，亲电反应发生困难，在强烈的条件下才能起卤化、硝化、磺化，但不能发生傅-克反应。从吡啶环的电子云密度分析，吡啶的 β 位电子云密度较大，亲电反应主要发生在 β-碳上，但产率一般都很低。

（1）卤化：吡啶亲电取代反应困难，在 300℃时，用浮石催化，可以与溴发生亲电溴代，生成 3-溴吡啶，产率低，约为 39%；在 100℃时，用 $AlCl_3$ 催化，可以与氯发生亲电氯代，生成 3-氯吡啶。

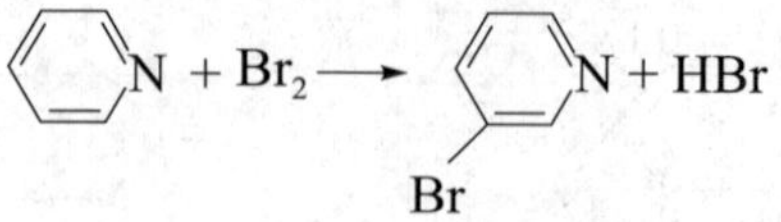

$$\text{吡啶} + Br_2 \longrightarrow \text{3-溴吡啶(39\%)} + HBr$$

吡啶　　3- 溴吡啶(39%)

（2）硝化：吡啶硝化困难，在 300℃时，用浓硫酸催化，吡啶可以与硝酸发生亲电取代反应，生成 3-硝基吡啶。

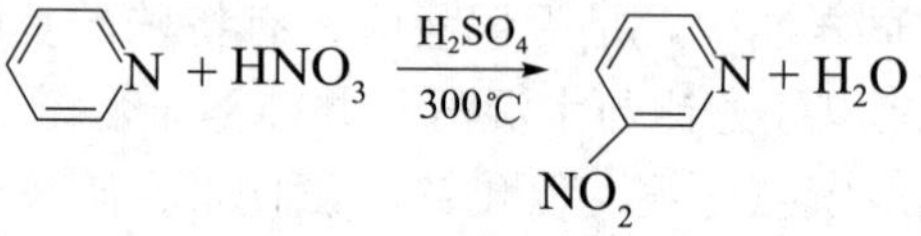

$$\text{吡啶} + HNO_3 \xrightarrow[300^{\circ}C]{H_2SO_4} \text{3-硝基吡啶}(NO_2) + H_2O$$

吡啶　　3- 硝基吡啶

（3）磺化：吡啶可以与浓硫酸进行磺化反应，在 220℃时，用硫酸汞催化，吡啶可以发生亲电取代反应，生成吡啶-3-磺酸。

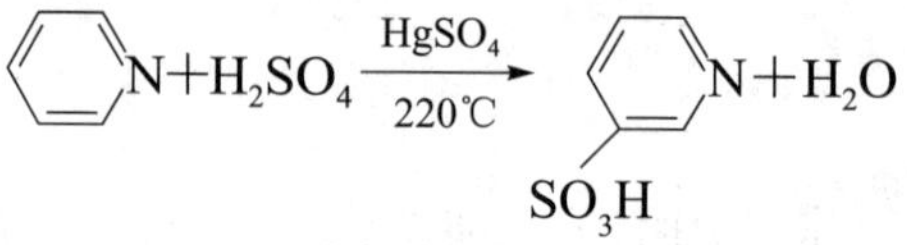

$$\text{吡啶} + H_2SO_4 \xrightarrow[220^{\circ}C]{HgSO_4} \text{吡啶-3-磺酸}(SO_3H) + H_2O$$

吡啶　　吡啶 -3- 磺酸

（三）亲核取代

从氮诱导吡啶环电子分布和吡啶环的电子云密度分析，吡啶杂环 β 位电子云密度较大，α 位电子云密度较小，α 位电位高，亲核反应主要发生在 α-碳原子上。

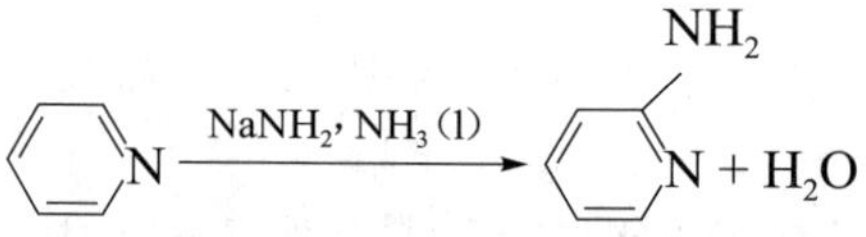

$$\text{吡啶} \xrightarrow{NaNH_2, NH_3(l)} \text{2-氨基吡啶}(NH_2) + H_2O$$

吡啶　　2- 氨基吡啶

$$\text{吡啶} \xrightarrow{C_6H_5Li} \text{2-苯吡啶}$$

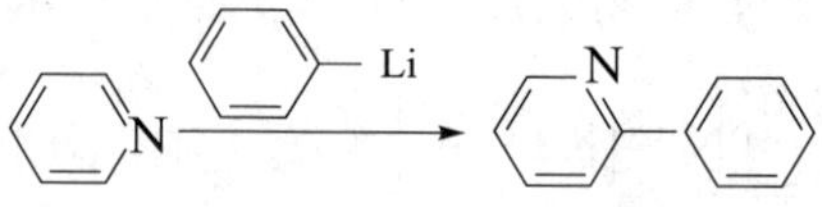

吡啶　　2- 苯吡啶

（四）氧化和还原

吡啶环上电子云密度小，不易被氧化，比苯环还稳定。吡啶环对氧化剂有稳定性，失电子通常发生在侧链上。

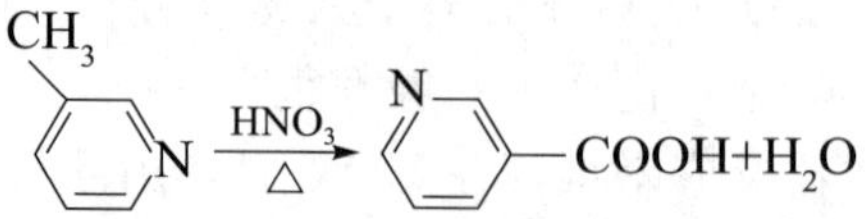

$$\text{3-甲基吡啶}(CH_3) \xrightarrow[\triangle]{HNO_3} \text{3-吡啶甲酸}-COOH + H_2O$$

3- 甲基吡啶　　3- 吡啶甲酸

（俗称烟酸）

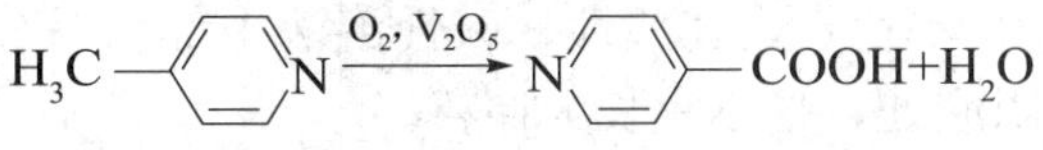

$$H_3C-C_5H_4N \xrightarrow{O_2,\ V_2O_5} NC_5H_4-COOH + H_2O$$

4-甲基吡啶　　4-吡啶甲酸（俗称异烟酸）

吡啶环很难被氧化，比较容易被氢化，比苯环容易被还原。

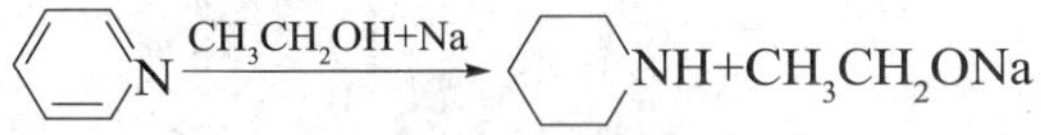

$$C_5H_5N \xrightarrow{CH_3CH_2OH+Na} C_5H_{10}NH + CH_3CH_2ONa$$

吡啶　　六氢吡啶

$$C_5H_5N \xrightarrow[20\sim25℃,\ 0.1MPa]{H_2,\ Pt,\ CH_3COOH} C_5H_{10}NH$$

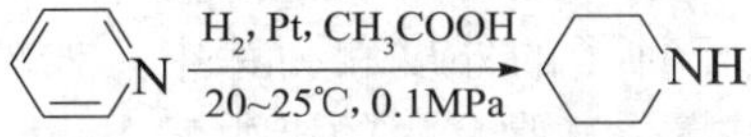

吡啶　　六氢吡啶

六氢吡啶又称哌啶，无色液体，有特殊臭味，熔点−7℃，沸点106℃，易溶于水，并能溶于乙醇，是良好的溶剂。它的碱性比吡啶大，化学性质与脂肪族仲胺相似，是有机合成的重要原料。

四、吡啶衍生物

吡啶的衍生物很多，有成系列的衍生物家族，有烃基、卤素、氨基、羟基、醛基、酯基等一种或多种取代产生的衍生物。大多数吡啶衍生物用作医药、保健品、农药、染料等的中间体。例如，2-氨基-6-甲基吡啶，无色或浅黄色晶体，是医药、染料中间体；2-氨基-5-甲基吡啶，类白色或浅黄色晶体，是医药、染料中间体；2-氯-3-氨基吡啶，白色或微黄色晶体，是医药中间体；2-氯-4-氨基吡啶，白色或微黄色晶体，是有机合成原料；2,6-二氯吡啶，白色或微黄色晶体，是医药、农药中间体；2-氯吡啶，无色透明液体，是医药中间体；4-巯基吡啶黄色或淡黄色晶体，用于有机合成。例如

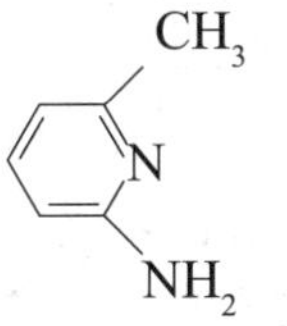

2-氨基-6-甲基吡啶 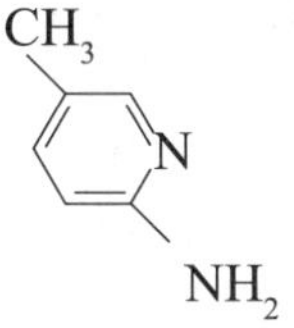　　2-氨基-5-甲基吡啶 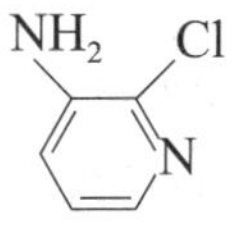　　2-氯-3-氨基吡啶

还有维生素 B_6、烟酸、烟酰胺及异烟肼等，都是吡啶的重要衍生物。

（一）维生素 B_1

维生素 B_1（vitamin B_1）又称硫胺（aneurine）、赛阿命（thiamin，thiamine）、硫胺素、盐酸硫胺（aneurine hydrochloride，thiamine hydrochloride）、盐酸噻胺、抗脚气病素、抗神经炎素、维他命 B_1、维生素乙一、乙一素等。

维生素 B_1 是无色结晶或白色粉末，易溶于水，有微弱的特殊臭味，味苦，吸湿性强，露置在空气中，易吸收水分。维生素 B_1 是由嘧啶环和噻唑环结合成的一种B族维

生素。结构决定维生素 B_1 不稳定，在酸性、碱性溶液中都容易分解变质，遇光和热容易失效。故应遮光放置阴凉处，且不宜长久储存。

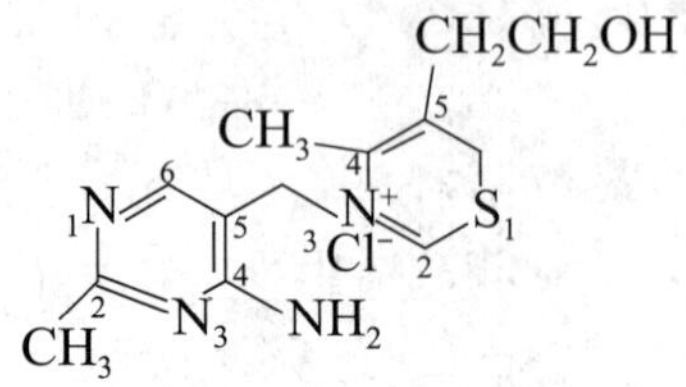

氯化 3-[(4- 氨基-2- 甲基-5- 嘧啶基)- 甲基]-5-(2- 羟基乙基)-4- 甲基噻唑

天然维生素 B_1 主要存在于种子的外皮和胚芽中，如酵母菌、瘦肉、白菜、芹菜、米糠、麸皮中的含量都比较丰富。日常食用的维生素 B_1 大多是化学合成品，人体产生的维生素 B_1 很少，需要饮食补充。因为体内维生素 B_1 要参与糖的分解代谢，保护神经系统，促进肠胃蠕动，增加食欲等，作用很大。缺乏维生素 B_1，可引起脚气病、多发性神经炎、等多种神经炎症，患者的周围神经末梢有发炎和退化现象，伴有四肢麻木、肌肉萎缩、心力衰竭、下肢水肿等症状。18～19 世纪脚气病在中国、日本，尤其在东南亚一带广为流行，当时每年有几十万人死于脚气病。中国古代医书早有治疗记载，孙思邈著述用谷皮治疗脚气病。在现代医学上，用维生素 B_1 制剂治疗脚气病和多种神经炎症有显著疗效。

（二）维生素 B_6

维生素 B_6 又叫吡哆素，是吡哆类物质的通称，因含有维生素 B_6 活性的物质都属于吡哆醇（pyridoxine)，但有此功能的有三种化学形式：①吡哆醇（pyridoxol)；②吡哆醛（pyridoxal)；③吡哆胺（pyridoxamine)。其结构式分别如下：

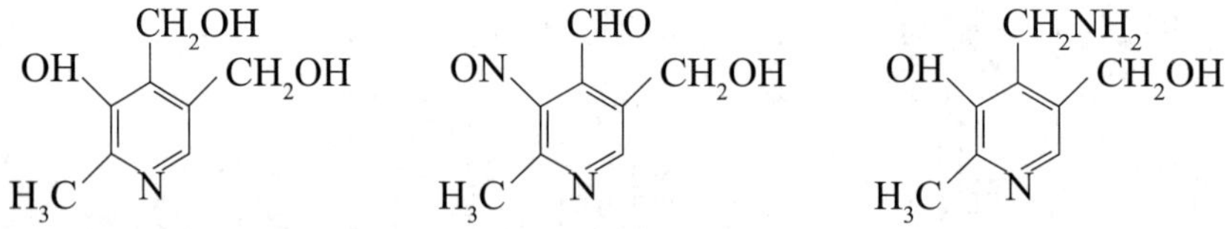

吡哆醇　　吡哆醛　　吡哆胺

维生素 B_6 在自然界中存在广泛，如酵母粉、米糠、白米、鱼类、肉类、蛋类、谷物、马铃薯、甜薯、豆类、花生、蔬菜等一切动物性和植物性食物中都含有微量的维生素 B_6。维生素 B_6 是人体某些辅酶的组成部分，参与多种代谢反应，可以帮助维持钾钠平衡，调节体液利尿，保持神经和骨骼肌肉的正常功能，尤其是与氨基酸代谢关系密切，参与生物体中的转氨作用，维持生物体蛋白质的正常代谢。人和动物的肠道微生物可以合成维生素 B_6，但合成量很少，主要依靠从食物中摄取。

维生素 B_6 含有盐（HCl）的成分，略带点咸味。此类物质对热不敏感，但遇碱性物质或者紫外线之类时，将会分解。维生素 B_6 是无色晶体，易溶于水和乙醇，适宜口服。

（三）异烟肼

异烟肼学名异烟酰肼，俗称雷米封（rimifon)。

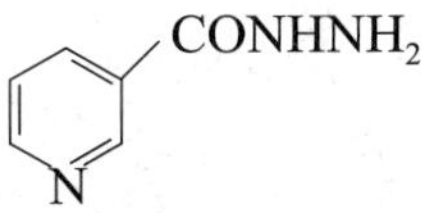

$CONHNH_2$ (吡啶环)

4- 吡啶甲酰肼(γ- 吡啶甲酰肼)

异烟肼为无色晶体或白色粉末，熔点 170～173℃，易溶于水，微溶于乙醇，不溶于乙醚，异烟肼对结核杆菌有抑制和杀灭作用，是常用的治疗结核病的口服药。

【练习】

完成下列反应：

(1) 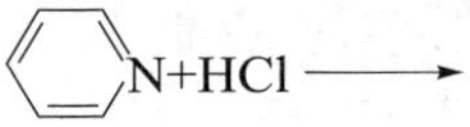 吡啶 $+HCl \longrightarrow$　　(2) 吡啶 $+Br_2 \longrightarrow$

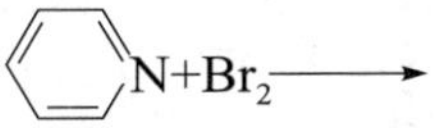

(3) 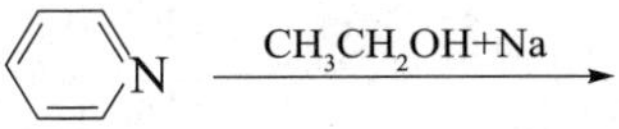 吡啶 $\xrightarrow{CH_3CH_2OH+Na}$　　(4) 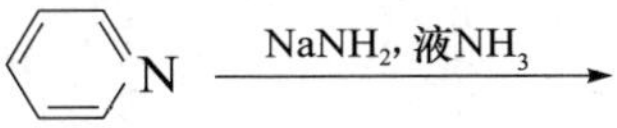 吡啶 $\xrightarrow{NaNH_2,\ 液NH_3}$

第四节　稠杂环化合物

一、吲哚

1. 存在和物理性质

吲哚及其衍生物分布广泛，少量吲哚存在于煤焦油中，是无色晶体，熔点 52.5℃，沸点 254℃，难溶于冷水，易溶于热水，易溶于乙醇、乙醚、苯、氯仿等有机溶剂。纯吲哚在浓度极稀时有素馨花的香气，可以用作香料。但在蛋白质降解时，生成吲哚及其衍生物残留在粪便中，是粪便的臭气成分。吲哚也能发生松木片反应，显红色。

2. 化学性质

吲哚的化学性质与吡咯相似，碱性极弱，在空气中颜色变深，逐渐变成树脂状物质。亲电取代反应主要发生在 3 位。

(1) 溴化：

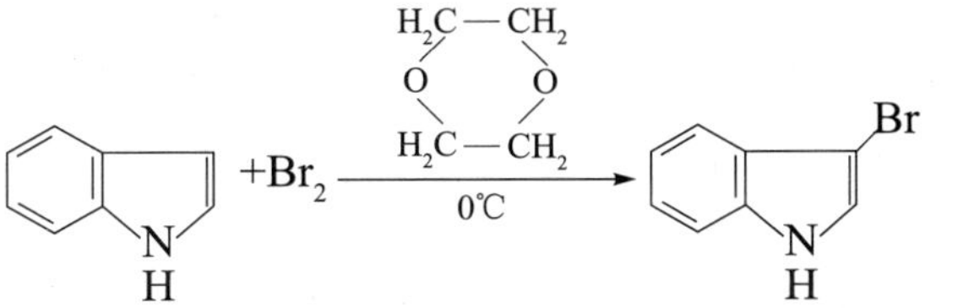

吲哚 $+Br_2 \xrightarrow[0℃]{二氧六环}$ 3- 溴吲哚(70%)

吲哚　　3- 溴吲哚(70%)

(2) 硝化：

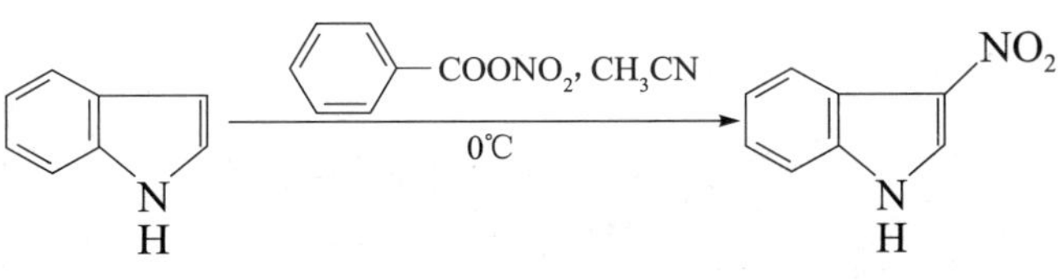

吲哚 $\xrightarrow[0℃]{C_6H_5COONO_2,\ CH_3CN}$ 3- 硝基吲哚(35%)

吲哚　　3- 硝基吲哚(35%)

(3) 磺化：

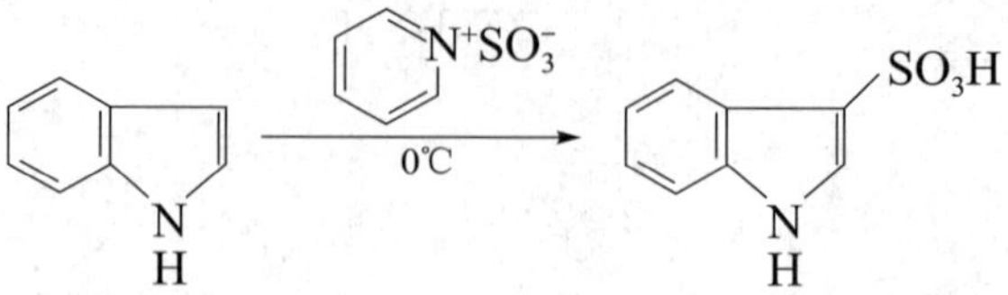

$$\text{吲哚} \xrightarrow[0℃]{C_5H_5N^+SO_3^-} \text{3-吲哚-磺酸}$$

吲哚　　3-吲哚-磺酸

（4）Vilsmeier 反应：

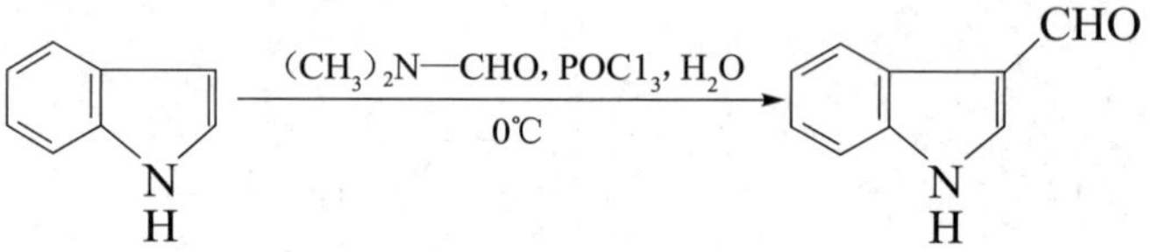

$$\text{吲哚} \xrightarrow[0℃]{(CH_3)_2N—CHO, POCl_3, H_2O} \text{吲哚-3-甲醛}(97\%)$$

吲哚　　吲哚-3-甲醛(97%)

二、喹啉

1. 物理性质

喹啉存在于煤焦油中，是无色油状液体，放置会逐渐变黄。喹啉具有刺鼻气味，熔点－15.6℃，沸点 238℃，相对密度 1.095。喹啉在水中溶解度很小，但能与大多数有机溶剂混溶。

2. 制备

喹啉及其衍生物常用的制法是 Skrup 合成法，用苯胺、甘油、浓硫酸和硝基苯共热制备：

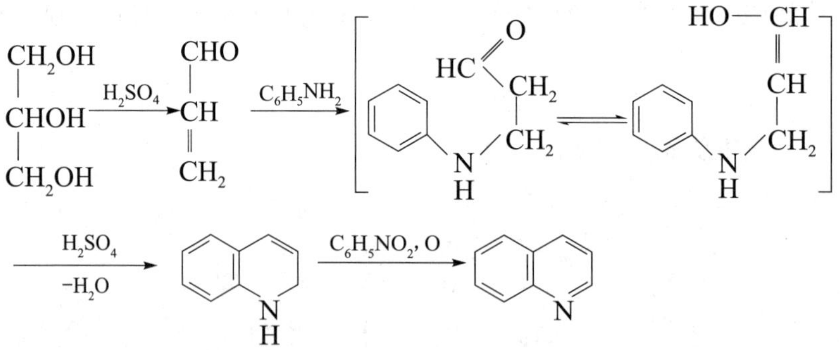

$$CH_2OH—CHOH—CH_2OH \xrightarrow{H_2SO_4} CHO—CH{=}CH_2 \xrightarrow{C_6H_5NH_2} \left[C_6H_5NH—CH_2—CH_2—CHO \rightleftharpoons C_6H_5NH—CH_2—CH{=}CH—OH\right]$$

$$\xrightarrow[-H_2O]{H_2SO_4} \text{1,2-二氢喹啉} \xrightarrow{C_6H_5NO_2, O} \text{喹啉}$$

3. 化学性质

喹啉也称苯并吡啶，是苯环和吡啶环稠合而成的。吡啶环上的氮原子电负性强，吸电子能力强于碳原子，使吡啶环上碳原子的电子云密度降低，相比较苯环的电子云密度更高，所以，亲电取代反应一般发生在苯环上。

（1）溴化：

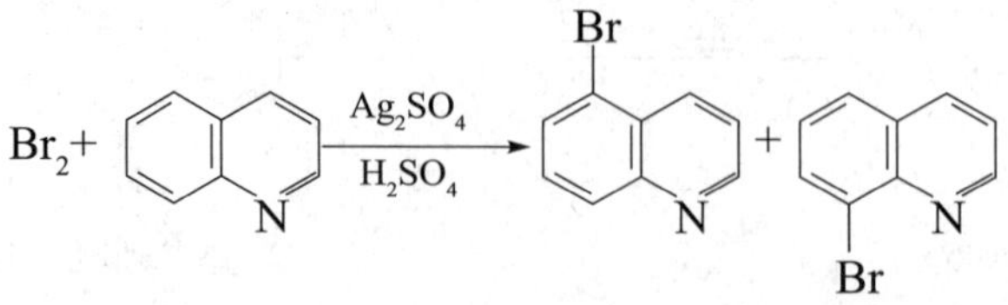

$$Br_2 + \text{喹啉} \xrightarrow[H_2SO_4]{Ag_2SO_4} \text{5-溴喹啉} + \text{8-溴喹啉}$$

喹啉　　5-溴喹啉(50%)8-溴喹啉(50%)

（2）硝化：

$$\text{喹啉} \xrightarrow[0℃]{H_2SO_4,\ HNO_3} \text{5-硝基喹啉} + \text{8-硝基喹啉}$$

喹啉　　5- 硝基喹啉(50%)8- 溴喹啉(48%)

（3）磺化：

$$\text{喹啉} \xrightarrow[220℃]{H_2SO_4} \text{5-喹啉磺酸} + \text{8-喹啉磺酸}$$

喹啉　　5- 硝基喹啉(少量)8- 溴喹啉(54%)

（4）氧化：

$$\text{喹啉} \xrightarrow[100℃]{KMnO_4,\ H_2O} \text{2,3-吡啶二甲酸}$$

喹啉　　2,3- 吡啶二甲酸(34%)

【练习】

完成下列反应：

(1) 喹啉 + 浓HNO_3 $\xrightarrow[0℃]{浓H_2SO_4}$

(2) 吲哚 + Br_2 $\xrightarrow[0℃]{\text{二氧六环}}$

(3) 喹啉 $\xrightarrow[100℃]{KMnO_4,\ H_2O}$

(4) 吲哚 $\xrightarrow[0℃]{(CH_3)_2N—CHO,\ POCl_3,\ H_2O}$

(5) 喹啉 $\xrightarrow[220℃]{H_2SO_4}$

第五节　常用的杂环化合物

杂环化合物在自然界分布很广，其数量几乎占到已知有机物的 1/3，用途很多，许多重要物质，如叶绿素、血红素、核酸、绝大多数的生物碱以及一些有显著疗效的天然药物和合成药物等，都含有杂环化合物的结构。

吡咯的衍生物对于生命是一种极其重要的物质，广泛存在于自然界，叶绿素、血红素、维生素 B_{12} 以及许多生物碱中都含有吡咯环，没有吡咯环可以说就没有生命。

吡咯衍生的卟吩，是由 4 个吡咯环的 α-碳原子通过次甲基（—CH═）相连而成的复杂共轭体系。

卟吩是很多生命物质分子结构中的基本骨架，如叶绿素、血红素等。叶绿素包括叶绿素 a 和叶绿素 b，是两种物质的混合物。

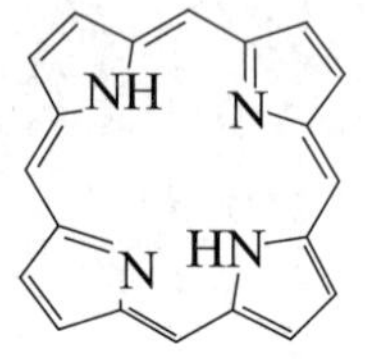

卟吩

1. 叶绿素 a

动植物赖以生存的物质来源于光合作用，植物以阳光为能源，以叶绿素为催化剂，才能光合生成葡萄糖。叶绿素共有 a、b、c 和 d 4 种。凡能进行光合作用释放氧气的植物均含有叶绿素 a，叶绿素 a 的结构如下：

卟啉环(头部,虚线上边)

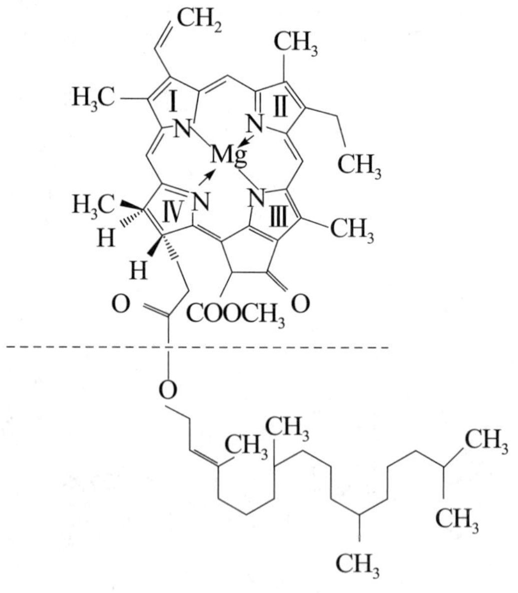

叶绿醇(尾部,虚线下边)

叶绿素 a 分子有 1 个卟啉环“头部”和 2 个叶绿醇“尾部”。头部：镁原子居于卟啉环中央，带正电荷，与其相联的氮原子则带负电荷，因此具有极性，有亲水性，可以与蛋白质结合。叶绿素 a 在活体中几乎都是与蛋白质结合的，一起存在于类囊体膜上。尾部：是由 4 个异戊二烯单位组成的双萜，是脂肪链，有亲脂性。

叶绿素 a 是蓝黑色结晶，熔点 150～153℃，能溶于乙醇、乙醚、丙酮、氯仿等有机溶液，但难溶于石油醚。叶绿素 a 的乙醇溶液显蓝绿色，并有深红色荧光。叶绿素 a 的分子中有 2 个手性碳原子，所以，叶绿素 a 具有旋光性。

2. 血红素

动物，特别是高等动物，需要血液循环输送氧气、养料和二氧化碳等。在人体中，输送氧气和二氧化碳的物质是血红素，血红素与蛋白质结合生成血红蛋白，存在于血液红细胞中。血红素又叫亚铁血红素，结构如下：

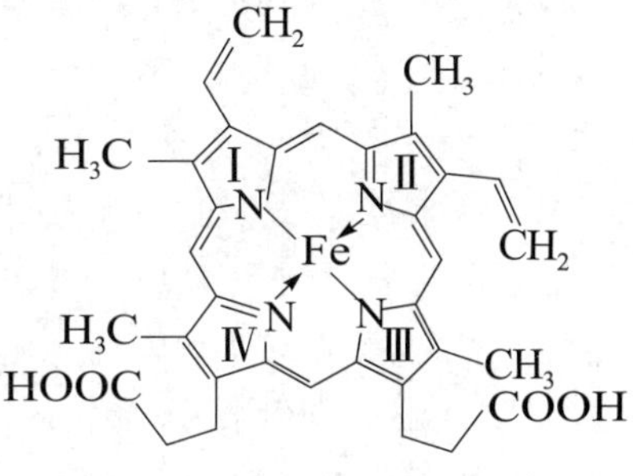

血红素

3. 4-甲基咪唑属于杂环化合物

20 世纪 80 年代以来，世界多国已经研究并掌握了合成高纯度 4-甲基咪唑的方法，中国现在也能合成纯度高于 98.5%的 4-甲基咪唑。4-甲基咪唑主要用作环氧树脂的固化剂，是合成西咪替丁的主要原料。4-甲基咪唑的结构式如下：

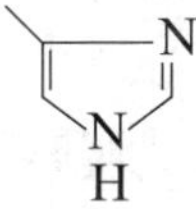

4- 甲基咪唑

4-甲基咪唑属于杂环化合物，这种物质在动物实验中能引发癌症，也有给人体带来致癌风险的可能。所以，我国国家标准《食品添加剂-焦糖色（亚硫酸铵法，氨法、普通法）》（GB 8817—2001）中的限量标准为焦糖色素里的 4-甲基咪唑含量不能超过 2/10000。4-甲基咪唑只要控制在一定限量下，是安全的。它属于生产中的间接产生物，在我国是被广泛使用的。如果合成抗菌剂以亚硫酸铵为原料，生产焦糖色素时会产生 4-甲基咪唑，而焦糖色素能使可乐饮料变成棕褐色。美国公共利益科学中心已经向美国食品和药物管理局递交请愿书，要求禁止使用以亚硫酸铵为原料生产的焦糖色素。

【练习】

命名下列化合物：

（1） 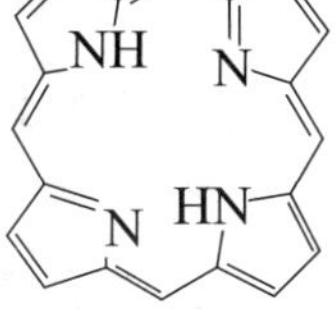　（2）

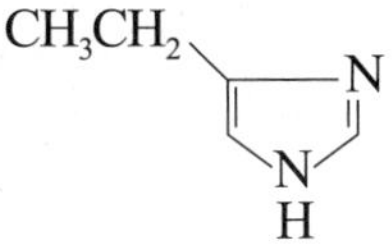

知识链接

杂环化合物广泛存在于自然界，如石油、煤焦油、动植物体及其制品中都含有杂环化合物。在人类的生活中，杂环化合物起着十分重要的作用，很多药物、保健品、染料、农药以及现代高分子材料、有机超导材料、生物模拟材料等都含有杂环化合物。越来越明确的是，杂环化合物与动植物的生长、发育、遗传、变异等都有着极其密切的关系。下面以天然叶绿素为例，来说明杂环化合物越来越重要的实际作用。叶绿素分子中，有碳碳双键、碳氧双键和碳氮双键，有卟啉环和叶绿醇，能够进行复杂的生物化学反应，具有重要的医疗和保健作用，如造血功能。诺贝尔奖获得者 Dr. Richard Willstatter 和 Dr. Hans Fisher 发现：叶绿素分子与人体的血红素分子在结构上很相似，唯一的区别就是各自的核心为镁原子与铁原子。因此，饮用叶绿素对产妇与因意外失血者会有很大的帮助，如帮助解除体内杀虫剂与药物残留。营养学家 Bernard Jensen 博士指出，叶绿素能除去杀虫剂与药物残留的毒素，并能与辐射性物质结合，将其排出体外。此外，他还发现，一般病患者拥有的血球计数比健康人的少些，在吸收大量的叶绿素后，病患者的血球计数就会增加，健康状况也会有所改善。越来越多的食品添加剂及其生产间接产物，如一滴香、4-甲基咪唑等杂环化合物，会不断出现我们的食品、饮料中，需要我们学习、关注。

本章小结

杂环化合物是有机环上含有杂原子，具有一定的芳香性和稳定性的有机环状化合物。

（1）五元杂环化合物——呋喃、噻吩、吡咯。结构上，环上杂原子 O、S、N 用 1 对未共用电子对参与形成共轭体系，使环上电子云密度增大，超过苯环。因此其性质比苯环活泼，更容易发生亲电取代反应，取代通常发生在 α 位，如果 α 位已有取代基，则发生在 β 位。环结构上，还有共轭双键，具有不饱和化合物的性质，容易进行加成反应、双烯合成等。

（2）六元杂环化合物——吡啶。结构上，环上杂原子 N 只用 1 个电子参与形成共轭体系，且本身电负性大，吸电子能力强，使环上电子云密度小，低于苯环。因此其性质比苯环稳定，很难发生亲电取代反应，如果取代，则通常发生在 β 位；环上电位高，能够进行亲核取代，如果取代，则通常发生在 α 位。环结构上，还有双键，具有不饱和化合物的性质，容易进行加成反应、氧化反应等。

（3）稠环化合物——吲哚、喹啉及其衍生物。它们都是平面型分子，吲哚是苯环和吡咯环稠合而成的，化学性质与吡咯相似，稳定性差，亲电取代反应主要发生在 3 位。喹啉是苯环和吡啶环稠合而成的，吡啶环上电子云密度低，苯环的电子云密度高，所以，亲电取代反应一般发生在苯环上。

（4）常用的杂环化合物——吡咯衍生物、吡啶衍生物、嘧啶衍生物和嘌呤衍生物。它们具有特殊又显著的生理作用，大多是非常有效的药物，很有发展前途。

习题

1. 写出下列化合物的构造式：

（1）2-甲基吡啶　（2）2-溴-N-甲基吡咯　（3）α,α-二甲基噻吩　（4）3-甲基嘧啶

（5）2-氯-呋喃　（6）糠醛　（7）2,4-吡咯二甲酸

2. 命名下列化合物：

（1） 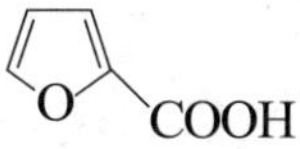 O COOH　（2） S NO_2　（3） NH_2 N H　（4） N COOH

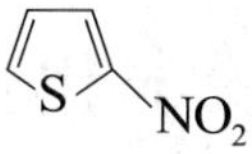

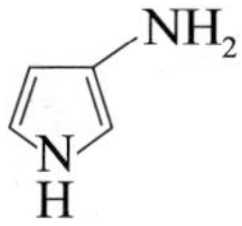

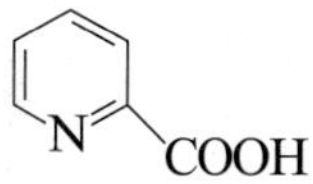

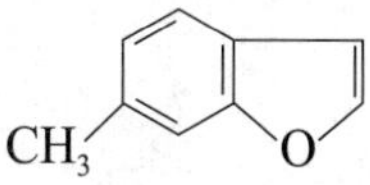

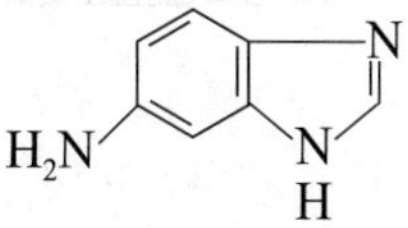

（5） CH_3 O　（6） H_2N N N H　（7） N

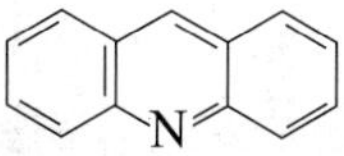

3. 完成下列反应方程式：

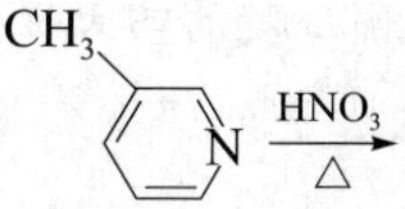

（1）  N $\xrightarrow{\text{浓}HNO_3+H_2SO_4}$　（2） 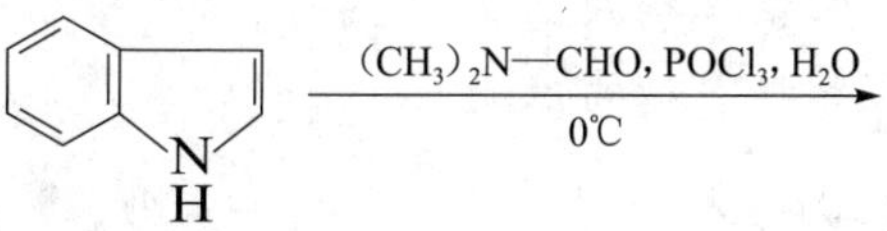 N H $\xrightarrow[0℃]{(CH_3)_2N—CHO,\ POCl_3,\ H_2O}$

（3） CH_3 N $\xrightarrow[\triangle]{HNO_3}$　（4） 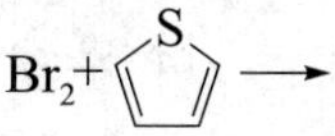 Br_2+ S $\longrightarrow$

（5） N $\xrightarrow{NaNH_2,\ \text{液}NH_3}$　（6）  N $+Br_2\longrightarrow$

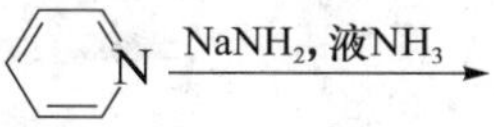

（7） 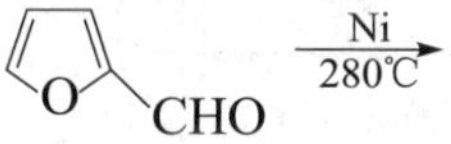 O CHO $\xrightarrow[280℃]{Ni}$　（8） 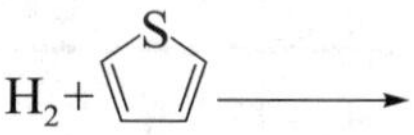 H_2+ S $\longrightarrow$

（9） N $\xrightarrow[H_2SO_4]{HNO_3}$ $\xrightarrow{Fe+HCl}$ $\xrightarrow[HCl]{NaNO_3}$ $\xrightarrow[C_6H_5OH]{NaOH}$

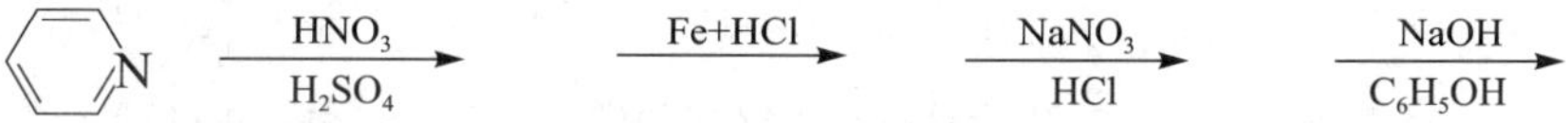

4. 解决下列问题：

（1）鉴别呋喃和四氢呋喃　（2）除去甲苯中的吡啶

（3）除去苯中的噻吩

5. 为什么呋喃与顺丁烯二酸酐能发生双烯合成，而噻吩和吡咯不能？

6. 用苯胺制备喹啉。

7. 从强到弱，给氨、吡咯、吡啶、苯胺的碱性排序。

8. 某杂环化合物 A，分子式为 $C_5H_4O_2$；A 被氧化后生成 B，B 能与 $NaHCO_3$ 反应，B 的分子式为 $C_5H_4O_3$；加热 B 生成 C，并放出气体，C 的分子式为 C_4H_4O，C 不显酸性，不能发生银镜反应，松木片反应呈绿色。试推断 A、B、C 的结构。

第十六章　碳水化合物

☞ **学习目标**

1. 了解葡萄糖和果糖的结构。
2. 掌握单糖的化学性质。
3. 掌握二糖的性质。
4. 掌握多糖的性质。

☞ **案例导入**

糖尿病在临床上以高血糖为主要标志，糖尿病是联合国确定的四大慢性非传染性疾病之一，在中国影响着上千万名患者及其家属。那么，什么是血糖？它属于什么化合物？有什么结构特征和用途呢？

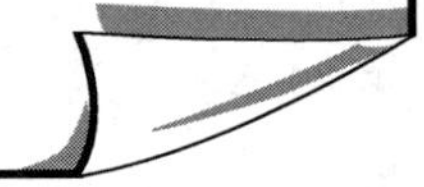

第一节　碳水化合物的定义和分类

碳水化合物俗称糖，是自然界中存在最多的一类有机物，如淀粉、纤维素等。最初人们发现，粮食的主要成分淀粉，棉麻的主要成分纤维素，水果中的葡萄糖，蜂蜜中的果糖、蔗糖、麦芽糖等，都是由碳、氢、氧 3 种元素组成的，组成通式为 $C_mH_{2n}O_n$ 或 $C_m(H_2O)_n$，相当于碳水组成，因此习惯上称为碳水化合物。

但是，一些不符合碳水化合物组成特点的也是碳水化合物。现在研究发现，有一些碳水化合物，如脱氧核糖（分子式 $C_5H_{10}O_4$）、鼠李糖（分子式 $C_6H_{12}O_5$）等，分子中氢原子和氧原子数比例不是 2∶1，不符合碳水化合物的定义，但具有碳水化合物的一般性质。另外，一些符合碳水化合物的组成特点的也不一定是碳水化合物。例如，乙酸的分子式 $C_2H_4O_2$，氢和氧原子数比例是 2∶1，符合碳水化合物的定义，但它是典型的羧酸，与碳水化合物的性质完全不同。总之，碳水化合物的定义不够准确，但它沿用悠久，不会随便消亡。随着碳水化合物的研究发展，人们将赋予碳水化合物更加准确的内涵和不断丰富的外延，自然地以发展传承式沿用碳水化合物定义。

碳水化合物是生物的结构组成物质，具有不可或缺的生理作用，也是生命的主要能量来源，还是工业、农业、加工业等的重要原料，研究意义重大。从碳水化合物的组成结构看，它们是多羟基酮、多羟基醛及其缩合物，或者说是能水解生成多羟基酮、多羟基醛的化合物。目前，学术界对糖的分类有多种方法，具体如下。

(1) 按能否水解分类。单糖：不能水解的多羟基酮和多羟基醛。多糖：能水解生成单糖的化合物。

(2) 按能否缩合和缩合度分类。单糖：没经过缩合的多羟基酮和多羟基醛。二糖：由两分子单糖缩合而成。三糖：由三分子单糖缩合而成……。二糖至八糖又统称为寡糖。多糖：由很多分子单糖缩合而成的，如淀粉或纤维素等。

(3) 按能否水解和水解后的产物分类。单糖：不能水解的多羟基酮和多羟基醛。低聚糖：水解生成几个分子单糖的化合物。多糖：能水解生成多个分子单糖的化合物。

本书根据研究的需要，按混合分类法，选择介绍单糖、二糖和多糖。

单糖是没经过缩合的、不能水解的多羟基酮和多羟基醛，如葡萄糖、果糖、鼠李糖等，是最简单的糖。

二糖是由两分子单糖缩合而成的，能水解生成 2 分子单糖，如蔗糖、麦芽糖、纤维二糖等，是生活中很常见、很重要的糖。

多糖是由很多分子单糖缩合而成的，能水解生成多个分子单糖，如淀粉、纤维素等，很多多糖都是天然化合物。

【练习】

1. 糖是________或________，按能否水解，糖可以分为_________、_________、_________。

2. 常见的单糖有________或________；常见的二糖有________或________；常见的多糖有________或________。

第二节　单　　糖

单糖分为多羟基酮和多羟基醛。分子中含有醛基的是醛糖，含有羰基的是酮糖。碳原子数目相同的醛糖和酮糖互为同分异构体。例如：

丙醛糖(甘油糖)	丙酮糖(二羟基丙酮)	丁醛糖	丁酮糖
CHO | *CHOH | CH_2OH	CH_2OH | C=O | CH_2OH	CHO | *CHOH | *CHOH | CH_2OH	CH_2OH | C=O | *CHOH | CH_2OH

手性碳原子（*C）是指其上连有 4 个不同基团的碳原子，手性碳原子上的 4 个不同的基团在空间可能有两种不同的排列形式，即有两种立体异构体。手性碳原子多的分子，其立体异构体也多。单糖分子中一般含有手性碳原子。如果单糖分子含有手性碳原子，就应该有 2^n（n=手性碳原子数）个对映体。例如，丙醛糖有 1 个手性碳原子，丙醛糖的对映体数为 $2^1=2$ 个。葡萄糖有 4 个手性碳原子，其对映体数为 $2^4=16$ 个。需要指出的是，不是所有的单糖都含有手性碳原子，如丙酮糖就不含手性碳原子。

对映体构型不同，经常用 *R-S* 标记法、*D-L* 标记法等来标记各种构型。

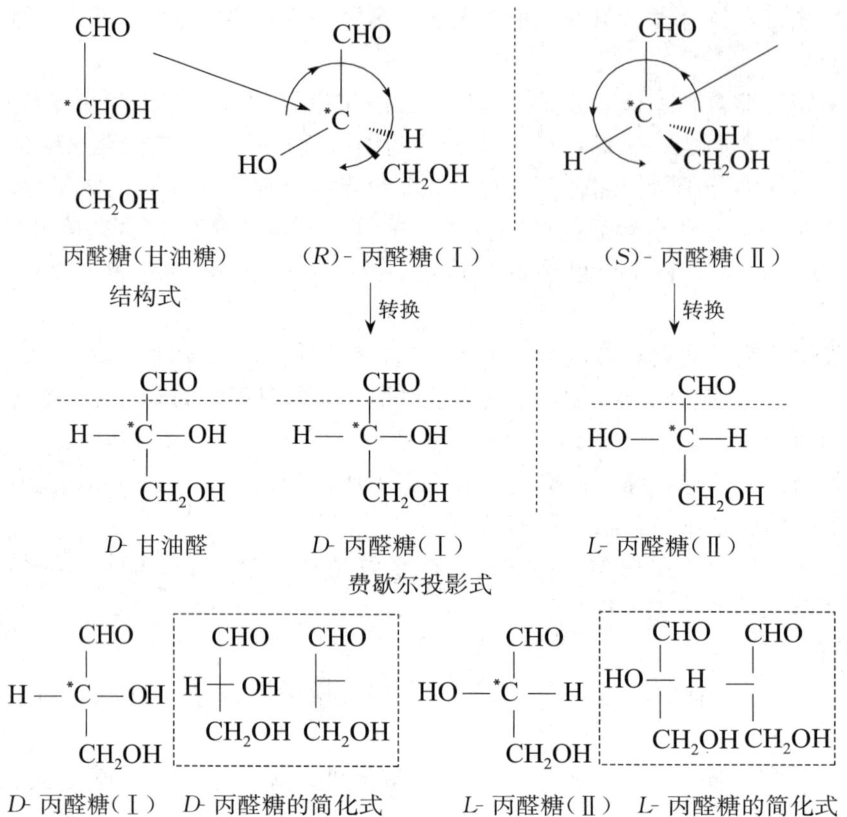

费歇尔投影式的简化式

一、葡萄糖

葡萄糖的分子式为 $C_6H_{12}O_6$。实验表明，葡萄糖分子中含有醛基，是开链的五羟基己醛，构造如下：$CH_2(OH)$ *CH(OH) *CH(OH) *CH(OH) *CH(OH)CHO。葡萄糖分子中有四个手性碳原子，使葡萄糖的结构具有 $2^4=16$ 个对映体。

单糖的骨架采用脂肪链式结构表示时，就是通常说的开链式。为了准确表示葡萄糖分子中氢原子和羟基的空间排布情况，下面选择一个天然 *D*-葡萄糖和一个 *L*-葡萄糖，用费歇尔投影式或其简化式表示。

```
        CHO                       CHO            CHO
        |                       H—|—OH           |—
   H—*C—OH                     HO—|—H           —|
        |                       H—|—OH           |—
  HO—*C—H                       H—|—OH           |—
        |                         CH2OH          CH2OH
   H—*C—OH
        |
   H—*C—OH
        |
        CH2OH
```

D-葡萄糖　　　　　　简化式

D-葡萄糖的对映体：

```
          CHO
           |
    HO— *C —H
           |
     H— *C —OH
           |
    HO— *C —H
           |
    HO— *C —H
           |
          CH2OH
```

L-葡萄糖

```
      CHO              CHO
HO ──┼── H          ─┤
 H ──┼── OH          ├─
HO ──┼── H          ─┤
HO ──┼── H          ─┤
      CH2OH            CH2OH
```

简化式

D-葡萄糖的非对映体：

```
          CHO
           |
     H— *C —OH
           |
     H— *C —OH
           |
     H— *C —OH
           |
     H— *C —OH
           |
          CH2OH
```

D-葡萄糖

```
      CHO              CHO
 H ──┼── OH          ├─
 H ──┼── OH          ├─
 H ──┼── OH          ├─
 H ──┼── OH          ├─
      CH2OH            CH2OH
```

简化式

二、果糖

果糖的分子式为 $C_6H_{12}O_6$。实验表明，果糖分子中含有羰基，是开链的五羟基己酮，构造如下：

```
    H    H    H    H          H
    |    |    |    |          |
H — C — *C — *C — *C ── C ── C — H
    |    |    |    |    ‖     |
    OH   OH   OH   OH   O     OH
```

构造式

```
             H    H    H
             |    |    |
HOH2C —      *  —  *  —  *  ──── C ──── CH2OH
             |    |    |         ‖
             OH   OH   OH        O
```

构造简式

分子中有 3 个手性碳原子，使果糖的结构具有 $2^3=8$ 个旋光异构体。

为了准确表示果糖分子中氢原子和羟基的空间排布情况，下面选择 1 个 *D*-果糖（D-frouctose）和 1 个 *L*-果糖，用费歇尔投影式或其简化式表示。

D-果糖：

```
        CH2OH
          |
          =O                    CH2OH           CH2OH
          |                       =O              =O
HO— *C —H                  HO—+—H          —+
          |                   H—+—OH          +—
H— *C —OH                     H—+—OH          +—
          |                     CH2OH           CH2OH
H— *C —OH
          |
        CH2OH
```

D-果糖的对映体，即 *L*-果糖：

```
        CH2OH
          |
          =O                    CH2OH           CH2OH
          |                       =O              =O
H— *C —OH                     H—+—OH          +—
          |                  HO—+—H          —+
HO— *C —H                    HO—+—H          —+
          |                     CH2OH           CH2OH
HO— *C —H
          |
        CH2OH
```

三、单糖的化学性质

（一）氧化

单糖能被多种氧化剂氧化，如溴水、硝酸等。醛糖被氧化生成羧酸。

1. 醛糖的氧化

（1）*D*-葡萄糖的氧化：

```
     CHO                          COOH
  H—+—OH                       H—+—OH
 HO—+—H        HNO3           HO—+—H
  H—+—OH      ——————→          H—+—OH
  H—+—OH                       H—+—OH
    CH2OH                         COOH
   D-葡萄糖                     葡萄糖二酸

     CHO                          COOH
  H—+—OH                       H—+—OH
 HO—+—H       Br2,H2O         HO—+—H
  H—+—OH      ——————→          H—+—OH
  H—+—OH                       H—+—OH
    CH2OH                         CH2OH
   D-葡萄糖                     葡萄糖酸
```

醛糖不仅能被多种氧化剂氧化，甚至能被很弱的氧化剂氧化。葡萄糖被托伦试剂氧化能生成金属银，即发生银镜反应，银镜反应被广泛用于玻璃镀银。葡萄糖被菲林试剂氧化会生成砖红色的氧化亚铜沉淀。两个反应现象明显，可用于鉴定醛基的存在。

$$\begin{array}{c} CHO \\ H-\!\!\!+\!\!\!-OH \\ HO-\!\!\!+\!\!\!-H \\ H-\!\!\!+\!\!\!-OH \\ H-\!\!\!+\!\!\!-OH \\ CH_2OH \end{array} + 2Ag^+ + 2OH^- \longrightarrow 2H_2O + 2Ag\downarrow + \begin{array}{c} COOH \\ H-\!\!\!+\!\!\!-OH \\ HO-\!\!\!+\!\!\!-H \\ H-\!\!\!+\!\!\!-OH \\ H-\!\!\!+\!\!\!-OH \\ CH_2OH \end{array}$$

D-葡萄糖　　　　葡萄糖酸

$$\begin{array}{c} CHO \\ H-\!\!\!+\!\!\!-OH \\ HO-\!\!\!+\!\!\!-H \\ H-\!\!\!+\!\!\!-OH \\ H-\!\!\!+\!\!\!-OH \\ CH_2OH \end{array} + 2Cu(OH)_2 \longrightarrow 2H_2O + Cu_2O\downarrow + \begin{array}{c} COOH \\ H-\!\!\!+\!\!\!-OH \\ HO-\!\!\!+\!\!\!-H \\ H-\!\!\!+\!\!\!-OH \\ H-\!\!\!+\!\!\!-OH \\ CH_2OH \end{array}$$

D-葡萄糖　　　　葡萄糖酸

(2) *D*-核糖的氧化：

$$\begin{array}{c} CHO \\ H-\!\!\!+\!\!\!-OH \\ H-\!\!\!+\!\!\!-OH \\ H-\!\!\!+\!\!\!-OH \\ CH_2OH \end{array} \xrightarrow{HNO_3} \begin{array}{c} COOH \\ H-\!\!\!+\!\!\!-OH \\ H-\!\!\!+\!\!\!-OH \\ H-\!\!\!+\!\!\!-OH \\ COOH \end{array}$$

D-核糖　　　　核糖二酸

2. 酮糖的氧化

酮糖能被强氧化剂氧化，但不能被溴水氧化。因为酮糖的羰基有活性，也能被托伦试剂和菲林试剂氧化，但比醛糖反应慢，难度大。

$$\begin{array}{c} CH_2OH \\ =O \\ HO-\!\!\!+\!\!\!-H \\ H-\!\!\!+\!\!\!-OH \\ H-\!\!\!+\!\!\!-OH \\ CH_2OH \end{array} \xrightarrow{HNO_3} \begin{array}{c} COOH \\ HO-\!\!\!+\!\!\!-H \\ H-\!\!\!+\!\!\!-OH \\ H-\!\!\!+\!\!\!-OH \\ COOH \end{array}$$

D-果糖　　　　树胶糖二酸

$$\begin{array}{c} CH_2OH \\ =O \\ HO-\!\!\!+\!\!\!-H \\ H-\!\!\!+\!\!\!-OH \\ H-\!\!\!+\!\!\!-OH \\ CH_2OH \end{array} \xrightarrow[Cu(OH)_2]{Ag(NH_3)_2OH} \begin{array}{c} CH_2OH \\ | \\ COOH \end{array} + \begin{array}{c} COOH \\ HO-\!\!\!+\!\!\!-H \\ H-\!\!\!+\!\!\!-OH \\ H-\!\!\!+\!\!\!-OH \\ CH_2OH \end{array}$$

D-果糖　　　　羟基乙酸　　　　三羟基丁酸

(二) 还原

单糖中有C═O键，能够被加成还原。单糖可以还原成糖醇，该反应能改变一些碳原子的手性和物质的旋光性。

$$\begin{array}{c} CHO \\ H-\!\!\!-\!\!\!-OH \\ HO-\!\!\!-\!\!\!-H \\ H-\!\!\!-\!\!\!-OH \\ H-\!\!\!-\!\!\!-OH \\ CH_2OH \end{array} + H_2 \xrightarrow{Cr\text{-}Cu} \begin{array}{c} CH_2OH \\ H-\!\!\!-\!\!\!-OH \\ HO-\!\!\!-\!\!\!-H \\ H-\!\!\!-\!\!\!-OH \\ H-\!\!\!-\!\!\!-OH \\ CH_2OH \end{array}$$

D-葡萄糖　　　　D-葡萄糖醇

$$\begin{array}{c} CH_2OH \\ =O \\ HO-\!\!\!-\!\!\!-H \\ H-\!\!\!-\!\!\!-OH \\ H-\!\!\!-\!\!\!-OH \\ CH_2OH \end{array} + H_2 \xrightarrow{Ni} \begin{array}{c} CH_2OH \\ H-\!\!\!-\!\!\!-OH \\ HO-\!\!\!-\!\!\!-H \\ H-\!\!\!-\!\!\!-OH \\ H-\!\!\!-\!\!\!-OH \\ CH_2OH \end{array} + \begin{array}{c} CH_2OH \\ HO-\!\!\!-\!\!\!-H \\ HO-\!\!\!-\!\!\!-H \\ H-\!\!\!-\!\!\!-OH \\ H-\!\!\!-\!\!\!-OH \\ CH_2OH \end{array}$$

D-果糖　　　　葡萄糖醇　　　　果糖醇

D-果糖在催化剂 Ni 的作用下，在加热、加压条件下能被还原成果糖醇和葡萄糖醇。*D*-葡萄糖醇又名山梨糖醇，是无色晶体，有吸湿性，无臭、无毒、稍有甜味，是合成维生素 C、表面活性剂、合成树脂等的原料。工业上经常用 *D*-葡萄糖还原制取。

（三）成脎反应

单糖与苯肼反应，先是羰基反应生成苯腙，在苯肼过量的条件下，苯腙可以继续反应，生成产物脎。

葡萄糖成脎反应历程：

$$\begin{array}{c} CHO \\ H-\!\!\!-\!\!\!-OH \\ HO-\!\!\!-\!\!\!-H \\ H-\!\!\!-\!\!\!-OH \\ H-\!\!\!-\!\!\!-OH \\ CH_2OH \end{array} \xrightarrow{C_6H_5NHNH_2} \begin{array}{c} CH{=}NNHC_6H_5 \\ H-\!\!\!-\!\!\!-OH \\ HO-\!\!\!-\!\!\!-H \\ H-\!\!\!-\!\!\!-OH \\ H-\!\!\!-\!\!\!-OH \\ CH_2OH \end{array}$$

D-葡萄糖　　　　D-葡萄糖苯腙

$$\begin{array}{c} CH{=}NNHC_6H_5 \\ H-\!\!\!-\!\!\!-OH \\ HO-\!\!\!-\!\!\!-H \\ H-\!\!\!-\!\!\!-OH \\ H-\!\!\!-\!\!\!-OH \\ CH_2OH \end{array} \xrightarrow{C_6H_5NHNH_2} \begin{array}{c} CH{=}NNHC_6H_5 \\ | \\ C{=}NNHC_6H_5 \\ HO-\!\!\!-\!\!\!-H \\ H-\!\!\!-\!\!\!-OH \\ H-\!\!\!-\!\!\!-OH \\ CH_2OH \end{array}$$

D-葡萄糖苯腙　　　　D-葡萄糖脎

果糖成脎反应历程：

$$
\begin{array}{c}
CH_2OH \\
| \\
C{=}O \\
HO-\!\!\!+\!\!\!-H \\
H-\!\!\!+\!\!\!-OH \\
H-\!\!\!+\!\!\!-OH \\
CH_2OH
\end{array}
\xrightarrow{C_6H_5NHNH_2}
\begin{array}{c}
CH_2OH \\
| \\
C{=}NNHC_6H_5 \\
HO-\!\!\!+\!\!\!-H \\
H-\!\!\!+\!\!\!-OH \\
H-\!\!\!+\!\!\!-OH \\
CH_2OH
\end{array}
$$

D-果糖　　　　*D*-果糖苯腙

$$
\begin{array}{c}
CH_2OH \\
| \\
C{=}NNHC_6H_5 \\
HO-\!\!\!+\!\!\!-H \\
H-\!\!\!+\!\!\!-OH \\
H-\!\!\!+\!\!\!-OH \\
CH_2OH
\end{array}
\xrightarrow{C_6H_5NHNH_2}
\begin{array}{c}
CH{=}NNHC_6H_5 \\
| \\
C{=}NNHC_6H_5 \\
HO-\!\!\!+\!\!\!-H \\
H-\!\!\!+\!\!\!-OH \\
H-\!\!\!+\!\!\!-OH \\
CH_2OH
\end{array}
$$

D-果糖苯腙　　　　*D*-葡萄糖脎（也是*D*-果糖脎）

单糖无论是醛糖还是酮糖都能成脎，成脎反应都发生在C-1和C-2上，其他碳原子不参加反应。葡萄糖和果糖除C-1和C-2原子上的组成结构不相同外，其他C原子的组成结构完全相同，所以，它们成的脎完全相同。糖脎是黄色晶体，不溶于水，不同的单糖成脎的时间不同，形成脎的晶型也不同，因此成脎反应可以鉴别单糖。果糖还能够与间苯二酚的稀盐酸溶液发生颜色反应，显鲜红色，这也是酮糖共有的反应，可以用来鉴别醛糖和酮糖。

四、常见的单糖

1. *D*-(—)-核糖和*D*-(—)-脱氧核糖

D-核糖和*D*-脱氧核糖都是戊醛糖，结构如下：

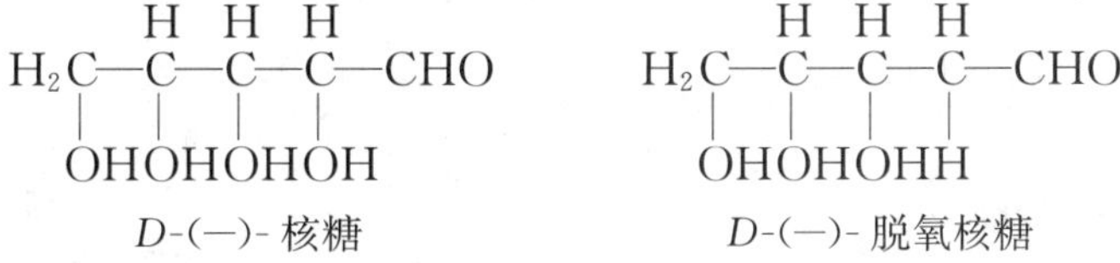

D-(—)-核糖　　　　*D*-(—)-脱氧核糖

D-核糖为片状结晶，熔点87℃。*D*-核糖是核糖核酸（RNA）的重要组分，*D*-2-脱氧核糖是脱氧核糖核酸（DNA）的重要组分，广泛存在于动植物细胞中。*D*-核糖和*D*-脱氧核糖是对生命现象影响重大的戊糖，它们都是左旋物质，在水溶液中，存在呋喃糖和直链糖的动态平衡，有变旋现象。它们都有醛基，具有醛糖的通性。*D*-核糖还是多种维生素、辅酶以及某些抗生素，如新霉素A、B和巴龙霉素的成分。

2. *D*-葡萄糖

葡萄糖是无色晶体或白色粉末，有甜味，甜度是蔗糖的70%，易溶于水，微溶于乙醇，不溶于乙醚、氯仿、苯等有机溶剂，熔点146℃，广泛存在于植物的根、茎、叶、花、果实中，存在于动物血液、淋巴液、脊髓液等各种器官和组织及多种动植物制品中。葡萄糖通过绿色植物光合作用可以源源不断的合成，在动植物体中氧化分解实现循环，并为动植物提供生存的能量。天然葡萄糖都是*D*-葡萄糖，右旋体。葡萄糖在医疗上，具有强心、解毒、利尿等功效。在食品中，可以制糖浆、糖果等。可以利用其银镜反应制造玻璃制品。*D*-葡萄糖可以还原成 *D*-山梨醇，再氧化变成 *D*-山梨糖，用于制备维生素 C，它是制备维生素 C 的重要原料。

3. *D*-果糖

D-果糖的全称为 *D*-阿拉伯型己酮糖，是白色斜方棱柱状晶体或白色粉末，极易潮解，熔点 103～105℃，是所有糖中最甜的一种，它比蔗糖甜一倍，广泛用于食品工业，如制糖果、糕点、饮料等。*D*-果糖易溶于水，可溶于热丙酮，易溶于乙醇、甲醇、吡啶、乙胺、甲胺，微溶于冷丙酮。*D*-果糖能以游离态大量存在于水果的浆汁和蜂蜜中，还能与葡萄糖结合生成蔗糖、淀粉等，广泛存在于植物的根、茎、叶、果实及蜂蜜、果汁等物质中。

【练习】

1. α-*D*-葡萄糖与 β-*D*-葡萄糖是对映体吗？写出 α-*D*-葡萄糖和 β-*D*-葡萄糖的对映体。

2. 下列两个单糖与过量苯肼反应，产物是否相同？

（1）$H_2C(OH)-CH(OH)-CH(OH)-CH_2-C(=O)-CH_2OH$　　（2）$H_2C(OH)-CH(OH)-CH(OH)-CH(OH)-CH(OH)-CHO$

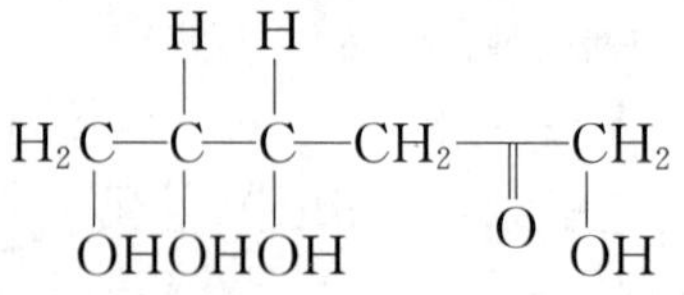

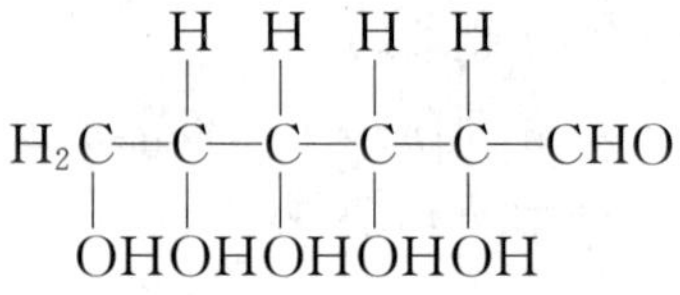

3. 完成下列反应：

（1） 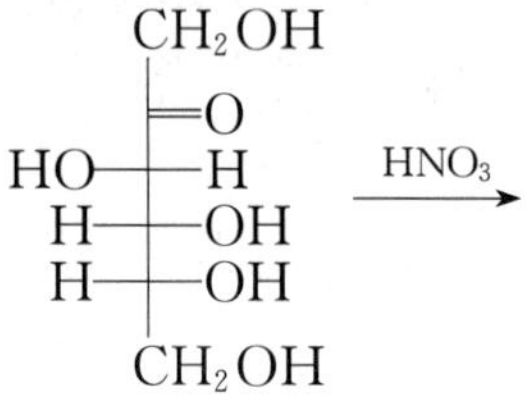
$$\begin{array}{c} CH_2OH \\ |\!=\!O \\ HO-\!\!-H \\ H-\!\!-OH \\ H-\!\!-OH \\ CH_2OH \end{array} \xrightarrow{HNO_3}$$

（2） 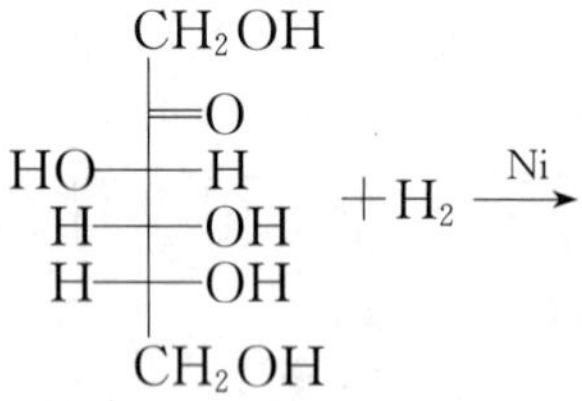
$$\begin{array}{c} CH_2OH \\ |\!=\!O \\ HO-\!\!-H \\ H-\!\!-OH \\ H-\!\!-OH \\ CH_2OH \end{array} + H_2 \xrightarrow{Ni}$$

第三节　二　　糖

二糖也称双糖，是由两个单糖缩合而成的，能水解成两分子单糖。常见的二糖有蔗糖、麦芽糖、纤维二糖等。

一、蔗糖

1. 蔗糖的物理性质

蔗糖是无色晶体，易溶于水，甜度很高，仅次于果糖，超过葡萄糖、麦芽糖、乳糖的甜度。熔点 180℃，比旋光度 +66.5°，在 200℃左右变成褐色。它是自然界中分布最广的二糖，主要存在于甘蔗和甜菜中，也称甜菜糖，是一种日常用糖。

2. 蔗糖的组成

蔗糖分子式 $C_{12}H_{22}O_{11}$。实验表明，蔗糖在酸或酶存在条件下水解，生成 1 分子 α-*D*-(＋)-葡萄糖和 1 分子 β-*D*-(－)-果糖。工业上，用蔗糖水解制果糖，是重要的生产方式之一。蔗糖的水解产物有葡萄糖和果糖，是混合糖。我们习惯把蔗糖水解成的混合糖称为转化糖，转化糖因为含有果糖，所以很甜，天然蜂蜜是含果糖较多的转化糖，甜度超过蔗糖（因为 α-葡萄糖和 β-葡萄糖在溶液中产生变旋，最终达到＋52.5°，故 D-(＋)-葡萄糖经常用＋52.5°表示）。

$$C_{12}H_{22}O_{11} \longrightarrow C_6H_{12}O_6 + C_6H_{12}O_6$$

	蔗糖	α-*D*-葡萄糖	β-*D*-果糖	转化糖
比旋光度：	＋66.5°	＋52.5°	－92.4°	－20°

3. 蔗糖的化学性质

α-*D*-(＋)-葡萄糖和 β-*D*-(－)-果糖都是糖苷，葡萄糖的苷羟基和果糖的苷羟基缩合成苷键，两个单糖分子的苷羟基都用于缩合，蔗糖分子中就没有了苷羟基，稳定性增大，自然不能转变成开链式，也不存在氧环式和开链式的互变平衡。所以，蔗糖没有变旋现象，没有开链式即没有醛基，不能被菲林试剂、托伦试剂氧化，也不能与苯肼反应成脎。蔗糖没有还原性，是非还原性二糖。

二、麦芽糖

1. 麦芽糖的物理性质

麦芽糖是无色片状晶体，易溶于水，甜度不高，是蔗糖的 40%左右。熔点 160～165℃，比旋光度＋137°，是右旋糖。在自然界中，麦芽糖不以游离态存在，它是淀粉组成的基本单位。淀粉在麦芽糖酶或唾液酶的作用下可以水解成麦芽糖，这就是在日常生活中，我们反复咀嚼淀粉类食物，会有甜甜的感觉的原因。工业上，麦芽糖用淀粉酶水解淀粉制取。

2. 麦芽糖的组成

麦芽糖的分子式为 $C_{12}H_{22}O_{11}$。实验表明，麦芽糖在无机酸或酶存在条件下水解，生成两分子 α-*D*-(＋)-葡萄糖，或生成一分子 α-*D*-(＋)-葡萄糖和一分子 β-*D*-(＋)-葡萄糖。原理如下：

$$C_{12}H_{22}O_{11} \longrightarrow C_6H_{12}O_6$$

麦芽糖　　α-*D*-(＋)-葡萄糖(最终)

比旋光度：＋66.5°　　＋112° ⟶ ＋52.5°

$$C_{12}H_{22}O_{11} \longrightarrow C_6H_{12}O_6 + C_6H_{12}2O_6$$

麦芽糖　　α-*D*-(＋)-葡萄糖　　β-*D*-(＋)-葡萄糖(最终)

3. 麦芽糖的化学性质

麦芽糖缩合时，只用一个葡萄糖分子上的苷羟基，另一个葡萄糖分子上的苷羟基还在，则自然能转变成开链式，故存在氧环式和开链式的互变平衡。所以，麦芽糖存在变旋现象，开链式有醛基，能被菲林试剂、托伦试剂等氧化，也能与苯肼反应成脎。麦芽糖具有还原性，是还原性二糖。

三、纤维二糖

1. 纤维二糖的物理性质

纤维二糖是无色晶体或白色粉末，易溶于水，熔点 225℃，比旋光度+168°，是右旋糖。自然界中，纤维二糖不以游离态存在，它是组成纤维素的基本单位。纤维素在苦杏仁酶的作用下，水解可以制得纤维二糖。

2. 纤维二糖的组成

纤维二糖的分子式为 $C_{12}H_{22}O_{11}$。实验表明，纤维二糖水解，生成两分子 β-*D*-(+)-葡萄糖，或生成一分子 α-*D*-(+)-葡萄糖和一分子 β-*D*-(+)-葡萄糖。原理如下：

$$\underset{\text{纤维二糖}}{C_{12}H_{22}O_{11}} \longrightarrow \underset{\beta\text{-}D\text{-}(+)\text{-葡萄糖}}{C_6H_{12}O_6}$$

$$\underset{\text{纤维二糖}}{C_{12}H_{22}O_{11}} \longrightarrow \underset{\beta\text{-}D\text{-}(+)\text{-葡萄糖}}{C_6H_{12}O_6} + \underset{\alpha\text{-}D\text{-}(+)\text{-葡萄糖}}{C_6H_{12}O_6}$$

3. 纤维二糖的化学性质

纤维二糖缩合时，只用一个葡萄糖分子上的苷羟基，另一个葡萄糖分子上的苷羟基还在，则自然能转变成开链式，存在氧环式和开链式的互变平衡。所以，纤维二麦芽糖存在变旋现象，开链式有醛基，能被菲林试剂、托伦试剂等氧化，也能与苯肼反应成脎。纤维二糖具有还原性，是还原性二糖。

【练习】

1. 如何检验蔗糖和麦芽糖？

2. 完成下列方程式：

(1) $\underset{\text{蔗糖}}{C_{12}H_{22}O_{11}} \xrightarrow{\text{水解}}$

(2) $\underset{\text{麦芽糖}}{C_{12}H_{22}O_{11}} \xrightarrow{\text{水解}}$

(3) $\underset{\text{纤维二糖}}{C_{12}H_{22}O_{11}} \xrightarrow{\text{水解}}$

(3) 试比较蔗糖、麦芽糖、纤维二糖的物理性质，并按它们的甜度由大到小排序。

第四节 多　糖

多糖是由多个单糖通过缩合以糖苷键连接而成，相对分子质量较大的高分子化合物。多糖广泛存在于动植物体中，如植物骨架的纤维素、植物储存的淀粉、动物体内的糖原等，多糖与单糖、低聚糖在性质上差别显著，单糖、低聚糖常有的性质多糖都不具备。例如，多糖没有甜味，多数不溶于水，没有旋光性，没有还原性，不易被氧化，不能成脎。常见的多糖是自然界中存在最广泛的淀粉、纤维素和糖原，其他的多糖有待于发现，多糖的性质也有待于研究。

有些多糖能在水中形成胶体溶液。

一、淀粉

淀粉是植物体储备能量和养分的物质形式，大量存在于植物的种子、块根部，大米、麦类、土豆、红薯等中的含量尤其丰富。自然界中，绿色植物的光合作用源源不断地合成葡萄糖，富余的葡萄糖转化成淀粉储存，它们是植物的养分，也是动物和人类不可缺少的重要养料。

（一）淀粉的分类

淀粉是无定形的粉末，从结构上，大致可以分为直链淀粉和支链淀粉，这两类淀粉在结构和性质上都有一定区别，在淀粉中占的比例也因植物的种类不同而各异。一般淀粉中，有10%～30%的是直链淀粉，70%～90%的是支链淀粉。

（二）淀粉的性质

1. 淀粉的物理性质

淀粉是白色、无定形固体，不甜无味，不溶于一般有机溶剂。直链淀粉不溶于水。这是因为直链淀粉在分子内氢键的作用下，卷曲成紧密的螺旋状结构，不利于水分子的接近，故很难溶于水。加热时，破坏一些直链淀粉的分子内氢键，则能形成直链淀粉的溶胶。支链淀粉能溶于水，支链淀粉有很多分支，不会像直链淀粉那样分子内结构紧密，从而有利于水分子接近，分子内大量的羟基自由存在，使相对分子质量较大的支链淀粉能溶于水。

2. 淀粉的化学性质

淀粉的分子式为（$C_6H_{10}O_5$）$_n$，淀粉分子的末端有苷羟基，但因淀粉的相对分子质量很大，苷羟基表现不出活性，故淀粉没有还原性，不能被氧化，不能发生成脎反应，没有变旋现象。但是，淀粉还是有一些自身的化学性质。

1）水解

淀粉在淀粉酶的作用下，水解可以得到麦芽糖，在酸的催化作用下，水解可以得到产物 *D*-(+)-葡萄糖。

$$2(C_6H_{10}O_5)_n + nH_2O \longrightarrow nC_{12}H_{22}O_{11}$$

淀粉　　　　麦芽糖

$$(C_6H_{10}O_5)_n + nH_2O \longrightarrow nC_6H_{12}O_6$$

淀粉　　　　*D*-(+)-葡萄糖

2）与碘反应

直链淀粉遇碘变蓝色，支链淀粉遇碘变红紫色。

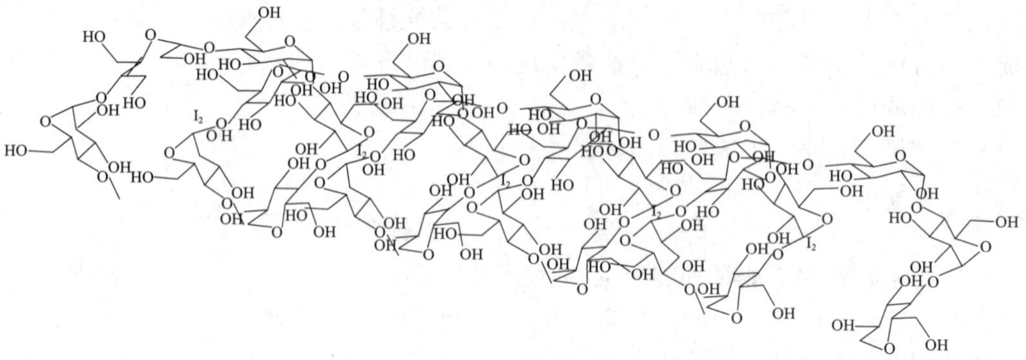

直链淀粉卷曲成紧密的螺旋状结构，大约 6 个葡萄糖成链盘旋一周，形成孔穴空间，此孔穴空间恰好能够容纳碘分子，碘分子进入直链淀粉的孔穴空间后很难撞出，借助范德华力形成稳定的络合物，呈特殊的蓝色。支链淀粉与非极性碘分子也能形成络合物，呈红紫色。

二、纤维素

纤维素是构成植物细胞壁的主要成分，支撑着植物。棉花的纤维含量最高，达到 98%，几乎是纯的纤维素；亚麻的纤维含量次之，达到 80%；木材的纤维含量也很高，达到 50%。植物都离不开纤维素，即使是植物的茎和叶，一般也含 15%左右。纤维素是自然界中分布非常广泛又重要的多糖。

（一）纤维素的分类

纤维素长链是搓绕成麻线状的，从结构上看，纤维素只有直链一种。

纤维素是直链结构，但不像直链淀粉形成紧密的螺旋状结构，因为纤维素是 β-*D*-葡萄糖通过 β-1,4-苷键连接形成的链，它不卷曲成螺旋状，而是借助分子间氢键，进行纤维素分子链和另外的维素分子链之间吸引扭缠，像麻绳一样拧在一起，形成坚硬的、不溶于水的、纤维状的高分子，构成理想的植物细胞壁。

（二）纤维素的性质

1. 纤维素的物理性质

纤维素是无色、不甜、无味、形态不同的固体，纤维素不能溶于水，也不溶于一般的有机溶剂，受热会分解，没有熔化现象。

2. 纤维素的化学性质

纤维素的分子式为 $(C_6H_{10}O_5)_n$，分子的末端有苷羟基，但因相对分子质量很大，苷羟基表现不出活性。因此纤维素没有还原性，不能被氧化，不能发生成脎反应，没有变旋现象。但是，纤维素还是有一些自身的化学性质。

1）水解

纤维素的水解比淀粉困难，需要在酸性溶液中，如无机酸，且在加压、加热条件下，才能水解得到纤维二糖等，继续催化水解，可以得到产物 *D*-(+)-葡萄糖。

$$2(C_6H_{10}O_5)_n + nH_2O \longrightarrow nC_{12}H_{22}O_{11}$$

纤维素　　　　纤维二糖

$$(C_6H_{10}O_5)_n + nH_2O \longrightarrow nC_6H_{12}O_6$$

纤维素　　　　D-(+)-葡萄糖

2）纤维素的类醇反应

纤维素分子中有很多羟基，类似醇的性质，能发生一系列类醇反应。例如，可以和碱、无机酸、有机酸反应等，生成相应的盐、无机酯、有机酯等，这些性质可用于具有重要的工业价值。例如：

（1）纤维素与氢氧化钠反应，可用于制备纤维素钠：

$$-\overset{|}{\underset{|}{C}}-OH + NaOH \longrightarrow -\overset{|}{\underset{|}{C}}-ONa + H_2O$$

纤维素部分　　　　纤维素钠

$$-\overset{|}{\underset{|}{C}}-ONa + ClCH_3 \longrightarrow -\overset{|}{\underset{|}{C}}-OCH_3 + NaCl$$

纤维素钠　　一氯甲烷　　纤维素甲醚(甲基纤维素)

纤维素甲醚（甲基纤维素）是常用的分散剂、乳化剂、上浆剂、医药上的灌肠剂等。

$$-\overset{|}{\underset{|}{C}}-ONa + ClCH_2CH_3 \longrightarrow -\overset{|}{\underset{|}{C}}-OCH_2CH_3 + NaCl$$

纤维素钠　　一氯乙烷　　纤维素乙醚(乙基纤维素)

纤维素乙醚（乙基纤维素）可以用作制造塑料、橡胶、涂料的代用品等。

（2）纤维素与氢氧化钠和二硫化碳反应，可用于制备纤维素黄原酸酯钠盐：

$$-\overset{|}{\underset{|}{C}}-OH + NaOH + S{=}C{=}S \longrightarrow -\overset{|}{\underset{|}{C}}-O-\underset{\underset{S}{\|}}{C}-SNa + H_2O$$

纤维素部分　　　　纤维素黄原酸酯钠盐

纤维素黄原酸酯钠盐可以溶于稀氢氧化钠中，形成黏稠溶液，通过喷丝头的细孔，进入由硫酸、硫酸钠、硫酸锌等组成的凝固浴中，纤维素黄原酸酯钠盐被分解成纤维素，成为细丝，称为黏胶纤维。

黏胶纤维有长纤维和短纤维。长纤维称为人造纤维，用于纺织、针织；短纤维称为人造棉或人造毛，用于纯纺或混纺。

另外，还可以在纤维素分子中引入某些官能团，如酸性或碱性集团，得到纤维素离子交换剂，用于分离天然产物。

美国塔弗兹大学（Tufts University）泰勒（Holly Taylor）教授对19位22～55岁女性的调查发现，不食用意大利面、面包、比萨、马铃薯等高能量食品达一周的女性，出现记忆与认知能力受损。研究结果显示，摄取的食物对认知行为有立即的影响，“低碳水化合物”或“无碳水化合物”饮食法，对大脑的思考及认知有严重的负面影响。不过，只要再恢复食用这些高能量食品，记忆与认知功能就能恢复正常。泰勒称，虽然这个研究的样本数不多，时间也仅有3周，但结果清楚显示，经过1周严格的禁食碳水化合物食品，受调查女性的记忆表现，对困难的脑力工作人员表现出特别的损害。她指出，脑细胞需要葡萄糖作为能量，但脑细胞无法储存葡萄糖，需要透过血液持续供应，碳水化合物食品摄取不足，可能造成脑细胞所需要的葡萄糖供应减少，因此，对学习、记忆及思考力造成伤害。

【练习】

1. 现有未知物果糖、蔗糖、淀粉和纤维素，请将它们一一区别开来。

2. 完成下列反应：

(1) $-\overset{|}{\underset{|}{C}}-OH + NaOH \longrightarrow$

纤维素部分

(2) $-\overset{|}{\underset{|}{C}}-ONa + ClCH_2CH_3 \longrightarrow$

纤维素钠　　一氯乙烷

(3) $(C_6H_{10}O_5)_n + H_2O \longrightarrow$

淀粉

(4) $(C_6H_{10}O_5)_n + H_2O \longrightarrow$

纤维素

3. 简述淀粉和纤维素的物理性质。

碳水化合物主要来自植物，如谷物、蔬菜、水果和豆类等；来自动物的主要是奶制品。碳水化合物是身体的主要能量来源。碳水化合物有单糖、二糖和多糖之分。单糖和二糖是简单的碳水化合物，主要指常说的蜂蜜、糖（即蔗糖），牛奶、水果和蔬菜等都含有简单碳水化合物，而人们摄取简单碳水化合物的主要来源是食用糖和糖加工食品。过多食用简单的碳水化合物食品，会使血糖迅速升高，从而刺激胰岛素大量释放，经常这样，就会削弱胰腺的功能，使胰岛素释放减少，从而引起肥胖，甚至导致糖尿病和心脏病。淀粉和纤维素是复杂的碳水化合物，转变成简单碳水化合物，需要水解过程。在工业上，原料淀粉经过水解，再经过固定化葡萄糖异构酶转化为糖，才能制得含42%果糖和58%葡萄糖的混合物，这种混合物称为果葡糖浆或高果糖浆。人进食后，淀粉和纤维素也需要经过消化转化成简单的碳水化合物，如葡萄糖，葡萄糖被吸收进入血液变成血糖，才能被直接利用。正常人的血糖，空腹为3.9～6.2mmol/L；餐后为7.1～11.1mmol/L。我国正常人的血糖值标准范围为3.9～6.1mmol/L，反复检测超出此范围很可能患上了糖尿病。糖尿病人要少吃糖，尤其是低聚糖，因为消化吸收快，容易导致血糖高，淀粉和纤维素（尤其是纤维素）消化较慢，吸收自然也慢，故食用后人体内血糖一般不会很快升高。

本章小结

碳水化合物是由碳、氢、氧3种元素组成的，组成通式为 $C_mH_{2n}O_n$ 或 $C_m(H_2O)_n$，相当于碳水组成，因此习惯上称为碳水化合物。

（1）单糖——葡萄糖、果糖。单糖是多羟基醛和多羟基酮，分子中含有醛基的是醛糖，含有羰基的是酮糖。葡萄糖是己醛糖，果糖是己酮糖，能被还原，也能被多种氧化剂氧化，生成羧酸。例如，被硝酸、托伦试剂、费林试剂、溴水等氧化。还能与苯肼反应成脎，与醇、酚等含羟基的化合物反应成苷。单糖分子中有手性碳原子，一般具有旋光性，在溶液中，葡萄糖和果糖有开链式和氧环式，处于开链、α-型、β-型的动态变化之中，因此有变旋现象。

（2）二糖——蔗糖、麦芽糖、纤维二糖。二糖的分子式为 $C_{12}H_{22}O_{11}$，由两分子单糖缩合而成。蔗糖由两个单糖——葡萄糖和果糖的苷羟基缩合成苷键，两个单糖分子的苷羟基都用于缩合，分子中没有了苷羟基，因此蔗糖稳定性大，不能转变成开链式，也不存在氧环式和开链式的互变平衡。所以，蔗糖没有变旋现象，没有开链式也没有醛基，不能被菲林试剂、托伦试剂氧化，也不能与苯肼反应成脎。蔗糖没有还原性，是非还原性二糖。麦芽糖和纤维二糖缩合时，只用一个单糖的苷羟基，分子上还有一个苷羟基，故能够转变成开链式，存在氧环式和开链式的互变平衡。所以，麦芽糖和纤维二糖存在变旋现象，开链式有醛基，能被菲林试剂、托伦试剂等氧化，也能与苯肼反应成脎，它们具有还原性，是还原性二糖。

（3）多糖——淀粉、纤维素。多糖的分子式为 $(C_6H_{10}O_5)_n$，由多分子单糖缩合而成。分子末端虽有苷羟基，但因相对分子质量巨大，苷羟基表现不出活性，故多糖没有还原性，不能被氧化，不能发生成脎反应，没有变旋现象。一般多糖都能水解，并有一些独特的性质。例如，直链淀粉遇碘变蓝，支链淀粉遇碘变红紫色，纤维素有类似醇的性质，能发生一系列的类醇反应。例如，可以和碱、无机酸、有机酸反应等，生成相应的盐、无机酯、有机酯等，这些性质，具有重要的工业价值。

习题

1. 写出下列化合物的构造式：

（1）α-*D*-葡萄糖（哈沃期式）　（2）*D*-葡萄糖（费歇尔投影式）

（3）*D*-果糖（费歇尔投影式）　（4）β-(＋)-麦芽糖（哈沃期式）

（5）直链淀粉（哈沃期式）

2. 果糖有几个对映体？几个 *D* 型，几个 *L* 型？写出结构式，分析它们之间的关系。

3. 选择题：

（1）下列有关葡萄糖的叙述错误的是（　　）。

A. 葡萄糖甜度比果糖低　　B. 葡萄糖具有还原性

C. 血液中含有葡萄糖　　D. 葡萄糖可以水解

（2）下列不能够形成糖苷的糖是（　　）。

A. 蔗糖　　B. 葡萄糖　　C. 果糖　　D. 甘露糖

（3）蔗糖分子能被（　　）水解。

A. 葡萄糖裂合酶　　B. 葡萄糖转移酶　　C. 蔗糖水解酶　　D. 淀粉水解酶

（4）连接β-环状糊精的化学键是（　　）。

A. α-1,4 糖苷键　　B. β-1,4 糖苷键　　C. α-1,6 糖苷键　　D. α-1,3 糖苷键

4. 完成下列反应方程式：

（1）
$$\begin{array}{c} CHO \\ H-\!\!\!-\!\!\!-OH \\ HO-\!\!\!-\!\!\!-H \\ H-\!\!\!-\!\!\!-OH \\ H-\!\!\!-\!\!\!-OH \\ CH_2OH \end{array} \xrightarrow{Br_2,\ H_2O}$$

（2）
$$\begin{array}{c} CHO \\ H-\!\!\!-\!\!\!-OH \\ HO-\!\!\!-\!\!\!-H \\ H-\!\!\!-\!\!\!-OH \\ H-\!\!\!-\!\!\!-OH \\ CH_2OH \end{array} \xrightarrow{C_6H_5NHNH_2}$$

（3）
$$\begin{array}{c} CHO \\ H-\!\!\!-\!\!\!-OH \\ HO-\!\!\!-\!\!\!-H \\ H-\!\!\!-\!\!\!-OH \\ H-\!\!\!-\!\!\!-OH \\ CH_2OH \end{array} \xrightarrow{C_6H_5NHNH_2}$$

（4）
$$\begin{array}{c} CHO \\ H-\!\!\!-\!\!\!-OH \\ HO-\!\!\!-\!\!\!-H \\ H-\!\!\!-\!\!\!-OH \\ H-\!\!\!-\!\!\!-OH \\ CH_2OH \end{array} +2Ag+2OH \longrightarrow$$

（5）$(C_6H_{10}O_5)_n + H_2O \longrightarrow$

淀粉

（6）$(C_6H_{10}O_5)_n + H_2O \longrightarrow$

纤维素

（7）
$$\begin{array}{c} | \\ -C-OH \\ | \end{array} + NaOH \longrightarrow$$

纤维素部分

（8）
$$\begin{array}{c} | \\ -C-ONa \\ | \end{array} + ClCH_2CH_3 \longrightarrow$$

纤维素钠　　一氯乙烷

5. 写出果糖与苯肼、稀硝酸、H_2/Ni反应的主要产物。

6. 鉴别下列化合物：

(1) 葡萄糖和蔗糖　　(2) 淀粉和纤维素　　(3) 果糖和葡萄糖

7. 有单糖A、B、C、D，都具有旋光性，C和D是对映体，它们都能与苯肼反应，A与C、B与D的脎相同。A和B能与溴水反应，C和D不能与溴水反应。用硝酸氧化，A和B都生成4个碳原子的二元酸，A的产物有旋光性，B的产物没有旋光性，C和D都氧化生成两种产物。试推断A、B、C、D的结构。

第十七章　氨基酸、蛋白质和核酸

☞ 知识目标

1. 了解氨基酸的分类和命名，熟悉常见氨基酸的结构和用途。
2. 了解核酸的组成和分类，了解DNA复制。
3. 理解氨基酸、蛋白质的两性和等电点。
4. 掌握氨基酸和蛋白质的性质。
5. 能利用氨基酸的重要化学性质来鉴别和分离氨基酸，选用合适的方法鉴别和分离蛋白质。

☞ 案例导入

镰刀型贫血症是一种严重的致死性遗传疾病。患者的红细胞数目仅为正常人的一半，红细胞外形由正常的圆盘状变异成新月形长而薄的镰刀状异常形态，患者会因为红细胞功能异常及坏损而导致血液循环不良及剧烈疼痛。

镰刀型贫血症是人类发现的第一种分子疾病。正常成人血红蛋白是由2条α链和2条β链相互结合成的四聚体，α链和β链分别由141和146个氨基酸顺序连接构成。镰刀型贫血症患者因β链上N端第6个氨基酸出现异常，由缬氨酸代替了谷氨酸，形成异常的血红蛋白S（hemoglobin S，HbS），取代了正常血红蛋白（HbA）。在氧分压下降时，HbS分子间相互作用，成为溶解度很低的螺旋形多聚体，使红细胞扭曲成镰状细胞（镰变）。镰变的红细胞僵硬，变形性差，会因受到血管的机制破坏和单核巨噬系统吞噬而发生溶血。镰变的红细胞还可使血液黏滞性增加，使血流缓慢，加之变形性差，易堵塞毛细血管引起局部缺氧和炎症反应，导致相应部位产生疼痛现象。

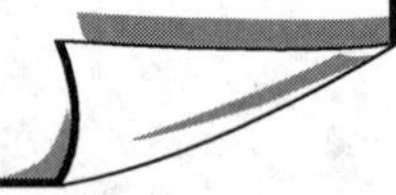

第一节　氨　基　酸

蛋白质是存在于一切细胞中的大分子化合物，是生命活动的物质基础。在机体内，蛋白质承担着各种各样的生理作用和机械功能。生命活动的基本特征就是蛋白质的不断自我更新——即新陈代谢。从结构上看，蛋白质属于聚酰胺类化合物，其基本组成单位是氨基酸。

一、氨基酸的结构、分类与命名

氨基酸是羧酸分子中烃基上的氢原子被氨基取代后生成的化合物。在氨基酸分子中同时含有氨基（—NH_2）和羧基（—COOH）两种官能团。根据烃基不同，可将氨基酸分为脂肪族氨基酸和芳香族氨基酸。根据氨基和羧基的相对位置不同，又可分为 α-氨基酸、β-氨基酸、γ-氨基酸。例如：

$$\underset{\displaystyle NH_2}{\underset{|}{CH_2}}CH_2CCOH \qquad CH_3\underset{\displaystyle NH_2}{\underset{|}{C}}HCOOH \qquad \underset{\displaystyle NH_2}{\underset{|}{CH_2}}CH_2CH_2COOH$$

β-氨基丙酸　　α-氨基丙酸　　γ-氨基丁酸

氨基酸是蛋白质的基本组成单位，是人体必不可少的物质，在自然界已发现的天然氨基酸有 300 余种，其中由蛋白质水解得到的氨基酸只有 20 余种，它们在化学结构上的共同特征是氨基连接在 α-碳原子上，属 α-氨基酸（脯氨酸是 α-亚氨基酸）。本节主要讨论 α-氨基酸，其结构通式为

$$R\underset{\displaystyle NH_2}{\underset{|}{C}}HCOOH$$

式中，R 代表不同的基团，R 不同就形成不同的 α-氨基酸。

根据分子中氨基和羧基的相对数目不同，又可将氨基酸分为中性氨基酸（氨基和羧基的数目相等）、酸性氨基酸（氨基的数目小于羧基的数目）和碱性氨基酸（氨基的数目大于羧基的数目）。例如：

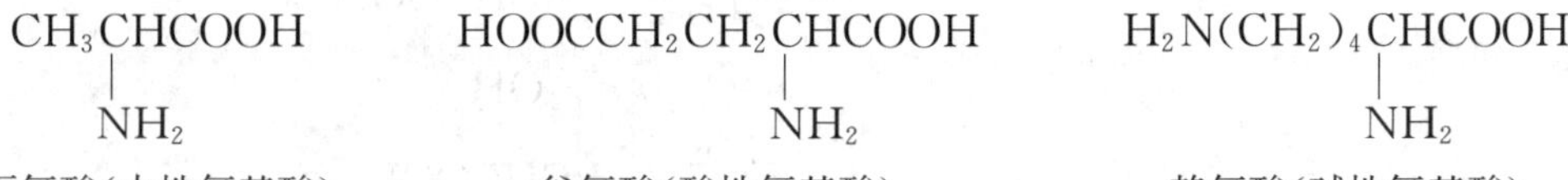

丙氨酸(中性氨基酸)　　谷氨酸(酸性氨基酸)　　赖氨酸(碱性氨基酸)

氨基酸的系统命名法是以羧基为母体，氨基为取代基。天然 α-氨基酸通常使用俗名，即根据其来源或性质命名。例如，具有微甜味的称为甘氨酸；最初从蚕丝中得到的称为丝氨酸；从天冬的幼苗中发现的称为天冬氨酸。

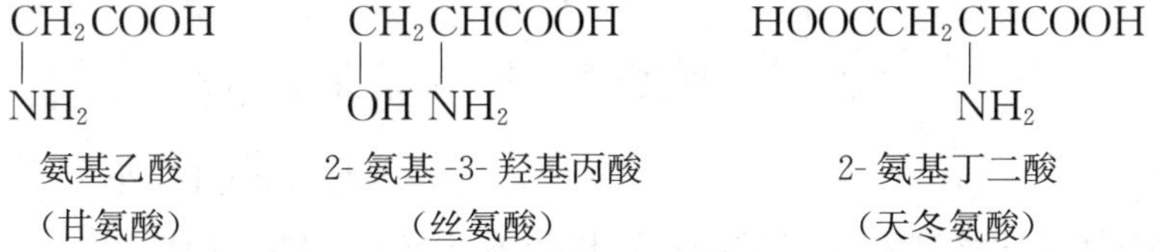

氨基乙酸　　2-氨基-3-羟基丙酸　　2-氨基丁二酸

（甘氨酸）　　（丝氨酸）　　（天冬氨酸）

组成蛋白质的 α-氨基酸，除甘氨酸外，都含有一个手性碳原子，具有旋光性，其构型都是 *L*-型，它们与 *L*-甘油醛之间的关系如下：

$$\begin{array}{c} COOH \\ H_2N\!-\!\!\!+\!\!\!-\!H \\ CH_2OH \end{array} \qquad \begin{array}{c} COOH \\ H_2N\!-\!\!\!+\!\!\!-\!H \\ R \end{array} \qquad \begin{array}{c} COOH \\ HO\!-\!\!\!+\!\!\!-\!H \\ CH_2OH \end{array}$$

L-丝氨酸　　α-*L*-氨基酸通式　　*L*-甘油醛

二、氨基酸的性质

α-氨基酸都是无色的晶体，熔点一般都较高，常在 230～300℃熔融时分解放出二氧化碳。氨基酸易溶于水和其他极性溶剂，不溶于乙醚、苯等非极性溶剂。氨基酸具有

较大的偶极矩。它们的酸性比一般的羧酸酸性小，碱性则比一般的胺类碱性小。

氨基酸分子中既包含有碱性的氨基，又包含有酸性的羧基，故具有羧基和氨基的典型性质。

1. 羧基的反应

与羧酸相似，氨基酸能与醇反应生成相应的酯：

$$\mathrm{RCH(NH_2)COOH} \xrightarrow[-\mathrm{POCl_3},\,-\mathrm{HCl}]{\mathrm{PCl_5}} \mathrm{RCH(NH_2)COCl} \quad \text{成酰氯,活化羧基}$$

$$\mathrm{RCH(NH_2)COOH} \xrightarrow[\mathrm{H_2O}]{\mathrm{PhCH_2OH}} \mathrm{RCH(NH_2)COOCH_2Ph} \quad \text{酯化,保护羧基}$$

2. 氨基的反应

与胺相似，氨基酸能与酰氯或酸反应生成相应的酰胺。氨基酸中的氨基与亚硝酸反应放出氮气，这与伯胺的反应相同，该反应是定量完成的，根据反应所得氮气的体积，可计算氨基酸和蛋白质分子中氨基的含量。该法称为范斯莱克（Van Slyke）氨基测定法。

$$\mathrm{RCH(NH_2)COOH} \xrightarrow[-\mathrm{N_2},\,-\mathrm{H_2O}]{\mathrm{HNO_2}} \mathrm{RCH(OH)COOH}$$

$$\mathrm{RCH(NH_2)COOH} \xrightarrow[-\mathrm{HF}]{\text{2,4-}(\mathrm{O_2N})_2\mathrm{C_6H_3F}} \mathrm{RCH(COOH)NH{-}C_6H_3(NO_2)_2}$$

$$\mathrm{RCH(NH_2)COOH} \xrightarrow{\mathrm{PhCH_2OC(=O){-}Cl}} \mathrm{RCH(NHCOOCH_2Ph)COOH}$$

另外，由于氨基和羧基的相互影响，氨基酸还具有某些特殊的性质。

3. 两性和等电点

因为氨基酸既含有—NH_2，又含有—COOH，所以，它既能与酸成盐，又能与碱成盐。

$$\mathrm{R{-}CH(NH_2){-}COOH} + \mathrm{HCl} \longrightarrow \left[\mathrm{R{-}CH(\overset{+}{N}H_3){-}COOH}\right]\mathrm{Cl^-}$$

铵盐

$$\mathrm{R{-}CH(NH_2){-}COOH} + \mathrm{NaOH} \longrightarrow \mathrm{R{-}CH(NH_2){-}COO^-\,Na^+}$$

羧酸盐

实际上，氨基酸分子以内盐形式存在：

$$\underset{\displaystyle NH_2}{R-\overset{}{CH}-COOH} \longrightarrow \underset{\displaystyle {}^{+}NH_3}{R-\overset{}{CH}-COO^-}$$

内盐

在内盐分子中，既有带正电荷的部分，又有带负电荷的部分，所以又称偶极离子（两性离子）。氨基酸在水溶液中，形成下列平衡体系：

$$\underset{\displaystyle NH_2}{RCHCOO^-} \underset{OH^-}{\overset{H^+}{\rightleftharpoons}} \underset{\displaystyle {}^{+}NH_3}{RCHCOO^-} \underset{OH^-}{\overset{H^+}{\rightleftharpoons}} \underset{\displaystyle {}^{+}NH_3}{RCHCOOH}$$

负离子　　偶极离子　　正离子

氨基酸在碱性溶液中以负离子的形式存在，在电场中氨基酸向正极移动；在酸性溶液中时则以正离子的形式存在，在电场中氨基酸向负极移动。如果调节溶液 pH 至某一定值，溶液中正、负离子浓度相等，净电荷等于零，在电场中不显示离子的移动，即没有净迁移，也就是说在同一时间内，向一个电极方向的微小迁移，马上就会被另一个相反方向的微小迁移所抵消，这时氨基酸离子上的净电荷为零。此时溶液的 pH 称为该氨基酸的等电点，用 pI 表示。一般而言，在等电点时呈电中性，但溶液的 pH 不等于 7，中性 α-氨基酸的等电点为 5～6.3；酸性 α-氨基酸为 2.8～3.2；碱性 α-氨基酸为 7.6～10.8。

氨基酸在等电点时，偶极离子的浓度最大，此时氨基酸在水中的溶解度最小。因此利用调节等电点的方法，可以分离和提纯氨基酸。例如，将食用味精（含 80%以上的谷氨酸单钠盐）溶于水，用盐酸调节其 pH 为 2～3，冷冻放置后，可以从水溶液中析出谷氨酸晶体。

4. 与水合茚三酮反应

α-氨基酸与水合茚三酮一起加热，能生成蓝紫色的混合物。此颜色反应常用于 α-氨基酸的比色测定及作为薄层分析时的显色剂。这是鉴别 α-氨基酸快速、灵敏和有效的方法。

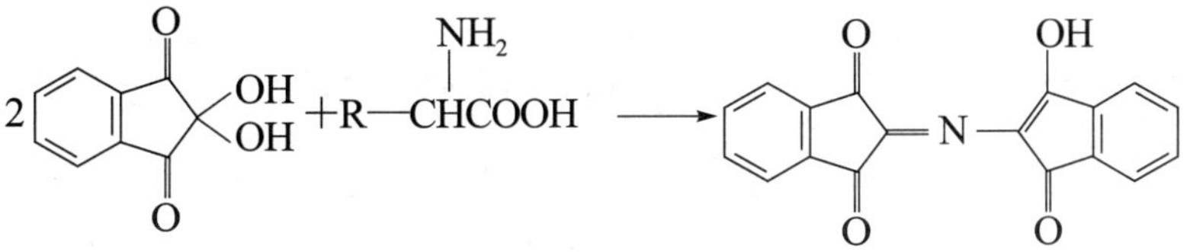

$$2\,(\text{水合茚三酮}) + R-\underset{\displaystyle NH_2}{CH}COOH \longrightarrow (\text{蓝紫色物质})$$

水合茚三酮　　蓝紫色物质

三、蛋白质中存在的氨基酸

蛋白质中存在的氨基酸见表 17.1。

表 17.1　蛋白质中存在的氨基酸

名称	缩写	结构式	等电点	熔点/℃
甘氨酸（Glycine）	Gly	$\underset{\displaystyle NH_2}{CH_2COOH}$	5.97	292 分解

续表

名称	缩写	结构式	等电点	熔点/℃
丙氨酸（Alanine）	Ala	$CH_3CHCOOH$ $\mid$ NH_2	6.02	297 分解
* 缬氨酸（Valine）	Val	$(CH_3)_2CHCHCOOH$ $\mid$ NH_2	5.97	315 分解
* 亮氨酸（Leucine）	Leu	$(CH_3)_2CHCH_2CHCOOH$ $\mid$ NH_2	5.98	337 分解
* 异亮氨酸（Isoleucine）	Ile	$CH_3CH_2CH—CHCOOH$ $\mid \quad \mid$ $CH_3 \quad NH_2$	6.02	285 分解
丝氨酸（Serine）	Ser	$HOCH_2CHCOOH$ $\mid$ NH_2	5.68	228 分解
* 苏氨酸（Threonine）	Thr	$CH_3CH—CHCOOH$ $\mid \quad \mid$ $OH \quad NH_2$	5.60	253 分解
半胱氨酸（Cysteine）	Cys①	$HS_2CH_2CHCOOH$ $\mid$ NH_2	5.02	—
胱氨酸（Cystine）	Cys② $\mid$ Cys	$S—CH_2CHNH_2COOH$ $\mid$ $S—CH_2CHNH_2COOH$	5.02	258
* 蛋氨酸（Methionine）	Met	$CH_3SCH_2CH_2CHCOOH$ $\mid$ NH_2	5.06	283
天门冬氨酸（Aspartic acid）	Asp	$HOOCCH_2CHCOOH$ $\mid$ NH_2	2.98	269
谷氨酸（Glutamic acid）	Glu	$HOOCCH_2CH_2CHCOOH$ $\mid$ NH_2	3.22	247
天门冬酰酸（Asparagine）	Asn	$H_2NCOCH_2CHCOOH$ $\mid$ NH_2	5.41	236
谷酰胺（Glutamine）	Gln	$H_2NCOCH_2CH_2CHCOOH$ $\mid$ NH_2	5.70	184
* 赖氨酸（Lysine）	Lys	$H_2NCH_2CH_2CH_2CH_2CHCOOH$ $\mid$ NH_2	9.74	224
羟基赖氨酸（Hydroxylysine）	Hyl	$H_2NCH_2CHCH_2CH_2CHCOOH$ $\mid \qquad \mid$ $OH \qquad NH_2$	9.15	—

续表

名称	缩写	结构式	等电点	熔点/℃
精氨酸（Arginine）	Arg	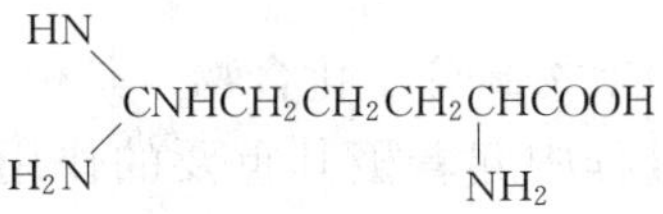 HN=C(H₂N)—NHCH₂CH₂CH₂CHCOOH (NH₂)	10.76	230～244 分解
组氨酸（Histidine）	His	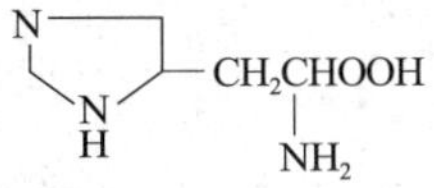 (咪唑环)—CH₂CHOOH (NH₂)	7.59	287
*苯丙氨酸（Phenylalanine）	Phe	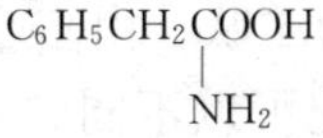 $C_6H_5CH_2COOH$ (NH₂)	5.48	283
酪氨酸（Tyrosine）	Tyr	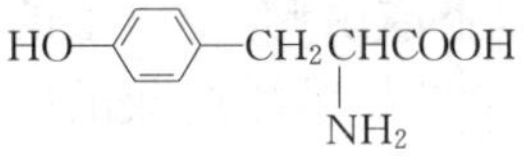 HO—(苯环)—CH₂CHCOOH (NH₂)	5.67	342
*色氨酸（Tryptophan）	Tyr	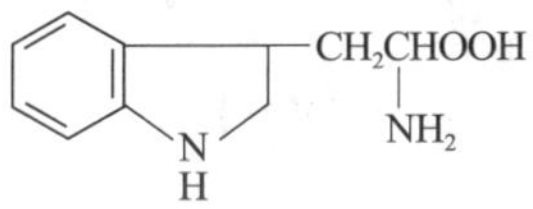 (吲哚环)—CH₂CHOOH (NH₂)	5.88	283
脯氨酸（Proline）	Pro	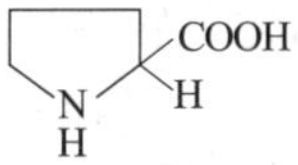 (吡咯烷环)—COOH, H	6.30	220
羟基脯氨酸（Hydroxyproline）	Hyp	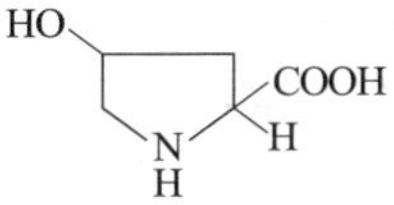 HO—(吡咯烷环)—COOH, H	6.33	270

注：①Cys 又可写作 CySH；②Cys—Cys 又可写作 Cy—S—S—Cy。
*表示人体不能合成，而必须由食物中摄取的氨基酸，也称为必需氨基酸。

【练习】

1. 写出在下列 pH 介质中各氨基酸的主要形式：

（1）缬氨酸在 pH 为 8 时；（2）丝氨酸在 pH 为 1 时。

2. 在一种氨基酸的水溶液中加入 H^+ 至 pH 小于 7 的某值时，可观察到这个氨基酸被沉淀下来，这是什么原因？在该 pH 下该氨基酸以何种形式存在？这个氨基酸在等电点时的 pH 是小于 7 还是大于 7？

第二节　蛋白质、核酸

蛋白质是一类重要的生物高分子化合物，是生物体的最基本物质之一，可以说是生命的基础，在生命活动过程中起着极其重要的作用。人体内用于催化各种化学反应的酶、完成人体各种新陈代谢的肌肉、人体内起免疫作用的抗体等，均为蛋白质。因此，研究蛋白质可以帮助人们了解生命的本质。

一、肽

α-氨基酸分子中的氨基与另一个 α-氨基酸分子中的羧基，发生分子间脱水，生成的以酰胺键（$—CONH_2—$）相连接的缩合产物称为肽。肽分子中的酰胺键称为肽键。由 2 个 α-氨基酸缩合形成的肽称为二肽。由多个（3～50）氨基酸缩合而成的肽称为多肽。形成多肽的氨基酸可以相同，也可以不同。

多肽和蛋白质都是以 α-氨基酸经肽键连接而成的，它们之间没有严格的区别，一般把相对分子质量在 5000 以下或由 50 个以下的氨基酸组成的叫做多肽；把相对分子质量在 5000 以上或由 50 个以上的氨基酸组成的叫做蛋白质。

例如，由甘氨酸和丙氨酸所形成的二肽：

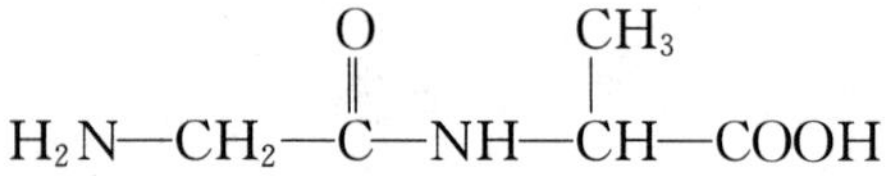

$$H_2N-CH_2-\overset{\overset{\displaystyle O}{\|}}{C}-NH-\overset{\overset{\displaystyle CH_3}{|}}{CH}-COOH$$

甘氨酰丙氨酸

（A）

$$H_2N-\overset{\overset{\displaystyle CH_3}{|}}{CH}-\overset{\overset{\displaystyle O}{\|}}{C}-NH-CH_2-COOH$$

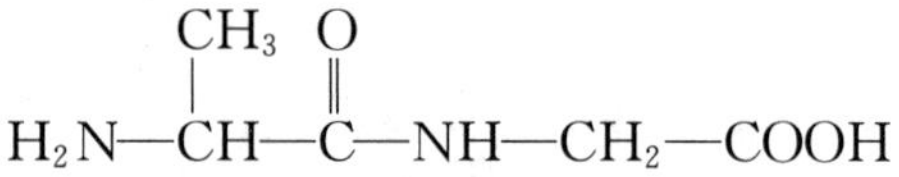

丙氨酰甘氨酰

（B）

A 与 B 结构不同，是不同的化合物：

A：N 端——甘氨酸，C 端——丙氨酸。

B：N 端——丙氨酸，C 端——甘氨酸。

二、蛋白质

（一）蛋白质的元素组成

虽然蛋白质的结构复杂、种类繁多，但组成蛋白质的元素却基本相同，种类也并不多。一般蛋白质主要由碳、氢、氧、氮、硫等元素组成，有些蛋白质还含有磷、碘、铁、锰、锌等元素。对天然蛋白质进行元素分析，得出其主要元素含量如下：C 为 50%～55%；H 为 6.5%～7.3%；O 为 19%～24%；N 为 15%～19%；S 为 0.23%～2.4%。

大多数生物体内的蛋白质含氮量接近 16%，即每含 1g 氮就大约相当于有 6.25g 蛋白质，因此，将 6.25 称为蛋白质系数。通过对生物样品中含氮量的测定即可推算出该样品中蛋白质的含量：

$$\text{样品中蛋白质的含量} = \text{样品中含氮质量} \times 6.25$$

（二）蛋白质的分类

蛋白质结构复杂，只能根据分子形状、化学组成、生理作用进行分类。

1. 按分子形状分类

（1）纤维蛋白：分子为细长形，不溶于水，如毛发中的角蛋白、肌肉中的肌球蛋白等都是纤维蛋白。

（2）球蛋白：分子呈球形或椭球形，一般能溶于水或含有酸、碱、盐、乙醇的水溶液，如红细胞中的血红蛋白。

2. 按化学组成分类

（1）单纯蛋白：该类蛋白质单纯由氨基酸通过肽键结合而成，其水解的最终产物都是 α-氨基酸，如白蛋白、球蛋白。

（2）结合蛋白：由单纯蛋白质和非蛋白部分结合而成，其中非蛋白部分称为辅基，如核酸、脂肪、糖、色素等，所以又称复合蛋白，如核蛋白是由蛋白质与核酸结合生成的。

3. 按生理作用分类

（1）酶起催化作用。

（2）激素起调节作用。

（3）抗体起免疫作用。

（4）结构蛋白起构造作用。

（三）蛋白质的性质

蛋白质是由氨基酸通过肽键连接而成的高分子化合物，其分子中存在着游离的氨基和羧基，因此，蛋白质具有一些与氨基酸相似的性质。但是，由于蛋白质是高分子化合物，所以理化性质又与氨基酸有所不同。

1. 胶体性质

蛋白质常常具有巨大的相对分子质量，其颗粒已达胶体颗粒的范围（1～100nm），所以蛋白质溶液具有亲水胶体溶液的性质，如扩散运动慢、黏度大、不能透过半透膜等。可以利用半透膜来分离纯化蛋白质，这种方法称为透析。

2. 两性和等电点

与氨基酸类似，蛋白质也是两性物质。

（1）蛋白质与强酸或强碱都能成盐。

（2）在强酸性介质中，蛋白质以正离子形式存在，在电场中向阴极运动；在强碱性介质中，蛋白质以负离子形式存在，在电场中向阳极运动。

（3）调节蛋白质溶液的 pH，总会在某一 pH 下使蛋白质以偶极离子形式存在，所以蛋白质也有等电点。

（4）不同蛋白质具有不同的等电点，据此可分离蛋白质，如梯度 pH 电泳法。

3. 盐析

向蛋白质溶液中加入无机盐［如 $(NH_4)_2SO_4$、$MgSO_4$、NaCl 等］，蛋白质可从溶液中析出。盐析为可逆过程，但若蛋白质在浓的无机盐溶液中久置则会变性。不同蛋白质盐析时所需盐的最低浓度不同，据此可分离蛋白质。

4. 变性

蛋白质受热、紫外线、X射线及某些化学试剂（如酸、碱、重金属盐等）作用时，自身结构状态会遭到破坏，引起蛋白质理化性质改变，并导致其生理活性丧失，这种现象称为蛋白质变性。蛋白质的变性一般为不可逆的，因此，可以采用高温的方式来灭菌，而蛋清、牛奶能用作重金属中毒的解毒剂也是利用了蛋白质的变性反应。

5. 水解

蛋白质在酸性、碱性、酶等条件下能够发生水解，蛋白质水解的中间过程中，可以生成多肽，但水解的最终产物都是氨基酸。蛋白质水解生成的氨基酸有20余种，天然蛋白质水解的最终产物都是α-氨基酸。

6. 显色反应

（1）蛋白质与水合茚三酮溶液共热，生成蓝紫色化合物。

（2）在强碱性溶液中，蛋白质和稀硫酸铜作用，可使溶液呈红紫色，此反应称缩二脲反应。

（3）某些含有苯环的α-氨基酸构成蛋白质后，仍保持苯环的性质，遇浓硝酸将呈现黄色，该反应称为黄蛋白反应。

（4）蛋白质分子中含有酪氨酸残基时，在其溶液中加入米伦试剂（硝酸汞和亚硝酸汞的硝酸溶液）即产生白色沉淀，再加热则变为暗红色，该反应称为米伦反应。它是酪氨酸分子中的酚基所特有的反应。

以上蛋白质的显色反应均可用于蛋白质的鉴别。

三、核酸

核酸是另一种具有非常重要的生物功能的高分子化合物。19世纪中期，人们从细胞核中分离出一种含磷的酸性物质，定名为核酸。研究发现，核酸不仅存在于细胞核中，也存在于细胞质中。在自然界，人、动物、植物、微生物中都含有核酸，可以说凡有生命的地方都有核酸的存在。

核酸具有重要的生物功能，是生物遗传的物质基础。与生物的生长、发育、繁殖、遗传和变异都有着密切的联系，还是蛋白质生物合成必不可少的物质。在生物体内，核酸主要以与蛋白质结合成核蛋白的形式存在。

从元素组成来讲，核酸除了含有碳、氢、氧、氮四种元素外，还含有大量的磷，个别核酸分子还含有硫，核酸分子中含有15%～16%的氮和9%～10%的磷。

核酸水解时，随反应条件的不同，水解程度也不同，由此可得到不同的产物。在适当酶的催化下或在弱碱的作用下，核酸可水解成核苷酸。如果温度较高，则进一步水解成核苷和磷酸。在无机酸的作用下则会完全水解，生成戊糖、杂环碱和磷酸。

由核酸水解所得的戊糖有两种，即核糖和2-脱氧核糖。按水解后得到的戊糖不同，核酸分为两类：水解后得到核糖的，称为核糖核酸，简称RNA；水解后得到2-脱氧核糖的，称为脱氧核糖核酸，简称DNA。

由核酸水解所得到的杂环碱都是嘌呤碱或嘧啶碱。RNA和DNA所含的嘌呤碱是相同的，即都含有腺嘌呤和鸟嘌呤。但 RNA 和 DNA 所含的嘧啶碱则不完全一样，RNA 含有胞嘧啶和尿嘧啶，而 DNA 含有的是胞嘧啶和胸腺嘧啶。

DNA 主要存在于细胞核中，它们是遗传信息的携带者，DNA 的结构决定生物合成蛋白质的特定结构，并保证把这种特性遗传给下一代。RNA 主要存在于细胞质中，它们是以 DNA 为模板而形成的，并直接参与蛋白质的生物合成过程。因此，DNA 是 RNA 的模板，而 RNA 又是蛋白质的模板。存在于 DNA 上的遗传信息就是这样由 DNA 传递给 RNA，再传递给蛋白质。通过 DNA 的复制，遗传信息一代代传下去。

【练习】

写出下列二肽、三肽的构造式：

(1) 甘氨酰亮氨酸　　(2) 脯氨酰丝氨酸

(3) 赖氨酰丙氨酰半胱氨酸　　(4) 谷氨酰亮氨酰苏氨酸

知识链接

人类基因组计划与人类蛋白质组计划

人类基因组计划（HGP）是由美国科学家于 1985 年率先提出，于 1990 年正式启动的。美国、英国、法国、联邦德国、日本和我国科学家共同参与了这一预算达 30 亿美元的人类基因组计划。按照这个计划的设想，在 2015 年，要把人体内约 10 万个基因的密码全部解开，同时绘制出人类基因的谱图。换句话说，就是要揭开组成人体 4 万个基因的 30 亿个碱基对的秘密。人类基因组计划与曼哈顿原子弹计划、阿波罗计划并称为三大科学计划。

经过六国科学家 13 年的努力，“国际人类基因组计划”正式完成。人类基因组序列图于 2003 年 4 月 23 日宣告完成，但仅仅测绘出基因组序列，并非这一计划的最终目的，必须对其编码产物——蛋白质组进行系统深入的研究，才能真正实现基因诊断和基因治疗。人类蛋白质组研究成为继人类基因组计划之后生物科技发展的重要课题。

正式启动于 2002 年年底的人类蛋白质组计划试图通过对蛋白质组的研究对人类基因组序列图进行“解码”。

人类蛋白质组计划（HPP）是继人类基因组计划之后的又一项大规模的国际性科技工程。首批行动计划包括由中国科学家牵头的“人类肝脏蛋白质组计划”和美国科学家牵头的“人类血浆蛋白质组计划”。“人类蛋白质组计划”的总部设在中国北京，这是中国科学家第一次领导执行重大国际科技协作计划。

目前，人类蛋白质组计划已开展 7 个项目：美国牵头的“人类血浆蛋白质组计划”、中国牵头的“人类肝脏蛋白质组计划”、德国牵头的“人类脑蛋白质组计划”、瑞士牵头的“大规模抗体计划”、英国牵头的“蛋白质组标准计划”、加拿大牵头的“模式动物蛋白质组计划”以及日本牵头的“糖蛋白质组计划”。

不久的将来，蛋白质组学（proteomics）将成为寻找疾病分子标记和药物靶标最有效的方法之一，在对人类许多疾病的临床诊断和治疗方面有十分诱人的前景。

本章小结

（1）氨基酸的分类及常见氨基酸，氨基酸和蛋白质的两性，氨基酸和蛋白质的重要化学性质。

（2）本章主要内容如下：

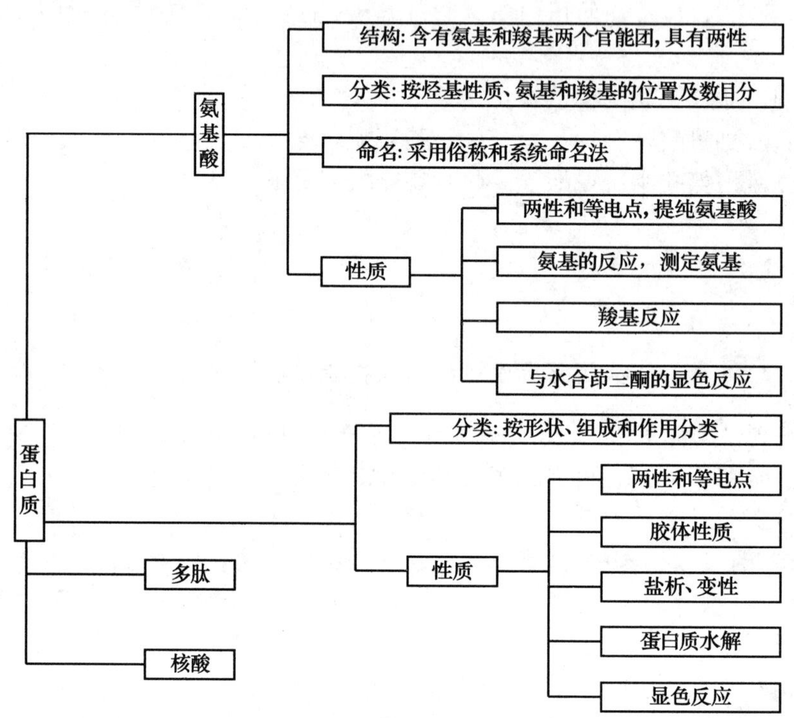

习题

1. 写出丙氨酸与下列试剂反应的生成物：

（1）NaOH 水溶液　（2）HCl 水溶液　（3）HNO_2

2. 写出下列二肽的构造式：

（1）缬氨酰甘氨酸　（2）脯氨酰酪氨酸　（3）丙氨酰亮氨酸

3. 写出下列氨基酸在指定 pH 溶液中的构造式：

（1）丙氨酸（等电点 6.00）在 pH=12 时。

（2）苯丙氨酸（等电点 5.48）在 pH=2 时。

4. 某化合物分子式为 $C_3H_7O_2N$，有旋光性，能与醇成酯，能与酸或氢氧化钠成盐，能与亚硝酸作用放出 N_2，写出此化合物的构造式。

5. 用化学方法鉴别下列各组化合物：

（1）蛋白质、淀粉、苯甲酸　（2）苯酚、苯丙氨酸、酪氨酸

（3）水杨酸、色氨酸　（4）甘氨酸、蛋白质、苯胺

6. 哪种氨基酸可与亚硝酸（亚硝酸钠和盐酸的溶液）作用生成乳酸？

7. 除了某两种氨基酸外，所有氨基酸与亚硝酸作用都可以放出氮气，请写出这两种氨基酸的名称。

8. 指出酪氨酸与过量溴水作用得到的产物。

9. 写出苯丙氨酸在氯化氢存在下同乙醇作用所生成的产物。

10. 写出谷氨酸在碱性水溶液中和卞基氯作用所得到的产物。

参 考 文 献

曹锡章，张畹蕙. 1978. 无机化学. 北京：高等教育出版社.

陈宏博. 2003. 有机化学. 大连：大连理工大学出版社.

陈洪超. 2004. 有机化学. 北京：高等教育出版社.

陈建波. 2004. 有机化学（高专）. 广州：华南理工大学出版社.

邓苏鲁. 2003. 有机化学. 北京：化学工业出版社.

东玉武，孙建梅，王景明. 2003. 柠檬酸的开发与应用. 天津化工，17（5）：33-34.

高鸿宾. 2002. 有机化学简明教程. 天津：天津大学出版社.

高琳. 2006. 基础化学. 北京：高等教育出版社.

高职高专化学教材编写组. 2000. 有机化学. 北京. 高等教育出版社.

谷杨，袁履冰. 2002. 同芳香性探析. 大学化学，17（3）：53-54.

郭建民. 2004. 高分子材料化学基础. 北京：化学工业出版社.

韩光范，郭文录. 2006. 有机化学. 哈尔滨：哈尔滨工业大学出版社.

胡宏纹. 1990. 有机化学. 2 版. 北京：高等教育出版社.

黄长干. 2000. 有机化学. 南昌：江西高校出版社.

黄化民. 1992. 有机化学（下册）. 长春：吉林大学出版社.

吉卯祉，彭松. 2004. 有机化学. 北京：科学出版社.

林世雄. 1988. 石油炼制工程. 北京：石油工业出版社.

刘妙丽. 2005. 有机化学. 北京：科学出版社.

刘在群. 2005. 有机化学学习笔记. 北京：科学出版社.

彭素娇. 2007. 聚羧酸系高效减水剂的研究进展与展望. 民营科技，5：10.

钱鸣毅. 2001. 有机化学. 上海：上海交通大学出版社.

天津大学有机化学教研室，华东石油学院有机化学教研室. 1978. 有机化学. 北京：人民教育出版社.

万志强. 2005. 乙酸乙酯的生产技术及市场分析. 化工科技市场，12：1-3.

汪秋安. 2004. 高等有机化学. 北京：化学工业出版社.

汪世新. 2004. 有机化学. 上海：上海教育出版社.

汪小兰. 2005. 有机化学. 4 版. 北京：高等教育出版社.

王积涛，张宝申，王永梅，等. 2003. 有机化学. 2 版. 天津：南开大学出版社.

王礼琛. 2004. 有机化学（本科）. 南京：东南大学出版社.

温泽润. 1995. 基础有机化学（上、下册）. 北京：中央广播电视大学出版社.

邢其毅，等. 2005. 基础有机化学（上、下册）. 北京：高等教育出版社.

徐健明，刘小宇. 2002. 有机化学学习指导. 上海：第二军医大学出版社.

徐寿昌. 1982. 有机化学. 北京：高等教育出版社.

薛叙明. 2008. 精细有机合成技术. 北京：化学工业出版社.

颜朝国. 2007. 有机化学. 郑州：郑州大学出版社.

姚映钦. 2004. 有机化学学习指导. 武汉：武汉理工大学出版社.

袁履冰，牛瑞珍. 1990. 有机化学. 北京：中央广播电视大学出版社.

恽魁宏. 1993. 有机化学. 北京：高等教育出版社.

曾昭琼. 2004. 有机化学. 4 版. 北京：高等教育出版社.

张法庆. 2006. 有机化学（三年制）. 北京：化学工业出版社.

张敏，韩海波. 1993. 草酸市场及生产技术现状. 贵州化工，3：23-26.

章烨. 2006. 有机机化学. 北京. 科学出版社.